AF452639

LE GENTILHOMME

CULTIVATEUR.

TOME SEPTIEME.

LE GENTILHOMME

CULTIVATEUR,

OU

CORPS COMPLET

D'AGRICULTURE,

Traduit de l'Anglois de M. Hall, & tiré des Auteurs
qui ont le mieux écrit sur cet Art.

*Par Monsieur DUPUY DEMPORTES, de l'Académie de Florence,
& de la Société Royale des Sciences & Belles-Lettres de Nancy.*

---

*Omnium rerum ex quibus aliquid acquiritur, nihil est Agriculturâ melius, nihil uberius,
nihil homine libero dignius.* Cicer. liv. 2. de Offic.

TOME SEPTIEME.

A PARIS,

Chez
{ P. G. SIMON, Imprimeur du Parlement, rue de la Harpe.
{ La Veuve DURAND Libraire, rue du Foin.
{ BAUCHE, Libraire, Quay des Augustins.

A BORDEAUX,

Chez CHAPUIS, l'aîné.

M. DCC. LXIV.

Avec Approbation & Privilége du Roi.

ÉPÎTRE
AU ROY
DE POLOGNE.

IRE,

LA protection constante dont VOTRE MAJESTE' *honore les Arts & les Sciences, excite leur plus vive reconnoissance. Vous leur donnez des aîles & ils por-*

tent *Votre Nom aux extrémités de l'Univers. Ils confacrent vos Vertus ; ils en feront paffer la mémoire jufqu'à la poftérité la plus reculée.*

En recevant la permiffion de faire paroître fous les auguftes aufpices de VOTRE MAJESTE' *le fruit de mes travaux, je me fuis livré à tous les tranfports d'un amour-propre qui n'a pour objet que l'utilité générale : mon hommage, que* VOTRE MAJESTE' *daigne accepter, juftifie l'idée que le public s'eft formée de mon travail.*

J'ai confacré, SIRE *, mes veilles à des infortunés que la mifere entretient dans l'ignorance, & qui en cela même qu'ils font méprifés par les fangfues qu'ils fubftantent deviennent l'objet effentiel de vos tendres foins. Avec quels fentimens ne vont-ils pas recevoir les inftructions fimples que je leur donne, lorfqu'ils verront un Roi, felon le cœur de Dieu, leur accorder fon augufte protection.*

Ils sçavent , SIRE , combien ils vous sont chers ; mais depuis quelque tems cette douceur est troublée par des alarmes qui ne paroissent que trop fondées. Ils sentent combien vos Vertus sont nécessaires à Votre Patrie. Ils craignent , & ce n'est pas sans raison, que dessillant enfin ses yeux sur ses vrais intérêts , elle ne vous appelle à son secours, & que ce qui fera son solide bonheur ne devienne la source intarissable de leurs regrets & de leurs gémissemens. Je tire , SIRE , le rideau sur cet avenir affligeant qui nous menace. Nos vœux seront exaucés. L'Astre bienfaisant de la Lorraine doit l'éclairer encore de ses vertus ; ce peuple fortuné qu'il gouverne, aura encore le bonheur de le contempler ; & ce Corps célébre dont j'ai l'honneur d'être membre , profitera de ses lumieres. L'Éternel est à côté de mon Roi pendant qu'il veille , il ne l'abandonne point dans son sommeil. C'est sa plus fidelle image : il en fait ses plus cheres délices : il ne nous ôtera point le princi-pe de notre félicité : il exaucera les vœux que nous lui adressons dans la simplicité de notre cœur ; c'est dans

cette sincere effusion du mien que je profite de la liberté
que vous voulez bien me donner de me dire avec le
plus profond respect,

SIRE,

De VOTRE MAJESTÉ.

Le très-humble & très-
obéissant, très - soumis
& très - respectueux
Serviteur,

Dupuy d'Emportes.

LE GENTILHOMME
CULTIVATEUR.

LIVRE TREIZIÉME.

CHAPITRE PREMIER.

Contenant les Observations d'un Journal sur le Gentilhomme Cultivateur & la Réponse de l'Auteur.

NOUS avons promis de recevoir avec docilité toutes les critiques qui tendroient au bien de cet ouvrage: nous venons d'en voir une, qui nous comble de louanges que nous ne méritons point, mais dont nous tâcherons de nous rendre dignes, par l'empreffement avec lequel nous profiterons des avis éclairés que l'Auteur verfé dans l'œconomie Rurale nous donne : (a) dans une entreprife comme celle-ci il n'eft guère poffible de ne pas perdre quelquefois de vue l'ordre qu'on s'étoit propofé de garder. Dans tout autre pays nous aurions fuivi la marche que nous avons tracée dans notre plan : mais en France où les Grands ont de tout tems jetté des regards finon de mépris, du moins d'indifférence fur l'Agriculture, il falloit fe prêter à l'impreffion qu'avoient déja faite les nouveaux écrits qui avoient paru fur cet art, & faifir aux cheveux ce moment de nouveauté, qui donnoit un air de mode à l'Agriculture, air qui exerce

(a) Journal Economique,

une puiſſance abſolue ſur la Nation. La rapidité avec laquelle les quatre premiers volumes ont été enlevés ne ſervoit qu'à nous faire craindre que le régne de notre travail ne fût auſſi paſſager que celui des *pantins*. Il falloit donc, pour lui aſſurer une certaine durée, répondre & ſatisfaire à toutes les queſtions que des perſonnes de tout ordre nous faiſoient, chacune ſuivant la branche d'Agriculture qu'elle choiſiſſoit de préférence. Or il ne nous étoit point poſſible d'y ſatisfaire par lettre : cette voie nous auroit pris preſque tout le tems que nous avions par notre *proſpectus* conſacré au public. Il ne nous reſtoit donc, pour donner quelque conſiſtance à cet amour naiſſant, que les perſonnes de la premiere diſtinction ont fait paroître pour l'Agriculture, que de nous déranger de l'ordre de notre plan & de faire entrer dans notre ouvrage les matieres ſur leſquelles nous leur avons répondu & qui les intéreſſoient plus directement. Et nous pouvons dire avec vérité que cette déférence n'a point été infructueuſe. Nous en avons en main les témoignages les plus autentiques; ainſi s'il y a quelque déſordre dans notre marche nous pouvons avancer que ce mal, ſi c'en eſt un, a cauſé de grands biens. Il n'eſt point de particulier qui nous a conſulté, qui n'ait tout de ſuite exécuté, & qui animé par le ſuccès de quelqu'eſſai, n'ait fait entrer dans l'ordre de ſes occupations ce qu'il n'avoit d'abord eſſayé que comme un amuſement.

Cependant on nous reproche de n'avoir point mis chaque article en ſa place. C'eſt une vérité : rien de plus juſte que ce point de critique. Mais ſi nous nous étions aſſujettis rigoureuſement aux loix que nous nous étions preſcrites, peut-être aurions-nous fait un ouvrage plus méthodique, mais moins fructueux : pluſieurs de nos proſélites nous auroient échappé ſi nous les avions fait languir après les éclairciſſemens qu'ils nous demandoient.

D'ailleurs, cette imperfection n'eſt point ſans remede & nous eſpérons pouvoir avec le tems en faire uſage. Ceux qui voudront profiter des lumieres que nous avons raſſemblées dans ce corps complet pourront, par les tables des volumes, chercher les Chapitres qui leur ſeront néceſſaires. Cette recherche n'eſt pas aſſurément bien pénible : il n'eſt queſtion que d'y jetter un coup-d'œil rapide : ce ſeroit certainement être bien peu attaché à ſes propres intérêts & être bien peu citoyen que de s'allarmer d'une telle attention.

L'Auteur nous reproche avec cette urbanité que les lettres donnent, mais dont les lettrés ne font point un uſage auſſi conſtant qu'ils le devroient, que le traité que nous avons donné sur l'éducation de la volaille est un hors-d'œuvre, qui, quoique bon & intéressant par lui-même, figure fort mal dans le dixiéme livre, que nous aurions dû finir par les plantes nuisibles ; on voudroit que nous l'eussions employé dans le livre de l'établissement de la Ferme.

Nous avons annoncé dans notre préface le poulailler. Nous avons dit que nous en ferions le dixiéme volume, bien entendu sans doute que sa description ne le rempliroit point, & que par conféquent tous les détails de l'éducation & la description des maladies de la volaille, ainsi que les remédes qui sont les plus convenables le termineroient. Cette distribution nous a paru assez naturelle. Il est vrai que nous ne l'avons pas détaillée assez amplement dans l'article de la préface où nous l'avons annoncée.

Si nous avions suivi l'ordre que demande l'auteur du Journal nous aurions, par la même raison été obligés de faire mention de l'éducation de tous les bestiaux qui entrent essentiellement dans la composition d'une Ferme, & le livre cinquiéme auroit alors composé plusieurs volumes. D'ailleurs nous avons sur ce point suivi la marche de M. *Hall.*

Lorsque nous avons proposé la construction de notre poulailler, nous avons eu plus en vue l'utilité que la curiosité ; & en effet nous croyons, d'après l'expérience, que les soins que la volaille exige par cette nouvelle méthode, sont bien récompensés par le produit. La fille de la Ferme qui a six vaches à traire & à panser, peut servir facilement notre poulailler, si elle sçait prendre son travail à tems. Ainsi l'Auteur du Journal s'allarme sans raison. On sçait d'ailleurs que l'on a ces filles dans plusieurs provinces du Royaume à très-bon marché, puisqu'elles n'ont que vingt à vingt-cinq francs de gages, & que leur nourriture ne monte point à plus de quatre-vingt ou quatre-vingt dix livres. Ce n'est point sur les campagnes qui sont à dix, douze ou quinze lieues de Paris qu'il faut se régler. Tous les calculs que l'on fera partir de ce point, seront absolument erronés, relativement aux autres pays du Royaume.

Nous pourrions même ajouter que si les dépenses sont excessives aux environs de la capitale, le prix des productions & de tous les autres fruits de l'industrie rurale y excéde aussi beaucoup celui des provinces ; qu'ainsi tout se trouve en raison réciproque, & que par une conféquence nécessaire, que nous tirons de l'exemple que l'Auteur rapporte lui-même, les dépenses qu'occasionneroit notre poulailler ne doivent pas refroidir l'activité de la ménagere ; puisque la maison du Fermier-général cité dans le Journal étoit fournie d'œufs frais & autres, de poulets, de chapons, & qu'il restoit encore un bénéfice clair & net de douze cents livres : & si encore on ne compte point la fiente qui par la façon que nous avons donnée dans ce livre est d'un prix d'autant plus grand qu'elle est un fumier excellent mais très rare, par la difficulté de le rassembler.

On nous fait encore une observation non moins importante ; on nous dit que la méthode de M. de Réaumur, de faire éclore des poulets par les fourneaux n'est pas aussi vicieuse que nous le croyons. Comme nous ne nous sommes point proposé de traiter dans cet ouvrage des objets de curiosité & que celui-ci en est un (car il est bien certain que la femme d'un Cultivateur proprement dit, n'est faite à aucun égard pour se conduire par un thermometre) nous éviterons les raisonnemens que cette discussion demanderoit.

Si nous avons avancé que des poulets éclos suivant cette métho-de sont débiles, mal constitués, & par conséquent sujets à des ma-ladies, & d'autant moins propres à acquérir ce dégré de chair & de graisse desirable dans ces animaux ; ce n'est que d'après en avoir vu dans la ménagerie du Roi : en effet nous avons observé qu'ils étoient pour ainsi dire tout nuds, leurs plumes étoient rares, clair-semées, &, qu'on nous passe le terme, rabougries. Point de viva-cité dans l'animal, toujours tremblant au moindre zéphir, un œil morne ou triste, une marche chancelante ; autant de signes qui prou-voient sa mauvaise constitution. Nous avons eu même l'attention de demander à la personne qui en étoit chargée s'il y en avoit quel-qu'un qui réussît, elle nous a répondu que cela étoit si rare, qu'il ne valoit point la peine d'en parler. c'est aussi de cette même person-ne que nous avons appris que cette méthode produisoit beaucoup de monstruosités & de difformités. Si dans les endroits que l'Au-teur a visités, ces inconvéniens ont disparu, il a raison sans que nous ayons tort. Nous avons l'un & l'autre l'expérience pour nous. Le meilleur est donc de laisser cette discussion dans l'état où elle est à présent, d'autant plus que cette nouvelle méthode n'a pris faveur que chez quelques curieux, & que nous n'avons en vue que l'uti-lité du pauvre Cultivateur. Il doit ne pas négliger la moindre branche de l'économie pour se procurer un bien-être après lequel il soupire depuis si long-tems, accablé qu'il est par les impôts & au-tres vexations inconnues au Ministere, mais dont malheureuse-ment il porte tout le poids sans qu'il puisse faire parvenir ses ten-dres gémissemens jusqu'aux pieds du trône où son pere, pénétré de douleur, lui ouvriroit ſes entrailles & le ſecourroit efficacement.

Lorſque l'Auteur nous fait poliment un crime de léſe-patriotiſme d'annoncer un elixir pour différentes maladies des beſtiaux ſans en donner la compoſition, il ne ſçavoit point ſans doute que des raiſons puiſſantes nous obligent d'en faire un myſtere. Il ignoroit que nous avons ſouvent ſacrifié notre intérêt lorſqu'il a été queſtion d'en ſecourir quelque Cultivateur.

Un citoyen qui fait par lui-même ou à qui l'on donne une nouvelle découverte utile, ceſſe-t-il de l'être, pour ne pas en faire d'abord part au public ? Eſt-il infidéle aux devoirs que lui preſcrit ce titre en cherchant à tirer ſes avantages d'un bien que ſes ſoins lui ont mis en main ? Si le public étoit aſſez généreux pour que l'on pût compter ſur ſa reconnoiſſance ; oui ſans doute ce ſeroit une trahiſon que de ne pas lui donner les prémices ; mais comme il ſeroit ridicule de penſer qu'il y eût un concert de volontés pour faire un bien-être à l'Auteur d'une découverte, il peut, nous diſons même qu'il doit ſe le procurer, en cherchant à exciter la bienfaiſance de quelque puiſſance, & c'eſt ce que nous faiſons. Nous attendons qu'un grand Roi ſe détermine à en faire l'acquiſition, nous réſervant toutesfois le droit de la communiquer à nos concitoyens.

Un déſintéreſſement outré eſt un défaut loin d'être une vertu, ſur-tout chez une Nation où l'aiſance & la richeſſe donnent les vertus ; qu'on nous paſſe cette expreſſion, elle eſt un peu violente, nous en convenons ; mais pour peu qu'on ſuive la marche de la nation Françoiſe & qu'on peſe la façon de penſer des perſonnes qui ſont faites à tous égards pour donner le ton, on verra qu'un citoyen qui ſe dépouille en faveur du bien public figure fort mal, s'il ne s'eſt point réſervé quelque choſe & ſi ſon déſintéreſſement l'a réduit à l'affligeante extrémité d'exciter la généroſité de ſes concitoyens. C'eſt un homme qui n'a pas le ſens commun, *dit-on*. Veut-on que nous tranchions du Diogéne ; eh, quand même nous aurions ce courage, on flétriroit cette grandeur, ſi c'en eſt une, du nom odieux d'orgueil.

Si nous avons perdu pour un moment notre principal objet de vue, nous l'avons fait pour nous juſtifier & pour ne pas perdre l'eſtime d'un critique auſſi lumineux que celui qui fait une analyſe ſi favorable de notre ouvrage. Nous avouons ingénument que notre cœur s'eſt un peu ouvert aux ſentimens de l'amour-propre, dès que nous nous ſommes vû en poſſeſſion des ſuffrages d'un Auteur auſſi verſé dans les diverſes branches de l'Agriculture ; il y a ſi longtems qu'il enrichit le Journal œconomique d'obſervations ſûres & utiles, que nous ne ſçaurions trop nous attacher à mériter réellement les éloges qu'il nous donne aujourd'hui ſans doute pour exciter notre émulation. Nous ferons enſorte de répondre à ſes vues, & pour prouver qu'il nous a rendu juſtice ſur notre zèle, nous avons accéléré notre marche, puiſque nous donnons aujourd'hui les quatre derniers volumes : heureux ſi après avoir fini notre carriere, le public daigne récompenſer de ſon eſtime notre activité.

Quant à l'élixir, nous en communiquerons inceſſamment la recette, nous n'attendons que la réponſe d'une Cour de l'Europe pour le rendre public.

Après que notre ouvrage ſera fini, nous annonçons que nous nous ferons un vrai plaiſir de nous tranſporter ſur les lieux mêmes, pour les perſonnes qui nous témoigneront avoir beſoin de notre ſecours, ſoit pour les défrichemens, ſoit pour leur indiquer les eſpéces de productions qui peuvent être les plus analogues aux diverſes eſpéces de ſols qu'elles ont dans leurs domaines. Ainſi, nous le déclarons aujourd'hui, on pourra diſpoſer de nous en tout tems.

Nous eſpérons de plus donner l'été prochain des leçons publiques ſur toutes les branches de l'Agriculture proprement dite & ſur celles de l'œconomie rurale. Nous travaillons à nous faire procurer par l'autorité quelque lieu propre à pouvoir exécuter en petit tous les documens que nous donnerons. On ſent d'avance qu'un ſimple particulier n'eſt point en état de ſe donner par lui-même toutes les commodités néceſſaires pour ces eſpéces d'opérations : il faut donc qu'il ſoit étayé du Miniſtere, & c'eſt à quoi nous travaillons ; il eſt vrai que nos ſollicitations ne peuvent pas être ſuivies, occupés que nous ſommes à remplir exactement les engagemens que nous avons pris avec le public relativement à cet ouvrage.

Nous nous ferons ſecourir par un Pharmacien, pour que nos Auditeurs aient des analyſes ſûres de toutes les ſubſtances qui entrent dans la compoſition des différens ſols qui forment la ſuperficie de la terre. De-là nous établirons des principes & nous en conſtaterons la vérité en les appliquant à la pratique. Enfin ſi toutes ces voies ne ſont pas ſuffiſantes, pour preuve du deſir que nous avons d'être utiles au public, nous prions les perſonnes qui peuvent avoir des idées plus favorables au bien que nous nous propoſons de faire de vouloir nous les communiquer ; elles n'ont point à craindre que nous leur en dérobions la gloire, notre deſſein étant de les faire connoître.

On nous reproche que nous avons ſouvent interrompu l'ordre des matieres que nous avons établi dans la Table générale. Nous avons déja répondu que voulant être tout à tous, & à chacun en particulier, nous avons été obligés de céder à l'empreſſement de pluſieurs perſonnes de diſtinction qui deſiroient être inſtruites de certaines matieres qui dans l'ordre que nous avions pris auroient été trop éloignées. Nous remédions à cet inconvénient, par une nouvelle table générale & raiſonnée. Un ouvrage d'ailleurs de cette eſpéce dont (nous ſommes obligés d'en faire l'aveu au public) de petites jalouſies nous ont forcé d'accélérer l'exécution, ne pouvoit manquer d'être imparfait quant à l'ordre & à la méthode. Il ſeroit inutile d'entrer dans ce détail; peut-être ennuyeroit-il le public, & ſûrement il nous affligeroit. Il doit être en effet douloureux pour des hommes un peu éduqués d'avoir à ſe porter délateurs contre des perſonnes lettrées qui ont réellement des talens, mais qui par leur cupidité alterent ce don ſi précieux dont on ne devroit faire uſage que pour le bien public. Ainſi nous tirons le rideau ſur ces objets. Il vaut mieux encore que nous laiſſions ces perſonnes jouir de quelque conſidération qu'elles ont acquis, que de découvrir au public un tel larcin. Finiſſons, nous ſentons que l'homme commenceroit à agir, conſervons notre caractere par le ſilence. Le public peut les punir ſans les connoître, & nous venger en faiſant uſage des offres ſinceres que nous lui faiſons.

CHAPITRE II.

De la Régliſſe.

RIEN de moins connu en France que la culture de la régliſſe. Si l'on nous ſuit exactement dans notre marche on doit voir combien nous nous attachons à ouvrir aux Cultivateurs des ſources nouvelles de richeſſes; puiſſions-nous voir nos ſoins adoptés; nous oſons prononcer qu'alors l'Etat meſurant ſon bien-être ſur l'aiſance du ſujet, ſentira la grande différence qu'il y a entre ces pays où les Agriculteurs metrent en uſage toutes les branches d'Agriculture pour mettre à profit les différens ſols de leurs domaines, & les pays où l'engourdiſſement & la négligen-

ce tiennent tous les efprits & tous les bras affujettis à une vieille routine, d'autant plus infructueufe qu'elle ne porte fur aucun principe. En effet n'eft-il pas furprenant de voir une plante comme celle
dont il eft ici queftion abfolument négligée dans le royaume, tandis
qu'elle eft cultivée avec tant de foin & qu'elle rend tant de profit
en Allemagne ? Nous avons déja fait voir qu'il eft comme impoffible que dans des domaines étendus, il n'y ait point des fols & des
fituations particulieres qui ne peuvent être favorables qu'à certaines
productions, dont la culture rendroit des profits immenfes, tandis
que ces terreins font abandonnés à eux-mêmes & ne préfentent à
nos regards que des ronces & des épines ; notre unique deffein eft
de fortir les citoyens de cette léthargie fi funefte à leur fortune
& fi contraire au bien général. La réglifle entre pour beaucoup dans
notre objet. Nous allons faire connoître fa nature, indiquer le fol
qui lui eft le plus favorable, entrer dans le détail de fa culture,
& préfenter tous les avantages qui en réfultent.

La *Réglifle*, en terme Botanique *glycyrrhifa filiquofa vel ger-
manica* eft une plante qui pouffe plufieurs tiges de la hauteur de
trois ou quatre pieds ; fes feuilles font oblongues, d'un verd-brun,
vifqueufes, rangées par paires le long d'une côte terminée par une
feule feuille d'un goût tirant fur l'acide. Ses fleurs font légumi-
neufes, purpurines ; elles font fuivies de gouffes, courtes, relevées
& applaties qui renferment trois ou quatre femences petites, rondes & dures. Ses racines font longues, rampantes, de couleur noirâtre en-dehors & jaune en-dedans, d'un goût fort doux & agréable. On en fait une grande confommation chez les Droguiftes &
les Apoticaires.

La réglifle commune vient naturellement en Allemagne, en
France, en Efpagne & en Italie, on n'en trouve point en Angleterre ; mais on eft venu à bout dans trois provinces de la cultiver &
de s'en procurer autant qu'il en faut pour la confommation des
trois Royaumes.

Les anciens ont connu cette plante fous le nom *d'Adipfos*, parce qu'elle appaife la faim & la foif. Théophrafte en fait mention
fous le nom de la racine de *Scythie*, la Scythie étant le pays où
elle a été d'abord cultivée. Cette racine & le lait de jument faifoient
la nourriture ordinaire des Scythes.

CHAPITRE

CHAPITRE III.

Du Sol convenable à la Réglisse.

CEtte plante demande un sol riche & profond. Sa grande valeur consiste dans la longueur de sa racine qui ne vient droite que dans les sols profonds : les racines tortueuses croissent plus lentement & ne sont jamais si tendres ni si pleines de suc que celles qui sont droites.

Un sol noir, moëlleux, de trois pieds de profondeur, sans aucun mélange d'autre substance est celui qui favorise le plus la végétation de la réglisse. Il y en a cependant d'autres où elle réussit très-bien, tel qu'un sol loameux, riche & profond, où il n'y a pas beaucoup d'argille, mais dans lequel la terre molle abonde. Les sols sablonneux, profonds, chauds & un peu riches lui conviennent également.

Il faut que tous ces sols ayent au moins trois pieds de profondeur avant que l'on n'arrive au tuf ou à la glaise ou même à l'argille qui n'a pas beaucoup de sable : car si le fond tient de la nature de ces deux dernieres terres ; cette plante n'y réussit point à cause du froid & de l'humidité ; enfin elle demande quatre choses pour croître avec vigueur, la profondeur du sol pour y pousser ses racines, la légereté pour qu'elles aient un passage libre ; la chaleur pour accélérer la croissance & la richesse, & l'abondance du suc nourricier dont elle fait une grande consommation : les terreins que nous venons d'indiquer ont ces qualités à différens dégrés, mais pas un ne les a toutes parfaitement ; c'est pourquoi on peut, par l'art, préparer un sol qui soit plus analogue à cette plante. Entrons dans ce détail intéressant.

Dans le sol noir moëlleux on trouve quelquefois à la vérité la profondeur, la légereté & l'abondance des principes nécessaires. Mais aussi il est fort sujet aux fraîcheurs, ainsi la chaleur lui manque.

Dans les sols loameux la légereté, la profondeur & la chaleur ne manquent point, mais il n'en est pas de même de la fertilité.

Dans les sols sablonneux pareil inconvénient. M. *Hall* dit avoir

obſervé les différens avantages & déſavantages du ſol dans les endroits où il a vu cultiver la régliſſe.

Dans les ſols noirs moëlleux la régliſſe eſt groſſe & p'eine de ſuc,
mais elle y croît fort lentement. Dans les loameux, elle vient aſſez bien, mais elle n'abonde point tant en ſuc; dans les ſablonneux
la racine pouſſe promptement, mais elle eſt ſéche & dépourvue
de ce ſuc doucereux qui la rend ſi agréable au goût.

Un Cultivateur judicieux trouve le moyen d'ajouter à chaque
eſpéce de ſol, ce qui lui manque. On remarquera que dans les obſervations précédentes, nous entendons parler des ſols tels qu'ils
ſont naturellement; car il eſt impoſſible de donner une idée exacte d'un ſol quelconque, lorſqu'il eſt changé par la culture.

Nous ajoutons à tous ces différens terreins le ſol factice qui ſe
trouve ordinairement près des grandes villes: la régliſſe y vient
à la vérité bien groſſe & bien pleine de ſuc, mais ſa racine a moins
de fermeté, & n'a ni la belle couleur jaune ni le goût agréable de
celle que l'on cultive dans les terreins moins fumés; elle moiſit facilement. On ne peut nier que cette différence ne ſoit l'effet du
ſol. Dans les ſols ſablonneux la plante eſt affamée, dans les loameux elle n'eſt nourrie qu'à demi, & dans les ſols factices voiſins des
grandes villes elle abonde trop en nourriture qui eſt trop humide.

Nous avons fait voir combien il eſt facile de corriger les défauts
d'un terrein par le mélange d'un autre. Ainſi a-t-on un ſol noir
moëlleux où la régliſſe croît lentement, il faut l'amender avec
beaucoup de ſable; il accélérera ſa croiſſance, & ainſi de tous les
autres terreins dont nous avons fait connoître les avantages & les
défauts.

Voici ce que M. *Hall* a pratiqué lui-même avec ſuccès; c'eſt
lui qui parle » Je voulus planter de la régliſſe dans un loam lé-
„ger: Voici comment je le préparai; j'y répandis trente char-
„retées de vieux fumier bien pourri & quarante de boue tirée
„du fond d'une riviere, je labourai enſuite le champ pluſieurs
„fois juſqu'à ce que cet amendement fût bien incorporé au ſol
„qui étoit auparavant de couleur orangée, mais qui par ce mê-
„lange devint noir & mol. Il produiſit la plus belle régliſſe que
„j'aie jamais vu. Si cependant j'ai vu toute celle qui ſe cultive en
„Angleterre.

CHAPITRE IV.

De la maniere de planter la Réglisse.

QUoiqu'on éleve la réglisse dans les champs, elle demande cependant une espéce de culture à peu près semblable à celle des jardins. La bêche est par conséquent plus propre que la charrue à cette culture, parce qu'on cave à une profondeur que la charrue ne peut point atteindre.

Qu'on ne s'allarme point de cette peine & de cette dépense, les profits qui résultent de la réglisse sont si considérables qu'il n'y a point de production qui en approche.

Supposons à présent qu'on a répandu du fumier pourri & de la boue pour amender le terrein que l'on destine à cette plante, il faut le renverser avec la charrue vers l'automne & lui donner pendant l'hiver deux autres labours; sans cette attention le fumier ne s'incorporera point exactement au sol. Si on le laisse en grosses motes, la bêche ne le divisera point exactment, desorte qu'au lieu de rendre le sol léger on tombera dans l'inconvénient opposé; or la légereté du sol est un acident essentiel, & qui favorise le plus la croissance de la réglisse, dont la racine sera tortueuse, attendu qu'elle ne trouve point de passage libre, & par conséquent elle ne réussira point.

Lorsque le sol a été traité par deux labours pendant l'hiver, il faut le bêcher vers la mi-Février; il faut avoir l'œil sur ses laboureurs pour leur faire rompre avec soin chaque motte, afin que le sol soit uni sur la surface & qu'il soit aussi emmiété que du sable, à trois pieds de profondeur.

Le sol étant ainsi préparé l'on plante la réglisse, ce qui doit se faire avec beaucoup de précaution. Il faut bien choisir les plants & les placer dans la terre.

Employe-t-on la semence, on doit la choisir bien saine, & d'une surface bien unie. Si l'on veut se servir des pousses des vieilles racines on ne doit prendre que celles qui ont un bon œil. Voici comment on les plante vers le commencement du mois de Mars. On prend un cordeau qu'on fixe à l'un & l'autre bout du terrein à un pied & demi des bordures. Celui qui plante enfonce la houe qui doit avoir un pied & demi, autant qu'il le peut dans la terre:

cette houe qui reſſemble aſſez à une pioche étant retirée, il reſte
un trou d'environ ſeize pouces de profondeur. On y enfonce légerement le bourgeon juſqu'à ce que ſa ſommité ſoit un pouce au-deſſous de la ſurface & on la recouvre avec de la terre.

Ce premier bourgeon ainſi planté on continue de même tout le
long du cordeau, ayant l'attention d'eſpacer les plants d'un pied &
demi. Après qu'on a planté le premier rang, on tranſporte le cordeau à deux pieds & demi de diſtance, & l'on plante de la même
maniere que l'on a pratiquée pour le premier rang, obſervant exactement la même diſtance entre chaque deux plants, de façon cependant que chaque plant du ſecond rang ſoit directement oppoſé au centre de la diſtance qui ſe trouve entre les plants du premier
rang. On continue ainſi les rangs alternativement, de ſorte enfin
que cette plantation ſoit entiérement égale à la plantation faite
en quinconce.

Après avoir fait le détail de la meilleure façon de planter la régliſſe ſelon les expériences qui en ont été faites. Nous allons donner la méthode ordinaire, afin que le Cultivateur choiſiſſe celle qui lui paroîtra la plus commode.

On plante ordinairement la régliſſe moins régulierement &
moins eſpacée ; il eſt des endroits où l'on ne met que neuf pouces de
diſtance entre les plants dans le rang, & un pied & demi entre
chaque rang. En d'autres endroits les plants ſont éloignés l'un de l'autre d'un pied en tout ſens. En ſuivant cette méthode, lorſqu'on
veut venir au ſecours de la régliſſe pour accélérer ſa croiſſance,
on n'a d'autre reſſource que de houer entre les plants, au lieu
qu'en ſuivant la méthode des rangs on peut bêcher les intervalles, ce
qui eſt très-avantageux, & comme cette production ne ſe vend
qu'au poids, il eſt certain que les racines ayant plus de ſuc & étant
plus groſſes elles rendront plus de profit que celles de la régliſſe qui
aura été plantée ſuivant la méthode ordinaire.

CHAPITRE V.

De la maniere de conduire la Réglisse sur pied.

TOute la plantation étant finie vers la mi-Mars, les sommités ne tardent point à percer la superficie. Vers la fin du printems il y a une quantité prodigieuse de mauvaises herbes dans les intervalles & dans les espaces qui sont entre les plants. On détruit celles des intervalles avec une charrue que l'on pousse avec la poitrine, dont nous avons déja parlé, & celles des espaces qui sont entre les plants, avec la houe à la main. Il faut que les houeurs prennent bien garde de ne pas couper ou altérer les sommités, parce que cet accident retarderoit beaucoup la croissance des racines.

Il faut répéter ces petits labours chaque fois que les herbes reparoissent : mais il n'est plus nécessaire de se servir de la charrue à poitrine ; la houe à la main suffit jusques à l'automne, tems auquel il est bon, après la chûte des feuilles, de bêcher les intervalles entre les rangs.

Deux mois après cette opération on répand un peu de vieux fumier sur tout le terrein ; par-là on couvre les sommités des plants & on les met à couvert des gelées de l'hiver ; les pluies qui viennent après les gelées servent à dissoudre le fumier & à le porter au cœur du sol. On laisse cet engrais dans cet état jusques au printems. On bêche encore une fois les intervalles entre les rangs, ce qui sert beaucoup à incorporer le fumier au sol qui se trouve rompu, divisé & enrichi par la fermentation insensible dudit fumier.

Pendant l'été dès que les mauvaises herbes paroissent, on fait labourer avec la houe à la main & l'on bêche les intervalles entre les rangs en automne ; c'est ainsi que la réglisse doit être traitée pendant trois ans qu'elle doit rester sur pied pour acquérir sa parfaite maturité.

Nous ne doutons point que le plus grand nombre de Cultivateurs ne soient effrayés de voir un terrein occupé pendant trois ans & cultivé pendant ce tems à si grands frais pour ne rendre qu'une récolte : mais on va voir que cette crainte est mal-fondée.

CHAPITRE VI.

De la saison propre à cueillir.

CEtte production est au moins deux ans & demi en terre avant qu'elle n'ait acquis son véritable dégré de perfection, c'est-à-dire trois étés & deux hyvers.

On la cueille ordinairement vers la fin de l'automne. *Quinci* & beaucoup d'autres auteurs qui ne font que se copier exigent qu'on recueille la réglisse au printems, sans nous donner aucune raison plausible de cette pratique. Les instructions qu'on va voir sont directement opposées à celles de ces Ecrivains : elles portent sur des principes incontestables & sont appuyées de l'expérience.

Nous demandons deux choses pour la perfection de la réglisse : la premiere, que ses racines abondent en suc ; la seconde, que ce suc soit bien substantiel. Lorsque les racines sont mollasses, elles font sans vertu ; lorsque leur suc est aqueux, il s'évapore & les racines perdent cette belle apparence qu'elles avoient d'abord, & par conséquent leur poids. Ce que nous disons ici regarde en général toutes les racines ; celle de la réglisse prouve évidemment la vérité de nos observations.

„Afin de connoître , dit M. *Hall*, la vérité ou l'erreur de „l'opinion vulgaire, & pour tirer tout le profit possible de ma ré-„glisse , je l'ai arrachée tantôt en automne & tantôt au printems. „Voici le résultat de mes remarques.

„En automne la racine est pleine de suc & ferme ; sa cou-„leur est plus foncée en-dehors & d'un jaune clair en-dedans. „Son suc est épais & d'un goût doucereux & agréable.

„Au printems elle est mollasse & gonflée , sa couleur est pâle „en-dehors, & d'un jaune sale & boueux en-dedans. Son jus est „d'un liquide aqueux & son goût bien moins doux & agréable.

„J'ai aussi remarqué que celle que l'on récolte en automne se „garde plus long-tems & sans déchet, elle ne perd presque point „de son poids, conserve sa belle apparence & n'est point sujette „à la moisissure, au lieu que celle que l'on récolte au printems, „perd en très-peu de tems beaucoup de son poids , qu'elle de-„vient mollasse & ridée & qu'elle se moisit bien plutôt.

„Voici la raison de cette différence, „c'est toujours notre au-

,, teur qui parle ; ,, le fuc des racines de la régliffe qu'on arrache
,, en automne , eft épais & fubftantiel , parce que la plus gran-
,, de partie en a été contenue dans les vaiffeaux de la plante pen-
,, dant l'efpace confidérable de l'été , où il a eu le tems de cuire ,
,, de mûrir & de participer de la nature de la plante. Or cette
,, efpéce de cuiffon ne peut fe faire fans une évaporation manifefte
,, de la partie aqueufe. Le fuc abondant au contraire qui gon-
,, fle la plante dans le printems , n'eft prefque entierement que
,, de l'eau que la racine vient de pomper, pour la porter à la tige
,, où elle fert de véhicule au fuc qui y eft comme arrêté & dont la
,, circulation eft néceffaire pour l'accroiffement de la plante.

,, Ce raifonnement eft d'autant plus folide que les racines qu'on
,, arrache en automne font préférables à tous égards aux autres
,, dans les plantes annuelles qui montent en graine & dans quel-
,, ques-unes des perpétuelles, qui portent une grande quantité de
,, fruit. On remarque que leurs racines font beaucoup appau-
,, vries après la chûte de la fleur ; de forte que l'automne ne feroit
,, pas la faifon favorable pour les ôter de terre ; il faudroit le fai-
,, re lorfque la tige eft prête à s'élever , parce qu'alors elles font
,, pleines d'un fuc deftiné à nourrir la tige , les fleurs & le fruit ou
,, la femence. Mais la régliffe n'eft pas du petit nombre de ces plan-
,, tes perpétuelles, qui font dans ce cas.

D'après toutes ces raifons conftatées par l'expérience , nous recommandons au Cultivateur qui plantera de la regliffe d'arracher
les racines quand les tiges font defféchées & les feuilles tombées.
C'eft dans ce moment qu'elles font plus fubftantielles, plus propres à
la vente, & moins fujettes à fe gâter, fi l'on juge à propos de les
garder quelque tems.

Nous confeillons cependant d'avoir un acheteur tout prêt avant
que de commencer à arracher. Si l'on fuit nos documens avec exactitude , on verra qu'un acre produit pour les trois années au moins
foixante & dix louis ; de forte qu'une femblable contenance rend
plus de vingt-trois louis par an. Cette récolte mérite d'autant plus
la confidération des Cultivateurs que d'ailleurs elle n'eft pas expofée à bien des accidens auxquels les autres productions font expofées. Qu'on life la lettre qui fuit & qui a été écrite à M. Hall, on
verra que nous n'en impofons point.

LETTRE d'un Cultivateur, *écrite à* **M. HALL**.

MONSIEUR,

Les Cultivateurs de réglisse divisent cette plante en deux parties, sçavoir en bourgeons & en petites racines ; on coupe ces racines avant que de les planter de la longueur environ de cinq pouces, chaque racine a trois yeux ou au moins deux.

Il faut préparer le terrein, ce qui se fait avec du vieux fumier bien pourri, & après l'avoir laissé sur le sol pendant un mois, on bêche le champ à deux pieds & demi de profondeur ; ensuite si le terrein est fort, on répand dessus un peu de chaux, & l'on bêche encore une fois environ dix jours avant que de procéder à la plantation ; autrement la chaux fermenteroit avec le sol & le fumier enfleroit la terre de façon à pousser les racines en-dehors. Si le sol est mol & profond les racines plongent à la profondeur de six pieds.

Avant que de planter je divise mon terrein par couches de trois pieds de largeur ; & je fais pratiquer dans cet espace un petit sentier de six pouces à côté de chaque couche.

Je donne à ces sentiers huit pouces de profondeur, je fais jetter la terre qu'on en ôte sur les couches de façon que la crête en est ceintrée. Je mets mes plants sur ces couches en trois rangs, dont l'un est au milieu & les deux autres sur les côtés à un pied de distance du milieu ; chaque plant dans chaque rang est à six pouces de distance, & je mets entre chaque plant ou bourgeon trois racines. Aussi-tôt que cette opération est faite, je les fais couvrir de terre afin que l'humidité ne les saisisse point.

L'année d'après la plantation on peut semer sur les espaces vuides un peu d'oignon & de carotte que l'on transplante lorsqu'il convient. On peut aussi y semer un peu de rave & de laitue, & en automne des épinards que l'on coupe le printems suivant. Ces petites récoltes dédommagent du tems qu'il faut attendre pour récolter la réglisse.

Lorsqu'on veut se procurer de la bonne réglisse, il faut la laisser sur pied au moins trois ans ; il est des Cultivateurs qui la laissent pendant quatre ans ; on vend alors les petites racines à deux ou trois yeux, ou bourgeons au même prix que la réglisse, qui se vend toujours au poids. Mais on observera que les bourgeons se vendent

le

le double des racines. Les tiges de cette plante font annuelles &
croiffent la premiere année d'un pied ; la feconde elles montent
à la hauteur de deux , & la troifiéme année à celle de quatre
pieds. On coupe toujours ces tiges auffi-tôt que la gelée arrive
pour conferver les racines en meilleur état : on coupe la premiere
année avec des cifeaux de jardinier pour ne pas trop ébranler la
racine qui n'eft pas encore bien affermie, mais dans la fuite on
coupe avec la fauffille.

On ôte de terre la régliffe au mois de Novembre ou bien vers
les premiers jours d'Avril : mais il vaut beaucoup mieux pour la
régliffe & les bourgeons que cette opération fe faffe vers la S. Martin. Les racines étant arrachées, on fait une couche de fable légérement mouillé, fur laquelle on fait une couche de racines , &
ainfi de fuite ; il faut, autant qu'onle peut, préférer le fable de rocher. Quant aux tiges & aux bourgeons, on peut les mettre en tas
& les couvrir avec des nattes.

On fait fécher les petites racines dans un fourneau à drêche ;
on les réduit en poudre dans un moulin, on les vend aux droguiftes ;
ou bien on les écrafe dans une auge tandis qu'elles font encore vertes ; enfuite on les met dans un baquet plein d'eau froide pendant
deux jours & on les fait bouillir dans un pot de fer jufqu'à ce que
la liqueur foit devenue noire ; on l'appelle jus de régliffe d'Efpagne.

Un acre de terrein rend environ 7000 livres pefant de racines,
en fuppofant qu'on la vende 5 fols la livre, le produit doit monter à
1750 liv., de forte qu'un acre & demi de terrein planté en régliffe
produit à raifon de 583 liv. par an. On tranfporte aifément les racines, les tiges & les bourgeons par eau ou par terre , en les arran-
geant alternativement par couches de fable & par couches de
régliffe. Je fuis très-fingulierement,

Monfieur ,

CHAPITRE VII.

De la nature de l'Olivier.

L'Olivier produit beaucoup de branches qui font chargées extraordinairement de feuilles allongées & qui fe terminent
en pointe.

Elles font vertes par-deffus & blanchâtres en-deffous ; elles font groffes, ameres & graffes.

Ses fleurs qui font blanches & qui fe préfentent en forme de grape de raifin paroiffent en Juin ; c'eft de ces fleurs que l'olive vient. Ce fruit eft dans fon commencement verd, enfuite il pâlit & devient noir à mefure qu'il mûrit.

L'olivier a une vie longue pourvu que l'on lui donne les attentions que fa culture exige. Son bois eft très-eftimé parce qu'il a de belles veines & une odeur très-agréable : les parties huileufes & qui font par conféquent inflammatoires font qu'il brûle auffi facilement verd que fec.

Le Sol qui convient à l'Olivier, & l'expofition qui lui eft la plus favorable.

L'olivier ne veut point d'une terre ni trop graffe ni trop maigre ; c'eft-à-dire qu'un fol gras mais léger & chaud eft le plus analogue à fa nature. Vainement tenteroit-on fa culture dans une terre trop humide & trop pefante, ou dans une autre qui feroit trop féche ; on perdroit fes peines, l'olivier non-feulement languiroit mais même périroit en peu de tems.

D'ailleurs, quoique le bois de l'olivier foit très-recommandable, que les Ebéniftes en faffent une grande confommation & que par conféquent il ait un bon prix, cette branche des profits que cet arbre rend ne fait point l'objet de ceux qui fe livrent à cette culture ; on ne fe propofe, en le cultivant, que de fe procurer de l'huile d'une excellente qualité. Or, quiconque veut réuffir doit apprendre que plus le terrein eft gras & fort, moins l'huile a de qualité & plus elle eft graffe & défectueufe ; cet arbre a cela de commun avec la vigne, que les engrais trop fubftantiels alterent la qualité de fon fruit ; ainfi fi nous avons à confeiller le Cultivateur fur le choix du fol nous l'exhortons à donner la préférence à la terre maigre ; parce qu'alors maître de la compofition de fes engrais il peut les charger plus ou moins de principes légers & actifs. Quant à l'expofition, le midi ou le levant font fans contredit les plus favorables qu'on puiffe lui donner ; & quant à la fituation, la colline, les côteaux & les montagnes font les lieux qui favorifent le plus fa végétation & qui donnent le plus de qualité à l'olive.

Les anciens ont reconnu plufieurs fortes d'oliviers. *Serres* rapporte d'après *Columelle* les noms de ces différentes efpéces ; le *pauſtum*, l'*algian*, le *licinian*, le *ſergian*, le *nevien*, le *culminian*, l'*orchite*, le *Royal*, le *circite* & le *murlée*.

Les modernes, continue *Serres*, ont changé ces noms auxquels ils ont ſubſtitué ceux qui ſuivent, *boutignan*, *bequerut*, *daurades*, *verdales*, *ſauʒias*, *d'Eſpagne*, *rouvieres*, *glandaux*, *royales*, *gentilet*, *coliaux*, *longuetes*, *negraux*, *boubeaux*, *ſallierne* & *morengues*.

Nous n'entrerons point dans le détail de toutes ces différences. On verra dans deux Mémoires envoyés, l'un par M. *de Latour*, Intendant & premier Préſident d'Aix, & l'autre par M. de *S. Ceſaire*, ancien député des Etats, qu'elles ſe réduiſent à deux ou trois ſortes, dont on ſuit avec ſoin la culture, & qui pour la bonne huile pourroient ſe réduire à une ſeule, à laquelle les Provençaux donnent la préférence.

Il y a l'olivier ſauvage, qui eſt épineux; il eſt beaucoup plus petit que l'olivier que l'on cultive; il abonde aſſez en fruit qui eſt beaucoup plus ſavoureux & plus délicat, mais beaucoup moins abondant en huile.

CHAPITRE VIII.

Comment on multiplie l'Olivier.

IL eſt des perſonnes qui ont prétendu que cet arbre ne ſe multiplioit point de pépin; c'eſt une erreur : il eſt bien vrai que comme le pepin de l'olivier eſt un noyau tout compoſé de la même piéce, & qu'il eſt extrêmement épais, relativement à ſa groſſeur; le Cultivateur fatigueroit ſa patience à attendre le dévelopement de ce germe pour faire ſa plantation. D'ailleurs, comme il n'eſt point d'arbre qui prenne plus facilement par marcotte ou par bouture, il eſt certain qu'on aime mieux, & avec raiſon, prendre cette voie.

Il faut choiſir les rejettons les plus ronds & qui ont l'écorce unie, vive & luiſante, qui ſont ſans branches & qui ſont de la groſſeur de deux pouces & de la longueur d'un pied & demi. On léve la premiere écorce & on ne laiſſe que la verte qui eſt plus délicate : on met ces plants en terre dans le mois de Novembre dans les pays bien chauds & aux mois de Février & de Mars dans les pays plus doux. On fait des fosses de quatre pieds en quarré , que l'on laisse ouvertes pendant deux mois avant que de planter , afin que la terre s'abreuve des influences de l'air , des rosées , & s'échauffe des rayons du soleil. Lorsque le tems de la plantation est venu , on mêle cette terre avec du fumier & de la cendre , on plante le rejetton debout comme il étoit sur l'arbre : on met quatre doigts de ce mélange au-dessus de chaque plant. Ensuite on foule la terre tout autour , on la masse même , afin que le plant ne s'évente point & qu'il pousse avec vigueur : ensuite on arrose & l'on sarcle.

Il ne faut les transplanter qu'au bout de cinq ans : pendant ce tems on a l'attention de les labourer fréquemment la premiere & la seconde année , & ensuite en automne & au printems ; lorsqu'on a du fumier de chevre qui , comme l'expérience le prouve , est le plus favorable , on leur en donne tous les ans en automne , & on les arrose avec de l'eau de pluie pendant les grandes chaleurs.

Il faut sur-tout se donner bien de garde de les tailler pendant les deux premieres années. On sçait d'après l'expérience qu'on se comporte beaucoup plus sagement en ne laissant la troisiéme année que deux branches à chaque tige ; la quatriéme année on en coupe la plus foible. La cinquiéme année on les transplante à demeure en Novembre ou en Mars , suivant que le lieu est chaud & léger , & que le sol a plus ou moins de consistance , plus ou moins d'humidité.

La méthode la plus infaillible pour les transplanter , c'est de les prendre en motte & de les mettre dans des fosses espacées de cinquante pieds ou du moins de trente-cinq pieds , si le terrein est léger. Mais on observera qu'il faut les avoir ouvertes au moins deux mois avant cette transplantation.

Il est des Cultivateurs qui , & c'est avec raison , échauffent chaque fosse avec de la paille brûlée pour en animer les sels ; cette pratique sert encore à faire voir combien il est dangereux de laisser de l'eau dans les fosses lors de la transplantation. On mêle aussi du fumier avec la terre qu'on a enlevée en faisant la fosse ; on ne laisse sortir de terre qu'un petit plant.

On entoure la fosse d'épines , afin qu'en labourant ou en y passant les bestiaux ne portent aucun préjudice à la plantation.

Il est d'usage de labourer deux fois l'année les oliviers ; le premier labour se donne à la mi Juin & l'autre à la mi - Septembre , on pratique dans toute la plantation des rigoles , qui éconduisent les eaux & les limons aux pieds des oliviers , sur-tout lorsque la plantation est assise sur un coteau. Lorsque l'on a le bonheur de pouvoir se procurer de la siente de chévre, on en met trois ou quatre livres à chaque pied, soit pour l'engraisser, soit pour faire mourir les vers qui attaquent les plants. Au défaut de cet engrais on se sert de marc ou lie des olives.

Il est également d'usage de laisser les plants déchaussés depuis le mois d'Octobre jusques au mois de Février, afin qu'ils profitent des pluies & de la fraîcheur de la saison.

On coupe toutes les branches qui y causent de la confusion, les bois morts & les rejettons que cet arbre pousse abondamment, tant au tronc qu'au pied, à moins que ce ne soit un vieux tronc que l'on veuille renouveller, & alors on ne laisse qu'un ou deux rejettons que l'on choisit les plus vigoureux & de plus belle venue.

CHAPITRE IX.

Du tems auquel il convient de tailler les Plants.

ON ne taille ces plants que lorsqu'ils ont atteint huit ans, comme aussi on ne les taille ensuite qu'une fois dans le même espace de tems, c'est-à-dire à chaque huitiéme année. On choisit un beau tems pour faire cette opération, à la fin de l'hiver, un peu avant que la séve ne commence à se mettre en mouvement.

Façon de les tailler.

On coupe jusqu'au vif tout le bois vermoulu, pourri ou gâté, ou sec, & afin que l'humidité ne nourrisse point la plaie & ne porte point par conséquent préjudice à l'arbre, & qu'elle se cicatrise plus vîte, on la frotte avec du marc d'huile : on se conduit encore plus sûrement dans ce cas en se servant de la poix ou de la cire jaune.

Remarque de plusieurs Auteurs.

Serres, *Liger*, l'Auteur de la *Maison Rustique*, qui tous trois ont écrit l'un d'après l'autre, prétendent qu'il n'est rien de plus funeste que de planter des chênes dans le voisinage d'une plantation d'oliviers, parce que, ajoutent-ils, il faut nécessairement que les oliviers ou les chênes périssent.

Nous ne sçavons point sur quel principe ces auteurs établissent cette antipathie ; nous ne nous sommes point bornés à voir dans quelques plantations si les Cultivateurs allarmés d'une telle prédiction avoient en effet pris à tâche de ne point planter des chênes aux environs de leurs oliviers, mais encore nous avons pris des informations en différens endroits où l'on cultive cet arbre , nous n'avons point eu lieu de remarquer que le chêne lui portât du préjudice , quoiqu'en effet il y en eût à la distance de quarante-cinq ou cinquante pas ; les instructions qu'on nous a données ne sont pas plus favorables à l'opinion de ces Ecrivains.

Nous croyons assurément que des chênes qui seroient plantés près de quelques oliviers à la distance de quinze ou vingt pieds leur nuiroient par la même raison que des arbres de la même espéce se nuisent réciproquement lorsqu'ils ne sont point assez espacés. Mais conclura-t-on de-là avec quelque fondement que ces deux arbres sont contraires l'un à l'autre ?

Observation importante.

Il arrive quelquefois que les oliviers poussent avec tant de vigueur , qu'ils produisent beaucoup de branches & point de fruit. Il faut alors les déchausser & en couper quelque grosse racine. Ce reméde est d'autant plus efficace qu'on les voit bientôt pousser moins en bois & beaucoup plus en fruit. Si l'on ne veut point faire cette opération , on peut se servir de la lie d'huile d'olives non salée, que l'on mêle avec de la vieille urine d'homme ou de pourceau : on en met huit pintes à chaque pied d'olivier lorsque l'arbre a acquis beaucoup de grosseur , & moins lorsqu'il n'est pas si grand. Il est des Cultivateurs qui ajoutent à ce mélange une partie de chaux pour revivifier les sels de la terre ; mais de tous ces remédes celui de la greffe est le plus infaillible : on en sent la raison.

CHAPITRE X.

En quel tems & comment on greffe l'Olivier.

LA greffe en écuſſon eſt la plus pratiquée. C'eſt ordinairement dans le mois de Mai que l'on la fait. On ne coupe rien du ſujet qu'après un an de greffe ; ce tems arrivé on coupe net & tout raz de la tige.

L'Olivier réuſſit par bouture.

Lorſqu'on ne trouve point aſſez de rejettons pour établir ſa plantation, on peut avoir recours aux branches des grands oliviers , & c'eſt ce qu'on appelle planter par bouture. C'étoit pour ainſi dire l'unique méthode que les Anciens mettoient en uſage pour faire, ce qu'ils appelloient improprement , leurs pepinieres. Il eſt des endroits où on la ſuit encore de nos jours.

Comment on procéde à la bouture.

On choiſit une jeune branche d'olivier , groſſe comme le bras , à écorce liſſe & polie : on la ſcie & diviſe en parties d'un pied ou d'un pied & demi de longueur , & on les plante dans une terre bien fumée & bien labourée ; on recouvre de terre le plant au moins de quatre doigts , obſervant toutefois de ficher dans la terre la partie inférieure de la branche , afin que la ſupérieure ſoit vers la ſuperficie & en-haut de même qu'elle étoit ſur l'arbre , afin que les jets qui en proviendront , ſuivent leur direction naturelle : on a l'attention de les arroſer pendant l'été & de les bien ſarcler pour les dégager de toutes les mauvaiſes herbes ; & comme tous les plants ſont cachés ſous terre & que les ouvriers pourroient en ſarclant les bleſſer ; on marque avec de petits pieux les endroits où les plants ſont enterrés.

On les laiſſera ainſi pendant deux ans ſans leur couper aucune branche ; paſſé ce tems, on coupe tout le bois qu'on eſtime ſuperflu, pour façonner la tige, & afin que trois ou quatre ans après elle ſoit en état d'être tranſplantée à demeure.

Voici une preuve bien étonnante de la facilité avec laquelle

cet arbre prend racine. On en prend une branche que l'on dépouille à moitié de son écorce, on la plante bien droite en terre,
& l'on la voit prendre racine & faire dans la suite un bel arbre ; &
c'est de cette expérience qu'est venu l'usage de refendre les vieux
& gros oliviers. On les scie de haut en bas avec leurs racines,
comme on le pratiquoit autrefois en Languedoc & en Provence ; on
les transplantoit ainsi sans écorce d'un côté, & la nature prenoit soin
de les revêtir à la longue ; de sorte que par cette méthode on re-
nouvelloit la plantation, à mesure que les arbres vieillissoient ou
s'altéroient. Il paroît qu'on n'a plus recours à cette méthode,
comme on le verra dans les Mémoires suivans.

Aujourd'hui en Provence lorsque l'on s'apperçoit qu'un olivier
est usé & que l'on est obligé de le couper ; on emploie un moyen
d'en tirer en fruit toute la substance qu'il peut encore avoir. On fait
sur ses plus jeunes branches une incision circulaire ; on léve un
pouce d'écorce, & on recouvre cette playe avec de l'écorce qu'on
enléve des branches d'un jeune olivier. On se sert ensuite du même appareil que celui qu'on emploie pour la greffe, afin de faire
cicatriser la plaie. Ces branches ainsi rajeunies portent du fruit
abondamment : cette méthode qui tient beaucoup de la précédente,
paroît assez semblable à celle que l'on pratique en Languedoc, lorfque l'on ente les oliviers au mois de Mars. On coupe l'écorce circulairement de trois doigts au-dessus de l'ente ; desorte que l'on découvre le bois du tronc ou de la grosse branche. Comme par cette incision circulaire on intercepte le retour de la séve vers les racines,
elle abonde de plus en plus dans les branches qui sont au-dessus de
la plaie ; de sorte qu'elles doivent fournir beaucoup plus de
fleurs & de fruit qu'elles n'ont coutume d'en donner : mais elles
meurent la même année, par la même raison ; parce que la séve
qui doit monter le printems suivant, trouvant la communication
coupée par cette incision, les branches qui sont au-dessus doivent nécessairement périr, ne recevant plus aucun secours de la
part de la terre. On aime mieux faire ainsi périr le vieux bois que
de le couper d'abord au-dessous de l'ente, parce qu'on en retire,
comme on vient de le voir, beaucoup de profit.

Dans tous les pays où l'on éleve des oliviers, on ne les laisse pas
monter en tige comme on le pratique en France. Par exemple en
Espagne on les tient bas, & on les recepe pour leur donner la forme
de gros buissons. Il est certain qu'en suivant cette méthode, l'arbre abonde beaucoup plus en fruit, qu'il est moins exposé aux vents,

& que

& que l'on récolte les olives avec plus de facilité ; c'est pourquoi en taillant il faut le tenir bas & garni de beaucoup de rejets , que l'on espace toutesfois dans l'intérieur de la touffe pour donner de l'air, sans quoi le fruit perdroit de sa qualité ; mais si cette méthode est avantageuse quant à la quantité l'est-elle autant relativement à la qualité ? c'est ce que l'expérience dément : au contraire les huiles d'Espagne sont en général grasses ; & cela n'est point étonnant: dans un pays aussi abondant en principes , les sucs nourriciers n'ayant pas un long espace à parcourir pour se porter au fruit & passant par conséquent par beaucoup moins de filieres que dans l'arbre qui est à haute tige, arrivent pour ainsi dire bruts & tels qu'ils sortent de la terre, & impregnent le fruit de leur goût grossier. D'ailleurs plus la séve a de tiges & de branches longues à parcourir plus elle se purifie par la transpiration ; car nous avons fait voir que la nature a soumis les végétaux à cette loi , ainsi que tous les autres régnes ; nous ne conseillons donc point de suivre la méthode Espagnole ; mais aussi nous avertissons de ne point donner dans l'excès opposé ; parce que , nous l'avons déja dit , comme on ne plante point l'olivier par rapport à son bois, quoiqu'il soit extrêmement beau , mais bien par rapport à son fruit on manqueroit son but , si l'on s'attachoit uniquement à le faire pousser en tige & en branches.

CHAPITRE XI.

La saison dans laquelle on récolte les Olives.

LE mois de Novembre & de Décembre sont les tems les plus favorables pour récolter les olives.

Lorsqu'on veut en faire de l'huile on attend qu'elles aient une couleur d'un rouge foncé, signe certain de leur maturité parfaite ; on ne les laisse pas si longtems sur l'arbre lorsqu'on veut les manger ; c'est pourquoi on les prend vertes & dans le mois de Juin ou de Juillet. Comme elles sont dans ce tems d'une âcreté insupportable, on les prépare, mais il y a plusieurs manieres de leur ôter ce goût.

Les *picholines* sont de la plus petite mais de la meilleure espéce ; nous allons mettre sous les yeux du lecteur la maniere de leur faire perdre l'âcreté qu'elles ont à un plus grand dégré que les olives de la grande espéce, telle que l'espéce Espagnole. Dès qu'elles sont cueillies on les étend sur des draps, on les laisse ainsi essorer pendant quelques jours. On en remplit ensuite des barrils. On y mêle un boisseau de cendre de sarment ou de chêne, la premiere est plus salubre & plus suave, & un demi-boisseau de chaux tamisée avec une suffisante quantité d'eau par-dessus, afin que les olives soient couvertes de cette trempe : on prend bien garde en mêlant ces substances de ne point meurtrir les olives. On les laisse ainsi mortifier pendant douze ou quinze heures. Ensuite on en fend une pour voir si elle quitte facilement le noyau. Lorsque le noyau se dépouille bien net il est tems de les confire.

Il y a des personnes qui ont adopté l'usage de la chaux vive ; mais outre que cette pratique est pernicieuse à la santé elle donne à ce fruit un goût trop âcre & trop piquant. Elle ne peut avoir quelque mérite tout au plus qu'en Espagne ou l'olive grasse & abondante en suc peut acquérir par cette préparation une partie de la délicatesse de la *picholine*. Mais en France, sur-tout en Provence, cet usage doit être proscrit, attendu que par lui-même, par son espéce & par la qualité du terrein ce fruit est d'un goût extrêmement délicat. Il est donc imprudent de l'admettre, puisque l'on s'expose non-seulement à altérer la qualité exquise de la *picholine*, mais encore à porter préjudice à la santé de ceux qui la mangent.

Il est vrai que pour châtier ce goût âcre que cette lessive laisse dans le fruit, on le met, dès que l'on l'en a ôté, dans de l'eau douce que l'on renouvelle tous les jours jusqu'à ce qu'il ait non-seulement déposé cette âcreté, mais qu'il ait même acquis un certain dégré de fadeur : ce qui arrive ordinairement au bout de sept à huit jours. On le met ensuite dans de la saumure que l'on tient toute prête dans d'autres barrils, où il acquiert ce prétendu dégré de perfection dans l'espace d'un mois.

Voici la composition de cette saumure : on fait fondre du sel dans de l'eau jusqu'à ce qu'un œuf puisse surnager : on ajoute du thim, du serpolet, de l'anis ou quelques branches de fenouil : on renouvelle cette eau ainsi composée de trois en trois mois ; sans cette précaution les olives perdent entierement & ne sentent presque plus rien.

Autre Observation sur l'usage de la chaux vive.

Il est certain que dès qu'on est obligé de faire affadir les olives

dans de l’eau douce pour leur ôter cette grande âcreté corrosive dont
la trempe de la chaux vive les imprégne, on ne peut remplir cet
objet qu’en les dépouillant d’autant d’huiles essentielles dont la
chaux se charge lorsqu’on l’attire par le secours de l’eau douce que
l’on renouvelle si souvent : ainsi les huiles essentielles constituant
cette partie du fruit qui lui donne cette saveur & ce parfum qui forment en effet sa bonté ; il est évident que cette méthode est aussi
nuisible au fruit qu’à la santé. Cette observation que nous aurions
faite d’ailleurs d’après l’établissement de nos principes acquiert
d’autant plus de consistance qu’un particulier dont le revenu consiste
en olives, nous a assuré qu’il avoit proscrit cet usage & qu’il n’avoit
qu’à se louer de s’en être détaché.

CHAPITRE XI.

Façon de confire les Olives.

LEs Cultivateurs d’oliviers gardent longtems le fruit pour le
confire & le manger quand ils veulent : ils le conservent dans
de la piquette ou dans de l’eau salée. Nous conseillons de préférer
la piquette, d’abord parce que ce fruit s’y conserve beaucoup mieux
que dans la saumure où il se corrompt très-souvent, ensuite parce
qu’il acquiert dans la piquette un goût vineux, goût que l’on cherche presque dans tous les fruits, même dans le melon.

Lorsqu’on veut le confire soit pour le manger, soit pour le vendre, on prend des olives vertes & nouvellement cueillies, ou bien
celles que l’on a conservées dans la piquette ou dans de l’eau salée.
On les met tremper pendant plusieurs jours dans de l’eau douce
qu’il faut souvent renouveller : ensuite on les jette dans une autre préparée avec de la soude & des cendres d’olives brûlées, ou
bien de la chaux, mais nous l’avons proscrite ; ensuite on leur
donne une autre eau où il y a simplement une suffisante quantité
de sel, & l’on renferme le tout dans ces petits barrils, tels que
nous les voyons chez les Epiciers. Pour leur donner le goût agréable,
mais sophistiqué que nous leur trouvons, on jette par-dessus cette
derniere saumure une essence dont la composition consiste en clou de
girofle, de canelle, de coriandre, de fenouil ; & c’est dans cette com-

position que consiste tout l'art de confire les olives. Au bout de sept à huit jours après cette opération elles sont propres à être mangées.

Les Orientaux ne donnent pour toute préparation aux olives, qu'ils ne mangent que noires & bien mûres, que l'exposition au soleil; ils en remplissent des vases, ils font une couche de sel & une couche d'olives, & ainsi par couche alternative jusqu'à ce que les vases soient pleins; ils n'y mettent point d'eau. Peut-être cette méthode est elle de toutes la meilleure; il paroît du moins que par cette préparation simple l'olive ne doit point tant perdre de son goût naturel.

L'olive de Provence & de Languedoc tient le milieu entre l'olive d'Espagne & la *picholine*. C'est donc celle à laquelle on doit en France donner la préférence.

Nota, que si l'on suit le conseil que nous avons donné de jetter l'olive dans la piquette par préférence à toute autre trempe, il faut bien prendre garde qu'elle soit bien conditionnée, que sur-tout elle n'ait point un goût de bois ou un goût corrompu, ce qu'il est bien difficile d'éviter, comme nous le ferons voir, lorsque nous traiterons de la façon de faire le vin pour la vente, & la piquette pour la consommation de la Ferme. Cependant l'on y parviendra si l'on suit exactement & à la rigueur les instructions que nous devons donner sur cet article.

Après les détails dans lesquels nous sommes entrés sur la culture de l'olivier, nous croyons devoir présenter à nos lecteurs les deux Mémoires qui nous ont été envoyés sur cet arbre précieux: tous les préceptes y sont rassemblés sous un point de vue très-facile à saisir au lecteur le moins intelligent.

CHAPITRE XIII.

Lettre & Mémoire de Monsieur de S. Cesaire.

J'Ai été longtems, Monsieur, sans répondre à la lettre que vous m'avez fait l'honneur de m'écrire: mais j'ai voulu satisfaire à la tâche que vous m'avez imposée, & vous en trouverez le résultat dans le Mémoire ci-inclus. Il a fallu donner le tems à la personne qui a bien voulu s'en charger, de laisser passer des chaleurs trop exceſſives, de faire une récolte de bled & de vin, & j'eſpere que vous en ferez content. Un gentilhomme octogenaire & grand Cultivateur & un Auteur qui a remporté quatre prix à différentes Académies ſe ſont réunis pour cet objet.

Le troiſiéme volume de votre ouvrage ne m'eſt point encore parvenu; j'ai été extrêmement ſatisfait des deux premiers, comme je le ſuis de tout ce qui eſt parti de votre plume, &c.

Mémoire ſur l'Olivier.

1°. L'olivier ne vient point de ſémis. On en a fait pluſieurs fois l'expérience ſans ſuccès : on trouve dans les bois & dans des terres incultes des oliviers ſauvages que l'on croit être produits par les noyaux d'olives dont les geais & les Corneilles ſe ſont nourris, mais ce n'eſt qu'une conjecture. On tranſplante quelquefois & on greffe ces ſauvageons en fente, ou en écuſſon ; mais la maniere ordinaire c'eſt de choiſir des ſujets parmi les rejettons qui naiſſent au pied des vieux oliviers. On les détache du ſep avec une partie de ſon bois noueux qui prend bientôt racine, s'il n'y a pas déja quelque chevelu. L'olivier vient de marcotte & de bouture, il ne faut donc pour cet arbre ni couche ni pepiniere. On en tranſplante qui ont quatre ou cinq pouces de diamétre qui réuſſiſſent mieux qu'un plant jeune & mince moins en état de réſiſter aux injures de l'air, & trop long à ſe former.

2°. On tranſplante les oliviers à la diſtance de trente pieds les uns des autres, & la meilleure méthode eſt en quinconce, afin qu'ils ſoient mieux aërés & expoſés aux rayons du ſoleil. Il faut tous les ans couper les rameaux ſuperflus & morts, ſurtout dans l'intérieur des groſſes branches. Il faut auſſi arrondir l'olivier & ne le pas laiſſer monter en pyramide, ce qui l'épuiſe en bois & nuit à ſa fécondité principalement quand on ne coupe pas les branches gourmandes qui s'élevent au-deſſus de la cime. On lui donne deux labours par an à main d'homme, & on le fume une fois.

3°. Le meilleur engrais eſt le mélange de tout excrément humain fermenté dans des barrils qu'on verſe à un pied de profondeur de la terre & à la diſtance d'un pied du tronc de l'olivier. On emploie auſſi avec ſuccès les vieux platras, le tan qui a ſervi aux cuirs verds compoſé de feuilles de myrthe & de lentiſque, les cendres de leſſive, & les fumiers ordinaires ; mais ces derniers ne ſont pas auſſi propres en ce qu'ils rendent l'huile trop graſſe.

4°. *Serres* dans son traité d'Agriculture compte dix-sept espéces d'oliviers dont il ne donne aucune description, & qu'il nomme, à la façon du Languedoc, sa patrie. Garidel n'en admet que douze, & Tournefort en caractérise dix-neuf par la forme & la grosseur ou la petitesse du fruit. Comme les noms varient même d'un canton à l'autre, il suffit de renvoyer à ces auteurs & de dire, pour l'instruction du Cultivateur, que la meilleure espéce d'olives est celle qui est d'une grosseur médiocre, bien charnue, à petit noyau, dont la pulpe n'est point glaireuse, embarrassée de fibres & dont l'huile est la plus fine au goût & la plus coulante.

Ces qualités se trouvent au suprême dégré dans l'huile de l'olive sauvage. Mais cette olive est fort petite, elle produit trop peu d'huile, 28 boisseaux d'olives sauvages ne rendent que 50 ou 60 livres d'huile, au lieu que la même quantité d'olives de moyenne grosseur & presque arrondies, nommées *Robeiroles* produit 210 ou 220 livres d'huile fine, légere & de la meilleure qualité.

Il y a dans le terroir de Grasse en Provence des olives un peu plus grosses que les sauvages, mais qui ne donnent pas assez d'huile & qu'on est obligé de greffer pour la même raison. Il y a aussi une 4ᶜ espéce d'olivier nommé *Callet*, dont les rameaux sont moins garnis de feuilles, moins verds & moins arrondis que l'olivier nommé *Robeirole*, mais qui porte presque tous les ans un fruit plus allongé & qui mûrit plutôt. Il donne une huile abondante mais un peu grasse, on en cultive peu & l'on donne la préférence au *Robeirole* quand on veut avoir une huile plus fine & plus légere.

La culture est la même pour toute espéce d'oliviers. Il faut pour cet arbre un sol ni trop maigre ni trop gras, ni trop humide ni trop sec. Le climat ne doit être ni froid ni chaud, mais tempéré. L'olivier est toujours en séve & ne quitte point sa feuille pendant l'hiver. La gelée lui est très-nuisible, elle en brûle les rameaux & en desséche le fruit si elle n'en fait pas éclater l'écorce & le bois. Il ne craint guère moins la sécheresse causée par la grande chaleur. Dans les terreins chauds & arides une mouche à dard de l'espéce des mouches *Icneumon*, pique l'olive encore tendre jusqu'au fond du noyau, y dépose son ver qui s'y nourrit & en dévore souvent toute la substance. S'il y reste quelque peu d'huile, elle est dénaturée, bourbeuse, piquante & d'un mauvais goût.

L'olivier est plus fertile & plus beau sur les côteaux que dans les plaines; il ne laisse pas de produire dans les terreins en friche, l'huile en est plus fine, mais en très-petite quantité. Pour régler les

récoltes qui font de deux années l'une, il faut garder un milieu
entre le trop & le trop peu d'engrais & de culture. Quand on cultive alternativement la moitié de fes oliviers pendant que l'autre
moitié fe repofe, on a tous les ans une demie récolte d'huile, & les
arbres en font plus féconds & moins épuifés.

5°. L'olive eft d'abord verte, elle blanchit en automne, & enfin elle paffe au rouge-brun & au noir-luifant. Elle eft mûre alors.
Il n'y a qu'à la preffer entre les doigts pour en faire fortir l'huile.
On la cueille avant fa parfaite maturité, quand on veut avoir une
huile plus fine & qui ait le goût du fruit, mais on a un peu moins
d'huile, ce qui en augmente le prix, & ce goût de fruit fe perd
dans l'année.

Toute préparation d'olives, pour les manger en fruit, demande qu'on les cueille encore vertes. C'eft ordinairement dans les premiers jours d'Octobre. On en confit au vinaigre comme les capres
avec quelque aromate, pour en relever le goût.

On prépare de la maniere fuivante les olives à la picholine,
telles qu'on les vend chez les Epiciers: on met, par exemple, vingt
livres pefant d'olives de la meilleure qualité dans une leffive compofée d'environ quarante livres d'eau pure, dix livres de bonnes
cendres, & demie-livre de chaux vive. La foude peut faire le même effet que les cendres, mais il en faut une moindre quantité. Il
faut que cette leffive furnage les olives dans une terrine ou un baquet. On les y laiffe macérer jufqu'à ce que la leffive ait pénétré
la chair de l'olive & lui ait enlevé fon amertume en l'attendrif-
fant. Pour s'en affurer il faut de tems en tems, après quelques
jours de macération, en couper quelqu'une avec un couteau & la
goûter : il ne faut pas que la leffive les pénétre jufqu'au noyau
quand on veut les garder long-tems & les avoir fermes.

On les retire de la leffive quand on les trouve affez macérées &
adoucies ; on les met tremper dans de l'eau pure qu'on renouvelle foir & matin, jufqu'à ce que l'eau en forte bien claire & fans
aucun goût de leffive ni de chaux. On la remplace alors par une faumure d'une once de fel par livre d'olives dans une quantité fuffifante d'eau pour furnager les olives d'un doigt. On fait bouillir
légerement cette eau avec le fel & quelques grains de coriandre ou
tel autre aromate qu'on veut pour relever le goût des olives qu'on
enferme dans de petits barrils avec leur faumure.

6°. Pour faire de l'huile parfaite, il faut, comme nous l'avons
dit, employer des olives de la meilleure qualité avant qu'elles

foient parfaitement mûres , les porter au plutôt au moulin pour
en exprimer l'huile, avant qu'elles foient échauffées. Sans cette
précaution les olives fermentent & donnent à l'huile un goût piquant & une odeur de moifi, qui infectent le moulin & fe communiquent aux huiles qu'on fait après. On ne peut avoir trop d'attention & de propreté dans les engins & les vafes par où l'huile
doit paffer.

L'huile la plus fine eft l'huile vierge, c'eft-à-dire celle qui coule d'elle-même fous le preffoir, & fans être entraînée par l'eau
chaude qu'on jette fur le marc. L'huile eft altérée par l'eau bouillante, & quand elle eft trouble ou gelée on fait fort mal de l'approcher du feu; elle doit être gardée dans un lieu tempéré où elle
ne puiffe ni s'échauffer ni geler; il fuffit, pour la rafiner & la clarifier , de la verfer doucement d'un vafe dans un autre & de la
féparer peu à peu de la lie qui fe dépofe fucceffivement au fond.

Le moulin à huile eft un moulin à lanterne qui meut une meule
de grais perpendiculaire & de champ, laquelle broye les olives
& leurs noyaux. Quand on manque d'eau, on fait tourner la meule par des bêtes. Les moulins à huile font affez reffemblans aux
moulins à cidre.

7°. Le bois d'olivier fert non-feulement aux tourneurs & aux
ébéniftes , mais encore aux menuifiers pour des meubles; il eft
plus doux, d'un grain plus fin, & prend un plus beau poli que le
bois de noyer. L'olivier vit des fiécles. Il y en avoit en Provence
d'une groffeur énorme avant l'hiver de 1709, qui les fit périr. Ils
repoufferent de la fouche & porterent du fruit en peu d'années.
Il y en a aujourd'hui de trente ou quarante pieds de haut & de la
groffeur des noyers médiocres.

La Provence fourniffoit avant 1709 de l'huile fine à tout le
royaume & aux pays étrangers. Il n'y a aujourd'hui que l'huile
d'Aix & des environs & une petite quantité qu'on fabrique à
Graffe par extraordinaire. L'Italie a profité de la négligence des
fabriquans Provençaux, ou plutôt de l'avidité des marchands com-
miffionnaires qui ne veulent payer l'huile fine qu'au même prix que
la groffiere , & qui y trouvent leur avantage aux dépens de l'acheteur, foit en mêlant ces huiles, foit en les vendant féparément;
c'eft une perte confidérable pour la Provence & pour les marchands
de Lyon & de Paris, qui font obligés de tirer avec bien des rifques,
& de l'étranger , l'huile qu'ils trouvoient fuffifamment dans le royaume. On efpere que l'attention du Gouvernement rétablira ce commerce. CHAP.

CHAPITRE XIV.

Lettre & Mémoire de Monfieur de la Tour, Intendant de Provence & premier Préfident au Parlement d'Aix.

J'Ai, Monfieur, dreffé un Mémoire contenant différentes queftions fur tout ce qui a rapport à la production & à la culture de l'olivier. J'en ai envoyé des exemplaires dans les lieux où cette efpéce d'arbre eft plus abondante, & j'ai raffemblé dans celui que je joins ici le réfultat des éclairciffemens qui m'ont été procurés. Je fouhaite que vous en foyez fatisfait. S'il vous reftoit quelque point à éclaircir, je me ferai un plaifir de vous donner toutes les inftructions dont vous aurez befoin. Je dois vous obferver qu'en Provence l'on confomme l'huile telle qu'elle fort du moulin. La bonne huile n'a pas befoin d'être raffinée, & celle du terroir d'Aix qui eft la meilleure eft très-recherchée ; à Paris & dans le refte du royaume on eft dans l'ufage de raffiner les huiles, parce qu'elles viennent la plûpart de la riviere de Gênes & d'autres endroits qui n'en produifent que d'une qualité inférieure. On eft obligé, pour la rendre mangeable, de la dégraiffer.

J'ai l'honneur d'être avec un parfait attachement, Monfieur, votre très-humble & très-obéiffant ferviteur, LA TOUR.

On demande 1º. *De quelle maniere on fe procure les fujets dont on a befoin pour perpétuer l'efpéce.*

1º En laiffant croître des rejettons au pied de l'olivier, ou dans la terre autour du pied de l'arbre, ce qui vaut encore mieux ; ou bien, comme l'olivier a le pied extrêmement gros on en arrache des morceaux ou des écailles plus ou moins groffes, qu'on appelle communément fouchets, & qu'on plante enfuite dans une terre bien préparée à demeure, ou en pepiniere ; mais la meilleure de toutes ces multiplications eft celle qui fe fait par le moyen du rejetton forti de la terre autour du pied de l'olivier, parce qu'il eft ordinairement plus fort & mieux pourvu de racines.

2º. *Si l'on ente les oliviers, quelle eft la meilleure méthode de les enter & quelle groffeur il faut qu'ayent les autres pour cette opération.*

Tome VII.   E

2°. Lorfque le plançon qu'on a mis en terre eft d'une bonne efpéce d'olive, il n'eft pas néceffaire de l'enter ; mais lorfqu'on veut
changer l'efpéce on peut enter le fujet au tronc ou aux branches,
ce qui vaut encore mieux, & on en ufe de même à l'égard des vieux
oliviers dont on veut changer l'efpéce ; la façon la plus sûre d'enter
cet arbre & la plus commune eft celle de l'écuffon.

On peut enter les plançons dès qu'ils ont affez d'épaiffeur pour
fouffrir l'écuffon ; mais plus le fujet eft gros plus on eft affuré de la
réuffite de l'ente, pourvu que l'écorce foit bien vive & bien unie.

3°. *Quelle eft la culture qu'exigent les fujets plantés nouvellement & les arbres faits.*

3°. La culture des arbres nouvellement plantés & celle des arbres faits eft à peu près la même ; il faut, après avoir planté le fujet
dans un trou de trois pieds de largeur & de deux pieds de profondeur, le cultiver trois fois dans l'année avec la bêche ou la charrue, & ne rien femer au pied ; deux ans après on peut y mettre
du fumier & non plutôt, parce qu'il faut que l'olivier ait pouffé
des racines affez longues & affez groffes pour pomper la fubftance
du fumier. Les gros arbres fe cultivent de même, & lorfqu'on veut
qu'ils rapportent beaucoup de fruit on y met du fumier de quatre en
quatre ans.

4°. *Quels engrais font les meilleurs pour l'olivier.*

4°. On ufe de toute forte d'engrais pour l'olivier, mais le fumier
de brebis eft le meilleur. La fiente de pigeon eft fort bonne pour faire
pouffer promptement les jeunes plançons, mais dans deux ans elle
eft totalement confumée ; à défaut de fumier, on met au pied
des arbres de la terre brûlée, ou bien de la terre neuve ; c'eft-à-
dire de la terre que l'on prend dans un terrein inculte & dans les bois.
Les platras & décombres font regardés comme le meilleur engrais.

5°. *Combien il y a d'efpéces d'oliviers, les faire connoître par
leur nom & quelle eft celle qui produit la meilleure olive.*

5°. La meilleure huile de la Provence eft celle du terroir
d'Aix ; on n'y connoît que deux efpéces d'olives, l'une appellée
Glandau, l'arbre réfifte un peu plus au froid ; l'autre le *Barrelen*,
autrement dit, *plan de Solon*, dont l'huile eft plus douce.

Il y a dans le refte de la Province différentes autres efpéces d'olives ; mais il n'eft guères poffible de les faire connoître par leurs
noms, parce que telle efpéce eft connue fous un nom dans une con-
trée qui en porte un différent dans une autre.

6°. *Quelles font les marques qui annoncent la maturité des olives.*

6°. L'olive n'est mûre que lorsqu'après avoir jauni, elle commence à devenir noire.

7°. *Quelle est la maniere d'apréter les olives pour les manger.*

7°. On peut manger des olives de plusieurs façons ; lorsqu'on veut en manger avant la maturité, on les écrase à demi entre deux pierres, on les met ensuite pendant cinq à six jours dans l'eau, qu'on a soin de renouveller matin & soir ; après quoi on y met du sel & du fenouil, & lorsque l'olive a pris tant soit peu le goût du sel on peut la manger. Lorsqu'elles commencent à jaunir on les taille en faisant plusieurs incisions avec un couteau dans toute la longueur de l'olive, ensuite on les met dans l'eau, & on en use comme ci-dessus.

Lorsqu'on veut en manger dans l'été & les conserver jusques aux nouvelles, on les fait cueillir avant qu'elles approchent de la maturité, c'est-à-dire qu'elles ne soient ni vertes ni rousses, & on les prépare, comme nous avons dit ci-dessus, sans les écraser, ni y faire aucune incision, & dans le printems on a soin de changer l'eau & d'y en mettre de la nouvelle avec du sel.

Celles qu'on veut manger à la picholine, doivent être cueillies vertes, & à la mi-Septembre ; on les met ensuite dans une lessive faite exprès, avec de la chaux, de la cendre, & de la barille, ou soude, on mitige cette lessive, en mettant quatre, cinq ou six pots d'eau sur chaque pot de lessive, on y laisse les olives jusqu'à ce qu'on puisse les couper avec l'ongle & détacher facilement la chair du noyau. Lorsqu'on ne peut point avoir de barrille ou soude pour mettre dans la lessive, on ne la fait qu'avec de la cendre & de la chaux, après quoi on met les olives pendant sept à huit jours dans l'eau qu'on a soin de renouveller soir & matin, pour leur faire perdre ce goût de lessive, & lorsqu'elles ne l'ont plus, on les met dans un barril ou vase avec une saumure faite avec du sel, du bois de rose, de la coriandre, du girofle & de la canelle proportionnément à la quantité d'olives qu'on a.

8°. *Comment l'huile se fabrique.*

8°. La fabrication de l'huile est connue de tout le monde, on met l'olive sous une grosse meule qu'on fait tourner avec un cheval ou par le moyen de l'eau ; on brise l'olive & son noyau jusqu'à ce que le tout soit réduit en pâte, on met cette pâte dans des cabas de jonc ou de corde, que l'on place les uns sur les autres sous un pressoir, & l'huile qui découle lorsqu'un seul homme ferme la presse, est la meilleure, & celle qu'on appelle vierge ; celle qui découle

lorſque la preſſe eſt bien fermée, quoique bonne, n'eſt pas ſi délicate, on ouvre enſuite la preſſe & on met de l'eau chaude dans le
cabas, & l'huile qui découle encore après que la preſſe eſt fermée
autant qu'elle peut l'être, eſt appellée échaudée & d'une qualité
encore inférieure; il ne reſte alors dans le cabas que le grignon qui
étant encore trituré ſous la meule & mis enſuite dans des cabas avec
de l'eau bouillante, donne encore une huile qui eſt la plus groſſiere.
Les olives qui ont reſté quelque tems à terre, & que les vents, la
pluie ou autre accident ont fait tomber, détritées comme deſſus,
donnent une huile que nous appellons commune & que le peuple mange ordinairement. Les fabriques en conſomment cependant la plus grande quantité.

9°. *Combien il faudroit de tems pour avoir, en ſemant des olives,
des arbres de la groſſeur d'un pouce.*

9°. Il faudroit au moins quatre à cinq ans dans le meilleur terrein pour avoir, en ſemant des olives, des plançons de la groſſeur d'un pouce; cette façon d'élever les oliviers eſt peu ſûre, du
tout point en uſage, & bien des gens croient que ce ſeroit perdre
ſon tems que d'en élever ainſi, parce qu'on ne voit pas que les olives qui reſtent dans les champs & qui ſont enterrées, germent &
produiſent des plançons d'oliviers.

10°. *Quel eſt le terrein & l'expoſition qui conviennent le mieux
à l'olivier.*

10°. L'olivier aime les lieux ſecs & argilleux; l'expoſition du
midi & du levant lui conviennent mieux.

Il eſt certain que l'Auteur du premier Mémoire eſt dans l'erreur, comme nous l'avons obſervé dans le chapitre ſecond, lorſqu'il avance que l'olivier ne vient point de ſemis. A cette erreur
près, rien de plus précis, de plus méthodique & de plus lumineux
que toutes les inſtructions que l'on trouve dans ſon mémoire: auſſi
notre reconnoiſſance ne perdra-t-elle jamais de vue ce ſervice important.

CHAPITRE XV.

Mémoire envoyé d'Espagne sur la culture de l'Olivier.

ON connoît en Arragon deux fortes d'oliviers dont le fruit est propre à faire de l'huile, l'un produit la *oliva negral*, & l'autre la *oliva royal*, c'est-à-dire l'olive rougeâtre & l'olive noirâtre. La derniere est la meilleure. On plante ordinairement dans ce pays l'olivier à onze pas communs de distance l'un de l'autre, quoiqu'elle soit grande, à peine l'est-elle assez, parce qu'il devient grand & dure fort long-tems, & selon l'opinion commune ici, il dure beaucoup plus que le chêne ; il a besoin d'air, & il faut l'élaguer afin qu'il ne devienne point trop touffu. L'olivier demande une terre pierreuse. Le fruit y devient meilleur & d'un goût plus suave, on assure même d'après l'expérience qu'il y est plus abondant. On le laboure trois fois par an & on le fume : on fait des arrosemens abondans au commencement, au milieu & à la fin de l'été. A l'âge de six ans il commence à produire, celui qui donne l'olive noirâtre est dans un état parfait après vingt ans : l'autre n'est dans sa perfection qu'à trente.

On connoît cependant encore une troisiéme espéce qui produit les olives qu'on appelle *sevillanas*. Elles sont grandes : on n'en fait point d'huile : on les conserve pour les manger ; les deux autres premieres espéces dont nous venons de parler ne sont ni si grandes que celles-là ni si petites que celles de Provence. On fait la récolte pendant tout le mois de Février. On abat l'olive rougeâtre comme les noix. Mais la noirâtre est plus tendre, & l'on la cueille avec beaucoup plus de précaution ; elle produit beaucoup plus d'huile & de meilleure qualité que l'autre. Cependant on ne prend pas grand soin de la multiplier, parce que les oiseaux s'y attachent par préférence, étant extrêmement douce, & qu'on n'est pas d'ailleurs fort délicat dans le pays sur la qualité de l'huile : ce n'est qu'à *Alcanis*, *Scarpé* & aux environs qu'on a pris l'usage de greffer pour multiplier les bonnes espéces, & c'est la grande abondance de cette espéce qui a enfin donné lieu à cette attention.

Un olivier dans sa véritable vigueur, bien cultivé dans un bon terrein peut rendre jusques à neuf *arrobes* d'huile, qui valent à

peu près deux cent vingt livres , poids de Paris , les autres en rendent à proportion : une *caïsada* ou arpent que deux mulets ou
deux bœufs peuvent labourer en un jour, contient depuis soixante
jusques à soixante-dix oliviers, distants, comme nous l'avons dit
ci-dessus, & rend ordinairement depuis trente - cinq jusqu'à quarante caisses d'olives. Les frais de labourage , d'engrais & d'arrosement ne passent pas vingt *réaux* par arpent. Le réal vaut dix sols
de France.

Maniere de faire l'Huile.

On transporte l'olive dès la récolte au moulin où chaque propriétaire fait placer la sienne dans une loge particuliere, dont le sol
a un peu de pente, afin que l'eau d'ont l'olive se défait en se puri-
fiant, puisse s'écouler ; on l'y laisse plus ou moins, selon sa qualité,
au moins vingt jours, quelquefois deux mois ; il faut, pour être à son
point, qu'elle soit bien chaude & bien purgée ; elle rend alors abondamment ; l'huile est meilleure & les frais moindres ; si on l'oublie
au-delà du tems nécessaire, l'huile est de fort mauvaise qualité, sur-
tout fort âcre, & abonde moins, parce qu'étant fort épaisse elle
laisse beaucoup de *solade* ou lie ; on monde à la fois une mesure
qu'on appelle *pied*, composée de douze *hanegas* ; le pied est composé de douze hanegas ; le hanegas de froment contient cent livres pesant de Paris. Le produit du *pied* d'olive est, selon sa qualité , de quatre jusqu'à six arobes d'huile au plus ; cette olive bien
moulue, devenue, comme une pâte, est partagée par portions
égales dans 36 nates rondes, d'un jonc appellé *sparis* & d'une vare
de diametre, cent quarante vares valent cent aulnes de Paris ; on
met les nates au pressoir où on les laisse demie-heure , on les retire
ensuite pour en bien remuer la matiere ; on y jette après une
suffisante quantité d'eau qui ne sçauroit être trop bouillante, on
les remet au pressoir où on les laisse alors deux heures pendant
lesquelles l'eau, la *solade* ou lie & l'huile tombent dans le réservoir, où il faut laisser reposer le tout pendant demie-heure ; chaque substance y ayant pris sa place, on tire avec précaution & au
moyen d'une machine de cuivre , du poids de cinq livres, l'huile
qui se présente d'abord, & on la met dans un réservoir particulier pour y demeurer jusqu'à ce que celui à qui elle appartient, & à qui on en donne la clef, trouve l'occasion d'en
disposer ; lorsque l'ouvrier sent qu'il approche de la *solada* ou lie
dont il ne doit rien prendre , alors il se sert d'une espéce de plat de

cuivre fort délié avec lequel il l’effleure aussi légerement qu’il lui est possible pour enlever l’huile qui reste, & la joindre à la premiere, on tire ensuite la *solada* avec le même plat, & avec précaution, pour qu’elle ne se mêle pas avec l’eau, & après l’avoir laissée reposer un quart-d’heure on en ôte le peu d’huile qui surnage ; on se sert de cette *solada* pour la lampe, on la fait entrer aussi dans la composition du savon, & son prix ordinaire est la moitié de celui de l’huile ; à l’égard du marc qui est resté dans les nates, on tâche, en le remuant, le chauffant & le remettant au pressoir, d’en tirer encore quelque chose, on en nourrit ensuite les cochons qui en mangent volontiers, & les pauvres gens s’en chauffent ; le feu qu’on fait avec le marc est très-vif quand il est bien sec.

La maniere dont on sçait faire l’huile vierge & dont on fait peu, n’est différente de l’autre, qu’en ce qu’on ne laisse point reposer, s’échauffer ni se purifier l’olive avant de la moudre, & qu’on jette une pierre de sel dans les vases, où on conserve cette huile.

La meule pour écraser l’olive, qu’un cheval fait mouvoir, est disposée comme celle dont on se sert pour écraser la pomme, elle a cinq ou six pieds de diamétre, & deux d’épaisseur ; la grosse poutre du pressoir est de trente-cinq pieds de roi de long, & de deux en quarré ; son engagement dans le mur a six pieds & demi. Il ne doit y avoir que quatre & demi à cinq pieds depuis le mur jusqu’au pressoir ; la vis a dix-neuf pieds de long & deux pieds & demi de circonférence, & le réservoir où tombe l’huile sortant du pressoir, contient soixante arrobes.

Remarque.

L’espéce noirâtre devroit être cultivée en France, il est certain qu’elle produiroit de grands avantages. L’expérience prouve que comme elle est extrêmement tendre & qu’elle est beaucoup plus grosse que l’olive de Provence, elle doit abonder beaucoup plus en huile qui est d’une excellente qualité ; nous ne sçaurions donc trop exhorter les personnes qui font de cette production la plus grande partie de leur revenu, à se livrer à la culture de cette espéce.

CHAPITRE XVI.

De la Garance.

LA racine de cette plante est d'un très-grand usage dans les teintures pour les étoffes de laine. D'après tant d'essais que l'on a faits, on a vu qu'il n'étoit guères possible de donner aux laines une belle couleur sans les garancer. La Hollande met toute l'Europe à contribution par cette racine précieuse; il n'est pas de nation dans l'Europe qui n'en fasse une certaine consommation. On préfére la garance cultivée en Hollande à celle de la Flandre, & l'on a raison: c'est à leur cupidité que les Flamands doivent s'en prendre comme on le verra dans un Mémoire que nous allons donner & qui a été présenté au Ministere. Les Hollandois sacrifient trois ans, au lieu que les Flamands la cueillent de dix-huit mois en dix-huit mois. Enfin ceux-ci lui donnent une culture si inférieure & en même tems si différente de celle qu'elle reçoit des Hollandois, qu'il est bien juste que les consommateurs un peu intelligens préférent celle de cette nation active & industrieuse & qui sacrifie même une partie de ses intérêts pour gagner la supériorité dans la concurrence.

Description de cette Plante.

La racine de la garance est vivace, elle est tout au plus grosse comme le doigt, & d'un rouge qui tire sur le jaune. Elle trace & s'étend beaucoup & plonge à une certaine profondeur dans la terre; elle pousse plusieurs tiges quarrées & d'une couleur rougeâtre, & si foibles que leur partie inférieure est ordinairement couchée sur la terre: elles sont chargées de feuilles longues & étroites: on en compte jusqu'à six ou sept à chaque jointure; elles sont disposées en forme d'étoiles; elles sont de couleur verd-obscur qui devient un peu rougeâtre en approchant de la tige. Elles sont velues ainsi que les tiges de navet, mais cette espéce de duvet est court, dur & même un peu piquant.

L'extrémité des branches porte des bouquets de fleurs éparpillées & d'une seule piéce; elles sont d'un jaune pâle, & taillées en maniere de godet. Le calice qui soutient ces fleurs devient un fruit

composé

compofé de deux bayes qui fe touchent & qui font de la groffeur à peu près du genievre; en acquérant leur parfaite maturité elles deviennent d'un rouge obfcur. Ces bayes contiennent chacune une femence arrondie & creufe vers fon milieu; il arrive quelquefois qu'une de ces femences avorte, & que le fruit ne renferme qu'une feule baye parfaitement fphérique; elle eft verte d'abord, enfuite elle devient rouge, & eft abfolument noire lorfqu'elle a acquis fa parfaite maturité. La racine de garance eft non-feulement néceffaire pour les bonnes teintures de laine, mais encore dans la médecine : elle eft un des apéritifs les plus efficaces.

Il y a d'autres efpéces de garance moins connues que celle dont nous venons de donner la defcription, & que l'on connoît en Botanique fous la dénomination de *rubia tinctorum fativa*. Il y a la garance fauvage qui croît d'elle-même, & que quelques-uns appellent la *petite garance*, en botanique *alyffum*. Il eft certain qu'on en vend de deux fortes, dont l'une eft connue dans le commerce fous le nom de *garance de pipe* & qui eft la plus groffiere, & l'autre la *garance en balle*, qu'on appelle encore *garance de crap*, qui fert à teindre en nouvelle écarlate.

Il eft des Auteurs qui prétendent que la dénomination de garance lui vient de *varantia*, qu'on a dit par corruption, pour *verantia*, pour dire que cette couleur eft vraie & de bon teint.

» Les Botaniftes, dit M. *Hall*, font mention de deux efpéces » de garance, fçavoir celle à fix feuilles, qui n'eft pas digne de » l'attention du Cultivateur; car elle provient des chicots épars » des racines de la garance cultivée ou de fes femences répandues » par accident; de forte qu'à proprement parler il n'y a qu'une » efpéce de garance, puifque celle-ci, qu'on appelle la fauvage, ne » vient par hazard que de celle qu'on cultive.

» Nous tenons, continue le même Auteur, cette plante des » pays Orientaux : fes racines dans leur état fauvage ne parviennent » jamais à la perfection des cultivées; parce que celles-ci s'éten- » dent dans un fol libre & léger, où rien n'arrête leurs progrès, » & fi elles n'arrivent jamais à une groffeur confidérable, elle, ga- » gnent du moins beaucoup en longueur.

CHAPITRE XVII.

Du Sol qui convient à la Garance.

TOut le monde fçait que toute la valeur de la garance confifte dans fa racine, qui plonge à une bonne profondeur ; c'eft
pourquoi il faut lui donner un fol profond, un peu gras & léger. Un
fol mol & noir tel qu'on le trouve ordinairement dans les bas marécageux defféchés, ou bien un fol loameux, où l'argile, loin de
dominer n'eft qu'en petite quantité, ou bien encore un fol mêlé
de loam & de terre molle, tel à peu près que celui qu'on a trouvé
dans les marais, dont M. Dhérouville, Lieutenant-Général des armées du Roi a entrepris avec fuccès le defféchement, font ceux
où la garance végéte avec vigueur & produit confidérablement. Auffi
fommes-nous bien furpris qu'un Cultivateur auffi diftingué, auffi
inftruit & auffi clairvoyant ait préféré la plantation du tabac.

Cependant quoique nous indiquions tous ces fols comme propres à la garance ; il ne faut pas croire qu'on ne puiffe la planter
fur d'autres terreins. Elle vient très-bien par-tout où le fol n'eft
pas abfolument dépourvu de principes, & où il eft affez profond
pour qu'elle puiffe étendre fes racines.

Plufieurs de fes racines fe répandent latéralement & pouffent
vers la furface ; elles fourniffent la nourriture des tiges & des feuilles ; mais comme ces parties de cette plante ne font d'aucune utilité, il eft inutile de les entretenir dans leur vigueur aux dépens
de la racine principale. D'ailleurs on remarque que les racines horizontales ne parviennent jamais à une certaine perfection : c'eft
pourquoi il eft bien évident qu'il vaut mieux les détruire, afin que
la racine principale ne foit point privée de la nourriture qu'elles
lui déroberoient, en leur laiffant la liberté de faire des progrès.

Il n'y a donc que la premiere méthode qui puiffe donner à cette
plante la plus grande perfection, puifque d'après la connoiffance
que nous avons donné de la charrue appellée le *cultivateur* on voit
qu'elle feule eft très-propre à détruire les racines horizontales des
plantes, opération des plus efficaces mais impraticable dans l'ancienne méthode : or toute la valeur de cette plante confifte dans
fa racine principale ; c'eft donc vers cette partie que le Cultiva-

teur doit diriger les sucs nourriciers, & la nouvelle charrue peut seule remplir cet objet important.

CHAPITRE XVIII.

De la préparation du Terrein.

Quoiqu'on ne plante la garance qu'au printems, il faut néanmoins, l'automne d'avant, préparer le terrein; cette préparation consiste d'abord en un seul labour bien profond, fait avec la charrue à quatre coutres : on laisse le terrein en cet état pendant trois mois, après quoi on donne un second labour avec la même charrue : cette opération faite on ne touche plus au terrein jusqu'à la fin du mois de Mars.

Alors on doit s'être pourvu de garance, & l'on fait donner un troisiéme labour avec la même charrue, & herser ensuite, pour rendre la superficie bien unie ; on tend un cordeau sur les bords du champ à travers toute sa longueur, & l'on plante les racines de la même maniere que nous l'avons indiqué, dans la plantation de la réglisse, à un pied de distance l'une de l'autre.

Un rang étant ainsi planté, on transporte le cordeau à la distance d'un pied & demi, & l'on plante chaque racine, dans ce nouveau rang, vis-à-vis le milieu de l'espace qu'on a laissé entre les racines du premier rang.

Ce rang étant disposé, on transporte le cordeau à cinq pieds de distance, & l'on plante le troisiéme rang de même que le premier, & le quatriéme de même que le second; l'on forme ensuite le même intervalle de cinq pieds, & ainsi de suite dans toute l'étendue du terrein, pour ménager un passage au *cultivateur* dont on doit se servir pour la culture de la garance, pendant qu'elle est sur pied.

Après qu'on a ainsi arrangé le terrein, on y passe le rateau pour le rendre encore plus uni.

Le commencement du mois d'Avril est ordinairement pluvieux ; mais lorsqu'il arrive qu'il ne tombe point de pluie, il faut avoir le soin d'arroser le troisiéme jour de la plantation.

CHAPITRE XIX.

De la façon de cultiver la Garance pendant la premiere saison qu'elle est sur pied.

Omme la chaleur douce de la saison & les pluies qui tombent pendant ce tems, favorisent la végétation des plantes utiles, les mauvaises herbes en profitent aussi & poussent avec beaucoup de vigueur. Dès qu'on s'apperçoit qu'elles ont atteint une certaine hauteur, il faut que les houeurs à la main les détruisent dans les espaces pratiqués entre les rangs, & qu'ils prennent bien garde de blesser les racines de la garance, & de ne pas toucher aux intervalles de cinq pieds, excepté le côté extérieur de chaque rang.

Cette opération faite, on laisse la garanciere aux soins de la nature pendant trois semaines ; au bout de ce tems, on voit les grands intervalles couverts d'herbes ; on les détruit avec le *cultivateur*, qui coupe en même tems les fibres des racines de la garance, & il en sort un nombre infini de nouvelles.

Nous avons observé à notre Lecteur, que la racine principale de la garance constituoit toute la valeur de cette plante ; or les racines horizontales qui s'étendent un peu au dessous de la superficie, aident à nourrir la racine principale tandis qu'elles sont jeunes ; c'est pourquoi toutes nos vues doivent se réduire à les multiplier, en coupant leur extrémité avec le *cultivateur* ; lorsqu'elles ont atteint un certain âge, on a l'attention de les détruire ; la partie de la garance qui est au-dessous dans ce tems-là, n'est pas assez grande pour exiger une grande quantité de nourriture ; la racine, au contraire, plonge dans la terre & croît de plus en plus, par l'abondance des sucs que ces fibres lui fournissent.

Il faut chaque fois qu'on voit reparoître les mauvaises herbes dans les espaces, que les houeurs à la main les détruisent ; de même aussi dès qu'elles repoussent dans les intervalles, on leur fait la guerre avec le *cultivateur* ; on a l'attention de couper en même tems les racines horizontales, aussi près des rangs que l'on peut sans cependant blesser la racine principale.

Après cette opération la garance prospere d'une façon étonnante ; il n'est plus nécessaire d'y mettre les houeurs à la main,

mais il faudra rompre encore une fois dans cette saison avec le *cultivateur*, le terrein des intervalles, ce qui suffit pour la destruction des
herbes , & pour couper les racines horizontales , de façon que la racine abonde beaucoup en nourriture.

On ne tire aucun parti de la fleur de la semence de cette plante. Or nous avons déja fait observer combien une racine s'altére lorsqu'on laisse monter la plante en graine ; c'est pourquoi
il est avantageux & même indispensable de couper la plante au-
dessous de son sommet avant qu'elle ne fleurisse ; par cette espéce d'é-
têtement , on enleve les bourgeons des fleurs , & on conserve
assez de hauteur à la tige pour qu'elle attire une suffisante quantité de suc , & l'on n'interrompt point le cours de la nature ; de
sorte qu'en suivant une méthode si éclairée , la portion de nourriture qu'il auroit fallu pour fournir à l'accroissement de la fleur
& de la graine , se porte vers la racine principale ; car les racines
horizontales & latérales sont coupées par l'usage qu'on fait du cultivateur.

Il est vrai qu'on ne peut point empêcher que la tige ne pousse des
branches de la partie où elle a été étêtée , & qu'il n'y en ait quelqu'une qui fleurisse ; mais cet inconvénient n'a point de suite fâcheuse (l'expérience le prouve) ; ces fleurs qui sont en très-petite
quantité , ne peuvent porter aucun préjudice.

C'est ainsi que se passera le premier été , car la récolte de la
garance reste sur pied pendant dix-huit mois, suivant la méthode
Flamande, qui est en cela même très-vicieuse, comme on pourra
le voir par le Mémoire suivant, qui a été présenté au Ministére ;
il est vrai qu'à prendre les choses à la rigueur , les Flamands mettent deux ans, parce qu'il faut six mois pour la préparation du terrein. En automne les tiges périssent ainsi que les mauvaises herbes.

CHAPITRE XX.

De la culture de la Garance pendant la seconde saison.

ON laisse le terrein en repos pendant l'hyver ; au printems,
quinze jours avant que les plantes commencent à pousser, on
doit passer le *cultivateur* dans les intervalles, & mettre dans la garanciere les houeurs à la main, pour détruire les herbes dans les
rangs ; cette opération est nécessaire chaque fois que les mau-

vaifes herbes repouffent : on trouve dans ce foin un autre avantage non moins grand, c'eft de couper les racines horizontales,
& de fortifier parconféquent la racine principale. Voilà en ra-
courci la culture que l'on doit donner pendant la feconde faifon.

En automne, faifon dans laquelle les plantes commencent
à fe faner, il faut arracher la garance avec beaucoup d'attention,
car toutes les racines que l'on caffe doivent être regardées comme perdues : dès qu'on a arraché, il faut les nettoyer, & choifir les plus vigoureufes pour les replanter de nouveau. On fait
fécher celles qui reftent pour les vendre aux Teinturiers, qui s'en
fervent pour teindre en rouge & en pourpre ; elle entre même
dans plufieurs autres couleurs : il eft étonnant qu'en Angleterre, où
la nation travaille avec tant d'affiduité à éviter les défavantages
inféparables de l'importation, on foit encore obligé de tirer tous
les ans de la Flandre, de l'Allemagne & de la Hollande pour
plus de vingt-cinq ou trente mille livres fterlings de cette racine.

CHAPITRE XXI.

De la maniere de planter une feconde récolte de Garance.

LA feconde récolte de garance eft plus profitable que la premiere. Auffi-tôt qu'on a arraché les racines, opération qui fe
fait au commencement du mois d'Octobre & pendant qu'on choifit comme nous l'avons fait obferver, les plantes les plus vigoureufes, il faut faire labourer le milieu de chaque intervalle avec la charrue qui a quatre coutres, & qui eft fuivie de la herfe.

On plante les racines de la même maniere que la premiere fois,
en efpaçant également d'un pied & demi les deux rangs au milieu des
intervalles précédens qui étoient en jachere ; de forte que l'efpace occupé ci-devant par les rangs devienne le milieu de l'intervalle, qui
jouit d'une jachere de deux ans, & profite des labours fréquens que
nous avons recommandé, pour l'accroiffement de la nouvelle plante. Ce tems écoulé, cet efpace qui la premiere récolte avoit été
occupé, fe trouve encore en état de l'être par une nouvelle récolte : voilà comment on parvient à rendre le même champ propre
à produire toujours la même récolte.

Les intervalles de la premiere récolte étant donc labourés avec

la charrue à quatre coutres, on y plante les racines bien choif,
& on les gouverne pendant deux ans de la même maniére que
premiere fois , au bout duquel tems on les arrache.

M. Hall s'énonce ainfi , fur le tems qu'on doit laiffer la garance
fur pied. » Quelques-uns, dit cet Auteur, ont voulu tenir la ga-
» rance en terre pendant trois ans, mais l'expérience prouve que la
» feconde automne eft la faifon où cette racine eft parvenue à fa
» perfection, & que c'eft le tems le plus avantageux pour l'arra-
» cher. «

Il eft étonnant qu'un Auteur auffi célébre foit tombé dans une
erreur femblable; comment a-t-il pu ignorer, après les recherches &
les expériences qu'il a faites pour l'avancement de toutes les branches de l'agriculture, que les Hollandois font de toutes les nations
celle qui vend la plus belle garance, puifque le même Auteur convient qu'elle met à contribution l'Angleterre pour près de trente
mille livres fterlings relativement à cette branche ? Comment , lui
qui a confulté dans tous les pays, n'a-t-il pas pris des informations
en Hollande par lefquelles il auroit appris que les Zélandois, pour fe
procurer la plus belle garance , laiffent pendant trois ans cette racine en terre, bien différents en cela des Flamands , qui entraînés par
une cupidité aveugle qui leur porte beaucoup plus de préjudice
qu'ils ne penfent, comme l'on peut le voir par le Mémoire fuivant.

CHAPITRE XXII.

De la maniere de préparer la racine de la Garance pour la vente.

IL y a diverfes façons de préparer les racines de garance , après
qu'on les a arrachées pour les vendre ; mais nous confeillons à
ceux qui fe livrent à cette culture, de fe contenter de les fécher à petit feu , dans les mêmes fourneaux dont on fe fert pour fécher les houblons : nous en avons donné la defcription.

Il eft des cultivateurs qui enlèvent la premiere écorce, la partie
charnue & la moëlle, & qui vendent la garance fous ces différentes formes : on peut auffi vendre ces parties féparément, & les vendre
en poudre, il y a dans ces différentes pratiques un certain avantage : ainfi c'eft aux Cultivateurs à fe rendre à eux-mêmes compte
des effets de leurs procedés , pour tirer avec fûreté tout le parti pof-

fible de leur récolte. Mais comme les perfonnes qui voudroient entreprendre cette culture , pourroient bien au commencement
n'être pas inftruites de la maniere dont elles doivent fe conduire,
pour fe procurer une vente aifée & avantageufe de la garance ; nous
leur confeillons de fe contenter de faire bien fécher les racines ,
& de les vendre en cet état, plutôt que de fe mettre à la merci des
ouvriers & des domeftiques.

CHAPITRE XXIII.

*Mémoire préfenté au Miniftere par M*** fur la Garance.*

LEs Auteurs qui ont écrit fur cette racine , fur fon nom, & fur
fes propriétés fi recommandables dans la teinture, & connue
vulgairement fous le nom de garance ne laiffant rien à defirer à cet
égard, l'on fe renferme ici dans trois articles principaux, qui feuls
peuvent remplir les vues du Miniftere s'il veut en encourager la culture dans le royaume.

1°. La bonne culture telle qu'elle fe pratique dans la Zélande, &
qui eft bien différente de celle de la Flandre.

2°. La préparation de la racine au tems de la récolte.

3°. Le terrein qui lui eft propre.

1°. La garance fe reproduit de graine, mais comme elle ne monte
point par-tout en graine , on a recours à fes rejettons pour la multiplier, & l'on a reconnu que cette voye eft devenue néceffaire dans
les endroits où cette plante ne monte point en graine , & qu'en
revanche elle rapporte beaucoup plus de racines & d'un plus grand
volume, & qu'elle fait des progrès beaucoup plus rapides.

Les plantations dans la Zélande fe font pour l'ordinaire au printems des rejettons des vieilles garancieres. On les plante perpendiculairement & on les entrelaffe fur cinq à fix lignes diftantes de deux
pouces l'une de l'autre & d'environ un pied & demi d'intervalle
d'un rang à l'autre : lorfque ces rejettons ont pouffé une affez longue tige, on la rechauffe de la terre des intervalles de tems à autre jufqu'à la récolte , ce qui fe fait aifément avec la béche & la fourche,
trois ans après la plantation.

Cette pratique dégage la plante des mauvaifes herbes , foutient &
nourrit la tige à mefure qu'elle croît & fe renforce , & fait jouir

la racine, unique objet du Cultivateur, des impressions salutaires de l'air, du soleil, & des pluies.

En Flandre, au contraire, les plantations se faisant des mêmes rejettons & dans la même saison, sur des rangs de dix à douze lignes, à un pied de distance l'un de l'autre, & par plate-bandes d'environ deux pieds d'un rang à l'autre, lorsque la tige demande à être rechauffée, on la couche de côté & on la couvre de terre de tems à autre, entassant tige sur tige jusqu'à la récolte, qui se fait dix-huit mois tout au plus après la plantation.

Outre que dix-huit mois de culture ne suffisent point pour donner assez de consistance à la racine de cette plante, le champ de la garanciere restant ainsi plein, uni & sans sillons, cette méthode qui semble donner la qualité de la racine à une plus grande quantité de tige, ne fait au contraire que suffoquer la véritable racine, & lui dérober une grande quantité de nourriture, qui contribue à un parfait accroissement, quelle ne peut jamais acquérir par cette méthode.

Il ne faut avoir vû qu'une fois faire la récolte de cette racine, dans l'un & dans l'autre pays, pour être convaincu de cette vérité, & il faut ne pas en avoir la moindre notion pour n'être pas frappé de la très-grande différence, qu'il y a entre ces deux récoltes : qu'on se fasse présenter fidelement la garance que produisent l'une & l'autre culture, il est impossible qu'on ne la sente point.

2°. La préparation consiste à purger la racine de la tige qu'épargne la faulx, à choisir, à séparer la véritable racine, toujours pleine & couverte d'un parenchyme fort épais, d'avec celle qui a été formée de la tige toujours creuse noirâtre en dedans ayant très peu de parenchyme, & séparer les grosses racines d'avec les petites, les faire sécher separément à une chaleur modérée, sans que la fumée puisse faire aucune impression : on les fait sécher à feu ouvert & poussé à un dégré trop violent en Zélande ; on les pile ensuite aussi séparément, à un moulin fait exprès, on les passe dans un tamis de crin, pour en séparer les pélicules brunes, qui en aléreroient beaucoup la couleur, après quoi on les entasse dans des tonneaux.

Les Hollandois donnent le nom de *grappe* ou *robbée* à cette premiere qualité, qui est estimée à proportion de ce qu'elle est plus ou moins purgée de sa pellicule brune, & de quelques parties noirâtres & friables qui peuvent se trouver adhérentes à la racine.

Le même travail fait la non *robbée* de la racine qui a été formée de la tige qu'on nomme *couchis*, & qui est toujours d'un prix bien inférieur.

La pellicule ainsi séparée de ces deux racines de deux différents prix, est appellée *courte* ou *mulle* ; elle n'a de valeur qu'à proportion qu'elle participe des parties de ces racines.

Il seroit à propos d'étendre séparément sur des claies placées sous un grand angard chaque espéce de ces deux racines, & de les laisser ainsi se faner pendant quelques jours avant que de les mettre à l'étuve, & non en tas sans aucun choix, exposées à l'intempérie de l'air, pendant un mois ou six semaines, comme l'on le pratique à Lille.

3º. Les lieux où cette plante croît naturellement, prouvent évidemment qu'elle se plaît dans toutes sortes de terreins ; mais lorsqu'il s'agit d'en faire un produit fixe, qui vaille la peine & les frais de la culture, on a appris par l'expérience, que les terreins bas & humides méritent la préférence sur ceux qui sont secs & élevés ; aussi les Hollandois, ces habiles spéculateurs, qui par leurs peines & leur industrie ont porté cette denrée au rang de celles qui leur rendent tributaires les autres nations, emploient-ils les terreins bas & humides de la Zélande pour la culture de la garance, & les terreins arides de la Gueldre pour celle du tabac, dont ils font un commerce libre & très-étendu.

En partant de ce principe incontestable, puisqu'il est appuyé de l'expérience, & les terreins semblables à ceux de la Zélande n'étant que trop communs dans les Provinces du Royaume, il convient de ne point faire usage pour cette culture de terreins qui sont d'une autre nature.

En suivant ce document, on mettroit mieux à profit les marais des environs de Bergue, capables, nous osons l'assurer, de produire de la garance autant que le Royaume pourroit en consommer, & les terreins plus précieux de Lille, qui ne peuvent point supporter les longueurs indispensables dans cette culture, serviroient à des productions de nécessité premiere ; ainsi il ne seroit pas absurde que le Gouvernement donnât des ordres pour assujettir cette culture au terrein, au tems & à la forme.

Les Hollandois observent de faire la récolte de cette racine en automne, lorsque la plante a fait tous ses efforts. L'opinion la plus reçue en Médecine, veut que l'on cueille les racines au printems, & les plantes dans leur fleur. Sans vouloir discuter cette méthode, & laissant au Cultivateur la facilité de faire sa récolte au tems qui lui

fera le plus commode : la plantation fe faifant au printems, pour
que la plante ait atteint trois ans de culture, il faut que la récolte s'en
faffe dans la même faifon dans la troifiéme année : de là, il réfulteroit un double avantage, celui des filletons pour des plantations nouvelles & celui de la faifon, qui eft en effet plus favorable pour
l'exficcation.

Depuis que l'on a eu connoiffance des propriétés de cette racine pour la teinture, on a vu qu'elle pouvoit être employée également,
verte ou feche; mais comme on a reconnu que, pour que la couleur
en foit plus brillante, il falloit la dépouiller de la pellicule brune, ce
qui feroit à peine praticable & à grands frais pour les racines vertes
qui font d'une groffeur extraordinaire, on a pris le parti de la faire
fécher à l'air dans les pays chauds, & à l'aide du feu dans les pays
froids. Dailleurs on ne pourroit autrement la tranfporter, ni la
conferver.

Les Manufactures qui font à portée des garancieres, peuvent
fort bien l'employer verte pour toutes les teintures auxquelles
elle ne portera aucun préjudice; d'autant plus qu'il eft à préfumer
qu'elle perd en fechant de fa fubftance colorante. On prétend cependant, d'après une longue expérience, que l'exficcation non
outrée eft néceffaire à cette racine, pour développer fa couleur, & que
bien loin de lui être nuifible, elle en rend l'emploi plus commode &
plus facile : on prétend auffi que les garances qui ont atteint un
certain âge, donnent plus de teinture que celles qui font tout-à-
fait jeunes.

Ce que l'on vient de dire à l'article de la préparation, fur le choix
de la racine au tems de la récolte, facile alors, impraticable en autre
tems, comme il eft aifé de le voir par les racines de cette plante que
l'on tire de l'étranger, indique les qualités qu'elle doit avoir indépendamment de celles qui font communes à toutes les racines ;
comme de n'être point trop féche, ni trop vieille, ni pourrie; le
défaut de diftinction de la véritable racine d'avec celle des *couchis*, a fait dire dans certains mémoires, que les petites racines
donnent plus de teinture que les groffes, principe dont la fauffeté
entraîne des Cultivateurs dans des bévues très-préjudiciables.

Les véritables racines diminuent beaucoup plus que les autres, attendu que c'eft le parenchyme dont elles font beaucoup plus
chargées qui diminue plus que la partie ligneufe, qui fait le plus
grand volume des autres; toute racine garance, fi groffe qu'elle
foit, donnera de la couleur à proportion du parenchyme dont elle

fera revêtue ; comme auffi, jamais racine de cette efpéce, provenant du couchis, fans faire mention du préjudice que la partie noirâtre, dont l'intérieur de ces racines eft toujours chargé, peut apporter à leur teinture, à poids égal & à pareil tems de culture, ne donnera à beaucoup près autant de teinture que les autres. Il fe peut qu'en féchant le parenchyme communique de fa fubftance colorante à la partie ligneufe, comme il y a apparence que cela arrive.

Il eft bon de rapporter ici une expérience qui vient d'être faite à Corbeil en Gatinois. Le fieur Guérin qui porté par un zéle patriotique, s'eft rappliqué depuis long-tems à la culture de cette plante dans les marais de fa terre, a fait arracher vers le 15 de Juillet, après une longue féchereffe, une quantité de racines de garance qui a atteint fa troifiéme année de culture : ces racines ont été trouvées d'auffi bonne qualité qu'on en ait jamais vû dans la Zélande ; après en avoir fait le choix & la féparation, comme nous avons dit ci-deffus, il s'eft trouvé de la groffe racine *robbée* en beaucoup plus grande quantité que de celle non *robbée,* ou provenant de la tige ; effet de la bonne culture & du terrein convenable : & après en avoir ôté bien exaclement la pellicule, & féparé le parenchyme d'avec le cœur, ou partie ligneufe d'une certaine quantité de la *robbée*, en avoir fait fécher au foleil, chaque partie féparément, il s'eft trouvé que le parenchyme au poids de trois onces a été réduit à cinq gros & demi ; le cœur au poids de fix gros, à deux & demi ; la pellicule d'environ demi-once, à un peu plus d'un gros. On a pulvérifé chacune de ces parties féparément, à pouvoir paffer par le tamis de crin, & on a procédé de même à la teinture. Le parenchyme a donné une auffi belle couleur qu'il foit poffible de faire avec cette matiere, & en quantité à proportion ; le cœur n'en a prefque point donné ; la pellicule, très peu de couleur brune ou fauve.

On a pris une pareille quantité de mêmes racines, qu'on a eu l'attention de choifir les plus chargées de parenchyme ; il s'eft trouvé trois onces & demie de parenchyme, demi-once de cœur & autant de pellicule. On a procedé de même à la teinture fans les faire fécher ; le parenchyme plus difficile à écrafer dans cet état, a paru à vue d'œil n'avoir pas donné tant de teinture que s'il avoit été féché & pulvérifé ; les autres parties à peu près comme les premieres.

Cette expérience prouve que la racine de garance ne doit point perdre les fept huitiémes, comme divers mémoires l'ont annoncé ; que le parenchyme étant la feule partie teignante, on doit choifir pour cette plante le terrein & l'efpéce de culture, qui lui en procurent davantage. Jusqu'à préfent la pratique de la Zélande, rapportée ci-deffus, a produit de l'aveu univerfel la meilleure garance de fon efpéce.

L'on dira peut-être qu'il y a encore bien des découvertes à faire, tant fur les différentes efpéces de cette plante que fur fa culture; mais il eft raifonnable de s'en tenir fur chaque chofe à ce qui a été trouvé bon, jufqu'à ce qu'on ait découvert quelque chofe de plus utile. Ceux qui affirment que la racine de la garance ne peut être pulvérifée, & qu'elle fe met en pâte, à moins qu'elle ne foit réduite à un huitiéme de fon poids, ne s'apperçoivent pas que ce défaut provient de ce qu'elle n'a pas été bien diftribuée dans l'étuve, ou qu'elle a été mife en trop grande quantité; il eft certain qu'il n'eft pas poffible de garder les mémes proportions pour une grande quantité comme pour une petite, mais on ne doit pas non plus faire de trop grands écarts.

Cette culture a été portée dans la Zélande par les Réfugiés de Flandre; fi l'on confidere les circonftances qui l'ont accompagnée, & les avantages qui l'ont confervée & enrichie, l'on fera forcé de convenir qu'on ne verra jamais en France, égaler, en cela, l'induftrie des Hollandois, jufqu'à ce qu'au défaut du Miniftére, des particuliers zélés, joignant aux propres moyens & à la faveur des exemptions accordées, une véritable envie & une intelligence requife, attachent annuellement à cette culture des fuiets capables dans un terrein convenable, fumé ou marné, felon la commodité & les circonftances.

Il eft facile de réferver dans un grand canton affez de terrein, comme on fait dans la Zélande, pour fournir à la fubfiftance des Cultivateurs; & fi cette méthode n'eft pas la feule qui puiffe attirer cette culture dans le Royaume, elle eft la plus certaine & la plus profitable à tous égards.

L'étuve des Braffeurs peut fervir de modèle pour celle de la garance, & pour le moulin celui du tabac en poudre; au furplus l'expérience, ce guide affuré, donnera lieu à des obfervations de plus en plus utiles, & que toute la théorie d'un écrivain ne fçauroit donner.

CHAPITRE XXIV.

Du Chardon.

CEtte plante dont nous nous étions proposé de parler en particulier est d'une grande utilité aux Manufacturiers de draps; ainsi lorsqu'on est situé dans le voisinage de quelque Manufacture de cette espéce, le Cultivateur peut retirer de grands profits de la culture de cette plante qui croît avec facilité dans les sols les plus médiocres.

Le chardon cultivé est celui auquel les Manufacturiers doivent donner la préférence, & celui parconséquent que l'on doit cultiver. On peut aisément le connoître, à sa tige haute & à sa sommité rude, & en quelque façon épineuse. Il convient d'en donner la description pour que l'on ne se méprenne point, la voici.

Le chardon cultivé acquiert cinq pieds de hauteur, c'est une plante robuste & qui est d'une couleur pâle, armée de pointes. Les feuilles qui partent de la racine sont très-larges, longues, d'un beau verd, & armées de pointes fortes. Les feuilles de la tige ont la même forme; elles croissent par paires, & se tiennent ensemble par la partie inférieure; de sorte qu'elles forment une espéce de bassin autour de la tige; il s'y rassemble beaucoup d'humidité formée par la rosée & par les pluies; ces feuilles ainsi que celles de la racine sont armées de piquants très aigus. D'auprès du sommet de la tige partent plusieurs branches surmontées encore d'autres vers leurs extrémités. Au sommet de chaque branche, s'éleve une tête armée de piquants, qui sont d'une autre espéce que les autres, elle est de forme oblongue : elle ressemble à celle du chardon sauvage, mais elle est bien plus grosse; elle est formée dans l'une & l'autre de ces deux espéces, de petites pointes qui sont en ligne droite dans le chardon sauvage, mais pendantes en forme de crochet dans le chardon cultivé; & c'est par cette circonstance que cette tête est très-utile aux Fabriquans de drap : elle est dans leurs mains comme un instrument, qui par le nombre, la disposition, la rudesse, & l'élasticité de ses crochets, l'emporte sur tout ce que l'art pourroit employer pour remplir l'objet que l'on se propose.

Ces têtes contiennent les fleurs & les semences de la plante; cha-

que fleur a son calice en particulier, qui est très - petit & placé
sur le principe du fruit.

Les fleurs sont petites & creuses, c'est à proprement parler une
espéce de tuyau d'une seule feuille, divisée en quatre segments sur le
bord, dont le supérieur est un peu plus grand que les autres. Du centre de cette feuille s'élevent quatre fibres ou pédicules plus longs
que la fleur, chacun surmonté d'un petit bouton, qui contient la
poussiere prolifique dont la graine s'imprégne. Du sommet du principe du fruit, & du centre de ces pédicules part le commencement
de la fleur, surmonté d'un bouton qui est percé pour recevoir la
poussiere prolifique, & pour la conduire à la graine. Chaque fleur est
suivie d'un seul grain de semence de forme longue.

CHAPITRE XXV.

Du Sol qui convient au Chardon, & de la culture qu'il demande.

LE sol argilleux chargé de quelques pierres est celui qui favorise la végétation de cette plante, il ne demande que deux
labours pour tout soin. Il réussit cependant beaucoup mieux dans
un sol argilleux qui n'a point des pierres.

Il est des Cultivateurs qui préférent de semer le chardon au printems; mais ils ne s'apperçoivent point qu'ils s'exposent à la peine &
à la dépense de détruire les mauvaises herbes; d'autres le laissent
deux ans sur pied. Ces deux méthodes sont également longues &
dispendieuses & sans nécessité.

Mettons sous les yeux du Cultivateur, l'ordre que garde la
nature dans la végétation du chardon sauvage. Les têtes sont
dans leur perfection au mois de Juillet; la semence tombe & prend
racine. Elle pousse des feuilles larges qui subsistent pendant l'hyver. Le printems suivant, la tige s'éleve du centre de ses feuilles,
& la plante fleurit vers la fin de l'été, & acquiert sa perfection:
il n'y a donc qu'à suivre la marche de la nature lorsque l'on veut cultiver cette plante.

Il faut labourer en automne avec la charrue à quatre coultres &
herser le terrein que l'on destine au chardon. Quelques jours après
on lui donne un second labour profond avec la même charrue, & l'on
herse. Le sol étant ainsi préparé, on y jette de la semence nouvelle &

bien faine, à raifon d'un boiffeau de Paris par acre ou par arpent, mefure du même lieu : on féme à la main, & cette opération faite on herfe pour couvrir la femence.

Lorfque le chardon a percé la fuperficie, on met dans le champ les houeurs à la main pour détruire les mauvaifes herbes, & pour éclaircir les plantes, laiffant les plus vigoureufes à un pied & demi de diftance l'une de l'autre ; par là on rend le terrein propre à profiter des rofées & des pluies, ce qui joint à la température encore chaude de la faifon fuivie de quelques pluies, renforce la production en entretenant la terre humide, & en nourriffant les racines ; de forte que les mauvaifes herbes font étouffées par la végétation vigoureufe de la plante que l'on cultive. Au printems les tiges s'élevent, & à la fin de Juillet elles font chargées de têtes.

Il eft alors tems de les cueillir On coupe les tiges, & on les lie enfemble par gerbes d'une moyenne groffeur ; fi le tems eft beau, on met ces gerbes toutes droites au bout du champ même, pour que le foleil & le vent les féchent : fi au contraire il pleut, il faut les porter à la grange, & là attendre que le tems foit convenable pour les mettre à l'air.

Un acre rend depuis cent cinquante jufqu'à deux cents gerbes ; ce qui fait une récolte très avantageufe, à raifon de la modicité du fol, & du peu de dépenfe.

On peut encore plus avantageufement cultiver cette plante fi l'on veut fuivre la nouvelle méthode ; il faut alors femer par deux rangées, & laiffer une intervalle de deux pieds entre chacune, & une efpace de cinq pieds entre chaque double rang ; il eft certain qu'en fuivant cette méthode, il y aura, comme dans toutes les productions ainfi cultivées, moins de plantes par acre ; mais les têtes qui en font les parties les plus utiles, feront plus groffes & en plus grand nombre.

CHAPITRE XXVI.

De l'Anis.

LA confommation que l'on fait en Europe de l'anis, eft immenfe ; cette plante nous vient du Levant & des Ifles de la Gréce : l'expérience fait voir que cette plante acquiert fon parfait accroiffement croiſſement & ſa maturité, non-ſeulement dans nos jardins, mais encore dans nos champs.

Elle végéte à peu près comme le perſil, elle acquiert à peu près la même élévation ; s'étend en branches , & porte des fleurs & de la ſemence en touffe comme cette plante : voici ſa deſcription.

L'anis *aniſum anicetum* eſt une plante qui croît à la hauteur de deux pieds , ou deux pieds & demi tout au plus ; ſa racine eſt longue & blanche , les feuilles qui partent de la tige, ſont plus diviſées que celles qui partent de la racine, elles ſont de couleur pâle : les touffes des fleurs ſont d'une groſſeur moyenne ; mais chaque fleur eſt petite , blanche , & ſurmontée de deux grains de ſemence qui croiſſent enſemble.

Chaque fleur eſt compoſée de cinq petites feuilles , de figure ovale, du centre deſquelles s'élévent cinq pédicules , chacun ſurmonté d'une petite tête , c'eſt le commencement de la fleur qui croît ſur le principe du fruit, qui eſt compoſé de deux grains unis enſemble, qui mûriſſent & ſe ſéparent quand la fleur eſt tombée.

CHAPITRE XXVII.

De la culture de l'Anis.

UN ſol loameux riche, qui abonde en ſable, qui contient fort peu d'argille & qui renferme une certaine quantité de terre meuble, eſt le ſol le plus favorable à cette plante. Quant à la ſituation : une valée chaude lui convient parfaitement; car l'anis eſt délicat, rien ne lui eſt plus funeſte que l'eau autour de ſes racines.

Le terrein étant choiſi, on le laboure en automne , & on y répand une certaine quantité de fumier moitié pourri ; on lui donne deux ou trois labours, entre ce tems & le printems, afin que l'engrais s'incorpore bien au ſol : enſuite on le herſe, afin de le rendre s'il eſt poſſible auſſi uni qu'une plate-bande de jardin. On pourroit fumer alors le terrein ; mais il faut attendre que la ſaiſon ſoit favorable. L'anis eſt une plante d'une végétation accélérée & prompte ; il eſt inutile de ſe hâter de le ſemer au commencement du printems, les pluies froides lui ſont funeſtes, & l'on ſçait qu'elles ſont très-fréquentes à l'arrivée de cette ſaiſon : auſſi exhortons-nous les Cultivateurs à laiſſer paſſer ce tems critique.

Il eſt des Auteurs dont la réputation eſt, avec raiſon, très-bien établie, qui exagérent ſur la délicateſſe de l'anis, & ſur la difficulté de le faire venir à bien ; ils exigent qu'on le ſeme en Février : au ieu que nous ſçavons d'après l'expérience, qu'il réuſſit très-bien, lorſqu'on le ſeme en Avril.

Toute la difficulté & le riſque que l'on court en le cultivant, ne portent que ſur l'ignorance des Cultivateurs ; il faut leur donner des lumieres, car c'eſt une production très-avantageuſe, puiſqu'un acre de terrein, rend une très-grande quantité de graine qui forme un profit conſidérable.

Le terrein étant préparé, on choiſit de la ſemence nouvelle & ſaine, ce que l'on connoît à ſon poids & à ſa netteté : ſi la couleur eſt luiſante, elle indique que la ſemence eſt nouvelle : ſi l'on ne prend point cette précaution, on riſque d'employer de la ſemence altérée ou vieille ; dans le premier cas, rien de plus pauvre que le produit ; dans le ſecond, la ſemence eſt un tems infini à ſe développer, & quelquefois même, ne pouſſe point du tout, n'ayant point de principe.

Il faut ſemer legérement & auſſi clair qu'il eſt poſſible ; dès que la plante a percé la ſuperficie, il faut détruire les mauvaiſes herbes avec la houe à la main, & éclaircir les plantes à ſix pouces de diſtance l'une de l'autre en tout ſens.

On les laiſſe dans cet état juſqu'à ce qu'elles fleuriſſent, & que la ſemence ait acquis ſa parfaite maturité ; dès que l'on s'apperçoit qu'elle durcit, il eſt tems de faire la récolte : la meilleure façon de la cueillir, c'eſt d'arracher les tiges avec la main, comme on arrache le lin, attendu que la racine ne plonge point profondément : enſuite on les porte dans la grange pour les faire ſécher, ſans être expoſées à perdre de la graine ; on bat enſuite la tige pour en ſéparer la ſemence.

La conſommation en eſt ſi grande que pluſieurs Cultivateurs trouveroient des avantages conſidérables à cette culture, ſur-tout lorſqu'on eſt à portée des grandes Villes où le débit de cette graine eſt très-facile. Il faut autant qu'on le peut, multiplier les productions ; on doit ſentir combien cette conduite eſt profitable dans un domaine un peu étendu : il y a de toutes ſortes de terres & d'expoſitions ; de ſorte que ce qui eſt contraire à une production, étant quelquefois favorable à une autre, on ſe trouve au moins dédommagé, & l'on n'eſt point expoſé à ſe trouver ſans récolte lorſqu'il arrive quelqu'accident : événement qu'eſſuyent ceux qui ſe livrent tout entiers à une seule production, comme par exemple à la culture des vignes.

CHAPITRE XXVIII.

Du Carvi.

LE carvi est une plante qui tire son nom de la Carie, pays de l'Asie mineure, où les anciens l'avoient remarquée.

Il ressemble assez à l'anis, mais sa culture n'est pas si dispendieuse & sujette à tant d'accidents ; il est beaucoup plus robuste , & rapporte beaucoup plus de profit parce qu'il ne périt point après la récolte qu'on a fait de la graine : il vit pendant plusieurs années , & rend des récoltes abondantes chaque année.

Le carvi en terme de Botanique, *carvi officinarum* ou *cuminum pratense* , monte ordinairement à la hauteur de quatre pieds, sa racine est grosse , longue & blanche , & d'un goût agréable ; les feuilles naissent par paires , sont découpées menu le long d'une côte, & ressemblent assez à celle de la carotte sauvage ; la tige se leve du centre des feuilles qui sont près de la racine , elle est creuse, canelée , la surface est divisée en plusieurs branches ; ses feuilles se tiennent sur ces branches semblables à celles de la racine , mais elles sont plus petites , & divisées en parties plus étroites & extrémement déliées.

Aux sommités des branches, croissent des touffes de fleurs blanches, ensuite viennent les semences deux à deux ; toute la touffe n'est point garnie de feuilles, dans son fond ; chaque fleur n'a point de calice qu'on puisse du moins appercevoir, c'est par ces particularités, & par sa maniere de croître, que le carvi ressemble à l'anis.

Chaque fleur est composée de cinq petites feuilles , dont les extrémités se renversent en arriere ; du centre de chaque fleur partent cinq pédicules, dont chacun est surmonté d'un petit bouton, & du milieu de ces pédicules, s'en élevent deux autres, plus fins & plus déliés , qui font le principe de la fleur : après que la fleur est tombée, les semences croissent deux-à-deux, unies ensemble ; elles se séparent quand elles ont acquis leur parfaite maturité. Les Botanistes font mention de deux ou trois autres espéces de carvi ; mais il n'y a que celle-ci qui mérite l'attention du Cultivateur.

H ij

CHAPITRE XXIX.

Du Sol qui convient au Carvi.

UN sol profond, riche & moëlleux, est celui qui est le plus favorable à cette plante, il réussit très-bien dans un sol loameux riche où il n'y a pas trop de sable.

Quant à la préparation du terrein, on le laboure en automne, & encore une fois au commencement de Février ; huit jours après on le herse ; ces deux opérations faites, il est propre à être ensemencé ; il faut choisir la graine saine & nouvelle, on en jette ordinairement sept livres pesant dans un acre.

Lorsqu'on a répandu la semence, on passe la herse pour la couvrir ; lorsque les plantes ont passé la superficie du sol de la hauteur de trois ou quatre pouces, il faut y mettre les houeurs à la main pour détruire les mauvaises herbes : on leur ordonne aussi d'arracher les tiges foibles, pour espacer les vigoureuses, au moins de sept à huit pouces.

Lorsqu'on a donné cette façon avec un peu de soin, on n'est plus dans la nécessité de la répéter pendant le reste de l'été, parce que la production se trouve avoir assez de vigueur pour étouffer les mauvaises herbes : nous ferons observer qu'on ne doit point s'attendre à récolter la premiere année ; s'il y a cependant quelques tiges qui montent en graine, on peut les couper.

On laisse en repos la *carviere* pendant l'hyver ; au printems on lui donne un labour avec la houe à la main, & on le répéte en Août ; peu de tems après la semence mûrit ; on a une abondante récolte non-seulement cette année, mais encore trois ou quatre années consécutives. Lorsque la semence a donc acquis sa maturité, on coupe les tiges, on les met par poignées, on les fait sécher & on les bat pour en séparer la graine.

Les Anglois & les Allemans, en font un grand usage, ils en mettent dans leurs biscuits, dans leurs fromages, & dans toutes sortes d'alimens.

CHAPITRE XXX.

Contenant des Remarques importantes fur le tems & la maniere de femer.

IL y a deux chofes effentielles à confidérer fur ce point; quoi qu'elles fe trouvent éloignées du livre dans lequel nous avons raffemblé tous les documents que nous avions, nous manquerions à nos Lecteurs fi nous les fupprimions, par la raifon qu'elles ne fe trouvent point à leur place; elle nous font furvenues, nous en faifons auffi-tôt ufage; dans un ouvrage comme celui-ci, où l'on fe propofe de raffembler toutes les inftructions utiles, on n'eft pas toujours le maître de placer les avis qui nous viennent dans leur ordre naturel, cette méthode eft abfolument impraticable. Ainfi c'eft donner de nouvelles preuves du deffein que nous avons de ne laiffer à notre Lecteur rien à fouhaiter fur le nombre infini des branches de l'Agriculrure, que de les lui communiquer auffi-tôt que nous les poffédons.

Ces deux obfervations roulent fur la nature de la femence & fur la qualité féche ou humide du terrein; il eft des graines qui s'altérent par l'humidité, & qui ne viennent jamais à bien; il en eft auffi qui lui réfiftent, & auxquelles elle eft favorable; de forte qu'il y a des fols qui reçoivent plus favorablement la femence quand ils font fecs, & d'autres quand ils font humides.

Regle généralement reçue des Jardiniers, c'eft de femer fur un fol fec & de planter fur un fol humide : mais la culture des champs ne fe conduit point fur des regles vagues : tout terrein doit avoir une certaine humidité, pour que la femence que l'on lui confie profpere : ainfi les fols fecs doivent en avoir plus que les autres dans le tems que l'on les enfemence.

Le fol qui eft naturellement humide, peut être femé en tout tems, pourvû que la graine foit de nature à fouffrir l'humidité.

Il faut femer le froment lorfque le fol eft humide, parce que non-feulement il réfifte à l'humidité, mais encore qu'il en demande.

Le feigle au contraire craint beaucoup l'humidité, & réuffit toujours beaucoup mieux, lorfqu'il eft femé dans un fol fec; car l'expérience prouve qu'il monte fans pluie fur le fol le plus fec &

dans la saifon la plus feche ; au lieu que le froment refte comme s'il étoit mort, lorfqu'on le fème dans les mêmes circonftances.

L'avoine noire demande autant d'humidité que le froment. Mais l'orge approche beaucoup de la nature du feigle en ce qu'elle réuffit très bien lorfqu'elle eft femée en un tems fec.

L'ufage établi parmi le plus grand nombre des Laboureurs, c'eft d'obferver la faifon de l'année pour leurs femailles. Lorfqu'elle eft arrivée ils fe hâtent de femer leur froment, fans avoir égard au tems qu'il fait. C'eft pourquoi la femence refte quelquefois fix femaines en terre fans paroître, deforte qu'il y en a une grande partie qui pourrit. La raifon & l'expérience, & non une coutume fans principe, doivent guider. Si les premiers Cultivateurs ont fixé le tems des femailles à une telle faifon, ce n'eft que parce qu'ils avoient éprouvé que dans ce tems les pluies font fréquentes. Mais s'il arrive qu'elles foient retardées, il ne faut pas croire qu'ils aient voulu nous faire braver cette circonftance, qui, comme nous l'avons fait voir en fon lieu, décide du fuccès de la récolte. Il faut donc attendre, pour jetter fa femence, que ces pluies viennent. C'eft ainfi qu'on fe conformera mieux à leur fens, que les Cultivateurs aveugles qui ont la foibleffe de s'attacher au jour marqué.

D'ailleurs, un autre inconvénient qui réfulte de ce peu d'égard de plufieurs Cultivateurs qui ne fçavent point prendre l'efprit des anciennes traditions, c'eft que la femence fe trouve jettée au hazard, & couverte très-inégalement. Le grain tombe trop épais en certains endroits & trop clair en d'autres. Là il eft enterré fi profondément qu'il eft accablé & ne peut point par conféquent percer la fuperficie ; ici il fe trouve prefque fur la fuperficie & languit à découvert ou eft dévoré par les infectes, comme fourmis, &c. & par les oifeaux : n'eft-il pas étonnant que ces abus foient encore fi communs, & qu'un peu de jugement ne les ait pas bannis encore de l'Agriculture ? Chaque femence demande un tems qui lui foit propre pour être femée. Chacune veut une profondeur déterminée qui foit analogue à fa nature. Or il eft bien difficile de parvenir à ce dégré de perfection fans le fecours de la nouvelle méthode. Que ne doit point l'humanité à *Lucatello*, qui eft l'inventeur du *Sémoir* & du *Cultivateur*, & quelle reconnoiffance ne mérite point de notre part M. *Thull*, pour avoir remis en vigueur cette méthode trop longtems négligée ?

Nous avons déja fait fentir combien on épargnoit de femence par la nouvelle culture, puifqu'il ne faut tout au plus que vingt-quatre pintes de froment, mefure de Paris, pour un arpent.

On peut femer le froment depuis le tems de la moiffon jufqu'en Novembre. Lorfqu'on le féme de bonne heure il faut moins de femence, parce que les infectes & les oifeaux trouvent plus facilement à vivre, & que par conféquent ils ne l'attaquent point tant.

Il faut donner à un fol pauvre plus de femence qu'à un fol qui abonde en principes, parce qu'il eft certain que les plantes ne réfiftent pas fi bien fur les fols de cette efpéce aux rigueurs de l'hiver, & que par conféquent il en périt un plus grand nombre.

Lorfque l'on craint les vers il faut femer le froment à peu de profondeur. Il monte avec vigueur & réuffit très-bien, quoiqu'il ne foit couvert qu'à trois pouces de profondeur, & il fe tient parfaitement fur pied n'ayant même qu'un pouce en terre. Les vers détruifent le froment en coupant les petites fibrilles. Or tout le monde fçait que ces infectes s'enterrent plus profondément pendant l'hiver que dans les autres faifons; & par conféquent en ne femant le froment qu'à une certaine profondeur, il eft hors de leur atteinte.

Les vers ne font pas les feuls ennemis à craindre pour le froment; les corbeaux l'attaquent, ainfi il faut mettre toutes fes attentions à les chaffer du champ lorfque la plante commence à pouffer. Ils ont la vue fine, ils apperçoivent la tige dès qu'elle a percé la fuperficie, ils l'arrachent avec leur bec, pour manger le grain qui eft encore mol & enflé.

Quelques jours après que la tige a acquis une certaine hauteur, la farine de la femence eft confommée, & alors ces oifeaux ne l'attaquent plus.

Lorfque l'on féme le froment immédiatement après la moiffon, on n'a point tant à craindre les corbeaux; parce que dans ce tems ils trouvent abondamment de quoi vivre; car il n'y a que le befoin qui leur infpire la rufe de déraciner le bled.

Il eft certain que le froid eft nuifible au froment; cependant il faut qu'il paffe l'hiver dans la terre; c'eft donc au Cultivateur à l'en défendre du mieux qu'il lui eft poffible: pour cela il faut avoir l'attention de bien ferrer & affermir le fol autour de la plante, ce que la nature fait elle-même, pourvu que l'on féme par un tems humide. On peut juger d'un fol labouré humide & d'un fol labouré dans un tems fec par la différence d'état d'un banc de terre. Lorfqu'il eft fait dans un tems humide, il dure pendant plufieurs années, est ferme & ne se dément point ; au lieu que si on le fait dans un tems sec, il s'écroule peu à peu & se détruit en peu de tems. De cette observation on doit conclure qu'il est de la derniere importance d'attendre que les pluies aient humecté le sol, pour semer le froment.

On peut semer des navets depuis le mois de Mai jusqu'en Août ; ce légume réussit beaucoup mieux lorsqu'on le cultive suivant la nouvelle méthode. Quatre onces de semence suffisent pour un acre, au lieu qu'il en faut quatre livres lorsque l'on suit l'ancienne méthode.

Il faut semer les féves la troisiéme semaine de Février. Si le printems est pluvieux on doit s'attendre à une récolte des plus abondantes, sur-tout en suivant la nouvelle méthode. Chaque tige porte depuis soixante jusqu'à soixante-dix cosses, qui sont remplies de féves bien nourries. M. *Hall* dit en avoir compté quatre-vingt-quinze sur une tige dans un sol loameux.

CHAPITRE XXXI.

Du Safran.

LE safran est une plante sur la dénomination de laquelle les Botanistes se sont si peu accordés que nous le connoissons aujourd'hui sous trois noms différens. Les uns l'appellent *crocum*, d'autres *crocus* ; quelques-uns, comme M. de *Tournefort*, le nomment *crocus sativus*, quelques autres enfin, comme M. Ray, le désignent par la dénomination de *crocus Autumnalis* : il faut convenir cependant que tous ces noms ont tant de rapport que le Cultivateur ne peut point s'équivoquer, sur-tout d'après la description botanique que nous allons en donner & que nous avons prise de M. *du Hamel*, & d'après la description beaucoup plus simple de M. *Hall* ; celle-ci est sans contredit plus à la portée des Cultivateurs dont les connoissances naturelles n'ont point été étendues par un peu d'éducation.

Le Lecteur jugera de la différence, & il aura ici lieu de voir laquelle de ces deux façons de s'énoncer a une utilité plus étendue.

Description Botanique.

Cette plante & ces pistiles desséchés dont il se fait un si grand commerce,

commerce, font connus en France fous le nom de fafran : cette plante eft bulbeufe. Son oignon ou bulbe eft folide & charnue. Ses oignons ont ordinairement un pouce de diametre fur un & demi de hauteur : ils font applatis en-deflus & en-deffous & cavés dans le milieu à peu près comme la pomme dans la partie où fa queue eft placée ; leur fubftance intérieure eft couverte de plufieurs membranes féches & qui fe forment de plufieurs filaments paralleïément affis les uns fur les autres, & c'eft ce que l'on appelle la robe ou l'envelope de l'oignon.

Dans une cavité qui eft au milieu de la partie fupérieure de l'oignon, on apperçoit une, deux ou trois pyramides de couleur fauve & brillante, & fur les côtés on en voit encore quelques-unes, mais plus petites ; c'eft de ces endroits, que l'on peut regarder comme les boutons de la plante, que fortent les fleurs & les feuilles & même les caïeux. Lorfque l'on enléve les envelopes coniques qui forment ces boutons, on apperçoit un mammelon de même figure, qui étant coupé fuivant fa longueur paroît être lui-même un petit oignon contenu dans le gros, & qui renferme les premiers rudimens de la plante. D'ailleurs le corps de la bulbe étant auffi coupé en différens fens, paroît dans fa totalité être d'une fubftance uniforme affez femblable à la chair d'une pomme : & en effet on pourroit plutôt le mettre dans la claffe des pommes de terre que des oignons, qui font formés dans toute leur fubftance de différentes envelopes couchées les unes fur les autres ; au lieu que la pomme de terre eft une maffe folide & charnue, & que le fafran lui reffemble beaucoup : enfin nous difons que la racine principale, ou le corps matrice, tient un milieu entre les pommes de terre & les oignons proprement dits.

Lorfque, comme il arrive ordinairement, les pluies tombent dans le mois de Septembre, la terre s'humecte ; alors les racines fortent de la bafe de la bulbe, & en même tems les mammelons qui les environnent, s'allongent & s'ouvrent, & la fleur commence à fe dégager de la robe ou des envelopes de l'oignon. Le bouton de la fleur envelopé d'une coëffe mince, formée de plufieurs membranes & porté fur un pédicule, s'éléve pour gagner la fuperficie de la terre ; à mefure que le pédicule s'allonge ce bouton fe dégage de fa coëffe, & fe montre fous la forme d'un corps ovale long d'un pouce & demi ou deux pouces, dont le diamétre eft de cinq à fix lignes. Il eft fupporté comme fur un pédicule par un tuyau, ayant au plus une ligne de diamétre. Ce tuyau fait, à proprement parler, partie

de la fleur, & l'on doit le regarder comme fa partie inférieure ;
cette fleur s'éleve au-deſſus du terrein , ſeulement d'environ deux
pouces.

La partie fiſtuleuſe de la fleur s'éleve confidérablement par le
haut où elle ſe diviſe en ſix grandes parties, qui étant raſſemblées
forment le bouton de la plante ; elles ſe ſéparent enſuite les unes
des autres & s'écartent çà & là , lorſque la fleur eſt épanouie. Chaque découpure paroît un grand petale ovale ; deſorte qu'alors cette
fleur reſſemble aſſez à une petite tulipe fort pointue par le bas.
Comme la couleur de cette fleur eſt d'un gris de lin fort tendre ,
les champs qui en ſont couverts forment un ſpectacle aſſez agréable.

On vient de dire que la partie fiſtuleuſe de la fleur ſe diviſoit enfin par parties ou découpures. Trois de ces découpures ſont un
peu plus grandes que les trois autres , elles ont environ deux pouces de longueur ſur un pouce de largeur : on apperçoit dans l'intérieur de la fleur des étamines qui prennent leur origine de ces découpures. Ces étamines ſont compoſées d'un filet blanchâtre, qui
porte un ſommet long de cinq ou ſix lignes, formé de deux capſules , qui en s'ouvrant ſuivant leur longueur répandent une pouſſiere
qui eſt d'un jaune très-animé.

Le piſtil eſt compoſé d'un embryon ſur lequel repoſe la fleur.
Il eſt ovale & a environ un demi-pouce de longueur. Il eſt ſupporté
par un filet qui part de la bulbe même & qui enfile toute la longueur du pédicule qui eſt fiſtuleux. Cet embryon qui eſt d'une
forme triangulaire , devient, lorſque la fleur eſt paſſée , une capſule
à trois loges qui renferment pluſieurs ſemences rondes. Le ſtyle
qui eſt unique enfile la partie étroite de la fleur , & quand il s'eſt élevé dans le diſtique de quatre à cinq lignes, il ſe diviſe en trois
grands ſtigmates de quinze à dix-huit lignes de longueur. Le ſtyle
eſt blanc, mais les ſtigmates ſont d'un rouge vif & brillant. Ils ſont
aſſez longs pour excéder un peu les échancrures du petale. Ils ſont
auſſi plus menus à leur origine que vers leur extrémité , où l'on remarque des canelures aſſez fines. Ce ſont ces ſtigmates qui fourniſſent ſeuls la partie vraiment utile & précieuſe du ſafran.

Que l'on ait la curioſité d'arracher un oignon dans le tems de la
fleur, on verra les feuilles de cette plante depuis le nombre de deux
juſqu'à huit qui ſont renfermées par les mêmes envelopes que la
fleur. Peu de tems après que ces fleurs ſont paſſées elles ſortent de
terre , elles ſont étroites & de la longueur d'un ou deux pieds. Comme elles ſont creuſées en-deſſus & qu'elles forment en-deſſous une

arrête , elles repréſentent aſſez bien une eſpéce de petite goutie-
re. La partie des feuilles qui eſt en terre eſt jaunâtre, & celle qui
eſt en-dehors eſt d'un verd éclatant : or comme ces feuilles ne
viennent qu'en automne & qu'elles paſſent l'hiver , il s'enſuit que
les champs de ſafran paroiſſent pendant tout l'hiver couverts d'u-
ne très-belle verdure , & ainſi ſont très-agréables à la vue pendant
cette ſaiſon ; ces feuilles après lui avoir ainſi réſiſté , jauniſſent au
printems & ſe deſſéchent peu à peu. Alors on les arrache ; & pendant tout l'été les champs de ſafran qui ſont les mieux cultivés paroiſſent être entiérement dépouillés ; deſorte que ces champs ſont
préciſément dans un état contraire à celui des autres terreins où
l'on cultive les autres plantes ; ceux-ci ſont couverts de verdure
au printems & de tiges en maturité pendant tout l'été ; au lieu
que les champs de ſafran ſont dans toute leur beauté , dans le tems
où les autres ſont, pour ainſi dire , dénués de productions.

Les petits mammelons attachés deſſus les oignons & qui ont donné naiſſance aux fleurs & aux feuilles ne ſont pas pour cela épui-
ſés ; mais ils groſſiſſent peu à peu pendant l'hiver. Cependant l'oignon qui les porte ſe fane , ſe deſſéche & devient aride à meſure
que les nouvelles bulbes ſont du progrès ; deſorte qu'au printems
on trouve deux ou trois ou même quatre nouveaux oignons implan-
tés ſur les débris de l'ancien , qui eſt preſque anéanti ; c'eſt auſſi par
rapport à cette multiplication qu'on eſt obligé de relever les oignons de trois en trois années. Il ſuit de cette deſcription du ſafran
qu'on peut établir pour ſon caractere principal , d'avoir en place
de calice une coëffe membraneuſe , compoſée d'une ſeule piéce.
Le petale eſt unique : par le bas il forme un tuyau menu , qui ſe
diviſe à ſon extrémité en ſix grands ſegments ovales. On apperçoit dans l'intérieur trois grandes étamines qui prennent leur
origine du petale , & qui ſont beaucoup plus courtes que les découpures de ce petale. Ces étamines ſont formées de filets menus
& de ſommets compoſés de deux capſules longues dans leſquelles
la pouſſiere féconde eſt renfermée.

Le piſtil eſt formé d'un embryon , oblong, filamenteux , qui
s'éleve à la hauteur des étamines , & de trois ſtigmates plus larges
par leur extrémité que par la baſe, & ſtriés ou cannelés ſuivant leur longueur. Enfin , l'embryon devient une capſule à trois
loges , qui renferme pluſieurs ſemences arrondies.

Telle eſt la deſcription la plus exacte qu'on puiſſe donner du
ſafran : mais il faut prévenir le Lecteur que l'on n'en peut faire

l'application qu'au seul safran d'automne. En effet, il y a plusieurs sortes de safran. La plus nombreuse partie fleurit au printemps, & n'est cultivée que pour l'agrément de ses fleurs. L'espèce
au contraire, dont il est ici question, & la plus utile est, comme
nous l'avons fait observer, contraire à toutes les autres plantes,
& ne fleurit qu'en automne. Voilà certainement une description donnée en termes bien scientifiques ; mais sont-ils bien lumineux pour le Paysan ? Voyons si celle de M. *Hall*, quoique con-
çue en termes très-ordinaires, ne peindra pas plus sensiblement les
objets, & si, par conséquent, elle ne sera pas plus à la portée
des Cultivateurs, dont l'ignorance marche toujours de niveau avec
leur misère.

Le Safran est une petite plante que l'on cultive pour se procurer
une petite partie de la fleur qui constitue sa valeur. Sa racine,
que l'on appelle improprement oignon, est grosse, arrondie, d'une
couleur brunâtre, ayant au fond une touffe de fibres. Les feuilles
s'élèvent de cette racine ; elles sont nombreuses, étroites, longues, & d'un verd obscur. La fleur s'élève du milieu de la racine, à peu de hauteur de terre ; elle est grande, & d'un pourpre
bleuâtre. Elle est dans une espèce de bourse, au lieu de coupe ou
de calice, & cette bourse est formée d'une seule feuille, qui
fait l'espèce de couverture, que les Botanistes nomment *spatha*,
que M. *du Hamel*, comme on vient de le voir, nomme robe,
& les autres enveloppe, & quelques-uns fourreau. La fleur elle-
même est formée d'une seule feuille, qui forme dans son fond
une espèce de tuyau, & qui, à une certaine hauteur, est divisée
en six parties égales & de forme ovale, qui forment une espèce
de vase creux : trois fibres s'élévent du dedans de ce creux ; ils
sont plus courts que la fleur, chacun est surmonté d'un bouton
fait en tête de fléche & rempli de poussiere.

Au centre de ces fibres & de la fleur on trouve le principe du
fruit, qui est rond. Ce principe du fruit est surmonté d'un fibre
de la même longueur des trois que nous venons de décrire ; mais au
lieu d'être surmonté d'un bouton, il a sur son sommet trois feuilles
larges, froissées & dentelées aux bords, ce qui est, à proprement
parler, le safran. Quelques-uns ont dit que les fibres de la fleur
étoient le safran ; mais c'est une erreur. Les fibres sont ces trois
fils qui s'élevent du fond de la fleur, & qui soutiennent les boutons dans lesquels est contenue la poussiere, qui féconde le
fruit ou semence : mais les trois feuilles, que nous disons

être du safran, différent de ces trois fibres, par leur nature, par leur figure & par leur fonction ; elles s'élevent du sommet de ce seul fibre, qui lui-même s'éléve du fruit, & leur fonction est de recevoir la poussiere des boutons placés aux sommets des fibres, pour la conduire à ce fibre isolé, par le moyen duquel elle parvient jusqu'au fruit, pénetre dans ses différentes cellules & y féconde les semences qui y sont logées. La forme froissée, frisée & dentelée de ces trois feuilles, les rend très-propres à arrêter & retenir cette poussiere, lorsque les boutons des fibres s'ouvrent pour la répandre.

Le fruit étant imprégné, les fibres, les boutons, les trois feuilles froissées, & le fibre isolé, ont tous rempli les fonctions dont la nature les a chargés ; de sorte que n'en ayant plus aucune, ils tombent & le corps de la fleur avec eux. Tout ce qui reste est le principe du fruit, qui grossit alors en forme ronde & mûrit. Le corps du fruit est composé de trois parties ou de trois cellules, dont chacune contient plusieurs semences rondes.

Le fruit n'est d'aucune utilité pour le Cultivateur, ainsi il ne doit point s'en occuper. Le safran se multiplie par oignon, & non par semence. On ne doit donc s'attacher qu'à observer la maturité des trois feuilles frisées, qui sont au sommet du fibre isolé du fruit. Le tems auquel ces feuilles ont atteint leur perfection, est celui de les cueillir, & ce tems arrive précisément avant que les boutons des fibres s'ouvrent pour répandre leur poussiere.

Le safran, dit notre Auteur, n'est point originaire d'Angleterre ; mais on l'y cultive si bien, que le safran Anglois est très-estimé, & sa qualité y est si supérieure, que les Apoticaires d'Angleterre le préférent au safran de tous les autres pays, pour la composition de leur thériaque, qui est pour le moins aussi parfait que celui de Venise. Les Italiens, continue le même Auteur, ont l'avantage sur les Anglois, par les viperes qui entrent aussi dans la composition de ce grand restaurant, mais ils doivent le céder aux Anglois pour le safran.

Notre Auteur nous permettra de ne pas nous en rapporter toutà-fait à son sentiment, qui porte un peu trop le caractere de l'amour national : nous-même, en voulant lui disputer cette supériorité qu'il donne au safran Anglois, romberions dans le même aveuglement ; c'est pourquoi nous laissons les pays, qui importent chez eux beaucoup de cette denrée, à décider : nous sommes bien certains qu'ils préférent depuis un tems immémorial le safran du Gatinois.

CHAPITRE XXXII.

Du sol convenable au Safran.

LE safran se plaît beaucoup dans une situation chaude: mais comme il vient naturellement dans les endroits très-exposés, il réussit mieux dans les champs ouverts que dans les clôturés. Un sol léger, amendé avec du vieux fumier moëlleux, bien pourri, & bien rompu par de fréquens labours, est celui qui favorise le plus la végétation du safran.

Un sol mol, dans la composition duquel il entre une certaine quantité de sable, convient mieux au safran, qu'un sol loameux où l'argile abonde, parce que celui-ci est souvent trop humide, & que les racines de safran risquent de pourrir. Il faut principalement que le Cultivateur, qui veut entreprendre la culture de cette plante, examine avec soin le fond du sol; car un sol, dont la superficie paroît moins favorable, & dont le fond est bon, est préférable à un sol, dont la superficie est excellente, mais dont le fond est mauvais : qu'on évite sur-tout les fonds argilleux, parce qu'ils retiennent long-tems l'eau, qui est la chose qui porte le plus de préjudice au safran ; de sorte que nous pouvons assurer que les fonds crayeux ou graveleux sont les plus favorables à cette plante.

CHAPITRE XXXIII.

La maniere de préparer le sol pour le Safran.

ON doit toujours préférer une pièce de terre qui a eu une année de jachere, pour y planter le safran. On peut encore faire choix d'un champ sur lequel on vient de récolter de l'orge, car il n'y a point de production qui épuise moins un terrein. Il faut y planter le safran au commencement de Juillet, mais il faut que le terrein ait été auparavant préparé dans le mois de Mai : vers la fin de ce mois, on laboure le terrein à une bonne profondeur; on fait les sillons fort près les uns des autres, pour diviser le sol plus parfaitement.

Ce labour donné avec bien du foin, on laiffe le fol pendant fix femaines expofé aux rofées, aux pluies, au foleil & à l'air, dont les diverfes influences le pénétrent, le divifent de plus en plus, & l'imprégnent de terre végétale & de l'acide univerfel. Dès que ce tems eft écoulé, on y répand le plus également qu'il eft poffible vingt-cinq charretées par acre de vieux fumier bien pourri, après quoi on laboure encore une fois à la même profondeur qu'auparavant, pour bien l'incorporer au terrein.

On laiffe la terre dans cet état jufqu'à la troifieme femaine de Juin; alors le tems de planter approche, il faut donner le dernier labour; on laiffe des tranchées à la diftance de feize pieds & demi l'une de l'autre, dans lefquelles on jette les mauvaifes herbes qui croiffent parmi le fafran.

Il ne refte plus rien à faire que de fermer tout accès au bétail: pour cela on environne la fafraniere de clayes, ou bien d'une haie morte; il faut que le bas de cette clôture foit bien affuré & bien ferré, parce que les liévres, qui font avides de cette plante, y feroient un ravage irréparable.

Lorfqu'on a ainfi préparé & clôturé le terrein, on commence à planter les oignons, mais il faut auparavant les avoir choifis.

CHAPITRE XXXIV.

Du choix des Oignons.

LEs Cultivateurs qui fe livrent à cette culture, arrachent les oignons tous les trois ans. On a remarqué qu'un acre en produit depuis cent foixante jufqu'à deux cens quarante boiffeaux, mefure de Paris; on les vend par boiffeau. Il eft bien naturel que le Propriétaire fe réferve les plus fains. Tout confifte donc, quand on eft obligé d'en acheter, à les choifir bien conftitués. Il eft des Cultivateurs qui les vendent tels qu'ils fortent de la terre, fans les nettoyer, de forte que l'acheteur hazarde beaucoup en les achetant. Il faut, pour faire face aux rifques qu'il court, qu'il les achete à auffi bas prix qu'il lui fera poffible, pour fe dédommager des faletés qui aident à remplir la mefure, & des oignons qu'il peut trouver altérés lorfqu'il les nettoye; car il faut de toute néceffité leur faire fubir cette préparation avant que de les planter.

Il y a deux façons de juger de la bonté des oignons; la premiere, par leur grosseur; la seconde, par leurs poids & leur forme: ceux qui sont gros & pesans sont les meilleurs; & cela est si vrai, qu'il faut absolument rejetter ceux qui sont légers, parce qu'il est certain qu'ils réussissent rarement, attendu qu'ils n'ont point de principe.

Lorsqu'on les a bien nettoyés, on examine si la peau est bien unie & bien luisante, & si le poids se joint à cette qualité; si en les pressant avec les doigts ils sont fermes & élastiques, on est assuré qu'ils produiront. Si au contraire ils sont molasses, c'est une preuve que le germe est desséché intérieurement, puisque, si on les ouvre, on n'y trouvera plus ce suc dont ils doivent être pleins, pour qu'ils réussissent.

Quant à la forme, on remarque que les bons oignons qui sont gros & fermes sont aussi ordinairement ronds: ce n'est pas cependant que nous proscrivions les petits oignons, purvu qu'ils soient arrondis, & qu'ils ayent un œil de fraîcheur, mais sur-tout qu'on ait l'attention de rejetter tous les oignons allongés & qui se terminent en pointe.

Lorsqu'on voit sa plantation fleurir la premiere année, on doit être très-content; rien n'indique plus certainement la bonne qualité des oignons. Il est également certain que les oignons ne fleurissent point la premiere année.

CHAPITRE XXXV.

La maniere de planter le Safran.

L ORSQUE le safran étoit moins commun, & que par conséquent les oignons étoient plus rares, on les plantoit à une distance beaucoup plus grande les uns des autres; ce qui, comme nous l'avons fait plusieurs fois observer à nos Lecteurs, est très-avantageux aux plantes qui étendent au loin leur racines, mais qui est très-inutile pour un oignon tel que celui du safran.

Les oignons du safran se multiplient dans la terre au moins d'un tiers dans le courant de trois années. On les plante à présent si près les uns des autres, qu'il en faut à-peu-près quatre cens mille pour la plantation d'un acre: ce nombre paroît prodigieux; mais comme on les vend, non au nombre, mais au poids, nous avons

remarqué

remarqué que cent vingt-huit boisseaux contiennent à-peu-près les quatre cens mille, qui est la quantité que l'on puisse planter avec le plus d'espoir de succès.

Pour planter le safran, on se sert d'une espèce de bêche beaucoup plus étroite & plus légere que la bêche ordinaire, & qui ait le bord bien affilé; c'est à proprement parler un sarcloir un peu plus large, & dont le tranchant est plus allongé que celui du sarcloir ordinaire.

Chaque Ouvrier, armé de cet instrument, est suivi de deux femmes qui portent les oignons dans leurs tabliers. L'homme qui marche devant, leve deux ou trois pouces de terre, & la jette à un demi-pied au-devant de lui, les femmes qui le suivent posent les oignons un à un dans le bord le plus éloigné du trou qu'il a fait.

La distance d'un oignon à l'autre, dans ce rang, doit être de trois pouces. Il est assez inutile d'être sévérement exact dans cet espacement : les femmes qui ont un peu d'habitude les placent assez bien à des distances égales. Lorsqu'on a ainsi planté un rang, l'homme à la bêche en commence un autre, couvrant en même-tems les oignons du premier rang. Voici à peu près ce procédé.

Il croise une fois le rang qui est planté, & l'ayant croisé, il commence du bord de ce rang & retourne en travaillant tout le long de ce même rang jusqu'au bout du terrein où il a commencé, faisant ainsi un nouveau rang de trous ou petites fosses tout près du premier rang, & jettant la terre qu'il leve sur les oignons que les femmes viennent de planter ; il a seulement l'attention de former les rangs à trois pouces de distance l'un de l'autre, & l'on continue de même jusqu'à ce que toute la plantation soit finie, de sorte que chaque plante soit en tout sens à trois pouces de distance l'une de l'autre : il faut que les oignons soient posés droits ; c'est un article si important pour le succès de la récolte, que nous ne sçaurions trop conseiller de suivre de l'œil les Ouvriers, afin qu'ils pratiquent scrupuleusement cette méthode.

CHAPITRE XXXVI.

De la culture que le Safran exige pendant qu'il est sur pied.

CEs oignons étant ainsi plantés au commencement du mois de Juillet, ils ne demandent plus aucun soin de la part du Cultivateur jusqu'au commencement de Septembre ; c'est alors qu'il faut aider l'accroissement de cette plante en aërant la surface du sol, ce qui fait qu'en même tems on supprime toutes les mauvaises herbes.

Mais il faut choisir un tems convenable pour cette opération, car, si on la fait trop tôt, la terre rémuée se raffermit avant que les plantes ayent percé le sol, & l'on ne facilite point à la jeune pousse le passage à la superficie : mais aussi si l'on diffère trop long-tems à faire ce labour, qui n'est qu'une espèce de sarclage, on risque en le faisant de blesser les jeunes pousses, qui se trouvent alors tout près de la superficie, ce qui cause un préjudice irréparable.

Afin donc de connoître précisément le tems auquel il est bon de donner cette façon à la safraniere, il faut ouvrir la terre en différents endroits du champ, pour examiner l'état actuel des oignons ; cet examen doit se faire vers le commencement de Septembre : si l'on remarque que deux ou trois oignons ayent poussé en différens endroits la sommité de leurs bourgeons à un pouce & demi de la surface, il est tems de remuer la terre & d'ordonner aux Ouvriers de n'ouvrir le sol qu'à un pouce de profondeur, & de fouler le terrein légérement : cette opération détruit les mauvaises herbes & rend la terre légere, & donne par conséquent un passage plus libre aux jeunes bourgeons.

On fait suivre les Ouvriers qui donnent ce léger labour, par d'autres Ouvriers, armés de rateaux, pour amener les mauvaises herbes dans les tranchées que nous avons recommandé de faire à la distance de seize pieds & demi l'une de l'autre : ce labour rend la superficie unie, & l'on croit que tout le champ n'est qu'un jardin. Les pluies, assez ordinaires dans cette saison, font sortir les bourgeons, & toute la safraniere en est couverte, de sorte que le Cultivateur voit déja, pour ainsi dire, ses dépenses & ses soins récompensés.

CHAPITRE XXXVII.

De la façon de Cultiver le Safran.

Aussi-tôt que les fleurs du safran s'ouvrent, il faut les cueil-lir ; on n'en trie & cueille qu'une partie qu'on sépare du reste de la fleur : ce triage se fait à la maison, car on enleve du champ toute la fleur.

Les rosées du matin rendent les fleurs fermes & fraîches ; l'ardeur du soleil à midi les fane, & vers le soir elle reprennent leur fraîcheur : c'est pourquoi le grand matin est le tems le plus favorable pour les cueillir ; on continue jusqu'à neuf heures que le soleil commence à devenir trop ardent.

On en cueille ainsi tous les jours une certaine quantité, jusqu'à ce que la récolte entiere soit faite ; on prend sur tout bien garde en cueillant de ne rien fouler aux pieds. Tout l'art de cueillir consiste à bien saisir la partie inférieure de la fleur, sans toucher à sa partie supérieure, où sont précisément les parties utiles, & qui s'élevent facilement.

Comme on ne peut travailler à la cueillete dans les champ que jusqu'à neuf heures du matin, on occupe à la maison les journaliers au triage & à la séparation de safran d'avec la fleur. On va voir dans le Chapitre suivant comment on y procéde.

CHAPITRE XXXVIII.

De la maniere de séparer le Safran de la fleur.

On apporte à la maison chaque matin les fleurs qu'on a cueil-lies ; on vuide les paniers avec autant de précaution qu'on les a remplis, pour ne point endommager les trois feuilles frisées, qui sont la partie essentielle de la fleur. Comme le champ ne fleurit point en entier, & tout ensemble, on a la commodité de cueillir par parties, à mesure que la safraniere fleurit ; car, si par malheur les fleurs se montroient tout à la fois, on en perdroit

confidérablement : aufſi il paroît que la nature a prévu cet inconvénient, en faiſant fleurir les plantes fucceſſivement.

Les fleurs étant apportées à la maiſon, on vuide les paniers ſur
une grande table, autour de laquelle ſont ceux qui ſéparent le
ſafran de la fleur. Il faut faire enforte que tout le ſafran qu'on a
cueilli dans la matinée ſoit trié dans le même jour.

On prend le bas de ſa fleur dans les doigts de la main gauche & l'on
ſaiſit avec la main droite le fibre iſolé qui s'éleve de l'embryon du
fruit ; on le coupe avec l'ongle préciſément au-deſſous de l'endroit où ſe tiennent les feuilles friſées, qui, comme nous l'avons
dit, ſont le véritable ſafran. Le reſte de la fleur ſe jette comme
inutile.

Chaque perſonne occupée à trier doit avoir un plat devant elle
pour y mettre le ſafran. Cette méthode eſt très-importante : le Propriétaire voit par-là quels ſont les trieurs qui ne ſéparent pas exactement les trois feuilles friſées du reſte de la fleur, ou qui par
négligence mêlent quelque partie du fibre iſolé avec leſdites
feuilles. Dans le premier cas il eſt fruſtré d'une quantité de ſafran
qu'il devroit avoir, ce qui lui cauſe une perte conſidérable, vu
le prix dont eſt le ſafran ; & dans le ſecond, ce mélange du fibre
avec les feuilles dégrade le ſafran & lui ôte beaucoup de ſa valeur.

On voit par cette obſervation combien il importe au propriétaire d'examiner de tems en tems les plats de ſafran de chaque trieur,
& les différens tas des fleurs inutiles : car il faut auſſi ordonner à
chaque trieur d'avoir ſon tas en particulier. Or en examinant les
plats où eſt le ſafran, ſi l'on voit que les trois feuilles ne ſe tiennent pas enſemble, c'eſt une preuve qu'on les a coupées trop haut
& que par conſéquent on y a laiſſé une partie du ſafran : mais ſi d'un
autre côté on les a coupées trop bas, on voit un long filament
qui pend de leur baſe, ce qui, comme nous venons de le dire,
dégrade conſidérablement le ſafran & lui ôte beaucoup de ſa valeur. Lorſque les ouvriers voient qu'on a l'œil ſur eux, & que ceux
qui les mettent en œuvre ont trouvé le moyen de découvrir les fau-
tes qu'ils font, ils ſont plus attentifs à leur ouvrage & s'obſervent
eux-mêmes, deſorte qu'alors tout ſe fait en régle au grand profit du
propriétaire.

Il faut donc pouſſer encore cette attention juſqu'à examiner les
tas des fleurs inutiles de chaque trieur ; & ſi l'on voit le fibre qui
s'éleve du principe ou embryon du fruit dans toute ſa longueur,
ou à peu près, & ſon extrémité coupée net ſans être écraſée, on

peut être assuré que le trieur a parfaitement bien séparé le safran du reste de la fleur. D'un autre côté si l'on trouve dans quelqu'une des fleurs des parties des trois feuilles frisées qui aient resté au sommet du fibre coupé, & si dans d'autres on trouve le fibre trop court; dans le premier cas on perd une pattie de la quantité; dans le second on perd la qualité; deux extrémités fâcheuses qui font sentir combien un propriétaire doit être vigilant sur ses ouvriers, & combien il se porte de préjudice lorsqu'il les abandonne à eux-mêmes.

CHAPITRE XXXIX.

De la maniere de sécher le Safran.

LEs feuilles de safran étant ainsi triées, elles se dessécheroient bientôt, si on les laissoit dans cet état; cette sécheresse leur ôteroit une partie de leur vertu & diminueroit beaucoup leur poids; voici l'usage que l'on a établi pour les rendre propres à la vente sans altérer ni l'une ni l'autre de ces deux qualités.

On les serre & comprime ensemble en gâteaux par le secours d'une chaleur modérée. Etant ainsi réduites en masses bien serrées, elles restent toujours molles, & conservent la couleur & l'odeur qu'elles avoient lorsqu'elles étoient en fleur. On peut les conserver dans cet état pendant plusieurs années; ce n'est aussi que dans cet état que les droguistes veulent les acheter. Il faut un peu de chaleur, mais pour peu qu'elle excéde elle est nuisible. La moindre négligence peut faire brûler le safran, qui pour peu qu'il soit échauffé ne vaut plus rien.

On le fait sécher dans un fourneau, construit de la maniere suivante : on pose une planche épaisse sur quatre gros pieds courts, qu'on peut transporter d'un endroit à l'autre, de même qu'une table ; on entoure les bords de cette table de huit morceaux de bon bois de l'épaisseur de trois pouces & de la hauteur de vingt-deux. On pose ces morceaux de bois sur les bords de la planche, de façon que le haut de cette espéce de cadre soit plus large que le bas; ce qui se fait aisément en faisant pencher ces morceaux de bois en-dehors; le fond de ce cadre ou fourneau doit avoir un pied de largeur, le sommet deux pieds, & le tout doit en porter aussi deux de hauteur,

On fait dans le dedans de ce cadre, à quatre pouces au-deſſus de la ſurface de la planche, un trou de huit pouces de largeur ; c'eſt par où l'on introduit le feu : on couvre ce cadre de lates poſées régulierement & bien ſerrées l'une contre l'autre ; on les cloue au cadre & on les couvre de plâtre des deux côtés, on couvre auſſi de plâtre le fond & les côtés du cadre ; ce qui, après avoir ſéché, forme une eſpéce d'âtre avec ſes côtés propre à recevoir le feu. On étend une eſpéce de haire ſur les lates qui couvrent le fourneau ; elle eſt attachée aux côtés du cadre & à deux petites piéces de bois mobiles qui ſervent à la tenir bien tendue.

Le fourneau étant ainſi bien préparé, on a une couple de planches épaiſſes & unies, plus longues & plus larges que le ſommet du fourneau, une couverture épaiſſe de laine & une main de papier.

Toutes ces préparations étant finies, on caſſe du charbon de bois & on le diviſe en parcelles à peu près groſſes comme des noix, afin que la chaleur ſoit modérée & auſſi égale qu'il eſt poſſible : le feu étant ainſi conduit, le fourneau n'eſt nullement endommagé. Lorſque nous recommandons de briſer le charbon ce n'eſt que parce que lorſqu'on l'emploie entier il ne rend point une chaleur ſi égale.

On étend une douzaine de feuilles de papier ſur la haire & l'on y répand deſſus le ſafran épais de trois pouces ; il faut bien prendre garde de le preſſer. On le couvre enſuite d'autres feuilles de papier, & l'on recouvre ces feuilles avec la couverture de laine pliée en deux, elle doit paſſer les bords du ſommet du fourneau. On allume enſuite le feu au fourneau par la petite ouverture que l'on y a pratiquée dans le devant, & l'on ne met que très peu de charbon à la fois ; parce que l'on ne doit point avoir en vue de ſécher le ſafran tout d'un coup, ce qui le gâteroit entiérement, mais ſeulement de lui donner un dégré de chaleur propre à le rendre humide, ce qui dans le pays où la culture de cette plante eſt en faveur, s'appelle *faire ſuer le ſafran*.

La premiere heure eſt la plus dangereuſe de toute l'opération, parce que le feu doit être alors plus violent que dans la ſuite ; cependant quoique nous diſions qu'il doit être plus violent dans cette premiere heure, nous prévenons nos lecteurs que nous entendons qu'il ſoit modéré.

On fait ainſi ſuer les feuilles pour les ramollir & les rendre propres à former ce que l'on appelle les gâteaux ; voilà tout ce que l'on doit ſe propoſer par cette opération ; ainſi il faut régler ſon feu en conſéquence.

Lorsque le safran a sué pendant une demi-heure, on met la planche que nous avons recommandé de tenir prête, sur la couverture; & l'on met par-dessus un poids. Par ce moyen le safran amolli est réduit à l'épaisseur d'un pouce de trois qu'il en avoit auparavant.

On diminue alors le feu, parce qu'il y a de la chaleur suffisante pour faire continuer la sueur en un dégré modéré pendant l'espace d'une heure; après quoi il faut retourner le gâteau, ce que l'on fait de la façon suivante.

On ôte le poids, la planche, la couverture, & on leve les feuilles de papier qui couvrent le safran; on les détache doucement du gâteau; cela étant fait on couvre les gâteaux avec les feuilles de papier comme ci-devant, & l'on pousse une planche bien mince entre la haire & les feuilles de ce papier qui font dessous le gâteau. Par cette opération les gâteaux de safran se trouvent assis dessus la planche mince, & par conséquent on peut les tourner facilement : après qu'on les a tournés, on met la couverture, sur laquelle on met la planche & par-dessus celle-ci le poids.

Il faut donner alors un peu plus de feu, & l'on doit laisser le gâteau dans cette position l'espace d'une heure, au bout duquel tems on ôte la petite planche, la couverture, on sépare le papier du gâteau, & l'on examine bien s'il est en bon état, alors il n'y a plus de danger : il ne faut plus tant de chaleur, il ne reste plus qu'à retourner souvent le gâteau.

Les deux premieres heures de cette opération étant passées, on retourne le gâteau comme ci-devant & l'on entretient un feu très-modéré; ce qui doit durer pendant vingt-deux heures en retournant le gâteau de demi-heure en demi-heure. Ce tems expiré, le safran est marchand. Il faut le mettre dans une vessie huilée extérieurement; on envelope cette vessie de cuir & le tout de flanelle. C'est là la véritable façon de le conserver humide & gluant avec toute sa couleur, son poids & avec toutes ses propriétés.

Si le propriétaire juge à propos de le garder quelque tems, il n'a qu'à le mettre ainsi envelopé dans une boëte de plomb ou de fer blanc. Il s'y conserve en très-bon état pendant plusieurs années.

La véritable conservation des plantes consiste à trouver le moyen de contenir leurs huiles essentielles : plus les plantes font délicates moins elles les conservent, & plus par conséquent on a besoin d'y porter son attention; & c'est ce dont peu de Cultivateurs s'embarrassent. Le safran étant une partie de la fleur la plus délicate, il est certain que pour peu qu'on la laissât fraper de l'air, elle se faneroit & perdroit cette partie essentielle qui fait toute sa valeur ; on ne sçauroit donc suivre trop scrupuleusement les instructions que nous venons de donner pour remplir un objet aussi important.

CHAPITRE XL.

De la façon dont il faut se conduire à l'égard des tiges de Sa-
fran qui tardent à fleurir.

NOus avons dit ci-devant que toutes les tiges d'une safraniere ne fleurissoient pas ensemble, mais les unes, pour ainsi dire, après les autres. Il y en a même qui tardent à fleurir de quelques jours ; & c'est dans ce point que consiste la distinction du safran de la meilleure espéce d'avec celui qui a une qualité inférieure.

Quant aux fleurs qui s'ouvrent avant que la plus grande partie de la safraniere le soit, il est certain qu'elles sont d'une bien plus grande qualité ; la fertilité particuliere de la partie du sol où elles viennent, & la vigueur des racines les rendent ainsi prématurées. Si elles ne sont point en grand nombre, on peut différer à les cueillir jusques au lendemain ; parce que les feuilles frisées de la fleur, qui, comme nous l'avons dit, font le safran, se soutiennent très-bien un peu de tems après que les fleurs sont ouvertes. Comme ces fleurs précoces donnent le safran le plus fin, on les mêle avec le reste pour lui donner de la valeur.

D'un autre côté il y a quantité de tiges qui fleurissent beaucoup plus tard, soit par le peu de fertilité des parties du sol où elles viennent, soit par le mauvais état des racines. Le safran qui en résulte est d'une qualité bien inférieure. Il faut bien se donner de garde de le mêler avec l'autre : car on y perdroit beaucoup. Cependant il vaut bien la peine d'être cueilli ; il faut le vendre séparé : car il rend, tout imparfait qu'il est, un revenu plus considérable que toute autre production quelconque. Voici la conduite que l'on doit tenir dans cette récolte tardive.

Après avoir cueilli le matin ces fleurs de la même façon que les autres, on trouve, quand on en vient au triage, au lieu de feuilles frisées, larges, belles & pleines de suc, de petites feuilles minces & presque desséchées, ce qui ne forme qu'un safran très imparfait ; tel enfin que le produit une safraniere à laquelle on n'a point donné

une

une culture fuivie & exacte comme celle que nous avons indiquée.

Quand ce fafran eft trié & que le fourneau eft prêt, on l'étend fur la haire à l'épaiffeur de quatre pouces au lieu de trois, afin de rendre le gâteau plus épais : car fi on le fait plus mince, il perd en très-peu de tems fon humidité & fa couleur, ce qui diminue encore plus fon prix : ce fafran étant ainfi étendu on trempe un goupillon dans de la petite biére bien clarifiée & on l'en arrofe légerement.

On allume enfuite le feu, qui doit être beaucoup plus modéré que celui que l'on fait pour le fafran fin. On répéte de tems en tems l'arrofement jufqu'à ce que la chaleur faffe élever une petite vapeur de la biére. Alors on couvre le fafran avec du papier avec la couverture, par-deffus laquelle on met la planche & le poids par-deffus, pendant l'efpace de trois quarts-d'heure tout au plus. Ce tems écoulé on ôte le poids, la planche, la couverture & les feuilles de papier, & l'on retourne le gâteau de la façon que nous avons indiquée pour le fafran fin.

On arrofe ce fafran avec de la biére pour humecter les feuilles frifées & fuppléer au défaut d'humidité naturelle ; par cette méthode on les amollit, on les fait fuer, & elles s'englutinent enfemble de même que le fafran fin : l'expérience nous a fait voir que la biére eft préférable à toute autre chofe : emploie-t-on de l'eau, les gâteaux fe moififfent. Emploie-t-on, comme font quelques-uns, du vin blanc, l'acide qu'il contient abforbe fa couleur & en imprégne le papier qui eft poreux ; au lieu que la biére fans ôter la couleur & fans l'expofer à la moififfure lui communique ce gluant qui eft fi néceffaire pour former les gâteaux.

La façon de les fécher eft la même que celle du fafran fin, avec l'attention toutefois à lui donner un feu beaucoup plus modéré, & pendant vingt-fix ou vingt-fept heures ; on aura par ce moyen des gâteaux épais, maffifs & fermes, d'une couleur foncée & d'une odeur forte. On les garde de la même maniere que le fafran fin : mais malgré toutes ces précautions fon prix eft d'un cinquiéme de moins.

CHAPITRE XLI.

Contenant certaines particularités sur la préparation du Safran.

IL est des Cultivateurs qui ont essayé de perfectionner la façon de sécher le safran en se servant d'un reseau de fil d'archal au lieu de haire ; leur objet est d'accélérer l'effet de cette opération & d'épargner en même tems une certaine quantité de charbon. Mais le défectueux de cette méthode consiste en ce que, quelque précaution que l'on prenne, on risque de brûler le safran, parce que le feu a plus de prise au travers de ce reseau qu'au travers de la haire. Lorsque nous disons qu'on risque de brûler, nous entendons dire que l'on réduit le safran à un dégré de siccité qui le dépouille de toutes ses huiles essentielles & lui ôte par conséquent toute sa valeur.

D'ailleurs c'est une erreur des plus grossieres de sécher trop promptement le safran ; au contraire il faut qu'il migeotte doucement dans son humidité, pour que la partie aqueuse s'évapore seule insensiblement & que par ce moyen il soit de bonne garde. L'épargne de quelque peu de charbon ne mérite point qu'on coure les risques de perdre une récolte d'un tel prix ; un jour & une nuit que nous demandons pour une préparation si parfaite & qui donne une si grande valeur à cette production ne doivent point être regrettés. On en est assurément bien récompensé.

D'autres se servent de toile au lieu de papier pour couvrir le safran ; parce que, disent-ils, elle serre beaucoup plus exactement que le papier. Pour cela ils étendent les feuilles de papier sur la haire, & ils les couvrent avec la toile sur laquelle ils étendent le safran, qu'ils couvrent aussi encore de toile sur laquelle ils mettent la couverture de laine. Mais il y a un inconvénient dans cette méthode ; c'est que la partie supérieure du safran séche trop promptement & qu'il porte souvent l'empreinte de la toile, ce qui lui ôte cet uni qui lui donne du prix. Cependant il y a une façon d'améliorer cette méthode : la voici :

Il faut étendre sur la haire des feuilles de papier commun, sur lesquelles l'on étend une toile pliée en deux qui ne doit être ni trop grosse ni trop fine. On la couvre avec du papier fin, sur lequel

on étend le safran, qui par ce moyen ne porte point l'empreinte
de la toile ; parce qu'en fuivant cette méthode, on couvre, comme on voit, le safran avec du papier fin fur lequel on étend la toile
pliée en deux que l'on recouvre avec du papier commun, & l'on
remet la couverture de laine pardeffus le tout.

CHAPITRE XLII.

Du Papier dont on fe fert pour fécher le Safran.

IL eft bon de faire obferver ici fur l'article du commerce du
fafran les grands abus qui fe gliffent, & qu'il eft de la probité
des Cultivateurs de fupprimer.

Nous leur avons obfervé, qu'en féchant le fafran, il y a du papier
qui le touche deffus & deffous. Or il ne fe peut pas que par la
preffion qui lie les feuilles enfemble & qui en forme un gâteau, il
ne s'exprime une partie du fuc qui eft d'une couleur foncée, dont
le papier eft abreuvé, & par conféquent empreint de la vertu cor-
diale du fafran qu'il communique aux liqueurs que l'on verfe deffus.

Les Diftillateurs qui compofent des eaux cordiales, telles par
exemple, que l'efcubac & autres, au lieu d'y mettre du fafran, qui
par lui-même eft un cordial, achetent de ces papiers teints avec lefquels ils donnent la couleur à ces liqueurs, & épargnent le fafran.
Mais ce qui eft encore bien plus abufif, c'eft que les Apoticaires &
MM. les Epiciers droguiftes, au lieu, dans leur compofition de fyrop de fafran, d'infufer la dofe prefcrite de fafran dans du bon
vin blanc, fe contentent de verfer une pinte d'eau bouillante fur
deux ou trois feuilles de ce papier en y faifant fondre quelques
livres de fucre moyen. Ils paffent la liqueur & ont l'impudence de
vendre cette liqueur pour fyrop de fafran : leur ordonne-t-on
une teinture de fafran, ils ne font que tremper ces papiers dans du
vin ou dans de l'efprit, jufqu'à ce que la liqueur ait acquis la couleur
jaune que le fafran donne, & c'eft ce qu'ils ont l'effronterie d'appeller la teinture de fafran. Il y a bien d'autres occafions dans lefquelles ils fe fervent de ces papiers, & trompent par conféquent
les Médecins, & encore plus les malades, pour fatisfaire à leur
fordide cupidité. D'ailleurs quels ravages ne doivent point caufer
dans le corps humain les parties nitreufes qui doivent néceffaire-

ment fe détacher du papier & qu'il ne peut pas manquer d'avoir, puifque les chiffons ne peuvent être mis en papier qu'après leur putréfaction.

Il eft très-certain que ces abus empêchent la plus grande confommation de cette denrée, & que par conféquent ils font très-nuifibles aux Cultivateurs, qui pour leur propre intérêt devroient, au lieu de vendre ces papiers, déclarer à la Police les fripons qui fe préfentent pour les acheter.

Si l'amour du bien public leur donnoit cette fermeté, il eft certain que le prix du fafran monteroit, & qu'ils feroient bientôt dédommagés d'un pareil facrifice.

Nous avons auffi remarqué des Cultivateurs affez mal-honnêtes qui pour donner une couleur plus chargée à ces papiers qui quelquefois ne font pas bien empreints, fe fervoient non du fafran, mais de drogues pernicieufes, que nous nous donnons bien de garde de nommer, pour ne pas donner des inftructions fur une pratique que nous déteftons, qui révolte, & qu'il convient de cacher à ceux qui ont le bonheur de l'ignorer.

Il femble que la sûreté des biens foit le feul objet de la Police. La confervation des fujets ne fut cependant jamais plus importante qu'elle l'eft aujourd'hui & ne mérita plus fes attentions. Nous avons dans un Mémoire qui eft au commencement de cet ouvrage, fait voir combien la cupidité des laitieres enlevoit de fujets à l'Etat; on voit à préfent quelle dévaftation fait l'abus qui fe pratique dans l'emploi du fafran; on verra dans l'article des vignes quels coups mortels l'avarice des marchands de vin porte à la population.

CHAPITRE XLIII.

Du produit d'une Safraniere.

ON ne retire point la premiere année un grand profit d'une fafraniere; mais comme le fafran refte fur pied pendant trois années; c'eft à la feconde & à la troifiéme récolte que l'on connoît combien il eft avantageux de fe livrer à cette culture lorfqu'on a du terrein analogue à cette plante.

Une fafraniere de trois arpens emploie trois ou quatre femaines pour fleurir entierement. Les trois premieres femaines donnent du safran fin ; quant à celui que l'on récolte la derniere femaine, il eft tardif, & l'on doit lui donner la préparation dont nous avons parlé.

La récolte de la feconde année eft très-abondante, mais non autant que celle de la troifiéme année ; deforte qu'un arpent de terrein produit dans les deux dernieres récoltes, vingt-quatre livres pefant de fafran, ce qui, comme on le voit, rend un produit très-confidérable.

CHAPITRE XLIV.

De la culture que le Safran demande pendant les deux dernieres années.

CEtte culture confifte à houer de tems en tems le terrein pour arracher les mauvaifes herbes & fournir de la nourriture aux racines. Plus une racine refte fur un terrein, plus cette attention eft néceffaire. Plus elle a de valeur & plus le Cultivateur lui doit ce foin. Or le fafran doit, nous l'avons dit, refter trois ans fur pied, & il n'y a point de production qui rende plus de profit. Il faut par conféquent lui prodiguer les petits labours. Si ces façons font un peu difpendieufes, il eft certain que l'on gagne au moins les deux cents pour cent. Qu'un Cultivateur calcule la fomme des frais que lui caufent ces labours, & qu'il compare le produit de fa fafraniere avec celui que fon voifin retire de la fienne qu'il n'aura point cultivée avec autant de foin & il verra fi nous lui en impofons.

On a introduit dans certains endroits le mauvais ufage de lâcher les beftiaux dans les fafranieres après que les feuilles font tombées, pour leur faire manger les mauvaifes herbes qui y croiffent. Si l'on avoit l'attention de répéter fouvent les labours il n'y auroit point de mauvaifes herbes ; mais fi l'on a négligé de houer auffi fouvent qu'il eft néceffaire, & fi les mauvaifes herbes font en grande quantité comme cela ne peut manquer d'arriver, il vaut beaucoup mieux les faire faucher & les donner aux beftiaux ailleurs que dans la fafraniere, parce que ces animaux foulent trop le fol, le durciffent, & que d'ailleurs ils ne peuvent guére manquer d'ébranler les racines ou de les bleffer.

CHAPITRE XLV.

De la maniere d'arracher les Oignons.

LA récolte de la troisiéme année étant faite & le safran préparé pour la vente, on laboure le terrein à une bonne profondeur pour enlever les oignons. Un certain nombre de personnes suivent le Laboureur : chacune a son panier, & y met les oignons après les avoir bien secoués pour en détacher la terre. Cela fait, on herse le terrein deux fois de suite, & comme les oignons ne sont qu'à quatre ou cinq pouces de profondeur, la herse enléve les oignons qui ont échapé à la charrue ou qu'elle a renversés sous la superficie du sol. On fait suivre la herse par les mêmes ouvriers afin qu'ils ramassent tous les oignons que l'on découvre avec cet instrument.

Après que tous les oignons sont ramassés, on les nettoye bien : on met les plus gros & qui abondent le plus en suc en un tas, & les plus petits & les plus grêles en un autre. On peut bien garder ces oignons ainsi nettoyés pendant quelque tems ; mais il vaut beaucoup mieux les planter tout de suite dans un nouveau terrein que l'on doit avoir auparavant préparé de la façon prescrite ci-devant, & auquel on aura donné le dernier labour pendant qu'on nettoyoit & qu'on trioit les oignons.

On met dans ce terrein les plus beaux oignons, dans l'ordre que nous avons déja prescrit dans la plantation de la safraniere ; on place dans un autre terrein les oignons qui sont petits & grêles. Les premiers produiront prodigieusement, & l'on sera passablement satisfait des derniers.

Il est des Cultivateurs qui pour lever les oignons se servent, au lieu de charrue, d'une houe fourchue à peu près semblable à celle que nous avons nommée *l'échat* & dont nous avons donné la figure. Cette méthode est d'autant plus mauvaise, que premierement on risque d'altérer l'oignon, & qu'en second lieu, comme cette opération se fait à la main elle est beaucoup plus dispendieuse. Nous conseillons donc de donner à tous égards la préférence à la charrue conduite par un Laboureur attentif & adroit.

CHAPITRE XLVI.

Du Cartame ou Safran bâtard.

LE cartame, en terme Botanique, *onicus fativus*, ou *cartha-mus officinarum*, eft une plante que l'on cultive par rapport à fa fleur, ainfi que le fafran; cependant elle ne lui reffemble point, car elle eft une efpéce d'épine.

Sa defcription Botanique.

Le cartame eft une plante annuelle à fleurons, on la nomme ainfi à caufe de fa vertu purgative. Sa racine eft menue & fe divife quelquefois en plufieurs bras très-minces : il ne pouffe qu'une feule tige, haute environ de deux pieds, elle eft arrondie, branchue à fon extrémité & chargée de feuilles alternes, liffes, nerveufes, longues de deux pouces fur un demi-pouce de largeur, pointues à leur extrémité, plus larges à leur bafe, & un peu épineufes fur leurs bords. Ses branches font terminées par des têtes groffes comme des noix, compofées de plufieurs écailles affez larges, pointues & d'une couleur femblable à celle des feuilles. Les fleurons que ces têtes enferment font d'un beau jaune qui rougit en fe defféchant, chaque fleuron eft porté par un embrion qui devient une femence blanche, faite en forme de coin, plus groffe qu'un grain d'orge & qui n'eft point chargée d'aigrette; cette femence dépouillée de fa peau extérieure eft purgative & fert de bafe aux tablettes diacarthami ; cette même femence fe donne aux perroquets, & c'eft de là que lui vient le nom vulgaire de femence de perroquets; fa fleur eft employée comme le vrai fafran, & c'eft de-là que quelques-uns l'appellent *fafranum* ou fafran bâtard. On l'emploie dans les teintures de laine & de foie.

Les plumaciers en font auffi une grande confommation pour teindre les plumes en incarnadin d'Efpagne : pour cela ils en mêlent le fuc avec du jus de citron. On teint l'écarlate bâtarde avec fa fleur.

Suivant M. *Hall*, la tige du carthame eft vigoureufe & robufte, & monte à trois ou quatre pieds de hauteur, fes fleurs font larges, point du tout dentelées, mais bordées de pointes. La tige fe divife en plufieurs branches vers fa partie fupérieure : les fleurs viennent aux fommités de ces branches, elles ont de groffes têtes à écailles qui reffemblent un peu à celles des épines, elles ont un nombre de filaments qui fortent de leurs fommités. Ces filaments font d'un jaune éclatant, on a dit qu'elles étoient reffemblantes aux fleurs frifées du fafran. Mais cette reffemblance eft bien peu fenfible. C'eft particulierement par rapport à ces filaments qu'on cultive le carthame, quoique fa graine faffe auffi une efpéce de branche de commerce. Sa racine eft blanche & longue, & périt auffi-tôt que la femence a acquis fa maturité : fa premiere pouffe n'eft autre chofe que quelques feuilles larges qui tombent dès que la tige s'éleve.

Sa fleur eft contenue dans un grand calice & forme une efpéce de touffe, & c'eft ce que nous appellons la tête du carthame. Cette touffe eft de forme ovale & compofée d'un nombre d'écailles placées l'une fur l'autre, chaque écaille ayant une efpéce de petite feuille ovale. Chaque fleur de la touffe eft formée d'une feule feuille, dont le creux eft plus étroit en bas & plus large en-haut, où la feuille fe divife en cinq petits fegments à peu près égaux. Dans cette fleur s'élévent cinq fibres courts furmontés d'autant de boutons de forme cylindrique & oblongue.

Le principe de la graine ou fruit eft dépofé dans la bafe de la fleur. Il eft court & très-petit : de fon fommet part une efpéce de fibre plus long que les autres, furmonté d'une petite tête qui fert à recevoir la pouffiere prolifique des têtes des fibres courts, pour imprégner la femence : lorfque toute la partie tendre de la fleur eft fanée, la tête à écailles qui contient la femence, refte.

On a donné le nom de carthame à plufieurs autres efpéces de fleurs, dont les unes ont des fleurs bleues, les autres des feuilles dentelées : mais le vrai carthame eft celui dont on vient de voir les deux defcriptions. Cette plante nous vient des pays orientaux. On la cultive en plufieurs endroits de l'Europe.

La femence acquiert fort rarement une parfaite maturité dans les pays Septentrionnaux ; c'eft pourquoi il faut en faire venir des pays chauds, chaque fois qu'on veut en femer. Un fol loameux fec eft celui qui favorife le plus fa végétation.

On le féme à la main au printems après qu'on a herfé le terrein, Quand il commence à pouffer on y met les houeurs à la main pour arracher les mauvaifes herbes, & l'on l'éclaircit en même-tems, de forte que les tiges foient efpacées d'un pied de l'une à l'autre, obfervant

·vant toujours de réserver celles qui font les plus vigoureuses. Cela fait, cette plante ne demande point d'autre culture. En automne, lorsqu'il est en fleur, il forme un spectacle charmant, d'autant plus que ses fleurs font d'un jaune éclatant, & que chaque tige en est chargée.

Il faut les cueillir à mesure qu'elles s'ouvrent, autrement elles perdent leur couleur, qui constitue en partie leur prix, on en prend toute la partie tendre & l'on laisse la tête des écailles ; on les étend ensuite fur un plancher dans un endroit bien aëré, mais où le soleil ne donne point pour les sécher sans qu'elles perdent leurs huiles essentielles par une trop violente évaporation, ce que la grande ardeur du soleil produit. Lorsqu'elles font ainsi séchées, elles conservent parfaitement leur couleur & font d'un débit facile.

Aussi-tôt qu'on les a cueillies jour par jour à mesure qu'elles s'ouvrent, il vaut mieux arracher les tiges qu'attendre la maturité de la semence & donner au terrein quelques préparations pour lui confier quelqu'autre production. Les teinturiers font une assez grande consommation des fleurs de carthame.

Il y a eu des auteurs qui ont donné aux fleurs de cette plante les mêmes propriétés qu'au safran, mais c'est une erreur. Le safran est un cordial qui excite la sueur. Les fleurs du carthame font au contraire purgatives & sa semence excite le vomissement.

Il est des Cultivateurs qui mêlent ces fleurs avec le safran ; mais c'est une fraude d'autant plus répréhensible que ceux qui la font ne sçachant pas précisément l'usage que celui qui leur achete leur safran veut en faire, l'expose à des inconvéniens très-dangereux ; & que d'ailleurs vis-à-vis d'un acquéreur un peu connoisseur, ils se portent eux-même un très-grand préjudice, parce que ce mélange diminue beaucoup la valeur de leur safran.

Il est donc bon de faire observer, que la partie fibreuse du carthame est étroite, dure, séche, & d'une couleur beaucoup plus pâle que les feuilles du safran ; ainsi il faut être bien peu versé dans ce commerce pour ne pas découvrir ce mélange. On mêle ordinairement le safran inférieur avec le carthame. Mais cette fraude est aussi facile à découvrir que la premiere, & diminue beaucoup la valeur de cette espéce de safran ; aussi les Anglois méprisent-ils, & ce n'est point sans raison, les safrans qui leur viennent des autres pays, parce qu'ils les trouvent presque toujours mêlés avec du carthame.

CHAPITRE XLVII.

Du Lin.

IL n'est point de culture plus aisée que celle du lin : elle est cependant en quelque façon négligée dans certains pays du Royaume, & abandonnée en d'autres, cependant elle seroit d'un produit très-avantageux.

Le lin, *linum sativum*, est une plante mince & qui monte à la hauteur de deux ou trois pieds. Elle est si grêle & si foible qu'une tige ne pourroit pas se soutenir seule : Les tiges se soutiennent mutuellement, & si bien qu'il n'y a point de production qui s'éleve & se soutienne plus réguliere. Il en est de même du froment dont une tige seule ne pourroit point résister aux vents.

Le lin est une plante annuelle ; sa racine est petite, fibreuse & se desséche à mesure que la semence approche de sa parfaite maturité. La tige est ronde & unie : elle s'éleve à trois ou quatre pieds de hauteur : ses feuilles sont petites, étroites & d'un verd pâle. La tige se divise vers son extrémité supérieure en trois ou quatre petites branches sur lesquelles les fleurs viennent, ensuite les semences, qui sont renfermées en dix capsules membraneuses & qui forment toutes réunies, une espéce de vase arrondi de la grosseur d'un pois. Les fleurs sont grandes, bleues & très-agréables à la vue : elles sont composées de cinq feuilles disposées en œillet, & soutenues dans un calice à cinq feuilles ; desorte qu'il n'y a rien de plus beau à voir qu'un champ semé de lin qui est en fleur.

Les cinq feuilles qui composent la fleur sont étroites au fond & s'élargissent en approchant de leur sommet ; de sorte qu'elles forment une espéce d'entonnoir : on trouve dans le centre cinq filaments très-courts, surmontés chacun d'un bouton fait en forme de têre de fléche. La semence est dans le centre de ces filaments, sur lesquels croissent cinq autres petits filaments courts & minces qui penchent vers leurs sommités sans être surmontés de boutons. Ces boutons qui sont au bout de chacun des filaments contiennent une poussiere qui impregne le fruit.

Lorsque cette poussiere prolifique s'est répandue sur les cinq fils qui s'élevent du principe du fruit ou semence ; les feuilles de la fleur tombent, les cinq filamens disparoissent, & il ne reste plus rien que le principe du fruit, ou le vase à semences qui grossit peu à peu, & qui devient en mûrissant, d'une forme ronde & qui se termine en pointe; ce vase, comme nous l'avons dit, contient dix capsules ou petites loges dans lesquelles on trouve la linete ou semence, qui est de forme ovale un peu pointue, extrêmement unie & luisante, fort douce au toucher, & de couleur brunâtre. Il n'y a qu'une semence dans chaque loge ou capsule.

Voilà la description la plus claire d'une plante qui est assez généralement connue & dont nous faisons du linge. Elle a été connue dans les siécles les plus reculés; les Grecs l'ont cultivée; il paroît qu'elle est originaire des pays Orientaux: on ne sçait pas précisément le tems dans lequel elle a été apportée en Europe, où elle est plus ou moins cultivée dans chaque Royaume.

CHAPITRE XLVIII.

De plusieurs sortes de Lin, & du choix de la semence.

LEs Botanistes comptent plus de vingt espéces de lin, mais le Cultivateur proprement dit, n'a besoin de connoître que celui dont on vient de voir la description. Il y a une espéce de lin sauvage qui croît dans quelques endroits sur les bords des champs. On croit, & c'est avec raison, que cette plante vient de quelque semence de lin répandue par accident, attendu qu'elle ne diffère du vrai lin que par sa petitesse & par sa foiblesse, de même que d'autres plantes sauvages different de celles que l'on cultive.

Le succès de cette production dépend en plus grande partie de la bonté de la semence. On la tire en France de la Flandre; mais il est certain qu'on trouveroit bien plus de profit à la tirer du Levant. Chaque plante, nous l'avons déja souvent observé, a son pays natal, où elle parvient à une plus parfaite croissance : or la perfection d'une plante consiste dans la perfection de sa semence, & l'on a observé que principalement celle-ci n'acquéroit si bien en aucun endroit sa parfaite maturité que dans les pays où elle a pris naissance; nous devons présumer que le lin vient des pays Orientaux, puisqu'il est certain que sa semence ne mûrit point si parfaitement par-tout ailleurs; aussi ne cesserons-nous jamais de donner la préférence à la linette du Levant & d'exhorter à se procurer une correspondance fidéle pour que l'onne soit point trompé sur cet article.

Cette attention que nous demandons pour le choix de la semence, n'expose pas à beaucoup de soins ni à de grands frais ; puisqu'on n'a besoin de renouveller sa linette que de trois en trois ans. Ainsi lorsqu'on s'est procuré de la semence du Levant, on peut se servir pendant deux ans de celle qu'elle produit pour ensemencer. Mais nous avertissons que la troisiéme année elle dégénere beaucoup, quelque culture assidue qu'on donne au lin.

Cette méthode allarme, & nous ne sçavons pas pourquoi, une très-grande partie des personnes qui se livrent à cette culture. Dans une très-grande partie de la Guienne où les lins réussiroient à merveilles, il est certain que l'onn'a point renouvellé la linette depuis un tems infini ; aussi cette branche de l'agriculture qui étant bien traitée produiroit des profits immenses a t-elle tout-à-fait dégénéré ; on ne sçauroit croire quels profits résulteroient dans certains cantons de cette Province, de la culture assidue du lin & de l'établissement de quelques Manufactures de toiles. C'est au Ministere qui doit être plus clairvoyant que nous à calculer la somme des profits que ces établissemens produiroient, soit pour l'Agriculture elle-même, soit pour la population. D'ailleurs il est bien évident que plus on diversifie les productions, moins on est exposé à perdre en entier ses revenus, soit par les ouragans soit par la grêle qui n'est que trop fréquente dans ce pays : nous entrerons dans un plus grand détail, & nous espérons qu'après qu'on l'aura vu, on ouvrira les yeux sur la perte volontaire qu'un propriétaire qui se plaint continuellement de son peu d'aisance, fait annuellement pour ne pas s'occuper plus soigneusement du premier & du plus solide de tous les arts.

CHAPITRE XLIX.

Du Sol convenable au lin & de la façon de le préparer.

L E lin est une plante qui vient sur toutes sortes de sols, mais qui cependant ne peut produire de grands profits que lorsqu'on lui donne un sol qui abonde en principes. La qualité de sa semence fait assez sentir combien il exige de nourriture & combien par conséquent il appauvrit & épuise en peu de tems un sol fertile. Un terrein loameux riche, nouvellement rompu par quelque labour, est celui qui lui est le plus favorable.

Lorsque l'on veut mettre en terre à labour un pâturage, c'est une occasion des plus favorables d'y semer du lin, pourvu que la nature du sol soit analogue à la nature de cette production. Mais le lin réussit bien mieux après le sain-foin, parce que les racines de cette plante plongent, comme nous l'avons dit, à une plus grande profondeur, & que la surface du sol n'est nullement épuisée, & c'est précisément ce qui convient au lin dont les racines ne s'étendent que très-près de la superficie. Sur des terreins semblables on peut se promettre des récoltes de lin très-avantageuses, pourvu toutefois qu'on ait l'attention de se procurer de la semence suivant les instructions que nous avons données.

On remarquera cependant que quelque bon que soit un sol, & quelque culture qu'on lui donne, il ne peut fournir de lin que tout au plus pendant six années. Au bout de ce tems il faut lui donner un nouveau terrein. M. *Hall* & ses partisans ont soutenu qu'un terrein traité suivant la nouvelle culture peut fournir à jamais des principes suffisans à la même production. Il y a apparence que ni lui ni ceux qui sont de cette opinion, n'ont jamais fait cette expérience avec le lin; car nous sçavons, d'après plusieurs essais, qu'en suivant, soit l'ancienne, soit la nouvelle méthode on ne peut passer la septiéme année.

Cependant nous prévenons que nous ne prétendons point par cette observation faire entendre que la nouvelle culture ne convient point au lin. Au contraire nous pouvons avancer, d'après l'expérience, que c'est avec le sémoir & le *Cultivateur* qu'on éleve & conduit beaucoup mieux une telle production. Quoique nous présentions cette nouvelle méthode comme la plus profitable qu'on puisse suivre; nous ne lui donnons pas aveuglément, ainsi que ces Messieurs, tous les effets prodigieux dont ils veulent l'enrichir: car n'ont-ils pas aussi avancé qu'en la mettant en pratique on n'avoit jamais besoin de fumier; cependant nous leur avons prouvé qu'elle tiroit de grands avantages des amendemens.

Lorsqu'on s'est pourvu de bonne semence, il faut préparer le sol que l'on veut en charger. Cette préparation consiste en labours répétés jusqu'à ce que la terre soit aussi finement ameublie que celle des plates-bandes des jardins. On donne le dernier labour vers la derniere semaine de Mars, & on le séme tout de suite.

On donne ordinairement trois labours, si le terrein que l'on emploie est une terre neuve, on l'ouvre au printems & on lui laisse passer l'été & l'hiver suivans sans lui confier aucune semence ; au second labour, qui se fait à peu près vers le commencement de l'hiver, il convient de disposer la terre en sillons hauts & aigus pour faire écouler plus facilement les eaux : mais au dernier labour que l'on donne immédiatement avant d'ensemencer la terre, on doit, autant qu'il est possible, applatir les sillons & les faire beaucoup plus larges que pour les autres grains.

Nous faisons observer que le choix de la graine est très-important, que sa bonne qualité consiste à être huileuse, épaisse & pesante ; mais qu'on ne s'imagine point que, comme le pensent Messieurs de la Société de Dublin, il suffit pour l'empêcher de dégénérer, de la changer d'une terre dans une autre. Nous avouons qu'une graine que l'on tire d'une terre légere s'améliore considérablement dans une terre plus lourde ; mais il ne s'ensuit point de-là qu'elle ne dégénere. Il résulteroit tout au plus de cette attention de la changer ainsi, qu'au lieu d'avoir besoin de la renouveller de trois en trois ans, on ne seroit obligé de le faire que de quatre ou de cinq en cinq ans. Mais aussi à quel déchet ne s'exposeroit-on point dans l'année que la graine seroit semée sur un terrein léger. Ainsi nous conseillons de s'en tenir à la méthode qui prescrit de la renouveller de trois en trois ans.

CHAPITRE L.

De la maniere de semer le Lin.

TOus les Auteurs antérieurs à la nouvelle culture recommandent de semer le lin à la main, nous n'avons même vu aucun Auteur qui ait traité de la culture de cette plante depuis que le *Cultivateur* est en usage, si l'on en excepte Messieurs de la Société de Dublin qui ont même beaucoup plus insisté sur le choix de la linette, & sur la préparation de cette plante pour la mettre en œuvre, que sur sa culture. Les instructions qu'ils donnent sur ce point, qui a presque fixé toutes leurs attentions, seront l'objet des nôtres, les reconnoissant pour les plus lumineuses & les plus solides qui ayent été données jusqu'à présent. Il est d'ailleurs bien certain que l'on faisoit avant l'introduction de la nouvelle méthode de bonnes récoltes de lin, & qu'on en fait encore, en suivant l'ancien usage : mais l'expérience a assez prouvé que celles que produit la nouvelle culture sont beaucoup supérieures.

Car on ne peut nier que les mauvaises herbes ne portent un très-grand préjudice, parce que la premiere pousse de cette plante est pendant quelque tems extrêmement foible; or dans la culture ordinaire les mauvaises herbes croissent avec la plante, & comme elles ont de la vigueur en comparaison du jeune lin, elles lui dérobent sa nourriture, le rabougrissent, desorte qu'il ne peut plus se rétablir. Les Cultivateurs sont sensibles aux dommages que cet accident leur cause; mais malgré cela ils semblent s'obstiner à ne point y remédier : rien cependant de plus aisé, de plus solide & de moins dispendieux que les moyens que nous leur proposons. Nous les exhortons à faire usage de notre nouvelle charrue, dont nous avons éprouvé les succès.

Cependant comme il est difficile de faire renoncer aux anciens usages, & comme il est beaucoup de Cultivateurs qui ne peuvent point se résoudre à adopter la nouvelle culture, nous allons donner toutes les instructions nécessaires pour cultiver le lin de la meilleure façon possible, selon l'ancienne; & ensuite nous donnerons celles qui ont un rapport essentiel à la nouvelle.

En suivant l'ancienne méthode on doit bien rompre le terrein par différens labours, briser les mottes & l'ameublir au dégré des plates-bandes des jardins. Ensuite on séme le lin à la main, mais d'un seul jet. La semence ainsi jettée, il faut passer par-dessus & légerement deux herses fines qui sont jointes ensemble, pour bien la couvrir, il est de la derniere importance de répandre la semence aussi également qu'il est possible; le semeur remplit beaucoup plus aisément cet objet s'il monte le long du sillon en ligne droite, & s'il revient sur ses traces en distribuant sa semence avec la main gauche : quatre boisseaux de graine suffisent par acre. Si l'on séme plus épais on retire fort peu de graine, mais aussi si l'on séme beaucoup plus clair on risque de se donner du lin qui est trop gros & dur & dont par conséquent le fil ne sera jamais susceptible d'une grande finesse quelle que soit la préparation qu'on lui donnera.

On choisit ordinairement la derniere semaine de Mars pour cette semaille : mais si le tems est froid on peut la différer jusques aux neuf ou dix premiers jours d'Avril. La linette a le tems d'acquérir sa parfaite maturité, pourvu que l'on ne differe pas plus tard à la semer. Rarement si l'on passe ce tems, vient-elle à une parfaite maturité.

Cette opération faite, on abandonne cette production au soins de la nature. Ce n'est pas qu'elle n'exigeât beaucoup plus de soins ; mais c'est qu'en suivant l'ancienne méthode, il est impossible de les lui donner. Les mauvaises herbes poussent parmi la récolte, & plus le printems est humide, plus elles abondent. Mais quel reméde y porter ? On ne peut pas y mettre les houeurs à la main. Veut-on y envoyer des ouvriers pour arracher les herbes parasites ? ils font plus de dégât par leur piétinement qu'ils ne font de bien à la plante.

On pourroit à la vérité y lâcher un troupeau de moutons ; mais cela demande beaucoup de précaution ; parce que si le lin est trop bas ils le foulent aux pieds, & par conséquent le détruisent. Si au contraire il est à une certaine hauteur, & si sa tige est ferme ils la cassent en se couchant : or comme elle est ligneuse, elle ne peut plus se relever.

Voilà les risques que l'on court en lâchant les moutons dans les *linieres*. Il y a cependant un tems pendant lequel on peut les y mettre sans que le lin soit endommagé, c'est lorsque le lin n'a environ que cinq pouces de hauteur ; ils y mangent les herbes parasites, sans qu'ils portent de préjudice à la production, qui par-là se trouve dégagée jusqu'à sa parfaite croissance.

Nous avons indiqué toutes les ressources que l'on peut mettre en usage pour la culture du lin suivant l'ancienne métho de pendant tout le tems qu'il est sur pied. On voit assurément combien elle est imparfaite & hazardeuse. D'abord la semence est jettée au hazard, & en voulant faire la guerre aux mauvaises herbes on court risque de ruiner la récolte. La nouvelle méthode au contraire nous fournit des avantages moins coûteux, plus aisés & plus certains. Car voici comment on y procéde.

Aussi-tôt que la semence est dans la terre on se prépare à faire usage du *Cultivateur*. Car on doit plutôt avoir l'œil à la pousse des mauvaises herbes qu'à celle du lin ; c'est précisément en ce tems qu'elles poussent en grand nombre. La production encore tendre demande tout le suc que le terrein peut fournir ; c'est pourquoi il faut penser à détruire ces plantes parasites aussi-tôt qu'elles paroissent ; objet que l'on remplit parfaitement en labourant les intervalles avec le *Cultivateur*. D'ailleurs il résulte encore un autre grand avantage de cette méthode, c'est que la terre se trouve préparée à recevoir avec liberté & sans gêne les racines tendres du lin & qu'elles s'y établissent solidement avant que les mauvaises herbes ne reparoissent.

Lorsque

Lorsque cette plante a atteint une petite hauteur, on fait arracher les herbes d'entre les rangs par des sarcleurs. C'est ainsi que l'on fait jouir la petite pousse de tous les sucs que le sol peut fournir & qui sont bien plus abondans qu'en suivant l'ancienne culture. Cette opération doit être répétée tant dans les espaces qui sont entre les rangs que dans les intervalles aussi-tôt que les mauvaises herbes commencent à reparoître.

De toutes les productions le lin est celle qui demande le plus de secours : or il n'y a point de méthode par laquelle on puisse le lui donner plus facilement & avec moins de dépense que la nouvelle. Nous pouvons dire d'après des expériences souvent répétées, qu'elle récompense bien des peines & des frais : puisqu'une liniere cultivée ainsi rend le double.

D'ailleurs si l'on examine & le tems & la patience qu'il faut pour trier à la main les herbes & les en séparer, on conviendra qu'il n'est rien de plus avantageux que de suivre la nouvelle culture. Combien de personnes ne faut-il point occuper à ce triage : on a beau dire que ce sont les femmes qui font cette besogne : cette raison est des plus insuffisantes ; puisqu'il est vrai de dire que dans la saison de ce triage elles pourroient être bien plus utilement occupées.

CHAPITRE LI.

De la maniere d'arracher le Lin.

IL y a un tems qu'il faut sçavoir saisir pour le lin ; car si on l'arrache avant ou après on se porte beaucoup de préjudice. On cultive les autres plantes pour leurs racines ou pour leurs fleurs, ou pour leur graine ; celle-ci au contraire n'obtient tous nos soins que par rapport à sa tige qui demande un traitement différent ; dans les autres plantes la maturité de la semence ou la grosseur de la racine indiquent le tems de la cueillir, rien au contraire ne l'indique dans le lin, que sa tige. Les autres signes sont visibles : mais il est très-difficile de connoître le tems auquel il faut arracher le lin, ainsi il faut y apporter une attention particuliere.

Messieurs de la Société de *Dublin* donnent les signes de la maturité du lin. Ils disent avec raison qu'un lin semé est probablement mûr vers la fin de Juin ou au commencement de Juillet : mais sera-

ce avec des probabilités que nous guiderons sûrement les pauvres
gens de la campagne? Le lin, dans sa maturité, disent ces Messieurs, est d'un jaune éclatant, la graine en est ferme, pleine & d'u-
ne couleur brune-claire. Il est tems alors, continuent-ils, de
l'arracher, à moins qu'on ne le destine au fil le plus délié; dans
ce cas on attend jusqu'à ce que quelques capsules commencent à
s'ouvrir & à répandre la graine. Le lin le plus mûr, ajoutent-ils,
fait toujours de meilleurs ouvrages, & la filasse en est plus fine.

Cette indication, qu'il nous soit permis de le leur représenter,
n'est que vague; car le jaune éclatant n'indique point sûrement que
le lin soit dans sa maturité; il est des pays où le lin ne se désiste
point de sa couleur grise, & c'est de-là sans doute que s'est établie
une espéce de couleur si généralement connue & si belle, qu'on
appelle gris de lin; si donc dans ce cas le Cultivateur attend que
son lin jaunisse pour l'arracher, ne s'exposera-t-il point à perdre les
fruits de ses peines.

D'ailleurs il est des terreins où il convient de moissonner cette
plante plutôt que dans d'autres. Il est certain par exemple qu'il
faut la laisser plus longtems sur pied sur un terrein gras & compacte que sur un terrein qui abonde moins en principes & plus léger, parce que si on cueilloit en même tems l'un & l'autre de ces
deux lins, le premier se pourriroit au rouissage, au lieu que le second
se rouiroit parfaitement.

L'unique signe qui indique donc le moins équivoquement la
maturité du lin, c'est lorsque la semence, pour peu qu'elle soit
froissée dans les mains, s'échappe de ses capsules.

Il n'est pas encore vrai, l'expérience est pour nous, que le lin
le plus mûr soit celui dont on tire les meilleurs ouvrages, si du
moins par bonté on entend la solidité des toiles; parce que l'é-
corce séparée de la chenevote étant la partie que l'on file & que
l'on met en toile, si elle reste trop longtems sur pied, perd sa partie
onctueuse & liante qui constitue la bonne toile. Voyons ce que
nous apprend M. *Hall.*

Le Cultivateur, dit ce célébre Auteur, »doit considérer que la
»plus grande partie du lin doit être arrachée lorsque la tige est
»en état, & qu'il est à propos d'en laisser une petite partie sur pied
»pour donner le tems à la semence d'acquérir sa parfaite maturité;
»ce qui fait que l'on doit récolter le lin en deux tems différens;
»car si on laissoit sur pied le tout jusqu'à ce que la graine fut en-
»tierement mûre & telle qu'elle doit l'être pour servir de semen-

» ce le lin perdroit beaucoup de fa qualité & par conféquent de
» fa valeur. Il eft donc à propos que le Cultivateur laiffe une partie
» du lin fur pied pour la femence , & l'on choifit pour cela la partie
» du champ qui eft le plus à l'abri des vents qui eft défendue par
» une haie & qui eft à l'expofition du midi. On marque cette por-
» tion du champ avec des pieux, afin que les arracheurs n'y tou-
» chent point ; on la laiffe fur pied jufqu'à ce que les capfules
» qui contiennent la graine s'ouvrent. Rien de plus aifé que de
» connoître ce dégré de maturité : Voyons à préfent la partie du
champ qui doit être récoltée avant celle-là & dont on fait ce qu'on
appelle la filaffe.

Si l'on obferve la conduite de la plûpart des Cultivateurs on verra qu'ils alterent la récolte pour fe procurer de la femence. Cependant il n'y a perfonne qui ne convienne que le lin a beaucoup
plus de qualité lorfqu'on l'arrache avant que fa graine ait acquis fa
parfaite maturité , mais qu'auffi la graine que l'on tire de ce lin
n'eft pas fi bonne ; d'autres laiffent le lin fur pied jufqu'à ce que la
graine commence à mûrir , alors ils l'arrachent prétendant que la
graine durcit & fe perfectionne en féchant.

Ceux qui fuivent cette routine, laiffent paffer le tems de la
fleur & obfervent le tems auquel les têtes où font les capfules deviennent brunâtres & commencent à pefer & à faire pencher les
fommités des branches qui les fupportent. Voilà le tems précis
auquel ces Cultivateurs récoltent leur lin ; mais nous confeillons
de réferver un petit recoin du champ pour la graine que l'on deftine à femer, & d'arracher le refte lorfque le lin eft dans fon état
parfait.

Dans le Levant on enfemence de petites parties de terrein exprès
pour la femence. On choifit pour cela les fols les plus riches & les
fituations les plus chaudes. Il n'eft point douteux que c'eft principalement cette méthode qui donne une fi grande réputation à leur linette ; au lieu qu'en fuivant celle qui eft en ufage en Europe il femble que nous veuillions que le lin mûriffe avec le graine, & qu'il foit
fin en même tems ; ce qui eft d'autant plus inconféquent que la chofe
eft impoffible. Dans le Levant , comme nous l'avons dit, & dans
les Pays-Bas, on féme de vaftes linieres pour la tige, & des portions de terrein pour la linette. En fuivant cet ufage les Cultivateurs arrachent dans le tems convenable le lin & cueillent la linette dans fa parfaite maturité. Auffi leurs manufactures de toiles
gagnent-elles dans la concurrence de toutes les autres manufactures

de l'Europe ; attendu que leurs lins l'emportent en effet en force & en couleur.

Le plus certain pour nous eſt donc d'imiter ces peuples ; nous ne pouvons point nous égarer en ſuivant leur méthode ; puiſque nous ne ſentons que trop que dans la concurrence la balance penche beaucoup de leur côté dans cette branche de commerce. Semons du lin exprès pour nous procurer de la ſemence bien nourrie & bien conſtituée, & ſemons auſſi pour récolter des tiges qui aient une bonne qualité. Il n'y a point d'autre moyen de porter nos manufactures au dégré de perfection que les Levantins ont donné aux leurs ; mais il faut joindre à cette méthode une culture bien ſuivie & les préparations favorables que ces peuples donnent à cette plante lorſqu'elle eſt cueillie.

Nous avons déja indiqué les ſignes les plus caractériſtiques de la maturité de la graine. On doit donc s'attacher à les ſaiſir, pour ainſi dire, aux cheveux, pour arracher la portion de terrein que l'on a deſtinée à fournir la graine propre à être ſemée. Il ne faut pas être moins attentif à la liniere, il faut être exact à remarquer le tems auquel elle commence à fleurir. Le lin cultivé ſuivant la méthode ordinaire, ne fleurit jamais tout à la fois. Comme il y a une partie de ſemence qui a été ſemée à plus de profondeur que l'autre, ce qui eſt inévitable, il lui a fallu plus de tems pour percer la ſuperficie, deſorte qu'elle met auſſi plus de tems à fleurir, que celle qui n'avoit point été ſi profondément couverte ; & comme le terrein a été ſemé à la main, il y a des tiges iſolées, tandis que d'un autre côté elles ſont par touffes & extrémement ſerrées ; or il eſt bien évident que celles-ci s'affament réciproquement & ne peuvent point parvenir à leur parfaite maturité auſſi-tôt que les autres qui étant fort eſpacées reçoivent beaucoup de nourriture, ce qui accélere leur végétation ; il ne peut donc point manquer d'y avoir beaucoup de variété dans le même champ, quoiqu'il ſoit entierement de la même nature, & que la culture ait été la même.

Toutes ces circonſtances réunies, font qu'une liniere fleurit irrégulierement, ce qui produit une très-grande différence dans la qualité des tiges qui devroient être cueillies toutes enſemble dans le tems préciſément déterminé par la fleur. De-là on voit combien la nouvelle méthode doit être plus favorable à cette production que l'ancienne ; puiſqu'il eſt vrai que toute la ſemence ne peut manquer de ſe trouver à la même profondeur & à la même diſtance & que par une conſéquence tirée de nos principes, toutes les tiges parviennent en même tems à la même hauteur, qu'elles ont la même forme & qu'elles fleuriffent enfemble, ce qui joint à l'utilité un fpectacle charmant.

Voilà le figne certain qui indique la maturité du lin : lorfqu'on le cultive uniquement pour le fabriquer, il faut l'arracher auffi-tôt qu'il eft en pleine fleur ; attendre qu'elle tombe eft une erreur de laquelle les Cultivateurs devroient fe départir. Il faut donc bien obferver le tems auquel la fleur commence à fe faner, & mettre alors dans la liniere autant d'arracheurs qu'on peut en trouver. Si toute cette opération pouvoit fe faire en un jour la récolte n'en auroit que plus de qualité.

Le lin eft une plante annuelle qui commence à dépérir quand fa graine eft dans fa parfaite maturité : comme l'ufage que nous fai-fons de fa tige n'eft qu'accidentel relativement à la végétation natu-relle de la plante, nous devons l'arracher dans fa plus grande perfec-tion, relativement à l'ufage auquel nous la deftinons. Toute fa valeur confifte dans fa couleur & dans la bonne confiftance que l'écorce de fa tige peut avoir ; or cette écorce qui divifée doit former des fils qui foient forts & qui aient de la réfiftance, n'eft jamais auffi ferme & n'a autant de liant que lorfque la plante fleurit. L'arrache-t-on trop tôt, cette écorce eft abreuvée d'une humidité qui l'empêche d'avoir la confiftance néceffaire ; l'arrache-t-on trop tard, c'eft-à-dire après que la fleur eft tombée, la partie glutineufe qui lie fi bien l'écorce & qui la rend capable de réfifter aux différentes exten-fions qu'elle fubit par les préparations qu'on lui donne eft entiere-ment defféchée ; deforte que l'écorce devient ligneufe & s'en va avec la chenevote lorfqu'on broye le lin. Tout dans la nature n'a pas plutôt atteint fon état parfait qu'il commence à dépérir ; la tranfition de cet état de perfection à l'état de dépériffement, n'eft d'abord qu'un inftant de raifon qui eft imperceptible, mais qui cependant n'eft pas moins vrai.

Pendant le tems que le lin emploie à acquérir fa vériable hau-teur naturelle, les fils de la tige font verds & tendres ; lorfque le lin eft parvenu à fa parfaite croiffance ils font blancs & fermes, paffé ce tems ils deviennent brunâtres & rudes. On fent combien facilement cette diftance peut échaper au Cultivateur s'il n'eft pas vigilant. Il faut cependant la faifir, puifqu'il eft certain que la beauté & la bonté du lin en dépendent. La nature l'indique par la fleur, c'eft donc à nous à en profiter.

Le lin n'a pas plutôt atteint fa véritable hauteur qu'il commence à fleurir ; il n'y a que quelque accident qui puisse alors retarder sa *fleurison* ; aussi remarque-t-on qu'alors les fibres de la tige sont verds, tendres & foibles, jusqu'à ce qu'il commence à fleurir. Dès qu'il est en fleur ils sont blancs & forts ; ils deviennent durs & brunâtres après que la fleur est passée & que la semence mûrit. La blancheur & la force constituent la bonté de ces fibres ; c'est pourquoi nous indiquons le tems de la fleur comme le tems précis dans lequel il faut arracher le lin lorsqu'on veut en faire de la bonne toile.

On n'a qu'à suivre la marche de la nature dans toutes les autres plantes annuelles, on verra que leurs tiges sont foibles & tendres jusqu'à ce qu'elles fleurissent, & qu'elles se dessèchent & deviennent cassantes dès que la semence mûrit. Le lin est sujet à la même loi. Il est plante annuelle : il faut donc l'arracher lorsque sa fleur s'ouvre puisqu'on veut faire usage de sa tige, si du moins on veut l'avoir dans toute sa force & dans sa belle couleur.

Il faut faire ensorte lorsqu'on met les arracheurs dans la liniere qu'ils se dépêchent. Les racines de cette plante ne plongent point profondément ; elle est par conséquent très-facile à arracher : on met les tiges par poignées bien droites à une certaine distance l'une de l'autre : on les laisse ainsi jusqu'à ce qu'elles soient bien desséchées elles deviennent fermes sans être rudes.

Nous ferons cependant observer que si le tems tend à la pluie on fera beaucoup mieux de les transporter à la Ferme ; on les met comme dans le champ bien droites sous un engard pour les aërer, & pour qu'elles profitent des rayons du soleil à mesure qu'il paroît ; parce que le lin restant exposé à la pluie son écorce qui constitue toute sa valeur ayant encore beaucoup d'humidité radicale, les eaux la pénétrent & la dissolvent, pour ainsi dire, & par conséquent lui enlevent cette partie glutineuse qui lie les fibres, & les rend propres à supporter les diverses préparations qu'on est obligé de leur donner pour en faire de la toile. D'ailleurs la graine qui est logée dans des capsules spongieuses & qui n'a pas encore acquis sa parfaite maturité s'abreuve de plus en plus des eaux de la pluie dont elles s'imbibent, & elle ne fait que de l'huile qui pétille au lieu de brûler uniment. Or cette graine ne pouvant point servir, comme nous l'avons fait observer, pour de la semence, elle n'est propre qu'à en faire de l'huile. Ainsi si l'on ne prend point la précaution que nous indiquons, on risque de perdre ce profit, qui en est un assez considérable pour mériter l'attention du Cultivateur.

Auſſi-tôt que les poignées qu'on a laiſſé dans le champ ſont sèches, il faut les mettre à couvert, pour les vendre ainſi brutes, ou leur faire donner les préparations que l'on va voir, parti le meilleur & le plus avantageux & que le propriétaire doit par conſéquent préférer.

En général cependant il eſt bien difficile d'indiquer au Cultivateur la couleur qu'a le lin lorſqu'il demande d'être cueilli, elle varie beaucoup ſuivant les pays; car dans les méridionaux, ſa tige, quand elle eſt mûre, eſt d'un jaune doré & pour ainſi dire brillant. Dans les autres pays au contraire elle conſerve un gris blanchâtre, tirant ſur le gris-ſale : nous ne pouvons donc guères nous diſpenſer d'abandonner le Cultivateur à l'expérience qui eſt le meilleur guide qu'il puiſſe choiſir. Tout ce que nous pouvons dire, c'eſt que lorſque l'on voit le lin d'un jaune-clair on doit avoir l'attention d'examiner la graine de quelques ti-ges; lorſqu'elle eſt mûre elle eſt ferme & pleine comme celle des autres plantes, & elle eſt d'un brun-clair. On a en Hollande l'uſage d'attendre, pour cueillir le lin, que les capſules des graines commencent à s'ouvrir. Meſſieurs de la Société de Dublin paroiſſent adopter pour certains pays le ſentiment d'un Docteur leur correſpondant qui prétend qu'il eſt meilleur de différer la cueillette du lin autant qu'on le peut ſans riſquer la graine : le lin & la graine, dit-il, en ſeront d'une meilleure qualité.

Nous avons établi des principes d'après les expériences que M. *Hall* dit avoir faites, qui prouvent que cette méthode eſt vicieuſe; le lin reſtant trop long-tems ſur pied, l'écorce ſe deſſéche & ſuit la chenevote quand on le broye. D'ailleurs il eſt certain que le lin cueilli avant ſa parfaite maturité rend la filaſſe plus ſouple & plus forte.

On ne riſque rien en le cueillant dès que l'on s'apperçoit que les feuilles commencent à ſe deſſécher dans les pays Septentrionaux, & dans les Méridionaux quand la tige eſt d'un jaune-clair.

Quant à la façon de le ſécher avant que de l'égrainer, elle varie beaucoup ſuivant les pays, en Bretagne, par exemple, on l'égraine le jour même qu'on l'a cueilli & l'on ſe hâte de le mettre dans les routoirs; ceux qui pratiquent cette méthode diſent qu'il eſt plus blanc & plus doux.

Nous avouons que cette pratique peut être bonne en ſuppoſant toutefois que le lin ait été cueilli avec un beau tems ou du moins avec un vent chaud & violent, autrement on riſque de ſe donner des tiges trop détrempées, & qui en effet ne peuvent point manquer d'abonder en humidité d'autant plus que sitôt après qu'elles sont égrugées on les porte au routoir. Aussi les toiles de Bretagne varient-elles beaucoup & sont-elles tantôt bonnes tantôt mauvaises, suivant sans doute que le tems a été plus ou moins pluvieux, ou plus ou moins chaud & sec.

Dans presque tous les cantons de la Guyenne l'on séme du lin; on a la mauvaise habitude de ne jamais renouveller la linette, & de laisser le lin sur pied jusqu'à ce que les capsules soient presqu'entierement ouvertes. Il n'y a point de pays où la culture de cette plante dût être plus encouragée & plus suivie. Point de pays où les manufactures en ce genre dussent être plus multipliées; puisque le terrein est très-favorable à la végétation de cette plante & que la main-d'œuvre y est à très-bon marché, le paysan étant en hyver réduit à la derniere des miseres, forcé de rester les bras croisés. D'ailleurs comme l'on peut dans les différentes préparations que l'on donne au lin, occuper de petites filles & de petits garçons & que la population ne s'y ressent pas encore des larcins cruels que le luxe des villes fait dans presque toutes les autres provinces du Royaume; on donneroit par ces nouveaux établissemens une nouvelle vie à tous ces pays qui s'éteignent, qu'on nous passe le terme, comme une chandelle. Venons à leur méthode, elle est défectueuse en ce que pour se procurer une linette passable, ils donnent une très-mauvaise qualité à la tige; aussi les toiles de ce pays qui pourroient être parfaites, sont-elles dures & rudes & insusceptibles d'un blanchiment parfait.

D'ailleurs ils n'espadent point leur lin: il ne peut point par conséquent avoir cette fléxibilité qu'il acquiert par cette préparation: comme ils laissent leur lin trop longtems sur pied & que par cette négligence l'écorce se lie si intimément à la chenevote qu'elle ne fait plus presque qu'un même corps avec elle; ils sont obligés de laisser leur lin très-longtems au routoir pour que l'écorce se sépare.

Mais pour peu que le Gouvernement encourageât ces habitans par l'établissement de quelques manufactures de toile, on verroit bientôt leur industrie se mettre en mouvement & saisir avec avidité tous les documens qui leur indiqueroient les moyens de perfectionner cette culture.

Après qu'on a séparé la linette, on met le lin dans le routoir. Rouir le lin c'est le faire tremper dans de l'eau pour détacher l'écorce

de

de la chenevotte. On fait cette opération en mettant le lin dans un fossé, & non, comme dit M. *Hall, dans un étang*, attendu que le poisson y périroit, comme nous l'avons vu arriver, dans un endroit où les habitans mettoient rouir leur lin.

On a l'attention de bien faire plonger le lin, afin que tout soit couvert d'eau, on a aussi celle de le retourner de trois en trois jours.

Il faut sur-tout se donner bien de garde de le faire rouir dans l'eau de certains puits, qui est extrêmement dure & qui communique tellement cette dureté à l'écorce en la resserrant contre la chenevotte, qu'il est ensuite presque impossible de l'en détacher.

Lorsque le lin est roui on l'expose au soleil, les poignées éparpillées la tête en haut afin que l'air y passe librement & dessèche les tiges. Le lin étant sec on le brise avec un instrument dont la forme varie selon les différentes coutumes des lieux. Il y a des pays, comme les méridionaux, où on se sert de culasses de fusil, ou de battoirs faits suivant cette forme; ils méritent à tous égards la préférence, parce qu'on ne risque point, en battant, de couper les fils.

Le lin étant brisé on l'espade avec une espèce de sabre de bois à deux tranchants; cet instrument varie beaucoup; celui des Hollandois est, suivant Messieurs de la Société de Dublin, préférable.

Pour nous nous conseillons de passer le lin sur une espade bien simple, c'est une planche posée perpendiculairement sur un pied qui soit assez stable pour soutenir la planche, desorte qu'elle ne vacille point: la planche & le pied ne doivent point se lever à plus de quatre pieds & demi ou cinq pieds de hauteur, afin qu'un homme puisse aisément passer & repasser la poignée de lin sur le tranchant de la planche qui doit être faite de bon chêne ou de noyer, ou de quelqu'autre bois aussi dur.

Après avoir brisé le lin, on le broye, on a beau vouloir faire des innovations sur l'instrument dont on se sert pour cette opération; on sera toujours exposé à couper les fils du lin, parce que, comme l'observe très-judicieusement un Correspondant de la Société de Dublin, il est comme impossible que le broyeur ou la broyeuse qui tient de sa main gauche la poignée la divise si bien avec ses doigts & la distribue si également sur les tranchants des couteaux inférieurs de la broye qu'aucun fil ne soit plus comprimé que l'autre: il est des pays où les femmes seules sont chargées de cette besogne. D'ailleurs comment veut-on obtenir cette égalité de mouvement & de force que la broyeuse donne? c'est une précision mathématique que l'on ne pourra jamais faire acquérir à cette force d'ouvriers. Tout se borne donc ici à recommander seulement à la broyeuse de ne point, dans le dernier coup de broye qu'elle donne, serrer, comme elles font presque toutes, parce que le lin engrainé entre les couteaux supérieur & inférieur, se coupe net & suit la partie supérieure de la tige que l'on veut séparer du reste.

L'observation que nous faisons est d'autant plus utile que l'on peut voir le lin qui reste attaché à la sommité de la tige quand la broyeuse l'en sépare.

Le lin broyé, on l'espade : en Bretagne on le pesselle, cette opération revient au même. Cette machine est à peu près la même que celle que nous venons de décrire, à cela près qu'elle n'est pas si élevée que la nôtre, aussi l'ouvriere est-elle plus à son aise, puisqu'elle fait cette opération assise. Le choix est donc indifférent.

On observera sur-tout que le tranchant de la planche soit bien uni, qu'il n'y ait point d'écharde ; afin que le lin ne se rompe ni ne se déchire point. On doit avoir la même attention pour les tranchans des couteaux des broyes. Enfin on sérance le lin avec différens sérans qui sont composés de pointes de fer pour l'affiner de plus en plus, & ce que l'on sépare par ces opérations s'appelle les étoupes, qui sont de plus en plus fines à mesure que les différens sérans sur lesquels on passe le lin ont des pointes plus ou moins petites & plus ou moins serrées. Voilà à peu près le détail de toutes les opérations que le lin doit subir avant que de le filer.

La filature parfaite du lin consiste principalement à ne se servir jamais d'eau de puits en le filant, on ne sçauroit croire combien cette eau traverse le blanchiment des toiles & combien même elle rend le fil rude. En voilà assez de dit pour cette partie de l'œconomie rurale. Le Cultivateur en sçait assez pour en tirer tout le parti possible.

CHAPITRE LII.

Du Chanvre.

LE chanvre, *cannabis sativa*, est une plante d'un grand usage pour les arts. Elle est annuelle. Elle est d'un grand profit pour plusieurs provinces du Royaume ; sa culture est en général d'une utilité plus étendue que celle du lin,

Sa racine eſt longue d'un demi-pied, blanchâtre, ligneuſe, fibreu-
ſe, épaiſſe d'un demi-pouce tout au plus à ſon collet, d'où part une
tige quarrée, velue, rude au toucher, creuſe, ligneuſe & tendre,
couverte d'une écorce verdâtre & ligamenteuſe, cette tige eſt rarement branchue ſi ce n'eſt à ſon extrémité, elle eſt haute ordinairement de trois à quatre pieds. Dans les bonnes terres elle devient plus grande; elle eſt chargée de feuilles coupées en quatre ou
cinq ſegments, longs de deux à trois pouces ſur un demi-pouce de
largeur, diſpoſées en main ouverte, rudes, d'un verd-brun, relevées de quelques veines ſur leur ſurface, dentelées à leurs bords
& d'une odeur forte & qui enievre, ſes fleurs naiſſent ſur des pieds
ſéparés de ceux qui portent la ſemence; elles ſont diſpoſées en
maniere de grappe & oppoſées en maniere de croix de S. André;
chaque fleur eſt penchée en bas & contient la pouſſiere prolifique, la
fleur eſt petite, d'un jaune blanchâtre avec une légere teinture
de verd, voilà ce qui conſtitue le chanvre mâle, car il y en a de
deux ſortes, le chanvre mâle & le chanvre femelle; la plante femelle eſt plus robuſte, ſa tige eſt plus groſſe & plus branchue &
porte la ſemence ſans fleurs.

Il eſt des Auteurs qui donnent au chanvre mâle le nom de chanvre d'été, & au chanvre femelle celui d'hiver; parce que le premier mûrit un mois ou ſix ſemaines avant le femelle, & donne un
fil plus fin. La ſtructure des fleurs & de la graine de cette plante eſt
digne d'être obſervée.

La fleur de la plante mâle eſt compoſée de cinq petites feuilles
pointues au bout. On voit au fond de ces feuilles cinq petits fils ou
filaments dont chacun eſt ſurmonté d'un bouton de figure d'un quarré long.

La plante femelle porte une bourſe verte, oblongue & pointue, dans laquelle on découvre l'embrion ou le principe du fruit,
d'où s'élevent deux fils pointus à leur bout, la ſemence vient enſuite qui eſt renfermée dans la bourſe.

Les Grecs & les Romains ont connu le chanvre, il eſt originaire des pays chauds où il vient ſauvage, mais les peuples de ces pays
le cultivent pour leur uſage; car la tige ne parvient jamais à ſa perfection lorſqu'elle n'eſt point cultivée.

Les chanvre mâle & femelle s'élevent de la même ſemence,
ainſi à proprement parler, il n'y a qu'une eſpéce de chanvre. Il y a des
Auteurs qui font mention d'une plante qu'ils appellent le chanvre
de la Virginie, dont les feuilles ſont larges, qui ne ſe ſéparent

point en main-ouverte comme le chanvre de l'Europe, & qui ne produit pas non plus son fruit de la même maniere, quoique cette plante ressemble en bien des choses au chanvre ordinaire : elle croît dans les prés salés de la Virginie, quelques-uns l'appellent *Acidna :* il y a aussi plusieurs espéces d'une plante Angloise nommée chanvre bâtard, qui n'est qu'une espéce d'ortie, qui porte des feuilles semblables à celles du chanvre. Si nous faisons mention de ces deux plantes ce n'est que pour empêcher le Cultivateur de les cultiver au lieu du vrai chanvre.

Nota. Cependant l'ortie ordinaire & qui vient abondamment d'elle-même dans nos campagnes mérite notre attention : on sçait qu'un Suisse entreprit il y a quelques années de préparer cette plante comme le lin, il parvint à faire tisserander la filasse qu'il vint à bout d'en tirer ; la toile s'est trouvée d'une excellente qualité. Or il seroit avantageux qu'on se livrât un peu à la culture de cette plante ; plusieurs raisons nous engagent à la conseiller, d'abord parce qu'elle ne demande point un sol aussi riche que le lin & le chanvre ; en second lieu, parce qu'on en pourroit faire de la toile ; en troisiéme lieu enfin, & c'est ici la raison la plus déterminante, parce que les vaches en sont avides & que ce fourrage les rend abondantes en excellent lait.

CHAPITRE LIII.

Du Sol qui convient au Chanvre.

ON peut donner des préparations convenables aux pâturages où l'on veut mettre du chanvre ; un champ qui vient de donner une autre production peut aussi être mis en cheneviere : mais il est certain qu'un pâturage est préférable : un terrein où l'on a mis des herbes artificielles est excellent. M. *Hall* rapporte avoir vu une partie de forêt qu'on avoit abbatue & semée de chanvre produire jusqu'au triple plus qu'aucune récolte qu'il ait jamais vu. Le sol, dit cet Auteur, étoit profond & loameux.

Quelque sol que l'on destine à une cheneviere, il faut lui donner une bonne culture, il ne faut point l'enrichir de fumier ; cet engrais est préjudiciable au chanvre, mais il faut donner de bons labours. De-là on sent combien la nouvelle culture doit l'emporter pour le chanvre sur l'ancienne.

Un terrein qui a porté quelqu'autre production n'est donc
pas si favorable à la végétation du chanvre qu'un terrein à pâturage.
Le chanvre est une plante vorace, elle consomme beaucoup de nourriture , & il est certain que les terreins qui viennent de produire
d'autres récoltes, sont en partie épuisés : on ne peut plus leur donner de la vigueur qu'avec le fumier : or le chanvre ne s'accommode point de cet engrais.

M. *Hall* cependant rapporte l'expérience suivante par laquelle
ce que nous venons d'avancer se trouve en quelque façon contredit.

» J'avois, dit cet Auteur, une portion de terrein qui avoit por-
» té trois récoltes, je donnai plusieurs labours , & sans être se-
» couru d'aucun engrais j'eus une abondante récolte de chanvre,
» en le traitant sur pied suivant la nouvelle méthode; ainsi, conti-
» nue cet Auteur, je suis fondé sur la raison & sur l'expérience
» quand je conseille de préférer la nouvelle culture pour le chan-
» vre : car pourvu que le sol soit un peu analogue à la nature de
» cette plante, on peut se promettre de le faire fructifier en chan-
» vre par les seuls labourages , quoiqu'on vienne d'y récolter
» d'autres productions ; notre expérience confirme donc la vé-
» rité des principes sur lesquels la nouvelle culture est fondée.

Par toutes les observations que nous avons faites ci-dessus , on
voit que le sol le plus favorable à la végétation de cette plante est
celui qui a été depuis long-tems couvert d'arbres ; qu'au défaut de
ce terrein on peut prendre un terrein à pâturage, & que le moins
favorable est celui qu'on a épuisé par d'autres productions , que l'on
peut cependant si bien rompre, diviser & ameublir par de fréquens labours , & rafraîchir avec de la boue & du sable & herser &
rouler , que le chanvre y réussit à merveilles.

Remarquez que le chanvre réussit fort bien avec d'autres engrais
quoiqu'il ne supporte point le fumier ordinaire, l'amendement
que nous venons d'indiquer est cependant celui dont il tire les
plus grands avantages.

CHAPITRE LIV.

De la maniere de semer le Chanvre.

ON doit d'abord se procurer de la meilleure semence. Si, comme nous l'avons fait observer à l'égard des autres semences, on manque à cette attention, toutes les peines qu'on se donne & les frais que l'on fait sont en pure perte : la fermeté & le luisant de la semence sont les signes caractéristiques de sa bonne qualité; ajoutez qu'il faut qu'elle résiste aux frottemens des mains, c'est-à-dire qu'elle ne se brise point, & qu'au contraire elle paroisse plus fine & plus nette : mais si elle se casse & s'il en sort de la poussiere c'est une preuve certaine qu'elle est vieille & considérablement altérée, & que par conséquent elle n'est plus propre à être semée.

Il faut, suivant la méthode ordinaire, trois boisseaux Anglois pour un acre, au lieu que dans la nouvelle il n'en faut tout au plus qu'un boisseau & demi.

Il n'y a point de saison plus favorable à cette semaille que la premiere semaine d'Avril ; si cependant le tems n'est point favorable on peut différer de huit ou même de quinze jours.

Avant que de semer il faut, si l'on suit l'ancienne méthode, affiner la terre à peu près comme les plates-bandes des jardins. La semence du chanvre est tendre & délicate; il faut la couvrir legerement, autrement elle ne monte point. Si on laisse des mottes, elles couvrent la semence qui périt infailliblement: nous avons eu souvent occasion de remarquer les mauvais effets de cette négligence ; aussi ne sçaurions-nous trop recommander de bien rompre & diviser le terrein; cette opération faite parfaitement, le semeur répand d'un seul jet la semence assez régulierement.

Aussi-tôt que l'on a semé il faut mettre la herse & prendre toutes les précautions possibles pour écarter les oiseaux pendant quinze jours. On sçait que presque tous les petits oiseaux & les pigeons sont avides du chénevi. Or comme la graine n'est que très-legerement couverte, ces animaux la découvrent facilement. Il est donc indispensable de prendre tous les moyens connus pour les éloigner, si l'on ne veut pas, comme il arrive quelquefois, perdre la moitié ou les deux tiers de sa récolte.

Il eſt des Cultivateurs qui ſe contentent de donner au terrein, dont ils veulent faire une cheneviere, un ſeul labour au printems; auſſi ſont-ils obligés de ſe contenter d'une bien mauvaiſe récolte, puiſqu'en ſuivant nos principes il eſt démontré qu'il faut donner au moins trois labours pendant l'hiver & autant de herſages. Après le troiſiéme labour on choiſit un tems ſec pour faire paſſer un rouleau bien peſant ſur le terrein afin de bien rompre les motes. Au printems on donne le dernier labour & un dernier herſage afin que le ſol ſoit bien uni & bien propre à recevoir la ſemence. Le chanvre demande une culture plus aſſidue que toute autre production.

Voilà tout ce que l'on doit pratiquer lorſque l'on ſuit l'ancienne méthode : voyons quels ſoins exige la nouvelle qui eſt aſſurément préférable. La préparation du terrein eſt la même que dans l'ancienne culture. Il faut ſemer en doubles rangs à la diſtance de dix pouces l'un de l'autre avec des intervalles entre chaque double rang aſſez eſpacés pour donner un paſſage libre au *Cultivateur*.

Nous avons renouvellé ſi ſouvent les inſtructions ſur cette méthode qu'il eſt très-inutile de les répéter encore. Il faut cependant faire obſerver que le chanvre veut être à peu de profondeur & qu'il faut arranger le ſémoir en conſéquence.

Comme le chanvre eſt une groſſe plante, il ne veut point être en triple rang, parce que le rang du centre ne ſeroit point aëré ni aſſez eſpacé pour ſes racines & que conſéquemment il périroit. Il réuſſit très-bien en un ſeul rang ; mais l'expérience nous a fait voir que les plantes viennent également bien dans le double rang pourvu que l'on donne les intervalles indiqués ci-deſſus; le profit eſt en effet bien plus conſidérable. Nous aſſurons donc qu'il n'y a pas de culture plus profitable & plus lucrative que la nouvelle.

CHAPITRE LV.

De la culture du Chanvre pendant qu'il eſt ſur pied.

SI, comme il n'eſt point de Cultivateur qui l'ignore, il n'y a point de plante qui conſomme plus de nourriture que le chanvre, il eſt certain qu'il n'y a point de culture qui lui ſoit plus favorable que la nouvelle, puiſque l'on peut fréquemment lui fournir de nouveaux ſucs.

Dans l'ancienne méthode on l'abandonne aux soins de la nature dès que la tige a percé la superficie. Il est alors à couvert de la voracité des oiseaux, & comme il croît promptement & qu'il est robuste, il étouffe les mauvaises herbes. D'ailleurs ses tiges, par l'ancienne façon de semer, font si voisines & si serrées, que les mauvaises herbes ne trouvent aucune issue pour monter : eh comment outre cela trouveroient-elles suffisamment des sucs pour végéter ? à peine les tiges du chanvre étant si épaisses trouvent-elles dequoi se substanter, jusqu'à ce que leurs racines commencent à plonger à une certaine profondeur ; & c'est précisément dans ce tems qu'il est impossible à aucune plante de croître autour des tiges du chanvre : aussi les observateurs en Agriculture ont-ils remarqué que rien ne détruit plus dans un champ les mauvaises herbes qu'une récolte de chanvre ; mais on observe aussi que cette production épuise tellement un sol, qu'il n'est plus propre à rien pendant un certain nombre d'années, sans de grandes préparations & des secours puissans.

Par le secours du *Cultivateur* on renouvelle si fréquemment les surfaces de la terre & on les multiplie tant que cette plante y pompe continuellement une abondance de sucs étonnante ; or, nous l'avons déja dit, elle est de toutes les plantes la plus vorace.

Lorsque le semoir a déposé dans la terre la semence, la herse la couvre tout de suite ; desorte qu'on n'a presque plus rien à craindre de la part des oiseaux & de la vermine, qui font un ravage affreux dans les semailles faites suivant l'ancienne culture. Qu'on ne croie pas cependant que nous donnions assez aveuglément la préférence à la nouvelle culture pour assurer qu'on n'a pas besoin de faire éloigner les oiseaux pendant quelques jours ; ce seroit induire notre lecteur à erreur. Bien loin delà, nous conseillons de mettre dans la cheneviere des petits garçons, sur-tout avant le lever & le coucher du soleil pour qu'ils écartent les oiseaux qui choisissent ordinairement ces deux tems pour aller chercher leur nourriture.

Lorsque le chanvre est monté à quatre ou cinq pieds de hauteur, les mauvaises herbes commencent à couvrir les intervalles ; il arrive aussi que l'on en trouve quelqu'une dans les espaces qui font entre les rangs, les houeurs à la main arrachent celles-ci, & l'on détruit avec le *Cultivateur* celles des intervalles en même tems qu'on en renouvelle la superficie, & qu'on y ouvre de petits passages nouveaux aux racines du chanvre.

Les fibres des racines du chanvre ne s'étendent pas naturellement dans le sol même le plus convenable, ils se tiennent en

touffe

touffe autour de la bafe de la tige, leur nombre fuppléant à leur peu de longueur. Mais par le *Cultivateur* les fibres des doubles rangs oppofés fe croifent au milieu des intervalles & les rempliffent. Pour peu qu'on examine ces racines on verra la vérité de ce que nous avançons, & c'eft ce qui conftitue cet état vigoureux que nous voyons au chanvre cultivé fuivant la nouvelle méthode

Il faut mettre le *Cultivateur* dans la cheneviere autant de fois que les mauvaifes herbes paroiffent dans les intervalles : mais il n'en eft pas de même de celles des efpaces entre les rangs ; elles n'y reparoiffent plus dès que les houeurs à la main les ont une fois arrachées. C'eft ainfi qu'on entretient la cheneviere en bon état jufques au tems de la récolte.

CHAPITRE LVI.

De la maniere d'arracher le Chanvre.

LE chanvre mâle & femelle s'élevent de la même femence : mais ils mûriffent en différens tems, le mâle mûrit vers le premier Août, & c'eft dans ce tems que le Cultivateur ne doit point perdre de vue fa cheneviere pour obferver fi les feuilles commencent à pencher & à jaunir ; dès qu'une fois ce changement commence à fe faire, il s'étend promptement dans tout le champ ; mais ce n'eft que fur le chanvre mâle ; peu après que les feuilles commencent à pencher & à jaunir les tiges blanchiffent, & voilà le tems qu'il faut choifir pour arracher le chanvre mâle.

On procéde à cette opération de la même façon qu'au lin, il eft vrai que celle du lin fe fait avec d'autant plus de facilité qu'on l'arrache tout à la fois, & qu'au contraire il faut, en arrachant le chanvre mâle, avoir l'attention de laiffer fur pied le chanvre femelle, ce qui, comme on le voit, n'eft pas bien aifé à pratiquer fans endommager la plante qui refte fur pied, fur-tout lorfque l'on a fuivi l'ancienne méthode, dont nous avons déja fait affez fouvent obferver les autres inconvéniens.

La nouvelle eft bien plus avantageufe, fur-tout à cet égard ; parce que les intervalles entre les rangs doubles font fi fpacieux que les arracheurs ont la commodité de s'y placer à l'aife, d'arracher le chanvre mâle fans endommager le femelle & de le lier par poi-

gnées. Toute cette opération eft fujette à des difficultés fans nombre & à des pertes confidérables dans l'ancienne méthode.

Cette premiere récolte faite on laiffe fur pied le chanvre femelle
jufqu'à la S. Michel. Il ne réuffit que beaucoup mieux, parce qu'il
a été éclairci. On l'arrache de la même maniere que l'autre, avec
cette différence cependant que les faifceaux de celui-ci doivent
être plus gros que ceux du mâle. Il faut pouvoir embraffer avec les
deux mains ceux du mâle; on donne à ceux du femelle trois pieds de
contour.

CHAPITRE LVII.

De la maniere de fécher le Chanvre.

DE's qu'on a arraché le chanvre mâle on le met en faifceaux
fur un bout jufqu'à ce que l'humidité foit un peu évaporée
avant que de le mettre au rouiffage. Quant au chanvre femelle, il
faut avoir égard à la femence; c'eft pourquoi lorfqu'on l'a mis en
faifceaux & expofé pendant quatre ou cinq jours pour le faire fécher, on le porte à la grange afin de le battre & d'en féparer la femence avant que de lui donner quelqu'autre préparation. L'ufage
généralement reçu eft de le mettre en meule dans le champ après
qu'il eft un peu defféché; mais comme la faifon dans le mois
d'Octobre eft ordinairement pluvieufe, il eft beaucoup plus pru-
dent de le mettre dans la grange. Nous fçavons bien qu'un peu d'humidité ne fait point de tort à la tige, mais il eft certain qu'elle
endommage beaucoup la femence.

Suivant la méthode ordinaire un acre de bon terrein rend communément douze boiffeaux Anglois, qui font quatre boiffeaux
de Paris, de femence, & en fuivant la nouvelle, un acre en rend
depuis feize jufqu'à vingt boiffeaux, quelquefois même plus: la
raifon en eft évidente. Par la nouvelle culture les plantes font plus
branchues & par conféquent produifent plus de femence, qui mûrit beaucoup plus parfaitement; parce qu'elles reçoivent beaucoup
plus de nourriture.

C'eft à caufe de cette grande quantité de femence que le chanvre femelle eft plus eftimé que le mâle. On remarque auffi que fa
tige eft bien fupérieure.

CHAPITRE LVIII.

De la maniere de rouir le Chanvre.

Aussi-tôt que le chanvre mâle est un peu sec & que le femelle est égrainé, on peut les mettre au routoir ; on évite de les faire rouir dans de l'eau de puits, parce qu'elle les rend durs & rudes & insusceptibles de ce grand affinement que les autres eaux leur donnent. L'eau coulante est sans contredit la meilleure, mais il n'est pas permis de s'en servir, parce que les particules qui se détachent de cette plante l'infectent, empoisonnent les poissons & corrompent tout ce que l'on prépare avec cette eau.

On fiche dans une marre que l'on fait exprès auprès de quelque ruisseau dont on détourne un filet d'eau, quelques pieux pour assujettir les faisceaux & les tenir couverts d'eau ; on met même par-dessus de grosses pierres afin qu'ils plongent. On les laisse ainsi dans le routoir pendant quinze jours. Après ce tems on les ôte de l'eau pour les laver dans un autre endroit. Si en les lavant on voit tomber facilement les feuilles, c'est un signe que le chanvre est suffisamment roui ; si au contraire elles ne se détachent pas d'elles-mêmes, il est absolument nécessaire de le remettre dans le routoir.

Lorsqu'enfin le chanvre a le dégré convenable de rouissage, on ôte les faisceaux un à un de l'eau & on les lave dans un autre endroit pour ôter les feuilles & toutes les ordures. Cela fait, on les met droits par un bout pour les faire égouter, ensuite on les appuie contre un mur ou contre une palissade bien exposée au midi pour les faire sécher.

CHAPITRE LIX.

De la maniere de brifer le Chanvre.

ON brife le chanvre de la même maniere que le lin : mais il faut que l'inftrument foit plus grand & beaucoup plus pefant, parce que le chanvre eft plus groffier & qu'il oppofe plus de réfiftance : on fépare ainfi l'écorce de la tige. Pour que cette opération foit plus facile il faut faire bien fécher le chanvre.

Si la faifon eft fi pluvieufe qu'on ne puiffe point le fécher au foleil, il faut avoir recours à la chaleur du feu, ce qui fe doit pratiquer avec beaucoup de précaution, de peur que le chanvre ne s'enflame.

Il eft des endroits en Angleterre où l'on fiche des pieux en terre de la hauteur de cinq pieds, à une certaine diftance l'un de l'autre, fur lefquels on pofe des claies : on étend fur ces claies le chanvre & l'on fait un petit feu deffous. En fuivant cette méthode il n'arrive point d'accident. Pour bien brifer le chanvre on commence à frapper fur la racine & l'on continue ainfi en remontant vers la fommité. Il eft affez brifé lorfque l'on apperçoit que les fils font détachés de la tige.

CHAPITRE LX.

De la maniere d'efpader & ferancer le Chanvre.

ON l'efpade de même que le lin, mais on lui donne deux fois cette préparation pour le rendre plus fin, enfuite on le féche bien jufqu'à ce que toute l'humidité foit ôtée : alors il eft prêt à être battu avec un maillet jufqu'à ce que toute la fubftance foit molle & flexible, après quoi on le décharge encore de la chenevote avec une efpéce de broye qui n'eft pas tout-à-fait femblable à celle du lin.

A ce procédé fuccéde la façon de le ferancer : on commence d'abord avec un feran dont les aiguilles ou pointes font groffes & un peu efpacées. Il fert à féparer les parties atténuées de la chenevote, s'il y en a encore ; on les appelle en certains pays *capiton* : ce capiton est, à proprement parler, composé dans le lin & dans le chanvre des petites branches, qui viennent au bout de la tige & qui portent la semence ; on met ce *capiton* à part, & l'on serance encore une fois le chanvre avec un seran plus fin.

Lorsque l'on veut tirer du chanvre de la belle toile, voici le procédé que l'on observe, il est à peu près semblable à celui du lin.

Quand le chanvre a été séché, battu & une fois serancé, il faut le sécher encore une fois, le battre & le serancer, après quoi on le serance avec le même & dernier seran dont on se sert pour donner le dernier affinage au lin. Car on pense bien que pour les usages ordinaires auxquels on destine le chanvre les serans sur lesquels on les passe sont beaucoup plus grossiers & par conséquent peu propres à un ouvrage fin, c'est ainsi que l'on se conduit dans les diverses préparations que cette production exige.

Nous ne donnons point ici l'espade dont Messieurs de la Société de Dublin font le détail : les machines compliquées doivent être bannies de cet ouvrage ; la simplicité ordinaire des Cultivateurs pour le bien desquels nous écrivons, nous en fait une loi. D'ailleurs la plus grande attention qu'on puisse apporter au lin & qui est celle qui rend cette production plus ou moins avantageuse consiste à l'arracher à tems & à lui donner le dégré de roui qui lui convient, le reste des opérations dépend des attentions que la ménagere veut bien se donner. Il faut bien briser le chanvre, arrondir les maillets avec lesquels on le bat, & sur-tout leur donner une surface polie, afin que les fils ne se cassent point. Il faut ensuite l'espader, sur le trenchant de l'espade que l'on fait aussi d'un bois dur pour éviter les échardes & les éclats qui porteroient beaucoup de préjudice. Ensuite on broye avec les précautions que nous avons indiquées, & l'on serance sur des serans, dont les pointes sont d'abord grosses, ensuite moins, & ensuite fines ; & si l'on veut se donner du lin de la derniere beauté on lui fait subir encore les divisions que des serans plus fins & plus serrés lui donnent ; & comme le lin n'en est susceptible qu'à proportion qu'il est arraché à propos, c'est-à-dire lorsque la fleur commence à s'ouvrir & qu'il est bien roui dans une bonne eau vive, nous recommandons principalement ces deux opérations comme étant les meilleures de toutes les autres.

CHAPITRE LXI.

Des Etoupes.

NOus avons fait mention de la féparation de la partie groffiere du chanvre & du lin d'avec la fine. Ce que nous avons ap-pellé *capiton* eft tout ce qu'il y a de plus groffier dans ces deux plantes, auffi ne le mettons-nous pas même dans la claffe des étou-pes. Il ne faut pas croire cependant qu'on n'en tire aucun parti, il fert à faire une toile qui eft encore d'un très-grand ufage dans le ménage, puifqu'on en fait des torchons. Cette efpéce de gros fil s'appelle dans quelques endroits du *bot.*

La partie groffiere que nous appellons étoupe & dont il eft ici queftion, eft la partie noueufe ou pleine de nœuds du chanvre ou du lin : on doit la conferver & l'accommoder après que l'on a mis la partie la plus fine du lin en état d'être filée.

L'étoupe fe forme dans le lin par le fecours du feran, la pre-miere que nous avons appellée *capiton* eft celle qui fe fépare en paf-fant le lin fur le feran le plus groffier ; la feconde que nous appel-lons premiere étoupe eft celle que l'on fépare avec le fecond feran, dont les pointes font moins groffes que celles du précédent, mais plus ferrées : on fait de celle-ci de la toile qui eft paffablement bonne & dont le plus grand nombre des payfans font des chemifes ; on en fait auffi des draps de lit pour les domeftiques de la Ferme.

La troifiéme que nous appellons la feconde, fe fait en paffant le lin fur un feran beaucoup plus fin & plus beau ; on fe fert d'un feran encore plus fin, qui en affinant de plus en plus le lin rendra une étou-pe encore plus fine dont on fera par conféquent une plus belle toile.

Les procédés que le chanvre demande, font un peu différents, comme la chenevote en eft beaucoup groffe & l'écorce plus dure, on fuit une autre méthode qui remplit cependant le même objet.

Lorfqu'on brife ou maffe le chanvre la premiere fois, une grande quantité de rebuts noueux & des parties de la chenevote à demi-rompues fe féparent de la partie fine : on les ramaffe & on les fait fécher avec foin, enfuite on les bat avec de fleaux pour fé-parer les chenevotes d'avec les parties qui peuvent fervir à plu-fieurs ufages groffiers.

Lorfqu'on efpade la feconde fois le chanvre , les rebuts qui s'en féparent font plus fins , & il faut les ferancer avec des cardes à laine , dit M. *Hall* , & ne point les mêler avec les autres étoupes groffieres ; l'on doit ainfi fe conduire dans les autres *féranfages* ; parce que , dit cet Auteur , les cardes à laine donnent à ces différentes étoupes une flexibilité qui les rend propres à des ufages très-utiles.

C H A P I T R E LXII.

De la Laine.

L'Ufage de la laine eft prefque auffi ancien que le monde. Les Hiftoriens facrés & profanes font mention des troupeaux de moutons qui faifoient la richeffe des hommes dans l'enfance du monde. On fçait que le Patriarche Abraham & les Ifraëlites poffédoient de nombreux troupeaux , ainfi que les Madianites , à qui les Juifs, après une victoire qu'ils remporterent fur eux , enleverent plus de fix cent mille moutons. Les fils de Ruben en enleverent aux Hagarites plus de deux cent cinquante mille.

Aza ayant conquis une partie du pays des Éthiopiens , la plus grande partie du butin qu'il fit fur eux , confiftoit en moutons. Les Arabes firent une fois préfent de fept mille béliers au Roi Jofaphat, & Mesha , Roi des Moabites , envoya au Roi d'Ifraël cent mille agneaux & cent mille béliers. L'Ecriture met les moutons dans la claffe des richeffes des Amalécites , des Philiftins & du peuple de Damas.

La loi obligeoit les Ifraëlites de donner les prémices des toifons. Plufieurs paffages de l'Ecriture font voir que l'on faifoit des étoffes de laine dans ces pays. Les Prophétes Ifaïe & Malachie font mention des champs à foulons. Le Prophéte Ezéchiel appelle le peuple de Damas marchands de laine blanche.

Si nous rappellons toutes ces citations , ce n'eft que pour faire voir que dans les fiécles les plus reculés on tondoit les moutons & qu'on manufacturoit les laines.

Tous les anciens Hiftoriens nous apprennent combien on eftimoit les moutons & leur toifon. Les Grecs s'en fervoient pour fe vêtir & nous rapportent que cet ufage étoit établi avant eux : on employoit la fameuse pourpre de Tyr pour teindre les étoffes de laine ; l'expédition des Argonautes à Colchis n'étoit qu'un voyage dans lequel on avoit pour objet d'en acheter.

Que les Naturalistes supposent tant qu'ils voudront, que les Argonautes entreprirent cette expédition pour aller chercher de l'or, que les Adeptes prétendent que la relation de ce voyage n'est que l'emblême de la pierre philosophale ; toujours est-il vrai de dire que le peuple de Colchis élevoit des troupeaux nombreux de moutons & qu'il étoit plus habile que les nations voisines à manufacturer leurs laines, & que Jason & ses compagnons, après avoir essuyé bien des dangers sur mer & surmonté bien des obstacles que les habitans lui opposoient, rapporterent dans leur patrie une grande quantité de laine & y amenerent un grand nombre d'artisans pour la manufacturer.

La ville de Corinthe devint ensuite fameuse par le commerce qu'elle faisoit en laine, & par ses manufactures. Après que par la vigilance de Pompée la Méditerranée fut nettoyée, & que les Pirates n'oserent plus en troubler la navigation, la laine devint une branche considérable de commerce le long des côtes de cette mer.

L'Espagne a toujours été si fameuse par la bonté de ses laines & de ses manufactures qu'on a donné aux Espagnols la gloire d'avoir inventé la fabrication des étoffes de laine. On a de tout tems transporté de la laine du Pont-Euxin ; cette laine faisoit la principale branche du commerce dans la mer Baltique. Les Arméniens fournissoient des chevaux aux Turcs qui en échange leur donnoient de la laine & des étoffes de laine. Alexandrie en Egypte fournissoit Rome d'étoffes de laine. Tout ce que nous venons de rapporter est étayé de l'autorité des Auteurs les plus respectables qui ont écrit sur le commerce de l'antiquité.

CHAPITRE LXIII.

De la qualité des Laines des différens pays.

DAns les pays Septentrionaux la laine est ordinairement grossiere & de peu de valeur ; elle l'est encore plus dans l'Islande, & en très-petite quantité. En Norvege elle est généralement mauvaise ; il s'en trouve cependant qui a un peu de qualité

dans

dans certains petits cantons. Les manufactures y sont très-imparfaites, les étoffes qui en sortent peuvent être tout au plus de la qualité des flanelles ordinaires. On tricote des bas grossiers, dont les habitans se contentent, de la plus grande partie des laines de ce pays; ils vendent aux Nations voisines environ soixante mille paires de bas par an.

En Suéde la laine est également grossiere & courte. Cette Nation achetoit des Anglois le drap & les étoffes de laine. Mais le Ministere a depuis peu tellement encouragé les manufactures, qu'on y fabrique du drap un peu grossier à la vérité, mais dont on se contente, par rapport aux droits exhorbitans, qu'on a imposé sur l'entrée des étoffes & des draps d'Angleterre.

En Moscovie on a des troupeaux nombreux, mais qui ne rendent point une laine fine.

En Pologne la laine n'a point une qualité bien excellente.

Dans plusieurs pays de l'Allemagne on éléve des troupeaux nombreux de moutons qui rendent une laine fine & dont les habitans sçavent tirer tout le parti possible.

Dans les Pays-Bas Autrichiens il y a beaucoup de laine fine, c'est le pays où la plûpart des manufactures ont été inventées ou améliorées.

La laine de France ne jouit point d'une grande réputation; on en trouve cependant de très-fine dans quelques-unes de ses provinces méridionales. Depuis que sous le Ministere du grand Colbert les manufactures s'y sont établies les François tirent clandestinement & par contrebande beaucoup de laines d'Espagne & d'Angleterre, ils les mélent avec celles du Royaume, au grand détriment des manufactures de laine de la Grande-Bretagne.

Les laines d'Espagne sont sans contredit les plus belles & les plus fines du monde; après celles de ce pays viennent celles de Portugal qui n'ont pas autant de qualité.

L'Italie fournit aussi beaucoup de laine qui est d'une bonne qualité, on en exporte beaucoup. La laine que produit le Vicentin & le Parmesan sont fameuses dans le commerce.

La Hongrie & la Transilvanie produisent des laines peu recherchées par l'étranger, on les manufacture dans le pays.

La Turquie abonde en moutons, il s'y fait un commerce considérable de laine.

L'Ecosse produit une grande quantité de laine, mais en général un peu inférieure à celle d'Angleterre. Il y a cependant deux provinces, & la partie occidentale de ce Royaume où l'on trouve de la laine très fine, dont les habitans avoient l'art de fabriquer des étoffes larges & belles avant la réunion des deux Royaumes.

Les étoffes nuancées de différentes couleurs de Glascou l'emportent sur toutes les autres étoffes de cette espéce. Il y a un art à teindre la partie rouge de ces étoffes que les Ecossois ont & que l'on n'a jamais pu leur arracher, malgré tous les efforts que les Anglois ont fait pour découvrir ou acheter le secret. Sur cela M. *Hall* observe que les Ecossois ont plus de probité que les Anglois; car, ajoute cet Auteur, il auroit été très-difficile de conserver en Angleterre un secret de cette importance qu'il faut nécessairement confier à bien du monde.

La laine en Orient n'est plus tant recherchée, les habitans donnent par préférence dans les manufactures de soie & de coton : mais il y a beaucoup de laine fine dans la Syrie & en Perse, où l'on trouve une espéce de mouton dont la laine est longue & grise. Les habitans en font des étoffes dont on fait grand cas.

En Chine & aux Indes Orientales on fait la tonte des moutons trois fois par an. Il y a en Amérique des troupeaux très-nombreux de moutons dont la laine en plusieurs provinces ne le céde presque point en bonté à celle d'Angleterre.

CHAPITRE LXIV.

Des différentes méthodes pratiquées dans différentes parties de l'Europe pour la préparation des Laines.

NOus avons fait observer que les François tirent clandestinement autant de laine qu'ils peuvent, de l'Espagne & de l'Angleterre & de par-tout où ils en trouvent de bonne. Ils divisent la laine étrangere & celle de leur pays en trois parties suivant leurs différens dégrés de bonté, avant que de les manufacturer, ou de les vendre. La même méthode se pratique dans plusieurs autres pays ; & c'est ce qu'on appelle le triage de la laine.

Ces trois divisions s'appellent la premiere, la seconde & la troisiéme espéce de laine. Lorsque l'on vend la toison entiere on fait toujours la distinction de la premiere & de la seconde espéce : c'est par ces dénominations que l'on distingue la laine fine de la laine grossiere.

Le Cultivateur peut vendre la toiſon toute brute ſoudain après qu’il a fait la tonte, ou bien il peut la nettoyer & ſéparer la laine fine de la laine groſſiere ; mais nous devons l’avertir, qu’en général il trouvera plus d’avantage s’il accommode lui-même ſa laine, pourvu du moins qu’il en ait la commodité, avant que de la vendre ; parce que peu fait ſans doute au calcul qu’il faut ſçavoir faire, il s’expoſe aux erreurs avantageuſes que fait pour lui-même le marchand qui achete en gros & qui ſçait toujours ſtipuler & groſſir le déchet qu’il a à ſupporter pour le nettoyage & les frais qu’il faut qu’il faſſe pour cette opération. La différence du prix de la vente en gros, differe de celle de la vente de la laine nettoyée au moins de trente pour cent.

La laine que nous appellons laine d’Eſpagne ſe tire principalement des Provinces de Caſtille, d’Arragon & de Navarre ; mais celle de Caſtille eſt en général plus fine & plus liante, on la mêle admirablement bien avec les laines d’Angleterre.

Les laines de France ſont reconnues pour être inférieures à celles d’Angleterre, cependant mêlées avec les laines d’Eſpagne, elles rendent par l’habileté des Fabricants François des draps qui ne le cédent preſque point aux draps d’Angleterre : le peu de différence qu’il y a & qui eſt à l’avantage des Anglois conſiſte en ce qu’ils ne ſçavent pas faire un uſage auſſi avantageux de la terre à foulon, ou pour mieux dire que cette terre n’eſt ſans doute point auſſi fine en France qu’en Angleterre ; ce qui eſt faux : car il eſt certain qu’on en trouveroit ſi le Miniſtere encourageoit la fouille, ou s’il faiſoit mieux, s’il faiſoit fouiller aux dépens du gouvernement : il eſt certain qu’alors nos manufactures de laine l’emporteroient ſur celles des Anglois ; puiſqu’elles ont, comme eux, la reſſource de la calandre.

Les Eſpagnols ont cinq façons de vendre leur laine fine, qu’il eſt néceſſaire de faire connoître. Quelquefois ils la vendent ſur le dos du mouton, quelquefois immédiatement après la tonte, d’autrefois après qu’on l’a lavée, nettoyée & triée, c’eſt-à-dire, après l’avoir diviſée en trois claſſes, ſçavoir la fine, la moins fine & la groſſiere. Enfin ils la vendent quelquefois avant la tonte en ſtipulant que l’acheteur la payera au prix courant de laine de la même qualité. La quatriéme façon eſt ſans contredit la plus avantageuſe pour le vendeur, & la cinquiéme pour l’acheteur. Ainſi nous conſeillons aux Cultivateurs de s’en tenir à la quatriéme, d’autant plus qu’ils ſçavent au moins ce qu’ils vendent.

Q ij

Si l'on pese la laine soudain après la tonte, & si on la pese après qu'on l'a lavée & nettoyée on trouve dans le poids un déchet de la moitié ; cependant cela varie, tantôt un peu plus, tantôt un peu moins. La seconde fois que l'on la nettoye pour la mettre en état d'être travaillée, son poids diminue d'un cinquiéme ; voilà exactement tout le déchet que la laine subit.

Deux circonstances concourent à la finesse & à la bonté de la laine, un pâturage dont l'herbe est douce & savoureuse, & l'attention à tenir les moutons propres & nets.

En Espagne où la laine est excellente, les terreins sont en quelque façon stériles en comparaison de ceux des nations du Nord, où les prairies sont généralement couvertes d'une herbe abondante & riche. En Espagne au contraire elle est petite, grêle, douce & savoureuse, au lieu que celle des nations Septentrionales est ordinairement dure, aigre & grossiere. Or une telle herbe produit ordinairement une laine empreinte de ce défaut : de-là le mauvais succès de toutes ces personnes à projets, qui sans autre examen transportent des moutons d'un pays renommé par la bonté de la laine dans ceux qui ne le sont pas. Ce n'est point tant à l'espéce qu'il faut faire attention qu'à la nourriture. Car l'expérience prouve que les mêmes moutons qui produisent une laine fine dans un pâturage savoureux n'en rendent qu'une très-médiocre dans un pâturage où l'herbe est plus grossiere : il faut donc d'abord s'attacher à établir de bons pâturages & faire ensorte de leur donner à peu près la même nature qu'ont ceux dont on tire l'espéce des moutons. Cette précaution omise, on ne fera que dépenser en vain. Aussi voyons-nous tous les jours des Cultivateurs se gendarmer contre les écrivains par rapport au mauvais succès qu'ils ont dans leurs entreprises.

La régle que doit suivre un Cultivateur qui veut mettre en crédit ses laines consiste à bien choisir la race des moutons suivant les documens que nous avons donnés dans le livre qui traite de l'établissement d'une Ferme, à les nourrir dans des pâturages hauts où l'herbe est savoureuse, & à leur donner pendant l'hiver la nourriture la plus légere.

Nous avons aussi fait observer que la netteté & propreté étoient des articles très-importans ; rien en effet ne contribue plus à la finesse de la laine. Les moutons que l'on envoie sur les hauteurs sont toujours plus propres que ceux des pâturages bas. En France on est obligé d'enfermer les moutons en hiver à cause des loups ; c'est ce qui fait qu'ils ne peuvent pas être aussi propres que les moutons qui vivent toujours dans des pâturages ouverts , & qui ne touchent rien que l'herbe lavée par les rosées.

La bergerie couverte dont nous avons donné la figure au Livre des engrais est aussi très-propre à bonnifier la laine , si l'on couvre le sol avec de la terre sablonneuse , ou avec une terre loameuse séche ; de cette observation-ci on doit conclure que ce que nous avons dit de la glaise jaune dans l'article du parquement des moutons , est très-vrai , & fondé sur la raison. Il n'est en effet rien qui salisse plus la laine que la glaise jaune ou rouge. Aussi , nous le répétons , exhortons-nous le Cultivateur à ne pas faire parquer sur un terrein semblable , à moins que la laine ne soit pour lui la partie la moins intéressante ; ce que nous ne pensons pas ; parce qu'en quelque pays que l'on soit , elle forme toujours une branche importante du revenu que les troupeaux produisent.

CHAPITRE LXV.

De l'origine du commerce de Laine en Angleterre.

LEs anciens habitans de la Grande-Bretagne n'avoient pour tout vêtement avant que les Romains ne les subjuguérent , que les peaux des animaux. Ces conquérans civiliserent un peu ces Insulaires , & la Colonie Romaine de Londres fit que cette ville devint une ville de grand commerce ; mais la laine n'en faisoit point encore une branche considérable. Les Romains prenoient en échange des marchandises qu'ils apportoient du Continent aux habitans , de l'étaim , du plomb , de l'or , de l'argent , des bestiaux & des cuirs.

Il est fait mention pour la premiere fois de la valeur d'un mouton , dans les loix que fit le Roi Ina , qui régna environ l'an 727 ; le prix d'une brebis & de son agneau y est fixé jusqu'à quinze jours après Pâques à vingt-deux sols argent de France.

Le Roi Alfred , Prince qui a mérité le titre de grand , non-seulement par l'éclat de ses exploits militaires , mais encore par l'encouragement qu'il donnoit aux lettres , aux arts & au commerce , établit en Angleterre en 885 des manufactures de laine. Mais les loups qui s'étoient beaucoup multipliés , traverserent la multiplication des moutons.

Le Roi Edouard épousa en 918 la fille d'un gentilhomme campa-
gnard qui élevoit des troupeaux de moutons ; elle inspira à ce
Prince le dessein d'encourager & de faire fleurir les manufactures
de laine dont l'établissement appartenoit au Roi Alfred. Edouard
sentit toute l'utilité de ce conseil, & pour commencer à prouver
qu'il s'occupoit sérieusement de l'exécution, il fit apprendre aux
princesses ses filles à carder, à filer & à manufacturer la laine ; il n'est
rien qui ait plus de puissance sur le cœur & l'esprit des sujets que
l'exemple du Prince ; ceux - ci voyant que les Princesses se li-
vroient tout entieres à la préparation des laines, s'attacherent
à élever des moutons qui se multiplierent à l'infini & qui fourni-
rent tant de laine que bientôt les manufactures fleurirent. Les loups
traverserent beaucoup pendant quelque tems cette grande entreprise ; mais le Roi Edgar, par une loi qu'il fit en 961, mit les têtes
de ces animaux à prix, & encouragea tellement tous les moyens
de les détruire, que quatre ans après on ne vit plus de loups dans
le pays.

Les moutons se multiplierent alors prodigieusement, & le nombre des manufactures augmenta à proportion de la quantité de laine
qu'ils produisoient ; mais on ne voit point qu'aucun Historien de
ce tems fasse quelque mention d'exportation de laine crue ou de
laine travaillée : tout se consommoit encore dans le pays : nous
voyons même dans l'Histoire, que vers l'an 1100 le mouton ne valoit que huit à neuf sols.

Mais si nous suivons pas à pas les Historiens, nous voyons, depuis cette époque, le nombre, ainsi que la valeur des moutons,
augmenter à mesure que nous approchons des siécles plus voisins. En 1120, sous le Régne de Henri premier, les moutons valoient treize sols, en 1185 seize sols.

En 1193, le Roi Richard premier fut retenu prisonnier par le
Duc d'Autriche, en revenant de la Terre sainte. On demanda une
somme exhorbitante pour la rançon de ce Prince, & pour la
lever on prit la laine d'un an des deux plus riches Abbayes du
Royaume ; ce qui prouve que la laine faisoit alors la plus grande
richesse de l'Etat.

Les Etrangers, recevant la laine d'Angleterre pour une partie de
la rançon du Roi, reconnurent sa bonté, & chercherent à en acheter. C'est à cette époque que l'on peut rapporter l'usage d'exporter
les laines d'Angleterre, exportation qui fut regardée dès-lors
comme la plus grande ressource de l'Etat dans ses besoins les plus
pressans.

En effet, en 1198, Gervaise de *Aldermanbury*, rendant ses comptes à la Cour de l'Echiquier de son administration en qualité de Contrôleur de la Douane de la ville de Londres, rapporte dans ses comptes l'article suivant : Vingt-trois louis d'or & demi payés par des Marchands pour la permission d'exporter la laine. Selon le même Auteur, (Maddose) quatorze livres de laine valoient alors huit liv. de France.

Jusqu'à ce tems toutes les étoffes fabriquées étoient de la même couleur, c'est-à-dire, de la couleur naturelle de la toison : mais en 1228, les Anglois, observant que les Etrangers teignoient les étoffes qu'ils leur vendoient, ils apprirent aussi l'art de la teinture. Dans les Recueils des Loix, on trouve un Acte du Parlement passé dans la neuvieme année du Régne de Henri III, qui fixe la quantité & qui régle la mesure des étoffes teintes.

Les Guerres qui s'éleverent en 1242, entre la France & l'Angleterre, porterent un très-grand préjudice au commerce de la laine & aux Manufactures d'Angleterre : les personnes & les effets des deux nations furent réciproquement arrêtés & saisis en France & en Angleterre. En 1245, tout commerce fut suspendu entre l'Angleterre & la Flandre : cependant un certain nombre de Marchands Flamands obtinrent permission, du Roi d'Angleterre, d'exporter pour leur pays 388652 livres de laine, en payant, pour ladite permission, la somme de 11748 livres tournois ; ce qui prouve la bonté des laines d'Angleterre, & les progrès rapides que cette branche du Commerce faisoit.

En 1284, on permit aux Marchands étrangers de s'établir dans le Royaume, pour encourager & améliorer les Manufactures de laine. Avant cette permission, ils avoient été obligés de loger dans les maisons des particuliers, qui étoient leurs Courtiers ; mais le Gouvernement sentit tout l'avantage qui résulteroit de les fixer dans le Royaume, en leur permettant de négocier en leurs propres noms. On imagine, sans doute, combien une conduite si judicieuse fut favorable au Commerce, & combien elle dut lui donner d'étendue.

En 1291, par un Acte du Parlement, arrêté sous le Régne d'Edouard premier, la ville de *Sandwick*, dans le Comté de Kent, fut assignée pour être l'entrepôt & le rendez-vous de tous les Commerçans en laine ; dès ce moment le Commerce & les manufactures firent tant de progrès que, cinq ans après cet acte, 364 livres de laine payoient quarante-huit livres tournois

Roi, sans que ce droit portât quelque préjudice au commerce : ce droit fut levé par acte du Parlement, en 1297, pour fournir aux dépenses de la guerre que la nation avoit contre la France.

En 1315, un mouton, sans sa toison, valoit vingt-cinq sols, & trente-cinq avec sa toison. On sentoit de plus en plus les avantages que la laine produisoit : l'on attira un grand nombre de Fabricans habiles dans les pays de Flandre, de Brabant & de la Zélande ; on leur donna des encouragemens efficaces, & l'on s'acquitta de bonne foi envers eux de toutes les promesses qu'on leur avoit faites.

Sous le Régne de Henri IV, on exportoit, année commune, 4732000 livres de laine, & les droits sous le Régne de Richard II, montoient à 3520000 l. tournois. On continua de payer le même droit sous le Régne de Henri V : il diminua sous Henri VI.

Le droit fut considérablement augmenté sous Edouard IV & sous Richard III. Le commerce cependant fleurissoit de plus en plus. Sous le Régne de Henri VII, on limita l'exportation des laines crues, & conséquemment les manufactures se multiplierent, ce qui continua sous le Régne de Henri VIII, & qui augmenta la richesse de l'Etat par les gains de la main-d'œuvre.

CHAPITRE LXVI.

Du commerce de Laine en Angleterre depuis le Régne de Henri VIII.

SOus Edouard, fils de Henri VIII, les Cultivateurs amenderent beaucoup leurs pâturages ; & comme l'on s'apperçut de la grande utilité des clôtures, on les pratiqua de plus en plus ; les moutons se multiplierent à proportion de la richesse & de la quantité des pâturages : on encouragea les manufactures, & le prix de la laine augmenta.

Sous les Régnes de Philippe & de Marie, on fit beaucoup de loix en faveur des manufactures, qui s'étendirent de plus en plus en raison des avantages que l'on faisoit aux Fabricans : elles eurent tous les succès désirables, vu les réglemens prudens que le Gouvernement fit.

Sous le Régne de la Reine Elisabeth, plusieurs Flamands & François, réfugiés, abandonnérent leur patrie & allerent s'établir

blir en Angleterre, funeste effet du fanatisme, que l'ignorance du vulgaire prend pour un vrai zele. Comme ils porterent avec eux au grand détriment de leur pays, leur art, leur secret & leur industrie, l'Angleterre, assez éclairée alors pour connoître le prix des hommes, considérés avec un esprit politique, les reçut à bras ouverts ; & ce n'étoit point sans raison, car, en peu de tems, ils augmenterent considérablement le crédit & la réputation des laines & des manufactures de ce Royaume, par les améliorations qu'ils y firent : aussi le prix de la laine augmenta-t'il de près de la moitié.

L'époque à laquelle on peut dire que le commerce de laine fleurit le plus en Angleterre, peut être fixée à la fin du Régne d'Edouard VI, jusqu'à la fin de celui de la Reine Elisabeth.... Depuis ce Régne, il n'a fait que se soutenir , on l'a vu même quelquefois diminuer : mais alors l'Angleterre étoit bien éloignée du monopole, & de faire seule le commerce ; plusieurs autres pays se distinguoient par leurs manufactures, & c'est une ridiculité à la nation de prétendre porter cette branche du commerce au point de fournir toute l'Europe. Toutes les nations sont aussi clairvoyantes que l'Angloise sur leurs intérêts ; nous osons dire que le tems n'est pas bien loin, si le Ministere & Messieurs les Intendans persistent dans leur zele , où les Manufactures Angloises perdront la supériorité qu'elles ont conservée depuis trois siécles dans cette partie intéressante de l'Agriculture & du Commerce.

Sous les Régnes des Rois Jacques premier, Charles premier, Charles II & Jacques II , qu'a fournis la Maison de Stuart, le commerce de la laine fleurissoit beaucoup, malgré les guerres civiles & les discussions intestines qui agiterent ces quatre Régnes.

En l'année 1685 , les François commencerent à fournir aux Etrangers les draps qu'ils appelloient draps Anglois, & que l'on fabriquoit des laines qu'on tiroit d'Angleterre ; ce qui fit ouvrir les yeux au Ministere Anglois, qui donna un bill, par lequel il étoit défendu d'exporter les laines crues, & par lequel on encourageoit les manufactures du pays.

Les François & les nations voisines, voyant l'exportation des laines brutes défendue, se tournerent du côté de l'Irlande ; c'est de ce Royaume qu'ils tirerent leurs laines, mais la défense faite en Angleterre s'étendit jusqu'à ce pays ; circonstance qui porta un coup violent aux fabriques de France, elles tomberent.

Tome VII. R

En 1703, les Anglois conclurent un traité avec le Portugal, qui devint très-favorable à leurs manufactures. Mais l'industrie Françoise ne se déconcerta point, elle tourna ses pas vers l'Espagne, d'où elle tira quelques laines, qu'elle mêla avec celles de France : de ce mêlange résulta un drap qui ne le cédoit presque point à celui d'Angleterre. Les manufactures des deux nations se trouvant alors sur un pied à peu près égal, relativement à la beauté & à la bonté des draps & étoffes qu'elles pouvoient fournir, il n'y avoit que l'habileté des Fabricans, & la probité, que demande tout commerce quelconque, qui pussent avoir la supériorité dans la concurrence ; & c'est sur ce même pied que nous pouvons dire que les choses se trouvent aujourd'hui, quant au commerce de la laine & aux manufactures. Nous devons ce bonheur à la vigilance & à l'habilité du grand Colbert : ce Ministre, actif & profond, vit, dès le premier pas qu'il fit dans le Ministere, qu'il n'y avoit point d'autre moyen d'en imposer au grand commerce que les Anglois faisoient de leurs laines, qu'en leur opposant la même industrie ; il est vrai qu'il ne vint point à bout de perfectionner nos laines, ignorant peut-être qu'on pouvoit, avec un peu de soin, leur donner la même qualité que l'on trouve à celles de l'Angleterre : on peut dire que ce Ministre n'avoit guéres porté ses regards sur l'Agriculture ; il avoit cependant un grand modele devant ses yeux, Sully, cet homme aussi immortel que son maître. Il est vrai que, sous le Ministere de M. Colbert, on vit paroître quelques Ordonnances sur le premier des arts ; mais on tint si peu la main à leur exécution, qu'elles furent ignorées d'une très-grande partie du Royaume, & qu'on peut dire qu'elles furent presqu'aussi-tôt oubliées que lues, de la part des personnes à qui elles étoient parvenues.

Si nous avons donné cette Histoire abrégée de l'établissement & des progrès que le commerce de la laine a fait en Angleterre, ce n'est que pour faire voir que les premiers essais dont les résultats produisent d'abord peu de chose, deviennent insensiblement considérables lorsqu'on les suit avec un peu de constance ; c'est donc aux Cultivateurs François qui voient les grands avantages que les Anglois ont sçu tirer de leurs pâturages à s'attacher à les imiter & même à les surpasser dans cette branche essentielle du commerce. Pour peu que l'on se donne le soin de suivre les instructions que nous avons données sur les prairies artificielles, & que l'on s'attache à imiter pour l'hiver les bergeries dont on a vu la figure dans le commencement de cet ouvrage, on parviendra en peu de tems à se procurer des laines aussi bonnes & en aussi grande quantité pour fournir nos manufactures, sans être obligés d'en tirer de l'Anglois ou de l'Espagnol. Croiroit-on que l'Angleterre fait, année commune, un gain de quatre-vingt millions de livres de France par le commerce des laines fabriquées ? pourquoi n'en ferions-nous pas non-seulement autant, mais beaucoup plus? puisqu'il est certain que nous avons plus de terrein, les mêmes moyens, & par-dessus tout cela la main-d'œuvre à beaucoup meilleur marché qu'elle n'est en Angleterre.

CHAPITRE LXVII.

De la maniere de nettoyer, carder & huiler la laine.

APrès la tonte on ouvre la laine avec des ciseaux, on coupe les nœuds & toutes les autres saletés qui s'y trouvent. On les met à part, & l'on divise le reste soigneusement avec les mains, afin que rien ne reste colé ensemble.

Cette opération faite avec tout le soin possible, la laine est prête à être cardée; mais on sépare auparavant celle que l'on veut faire teindre, on la divise en différentes parties selon les différentes couleurs que l'on veut mêler ensemble, ou que l'on veut donner simplement à la laine. On met chaque partie ainsi divisée en différens sacs avec la marque du poids, on les donne ensuite aux teinturiers, qui, par la précaution que nous avons indiquée de mettre la marque du poids sur chaque sac ne peuvent point frauder les propriétaires.

Nous sommes bien surpris que l'auteur Anglois oublie une préparation qui doit précéder celle-là & qui nous paroît très-importante, c'est d'étendre la laine après qu'on l'a bien divisée avec les mains sur des clayes semblables à celles dont les faiseurs de matelats se servent, & de la bien battre avec de petites baguettes. La personne chargée de cette opération a une baguette en chaque main; celle de la main droite sert à frapper, tandis qu'on se sert de la gauche pour retourner la laine en tout sens. Il résulte deux très-grands avantages de cette opération. Le premier, c'est de bien diviser la laine, & de lui faire acquérir un dégré de flexibilité qui la rend plus propre à s'impregner de la teinture; le second consiste en ce que

par-là on la décharge de toute sa poussiere & des autres petites ordures qui ont échapé aux regards scrupuleux de ceux qui l'ont nettoyée.

On travaille la laine blanche & la laine que l'on a fait teindre
de la même maniere ; la premiere opération après celles dont nous
venons de parler, est de la larder pour l'ouvrir & la diviser parfaitement & pour en séparer les petits nœuds qui ont échapé à l'œil quand
on l'a triée & divisée à la main & qui ne sont pas tombés à la battue.
On doit carder au moins trois fois la laine afin qu'elle soit bien déliée, bien unie & enfin sans nœud.

Cela une fois fait, on l'étend sur de grandes tables pour l'arroser
d'huile de colsa jusqu'à ce que chaque partie en soit humectée,
ce qui se fait en la remuant avec les mains en tout sens ; desorte
que chaque fil ait pris suffisamment d'huile. La bonne qualité
du drap ou de l'étoffe dépend de cette opération ; c'est-à-dire qu'il
faut bien distribuer l'huile & bien en humecter la laine. Il faut cependant bien prendre garde de lui en donner trop, parce que les fils se
casseroient & que l'on ne pourroit jamais venir à bout de la tisserander comme il faut.

La laine étant humectée elle est en état d'être filée ; c'est pourquoi il faut, en l'huilant, être attentif à avoir un rouet tout prêt
pour essayer de tems en tems si elle se file bien. On l'arrose premierement avec un peu d'huile ; après l'avoir bien retournée avec les
mains, on l'essaye sur le rouet ; si elle est trop séche & qu'elle
se rompe, on y verse encore un peu d'huile pour la rendre plus
souple & plus liante ; desorte que lorsque la laine étant sur le rouet
se tire aisément & se tient bien ensemble, on doit être assuré qu'elle a reçu la quantité d'huile qui lui convient. En général dix livres
de laine demandent trois pintes d'huile de colsa, on peut l'essayer
sur le rouet dès qu'on ne lui en a donné que deux pintes, qui suffisent quelquefois suivant que le tems auquel on fait la tonte est
plus ou moins chaud & que par conséquent le mouton a plus ou
moins sué, sinon on en ajoute un peu, mais avec beaucoup de prudence.

On se sert ordinairement en Angleterre & dans tous les endroits où l'on cultive cette plante de l'huile de colsa pour cette opération : on peut aussi se servir de l'huile commune grossiere & même de lard fondu : mais l'expérience prouve que l'huile se mêle
plus facilement & plus parfaitement avec la laine.

CHAPITRE LXVIII.

De la maniere de carder la Laine pour la derniere fois & de la filer.

LA laine ayant été huilée suivant les régles prescrites ci-dessus, on la carde encore une fois, mais avec des cardes à longues dents fines & très-serrées les unes contre les autres, afin d'en ôter tous les nœuds qui auroient pu échaper aux opérations précédentes, & pour la rendre parfaitement fine, on met à part tout ce que l'on en sépare avec les cardes, on le réserve pour d'autres usages convenables; mais il faut bien se donner de garde de mêler les dernieres étoupes avec les précédentes.

Lorsque cela est fait, la laine est toute préparée pour la filature. Pour cela on se pourvoit de grands rouets & l'on emploie des personnes soigneuses & habiles. Il y a tant de différence entre la laine d'une tonte & celle de l'autre que le fil n'est pas de la même finesse : si l'on vouloit tirer forcément un fil fin d'une laine grossiere, les fabricants ne pourroient point la mettre en œuvre, parce qu'elle n'a point de consistance, & le drap qu'on en feroit ne seroit pas de durée ; de même si l'on vouloit tirer un gros fil d'une laine fine, il faudroit ôter une grande partie de l'épaisseur du fil en le Fabricant: sans cette précaution le drap seroit grossier. Il faut donc filer la laine régulierement & d'une façon qui réponde à sa qualité naturelle.

Pour bien faire cependant, il faudroit filer deux espéces de fil, celui qu'on appelle la chaîne devroit être plus serré, plus rond & plus tordu, parce que la force du drap dépend de ce fil ; mais le fil de la croisiere, ou ce que les gens de l'art appellent trême, veut être filé moins serré, moins tordu & plus ouvert, parce qu'il ne fait que croiser l'autre fil sans violence ni effort, & comme il n'est pas si dur que l'autre, on le couche plus aisément & plus uniment.

Les Fabricants François se servent toujours de ces deux espéces de fils, l'un pour la chaîne & l'autre pour la trême, ils font même filer le dernier si ouvert qu'ils ont beaucoup de peine à le travailler, ce qui fait que le drap prend beaucoup de corps, sans qu'il soit nécessaire de le battre beaucoup. Quand il est fait il est doux, pliant, & l'on le porte longtems sans qu'il paroisse limé, parce que le fil de la trême étant ouvert, s'éleve insensiblement, & couvre toujours la chaîne.

Les Fabricants Anglois au contraire ne se servent que d'une espéce de fil serré rond & fort tordu. Le fil de leur trême est par consé-quent aussi dur & fort que celui de la chaîne, & pour faire prendre du corps à leurs draps ils sont obligés de les battre beaucoup; c'est ce qui fait que les draps Anglois sont si durs, si fermes & si sujets à se limer, défauts dont enfin les Fabricants de l'Angleterre commencent à se corriger.

Au toucher le drap Anglois paroît avoir plus de consistance & être d'un meilleur usage que celui de France; mais l'expérience prouve le contraire, de sorte que la différence dépend du fil de la trême.

CHAPITRE LXIX.

De la maniere de peloter le fil.

LEs deux espéces de fils étant filées on les pelote séparément pour la commodité des manufacturiers qui achevent le reste de l'ouvrage dont la description seroit ici déplacée. Nous nous bornons à ce qui regarde le Cultivateur. Il faut cependant lui donner quelque idée qui le mette à couvert des fraudes des Tisserands.

Il faut, avant que de donner la matiere au Tisserand, sçavoir combien de drap elle doit rendre, ce que l'on peut déterminer par le poids; il faut donc peser les pelotes de fil fin dont une livre doit rendre deux pieds huit pouces de drap. Lorsque le fil est gros il n'en rend point tant.

Il faut ensuite examiner combien il faut de laine pour la chaîne, on en réserve autant pour la treme si du moins on veut avoir du bon drap. Il faut de tems en tems faire visite au Tisserand pour voir s'il ourdit bien serré & bien uniment. De chez le Tisserand on porte le drap au foulon, & s'il est fabriqué de deux espéces de fils, on doit le fouler avec beaucoup de précaution. C'est dans cette opération qu'on nettoye le drap avec de la terre à foulon. Il faut sur-tout avoir soin que cette terre soit bien fine; car lorsqu'elle est grossiere elle fait beaucoup de trous au drap.

Il faut ensuite faire tondre le drap, ce qui doit se pratiquer avec beaucoup de précaution. Si on lui laisse trop de poil il n'a point de luftre ni d'apparence, & fi on le tond de trop près il fe lime & la corde paroît.

CHAPITRE LXX.

De la maniere de teindre la Laine.

ON peut réduire à cinq couleurs principales celles que le Cultivateur peut donner à fa laine, fçavoir le noir, le rouge, le bleu, le verd & le jaune. On peut par les différentes combinaifons de ces cinq tirer toutes les différentes couleurs que l'on fouhaite.

Pour teindre en bleu on réduit en poudre dans un mortier une livre d'indigo & l'on mêle cette poudre avec huit pintes d'urine vieille. On met le tout fur le feu & on remue bien ; quand ce mélange eft modérément échauffé on y met la laine qu'on y laiffe pendant un petit efpace de tems, & elle acquiert une couleur bleu-foncé. On proportionne la quantité des ingrédiens à la quantité de laine que l'on veut teindre. *Nota* qu'il faut la teindre avant que de l'huiler.

Pour teindre en noir on réduit deux livres de galles en poudre groffiere, & l'on met cette poudre dans un pot avec huit pintes d'eau de riviere & l'on ajoute une livre de couperofe verte : on fait bouillir le tout enfemble : la liqueur devient comme de l'encre. Quand elle eft parvenue à ce dégré on y met la laine & l'on fait bouillir le mêlange ; on laiffe enfuite refroidir le tout, on ôte la laine du pot & on la fait fécher.

Pour teindre en rouge on met fur le feu une quantité d'eau de riviere dans un grand vaiffeau de terre. Lorfque l'eau eft bien chaude on y verfe un boiffeau de fon de froment qu'on fait bouillir pendant quelques minutes, enfuite on verfe le tout dans un baquet en y ajoutant une double quantité d'eau froide. On met cette liqueur à part pendant une femaine, après quoi on pefe la laine qu'on veut teindre en rouge, on la met dans l'eau avec le fon ; pour dix livres de laine l'on ajoute une livre d'alun : on fait bouillir le tout pendant une heure : ce tems écoulé on ôte la laine, on réduit enfuite en poudre une livre de racine de garance que l'on met dans de l'eau avec du fon, & quand cette eau eft chaude & la garance bien mêlée avec le son, on y met la laine après l'avoir bien divisée avec les mains ; si la liqueur est trop chaude pour les mains on remue la laine avec un bâton. Lorsqu'on voit qu'elle est bien colorée on l'ôte pour la faire sécher.

Pour teindre en jaune on fait bouillir la laine dans l'eau d'alun aussi forte que la précédente, on l'ôte ensuite & on la met sécher, on met sur le feu de l'eau de riviere avec une bonne quantité d'herbe aux teinturiers. On y met la laine après l'avoir bien divisée pour qu'elle s'impregne de la couleur dans toutes ses parties, & elle sort de cette préparation colorée d'un jaune foncé.

Pour teindre en verd, il vaut mieux commencer par donner à la laine la couleur bleue, & après qu'on l'a fait sécher on met de l'eau sur le feu avec l'herbe aux teinturiers, & ensuite on y met la laine, qui reçoit la teinture de la même maniere que ci-dessus, & par une conséquence bien naturelle elle devient verte, parce que le mélange du bleu & du jaune produit le verd.

Pour teindre en pourpre pâle, on réduit des noix de galles en poudre grossiere, & on les met dans un vaisseau sur le feu avec de l'eau de riviere ; lorsque l'eau a acquis un certain dégré de chaleur, sans bouillon, on y met la laine ; on fait bouillir ensuite le tout pendant demi-heure, on ôte la laine & on la fait sécher. Sa couleur est à peine changée, on décante après cela la liqueur claire qui est dessus les noix de galles, & on y met de la couperose, en moindre quantité cependant que quand on veut teindre en noir : on voit la liqueur devenir noire tout d'un coup ; on en tire la laine légérement ; elle a la véritable couleur de pourpre pâle. Si la couleur n'est pas assez foncée, on replonge une seconde fois la laine, & on la retire comme la premiere fois, à travers la liqueur, en prenant garde de la troubler.

Pour teindre en couleur gris de cendres, on teint premierement la laine en rouge, on réduit ensuite en poudre grossiere quelques noix de galles, que l'on met sur le feu avec de l'eau de riviere ; dès que l'eau est chaude, on y met la laine pour la faire bouillir l'espace de demi-heure, on l'ôte ensuite pour la faire sécher ; elle acquiert, par cette trempe, une couleur de cendres, avec une légére nuance de rouge.

Les Teinturiers ont des méthodes plus raffinées : ils se servent d'ingrédients plus chers ; mais celles que nous venons de donner sont très-suffisantes pour les laboureurs & pour leurs familles. Nous avons dit qu'il valoit mieux faire précéder la filature

ture de la laine par fa teinture : mais fi l'on veut, on peut la faire teindre après qu'elle eft filée , & même les draps, quand ils fortent des mains du tifferand, en fe fervant des mêmes liqueurs dont on vient de voir la compofition.

CHAPITRE LXXI.

La maniere de mêler les laines teintes pour les fabriquer.

NOus venons de faire obferver qu'il eft plus avantageux de teindre les laines avant de les filer, & même avant que de les huiler. Cette obfervation eft fondée. Lorfque la laine fubit la teinture après qu'elle eft huilée, il eft certain que, comme il faut la faire bouillir pour qu'elle s'impregne des parties colorantes, elle n'en reçoit alors qu'au détriment de l'étoffe : l'huile fe détache, & les parties laineufes fe divifent faute d'une fubftance qui les lie.

Si la laine, ainfi teinte, doit être fabriquée fans mêlange de quelqu'autre laine d'une couleur différente, il faut la traiter de la même façon que la laine blanche, c'eft-à-dire qu'il faut l'huiler, la carder, la filer, &c. Mais fi on doit la mêler avec de la laine d'une autre couleur, il faut le faire avant que de lui donner toute autre préparation.

Il y a des étoffes de deux couleurs, & d'autres de plufieurs. Lorfqu'on en fait de deux couleurs, il vaut mieux mêler une couleur obfcure avec une couleur brillante, parce qu'elles fe relévent réciproquement ; au lieu que deux couleurs brillantes, ou deux couleurs obfcures, ne font point cette variété qui eft fi agréable à la vue.

Dans les étoffes de plufieurs couleurs, on peut varier à l'infini les proportions des mêlanges : cependant il y a une proportion en général meilleure, que l'on peut prendre pour régle fixe ; c'eft lorfque l'on choifit, par exemple, une couleur obfcure avec une couleur brillante, de pefer deux livres de laine obfcure & une livre de l'autre ; on garde cette même proportion en une plus grande quantité, obfervant que la laine brillante ne faffe qu'un tiers du mêlange : fuppofons que l'on veuille faire une étoffe d'un mêlange de bleu & de rouge, & que, pour cet effet, on veuille employer quinze livres de laine, alors on fait entrer dans l'étoffe dix livres de laines teintes en bleu & cinq livres de celle qui est teinte en rouge.

Suppofons auffi que l'on veuille faire une étoffe de trois couleurs, dont deux foient deux couleurs brillantes, on prend une égale quantité de laine de chaque couleur brillante & le double du poids de ces deux couleurs de laine obfcure : fi l'on veut mêler deux couleurs obfcures avec une brillante, on prend une égale quantité de laine de chaque couleur & on les mêle parfaitement bien enfemble.

Lorfqu'on a pefé ces différentes laines, on étend un grand drap fur le plancher, & l'on étend fur ce drap une couche mince de laine obfcure ; fur cette couche on en étend une de laine brillante, & l'on continue ainfi de mettre alternativement ces différentes laines couche fur couche, jufqu'à ce que toute la laine pefée foit étendue fur le drap.

On fait enfuite un rouleau épais & ferme de toute cette laine, & une perfonne fe met à genoux fur un des bouts du rouleau pour le tenir ferme tandis qu'une autre perfonne la tire par lambeaux en commençant par l'autre bout. On voit que, quoique les laines foient bien mêlées fur le drap, elles ne doivent que l'être beaucoup plus parfaitement par cette derniere opération ; elles ne forment alors qu'une maffe bien uniforme, que l'on diroit être toute en trois couleurs différentes.

Toutes ces préparations données, on carde la laine, ce qui encore ne fert pas peu à perfectionner le mélange & à en féparer toutes les parties nouées, après quoi on l'huile ; on la carde une feconde fois, on la file, on pelote le fil & l'on forme la chaîne ; c'eft ainfi que le laboureur & fa femme peuvent teindre leur laine, l'accommoder eux-mêmes, fans être expofés à d'autres frais qu'à la main-d'œuvre du tifferand, & qu'ils peuvent être bien vêtus & tenir en bon état toute leur famille.

Nous avons, dans tout cet article, fuivi avec d'autant plus de plaifir M. *Hall*, qu'il nous met, par les compofitions fimples qu'il nous donne, en état de communiquer aux pauvres gens de la campagne de la France des inftructions pour fe tenir à moins de frais plus proprement & plus fainement vêtus. Rien, en effet, de plus trifte que de voir le payfan François traîner un corps languiffant fous des haillons. Avec les inftructions de notre fçavant Auteur nous pouvons au moins exciter ces malheureux à tirer quelque parti plus avantageux de leurs laines, forcés qu'ils ont été jusqu'à préfent de s'abandonner à la cupidité des acheteurs, faute de fçavoir les préparer paffablement pour en faire fabriquer des étoffes propres à fe garantir des intempéries de l'air.

Nous croyons devoir ajouter à l'article des laines, les excellentes connoiffances que nous fournit un Mémoire fur ce fujet, imprimé à Bruxelles, chez Pierre Vaffe, en 1755 ; ce que dit M. *Hall* fur cet article n'étant pas fuffifant pour éclairer le Cultivateur.

Il n'y a point, dit l'Auteur de ce Mémoire, de manufacture en France où l'on ne donne le premier rang à la laine d'Efpagne, le fecond aux laines d'Angleterre, le troifieme aux laines de Languedoc & du Berry, après lefquelles viennent les laines de Valogne & du Cotentin.

Ce qui a beaucoup contribué à la fupériorité qu'ont les laines d'Efpagne & d'Angleterre fur celles de France, c'eft que ces deux nations font parvenues à établir dans ces deux Royaumes des races de bêtes à laine, dont les toifons font naturellement fupérieures à tout ce que la France avoit anciennement de plus parfait.

Le propre de la laine d'Efpagne eft d'être douce, foyeufe, fine & déliée. Les Fabricants François la préférent, avec raifon, à celle d'Angleterre, quoiqu'elle ait une apparence bien inférieure par rapport à l'état de malpropreté dans lequel elle eft lorfqu'elle arrive de la Caftille.

Pour la nettoyer, on la lave dans un mêlange d'un tiers d'urine avec deux tiers d'eau. Si cette opération lui donne beaucoup d'éclat, elle donne un déchet confidérable, puifqu'il eft, en effet, de cinquante-trois pour cent.

Quoique ces laines foient belles & réputées, elles ont le défaut de fouler beaucoup plus que les autres fur la longueur & fur la largeur des draps, dans la fabrique defquels elles entrent toutes feules.

Lorfque, pour obvier à ce défaut, on veut les mêler avec d'autres, il faut le faire avec beaucoup de précaution ; parce qu'étant fujettes à fouler, c'eft-à-dire à fe retirer, elles forment dans les étoffes de petits creux, & fur-tout des inégalités frappantes.

Toutes ces belles laines d'Efpagne fe tirent de l'Andaloufie, de Valence, de Caftille, d'Arragon & de Bifcaie. Parmi les plus fines, on diſtingue encore celles de l'Eſcurial, de Munos, de Mandejos, d'Orlega, de Torre, de Paular, celle des Chartreux & celle des Jéſuites, la grille & le reſin de Ségovie.

Nous donnons ici le nom des laines les plus belles de l'Eſpagne, afin que, ſi quelque curieux vouloit tirer des bêtes à laine de ce Royaume, il les tire préférablement de ce pays.

Les laines font la branche la plus conſidérable du commerce des Eſpagnols ; non-ſeulement les François en employent une quantité conſidérable dans la fabrique de leurs draps fins, mais les Anglois eux-mêmes, qui ont des laines ſi fines & ſi belles, en font uſage dans la fabrique de leurs plus belles étoffes.

Les noms que l'on donne aux différentes laines d'Eſpagne, ſuivant les lieux d'où on les tire, ou ſuivant leur qualité.

Les laines de Portugal, de Rouſſillon & de Leon, font connues, par exemple, ſous le nom de laines de Ségovie ; parce qu'elles font de la même qualité. Il convient cependant de faire obſerver que la laine de Portugal ſe retire ſur la longueur & non pas ſur la largeur des draps, dans la fabrique deſquels on en fait uſage.

Les autres laines d'Eſpagne font l'Albaraſin grand & petit, les ſégéreuſes de Moline, les ſories Ségoviennes & les ſories communes ; les laines Moliniennes qu'on tire de Barcelonne, les cabeſas d'Eſtramadoure, les fleuretonnes communes de Navarre & d'Arragon, les petits campos de Séville, font autant de claſſes différentes. Il n'y a guére de Fabricant, pour peu qu'il ſoit verſé dans cette branche du commerce, qui n'ait connoiſſance de la propriété de chacune.

En Eſpagne, on diviſe les laines en fines, moyennes & inférieures : on donne aux fines le nom de prime, de ſeconde à celles qui viennent après, & le nom de tierce à celles de la troiſieme claſſe.

Voici la différence que l'on remarque entre la belle laine d'Eſpagne & la belle laine d'Angleterre ; celle-ci eſt plus luiſante & plus longue que l'autre, mais auſſi eſt-elle moins fine & moins douce : ſa grande blancheur & ſon grand éclat la rendent plus propre aux belles teintures.

Il y a en Angleterre une eſpèce particuliere de laine qui eſt digne de remarque par ſa longueur : on lui a donné le nom de laine de bouchon, ſans doute par rapport à la façon dont on la plie, &

qui est tout-à-fait semblable aux bouchons de paille dont on se
sert pour frotter les chevaux.

On éléve en Angleterre trois sortes de bêtes à laine ; celles qui
produisent les plus belles toisons sont très-petites ; on les distingue
des autres en ce qu'elles ont la laine pendante sur le nez.

Des autres Laines étrangeres.

Les laines Espagnoles & Angloises ne sont point les seules
dont on fasse usage dans nos Fabriques. On y emploie encore des
laines du Levant & du Nord ; quoiqu'elles soient inférieures à celles
de notre cru ; ce qui prouve combien on a négligé dans le Royaume
cette branche intéressante, à l'encouragement de laquelle le Gouvernement devroit travailler avec plus de vigueur.

Celles de Constantinople & de Smyrne sont celles qui méritent
la préférence. Mais les Fabricants doivent se défier des Grecs & des
Turcs, qui emploient d'abord pour leurs usages les laines les
plus parfaites & se défont de celles qui ont moins de qualité. Comme ils n'ignorent point le cas singulier que nous faisons de leurs
laines, ils fardent celles qu'ils nous cédent pour véritables laines
de Constantinople.

Quant aux laines que nos Fabricants tirent du Nord, celles qui
nous viennent du duché de Weymar & de la Pologne sont les plus
estimables : celles de la Lorraine & des environs du Rhin sont assez
bonnes.

Des causes de toutes les différences que l'on trouve dans les Laines.

Vouloir entrer dans un détail exact de toutes les laines dont nous
faisons usage, seroit nous écarter de notre objet ; il est plus important de découvrir quelles sont ou peuvent être les causes d'une variété aussi singuliere que celle des laines ; les unes sont à peine ma-
niables, tant elles sont dures, rudes, & pour ainsi dire âpres ; tandis que les autres sont souples, liantes, douces & molles, & dociles aux différens usages que nous voulons en faire. On ne peut attribuer ces différences qu'à celles des climats, ou du moins on ne
peut nier qu'elles n'y contribuent beaucoup : il paroît évident que
la sécheresse & la dureté des laines du Levant sont l'effet de la chaleur excessive qu'il fait dans ces contrées. La circulation du sang
est toujours en raison de la chaleur qui nous environne. Plus la

chaleur eft grande , plus fon impreffion fur les fluides eft vive , &
plus rapidement ils circulent, d'après le principe généralement
reçu, que le mouvement eft caufe de la chaleur. Or plus la circulation eft rapide , plus il fe fait d'évaporation de la partie fubftan-
tielle des fils qui compofent la laine : cette fubftance n'eft qu'une
lymphe. Or fuivant les principes de la bonne phyfique, elle eft la
liqueur la plus déliée & par conféquent la plus prompte à s'évaporer.

Mais , nous dira-t-on, les laines de Conftantinople & de Smyrne font fi bonnes , foit par leur douceur, foit par tant d'autres
qualités qui les font diftinguer par les Fabricants : nous répondons que les environs de ces deux villes ayant des ombrages, les
troupeaux s'y abritent & fe garantiffent des rayons ardens du foleil ;
au lieu que les moutons font privés de cette reffource aux environs d'Alep & de Chypre.

Effets différens du froid.

D'après cette obfervation on voit bien que le froid par la raifon contraire doit être extrêmement nuifible à la qualité des laines du Nord. Il fixe les parties du fang qui devroient s'évaporer par
la tranfpiration : ces corpufcules ne trouvant point d'autre ouverture que celle des fils de la toifon y font chaffés par l'action de la
circulation & y font arrêtés & concentrés par le froid extérieur,
ce qui fait que les fils deviennent roides & trop compactes.

Ces deux principes établis, on vient facilement à bout de découvrir la caufe de la bonté des laines Angloifes & Efpagnoles ; ces
deux Royaumes font fous un climat tempéré qui ne fe reffent
point de l'une ni de l'autre de ces deux extrémités qui font fi nuifibles aux laines du Levant & du Nord.

D'ailleurs les pâturages n'y font point defféchés comme dans les
contrées de l'Afie, ni humides & malfains comme dans la plûpart
des pays du Nord.

Les côteaux y font tempérés, & les pâturages y font fins, doux,
moëlleux & fubftantiels autant qu'il le faut.

Quantité des laines étrangeres que nos Fabricants tirent des Etrangers.

Nos Fabricants emploient toutes ces laines à des ufages relatifs
à leur qualité ; celles que les Bonnetiers rejettent & celles qui ne

conviennent point aux Fabricants de draps sont employées à une infinité d'usages par les Tapissiers.

Les différens Fabricants qui consomment toutes ces laines dans
leurs atteliers, se réduisent à trois classes, les Drapiers, les Bonnetiers & les Tapissiers.

On met dans la premiere classe ceux qui fabriquent les draps, les
serges, les étoffes croisées, &c. Dans la Fabrique des draps on
emploie les laines les plus belles & qui sont les plus flexibles.

Les Bonnetiers travaillent au métier & au tricot & font usage
des mêmes laines.

Quant à la troisiéme classe formée des Tapissiers, ils font servir la laine à mille ouvrages ; ils l'emploient en tapisserie, en ma-
telas, en fauteuils, en moëtes, &c. on en fait du fil à coudre, on en
fait des chapeaux, on en fait des jarretieres & tant d'autres sortes
de marchandises, que nous ne finirions pas si nous voulions les
détailler.

Nous avons dit que la laine d'Espagne entre dans la fabrication de nos meilleurs draps, mais il faut de très-grandes précautions
pour la mêler & assortir aux laines de France. Celle de l'Escurial
s'emploie sans mélange avec beaucoup de succès dans la manufacture des Gobelins.

On emploie la prime de Ségovie & de Villecastin pour des
draps, des ratines & autres étoffes semblables, façon d'Angleterre & de Hollande : la ségoviane ou refleuret sert à la fabrication des draps d'Elbeuf, ou autres de semblable qualité. On ne
fait entrer la tierce que dans la fabrique des draps les plus communs, comme sont ceux de Rouen ou de Darnetal, les couvertures
& les bas de Ségovie sont très-estimés en France ; ils sont moëlleux, doux au toucher & d'un excellent usage.

Cette laine, malgré sa grande finesse, n'est point propre à toutes
sortes d'ouvrages : il est en effet des ouvrages pour les perfections
desquels il faut que la laine soit longue. Il est certain, par exemple, qu'il y auroit de l'imprudence à se servir de la laine d'Espagne
la plus belle pour former les chaînes des belles tapisseries des Gobelins ; la perfection de l'ouvrage demande que les chaînes avec
beaucoup de portée soient fortement tendues, & que leur tissu,
sans être épais, ait assez d'élasticité pour résister au maniement
des ouvriers, qui sans cesse les tirent, les frapent & les allongent. On voit par cette observation qu'il n'y a guéres que la laine
d'Angleterre qui soit par sa longueur propre à cet usage. Elle y est

ſi propre qu'il n'y a qu'elle ſeule qui reçoive parfaitement les couleurs de feu & les nuances qui ont le plus de vivacité & de brillant.

On peut encore très bien mêler & aſſortir la laine d'Angleterre
aux laines de Valogne & du Cotentin ; rarement on la carde. On
la peigne & on la file, & on l'emploie ſur le canevas & à l'aiguille.

Quant aux Laines du Levant elles ne paſſent point le Languedoc
& la Provence, par rapport à leurs qualités. Elles deviendroient
d'ailleurs trop cheres par les frais de tranſport ſi l'on vouloit les
faire venir à Paris.

Reims conſomme les plus belles toiſons de Weymar & les plus
belles laines d'été de Pologne, les Champenois s'en ſervent dans
la fabrique de leurs petites étoffes, connues ſous les noms d'étoffes de Reims & de Champagne.

Les laines de la Gaule avoient jadis la préférence, celles de la
Pouille & de l'Attique ſi vantées n'étoient point ſi recherchées que
les nôtres. Les Romains nous les enlevoient avec autant d'empreſſement que nous recherchons aujourd'hui celles des Eſpagnols &
des Anglois.

D'où vient donc un changement ſi grand, qui a été auſſi favorable à nos voiſins que nuiſible à notre œconomie rurale ; eſt-ce
la faute de nos Rois ? Les Ordonnances émanées du trône ſur la
police des troupeaux prouvent ſuffiſamment que l'on a eu toujours en recommandation cette branche. Qu'on liſe ces Ordonnances & les conceſſions qu'on y fait des landes, des clairieres, &
l'on ſera auſſi frappé de la grande attention du Gouvernement que
l'on doit l'être du dépériſſement de nos troupeaux & de nos laines.

Ne pourroit-on point attribuer ce dépériſſement aux grands parcs
clôturés, & que l'on fait depuis long-tems non-ſeulement aux dépens de cette branche, mais encore au détriment de pluſieurs autres. Qu'on calcule les arpens de terrein que l'orgueil a enlevés à
l'utilité & l'on verra par la ſomme qui en réſulte que preſque le douziéme du terrein deſtiné à l'Agriculture proprement dite lui eſt
enlevé pour l'agrément.

Le Miniſtere même à force de zéle n'auroit-il pas mis des en-
traves au commerce des laines, & par une conſéquence néceſſaire
ralenti ou même éteint cet amour des troupeaux par les loix trop
ſeveres qu'il a mis ſur la qualité & la meſure des étoffes ? Tous ces
Inſpecteurs ignorants que l'on a créés & qui vont au gré de leurs
caprices décider de la bonne foi & de la capacité des Fabricants,
ne les gênent-ils pas & ne les découragent-ils point ? ce n'eſt point

ici au Prince à faire la loi, le Fabricant ne reconnoît, & c'est avec raison, d'autre législateur sur ce point que le consommateur. C'est lui en effet qui fait la loi par son contentement ou son mécontentement; les étoffes qu'il prend lui sont-elles utiles? ont-elles rempli son objet? il achéte; ne répondent-elles pas au contraire à ses vues, il n'achete pas: c'est ce point qu'il ne perd jamais de vue qui lui sert de boussole.

Ce n'est donc point, comme le prétend l'excellent Auteur que nous suivons, le climat qui a décrédité nos laines: il est le même qu'il étoit du tems des Gaules; mais bien d'autres causes qu'il faut aller chercher plus loin, & dont nous abandonnons la recherche de peur de trop nous approcher de la grandeur.

Parmi toutes les laines de France celles du Roussillon, du Languedoc, du Berry, de Valogne & du Cotentin & de toute la Normandie sont de la premiere classe, c'est-à-dire qu'elles sont les meilleures de France, mais elles ne peuvent pas cependant être mises dans la classe de celles d'Espagne & d'Angleterre.

Parmi les plus belles laines de France, il y en a qui sont supérieures en qualité aux autres. Par exemple, dit notre Auteur, les laines du Berry sont moins parfaites que celles du Languedoc & de Provence: celles du Roussillon sont supérieures à ces dernieres. Les laines de Coutance valent mieux que celles du Maine. Les laines choisies de Valogne égalent presque en bonté les laines d'Angleterre.

Cependant l'Auteur sent que cette régle est trop générale & qu'elle a des exceptions: car il y a en Languedoc, ainsi qu'en Basse-Normandie certains cantons où les bonnes races de brebis se plaisent moins que dans d'autres, de même que l'on trouve en Dauphiné, en Picardie & en Poitou certains endroits où les moutons produisent d'aussi bonne laine que les moutons du Roussillon ou de Valogne.

Le Dauphiné, le Limosin, la Bourgogne, le Poitou, la Gascogne & l'Auvergne produisent aussi beaucoup de laines; mais il s'en faut de beaucoup qu'elles soient aussi belles, aussi riches & aussi précieuses que celles du Languedoc & de la Basse-Normandie.

Le pays de Bayonne fournit deux sortes de laines, celle des moutons originaires du pays ressemble plutôt à de longs poils qu'à de véritables toisons. La race Flandrine qu'on y a établie depuis plusieurs années y réussit parfaitement: elle fournit une laine qui surpasse en bonté les laines du Poitou & des marais de Charante.

Par le détail que nous avons mis fous les yeux de notre lecteur, on voit qu'il n'y a prefque point de Fabrique de laine en France qui n'ait befoin des laines étrangeres, foit pour la qualité foit pour la quantité. Quelles fommes immenfes ne fort-il donc pas du Royaume pour les y importer ?

C'eft mal-à-propos que d'habiles Fabricants prétendent que l'on ne parviendroit jamais en France à fe procurer la quantité ni la qualité des laines que l'on tire de l'étranger. Avec les attentions & les foins que nous avons recommandés dans l'éducation des moutons il eft certain qu'on en viendroit à bout.

Nous difons même plus, on parviendroit en France à fe procurer de plus belles brebis & fans doute de la laine plus parfaite que celle de l'Anglois, fi l'on prenoit les mêmes précautions qu'un Roi de Caftille, à la fageffe duquel les Efpagnols font redevables de l'excellence de leurs laines. Ce Prince tira une race de Barbarie qui donnoit deux ou trois fois plus de laine plus fine ; deforte qu'il s'enrichit en enrichiffant fon peuple, principalement dans le pays de Ségovie, d'où nous tirons encore à notre grande honte ces belles laines fines appellées laines de Ségovie.

Mais ce Roi fe donna bien de garde de laiffer confondre les races ; & c'eft fans doute ce qui donne aux laines d'Efpagne la fupériorité fur celles d'Angleterre, où l'on a mêlé la race de Barbarie avec la race du pays ; ce qui, comme nous l'avons fait déja obferver lorfque nous avons parlé de la population de la Ferme, fait beaucoup dégénérer la bonne race.

Les Anglois, pour accélérer la multiplication de ces brebis de Barbarie, qu'un de leurs Rois avoit tirées d'Efpagne, donnoient à chaque bélier de cette race cinquante brebis communes à fervir. Et il eft fi vrai que par cette méthode la race dégénere, que les Anglois conviennent eux-mêmes que la fécondité de ces animaux diminua bientôt d'un tiers, & que la qualité de la laine & la groffeur des bêtes diminuerent auffi à proportion.

Il y a trois efpéces de brebis en Angleterre, les communes qui font du pays font très-petites, les bâtardes font médiocres, mais les Efpagnoles qui font en très-petit nombre font très-belles.

M. *Frédéric Waftfer* qui a donné des inftructions excellentes pour élever & perfectionner les bêtes à laine, nous permettra de révoquer en doute ce qu'il avance ; il prétend qu'en Suéde le mêlange des brebis du pays avec les brebis, foit d'Angleterre, foit d'Efpagne, forme à la troifiéme génération des bêtes auffi parfai-

tes que les brebis nées dans l'un ou dans l'autre de ces deux Royaumes. Nous n'insisterons point ici à combattre son opinion, nous
renvoyons notre lecteur à l'article de la Ferme où nous croyons avoir
suffisamment prouvé le défectueux de cette méthode, elle est encore démontrée mauvaise par la remarque que nous venons de faire
sur l'infériorité des laines Angloises aux laines Espagnoles, causée
comme on ne peut en douter, par le mélange que les Anglois firent
au commencement, des brebis de Barbarie & des brebis du pays,
mélange au contraire que les Espagnols ont toujours évité, ce qui
donne une très-grande supériorité à leurs laines sur celles d'Angleterre.

Il ne seroit donc question pour le bonheur des François, que de
tirer cette bonne race, & que le Gouvernement établît une direction, qui seroit chargée de distribuer dans le Languedoc, dans la
Provence, dans le Roussillon & dans le Berry, dans le Poitou un
bélier par Paroisse, avec quatre ou six brebis que l'on donneroit à
chacun ; on les confieroit à des Gentilshommes ou aux personnes
les plus notables de la Paroisse, & pour les engager à veiller que ces
animaux ne se mêlassent point avec les brebis du pays, on leur
accorderoit quelque prérogative, ou quelqu'exemption.

On sent que des entreprises de cette espéce regardent directement le Ministere ; il est bien surprenant que les avantages qui
en résulteroient aient échapé à l'œil vigilant du grand Colbert.

Autre attention non moins importante, ce seroit de choisir des
cantons propres aux races que l'on voudroit y établir ; pour cela il
faudroit que des gens éclairés fussent envoyés en Espagne, en
Flandre, en Hollande & en Angleterre pour examiner la qualité
des bonnes races, puisqu'il est vrai de dire qu'il y a encore des
dégrés de perfection qui font très-remarquables, & la qualité des
terreins sur lesquels elles prosperent, ces personnes observeroient
avec soin toutes les circonstances que les Nationaux observent dans
l'éducation de ces animaux & dans la façon de traiter les laines
pendant qu'elles font encore sur les moutons, ils remarqueroient,
(article essentiel) comment les pays font distribués, si les forêts
fournissent des pâtis, si l'on y préfere cette espéce de nourriture
pour les brebis ; si l'on parque toute l'année ou seulement une
partie ; si les terreins forts conviennent à ces brebis que l'on
nomme Flandrines & qui donnent de la laine si belle : on consulte-
roit le climat pour en donner un à peu près semblable en France à
la nouvelle peuplade que l'on voudroit établir : enfin ces observa-

teurs raſſembleroient toutes les connoiſſances - pratiques qu’ils
pourroient, & après les avoir réduites ils en formeroient une eſpéce de carte topographique qu’ils remettroient au Miniſtere,
qui de ſon côté la communiqueroit à toutes les Provinces avec
ordre à Meſſieurs les Intendans de faire pratiquer tous les documens
qu’elle renfermeroit.

Nous ſçavons bien que chez les Anglois on pratique à l’égard des
laines des ſecrets qui ne paſſent point les barrieres du Royaume :
on peut même avoir remarqué la ſtérilité des inſtructions que M.
Hall nous donne ſur cette branche ; qu’on ne croie point devoir
l’attribuer au peu de connoiſſance qu’il a dans cette partie ; il la poſ-
ſéde auſſi parfaitement que les autres qui forment ſon corps complet ; mais véritable citoyen, il n’a point voulu expoſer ſa patrie
à perdre l’avantage qu’elle a ſur nous dans la concurrence dans
cette branche du commerce.

On ſçait qu’il n’y a pas long-tems que nous leur avons enlevé
la calandre, & que depuis nos draps approchent beaucoup de la
perfection de ceux qu’ils fabriquent : il ne nous reſte qu’à arracher le ſecret de leur terre à foulon ou de la préparation qu’ils lui
donnent, & à nous procurer quelque race de brebis bien choiſie,
d’en éviter le mêlange pour non-ſeulement arriver au dégré de
perfection de leurs draps & de leurs étoffes de laine, mais encore pour les ſurpaſſer.

Régle générale, il faut pour les moutons de la grande eſpéce des
pâturages un peu forts, mais auſſi il faut avoir l’attention de ne pas
les y laiſſer toujours, il faut de tems en tems les mener ſur des
côteaux ou autres élévations qui ſont incultes.

Il faut bien éviter de laiſſer long-tems les moutons quelconques dans les clairieres des bois & des forêts, ſur-tout lorſque ces
eſpaces ſont petits & reſſerrés ſoit par des taillis ſoit par des hautes-
futayes : il s’éléve de ces endroits des exhalaiſons qui tiennent toujours du marécageux ; on ſent qu’elles ne peuvent que cauſer la
pourriture, & altérer conſidérablement les laines. D’ailleurs les
buiſſons, les ronces & les épines dont ces ſortes d’endroits ſont
fournis enlévent une grande partie de la toiſon.

Pourvu qu’on ait des abris où les moutons puiſſent ſe mettre à
couvert pendant les grandes ardeurs du ſoleil, cela ſuffit : nous
recommandons même au berger de ne pas les laiſſer long-tems ſous
le même arbre, s’il a la facilité des hayes & liſieres où l’on trouve
ordinairement d’eſpace en eſpace quelqu’arbre. Ce mouvement tient

les moutons dans un état de tranfpiration ou de fuin qui donne
beaucoup d'onctuofité & de confiftance à la laine.

Dans les pays fablonneux, fecs & arides, où les abris font rares,
il faut mener de tems en tems les troupeaux dans des ruiffeaux, s'il
y en a, & les faire baigner; on les tient dans ce bain pendant une
heure. Le berger qui doit entrer dans l'eau, s'amufe avec fa hou-
lette à leur jetter de l'eau fur le dos. On ne fçauroit croire combien par cette méthode on nettoye la laine, combien on la rend liante, & combien elle contribue à fa blancheur.

Si l'on n'a point la commodité des rivieres ou des ruiffeaux, il
faut fe fervir des étangs, & au défaut des étangs, de quelque mare
faite comme nous l'avons déja indiqué; on jette fur la glaife du
cailloutage & du gravier; on y fait entrer les moutons pendant la
grande chaleur, il ne faut les y laiffer que l'efpace de demi-
heure.

L'Auteur que nous fuivons condamne l'ufage du turnips; il prétend que cette nourriture influe défavorablement fur la qualité
des laines; nous ne fçavons fur quel principe une femblable opinion peut porter : il préfére le faux feigle, il veut fans doute dire
le faux froment ou ray-gras. Il eft certain que cette herbe eft plus
fine que le turnips; mais il nous permettra de lui obferver que cette raifon n'eft point fuffifante pour le profcrire. Nous ofons même
ajouter que cette racine abonde beaucoup plus en parties aqueu-
fes, & que par conféquent fes fucs ne font pas auffi épais que
ceux du ray-gras. Or les fucs nourriciers contribuent beaucoup à la
groffiereté & à la roideur des laines.

Quant à la méthode de parquer, il eft certain qu'il n'eft rien de plus
avantageux, mais on objecte les loups, à cela nous répondons qu'il
faut encourager les payfans à la deftruction de ces animaux, qu'il
faut que les Seigneurs facrifient à l'utilité générale l'agrément de
leur chaffe, ou que s'ils craignent que leurs vaffaux, fous prétexte
de faire la guerre aux loups ne la faffent à leur gibier, ils prefcri-
vent aux gardes d'être préfens aux battues.

On a encore le fecours des chiens que l'on éleve dans cette
vue. Ce n'eft point affez que le Gouvernement donne 12 francs
par tête de loup. Il faut augmenter cette récompenfe & la porter
jufqu'à 24 francs, ou même à 10 écus, & affigner quelque prérogative à celui des payfans d'une paroiffe qui enverroit à l'Intendant de la Généralité le plus de têtes de loup. Cette prérogative
ne confifteroit qu'en quelque diftinction qui dureroit pendant
un an.

Nous voudrions qu'il se fît deux battues générales chaque saison de l'année. Chaque habitant de chaque Paroisse seroit, sous peine d'amende, obligé de s'y trouver ; & afin que ces battues eussent tout le succès desiré, nous voudrions que l'on excitât la concurrence entre les Paroisses, par quelque récompense honorifique ou utile que l'on feroit à celle des quatre Paroisses voisines qui détruiroit le plus de loups dans le courant de l'année.

On détruiroit ainsi peu à peu ces animaux ; nos troupeaux paisibles dans les campagnes profiteroient pendant toute l'année, par le parquement dans certains cantons méridionaux de la France de ces rosées bienfaisantes qui tiennent ces animaux dans un état de santé admirable, & qui donnent aux laines d'Angleterre cette blancheur & cette qualité que les nôtres n'ont point. Dans les pays Septentrionaux on ne parqueroit que jusqu'à la S. Martin, mais on auroit la ressource de la bergerie construite comme celle dont on a vu la figure dans le premier volume in-4°, & dans le second volume in-12 de cet ouvrage.

Tout autant que les Cultivateurs ne chercheront point à suppléer par l'art aux avantages que les climats nous refusent, l'Agriculture ne fera que languir, & celle de nos voisins l'étouffera.

Rien de plus judicieux que l'observation que l'Auteur du Mémoire que nous suivons fait, par exemple sur un canton de la Normandie.

» Qu'est-ce qui rend les brebis d'Angleterre, dit cet Auteur, » si » supérieures aux nôtres ? c'est que cette isle est baignée de la mer » de toutes parts, qu'elle jouit d'un air tout différent de celui » que l'on respire dans le continent. L'air & les pâturages im- » prégnés des vapeurs salines que les vents y portent continuelle- » ment de quelque part qu'ils soufflent, font passer aux poumons » & au sang des bêtes blanches un acide bienfaisant.

» La France entiere ne peut jouir de cet avantage, mais en » mesurant des yeux toute son étendue, on apperçoit vers la » Normandie une langue de terre assez considérable qui s'avan- » ce dans la Manche en forme de peninsule ; elle est de tous côtés » baignée de la mer, excepté vers l'extrémité où elle tient à la » terre ferme. L'expérience m'apprend qu'il y croît d'excellents » pâturages, sur-tout aux environs de Valogne, & que les moutons, » quoique de race commune, y portent de la laine très-belle ; » d'où je conclus qu'en y transportant des moutons de Cantor- » béry, dont la situation est assez la même & le climat tout pareil, » ces bêtes y réussiroient sûrement.

L'Auteur va au-devant de l'objection qu'on pourroit lui faire,
en se la faisant lui-même : la voici ; c'est lui-même qui parle.

» Vous vantez les laines d'Angleterre & d'Espagne comme
» étant d'une qualité bien supérieure à ce que les Anciens &
» nos Peres dépouilloient de plus parfait, & voilà maintenant que
» vous égalez notre France à l'Angleterre & à l'Espagne. Les
» moyens que vous proposez tendent à faire violence à la natu-
» re ; n'est-il pas imprudent de la vouloir forcer à nous prodiguer
» des bienfaits qu'elle accorde toujours librement ? je réponds
» qu'en suivant le plan que je propose, nous ne faisons qu'imiter
» les Espagnols & les Anglois, qui doivent la beauté de leurs laines
» à l'importation d'une race étrangere.

L'objection est en effet détruite, elle tombe d'elle-même, par cet
axiome généralement reçu, que de *l'acte à la puissance, la consé-*
quence est invincible. Pourquoi ne pourrions-nous pas faire ce que
ces deux nations, nos voisines ont fait ? mais nous voudrions que notre Auteur eût préféré la race non-mélangée d'Espagne ou même que
la véritable race de Barbarie fût importée en France de préférence
à celle de Cantorbéry, qui doit avoir souffert quelqu'altération
par le mêlange que nous avons dit avoir été fait par les anciens
Anglois.

Nous suivons toujours le même Auteur, ses observations sont si
intéressantes que nous ne pouvons nous déterminer à le quitter.

» Les anciens, dit-il, avoient, par rapport au climat, une façon
» de penser qui leur étoit propre : il seroit à souhaiter que nous
» pussions les imiter. Les Romains, pour éviter l'hébergement
» qui ternit toujours l'éclat des laines & les chaleurs qui exténuent
» les moutons, avoient des pâturages d'été & des pâturages d'hiver.
» Un même métayer avoit des côteaux, des clairieres à lui appar-
» tenans dans plusieurs Provinces. En été il faisoit conduire ses trou-
» peaux dans des lieux ombragés où les vapeurs de la terre & les
» exhalaisons des valées tempéroient les ardeurs du soleil. En hiver
» il avoit des quartiers plantés de hayes & d'abris de distance en di-
» stance placés dans une exposition plus méridionale, où ses moutons
» ne ressentoient presque point les rigueurs de cette saison. Cette
» coutume étoit autorisée par les loix de l'Etat.

Nous avons dit plus haut qu'il falloit, pour la grande espéce des
moutons des pâturages un peu forts : il convient de faire ici observer que l'espéce d'élite que nous proposons de transporter en France, demande de grandes précautions dans le choix des pâturages.

qu'on lui deftinera. Les landes & les bruyeres du Languedoc , les
plaines du Berry, les montagnes du Rouffillon font les feuls pâturages qui puiffent favorifer les brebis que l'on feroit venir d'Efpagne. Lorfque ces bêtes fe feront un peu faites à notre climat, on
pourra les propager dans les meilleurs pâturages de la Gafcogne ,
de la Provence, du Bearn & du Dauphiné.

On fent bien qu'il y auroit de l'imprudence & que l'on s'expoferoit à de grandes pertes, fi l'on vouloit entreprendre d'établir en
Picardie ou autres cantons fitués au nord de la France des brebis
d'Angleterre.

Elles font beaucoup plus délicates que celles d'Efpagne. Ainfi
il faudroit tout au plus fe borner à en établir dans la Valogne & en
quelque quartier du Cotentin. Avant que de finir fur l'article des
laines , nous devons faire obferver deux abus établis de tout tems,
qui influent beaucoup fur la qualité de nos laines. L'un regarde
les Laboureurs , l'autre regarde les Bouchers.

Les premiers font obligés de diftinguer leurs moutons par quelques marques ; parce que les troupeaux peuvent fe rencontrer & fe
mêler, on peut enlever un ou plufieurs moutons : cette marque
fert à déceler le larcin : enfin les pâturages de chaque Ferme ont
des limites , & cette marque eft une condamnation manifefte pour
le berger qui conduit fon troupeau dans un territoire étranger.
Ce caractere eft donc néceffaire : l'abus n'eft donc que dans la maniere de l'appliquer. Les Fermiers de l'Ifle de France & de la Picardie plaquent ordinairement fans choix, des couleurs trempées dans
l'huile fur la partie la plus précieufe de la toifon, fur le dos ou fur
les flancs. Ces marques reftent ordinairement collées à la toifon. Il
arrive fouvent que les éplucheurs ne féparent point de la laine les
croutes qu'elles forment , parce que cette opération demande trop
de tems. Que fuit-il de-là ? ces croutes paffant dans le fil & les
étoffes qu'on en fabrique, elles les rendent tout-à-fait défectueufes. Il
eft un moyen fort fimple d'obvier à cet abus. On peut marquer les
moutons à l'oreille par une incifion latérale perpendiculaire ou
tranfverfale. Ces marques peuvent fe varier à l'infini en prenant
l'oreille gauche ou l'oreille droite.

Si cependant la nature du lieu demandoit un figne plus apparent
on pourroit marquer les moutons à la tête comme on fait en Berry.
La toifon par-là ne fouffre aucun dommage.

L'autre abus ne concerne que les pelades : mais il ne mérite pas
moins notre attention. Les bouchers, au lieu de ménager les toifons

fons des peaux qu'ils abbatent, femblent mettre tout en œuvre pour les falir, ils les couvrent de graiffe & de tout ce qu'il y a de plus infect. Il eft d'autres détails que la police pourroit profcrire fans nuire aux intérêts de ces gens. L'on épargneroit beaucoup de tems & de peine aux Mégiffiers, & ces laines dans leur efpéce feroient d'une meilleure qualité & d'un meilleur emploi.

Outre la faleté, les Bouchers portent encore un autre préjudice bien plus important aux laines. Ce qui a fans doute échapé à l'Auteur du Mémoire qui nous a fourni la plus grande partie des obfervations utiles que l'on vient de voir, c'eft que l'animal que l'on égorge rend une fueur gluante dans ce moment, qui englutine la laine & fait que les autres ordures de la Boucherie s'y attachent fi intimément que tous les lavages poffibles ne peuvent entiérement les en féparer. Ce fuin que l'animal rend dans fon agonie eft chargé d'une fubftance compacte & même puante, dans laquelle il y a beaucoup de vice, ce qui ne contribue pas peu à rendre la laine dure en refferrant les fils & en les liant étroitement enfemble.

Il faudroit donc une Ordonnance par laquelle il ne fût permis à aucun Boucher de tuer une brebis ou mouton que l'on n'eût auparavant lavé l'animal & enlevé la toifon : par ce moyen la laine conferveroit fa qualité & les Mégiffiers ne confommeroient plus tant de tems à l'éplucher & à lui donner les préparations qui font de leur reffort.

Maniere de préparer les Laines de façon que les étoffes que l'on en fabrique ne foient point fujettes aux piquûres des vers.

L'Académie de Bordeaux propofa, il y a deux ans, le prix pour celui des Auteurs qui donneroit le Mémoire le plus fatisfaifant fur la façon de préparer les laines, de maniere que les étoffes ne foient plus expofées à être piquées des vers: nous ne préfentâmes rien fur cet objet à cette Académie : nous crûmes qu'il feroit d'une plus grande utilité de recourir à des effais.

Nous y avons procédé avec affez de fuccès; & voici ce que nous avons mis en ufage :

Nous avons pris une livre de laine fraîchement tondue, nous lui avons donné d'abord toutes les préparations que nous avons déja indiquées. Nous l'avons bien battue pour en féparer la pouffiere & les femences de vers que ces infectes y dépofent ordinairement dans le fort du fuin : nous l'avons enfuite trempée à plufieurs reprises dans de l'eau bouillante, pour achever la destruction de la semence : nous avons pris la précaution, avant que de lui donner cette trempe, de jetter sur cinq pintes de cette eau bouillanthe, un demi-poisson d'extrait d'absynthe, quatre gousses d'ail dépouillées de leur envelope, sept à huit feuilles de rhue, dix prises ordinaires de tabac.

Toutes les préparations suivantes données, nous avons pris de l'eau dans laquelle nous avions fait infuser du tabac à peu près neuf ou dix prises dans un verre d'eau de riviere. Nous avons passé l'infusion dans un linge bien fin, & nous avons jetté la colature dans l'huile dont nous avons huilé la laine.

Il a résulté de ces essais que les vers n'ont point approché pendant l'espace de quatorze mois de cette laine, quoiqu'elle fût entre deux piéces de drap tout couvert de cette vermine.

De-là on peut conclure qu'en jettant dans toutes les teintures quelconques quelques gousses d'ail, quelques feuilles de rhue, une quantité d'extrait d'absynthe proportionnée à la quantité de la sauce qui sert à teindre, en prenant toutefois garde de ne pas omettre la premiere trempe d'eau bouillante que nous venons d'annoncer, on parviendroit parfaitement à la destruction de toute vermine & à la conservation des étoffes de laine.

LIVRE QUATORZIEME.

DE LA VIGNE.

CHAPITRE PREMIER.

LEs Livres faints nous atteftent que Noë planta la vigne, que fes enfans porterent enfuite dans les parties du monde où ils s'établirent. Elle fut portée d'abord d'Afie en Europe. Les Phéniciens la porterent dans le continent, baigné par la Méditerranée; de-là elle paffa en Sicile, dans l'Ifle de Crête, en Gréce, & en Italie du tems même de Romulus, où depuis elle s'eft multipliée de fiécle en fiécle.

De l'Italie elle fut portée dans les Gaules; les habitans de Marfeille & de la Gaule Narbonnoife la planterent les premiers quelque tems avant Jules-Céfar. En 282, l'Empereur Probus permit aux Efpagnols, aux Gaulois & aux Bretons de la cultiver. Les Allemans défricherent alors quelques cantons de leurs forêts & planterent la vigne le long du Rhin. Les Hongrois les imiterent. Depuis ces époques la culture de la vigne a été toujours fuivie jufqu'à nous; malgré cette ancienneté de culture nous avons encore beaucoup à y ajouter, fi nous voulons à notre grand avantage la porter à fa perfection.

Les Romains eftimoient tellement la vigne, que l'on voit par les loix Juftiniennes que tous ceux qui feroient atteints & convaincus d'avoir pillé les vignes feroient condamnés au fouet, & ceux qui les auroient coupées ou brûlées, aux mêmes peines qu'un voleur. Par ces mêmes loix celui qui étoit convaincu d'avoir coupé un cep étoit condamné au fouet & à avoir le poing coupé, & à la reftitution pécuniaire du double du dommage fait. Celui qui coupoit la vigne de quelque perfonne avec qui il étoit en procès, étoit condamné à avoir les deux poings coupés.

Rien ne favoriferoit plus cette culture que le renouvellement de loix femblables, exécutées à la rigueur. Nous avons été témoins de vignes à demi-vendangées de nuit, & dévastées au point qu'il falloit au moins deux ans pour qu'elles se rétablissent.

CHAPITRE II.

Des noms que l'on donne aux différentes parties de la Vigne, & des instrumens propres pour la cultiver.

AVant que d'entrer en matiere sur la culture de la vigne, il est important que nous donnions quelque connoissance exacte des termes usités parmi les Vignerons, des noms qu'on a donnés aux différentes parties de la vigne, & des principaux instrumens dont on se sert pour la cultiver.

Comme l'on va voir l'explication de chaque terme, on pourra faire usage de nos instructions dans tous les pays du Royaume, d'autant plus aisément que nous donnons la facilité par cette explication de l'appliquer à chaque terme qui pourroit se trouver différent dans tel ou tel pays.

La vigne chez les anciens étoit appellée *caprea*, parce quelle est le *brout* le plus friand des chévres, & c'est sans doute de-là que les Vignerons ont appellé *brout* les brins superflus de la vigne qu'ils rognent en été ; les filets avec lesquels la vigne s'accroche à ce qu'elle trouve, sont appellés *mains* en Anjou, en d'autres endroits *courroies* ou *courrioles*, en d'autres simplement *filets*, en d'autres enfin *vehilles* ou *nilles*.

On nomme *chevelure* ou *chevelus* les petites racines qui sortent du sarment couché à terre dont naissent les marcottes.

La plûpart des Vignerons nomment *téte* de vigne le brin qui sort de l'extrémité supérieure du cep, & qui est ordinairement le plus vigoureux. D'autres Vignerons prétendent que les racines sont proprement les têtes des vignes; parce que ce sont elles qui par leurs petits orifices tirent de la terre la nourriture dont la vigne a besoin.

On nomme *marcottes* les branches qu'on met en terre pendant un an pour y prendre racine & qui tiennent pendant cet espace de tems à la mere-vigne. On les replante ensuite en un autre lieu.

On appelle *crocettes* le bois de sarment d'un an qu'on coupe de la mere-vigne & que l'on met en terre pour lui faire produire des racines, les crocettes ne profitent pas à beaucoup près autant que les marcottes; mais aussi elles n'épuisent pas la mere-souche.

La fléche n'est autre chose que la cime du *cep*, parce que perdant vigueur en s'allongeant trop elle forme une espéce de fléche.

L'œil ou *bourgeon* est ce qui paroît le premier lorsque la premiere séve monte à la vigne & qu'elle commence à bouter. Si ce bourgeon est plus large que rond, c'est un signe qu'il renferme plusieurs grappes de raisin; si au contraire il est petit & pointu, c'est une marque qu'il ne produira que du bois.

Chaque branche qu'une crocette produit se nomme *drageon Orléannois*. Si l'on a laissé à la crocette quatre boutons hors de terre, le dernier à l'extrémité supérieure est le premier qui sert & qui devient le plus fort. Le brin que ce bouton pousse se nomme *chevalier*. On appelle le second qui est au-dessous *l'écuier*, les derniers se nomment *scourfons*.

Les feuilles des vignes tiennent lieu de manteau au *cep* & garantissent le fruit des injures de l'air & de la trop grande ardeur du soleil.

Pepin, on entend par ce terme la semence de la vigne, dont on ne fait point d'usage, parce que cette méthode seroit trop longue, & que d'ailleurs on se procure, par les marcottes & les crocettes des moyens bien faciles & beaucoup plus prompts de renouveller les vignes.

Par *grappe* on entend le rameau dépouillé de ses grains de raisin & non pas la grappe environnée de ses grains.

Planter la vigne, comme l'on s'exprime en certains pays, à *l'augelot*, c'est creuser une petite fosse en maniere de petite auge dans laquelle on met les crocettes dont on veut faire un plant de vigne.

Biner, c'est donner un second labour aux vignes.

Cartager, c'est donner le quatriéme labour.

L'échapon est un sarment de l'année que l'on léve pour servir de plant, & auquel reste attaché un peu de bois de la taille précédente.

Chauffer, c'est mettre de la nouvelle terre aux pieds des ceps.

Collet, c'est une partie du cep qui est au-dessous du bouton supérieur.

Couler, on dit que les vignes coulent lorsque les fleurs tombent à terre à mesure qu'elles s'épanouissent; de sorte que la grappe se tourne en petits *sions* tendres qui naissent le long des sarmens.

Courson, branche de vigne taillée & racourcie à quatre ou cinq yeux; on les laisse toujours au bas du cep.

Drageon, tendre bourgeon de l'année qui pousse aux branches de la vigne & qui fait avorter le raisin.

Ebourgeonner, c'est une façon que l'on donne à la vigne, elle se borne à abbatre tous les nouveaux jets qui naissent au pied du cep de la vigne pour qu'ils ne consomment point la séve.

Nouer, terme que l'on emploie pour dire que les fleurs qui servent d'envelope au rudiment du fruit tombent & que la fleur *fructifere* tourne en fruit.

Provigner se dit de plusieurs sarments que l'on couche en terre pour leur faire prendre des racines.

Viette, c'est une branche de vigne qu'on taille à la longueur d'un pied & demi au plus, lorsque l'on veut l'étendre sur les perches, attachées en travers aux échalas de la vigne, comme on le pratique dans le pays Auxerrois & plusieurs autres.

Mais pour une plus grande commodité du lecteur nous ajoutons un Dictionnaire que nous fournit un ancien Auteur. L'ordre alphabétique qu'il observe sera d'un usage plus facile.

A

Acoler, c'est lier au charnier, ou échalas, (voy. *charnier*) le bourgeon de la vigne avec de la paille coupée d'une longueur convenable pour faire un maillon qui ait assez de force pour tenir le bourgeon assujetti à son charnier.

Afiche, c'est le bois qui sort du charnier ou échalas qu'on a apointi ou rafraîchi.

Aficher, apointir ou aficher sont termes synonimes. On apointit les échalas, afin qu'ils entrent mieux en terre quand on les y pique pour y lier la vigne.

Alouettes, on appelle tête d'alouette la partie de la souche qui étant entiérement ou en partie desséchée, devient inutile & même nuisible à la vigne ; c'est pourquoi un Vigneron qui taille proprement, coupe ordinairement sur son sabot toutes les têtes d'alouette qu'il trouve dans la vigne lorsqu'il la taille.

Ambiaisement, partie du brin de la vigne qu'on plante qui est coudée sur la terre à une certaine profondeur, on l'appelle *ambiaisement* ou *coudis*. L'ambiaisement se prend aussi pour la terre sur laquelle on coude le brin que l'on plante.

Amener, une terre forte est difficile à manier, on l'amene, c'est-à-dire ameublit lorsqu'on la laboure souvent & profondément.

Ameublir, en terme de Vigneron dans l'Orléanois se dit lorsqu'on arrache de la vigne dans une terre forte, maigre ou ufée; on la laiſſe repoſer ſans lui rien faire produire, on lui donne ſeulement quelques labours, afin qu'elle puiſſe devenir plus douce, plus maniable, & plus propre à produire, c'eſt la même choſe qu'a-mener.

Aneaux, ſont les viettes qu'on lie en rond ou en ovale au lieu de les étendre en long. Les vignes blanches ſe lient par aneaux & quelques cepages rouges mais en petite quantité.

Apléter, c'eſt avancer dans l'ouvrage. On dit d'un homme, qui a beaucoup avancé dans l'ouvrage en peu de tems, qu'il apléte bien. Il faut cependant remarquer que ce terme ſe prend en bonne & en mauvaiſe part, car ſoit qu'un homme ait fait en peu de tems beaucoup d'ouvrage bon ou mauvais, on dit toujours qu'il a bien aplété.

Argot, lorſqu'on taille la vigne & qu'on y laiſſe des pouſſes qui manquent à pouſſer, on les nomme *argots*.

Affarmenter, c'eſt ôter le ſarment de la vigne lorſqu'elle eſt taillée. Cet ouvrage-ci eſt du reſſort des femmes des Vignerons, & de leurs enfans, pour peu qu'ils ſoient grands, il ne faut ni force ni ſcience pour le faire.

Avancée ſe dit lorſque les ſaiſons du printems & de l'été ſont chaudes: on dit alors que l'année eſt avancée ou hâtive; c'eſt à-dire que la récolte des bleds, des vins ſe fait de bonne heure. Dans l'Or-léanois on ſe ſert du terme de *prémerage*, au lieu d'*avancée*. Il eſt même dans la bouche des gens du pays qui ſe piquent de bien parler.

Aubiner, on met aubiner le plant pendant une ou deux années, afin qu'après avoir fait des racines on puiſſe le planter à demeure; ce plant s'appelle *chevoli*. Quand on le fait *aubiner* on le met par demi-quarterons, c'eſt-à-dire par douze ou treize, on les enterre de telle ſorte que les rangs & les brins ſont un peu écartés les uns des autres pour pouvoir leur donner quelques façons.

Aubour, le plus mauvais charnier ou échalas eſt celui qui a le plus d'*aubour*, ce qui ſignifie aubier. Cet endroit du bois ſe trou-vant le plus près de l'écorce eſt le plus tendre & piqué des vers lorſ-qu'il n'eſt point coupé en bonne ſaiſon, c'eſt pourquoi il dure fort peu de tems en échalas.

B

Bauge, la bauge ſe dit de pluſieurs braſſées d'échalas miſes en-ſemble & poſées preſque droites, elles forment en effet alors une efpéce de bauge. Lorfqu'on veut que les échalas durent longtems, on les fait mettre en bauge quand la vigne eft parée. Voy. *parée.*

Billard, c'eft l'endroit où la terre eft creufée & fur lequel on couche ou coude le plant qu'on met en terre. Lorfqu'on a une terre où l'on veut planter de la vigne, on éleve un peu en forme de petits chevaux celle qui eft dans toute l'étendue du billard. Quand on plante la vigne on doit labourer tout le billard.

Billoner, c'eft racler l'orne (voy. *orne*) ou donner à la vigne une efpéce de labour peu profond dans l'orne avant ou après que la vigne a été labourée, fuivant la nature des terres: mais il vaut mieux billoner avant qu'après avoir labouré, afin que l'on puiffe mieux connoître fi ce billonage a été fait.

Biner, c'eft le fecond labour en régle que l'on donne à la vigne.

Brocher, on appelle brocher la vigne lorfqu'on laboure feulement les deux filées (voy. *filées*) d'une pouée (voy. *pouée*) avec une broche ou petite pioche étroite, faite exprès, fans toucher au milieu de la pouée, qu'on laboure enfuite ou à la bêche à main ou à la bêche à pied, ou à la bêche évuidée que nous avons appellé *échat*, ou enfin avec l'outil qui eft en ufage dans le pays. Comme cette façon eft extrêmement facile le Vigneron la fait donner par fa femme & par fes enfans.

C

Carroffes, un Vigneron fait des carroffes dans les vignes de fon maître lorfqu'il lie enfemble plufieurs viettes ou brins de vigne, qui devroient être liés féparément.

Cep ou pied de vigne font la même chofe. Les Vignerons accoutumés à mutiler les mots difent par corruption dans certains pays, *Ça* de vignes : mais ce terme ne vaut rien: il eft impoffible de lui trouver quelque étymologie, au lieu que cep vient de *ceppagia*, fynonime de fouche de toute forte d'arbre ou arbriffeau.

Cepage, dans l'Orléanois on dit *capage*; ce mot eft corrompu auffi bien que celui de *ça*. Les différens cépages font les efpéces différentes de vignes.

Champelure, on dit que le bois de vigne eft *champelé* en deux manieres, ou lorfqu'il eft gâté pour n'avoir pas eu affez de chaleur, ou par les pluies froides de l'été, ou lorfqu'en hiver le foleil a fondu la gelée blanche qui étoit attachée au bois, ce qui brûle fon écorce ou du moins fait avorter les coffons (voy. *coffons*) fur lefquels le foleil a fait fondre cette glafe. On appelle ordinairement cette gelée blanche *du givre.*   *Charnier,*

Charnier, il n'eſt point françois, mais il eſt très en uſage dans l'Or-léanois. Echalas eſt le véritable terme : c'eſt un bois écari d'un pouce, dont on ſe ſert pour étayer les vignes. Ces échalas ont ordi-nairement dans l'Orléanois, dans l'Auxerrois & dans la Bourgogne & en beaucoup d'autres provinces un pouce d'écariſſage & quatre pieds & demi de hauteur. La douzaine eſt compoſée de vingt-ſix bottes ; & la botte de cinquante-deux brins. D'ailleurs nous n'en fixons le nombre que pour l'Orléanois. Lorſqu'on a piqué l'échalas en terre on y lie le bois de la vigne après qu'elle a été taillée, & même quelquefois labourée ſuivant la nature des terres.

Chenole, mot qui dérive de chenu, vieux terme qui ſignifie *vieux* : on dit même encore dans le bas langage, un *vieux chenu*, lorſque l'on parle d'un homme fort âgé. Ce mot vient du mot latin, *ſenex ;* on appelle *chenoles* les plus longs brins de vignes qui ont trois ou quatre ans ; il en eſt de plus vieilles les unes que les au-tres, on doit abbatre ces vieilles en taillant la vigne afin de la re-nouveller.

Cheval, lorſque l'on a deſſein de planter de la vigne, on rane (voy. *raner*) la terre & ſa plus haute ſuperficie eſt ce que l'on appelle le cheval, ou plutôt le *chevalet*, parce qu'il en a la figure, & dans certains endroits on dit labourer la vigne en *cavalier.* Ce-pendant il paroît que les Vignerons n'ont point abſolument adop-té le terme de *chevalet* puiſqu'ils s'en ſervent pour exprimer autre choſe, comme l'article ſuivant l'indique.

Chevalet, ce n'eſt autre choſe que deux échalas croiſés & piqués en terre & ſoutenus par un troiſiéme qui eſt par derriere dans le milieu ; de ſorte qu'ils font une eſpéce de *chevalet* ſur lequel on met environ une botte d'échalas, dont les brins touchent à terre d'un bout, tandis que l'autre porte ſur le *chevalet.* On fait auſſi des *chevalets* doubles, & ce ſont les meilleurs, parce que tous les écha-las qu'ils portent étant en-l'air & un peu penchés d'un bout, ils ne pourriſſent pas comme quand ils portent à terre d'un ou des deux bouts.

Chevoli, c'eſt un plant qu'on a couché en terre ſans l'embiaiſer, pour l'en tirer au bout de deux ou trois ans, ou quand on a lieu de préſumer par ſon bourgeon qu'il a pouſſé des racines, alors on le plante à demeure ; on le nomme *chevoli*, parce qu'il y a de petites racines déliées & fines comme des cheveux.

Chevolir, c'eſt mettre du plant en terre, afin qu'il puiſſe faire des racines avant qu'on ne le plante.

Tome VII.   X

Coleter, c'eſt attacher la vigne ſeulement par le bas avec de l'oſier à l'échalas qu'on a piqué en terre, pour empêcher que les vents ne fatiguent ou ne décolent le bourgeon de la vigne juſqu'à ce qu'elle ſoit entiérement liée.

Coſſon, *œilletons*, *nœuds* ou *boutons* de la vigne, diſent la même choſe; mais il eſt des pays où le Vigneron ne ſe ſert que du terme de *coſſon*.

Coudis, voy. *ambiaiſement*.

Couler, la vigne coule lorſque les grains naiſſants du raiſin tombent dans le tems de ſa fleur, quelquefois même avant qu'elle commence, ou après qu'elle eſt paſſée. Ce terme de *couler* équivaut celui *d'avorter*, mais celui-ci n'eſt point adopté des Vignerons.

Coulure, c'eſt à proprement parler, l'avortement de la vigne.

Courgée, la partie du cep qu'on allonge ſur la pouée pour la lier à l'échalas qu'on y a piqué, on lie la vigne de deux manieres ou par anneaux ou par courgées.

Crainer, on dit que la vigne craine quand le grain de raiſin qu'elle produit eſt menu, c'eſt pourquoi il faut ſe défaire de cette eſpéce de cépage, l'arracher ou l'enter.

Crever, il faut abſolument, pour labourer la vigne, crever la pouée, qu'on a dû rendre haute & quarrée en donnant le *parage* (voy. *parage*) une pouée paroît crevée, lorſqu'on l'a miſe preſque de niveau avec l'orne, & que la terre qui eſt ſur cette pouée a été profondément remuée.

Croy, il y a de deux ſortes de *croys*, les uns ſont étroits & pointus & propres à tirer le fumier des écuries, & à le charger ſur des charretes pour le voiturer, ou dans des hotereaux, pour le porter dans la vigne ou ailleurs, c'eſt une eſpéce de *tirefient*; les autres ſont plats, coupants & larges d'environ trois pouces de chaque côté, parce qu'il y a un vuide entre les deux fers, vers le bout ſeulement, & ce vuide diminue du côté du manche où tout eſt plein. Les Vignerons s'en ſervent pour labourer la vigne, ſur-tout dans l'Orléanois & dans quelques endroits du pays Auxerrois. Il y en a auſſi de deux eſpéces, les uns ſont larges par le bout, & les autres pointus; on ſe ſert des uns ou des autres ſuivant la nature des terres: mais on obſervera que tous doivent avoir un vuide dans le milieu.

D

Dablée, les menus grains comme ſont l'orge, l'avoine, les pois, la veſce ſont ce que l'on appelle en certains pays menus grains, &

dablées en d'autres. Lorsque l'on a arraché de la vigne dans des terres fortes & difficiles à manier, on y met ordinairement de la *dablée* pour les rendre douces, & les disposer à faire prendre racine au plant qu'on a dessein d'y mettre.

Degibler ou *agibler*, quand on veut bien parer la vigne, il faut la dégibler, ce qui se fait en donnant un coup de marre (voy. *marre*) sur le glacis de la pouée & entre les ceps, afin de les tenir nets & d'empêcher que les herbes ne s'y attachent.

Démaillonner, avant de tirer l'échalas de la vigne pour l'aficher & le mettre en *bauge*, on démaillonne la vigne, c'est-à dire qu'on coupe l'osier, la paille & les martinets qui la tiennent attachée aux échalas.

Demoiselles, les Demoiselles sont les deux bâtons qu'on passe dans les troncs du pivot du pressoir pour le faire tourner quand on fait du vin.

Druges, on appelle druges les œilletons ou bourgeons qui repoussent ordinairement après qu'on a rogné le bourgeon de la vigne à la hauteur de grands échalas ; ces *druges* commencent aussi quelquefois à pousser long-tems avant qu'on ne rogne la vigne & produisent souvent des raisins qui ont beaucoup de peine à acquérir une parfaite maturité : parce qu'ils ne fleurissent que vers la fin de Juillet ; les *druges* ne se forment ordinairement que dans les vignes qui poussent avec beaucoup de force & de vigueur.

E

Ebourgeonner, c'est ôter du cep le bourgeon superflu & n'y laisser que celui qui est bon, c'est-à-dire, celui qui a du fruit, ou qui paroît propre pour servir à la taille de l'année suivante.

Ebrosser, les Vigneronnes ébrossent la vigne quand elles arrachent les feuilles qui y tiennent. Cet usage devroit être détruit ; elles portent par là un très-grand préjudice au bois qui doit servir, ou du moins on ne devroit y envoyer ces femmes qu'après les avoir bien instruites sur la façon dont elles doivent *ébrosser*.

Échauder, les violentes chaleurs échaudent la vigne aussi bien que les arbres, quand les bourgeons sont encore tendres & qu'ils poussent avec beaucoup de vigueur. Comme ceux des jeunes plantes sont menus, tendres & fort près de terre, cet accident leur arrive plutôt qu'aux vignes qui sont en rapport. La trop grande chaleur échaude aussi les plantes de l'année, c'est-à-dire, qu'elles brûlent à quelques pouces de la superficie de la terre l'écorce du plant, ce qui le fait quelquefois mourir.

Esveux, c'est un terroir qui de sa nature est humide, ou retient l'eau, c'est-à-dire, argilleux. Par la même raison dans les pays où l'on se sert de ce terme, on dit des terres *esveuses* ou des *esvéreaux*.

Etouffer, le plant étant tiré de dessus la vigne, on l'étouffe, c'est-à-dire, qu'on le couche en terre de telle sorte, qu'il ne paroît plus, & ne sçauroit prendre l'air par aucun endroit.

F

Fourvouéger, ce terme est très-usité parmi les paysans. Un Vigneron surpris en fraude par son maître, donne ordinairement pour excuse, qu'il se *fourvouége*, ou fourvoye, c'est-à-dire, qu'il se trompe dans ce qu'il fait, quoiqu'en cette occasion il agisse plutôt de dessein prémédité que par mégarde & par étourderie.

G

Gourmé, le plant qui a une petite couronne à l'entour de la plaie est gourmé, c'est-à-dire qu'il est bon à planter.

Grace, les Vignerons de louage qui craignent que les échalas ne durent trop long-tems dans les vignes de leurs maîtres, leur donnent le *coup de grace*, en les cassant sur le dos de leur volain, afin qu'ils soient plus petits. Car ils croiroient ne pouvoir point en conscience brûler un échalas qui leur paroîtroit trop long ; parce qu'il seroit encore en état de servir à la vigne.

Grainer, on dit d'une vigne qui produit beaucoup de fruit & bien conditionné qu'elle graine bien.

Gueret, une terre nouvellement labourée est mise en gueret. Labourer une vigne en gueret, c'est lui donner cette façon quand la terre est saine & que le tems est plutôt sec qu'humide.

H

Hourdi, les Vignerons font souvent des *hourdis* qui sont des espéces de planchers grossiérement construits, sans ais ni carli, & rarement avec du bois d'écarissage, ils emploient ordinairement à cela des branches ou même des tiges d'arbres.

J

Javeles, les javeles sont de petits fagots que l'on fait des sarments qu'on ramasse dans la vigne quand elle a été taillée.

L

Locature, lorsqu'un Vigneron n'a point de maison & qu'il n'en peut point avoir chez son bourgeois, il est obligé d'en louer une pour se loger, on appelle cela se mettre en *locature*. Ces sortes de Vignerons n'ont pas ordinairement une réputation de probité, ni d'amour du travail.

M

Maillons, ce sont les liens qui se font avec de l'osier ou de la paille pour, comme nous l'avons déja dit, attacher la vigne & ses bourgeons aux échalas qu'on a fichés en terre.

Marre, la marre est un instrument dont les Vignerons se servent dans l'Orléanois & dans une partie de l'Auxerrois & de la Bourgogne pour travailler à la vigne. Cet instrument est de fer, il est large d'environ neuf pouces, & long de quinze, il a un anneau recourbé dans lequel on met un manche de bois, qui est aussi courbé en dedans du côté de la tête, ou anneau de la barre. Cet instrument pour toute autre terre que les terres légeres est très-vicieux, en ce que l'ouvrier est extrêmement courbé, & que le manche étant fort court, il faut qu'il ajoute beaucoup de sa propre force à la pesanteur de l'instrument pour le faire entrer dans les terres fortes ou autres terres tenaces.

Martinet ou *main*, on appelle *martinet* une espéce de petit bois fort menu qui vient au bois de la vigne de l'autre côté de la feuille ou du raisin. La nature semble n'avoir donné des martinets à la vigne qu'afin qu'elle pût s'accoler ou s'attacher d'elle-même aux échalas ; quoiqu'elle soit déja liée avec de l'osier ou de la paille.

Meuble, la terre forte étant mûrie par le hâle, par la gelée, par les pluies, par les neiges ou par les fréquens labours devient meuble, c'est-à-dire facile à manier, & plus propre à donner l'accroissement aux plantes qu'on lui confie.

Mouchet, on appelle ainsi les brins de sarment qui sont au bout du vieux bois de la vigne.

N

Nœuds, on appelle ainsi les cossons ou boutons de la vigne.

O

Orne, c'est la superficie de la terre qui est la plus plate & la plus basse ; c'est, en un mot, l'endroit où le Vigneron se place pour travailler la vigne, particuliérement quand elle est plantée par pouée.

P

Paillot, les grosses pouées qui ont environ neuf pieds de largeur, & qui sont composées de deux silées (voy. *silées*) sont ce qu'on appelle des paillots. On en fait de trois, de quatre & même de huit silées ; mais on pratique aujourd'hui fort peu cette derniere mé-thode.

Papilloter, on dit d'une vigne qui ne pousse que languissam-ment, qu'elle *papillote*, c'est-à-dire qu'elle se meurt.

Pâté, lorsqu'en labourant la vigne on a affecté de passer cer-tains endroits de terre sans les remuer, c'est faire des *pâtés*. Il n'y en a jamais dans une vigne bien labourée.

Pioche, ou par les Vignerons *pieuche*. C'est un outil de fer lar-ge d'environ trois ou quatre pouces, dans l'anneau duquel on met un manche de bois : on s'en sert pour brocher la vigne avant de la labourer, ou lorsqu'on travaille dans des terres dures & pierreu-ses ; il y en a de deux espéces, de larges & d'étroites.

Pivot, c'est la racine de la vigne qui plonge perpendiculaire-ment dans le sol ; lorsque ce pivot rencontre une couche pierreuse, ou de rocher, ou du tusse, ou de la glaise, il n'y plonge point, alors la vigne pousse avec plus de vigueur ses racines horizontalement pour chercher plus au loin sa nourriture.

Ce terme de *pivot* s'emploie encore pour le pressoir, c'est un morceau de bois. Un bout porte à terre, l'autre entre dans une piéce de bois assez large pour qu'on puisse l'y faire tourner par le moyen des demoiselles qu'on passe dans des trous pratiqués exprès dans le pivot. Tous les pressoirs à roue ont un pivot.

Plant ou *crossette*, c'est le sarment qu'on léve de dessus la vi-gne pour le planter ou entre-planter dans des vignes où il y a du vuide.

Playe, on appelle ainsi la partie du plant qui tenoit au cep, & la partie du cep, où étoient non-seulement le plant qu'on a levé, mais encore tous les autres brins, qu'on a ôtés de dessus le bois de la vigne, tant vieux que nouveau.

Pouces, les pouces de la vigne sont de petits brins de bois qui ont deux ou trois nœuds & environ deux pouces de largeur ; un bon Vigneron laisse toujours dans sa vigne le plus de pouces qu'il peut, parce que c'est par-là qu'elle se renouvelle.

Pouée, une pouée de ceps est une superficie de terre qui est tou-jours plus élevée que l'*orne* ; une *pouée* est composée de deux *silées*.

Lorsqu'elle en a davantage elle quitte cette dénomination &
prend celle de *paillot*. L'ambaisement doit toujours se faire dans
la *pouée*. L'anneau des fosses qui ont été bien faites, doit aussi y
être mis, & jamais dans l'orne.

Prémerage. Voy. *Avancé*.

Q

Quartager, ce vieux terme tire son origine du mot latin *quatuor*,
qui signifie quatre ; les Vignerons entendent par-là exprimer le quatriéme labour que l'on donne à la vigne.

Queue d'anneau, on appelle ainsi de petites *viettes* qui ont environ quatre ou cinq nœuds. On laisse des queues d'anneaux lorsqu'on taille les vignes qui se lient par anneaux.

R

Raner, lorsqu'on a dessein de planter de la vigne, on creuse la
pouée jusqu'à une certaine profondeur, on la rane, c'est-à-dire que
l'on met tout le sol qui est au fond de la pouée bien de niveau. Cette
opération se fait ordinairement avant l'hiver, ou même avant la
vendange, suivant le tems dans lequel on doit planter, afin que la
terre profitant des rosées qui tombent dans le fond de la pouée se
rende plus meuble, & s'imprégne plus des influences de l'air.

Rebiner, c'est ainsi qu'on nomme le troisiéme labour que l'on
donne à la vigne.

Rigole, on nomme ainsi un petit fossé ou tranchée qui a environ un pied ou un pied & demi de profondeur sur un pied de largeur : si on la fait plus profonde & plus large, on l'appelle alors
fossé. Ces rigoles se pratiquent dans les vignes pour recevoir &
éconduire les eaux qui s'y trouvent. Elles servent aussi quelquefois de bornes. Mais cet usage est vicieux, on devroit le détruire ;
il est la source de procès extrêmement dispendieux.

Rouir, lorsqu'on a étouffé ou planté du plant dans une terre
trop humide & que la chaleur se fait sentir trop tard, on dit que le
plant *rouit* en terre, sa peau ou écorce pele & meurt ensuite, parce que la séve se perd.

Rote, c'est un long sarment qu'en quelques pays les Vignerons
laissent pour faire illusion aux propriétaires des vignes par l'abondance de raisins que cette rote produit ; mais aussi il épuise entierement le cep ; c'est à quoi les propriétaires doivent bien prendre garde : car les rotes ruinent en si peu de tems les vignes, qu'on

est surpris de voir une vigne toute jeune, entiérement épuisée en peu de tems, malgré tous les secours qu'on lui donne.

S

Sautele, par corruption *sauterelle*, c'est un brin de vigne coudé ou couché en terre, sans déchausser la souche, ni l'en séparer plutôt que deux ou trois années après qu'elle a été faite.

Serpe, la serpe que les Vignerons dans certains cantons appellent par corruption *far* est l'outil dont ils se servent pour tailler la vigne. Il est beaucoup moins grand qu'un volain (voy. *volain*) & a sur le dos vers le milieu un petit morceau de fer tranchant en maniere de cizeau, large d'un pouce & demi & long de deux. Il est d'une très-grande commodité pour rafraîchir les *argots* qui sont au pied de la vigne. Les Vignerons nomment cette partie de la serpe le *massonier* ; parce qu'ils s'en servent comme d'une petite masse pour abbatre les *têtes d'alouette*, ou souches mortes qui se trouvent à la vigne lorsqu'on la taille.

Sevré, deux ou trois ans après que les *sauterelles* ont été faites, on les sévre entiérement, ce qui se fait en séparant le brin coudé d'avec sa souche, qui reste toujours dans sa même situation.

Silée, la silée est une ligne droite, dans laquelle les ceps de vigne sont plantés à une certaine distance les uns des autres ; une *pouée* est composée de deux silées ; un paillot de trois, mais plus ordinairement de quatre, & aujourd'hui fort rarement de huit. La *silée*, en un mot n'est autre chose qu'une ligne ou raye, ou rangée tirée en ligne droite ; ce qui se rapporte à ce que nous avons appellé raye dans l'article du labourage, suivant la nouvelle méthode.

Soulage, on appelle *soulage* ou *solage*, du mot latin *solum*, qui veut dire la terre, le fond ou le lit, ou la couche de la terre, qui est d'une autre nature que celle de la superficie. Les bonnes terres ont ordinairement un *soulage* si dur que les racines de la vigne ne font que s'étendre dessus sans y pouvoir pénétrer.

Souplain, l'osier blanc ou le *souplain* sont la même chose. Cette espéce d'osier ne vaut rien pour lier la vigne. Il est trop cassant.

T

Taçon, on appelle taçon des gouttes d'eau larges, ou plutôt de gros grains de grêle fondue qui tombent pendant l'été lorsque le soleil paroît. On ne sçauroit croire le préjudice que cette espéce de pluie porte à la vigne.

Tasses

Taffes d'herbes, ce mot est dans l'Orléanois une corruption de *touffes* d'herbes, parce qu'effectivement elles en ont la forme.

Treper, lorsqu'une terre est nouvellement soulagée par quelque labour qu'on lui a donné, ou qu'elle est bien pénetrée d'eau, on la *trépe* quand on y marche aussi-tôt, c'est-à-dire qu'on la foule aux pieds & qu'on l'affermit, ce qui la rend d'un maniment plus difficile. Une terre sur laquelle on a beaucoup marché paroît *trépée*.

V

Vietes, on appelle ainsi des brins de vigne qui sont de l'année & qui ont deux ou trois pieds de longueur. Lorsqu'elles sont plus courtes, on leur donne un autre nom.

Volain, outil dont les Vignerons se servent pour couper les hayes, les branches d'arbres, & rafraîchir ou apointir les échalas. Il est beaucoup plus long & plus épais que la serpe.

Urbec, que les Vignerons par corruption appellent *ulbec*, c'est un insecte qui coupe le bourgeon de la vigne & même le raisin. Ce mot vient d'*urere*, qui signifie brûler; parce que cet animal semble avoir brûlé l'endroit où il a coupé le bourgeon; on l'appelle autrement *harbec* ou *coupe-bourgeon*.

CHAPITRE III.

Des façons que la Vigne demande.

Après avoir donné un dictionnaire suffisant des termes usités dans la culture des vignes, nous devons encore faire connoître aux Cultivateurs les différentes façons qu'elles demandent, afin que guidés par cette connoissance les Cultivateurs, & c'est le plus grand nombre, qui confient la culture de leurs vignes aux Vignerons, puissent se garantir des friponneries de cette espéce de gens : ces ouvriers ont différens noms, relativement aux différens pays, dans l'Orléanois, Auxerrois, Blesois, en Bourgogne, en Champagne, on les appelle Vignerons; dans le Bourdelois on les appelle *prix-faiteurs*.

Ces *prix-faiteurs* ou *Vignerons* qui travaillent les vignes des propriétaires à tant l'arpent, pour peu qu'ils soient instruits de l'ignorance de ceux qui leur confient leurs vignes, cherchent à se fou-

ftraire à leurs devoirs, non-feulement en travaillant fort fuperficiellement, mais encore en dérobant des façons qu'ils font obligés
de donner à la vigne; or en inftruifant le propriétaire nous le mettons en état de voir par lui-même fi fon Vigneron remplit les con-
ditions du traité.

Il y a de groffes & de petites façons. Les unes & les autres fe
réduifent à fix principales que la Vigne exige effentiellement.

Parer la vigne, tirer de la vigne les échalas, l'aficher, la
mettre en groffes bauges & ouvrir la terre de la pouée pour y
mettre l'engrais, voilà ce que l'on appelle la premiere façon, on
peut même y ajouter le plantage & l'entre-plantage dans les terres
où on peut le pratiquer avant l'hiver.

Déchauffer la vigne pour la tailler, en cas qu'on lui donne
cette façon avant que l'hiver commence, ou qu'il foit entiérement
paffé, rechauffer le pied de la vigne à mefure qu'on l'aura taillée, & en ôter le farment, voilà ce qu'on appelle la feconde façon.

Labourer ou défouir, faire les foffes, planter & entre-planter,
en cas que la terre puiffe le permettre, finon ne le faire qu'entre
cette façon & la fuivante, ou même plus tard, à l'égard du plantage feulement; c'eft ce qui forme la troifiéme façon.

La quatriéme confifte à piquer l'échalas & à lier la vigne.

Ebourgeonner, accoler & biner forment la cinquiéme.

Rebiner, relever, rogner le bourgeon, forment la fixiéme façon. On peut encore en ajouter une feptiéme qu'on appelle quartager, ou donner un quatriéme labour: mais ordinairement cette
façon n'eft point comprife dans les autres, parce qu'elle n'eft point
abfolument néceffaire à la vigne, les Vignerons ne font pas tenus
de la donner à moins que le propriétaire ne veuille la payer ou
que l'on l'ait fait entrer dans le marché.

CHAPITRE IV.

De la maniere de connoître si la premiere façon est bien donnée.

ARTICLE PREMIER.

Sur le Parage.

TOutes ces opérations bien connues par le propriétaire, qu'il nous suive dans le détail dans lequel nous allons entrer pour assurer ses intérêts contre l'infidélité naturelle aux Vignerons.

Quant à la premiere façon que l'on appelle parage, il faut d'abord examiner si votre Vigneron dans le tems qu'il a paré la vigne, la terre étoit assez imbibée ou pénétrée d'eau pour qu'il ait pu prendre assez de terre dans l'orne, afin de rendre la pouée haute & quarrée, ce qui n'est pas assurément, si on la trouve haute & pointue, tant dans les plantes que dans les vignes jeunes ou vieilles ; à moins cependant que la terre ne soit sablonneuse, où les pouées sont ordinairement trop étroites pour qu'il puisse la faire autrement.

Il faut ensuite bien examiner si la terre est bien renversée sens dessus dessous, afin que les racines des herbes étant exposées au soleil & aux pluies pourrissent.

Il faut bien remarquer s'il a dégiblé tous les ceps & arraché, soit avec l'outil, soit avec la main, & tourné sens dessus dessous les touffes d'herbes qu'il a trouvées en parant, & s'il a laissé, au lieu de l'arracher, la mousse qui se colle ordinairement aux souches de la vigne.

S'il n'a point donné cette façon dans le tems qu'il y avoit de la glace sur la terre.

ARTICLE II.

Sur les Echalas ou Charniers, ou œuvre, comme on l'appelle dans le Vignoble du Bourdelois.

IL faut prendre garde s'il n'a afiché que les échalas qui avoient besoin de l'être, & s'il n'a point fait les afiches trop longues.

Si en afichant les échalas, il n'a point donné à la plûpart le *coup de grace*, & s'il n'en a point caffé ou coupé, afin que le maître les trouvant trop courts, les rejette, ce qui tourne au profit du Vigneron, puifque ces rebuts lui appartiennent de droit.

Si le nombre fourni s'y trouve, parce qu'il arrive fouvent que les Vignerons qui ont en propriété des vignes, les achetent de Vignerons qui n'en ont point & qui les leur vendent à un prix beaucoup plus bas. Il y a même des Jardiniers qui leur en achetent pour faire des efpaliers, les Fourbiffeurs ont auffi recours à cette forte de Vignerons.

Si après que les échalas ont été afichés ou apointis, il les a mis en groffes bauges, ou de la maniere la plus convenable pour les mieux conferver, ou fi au contraire par pareffe ou par malice il ne les a pas laiffé porter fur la terre pour qu'ils fuffent plutôt pourris ou altérés & que par conféquent le maître étant obligé de les rejetter, il pût plutôt fe les approprier.

ARTICLE III.

Sur la Litiere & le Fumier.

COmme il eft des cas dans lefquels le propriétaire fournit à fes Vignerons une ou deux vaches & que le marché porte que le fumier defdites vaches fera fait de bonne litiere, pour qu'il foit d'une nature plus favorable aux vignes que l'on veut engraiffer. Il faut aller de tems en tems vifiter fes vaches pour voir fi elles font bien entretenues, & fi au lieu de chaume on ne leur donne point pour litiere de la rouche, du jonc, des feuilles, des javeles tendres ou cotons de bourgeon, ou de la bruyere.

Il faut bien prendre garde si avant de porter le fumier dans la vigne il n'a pas arrangé de petites mottes de terre ou affecté de mettre dans les endroits les plus élevés les hotées de fumier, pour faire voir une plus grande quantité de fumier ; les Vignerons ont encore une friponnerie qu'ils mettent en usage sur cet article ; ils mettent dans le fond de la hotte une motte de terre ; de sorte que l'espace qu'elle occupe fait un larcin au propriétaire d'un pareil volume de fumier que le Vigneron vend.

Si par hazard, lorsqu'on a du monde pour faire porter plus vîte le fumier à la vigne, on entend le Vigneron ordonner à ses ouvriers de faire *l'équité*, il faut tout de suite lui prouver que l'on entend ce jargon, en lui faisant voir que cette *équité* n'est qu'un vol ; puisque c'est dire aux ouvriers de faire les hotées les plus petites & le plus mal que l'on peut.

Quelquefois aussi le Vigneron, pour faire voir qu'il donne à la vigne de son maître tout le fumier de ses vaches ou tout celui que le maître achete y mêle du *terreau*, du marc ou de la terre du toît à vaches ou du trou destiné à mettre le fumier.

En supposant que les hotées sont bonnes, qu'elles sont portées, qu'elles sont bien examinées, bien comptées & même enterrées, il faut pendant quelques jours aller visiter sa vigne, en parcourir le dedans ; parce que les Vignerons, pour mieux cacher leur jeu, se comportent avec toute la probité possible, jusqu'à cette derniere opération. Le maître qui est sûr que le fumier est placé au pied de chaque cep, se retire tranquille & se croit en sûreté contre les friponneries qui auroient pu lui être faites dans cette partie : mais il se trompe. Les Vignerons déterrent le fumier pour le porter dans leurs vignes ou dans leurs terres, quelquefois même lorsqu'ils sont assurés de l'éloignement ou de la négligence de leurs maîtres, ils en font des tas & ils le vendent à quelqu'un, ils poussent même l'impudence jusqu'à le vendre à leurs maîtres.

Si après que le fumier a été porté dans les vignes du propriétaire, il survient de fortes pluies, le fumier se lave & toute la partie stercorale se détache du chaume & de la paille. Que font alors les Vignerons ? ils ôtent du fumier tout le chaume & toute la paille qui ont été lavés par les pluies, pour les faire servir une seconde fois de litiere aux vaches. On voit par cette observation combien il importe au propriétaire de faire un tour dans ses vignes lorsqu'il survient des pluies après qu'on y a porté le fumier.

ARTICLE IV.

Sur le plant de la Vigne.

CEs objets-ci font les plus importans : on doit bien examiner ſi le Vigneron n'a pas levé du plant avant l'hiver, ſans qu'on lui en ait donné la permiſſion ou même malgré la défenſe qu'on lui a faite.

S'il a bien épluché & bien étouffé celui que l'on deſtine pour ſoi, s'il ne l'a pas même vendu, changé ou gâté par malice : car plus ces gens ſont obſervés, plus ils cherchent à porter préjudice.

Il faut ſe promener ſouvent & obſerver ſi dans ſes plantes ou jeunes vignes on n'a pas autant de plant ou même plus qu'il n'en faut, pour planter & entreplanter, parce que les Vignerons profitant de la négligence ou ignorance des propriétaires, leur font entendre qu'il n'y en a point eu dans l'année & par conſéquent leur en font acheter même de ceux qui leur appartiennent puiſqu'ils viennent de leurs vignes.

Il eſt eſſentiel de ne jamais permettre au Vigneron de vendre du plant ; ou ſi on le lui permet, il faut bien prendre garde qu'il n'ôte que le bois qui eſt inutile au cep, & lui défendre expreſſément de laiſſer enlever ce plant par tout autre que par lui.

Nous diſons qu'il eſt important de ne pas laiſſer vendre de plant ; parce que les acheteurs s'abouchant & ſe concertant avec le Vigneron en obtiennent, en les payant graſſement les meilleurs brins, & qui auroient produit le plus de vin.

ARTICLE V.

Sur la taille de la Vigne.

LA taille eſt l'opération la plus importante & celle qui demande le plus d'attention ; c'eſt pourquoi il faut bien prendre garde que les Vignerons ne taillent la vigne avant l'hiver, ſur-tout lorſque le tems paroît diſpoſé à la gelée. Lorſqu'ils la taillent, il faut obſerver qu'ils n'ôtent pas, comme ils le font quelquefois, lorfqu'ils foupçonnent qu'ils doivent être renvoyés , le meilleur bois & le mieux placé pour produire du vin , il faut leur faire abbatre les vieilles *chenoles* afin de renouveller la vigne ; car pour avoir moins de peine à lier & pour fe procurer plus d'échalas à brûler, plus d'ofier & par conféquent avoir moins de travail, ils les entretiennent.

Obfervez fur-tout que vos Vignerons ne chargent point trop les vieilles vignes ; ce qu'ils font ordinairement dans certains pays , où , pour la culture qu'ils donnent , ils partagent avec les propriétaires le vin qu'elles produifent, lorfqu'ils ont deffein de changer de maître , ou qu'ils s'attendent à être renvoyés. Peu leur importe que la vigne à force d'être chargée créve ou non , pourvu que dans la derniere ou les deux dernieres années qu'ils la travaillent elle rende confidérablement de vin.

Ne manquez point d'examiner s'il a abbatu les *têtes d'alouettes* & coupé les groffes fouches prefque à demi-mortes , quoiqu'elles euffent encore en-deffous affez de bon bois pour renouveller la vigne. On fent combien une telle opération eft préjudiciable.

Remarquez bien s'il n'a point coupé par malice ou par ignorance le bois qui pourroit être propre à mettre dans des foffes dans les vuides qui font à remplir.

Article VI.

Sur le premier labour.

IL n'y a point de Cultivateur qui ignore que le labour ne doit être donné que quand il *y fait bon*, c'eft-à-dire , lorfque la terre eft faine & que le tems ne paroît difpofé ni à la pluie ni à la gelée. Le propriétaire de vignes doit donc bien prendre garde fi fon Vigneron a obfervé cette régle à la riguenr.

S'il n'a point fait dans ce premier labour des *ralées* ou des *pâtés*.

S'il a crevé la *pouée* & s'il l'a rendue prefque de niveau avec *l'orne*, & fi après avoir rabattu dans l'*orne* toute la terre qui s'y doit trouver il a labouré profondément la *pouée*, circonftances effentielles pour rendre ce labour efficace.

S'il a raclé l'orne avant d'y jetter la terre de la pouée, & s'il a bien arraché , fecoué & tourné ou renverfé toutes les herbes afin que leurs racines fe deffechent & qu'elles périffent & que par conféquent elles ne puiſſent point produire de la graine avant le ſecond labour, & s'il n'en laiſſe point par-ci par-là des touffes pour nourrir ſes vaches.

Il faut veiller à ce que par étourderie ou par ignorance il ne coupe point ou ne bleſſe point entre deux terres les ceps de vigne, ce qui les fait mourir, ou du moins quand la plaie n'eſt pas mortelle, eſt cauſe que les raiſins ne profitent point parce que les ſucs nourriciers s'extravaſent par ces ouvertures, ou plaies.

Voyez avec attention s'il a bien écraſé les motes de terre avec la tête de la bêche.

Comme il y a des Vignerons qui ſe chargent quelquefois de plus de beſogne qu'ils ne peuvent en faire, ou que même il arrive que la ſaiſon preſſant beaucoup, ils ont beſoin de prendre des ouvriers pour les aider; ils leur ordonnent alors, pour éviter ces frais, d'aller vîte en beſogne ſans s'embarraſſer ſi l'ouvrage eſt bien ou mal fait. C'eſt donc au propriétaire à ne pas manquer de donner dans ces tems preſſants un coup d'œil à l'ouvrage de ces ouvriers, pour qu'ils le faſſent bien.

Examinez avec ſoin ſi votre Vigneron a bien déchauſſé & nettoyé tout à l'entour tous ces ceps, s'il a mis de la bonne terre à la place de celle qui y étoit & s'il a bien remué & retourné par-tout la terre ſens deſſus deſſous.

S'il a labouré tous les endroits où il avoit placé les *bauges*.

S'il a donné cette façon toute entiere & avant d'avoir commencé le binage.

ARTICLE VII.

Sur le liage.

IL arrive qu'avant de donner cette façon les Vignerons abbatent pluſieurs coſſons de la vigne en jettant de loin les échalas pour avancer plus leur beſogne, au lieu, comme le propriétaire doit prendre garde qu'ils le faſſent, de le mettre doucement à terre ſous le bois de la vigne & non pas deſſus, comme ils le font quelquefois. On ſent qu'un échalas jetté de loin & par hazard abbat tous les coſſons qu'il rencontre, autant de dommage porté.

Il faut bien remarquer ſi pour lier la vigne le Vigneron ne s'eſt pas ſervi de ſouplain ou de quelqu'autre matiere encore plus mauvaiſe, au lieu de véritable oſier.   Si

Si pour avoir lié avec trop de précipitation il n'a pas fait tomber des coffons, & fi pour avoir trop différé cette façon, les vents en faifant heurter les farments les uns contre les autres n'en ont pas fait tomber; & fi pour prévenir cet accident il a bien colté les ceps aux échalas piqués en terre.

Quelquefois pour fouftraire des échalas (& c'eft à quoi il faut bien prendre garde) les Vignerons lient plufieurs brins enfemble non-feulement par un bout, mais encore par le milieu, ce qui leur porte un préjudice notable, attendu qu'ils s'ombragent trop réciproquement & qu'ils fe privent ainfi des influences de l'air & du foleil.

Trois chofes encore très-importantes à obferver; la premiere, c'eft de ne point permettre aux Vignerons de différer trop long-tems cette façon ou de la faire quand il y a apparence de gelée; la feconde, c'eft de permettre qu'il lie par un tems trop fec; la troifiéme, c'eft de lier avant qu'il y ait encore affez de féve dans le bois des vignes; cet article-ci regarde les vignes qu'on lie par anneaux.

Il faut enfin examiner s'il n'a pas trop tordu ou courbé à rebours les viertes, ce qui les fait mourir.

ARTICLE VIII.

Sur l'ebourgeonnement & l'accolage.

COmme l'ébourgeonnement eft une façon que les Vignerons font donner par des femmes; pour diminuer les frais de cette dépenfe, ils ne donnent prefque jamais cette façon dans un tems convenable pour avoir les ébourgeonneufes à meilleur marché; de forte qu'ils la donnent ou trop tôt ou trop tard : c'eft pourquoi le propriétaire doit bien y prendre garde.

Les Vignerons payent lorfque le propriétaire eft affez dupe pour ne pas s'y oppofer, les ébourgeonneufes avec le bourgeon qui fort de la vigne lorfqu'on lui donne cette façon, ce qu'il faut fe donner bien de garde de permettre; parce que ces femmes abbatent alors plufieurs bourgeons bien placés qui l'année fuivante pourroient fervir à la taille de la vigne.

Il faut bien examiner s'ils ont accolé la vigne dans le tems & à mefure qu'elle en avoit befoin, c'eft-à-dire fi ayant trop tardé de le faire les grands vents ou la grêle n'ont pas caffé plufieurs bourgeons qui auroient pu être conservés si l'accolage avoit été fait dans son tems.

S'ils n'ont pas employé du jonc au lieu de paille, & s'ils en ont mis autant de brins qu'il en faut pour faire de bons maillons.

ARTICLE IX.

Sur le Binage.

ON doit d'abord examiner si toutes les vignes ont été bien labourées avant que les Vignerons ne commencent à biner, & si ce premier labour a été donné dans un tems convenable.

Il y a même des Vignerons qui abusant de l'ignorance de leurs propriétaires leur font entendre que le premier labour est le second ; & qui par-là s'évitent la peine & les frais d'une façon.

ARTICLE X.

Sur le Rebinage ou troisieme Labour.

TOutes les fois qu'un Vigneron n'appelle point son maître pour examiner s'il est content des deux labours avant que de donner le rebinage ou le troisiéme labour, c'est comme une preuve certaine que les façons précédentes ont été mal données, ou qu'il y en a eu quelqu'une de supprimée. Car un homme de bonne foi & qui travaille en conscience est bien aise de se donner la satisfaction de voir que son maître est content ; il regarde ce point comme la partie principale de sa récompense.

Nous l'avons déja dit, il faut se défier de certains Vignerons, qui font fort bien passer le binage pour le rebinage. Cette façon supprimée on sent combien la vigne doit s'en ressentir. Aussi est-il de la prudence d'un Cultivateur de visiter exactement ses vignobles entre chaque façon pour qu'on ne lui en impose point.

Il faut encore bien observer si ce labour n'a pas été donné trop tard ou même trop tôt, l'un ou l'autre étant également préjudiciables, trop tôt pour pouvoir aller à la moisson, trop tard, si lorsqu'ils en reviennent la terre est, comme il arrive assez souvent, trop séche pour pouvoir faire un bon labour.

Article XI.

Sur l'arrachis de la Vigne.

IL faut examiner si le Vigneron a arraché autant de ceps & dans le tems que l'on lui a prescrit. Si en arrachant il n'a pas coupé ou cassé les grosses racines au lieu de les fouiller profondément en terre pour empêcher qu'elles ne repoussent.

S'il a bien tourné la terre sens dessus dessous, c'est-à-dire, s'il a mis la meilleure dans le fond & la moins bonne dessus, afin de la faire ameublir & de la rendre plus abondante en sucs nourriciers.

Si pendant que l'on lui a dit de la laisser reposer, il n'y a pas planté ou semé au contraire certaines productions plus propres à l'appauvrir qu'à l'améliorer.

Si après qu'on est convenu avec lui de la faire valoir en commun, afin de partager de même le produit en commun, il n'a pas eu le soin de faire auparavant sa part, ce qui arrive ordinairement, lorsque les Vignerons l'ensemencent de légumes.

Article XII.

Sur le plantage de la Vigne & du soin qu'on doit avoir des Plantes.

LOrsque l'on fait prix avec un Vigneron pour le plantage ou plantation d'une vigne, il faut d'abord commencer par examiner si la terre est saine & bien disposée, & prendre garde que le Vigneron n'ait pas laissé passer la saison la plus convenable à cette opération. Il faut ensuite bien prendre garde qu'il n'ait vendu, donné, ou même gâté par malice, ou changé pour de mauvais plants ceux qu'on avoit destinés à la plantation.

Mais en supposant qu'il emploie fidélement les bons brins de plant, il faut bien examiner si après avoir planté chaque brin, il a bêché le reste de la terre jusqu'à la profondeur *du soulage* ou la couche de terre inférieure qui est d'une autre nature que la superficie, ou du *billard* qui est l'endroit de la fosse où l'on coude le plant.

S'il a planté à trois *silées* au lieu de deux qu'on lui avoit prescrites.

Si dans le tems qu'il va planter il a eu jusques-là la précaution de tenir le plant dans l'humidité, afin qu'il soit propre à prendre racine.

S'il rogne & laboure les plantes aussi-tôt qu'elles en ont besoin.

S'il y a planté ou semé quelques légumes sans qu'on lui en ait donné la permission, usage qui porte d'autant plus de préjudice, que les Vignerons font entendre aux maîtres que tous ces légumes qui épuisent la terre & qui empêchent qu'on ne façonne les nouveaux plants aussi souvent qu'ils en auroient besoin, leur sont au contraire fort avantageux en ce que les *turcs* & autres insectes rongent plutôt ces légumes que les plants de vigne.

S'il les taille, ébourgeonne & accole sitôt qu'ils ont assez de bois & de bourgeon pour qu'on puisse le faire.

S'il ne tire pas de la vigne qu'on lui a confiée une partie des plantes & même les meilleures lorsqu'elles ont été *chevolies* pour les mettre dans ses propres vignes ou les vendre à son profit.

Article XIII.

Sur les fosses, les sauteles ou sauterelles & l'entreplant.

C'Est de ce point-ci que dépend entiérement le succès de la vigne. Ainsi il faut examiner,

1°. Si le Vigneron que l'on a à son service a fait les fosses lorsque la terre étoit saine & le bois assez pliant pour ne pas les casser en faisant *l'anneau*, & s'il les a enterrées jusques sur le soulage ou même dedans, comme cela est quelquefois nécessaire, comme, par exemple, lorsque le sol n'a presque point de profondeur.

2°. S'il en a fait tous les ans le nombre convenu entre son maître & lui (car il ne faut point que le propriétaire oublie en arrêtant son Vigneron de lui en fixer un certain nombre par année) & s'il ne les a pas faites trop tard.

3°. Si sans qu'on lui en ait donné la permission, ou même quoiqu'on le lui ait défendu, il n'a pas mis de l'entreplant ou des brins de *javeles* pour remplir les vuides qui se trouvoient dans la vigne; & sur-tout s'attacher à ne pas ajouter foi à ce qu'il dit, lorsqu'il entreprend de persuader que ces brins tiennent aux souches de la vigne qu'il a enterrées ou dû enterrer. Pour peu que l'on le soupçonne, il faut soi-même prendre l'outil, ou pour découvrir la souche,

ſuppoſé qu’elle ſoit enterrée, ou pour la déchauſſer, ſuppoſé qu’elle ne le ſoit pas, & voir ſi le brin y tient.

4°. Si en taillant la vigne, ou même avant que de commencer à lui
donner cette façon, il n’a pas coupé le bois qui pouvoit être propre
à faire des foſſes, pour faire entendre que s’il y a manqué ce n’eſt
qu’à cauſe qu’il n’a point trouvé de bois aſſez bien conditionné
pour en faire.

5°. Bien examiner ſi en faiſant les foſſes il n’a pas par ignorance,
par entêtement, & quelquefois même par malice, mis l’anneau
dans l’orne, & s’il ne l’a pas même traverſée pour mettre un brin de
cette foſſe dans la *filée* d’une autre *pouée*.

6°. Il faut ſe défier d’un Vigneron qui veut perſuader que les *ſauteles* ſont auſſi bonnes & même meilleures que les foſſes, pour
s’éviter la peine d’en faire & par-là gagner beaucoup plus de tems. Il
faut donc bien examiner s’il en a fait lorſqu’on ne lui en a point
donné la permiſſion.

7°. Examiner ſi du moins ces ſauteles qui ſont généralement dé-
fendues, ſont bien faites, c’eſt-à-dire, ſi elles ont été enterrées bien
profondément vers le milieu de la *pouée*, taillées baſſes, & ſi elles
ont été ſevrées dans un tems convenable.

8°. Si par intérêt il ne cherche point à perſuader que l’autre plant
ne vaut rien dans une vieille vigne; & ſi après lui avoir donné
l’ordre d’en mettre dans les endroits de la vigne où il ne ſe trouve point de bois pour faire des foſſes, il n’a pas affecté de le négliger, afin de le faire mourir, au lieu d’avoir employé tous les
moyens poſſibles pour le faire réuſſir.

9°. S’il fait enſorte que la vigne qu’on lui a confiée, ſoit bien
remplie de foſſes, d’entreplant ou même de *ſauteles*, en ſuppoſant
qu’on lui ait donné la permiſſion d’en faire.

10°. Veiller à ce qu’il ſoit fidele, c’eſt-à-dire, qu’il ne prenne
point les fruits, les raiſins, le vin, l’échalas, le bois.

11°. Enfin prendre bien garde au prix qu’il donne aux vendangeuſes que l’on le charge d’arrêter: ſa femme & ſes enfans devant être naturellement du nombre, il n’eſt point étonnant que
lorſqu’il eſt de mauvaiſe foi il ſacrifie les intérêts de ſon maître
aux ſiens, en faiſant gagner le plus qu’il pourra aux vendangeuſes, ſa
femme & ſes enfans étant employés.

Le petit Dictionnaire que nous venons de donner & les documens
qu’on vient de voir, doivent avoir mis nos Lecteurs en état de connoître tous les termes de la culture de la vigne dans quelque pays

que l'on se trouve, ou du moins d'en faire l'application aux différentes façons que l'on donne aux vignes dans les divers cantons du
Royaume. Les éclaircissemens que nous avons donnés sur les manœu-
vres des Vignerons, doivent aussi les mettre à couvert de toutes les
friponneries que ces gens mettent en usage : ces connoissances préliminaires nous ont paru d'une très-grande utilité avant que d'en venir à la culture de la vigne. Entrons dans ce détail, & tâchons de
répandre toutes les lumieres possibles sur cette branche d'Agriculture, dans laquelle on trouve autant de sentimens que de têtes.
Nous nous fixerons à rassembler sous un seul point de vue toutes
les différentes méthodes que l'on pratique, & nous ferons un résu-
mé qui pourra (nous osons l'espérer) servir de guide assuré à nos
Lecteurs qui voudront entreprendre cette culture.

CHAPITRE V.

Des principales espéces de Raisins ; à quoi & quand elles sont bonnes.

NOus donnons ici les principales espéces de raisins connus
dans les vignobles de l'Orléanois, de la Champagne, de la
Bourgogne & de l'Auxerrois ; on peut dans les autres vignobles plus
éloignés & où les noms des raisins sont sans doute différens, les reconnoître par la description que nous en donnons d'après l'Auteur
de la Maison Rustique.

Les espéces de raisins les plus estimées, les plus ordinaires ou les
plus étendues, soit pour le jardin, pour le vin ou pour le verjus, sont
les morillons, & entr'autres les pineaux, les chasselas, ou clairet-
tes, les muscats, les corinthes, les malvoisies, les bourguignons, les
bourdelais, les san-moireaux ou prunelles, les mêliers, les gamets,
les gouais. Outre ces principales espéces nous en marquerons aussi
plusieurs autres, & nous dirons les différens noms que chaque
Province leur donne, afin qu'on puisse nous entendre par-tout;
d'autant que cette pluralité de noms, dont chacun a le sien particulier, qui est inconnu ailleurs, est cause que bien des gens ont
confondu ou multiplié, mal-à-propos, les espéces des plants.

I. Quant aux morillons, il y en a de plusieurs sortes, connues presque par-tout, & très-bonnes, tant aux champs qu'aux jardins, c'est-
à-dire, tant à faire du vin qu'à manger.

Le raifin *précoce*, raifin *de la Madeleine*, ou *morillon hâtif*, parce qu'il eft hâtif & mûr fouvent dès la Madeleine, eft un raifin noir, plus curieux que bon, à caufe qu'il a la peau dure, & qu'il eft fort fujet aux moucherons : on l'eftime feulement parce qu'il vient de bonne heure ; il n'eft bon que dans quelque coin de jardin bien expofé au midi, & à couvert des mauvais vents.

Le *morillon taconné* eft meilleur que le précédent pour faire du vin ; il vient bientôt après le hâtif, charge beaucoup & fait du bon vin : on le nomme auffi *meunier*, parce qu'il a les feuilles blanches & farineufes : il fe plaît dans les terres fablonneufes & légeres.

Le *morillon noir* ordinaire, qu'on appelle en Bourgogne *pineau*, & à Orléans *auvernas*, parce que la plante en eft venue d'Auvergne, eft fort doux, fucré, noir, excellent à manger, il vient bien en toutes fortes de terres, & paffe aux environs de Paris, pour le raifin qui fait le meilleur vin. Son bois a la coupe plus rouge qu'aucun autre raifin ; le meilleur eft celui qui eft court, dont les nœuds ne font pas efpacés de plus de trois doigts ; il a le fruit entaffé, & la feuille plus ronde que les autres de la même efpéce. Il y a une feconde efpéce de *morillon*, qu'on appelle *pineau aigret*, qui porte peu, & donne de petits raifins peu ferrés ; mais le vin en eft fort & même meilleur que celui du premier morillon : ce fecond, ou pineau aigret, a le bois long, plus gros, plus moëlleux & plus lâche que l'autre, les nœuds éloignés les uns des autres, de quatre doigts au moins, l'écorce fort rouge en-dehors, & la feuille découpée en trois, ou en patte-d'oye, comme le figuier. Il y a une troifiéme efpéce de morillon, qu'on appelle *franc morillon*, *lampereau* ou *bécane* ; il fleurit avant les autres plants, & fait d'auffi bon vin que les deux autres morillons : il a le bois noir & le fruit de même, fait belle montre en fleur & en verd, mais à la maturité il déchet de moitié, & quelquefois davantage ; il croît plus qu'aucun autre en bois & en longueur & hauteur, & les nœuds, de fes jettées, font les plus efpacés.

Il y a auffi le *morillon blanc* ; il eft auffi excellent à manger, mais il a la peau plus dure que le morillon noir ordinaire. Il y a encore l'*auvernas gris* d'Orléans.

Le *chaffelas*, autrement dit, *mufcadet* ou *bar-fur-aube blanc*, ou *clairette* dans le haut-pays, c'eft un raifin gros, blanc & excellent, foit à manger, à garder long-tems, à fécher, ou à faire de bon vin : fes grains ne font pas preffés ; il réuffit fur-tout dans les vignes pierreuses, parce qu'il y mûrit plus facilement. Il y a encore une autre espéce de bar-sur-aube blanc, qui est le gros corinthe, dont nous parlerons ci-après.

Le chasselas noir, qu'on appelle en Provence & en Languedoc, raisin grec, est plus rare & plus curieux que le blanc, de même que le rouge, dont les grappes sont plus grosses ; il prend peu de couleur, & ils sont tous deux excellens.

III. Il y a beaucoup de sortes de *muscats*, la plûpart exquis.

Le muscat *blanc* ou de *Frontignan*, a la grappe longue, grosse & pressée de grains ; il est excellent à manger, à faire des confitures, de bon vin, & à sécher au four & au soleil.

Le muscat blanc *hâtif de Piémont*, a la grappe plus longue, le grain moins serré & plus onctueux ; on en fait une estime particuliere.

Le muscat *rouge* ou *de corail*, à cause de la vivacité de sa couleur, a les mêmes qualités ; son grain est encore plus ferme, & il demande assez de soleil pour bien mûrir.

Le muscat *noir* est plus gros & fort pressé de grains ; il a le goût moins relevé, mais il est fort sucré & très-recherché, parce qu'il charge beaucoup, & qu'il est assez hâtif.

Le muscat *violet* est d'un noir plus clair : il a les grappes fort longues & garnies de grains, qui sont gros, très-musqués, & des meilleurs.

Le muscat de *malvoisie*, on en parlera ci-après, à l'article des malvoisies.

Le muscat de *ribezatte* est musqué, a le grain plus petit que les autres ; & son suc est si doux, si agréable, que ce seroit un de nos premiers raisins, s'il ne couloit pas tant, mais il dégénere presque toujours en raisin de Corinthe, ainsi que le damas : l'un & l'autre n'ont point de pepins, à cause de leur coulure.

Le muscat *long* ou *passe-musqué d'Italie*, est fort gros, fort musqué, excellent en confitures & à manger crud, & ses grappes sont très-grosses & longues ; il est rare & curieux, & veut une pleine exposition au midi contre un mur ; autrement il a peine à mûrir : quoiqu'il ne soit qu'à demi mûr, il est toujours le meilleur & le plus parfumé des muscats en confitures, parce que le feu lui donne le musc que le soleil ne lui avoit pas donné.

Il y a aussi le muscat *long-violet*, qu'on appelle de *madere* ; il est rare & extraordinaire pour sa beauté & sa bonté.

On compte aussi parmi les muscats le *gennetin*, autrement dit, *muscat*

cat d'Orléans ou de S. Mesmin ; il est fort sucré , sujet à la coulure, & ressemble au mêlier , ou plutôt à la malvoisie ; c'est pourquoi quelques-uns l'appellent aussi malvoisie blanche. Les Limonadiers & les Cabaretiers de Paris vendent souvent le vin de gennetin pour le vrai muscat de Frontignan.

IV. Le raisin de *Corinthe* est un raisin délicieux & sucré ; il a le grain fort menu & pressé, la grappe longue & sans pepins, ainsi que le Corinthe rouge.

Le Corinthe *violet* est un peu plus gros ; il est aussi excellent & sans pepins, mais fort sujet à couler ; c'est pourquoi il veut être taillé plus long que les autres vignes.

Le raisin *sans pepins* est une espéce de bar-sur-aube blanc, dont le grain est moins gros & un peu aigre ; il est très-bon à mettre au four, n'ayant pas de pepins, d'où vient qu'on le nomme *gros Corinthe*.

Il est bon d'observer que tous les muscats & les corinthes, sont sujets à la coulure ; c'est pourquoi il faut les tailler long, ou les greffer sur le bordelais , quand on ne se soucie pas de les avoir musqués.

V. La *malvoisie* est un raisin gris qui charge beaucoup : le grain en est petit, mais fort sucré, relevé, hâtif, & si plein de jus, qu'il passe, ainsi que l'auvernas gris d'Orléans, pour l'un des raisins les plus fondans. La malvoisie *rouge* est de couleur de feu , & a les mêmes qualités que la précédente. La malvoisie *blanche* est plus rare & moins hâtive : au reste, la malvoisie grise est la plus en usage, on l'estime la meilleure des trois.

Il y a aussi la *malvoisie musquée*, autrement dire, *muscat de malvoisie* ; c'est un raisin très-excellent pour le relief de son musc, qui passe tous les autres ; il vient du Mont-Ferrat : les environs de Turin en sont remplis.

VI. Le *bourguignon* ou *tresseau* est un raisin noir assez gros, meilleur à faire du vin qu'à manger ; il charge des plus , & donne des grosses grappes.

Le *bourguignon blanc* , qu'on appelle en quelques endroits *mourlon* , & le *clozier* , a les nœuds à deux doigts & demi de distance, le fruit à courte queue & entassé, la feuille fort ronde comme les gouais, & résiste à la gelée.

Le *noiraut* , autrement dit, *teinturier* ou *plant d'Espagne* , est une autre espéce de bourguignon noir ; il a, comme le précédent, le bois dur & fort noir, la moëlle serrée & fort petite, les nœuds près l'un de l'autre, la feuille moyenne & toute ronde, & dont la queue eſt rouge , le grain fort ſerré , & qui teint fort noir ; il réſiſte à la gelée mieux qu'aucun autre ; mais ſon ſuc eſt très plat , & ne ſert qu'à couvrir le vin par ſa noirceur ; c'eſt pourquoi on en plante peu dans chaque vigne : il eſt bon auſſi pour les bleſſures ; & quand on en a un plant entier , on en fait du vin pour teindre les draps , & on le vend bien cher aux Teinturiers. Le raiſin , qu'on appelle ſimplement *raiſin noir* ou *raiſin Orléans* , eſt preſque la même choſe que le noirant.

Le *ploqué* lui reſſemble auſſi , mais il ne teint point ; c'eſt un raiſin qui a dégénéré , & ſon ſuc n'étant ni bon , ni délicat , il vaut mieux en ruiner l'eſpéce , que de la provigner.

VII. Le *bourdelais* ou *bourdelas* , qu'on appelle en Bourgogne *grey* , & en Picardie , *gregeoir* , dans le haut-pays *plant de Madame* ; il y en a de trois ſortes , blanc , rouge & noir ; il a la grappe & les grains très-gros ; il eſt propre à faire du verjus & des confitures. Il eſt encore excellent pour y greffer toutes ſortes de raiſins , entr'autres ceux qui ſont ſujets à couler , comme le damas , les corinthes , ſur-tout le violet : les muſcats peuvent s'y greffer auſſi , de même que toute autre ſorte de vigne.

Le raiſin d'abricot , la vigne grecque , & le farineau , ſont trois eſpéces de bourdelais.

Le raiſin d'*abricot* eſt ainſi appellé , parce que ſon fruit eſt jaune & doré comme l'abricot ; la grappe en eſt belle & des plus groſſes.

La *vigne grecque* , qu'on nomme auſſi le raiſin *merveilleux* , ou le *S. Jacques en Galice* , parce que ce canton Eſpagnol en eſt plein , eſt rouge , a le grain gros & rond , le fruit doux , hâtif & bon à faire du vin ; ſa grappe eſt des plus belles & des plus groſſes , & ſa feuille , dans la maturité du fruit , devient panachée de rouge , ce qui eſt aſſez ordinaire aux raiſins colorés de noir , de violet & de rouge.

Le *farineau* ou *rognon-de-coq* , dans le haut-pays *œil de Tour* , eſt blanc , a le grain petit & long , & il eſt meilleur à faire du verjus que du vin.

VIII. Le *ſan-moireau* s'appelle *quille-de-coq* aux environs d'Auxerre ; c'eſt un raiſin noir , excellent à manger & à faire du vin ; il a le grain longuet , ferme & un peu preſſé ; il y en a de trois ſortes : la premiere & la meilleure , a le bois dur , & des provins noués courts ; la ſeconde approche fort de la premiere , & la troiſiéme. Le *ſan-moireau chiqueté* ou *vrunelas blanc* , parce qu'il a le bois plus blanc que les autres; il fait du vin assez plat, ne porte que par années, & il est sujet à s'égrener entiérement avant qu'on le cueille.

Le *prunelas rouge* ou *le negrier*, a la côte rouge, le bois long, noué, la moëlle grosse, la feuille découpée, la grappe grande, claire & fort rouge : il mûrit des derniers, fait le vin âpre & de durée; c'est pourquoi on n'en met que peu dans les plants de vignes noires, & seulement pour noircir & affermir le vin; il résiste à la gelée, parce qu'il a la tige haute & forte.

IX. Le *mêlier blanc* est un des meilleurs raisins pour faire du vin, & pour manger; il charge beaucoup, a bon suc, & se garde assez; il est excellent à faire sécher au four.

Le mêlier *noir* n'est pas si bon, & n'a pas tant de force en vin.

Le mêlier *verd*, qu'on appelle en quelques endroits, simplement *plant-verd*, est le plus recherché parce qu'il charge beaucoup, ne coule point, & que le vin n'en devient pas jaune.

Le *surin* est une espéce de mêlier un peu pointu, d'un goût excellent & fort aimé en Auvergne.

X. Le *gamet* est un raisin fort commun, qui charge beaucoup, & qui vient mieux que tout autre; mais le vin en est fort petit, de peu de saveur, & son plant dure peu d'années. Il y a le gamet blanc & le noir : on appelle du vin grossier, du gros gamet.

XI. Le *gouais* est aussi fort commun, tant le blanc que le violet, dit *à fleur* : son plant dure cent ans en terre, & il a la grappe plus grosse & plus longue que le gamet ; mais il est de pareille qualité, pour faire du vin, & il est même un peu moindre ; il est infiniment meilleur en verjus, soit liquide ou confit, qu'en vin, & il n'en faut point souffrir dans les vignes, ou y en laisser peu.

XII. Outre ces onze espéces de raisins les plus générales, il y en a beaucoup d'autres particulieres, qu'il est bon de connoître.

Le *beaunier*, ainsi nommé parce qu'il est fort commun & fort estimé à Beaune, est un raisin qui charge beaucoup, & qui tire sur le gouais blanc ; mais il est beaucoup meilleur. On l'appelle à Auxerre, *servinien*.

Le *fromenteau* est un raisin exquis & fort connu en Champagne ; il est d'un gris rouge, la grappe en est assez grosse, le grain fort serré, la peau dure, le suc excellent, & fait le meilleur vin : c'est à ce raisin que le vin de *Sillery*, si vanté, doit son mérite & son renom.

Le *sauvignon* est un raisin noir, assez gros & long, hâtif, d'un goût très-relevé & des meilleurs. Il y a aussi le sauvignon blanc, qui a les mêmes qualités que le noir : l’un & l’autre font rares & peu connus, mais très-communs dans le Bourdelais.

Le *pinquant-paul* eft un raifin blanc, fort doux ; on l’appelle autrement, *bec-d’oifeau*, & en Italie, *pizutelli*, c’eft-à-dire, pointu, parce qu’il a le grain gros, très-long, & pointu des deux côtés.

Il y a auffi le *pizutelli* violet, dit *dent-de-loup*, qui a le grain long, mais moins pointu : c’eft un des plus beaux raifins & des plus fleuris ; il eft affez bon, & fe garde long-tems. Nous avons encore un autre raifin qu’on appelle le *gland*, parce qu’il lui reffemble ; il eft très-jaune, très-doux, & de garde.

La *blanquette de limons* eft un raifin blanc & clair comme du verre : la grappe en eft longue & affez groffe ; il charge beaucoup, & fon jus eft très-doux & délicieux.

La *robe blanche & noire* charge auffi beaucoup ; la grappe en eft groffe & longue, le grain affez menu, fort ferré, & mûrit avec peine, parce que c’eft une efpéce de petit bourdelais.

Le *gros noir d’Efpagne*, ou *la vigne d’Alicante*, donne une groffe grappe fort garnie de gros grains bons à manger, & encore plus à faire le vin fi vanté en Efpagne.

Le raifin d’*Afrique* eft très-gros, & fes grains font comme des prunes. Il y a le rouge & le blanc ; fes grappes font extraordinaires pour leur groffeur : le grain eft plus long que rond, & plat vers la pointe ; le bois en eft très-gros, la feuille très-grande & large ; il veut le mur, & beaucoup de foleil pour bien mûrir.

Le *maroquin* ou *barbarou*, eft un gros raifin violet, dont les grappes font auffi d’une groffeur extraordinaire : il a le grain gros, rond & dur, le bois rougeâtre, & la feuille rayée de rouge. Il y en a de cette efpéce qui rapporte extraordinairement, & qui fleurit trois fois l’année.

Le *damas* eft encore un excellent raifin à manger ; la grappe en eft fort groffe & longue, le grain très-gros, long, ambré, & n’a qu’un pepin ; il coule fouvent, & veut être taillé long. Il y en a de blanc & de rouge.

Le raifin d’*Italie*, autrement dit *pergoleze*, eft de deux fortes, blanc & violet ; il a la grappe groffe & longue, le grain longuet & clair-femé, & mûrit avec peine en France.

La vigne de *Mantoue* donne un fruit hâtif, mûr dès le commencement d’Août : la grappe en eft affez groffe, & ne coule point ; le grain eft auffi affez gros, plus long que rond, fort jaune, ambré, & d’un fuc extraordinaire.

Le raisin d'*Autriche* ou *cioutat*, a la feuille découpée comme le persil ; il est blanc, doux, charge beaucoup, ressemble au chasselas, mais il est peu relevé en vin.

Le raisin *Suisse* est plus curieux que bon ; il a la grappe grosse & longue, les grains rayés de blanc & de noir, & quelquefois mi-partis.

En faisant une courte récapitulation de ces diverses espéces dé raisins, il est aisé de voir à quels plants différens elles sont propres.

Raisins de jardin. La cioutat, les chasselas blanc & noir, le muscat blanc, noir ou rouge, long, musqué, hâtif ou d'Orléans, autrement dit gennetin ; le corinthe, petit ou gros, rouge ou violet ; la malvoisie grise ou rouge ; l'italie, l'afrique, le damas, le maroquin, l'abricot, la rose blanche, le mêlier, sur-tout le blanc, la rochelle & le bordelais.

Raisins de vigne. Le pineau ou auvernas, l'auvernas gris, le morillon blanc & le taconné, le gennetin, le pinquant-paul, le beaunier, le tresseau, & tous les bourguignons, la rochelle, le bordelais, le suisse, le noiraut, le ploqué, le san-moireau, le negrier, le fromenteau, la blanquette de limons, & la plûpart des raisins de jardins, principalement le mêlier, la roche blanche, le muscat noir & rouge, & le chasselas. On peut y mettre aussi un peu de gouais.

Raisins de verjus. Le farineau, le gouais blanc ou violet, le gamet noir ou blanc.

C H A P I T R E   VI.

Raisins propres à de certaines espéces de terres plus qu'à d'autres.

Quand on veut planter un vignoble, si c'est en terre forte, il ne faut faire provision que de morillons, autrement dit *pineaux blancs & noirs*, mais plus de ceux-ci que de ceux-là, & y mêler des *tresseaux*, qu'on appelle aussi *raisins bourguignons*.

Dans les terres fortes le pineau ne monte pas à son point de perfection, quelque chaleur qui puisse survenir : car, avec tous les secours qu'on peut lui donner dans un terrein de cette nature, il lui manque toujours ce je ne sçai quoi qui est essentiel pour faire un raisin capable de donner du vin délicat ; soit qu'en suçant la substance de la terre, son eau retienne quelque chose de l'humidité naturelle à cette terre, & qui émousse les esprits du vin ; soit que malgré toute la chaleur qu'il puisse faire, la séve en montant d'un lieu d'un tempérament froid dans le raisin, ne trouve point assez de chaleur pour s'y raréfier.

Cependant le pineau est le seul raisin qu'on doit mettre dans les terres fortes, parce que mûrissant plutôt que les autres, il donne toujours du vin de l'arriere-saison.

Si l'on y mêle du plant de tresseaux qui ne mûrit qu'avec peine, c'est que nos peres ayant jugé d'après l'expérience que les pineaux ne peuvent pas, dans telles terres, faire d'eux-mêmes un vin qui ait assez de corps, au défaut de quoi il est sujet à dépérir, ils ont cru nécessaire d'y joindre ces tresseaux, qui, quoiqu'ils soient d'une maturité fort lente ne manquent pas de rendre toujours ce vin non pas rempli d'esprits, mais plus matériel, qui est l'état où il faut qu'il soit en sortant des terres fortes, pour devenir bon.

Dans les sables, soit gros ou légers, il faut planter principalement des pineaux, sur-tout les blancs. Le raisin meunier se plaît dans les sables légers, & les gros sables conviennent aux mêliers, autrement dit *mélons*, soit blancs, noirs ou verds. En Auxerrois, ces sables, quoique naturellement plus chauds que les terres fortes, ne donnent pas néanmoins de si bon vin ; (on suppose que ces terres fortes soient telles que celles qu'on a dit de choisir, & qu'elles soient en une bonne exposition.) C'est ce que l'expérience nous découvre tous les jours à l'égard des sables, dont les sels n'ayant rien que de très-commun en eux, ne rendent des raisins que d'une eau fade, & non point si sucrée que celle des terres fortes.

A ces pineaux on joint donc les mêliers, comme on a dit : le blanc est un bon raisin qui charge beaucoup ; le noir ne l'est pas tant. Ces sortes de raisins viennent excellens (autant qu'ils le peuvent) dans ces sables, qui, étant beaucoup plus chauds que substantiels, conviennent à la nature des mêliers, qui demandent, pour mûrir, beaucoup de chaleur. Ces raisins donnent un vin qui n'est point sujet à jaunir.

On met dans ces sortes de sables plus des deux tiers de raisins blancs, parce que l'usage est d'y faire plus de vin blanc que de rouge.

Quant au tresseau, on doit en mettre dans les sables en quantité raisonnable : ce n'est pas qu'il y vienne jamais bon, mais c'est afin que les autres raisins, qui n'y acquiérent qu'une eau médiocrement sucrée, puissent donner du vin qui ait du corps.

A l'égard des terres pierreuses, il faut traiter de même que les fortes terres celles qui ont les pierres noirâtres & grosses, & dont le fond est rougeâtre & un peu humide.

Celles qui ont des pierres plus petites & blanches, & dont la terre est moins rouge, font meilleures que les précédentes : outre les pineaux blancs & noirs, & les tresseaux en petit nombre, on y plante du *beaunier* ; tous ces raisins y réussissent assez bien.

La terre pierreuse, dont le fond est jaunâtre, & le pierrotis beaucoup plus petit, reçoit, avec plus de succès, les raisins que nous avons dit qui convenoient à l'espéce précédente ; ils s'y perfectionnent de maniere que le vin en est toujours flatteur. On peut y mêler quelques ceps de muscats & de chasselas : ils y viennent à une maturité assez parfaite, pour être de service & de garde.

L'espéce de terre pierreuse, qui est la meilleure de toutes, & qui rend le vin le plus délicat & le plus délicieux, est celle où l'on plante les pineaux noirs & blancs, mais beaucoup plus de blancs que de noirs ; dans celles d'où l'on veut tirer du vin gris, force serviniens, quelques muscats & chasselas par-ci par-là, & point de tresseaux.

Dans les terres de cette nature, qu'on destine pour avoir des vins rouges, il faut planter plus de pineaux noirs que de blancs, quelques serviniens, & un peu de tresseaux : il en vient un vin moëlleux qui porte loin.

CHAPITRE VII.

Choix du plant de Vigne quant au bois.

L A vigne se perpétue de *plant enraciné*, qu'on appelle *plant chevelu* dans de certains endroits, & *chevelées* en Bourgogne ; ou de *boutures*, autrement dit *crossettes* aux environs de Paris, & *chapons* aux environs d'Auxerre ; ou encore de *marcottes*.

Pour ne point être trompé à l'espéce du plant de vigne, il faut la connoître parfaitement bien par son bois naturel. Mais cette connoissance étant particuliere aux personnes du métier, il est bon de s'en rapporter à gens fidéles. Quant à la bonté du bois, voici ce qu'on y doit observer.

Si c'est du plant enraciné, autrement dit *chevelu*, ce sera assez qu'on lui voie du chevelu bien conditionné, & en suffisante quantité,

A l'égard des croſſettes ou chapons, il y a plus de précautions à prendre : ils ſeront plutôt en état de donner du fruit, lorſqu'étant coupés ſur le jet de l'année précédente, ils ont, à l'extrémité d'en-bas, du bois de deux féves, ſoit que celui de la premiere y paroiſſe attaché en forme de croſſette, ſoit en forme de cul-de-chapon. C'eſt une marque que le chapon prendra bien vîte, quand, ayant été pris dans le bas d'un cep, il a les yeux fort éloignés l'un de l'autre, & l'extrémité d'en-bas de pareil bois à celui dont eſt tout le reſte du corps du chapon.

Quoiqu'on vienne de dire qu'il ſoit néceſſaire de prendre du ſarment de deux féves, pour avoir du bon plant de vigne, on peut néanmoins n'en prendre que d'une; il ſuffit que le bois ſoit bien nourri. On appelle ce plant des *poulettes* dans des endroits. Il y a des pays où l'on ne plante les vignes que de marcottes, qui ſont proprement les chevelées ou chevelus : elles reprennent plutôt que les croſſettes; mais elles ne ſont pas ſi communes, & on n'en trouve point ſuffiſamment pour faire un grand plant.

Il faut ſur-tout que le plant de vigne ſoit bien *aoûté* ou *coudré*, comme on dit en Bourgogne; c'eſt ce qui contribue le plus à la végétation.

Tous chapons, croſſettes, poulettes ou marcottes qui n'ont point l'écorce unie, luiſante, & dont le bois, en y faiſant une entaille, ne paroit point verd-clair, mais verd-brun, ſont rebutés comme plant de nulle valeur.

CHAPITRE VIII.

De la Vigne en général & de ſes différentes eſpéces.

Nous conſidérons ici la vigne non pas quant à l'eſpéce de raiſin, mais quant aux différens dégrés d'elévation qu'on donne à ſon bois.

Si nous conſultons les Anciens ſur ce point, il paroît qu'ils reconnoiſſoient cinq ſortes d'élévations de la vigne : ils avoient la vigne traînante ou la vigne rampante, la vigne élevée & ſe ſoutenant d'elle-même ſur ſa propre tige, la vigne haute ſoutenue par des échalas ou charniers, ou par de l'œuvre, comme on le dit dans le vignoble Bourdelois, la quatriéme la vigne élevée en treille, & la
cinquiéme

cinquiéme la vigne qui s'accroche aux arbres avec les mains & que l'on appelle aujourd'hui *hautin*. La révolution des tems, dit *Serres*, a fait perdre abfolument l'ufage de la premiere efpéce de ces vignes. Mais il fe trompe, elle fubfifte encore en beaucoup d'endroits de la *Guienne*.

Nous pouvons donc réduire les plantations de la vigne qui font aujourd'hui en ufage à trois fortes. La vigne rampante ou en fillons, & abandonnée à elle-même, la vigne qu'on appelle baffe, mais qui eft cependant élevée à une certaine hauteur fur des échalas ou charniers de quatre pieds, & la vigne haute telle qu'eft celle du Bourdelais dans les palûs dont l'œuvre ou échalas qui la foutient porte fept à huit pieds de hauteur.

Mais comme dans le Haut-Dauphiné & même dans quelques autres endroits du Royaume, on fait ufage de la vigne jettée fur les arbres, nous en ajouterons une quatriéme forte que nous appellerons avec les Cultivateurs de ce pays, vigne *à hautain* ou hautain tout court.

Il y en a encore une cinquiéme que l'on appelle joualles. L'ufage s'en établit beaucoup : cette efpéce de vigne peut être baffe, haute ou rampante, comme l'on veut enfin. C'eft un rayon que l'on plante en vigne, & l'on laiffe depuis cinq jufqu'à fept fillons entre chaque rayon. On féme ce terrein en bled ou autre grain. On peut encore établir d'autres différences dans la vigne, relativement à la façon dont on la plante.

La vigne à raye ou à fillon, comme la vigne rampante en Guienne, la vigne à l'orne ou à la pouée, comme la vigne baffe dans l'Orléanois, la vigne à Quinconce, qui eft fans contredit la meilleure de toutes les plantations, la vigne à la treille comme la vigne baffe telle qu'elle eft plantée dans le pays Auxerrois & qui eft de toutes les façons la plus mauvaife.

Les Anciens faifoient beaucoup de cas du *hautain*. L'expérience prouve cependant que la baffe eft la meilleure de toutes, auffi n'eft-ce que dans les endroits où la vigne eft baffe que l'on récolte les vins les plus exquis. Le Languedoc, la Provence, la Gafcogne (mais dans ce pays-ci elle eft plus généralement rampante) partie du Dauphiné, de la Guienne, de l'Anjou & ailleurs; ces pays, difons-nous, tiennent leurs vignes baffes. La France, la Brie, la Champagne, le Bourbonnois, le Berry & autres Provinces, par rapport au climat, & encore plus pour être fans doute trop foumis aux anciens ufages, ont leurs vignes échalaffées & perchées. Dans

le Haut-Dauphiné & en Savoie les hautains font en recommandation à caufe des froidures des montagnes voifines. En Piémont & en
plufieurs endroits de l'Italie, les vignes font auffi accrochées aux
arbres. Cependant il fait affez de chaleur dans ces pays pour les dif-
pofer autrement : cet abus ne peut donc être qu'une fuite d'un ancien
ufage dont on n'a jamais voulu fe départir.

CHAPITRE IX.

Des inconvéniens qui réfultent de la trop grande liberté que l'on
donne dans le Royaume de planter des Vignes.

UN Cultivateur intelligent, quand il entreprend de faire des
plantations utiles dans fon domaine, commence d'abord par
l'examen des denrées qui ont le débouché le plus facile dans le
pays ; il obferve la qualité du terrein, pour lui confier les diverfes
productions auxquelles il peut être favorable. Si la confommation
de la denrée à laquelle fon terrein eft propre, fe trouve bornée dans
le pays & qu'il n'y ait point de débouché peu difpendieux, il doit
alors faire un facrifice & tourner toutes fes attentions vers quelqu'autre production, dont la confommation eft plus étendue, quoique moins analogue à fon terrein ; il fera à la vérité expofé à quelques dépenfes ; mais la facilité du débit le dédommagera.

De quelle utilité font par exemple certains vins, qui n'ont aucune qualité & qui ne fe confervent point, & qui cependant portent
préjudice aux grands vignobles. Les vins des environs de Paris,
dont l'acide mordicant ne peut être que très-contraire à la fanté
des individus qui en font ufage, devroient être profcrits, premierement parce qu'ils traverfent la confommation de beaucoup d'autres vins falubres, comme les vins de l'Auxerrois & de l'Orléanois.
Nous pourrions encore citer beaucoup d'autres vins, qui font à la
vérité fort bons, mais qui fe perdent faute de débouché & de confommation. Tels font les vins d'une très-grande partie de la Gafcogne & de beaucoup d'autres cantons de certaines Provinces.
N'eft-il pas honteux de voir le Cultivateur dans quelques-uns de
ce pays manquer fouvent de pain, ayant dans fon cellier une quantité prodigieufe de vin dont il ne peut pas fe défaire. Si le Miniftere étoit exactement inftruit de ces circonftances, pourroit-il

fans manquer aux premiers élémens de l'administration, ne pas faire une défense expresse de planter des vignes, sur-tout dans ces pays dont nous venons de parler? cette observation que nous faisons ici, est d'autant plus fondée qu'il y a même des Ordonnances qui défendent la plantation des vignes : mais sont-elles observées? c'est ici où Messieurs les Intendans doivent montrer leur fermeté par des refus constans. Cette sévérité feroit le bonheur des Cultivateurs. Leur industrie se tourneroit alors vers quelqu'autre objet qui auroit plus d'utilité pour eux & plus d'intérêt pour l'Etat.

Qu'un Cultivateur cherche à se procurer dans ses domaines toutes les espéces de denrées qui entrent dans les besoins de la vie, loin de le blâmer nous l'approuvons, d'autant plus que nous le lui avons très-souvent conseillé dans le courant de cet ouvrage. Mais qu'il porte ses vues malgré la mauvaise qualité de son terrein ou le peu d'analogie que son climat peut avoir avec la végétation de la vigne, jusques même à se faire des revenus de semblables vignobles; c'est ce que nous ne lui passons pas. Les raisons précédentes que nous avons alléguées lui doivent faire abjurer de si pernicieux abus.

Nous disons même qu'il trouveroit & plus de profit & plus de santé à faire venir quelqu'autre production sur le terrein qu'il destine à la vigne & d'en mettre le produit à l'achat de quelque vin bien conditionné & salubre.

CHAPITRE X.

Du terrein & de l'exposition la plus favorable à la vigne.

LEs terres fortes qui sont en pente douce & exposées à l'Est ou au Sud sont assez bonnes pour la vigne, pourvu que la couche inférieure se trouve ou du rocher pourri, ou même du rocher, ou du cailloutage. Les vins que l'on récolte sur ces terreins sont bons, ont du corps & se conservent. Ils peuvent être transportés.

Les terres légeres un peu sablonneuses ou graveleuses assises sur des couches de rocher ou des couches pierreuses sont de tous les terreins les plus favorables à la vigne, relativement à la qualité du vin; quant à la quantité, on sent bien qu'elle n'approche pas de celle que les vignes plantées dans des terres fortes produisent.

Il faut cependant prendre garde qu'il y a des sortes de cailloutages,

comme par exemple ceux qui font diverſement colorés, qui
donnent un mauvais goût au vin. Tels ſont les cailloutages du Gatinois. Le vin a un goût de ſoufre qui eſt inſupportable.

Plus les terres légeres ſont expoſées au midi, plus le vin qu'elles produiſent eſt ſpiritueux & agréable.

Il faut ſur-tout bien prendre garde que la couche inférieure de
tout terrein quelconque ne ſoit point crayeuſe, la craye rend le
vin extrêmement gras; il n'eſt point de conſerve & laiſſe toujours dans la bouche un goût huileux qui eſt très-déſagréable.

Autre obſervation importante : les couches glaiſeuſes inférieures
ſont très-funeſtes à la vigne, outre qu'elles glacent par leur fraîcheur,
ou noyent par les eaux qu'elles retiennent les racines de la vigne,
elles empêchent encore le raiſin qui y eſt très-abondant, d'acquérir une parfaite maturité.

Les plaines rarement produiſent du vin bien conditionné; elles ſont abondantes à la vérité, mais ſi les ceps ne ſont pas bien
eſpacés, la qualité du vin eſt toujours défectueuſe, quand même
la terre ſeroit légere & graveleuſe, ou de rocaille; d'ailleurs c'eſt qu'il
arrive fréquemment que les couches inférieures des terreins en
plaine ſoient glaiſeuſes, ou tout au moins argilleuſes. Or nous venons de donner les raiſons qui prouvent évidemment que cette
eſpéce de terre eſt contraire à la qualité des vins.

Il eſt inutile de planter de la vigne ſur une terre expoſée au
Nord. Cette dépenſe ſeroit en pure perte; quant à l'expoſition du
Couchant, la vigne y vient bien, mais rarement dédommage-t-elle
des ſoins qu'on lui donne.

CHAPITRE XI.

Du plant de la Vigne.

LA vigne ſe plante & ſe perpétue de plants communs, de
plants enracinés qu'on appelle plants *chevelus* dans certains pays,
& *chevelées* en Bourgogne, ou de boutures qu'on nomme crocettes
aux environs de Paris, & chapons dans le pays Auxerrois, ou
même des marcottes dans les vignobles du haut-pays, c'eſt-à dire
depuis Langon en montant vers le Languedoc. Nous parlerons de
chacune de ces eſpéces en particulier.

Toutes ces manieres de planter ont leur utilité : mais le principal soin consiste ici à bien choisir le plant.

Lorsqu'on se dispose à planter une vigne avec du plant enraciné,
il faut donner la préférence aux racines les plus grosses, les mieux
nourries & les plus nouvelles, tirées d'une vigne qui n'ait tout au
plus que l'âge de sept à huit ans. Si l'on prend son plant sur une
vigne de quarante ans, il est certain qu'il ne poussera que des jets
foibles & languissans, & qu'il périra en peu d'années.

Façon de distinguer les racines jeunes & vigoureuses.

On connoît les racines jeunes & vigoureuses par l'uni & la couleur rougeâtre qui les fait distinguer aisément d'avec les vieilles,
qui ordinairement sont noires, ridées & raboteuses. Il faut couper jusqu'au vif celles qui sont tachées de blanc, ce qui indique la
pourriture.

Façon de les couper.

On racourcit les racines choisies à proportion de leur force ou
de leur foiblesse, c'est-à-dire, que l'on taille les plus foibles plus
courtes que les plus fortes : on donne ordinairement à celles-ci
quatre ou cinq pouces, & aux plus foibles deux ou trois pouces
tout au plus.

Il faut sur-tout bien observer ce que nous avons déja indiqué
plusieurs fois, de les tirer d'une vigne plantée dans un terrein
moins substantiel que celui où l'on veut les planter : car si on les
prend dans une terre grasse pour les mettre dans une terre maigre,
ils ne produiront que des jets foibles, qui tomberont peu à peu
en langueur & périront entierement.

Le plant appellé bouture par certains Vignerons & plus proprement crocette, est un jet inutile pour le cep. La dénomination de
bouture ne sert proprement qu'à désigner le bois superflu qu'on retranche d'une branche.

L'usage du Vigneron est de couper la crocette au mois de Février au collet d'un cep de bonne nature, & de la mettre à couvert
chez lui jusqu'à ce qu'il l'emploie. Sur la fin de Mars il fait tremper les crocettes dans une marre d'eau, & il les plante ensuite,
quatre, cinq ou même plus dans un même trou à un pied de distance d'un trou à l'autre. Cet usage est abusif dans tous les points, il
conviendroit mieux de les séparer du cep à la fin de l'automne & de
les planter aussi-tôt.

On doit obferver les mêmes régles dans la plantation de la vigne que dans la plantation des arbres. L'expérience apprend qu'en
plantant un arbre à la fin de l'automne, on lui donne un tems fuffifant pour prendre racine avant que la féve fe renouvelle ; article
des plus importans : au lieu que lorfqu'on le plante au printems, la
féve monte avant que fes racines s'évaporent par les ouvertures
qu'on lui fait en le taillant au moment qu'on le met en terre. La
vigne eft beaucoup plus fujette à cet inconvénient que les arbres,
parce que fon bois eft beaucoup plus tendre, fon écorce plus déliée & fa moëlle plus volumineufe. Toutes ces raifons doivent
donc déterminer à en faire la plantation en automne.

Autre abus non moins grand, c'eft de garder les plants dans une
cave pendant deux mois, fous prétexte de leur faire reprendre
faveur, & d'ouvrir enfuite leurs pores en les trempant d'un bout
dans une marre d'eau. L'humide naturel & imprégné de la terre
végétale qui eft dans le fol ne lui procureront-il pas un effet qui feroit plus analogue à fa nature & plus certain ?

Enfin de tous ces abus le plus nuifible eft celui de planter ainfi
les crocettes quatre à quatre, ou même plus dans un même trou.
Ces quatre brins s'étouffent ou s'affament réciproquement, & de
quatre le Vigneron en arrache trois ; opération qui ne peut guéres fe faire fans ébranler ou altérer le brin qu'il laiffe ; deforte
qu'il s'approprie les trois autres au préjudice du propriétaire, qui
non-feulement en a payé la valeur, mais encore la main-d'œuvre
de plantation.

Si les effets de cet abus fe bornoient à ce que nous venons de
faire obferver, ce ne feroit que demi mal : mais c'eft qu'il en entraîne un autre. Le prétexte de la multiplicité des brins néceffaires
à la plantation d'une vigne autorife fouvent les Vignerons à dépouiller les meilleurs ceps de leurs brins les plus forts, & les plus
voifins du collet. Une vigne ainfi mutilée produit un tiers moins,
s'affoiblit & dépérit infenfiblement.

Le plant enraciné eft un jeune cep élevé pendant deux ou trois
ans dans une pépiniere dont la terre doit être maigre ; on le léve
en Novembre & on le replante auffi-tôt. Son bois eft fi tendre
que pour peu qu'on en retardât la plantation, il fouffriroit beaucoup de ce retard. Ce plant eft préférable à celui de bouture, en
ce qu'au bout de trois ou quatre ans il commence à donner du
fruit : il n'en faut planter tout au plus que deux enfemble, & les
foffes doivent être à deux pieds & demi de diftance l'une de l'autre.

Il faut éloigner les deux brins de quatre pouces par le pied dans la fosse & de huit par l'extrémité.

Nous ferons observer que cette distance n'est pas une régle générale & qui doive s'appliquer à tous les terreins & à toutes les sortes de vignes : car si la vigne est haute, comme par exemple celle du vignoble des palus de Bordeaux, il faut qu'elle soit bien plus espacée ; si au contraire elle est basse & dans un fond gras & riche, on peut mettre moins d'intervalle entre les plants.

Si la terre n'abonde point en principes, il est certain que les plants doivent être plus espacés, autrement ils s'affameroient réciproquement, & tout le vignoble n'auroit qu'une végétation lente.

On doit aussi observer, quand on fait un plant de vigne, de le mettre sur une terre labourée de quatre pouces au moins de profondeur, pour donner aux jeunes racines la facilité de piquer dans la terre. Pratique qui quoique essentielle est très-souvent négligée par les Vignerons. Il faut couvrir ce plant de quatre pouces de sable ou de terre neuve, pour le mettre à l'abri de l'ardeur du soleil qui pourroit en brûler ou dessécher les racines & pour les entretenir dans une fraîcheur suffisante. Le vin provenant d'un plant enraciné est meilleur que celui de crocette & de marcotte.

Il y a aussi un autre plant enraciné qui provient d'un ravalement de hautes vignes. Il est plus connu en Champagne qu'ailleurs. Ce plant est également bon, mais il produit un vin plus grossier ; on le gouverne comme le précédent.

Différentes façons de marcotter la Vigne.

Il y a différentes façons de marcotter la vigne. Nous n'entendons point parler ici des marcottes que les Vignerons font en couchant en terre un brin sans le détacher de la mere pour lui faire prendre racine, le lever au bout de l'année, & le transplanter ailleurs. Cette façon n'est propre qu'à provigner un brin & remplir un vuide ; nous ne parlons ici que des marcottes à panier ou à gazon.

La marcotte est un plant bien préférable à ceux dont on vient de parler ; on devroit en faire usage, du moins dans les vignobles où l'osier & le gazon peuvent se trouver communément. On fait une marcotte en passant un des meilleurs brins au travers d'un petit panier, qu'on met en terre en y abaissant la branche, il faut, autant qu'il est possible, abaisser le panier en terre pour y faire entrer quatre ou cinq pouces du bois de l'année précédente, parce que ce plant portera plutôt du fruit.

Au défaut du panier on peut se servir du gazon, au travers duquel on fait un trou avec une cheville grosse comme un pouce pour y passer le brin. Le gazon est encore préférable au panier, en ce que le panier étant rempli de la terre de la vigne, en emportant le panier on emporte la terre qu'il est nécessaire de remplacer d'une autre ; au lieu que le gazon se levant sur les prés ou sur la pelouse de quelques hauteurs, non-seulement apporte de la terre à la vigne ; mais communique même au cep un amendement salutaire.

La marcotte ayant pris racine dans le panier ou dans le gazon, on la léve en Novembre & on la plante ensuite où il en est besoin, avec le panier ou le gazon sans la laisser dessécher. Si l'on veut s'en servir pour planter un terrein entier, il faut planter chaque marcotte à quatre pieds de distance l'une de l'autre : ce plant porte son fruit au bout de deux ans, c'est-à-dire pour la récolte de la troisiéme année.

Cette façon de planter est la plus usitée à la riviere de Marne, & la moins admise parmi les Vignerons de la montagne de Reims, parce qu'ils n'en pourroient tirer le profit qu'ils font sur le superflu du plant de bouture qu'ils vendent aux forains.

Il arrive rarement qu'on séme la vigne. Il faut, quand on le fait, la greffer, parce que la vigne qui procéde de semence ne porte que de la fleur & jamais de fruit.

Il faut remarquer qu'on doit retrancher entiérement le brin de la vigne qui a porté fruit ; car s'il ne meurt pas l'année suivante, du moins il ne porte plus qu'un bois très-foible & jamais du fruit. L'expérience prouve ce que nous avançons ici.

Tous chapons, crocettes ou marcottes, qui n'auront point l'écorce unie, luisante, & dont le bois, en y faisant une entaille avec la serpette, ne paroîtra pas verd-clair, mais verd-brun doivent être rejettés comme plants de nulle valeur, & dont la perte est immanquable.

CHAP.

CHAPITRE XII.

Des différentes espéces convenables pour la plantation de Vignes.

COmme nous n'avons point suffisamment traité ci-devant ce point-ci, qui est un des plus importans pour la perfection du vin & un des plus difficiles à mettre en régle générale ; nous le reprenons encore dans ce chapitre pour mettre du mieux qu'il nous sera possible nos lecteurs, de quelque pays qu'ils soient, en état de faire l'application à leurs vignobles, des documens que nous allons joindre à ceux que nous avons déja donnés.

Il y a différentes espéces de vignes, les unes sont propres aux treillages des jardins, celles-là tiennent plus à l'agréable de l'Agriculture qu'à l'utilité qui fait notre unique objet ; les autres aux vignobles, celles-ci en effet méritent que nous fixions toutes nos attentions à les cultiver de la façon la plus avantageuse.

Le maillon noir, que l'on nomme en Bourgogne pineau, à Orléans, dans le Bourdelais, & dans le haut-pays & en Auvergne, Auvernas, est fort doux, sucré, noir & excellent à manger, & fait d'excellent vin : il vient parfaitement dans toute sorte de terre : il ne faut pas conclure de-là qu'il fasse par-tout un vin également bon & délicat ; exposé dans une terre légere & en pente douce, il est certain que le vin qu'il rend est bien supérieur à celui qu'il produit dans une terre grasse & pleine de principes : il ne l'est pas moins que ce raisin est encore bien supérieur en Bourgogne & en Champagne ; & malgré cela qu'il a bien dégénéré de son origine : son bois, quand on le coupe, est plus rouge que celui de tout autre plant. Le meilleur est celui qui est court, dont les nœuds ne sont espacés que de trois doigts. Il a le fruit entassé & sa feuille plus ronde que les autres espéces.

Ce raisin que l'on a transplanté dans le vignoble Orléanois a beaucoup dégénéré dans ce pays ; parce qu'outre que dans la plus grande partie de ce vignoble le terrein est fort & gras, on le charge encore, pour ainsi dire à *cartouche* de toutes sortes de fumiers mêlés ensemble, méthode qui à la vérité soutient le plant dans une grande vigueur, mais qui fait que les vins ont beaucoup moins de qualité, & qu'ils ne peuvent point ordinairement passer trois ans sans

Tome VII.   Cc

devenir gras, ce qui indique que ce vin ne se soutient que pendant le tems qu'il fermente. En effet, quoique, passé un certain tems, cette fermentation ne soit point sensible, il ne faut pas croire qu'il n'y en a point; la preuve qu'elle subsiste long-tems, c'est que pendant les premieres années il faut avoir le soin de remplir de tems en tems les tonneaux; ce qui démontre bien la dissipation des parties spiritueuses qui emportent avec elles les huiles essentielles du vin. Aussi remarque-t-on que les acides du vin agiroient puissamment sur lui-même, si l'on n'avoit l'attention de remplir de tems en tems, & que le vin deviendroit aigre. Or les sucs que la vigne pompe dans ces fumiers dont on la charge, sont extrêmement gras, la fermentation dans les vins qu'on en retire est plus pénible & plus longue en ce que les esprits engagés dans ces parties grasses n'ont pas la facilité de se dégager; ce qui fait qu'après les premiers grands effets de la fermentation qui se fait au commencement, ces esprits n'agissent que foiblement & soutiennent pendant deux ou trois ans les vins de l'Orléanois dans une certaine vigueur; mais passé ce tems, les esprits s'étant enfin évaporés il ne reste plus que les parties sulphureuses, grasses & tartareuses; de sorte que ces vins sont sans force & sans goût, qu'enfin ils sont ce qu'on appelle en terme de vignoble, *mats*.

Ce que nous avons dit de l'abus de l'Orléanois nous le disons de beaucoup d'autres endroits où il n'est que trop établi par la cupidité mal-entendue des Cultivateurs qui tendent toujours plutôt à la quantité qu'à la qualité.

Le morillon qu'on appelle pineau aigret, porte peu & donne de petits raisins qui ne sont point serrés : celui-ci est encore fort multiplié dans l'Orléanois, en Bourgogne, en Champagne & dans l'Auxerrois : il est fort peu connu dans le Bourdelois, & encore moins dans le haut-pays; négligence d'autant plus blâmable qu'il réussiroit parfaitement dans ce climat qui est plus analogue à son pays natal, & que sa douceur corrigeroit cette grande rudesse si naturelle aux principaux vins du vignoble Bourdelois; ils en seroient plutôt potables; tandis qu'au contraire il faut, suivant la nature des terreins où les vignes sont plantées, les attendre cinq, six, huit & même dix ans; tels sont les vins de *Quairies* & *des Palus*. Cette espéce de raisin a le bois long, plus gros, plus moëlleux & plus lâche que l'autre, les nœuds éloignés les uns des autres de quatre doigts au moins, l'écorce fort rouge en-dehors & la feuille découpée en trois; il y en a de plusieurs autres espéces, dont nous ne conseillons point l'usage, quoiqu'ils aient un goût exquis. Nous les abandonnons aux Jardiniers.

Le morillon façonné est fort abondant ; nous avons dit qu'on le connoissoit à sa feuille blanche & farineuse. Il végéte avec beaucoup de vigueur dans les terres légeres & sablonneuses. Aussi est il en recommandation dans le vignoble de Champagne : il est fort connu dans le Bourdelois, mais fort peu dans le haut-pays où assurément l'on devroit le cultiver, pour animer les vins de ce pays, qui en général manquent de couleur.

Le raisin appellé dans le vignoble Auxerrois *quille de coq* , mais plus généralement connu sous le nom de *san-moireau* est un excellent raisin noir, soit pour manger soit pour faire du vin. C'est dans les raisins noirs une espéce de raisin blanc qu'on appelle dans le haut-pays *œil de Tour*. Il est très-spiritueux & abondant en vin, d'autant plus que son grain est allongé & serré. Ses grapes sont grandes. Il est singulier que dans le haut-pays où l'on a l'espéce blanche, on ne connoisse pas celle-ci, non plus que dans le Bourdelois.

Le raisin *Bourguignon*, qu'on appelle aussi *tresseau*, est un raisin très-gros, il n'est guéres bon à manger, mais en récompense il abonde beaucoup en vin: nous ne disons rien des autres espéces de raisins tant noirs que blancs, les instructions que nous avons données ci-devant d'après la Maison Rustique sont plus que suffisantes.

Nous dirons cependant encore quelque chose du *fromental*, il est exquis & très-réputé en Champagne où l'on en plante beaucoup. La peau du grain est d'un gris rouge. La grappe est assez grosse; sa peau est dure, mais son jus est excellent : on en fait le meilleur vin. Il est cependant à propos de le mêler avec un bon raisin noir. C'est en partie à ce raisin que les vins de *Sillery* & de *Versenai* les plus estimés de tous les vignobles du Royaume doivent leur méri e & leur réputation. En effet il n'y a point de vignobles en Champagne où l'on en plante autant qu'en ces deux-là. Aussi les vins rouges & gris tirés des caves de M. de *Puisieux*, Seigneur de *Sillery* & de *Versenai* sont-ils les plus estimés à la Cour, & destinés pour la bouche du Roi. Les raisins blancs ne sont point ordinairement propres à faire le vin ni gris ni rouge, mais on doit excepter celui-ci, dont nous conseillons le mélange avec discrétion.

CHAPITRE XIII.

Du terrein convenable à la Vigne & à ses différentes espéces & de l'exposition qui lui est le plus favorable.

NOus n'avons qu'ébauché dans un chapitre précédent les instructions que nous avions à donner sur ce point de la culture de la vigne.

Il y a un point sur lequel les personnes qui se livrent à la culture de la vigne ne s'accordent point. Cette question depuis longtems agitée mérite que nous nous y arrêtions. On demande si le terrein favorable aux cépages rouges convient également aux cépages blancs. Si l'on veut s'en rapporter à l'expérience, on sera obligé de convenir que le même terrein peut être également favorable aux deux espéces de cépages : ce doute ne s'est formé que parce que les propriétaires s'apperçoivent que les commissionnaires chargés de tirer les vins ne veulent plus d'un vin rouge d'une vigne où ils apperçoivent beaucoup de cépages blancs, ce qui provient du mélange indiscret que l'on fait de ces deux sortes de vins. Cependant nous croyons qu'un vignoble planté en entier de cépages rouges demande un terrein plus substantiel ; parce qu'il est certain qu'il faut de plus que dans le cépage blanc, la substance qui colore le raisin dans le cépage noir. Au reste cette question devient presqu'indifférente, puisque tout Cultivateur qui a un peu d'intelligence n'ignore point aujourd'hui qu'il faut autant qu'on le peut le mêlanger de raisins blancs & noirs, quand on veut faire du vin qui ait du corps & qui puisse se vendre avec facilité. Il faut dans toutes les denrées & surtout dans celle-ci avoir en vue non-seulement l'exportation intérieure mais encore l'extérieure. Or on n'ignore point que les vins blancs ou les vins mêlés de blanc ne peuvent point y résister ; si l'on excepte les vins blancs qu'on appelle vins de primeur, qui se font dans le haut-pays, c'est-à-dire depuis *Langon* jusques vers *Saint-Sever, cap de Gascogne*, & que la Hollande tire par commission pour les pays du Nord.

La terre douce & légere, plus séche qu'humide, mêlée de petits cailloux est la plus propre à planter la vigne. Les terres mélangées de petites pierres blanches, dont le fond est jaunâtre ou brun sont

avantageuses en ce que la vigne y réussit bien, & que le vin y est
très-délicat. La douce substance de cette terre se mêlant avec les
petites pierres, séches de leur nature & faciles à s'échauffer par les
rayons du soleil, donne à la vigne & au vin un jus exquis & le vrai
dégré de maturité, sur-tout si l'exposition en est avantageuse.
Une terre mêlangée de cailloux & de pierres procure au vin une
agréable vivacité ; mais une terre légere lui donne plus de finesse.

Si cette terre légere est située sur la pente d'une colline, si elle
a une exposition favorable, le raisin y est toujours excellent, parce
que les sels & la substance qu'il y suce lui donnent une grande perfection. Quelqu'année froide qu'il survienne, le vin qu'il produit est
toujours d'un goût admirable.

Celle qui approche du sommet d'une montagne n'est pas si avantageuse pour la qualité du vin, par la raison que les eaux des montagnes attirées par la chaleur du soleil, la baignent & l'arrosent &
par conséquent la refroidissent ; ce fait est prouvé par l'expérience.
Aussi voyons-nous que les côteaux élevés, les terreins aquatiques
sont presque tous possédés par les Vignerons qui les préférent à
cause de leurs grands produits : mais le vin qu'on y récolte est
d'une bien foible qualité ; & c'est pour cette même raison que les
propriétaires abandonnent à un bas prix les hauts-lieux.

La vigne s'accommode encore d'un terrein mêlé de sable & de
terre. Il faut éviter le sable maigre, sec & trop léger, parce qu'il
ne donne à la plante aucune nourriture & qu'il brûle aussi sa racine.

Une terre grasse convient moins à la vigne qu'au bled, celle qui
est moyenne lui est propre, surtout la terre noire, qui, selon
Columelle, s'ameublit bien au labour.

La terre pierreuse, dont le caillou est terreux sans être trop sec,
lui convient encore beaucoup ; parce que son humeur étant tempérée par la sécheresse de son gravier, la vigne se trouve dans son
état naturel.

La terre rare & poreuse est des plus favorables à la vigne. On lui
reconnoît cette qualité, si en y faisant une fosse dont on tire la
terre, on l'y rejette ensuite ; & si elle reçoit & contient toute la
terre qu'on avoit ôtée sans l'entasser ni la fouler au pied, c'est un
signe qu'elle n'a point cette qualité, parce que si elle étoit poreuse l'air la gonfleroit & que par conséquent le trou d'où on l'a
tirée ne pourroit plus la contenir toute entiere.

Lorsqu'un Vigneron trouve une terre franche, humide, forte,
une terre qui s'affaisse à la moindre pluie & que la chaleur qui

lui succéde durcisse tellement qu'elle devienne impénétrable aux ardeurs du soleil & aux influences de l'air, il est certain qu'une telle terre étouffera un jeune plant, diminuera la végétation & fera jaunir la vigne. Cet inconvénient ne peut se réparer qu'en labourant cette terre à un pied de profondeur, & en la couvrant ensuite d'un demi-pied de terre légere ou de sable pris dans un lieu sec; il faut se garder de prendre de la terre de dessous la surface, parce que n'étant point purgée de son humidité & n'ayant point encore reçu les influences de l'air, elle refroidit la vigne & la fait jaunir plutôt que reverdir.

Avant de planter une vigne dans un terrein ainsi préparé, il y faut la premiere année semer du bled. C'est le moyen de le dégraisser & de le rendre plus proportionné à la délicatesse de la jeune vigne, qui trouveroit sa ruine dans une terre trop remplie de sucs nourriciers. Les rayons de chaleur que le soleil réfléchira sur cette terre pendant le cours d'une année la réchaufferont. Il est bon d'observer la même conduite à l'égard de toutes les vieilles vignes qu'on arrache pour les remplacer d'un jeune plant.

Ces observations générales une fois établies, nous disons qu'il ne faut planter dans les terres fortes que des *morillons* ou *pineaux noirs*, en y mêlant des tresseaux; il est vrai que celui-ci ne parvient point à son dégré de perfection, quelque chaleur qui puisse survenir, parce qu'il lui manque toujours quelque chose d'essentiel pour faire un raisin capable de donner un bon vin délicat. Mais les pineaux ne peuvent faire d'eux-mêmes un vin qui ait assez de corps; c'est pourquoi il est nécessaire d'y joindre des *tresseaux*, afin que le vin devienne plus matériel, état par lequel il doit passer pour devenir bon dans la suite.

Dans les terres légeres & les sables légers, mais un peu substantiels on doit planter des *tresseaux* & des *maillons façonnés*, on les appelle autrement *meuniers*.

Dans les gros sables il convient de planter le *mêlier*; les sables, quoique plus chauds que les terres fortes, ne donnent pas de si bons vins, parce que leurs sels n'ayant rien que de très-commun ne procurent à ces raisins qu'une liqueur fade & bien moins sucrée que celle des terres fortes.

Dans les terres pierreuses dont le fond est jaunâtre ou brun, le *pineau* & le *tresseau* sont les plus propres, le meunier y convient aussi.

La terre pierreuse est préférable à toute autre, parce qu'elle rend le vin plus fin & plus délicat & que le fruit y mûrit de bonne heure.

Il est certain que la cause primitive, essentielle, spécifique de la bonté du vin, c’est la qualité du terrein. Qui refuseroit d’en convenir, ne pourroit jamais rendre raison, pourquoi une infinité de terroirs, même des vignes dans un même terroir qui ont la même exposition, il n’est pas un seul terrein, pas même, pour ainsi dire, une seule vigne qui ne produise du vin d’une qualité différente.

Il est également certain que de toutes les expositions la plus favorable pour accroître le bon goût, la couleur, le feu, la séve du vin est l’exposition au Midi. C’est pourquoi il faut toujours faire ensorte dans la plantation que les rangs des ceps soient tirés de l’Est à l’Ouest, afin que les rayons du soleil frapent pendant toute la journée les cépages.

Chacun convient que c’est la chaleur qui donne le mouvement & la vie à tous les êtres. C’est la chaleur qui donne à la terre les dégrés de fermentation, à toutes les plantes leur vie végétative, & à leur fruit le suc & la qualité dont ils sont susceptibles, selon le dégré d’action qu’elle produit en eux : ainsi de deux sols égaux en vertu, celui sur lequel le soleil lancera des rayons plus vifs de chaleur, produira de meilleurs fruits. Or le sol exposé au Midi, recevra incontestablement de plus hauts dégrés de chaleur ; par conséquent il communiquera toujours une séve plus spiritueuse à la plante, & à son fruit un suc plus exquis. Cette vérité est incontestable ; elle est fondée sur l’expérience.

L’exposition au Midi est encore la plus favorable pour avancer & perfectionner la maturité des raisins, de laquelle la bonté du vin dépend absolument. Elle est encore la plus favorable, parce qu’elle amortit ou tempere de beaucoup les rigueurs de l’Aquilon auquel elle se trouve opposée, & parce qu’en fondant plutôt qu’ailleurs les brouines qui dans le plein de l’hiver s’attachent aux branches de la vigne, la sécheresse qu’elle y forme met le bois & les boutons hors de prise à la gelée ; par la même raison elle sauve plus avantageusement que toute autre exposition la vigne du danger des frimats du Nord-Ouest, des grêles, des neiges, des pluies froides, lesquelles tombant au mois d’Avril ou de Mai dans les après dînées sont d’ordinaire suivies de gelées à cause de l’humidité qui reste sur les feuilles dans les autres expositions. Car dans l’exposition même au Levant, le soleil tombant vers l’Ouest sur le déclin du jour, ne peut pas toujours dessécher ni l’humidité des plantes

ni la fraîcheur des feuilles. Il eſt rare même que le ſoleil la deſſéche parfaitement dans l'expoſition à l'Oueſt, parce que, quoique la
vigne ait l'aſpect direct du ſoleil vers le ſoir, il arrive néanmoins
que le ſol & la plante, qui ne reçoivent jamais que de foibles
rayons dans l'après-dînée, conſervent toujours une fraîcheur in-
trinſéque qui attire la gelée, qui fait jaunir la vigne, qui affoiblit
les productions, qui empêche enfin la maturité & le bon goût des
fruits; au lieu que dans l'expoſition au Midi, le ſoleil entretient
toujours un ſol plus ſec; la chûte des frimats n'y a pas toujours des
ſuites auſſi funeſtes; parce que ſi le ſoleil paroît ſur le ſoir, il a
bientôt deſſéché l'humidité de la terre & la fraîcheur des feuilles.
Par-là il arrive que la gelée, ou n'a aucune priſe ſur la plante &
ſur les feuilles, ou y en a beaucoup moins qu'ailleurs.

Quand l'expoſition eſt au Midi, le ſoleil pendant les premieres
heures de ſon lever ne frappe de ſes rayons qu'indirectement, de
ſorte que pompant peu à peu l'humidité il deſſéche inſenſiblement
les raiſins ſans les brûler, au lieu que quand l'expoſition eſt au Levant, les rayons du ſoleil, lorſque la nuit a été fraîche, humide &
froide, ſont ſi vifs & ardens qu'en frappant les feuilles ils en dilatent
& diviſent les fibres, que le froid de la nuit avoit reſſerrées en in-
terceptant le cours des ſucs nourriciers; c'eſt une eſpéce de criſpa-
tion, de ſorte que les feuilles, faute de nourriture, ſe deſſéchent
& ſe brûlent; de-là leur chûte & l'imparfaite maturité des raiſins.
Ainſi la grande raiſon qui ſembloit favoriſer l'expoſition au Levant, eſt préciſément ce qui prouve qu'elle n'eſt point ſalubre pour
la vigne.

Tout le monde convient, (& c'eſt d'après l'expérience) que
pour bien bonne & pour bien propre que ſoit à la vigne la qualité
du terrein, & que pour bien favorable qu'en ſoit l'expoſition,
les vins qu'on y récolte dans les années pluvieuſes ou humides,
n'ont ni chaleur, ni ſéve, ni goût, ni couleur, ils ſont quelquefois ſi
peu montés en qualité que l'on ne peut ni les vendre ni les conſerver: ou bien ils n'ont tout au plus qu'une qualité ſi médiocre qu'on
ne peut point les vendre à l'étranger. Il faut donc qu'il y ait une
autre cauſe étrangere au terrein & à l'expoſition. Cette cauſe eſt
un air bien conditionné, nous entendons par-là un air chargé de
ſels végétatifs, qui échauffés par les rayons du ſoleil tombent ſur
un terrein naturellement propre à la vigne, pour la faire fermenter, pour donner de la nourriture à la plante & du goût au fruit.

L'air eſt la vie, & pour ainſi dire, l'ame de toute la nature,
qui,

qui, selon toutes ses différentes affections & ses diverses influences, communique aux plantes plus ou moins de vertu & aux fruits plus ou moins de qualité. Aussi s'apperçoit-on que dans les années où l'air est longtems humide & chargé de nuages qui fondent en eau, la vigne plus que toute autre plante, loin d'être fructueuse, jaunit; ses raisins tombent ou ne rendent qu'une liqueur aqueuse, sujette à tourner aux moindres chaleurs. Au contraire, dans les années chaudes & modérément séches, toute la nature étale à nos yeux sa fécondité. Les plantes, & sur-tout la vigne poussent des tiges & des branches vigoureuses, des feuilles saines & d'un verd vif & animé, & produisent des fruits en abondance & qui sont exquis, autant du moins que le terrein & l'exposition le permettent.

Il faut sur-tout bien observer, quant à l'exposition de la vigne, qu'il ne faut point l'ombrager d'aucuns arbres tels qu'ils puissent être, soit de cerisiers ou autres, sur-tout de noyers: voilà l'opinion de certains auteurs qui ont étendu cette régle un peu trop loin.

Nous convenons avec eux que les noyers, les cerisiers, les figuiers dont la plantation est si fort accréditée dans les vignobles de certains pays doivent être proscrits, parce que ces arbres de futaye portent trop loin leur ombre, qui d'ailleurs est trop épaisse Nous parlons sur-tout des cerisiers. Quant aux figuiers on pourroit plutôt en permettre la plantation, parce que les vuides espacés qui se trouvent dans la forme de la feuille, laissent des clairieres, qui donnent un passage aux rayons du soleil & à l'air. D'ailleurs ils ne consomment point tant de sucs nourriciers & ne portent pas si au loin que le cerisier leurs racines horizontales; mais nous avertissons que les figuiers même ne peuvent & ne doivent être admis que dans une vigne exposée au Levant, leurs feuillages servent à briser les rayons du soleil, qui, comme nous venons de le faire observer, font après les nuits froides & humides, un si grand ravage dans les vignes qui ont cette exposition.

Quant aux pêchers, nous prenons la liberté de fronder ici les auteurs qui les proscrivent; l'expérience prouve que tous les ceps de vigne voisins de ces arbres sont toujours les plus vigoureux & les plus abondans en fruit, qui a un goût exquis, si le cep est d'une bonne espéce. On remarque qu'ils sont bien supérieurs aux ceps qui en sont les plus éloignés: mais pour s'en rapporter à cette expérience, il faut la faire sur-tout dans les pays Méridionaux, où les pluies sont certaines années si rares & les sécheresses si fréquentes

& fi brûlantes, que fans l'ombrage des pêchers & même des figuiers, les raifins feroient brûlés long-tems avant leur maturité.

On remarque que tous les Auteurs négligent de pofer des régles toujours relatives au climat. Or c'eft feulement dans ce point important que peut fe trouver l'utilité des inftructions qu'ils donnent.

Lorfque nous donnons la préférence aux pêchers, la raifon la juftifie ; ces arbres ont leurs branches efpacées, les feuilles allongées & extrêmement étroites : elles font pendantes ; de forte que le moindre zéphir les agite en tout fens, & cette agitation caufe un mouvement doux dans l'air qui environne le cep, ce qui ne fert pas peu à le rafraîchir & à le mettre en état de réfifter aux rayons ardens du foleil.

L'objet feul, que l'on ne doit point perdre de vue en plantant des pêchers dans les vignes plantées de l'Eft à l'Oueft, c'eft de les efpacer au moins de trente-cinq ou quarante pieds. On peut avec sûreté planter à la même diftance une efpéce de figuier qu'on appelle figuier de Marfeille : fa tige ne s'éleve point autant que celle des autres figuiers ; d'ailleurs fa feuille eft auffi beaucoup plus petite & fes branches beaucoup plus efpacées.

Ainfi l'obfervation de certains Auteurs qui affurent qu'on a toujours remarqué que dans les vignobles où l'ufage de planter des arbres eft établi, non-feulement la vigne y rapporte peu de raifin, mais encore que le vin, faute de pouvoir y mûrir, n'acquiert qu'une très-foible qualité ; cette obfervation, difons-nous, peut être vraie, relativement aux pays Septentrionaux du Royaume & relativement à certains arbres. Mais elle eft fauffe, relativement au pays & aux arbres dont nous venons de parler.

En fait d'Agriculture, il faut, après avoir mis fous les yeux du Cultivateur la régle générale, entrer dans un détail exact de toutes les exceptions. Il ne faut point craindre d'être verbeux. Cette précifion fi vantée, loin d'être utile, devient au contraire très-dangereufe : on nous a reproché notre prolixité ; c'eft de ce reproche même que nous tirons toute notre gloire. L'art de faire des phrafes eft un méchanifme affez connu pour que nous euffions pu l'acquérir avec un peu d'attention, fi nous avions eu pour objet d'écrire pour cette claffe de gens qui fe portent effrontément juges d'un ouvrage d'Agriculture & à qui nous ne voudrions point confier la conduite d'une laitue. Les payfans nous entendent-ils ? voilà notre objet rempli ; peu nous importe d'obtenir les fuffrages de ces êtres fublimes & privilégiés qui fçavent tout fans avoir rien appris.

Cet épifode étoit indifpenfable Nous fommes mortifiés d'avoir été obligés de le faire : mais le lecteur conviendra, qu'il eft bien affligeant pour un Auteur qui cherche tous les-moyens poffibles de donner des preuves de fon zéle, de fe voir dans des endroits publics, mis fur la fellette, par des gens qui ne doivent la continuation de leur exiftance qu'à des intrigues baffes, peut être même criminelles, & qui ne font néceffaires ici-bas, tout au plus, que pour, par le contra-fte, donner plus d'éclat au mérite des vrais citoyens : fi leur cœur endurci pouvoit encore entendre la voix des remords, nous ferions plus que vengés. Nous les abandonnons à leur fort méprifable ; reprenons des fujets plus utiles.

Lorfque l'on a fait le choix d'un terrein propre à la vigne, il faut faire celui du plant, qui eft venu dans un terrein à peu près de la même nature, du même climat & de la même expofition que celui dans lequel on veut faire fa plantation : qu'on obferve fur-tout que le fol d'où on le tire foit moins abondant en principes que celui où on le tranfplante : fans toutes ces précautions, ce jeune plant qui eft extrêmement tendre fouffriroit beaucoup de ce change-ment.

Avant de détacher le plant de la même vigne & de le lever de terre, il faut avoir la même attention que nous avons recom-mandée dans la plantation des arbres ; c'eft-à-dire, qu'il faut mar-quer l'écorce dans la partie qui regardoit le Midi, & dans celle qui regardoit le Septentrion, pour planter à la même expofition. Si le terrein eft gras & humide, il faut ferrer le plant plus près l'un de l'autre que dans un terrein fitué fur un côteau. Comme celui-ci n'abonde jamais tant en principes, le plant demande d'y être plus efpacé.

CHAPITRE XIV.

Du tems & de la maniere de planter la Vigne.

ON sçait d'après des expériences qui se sont perpétuées jusqu'à nous, que la plantation de la vigne est plus favorable en automne, sur-tout lorsque l'on plante dans des terres légeres & séches; parce qu'alors le sarment étant déchargé de ses branches & de ses feuilles, reprend ses forces & s'unit plus intimément à la terre qui nourrit ses petites & foibles racines, & leur procure un plus prompt accroissement. Les pluies d'hiver suppléent aux arrosemens qu'il faut faire si l'on plantoit au printems, & qui sont d'une exécution impraticable dans un vignoble d'une grande étendue : ajoutons encore que les arrosemens faits par les pluies produisent bien plus d'effet que les arrosemens artificiels.

Plusieurs Cultivateurs suivoient l'usage de planter au printems; on leur a fait sentir le défectueux de cette méthode; reconnoissant par la suite tous les avantages qui résultoient de la plantation de l'automne, ils n'ont point tardé à l'adopter. On remarque qu'en la suivant on épargne au moins les six dixiémes des plants & plus des deux tiers du tems pour celui de la récolte.

De toutes les formes des plantations, nous l'avons déja dit, le quinconce est la préférable & celle qui commence à être le plus généralement préférée : supposons l'arpent quarré à 900 toises, la perche ou verge quarrée a 9 toises; par conséquent l'arpent a 32400 pieds quarrés, & la perche à 324 pieds quarrés. Si l'on veut planter en marcottes à panier ou à gazon, il faut donner trois pieds de distance, & pour lors il faut pour un arpent 10800 marcottes. Si l'on veut planter en crocettes, il ne faut donner que deux pieds de distance ; mais comme au contraire de la marcotte on doit mettre dans un même trou deux crocettes, l'une couchée vers la main droite, l'autre vers la gauche, il en faut 32400.

Si l'on veut élever un nouveau plant sur une terre plantée en vigne & qui ait reçu précédemment de l'amendement ou qui soit naturellement grasse, il faut la labourer à un pied de profondeur pour le moins & la couvrir, comme nous l'avons dit ci-devant, d'un demi-pied de terre légere ou de sable pris dans un lieu sec, ensuite la labourer une seconde fois, pour mêlanger ces deux espéces de terre, semer sur cette terre du bled de Mars, comme Orge, Sarrazin, pour la dégraisser & la rendre plus proportionnée à la délicatesse du jeune plant qui périroit dans une terre trop fournie de sucs nourriciers. Enfin on doit planter au mois de Novembre suivant son jeune plant.

Dès qu'on a arraché une vieille vigne, & qu'on veut en planter une autre l'année suivante, il faut labourer le champ, & y semer au printems de la vesce, ou de grosses féves le plus épais qu'il est possible. Lorsqu'elles commencent à mûrir il faut refouir cette terre, & les y enterrer. Cette opération produit plus d'amendement que tout autre fumier quelconque.

Si le terrein que l'on veut planter n'a jamais été employé en vigne, il faut mettre la terre en mottes & lui laisser passer dans cet état un hiver, il faut la découvrir autant qu'il est possible au vent de bise pour la diviser & ameublir. Lorsque nous disons de la motter, nous entendons par-là qu'il faut laisser ses parties telles que le tranchant de la charrue les léve en labourant.

Il faut avoir l'attention de marquer le cep dont on veut tirer le plant avec un petit brin d'osier, & marquer d'une autre maniere celui qu'on veut arracher & détruire.

La méthode que l'on suit en Anjou pour élever un plant, est excellente; nous ne sçaurions trop la louer, & la recommander à ceux qui veulent planter en crocettes. Nous avertissons cependant que le plant des marcottes à panier ou à gazon mérite la préférence. Voici comment les Vignerons de cette Province se comportent.

Si c'est une vigne neuve qu'on veut planter dans un sol neuf, soit qu'il se trouve dans le roc ou dans un terrein uni & plat, on le fait labourer pendant deux années; après quoi on prend des brins de sarments de la longueur d'un pied & demi qu'on a coupés de dessus le cep, auxquels on laisse un peu de vieux bois & qu'on met tremper une quinzaine de jours dans l'eau par paquets d'un, de deux, ou de trois milliers. On les sépare ensuite pour les planter à deux pieds de distance l'un de l'autre en faisant un trou avec une barre de fer; ensuite on les laisse pousser : on a le soin pendant l'été de bêcher tout autour, pour détruire les herbes qui pourroient étouffer les boutons. Si l'été n'est pas trop sec, ils réussissent presque tous; mais s'il ne pleut pas de tems en tems, on en perd quelquefois un tiers. Si le fonds n'est pas bon, ou si l'on veut rétablir les brins qui ont

manqué, ou les vieux ceps dans une vigne ancienne, on tire alors
de l'eau les brins qu'on y a trempés pour leur faire prendre des racines avant de les planter en terre neuve, où ils pouſſent plutôt que
ceux qui n'ont pas de racines.

Pour leur faire prendre racines, on les plante un à un à côté l'un
de l'autre, & bien avant en terre, en les recouvrant très-exactement
depuis le mois d'Août juſqu'au mois de Mars. On remarque que
pendant ce tems il ſe forme au bout de chaque brin une laitance
fort tendre, qu'on ménage avec ſoin en les replantant moitié couverts de terre & moitié découverts, alors cette laitance ſe durcit & ſe forme en racine. C'eſt en déplantant ces brins au mois
de Mars pour les planter en terre neuve, ou pour réparer ce qui
manque à la vieille vigne, qu'on reconnoît ceux qui ont réſiſté &
qui ont pris racines.

Pour aſſeoir ce jeune plant dans la vigne neuve ou vieille on creuſe des foſſes de deux pieds de profondeur & d'un & demi de largeur,
qu'on remplit à demi de bonne terre neuve, autrement appellée
terre franche, on la prend dans les prés ou dans les foſſes qu'on
avoit laiſſé repoſer deux ans, pendant lequel tems il faut l'avoir
braſſée cinq ou ſix fois dans les terres arides, on y met ſeulement
de cette terre ainſi préparée. Dans les fonds plats & humides on la
mêle avec une égale quantité de fumier de cheval, car ſi on mettoit le fumier ſeul, il gâteroit & brûleroit les ceps de façon qu'ils
ne vivroient pas long-tems.

Ce plant ainſi éduqué pouſſe dans l'année pluſieurs petits brins
qui deviennent plus forts l'année d'après. La troiſiéme année on
coupe la tête juſqu'au nœud de la plante, le plus près de la terre.
Cette troiſiéme année le plant pouſſe du bois aſſez fort pour le
tailler à fruit ; à la quatriéme, cinquiéme & ſixiéme, il rapporte
du fruit fort beau & en abondance.

Cette façon de braſſer & diſpoſer les terres mérite l'attention
des Vignerons qui devroient la mettre en uſage dans tous nos vignobles.

CHAPITRE XV.

Des Vignes hautes, moyennes & baſſes, & de la durée de chacune
de ces trois eſpéces.

LEs vignes hautes croiſſent dans les pays chauds, comme en
Languedoc, en Provence & en Piedmont, & n'ont pour ſup-
port que les arbres ſur leſquels elles montent. Voilà ce que nous
appellons *hautains*. Les vignes que nous appellons hautes ſont celles
qui s'élevent juſqu'à cinq ou ſix pieds, telles que celles d'une grande partie des vignes du Bourdelois; elles ſont ſoutenues par des
échalas qui portent ſept à huit pieds.

Les autres vignes qui croiſſent dans les lieux moins chauds, montent juſques à quatre ou quatre pieds & demi d'élévation, comme on en voit dans les vignobles Laonnois, dans le Pertois & dans
les vignobles voiſins de Reims. Cette eſpéce de vigne eſt fort
abondante. On y plie en anneau le brin de l'année précédente :
on laiſſe à ce brin huit ou dix yeux, dont on attache l'extrémité
au pied du cep. Ce brin porte beaucoup de fruit, & plié de cette façon, profite mieux des rayons du ſoleil; ſans ce ſecours les raiſins de ces vignes qui ſont très-gros & très-ſerrés n'acquerroient
que très-difficilement leur parfaite maturité.

Au lieu d'arrêter cet anneau au pied du cep il vaudroit mieux piquer l'extrémité du brin en terre, de ſorte qu'il y eût un œil ou deux
d'enterrés : ce brin tireroit tant par les racines de la ſouche que par celles qui ſe formeroient à l'extrémité piquée en terre, beaucoup plus
de nourriture, & le fruit ſeroit plus gros.

On ne laiſſe monter les vignes baſſes qu'à deux pieds & demi ou
trois tout au plus. Dans les vignobles de la riviere de Marne on ne
les laiſſe monter qu'à deux pieds : auſſi les vins de ces cantons ſont-
ils très-fins; mais ils n'ont point autant de corps que ceux de la
montagne de Reims où l'on donne à la vigne trois pieds de hauteur.

Les hautains & les vignes de treille donnent beaucoup de vin,
mais il eſt toujours inférieur à celui des vignes baſſes. Cette vérité eſt inconteſtable, quoiqu'en puiſſent dire les Cultivateurs intéreſſés à ſoutenir le contraire. Ils apportent en preuve le vin de *Ge-*
ranſon qui eſt fort eſtimé quoiqu'il y ait en ce lieu beaucoup de

hautains : le fait est vrai ; mais il n'est pas moins certain que les vins des vignes basses de ce même canton sont de beaucoup supérieurs à ceux qui sont mêlés avec du vin de hautain. Ces personnes pensent-elles que nous ignorions que l'on ne pratique ce mélange que pour trouver à se défaire plus avantageusement des vins des hautains, que ce mélange améliore beaucoup, & sans lequel on ne l'achéteroit qu'à vil prix, puisqu'il est certain qu'ils ne seroient propres qu'à faire de l'eau-de-vie ?

Dans le pays de Bigorre, Bearn, Armagnac & Basque, presque toutes les vignes sont en hautain. Il y en a beaucoup en Dauphiné & dans toute l'Italie ; l'usage le plus ordinaire de ce vin est d'être réduit en eau-de-vie.

La vigne rampante dont presqu'aucun auteur ne fait mention, ce qui fait que les Cultivateurs la confondent avec la basse, produit un vin très-délicat ; mais il faut avoir l'attention de la bien espacer pour que le dessous de son bois prenne l'air, & que le fruit reçoive les influences du soleil. Cette vigne a, par excellence, une qualité sur toutes les autres espéces, c'est qu'elle dure le plus de toutes, pourvu du moins qu'on veille sur les Vignerons qui laissent, ce que nous avons appellé la *rote*, ou sarment, d'une longueur extraordinaire, qui épuise absolument les ceps & précipite leur fin par la grande quantité de nourriture qu'ils sont obligés de fournir à tant de bois & à tant de fruit.

Sous la dénomination de vigne basse nous avons entendu parler de la vigne moyenne.

La vigne dure plus ou moins, suivant son espéce, suivant la qualité du sol, suivant le climat du pays, & sur-tout suivant le plus ou le moins de bois qu'on lui laisse en la taillant.

Quant à l'espéce, la vigne blanche dure plus que la noire ; quant à la qualité de la terre, elle dure plus dans les terres fortes que dans les terres légeres ; quant au climat, elle dure plus vers le Nord que vers le Midi ; quant à la taille, moins on lui laisse de bois & plus elle dure ; quant à la hauteur, on sent par la même raison que les vignes rampantes vivent beaucoup plus long-tems que les moyennes ou basses, celles-ci beaucoup plus que les hautes, & ces dernieres plus que les hautains.

En Champagne & en Picardie on voit des vignes qui ont plus de cent ans, peut-être même plus de cent cinquante ; on a tiré des vignes des montagnes de Reims, dont les racines avoient plus de cent pieds de longueur. Ce qui indique que ces vignes avoient au moins cent quarante ans.

Dans

Dans les vignobles on y rabaiffe, (il ne faut point ici confondre ce terme avec celui de ravaler, ravaler eft la même chofe que provigner, mais rabaiffer eft différent; c'eft au lieu de laiffer paroître la fouche, rabaiffer en terre chaque année le bois de l'année précédente) on y rabaiffe, difons-nous, chaque année la vigne, & l'on y couche tous les ans fept à huit pouces de bois de l'année précédente à un demi-pied en terre. Lorfqu'on eft curieux de connoître l'âge d'une vigne, il faut en déchauffer les racines dans toute leur longueur, fans les couper ni les caffer, & l'on juge de fon âge par chacun de ces rabaiffements qui y font toujours marqués.

Lorfqu'une vigne a atteint l'âge de foixante ans ou environ, elle doit être regardée comme vieille & ufée; elle produit, à la vérité, un vin bien plus fin & plus délicat qu'une jeune vigne, mais en bien moindre quantité; on gagne plus à l'arracher & à renouveller fon terrein avec du jeune plant qu'à la greffer, comme cet abus eft établi dans plufieurs vignobles.

CHAPITRE XVI.

Du labour de la Vigne & des fumiers qui lui conviennent.

COmme la terre eft toujours couverte du plant de la vigne, il n'y a que deux tems fixes qu'il faut faifir pour la labourer, c'eft-à-dire avant le renouvellement de la féve & entre ce renouvellement & la parfaite maturité de fon bois & de fon fruit.

L'ufage eft établi de donner trois labours à la vigne dans le courant de l'année. Nous avons dit les noms de ces trois labours. Il eft vrai qu'en Champagne on a donné un nom particulier au premier labour & qui n'eft guères connu dans les autres vignobles. On dit hourir la vigne, fans doute parce qu'au lieu de fe fervir d'une bêche, les Champenois fe fervent d'une houe, & en ce cas-là même il faudroit dire houer, & non hourir; en Champagne le fecond & troifiéme labours s'appellent ferclure au lieu de binage, parce que dans ces deux opérations les Vignerons fe fervent d'une farcle ou hoyau plat. Le premier fe fait après la taille, le fecond quelque peu de tems avant la fleur de la vigne, & le dernier quand le fruit ou verjus eft tout formé & commence à groffir.

Dans les terres féches, légeres & fablonneufes, le premier labour doit se faire au commencement de Mars jusqu'à la mi-Avril. Dans les terres grasses & humides on doit commencer quinze jours plus tard. Il faut avoir le soin de labourer la vigne avant que le bourgeon commence à sortir, de crainte que ce bouton grossissant, le Vigneron, en travaillant, ne le fasse tomber, soit avec ses pieds, soit avec son outil. S'il arrive que la vigne pousse son bouton avant cette façon, il vaut mieux la suspendre jusqu'à ce que le brin que le bouton aura produit soit en état de se défendre.

Il faut avoir le soin de bien observer si avant de faire ce labour le Vigneron a arraché l'herbe jusqu'à la racine & s'il l'a jettée ou emportée hors de la vigne. Il faut qu'en labourant il ait l'attention de bien remuer la terre jusques aux racines & de les recouvrir au moins de six pouces de terre d'épaisseur.

On donne le second labour un peu de tems avant la fleur, parce qu'une terre nouvellement remuée dans le tems de la fleur de la vigne étant susceptible de fraîcheur & d'humidité, contribue à faire couler le fruit; si le tems ne permet pas de biner au moins quinze jours avant la fleur, on doit suspendre cette façon jusqu'à ce que le fruit soit tout-à-fait noué. Car il est de la derniere conséquence de ne pas la donner dans le tems de la fleur.

Le tierçage ou rebinage ou troisiéme labour ne doit point se donner jusqu'à ce que le verjus soit bien formé & qu'il commence à grossir. Il faut, autant qu'il est possible, choisir pour donner cette façon, un tems couvert, mais non pluvieux. Il y auroit lieu de craindre que la feuille de la vigne & même le verjus ne brûlât si l'on la donnoit dans une grande sécheresse & par un soleil trop ardent.

La vigne est une plante qui differe beaucoup du bled; celui-ci ne pénétrant pas bien avant dans la terre, trouve sur la superficie une nourriture suffisante que lui fournissent les influences de l'air & du soleil; au lieu que la vigne dont les racines pénétrent bien plus avant en terre, ne trouve souvent à un pied de profondeur qu'un tuf aride que les influences ne peuvent aisément pénétrer; par conséquent il est indispensablement nécessaire d'avoir recours au fumier pour cet effet; mais ce point-ci demande beaucoup d'intelligence & beaucoup de précaution. Car outre qu'il faut amender avec beaucoup de modération, il faut encore considérer la qualité du terrein; il faut connoître l'espéce du fumier qui lui convient, examiner quelle en peut être la durée, & la quantité qu'il est bon d'en donner.

Une bonne terre n'a pas besoin de beaucoup de fumier, la moyen-

ne en exige un peu plus, & celle de la derniere claffe en veut beaucoup davantage.

La vigne ne veut pas être fumée en grande quantité à la fois,
elle réuffit beaucoup mieux lorfqu'on lui donne moins de fumier
& plus fouvent. Une terre qui n'eft pas fumée s'endurcit & fe
tranfit, le trop de fumier la brûle. En répandant du fumier dans une
vigne, il faut bien obferver de ne pas toucher aux racines. Il faut
d'abord répandre fur elles une terre douce & légere, enfuite on
met la couche de fumier que l'on recouvre d'une terre légere.

L'ufage en Champagne eft de donner aux vignes tous les fept
ou huit ans un amandement complet, qui confifte en mille hotées
par chaque arpent. Cette méthode eft des plus inconféquentes, fur-
tout dans un vignoble dont le mérite du vin ne confifte que dans fa
grande délicateffe & fa grande fpirituofité. Si MM. les Champenois vouloient bien prendre garde que dans l'année de leur
grand amendement leurs vins doivent être néceffairement inférieurs en ce qu'ils ne peuvent point manquer d'être gras, ils
profcriroient un ufage qui va directement contre tous les principes.

D'ailleurs il n'eft pas poffible qu'un fecours fi abondant ne faffe
pouffer la vigne abondamment en bois & en fruit l'année qu'on le
donne, & que cette double fertilité ne fatigue confidérablement
les ceps.

Un demi-amendement, fait de quatre en quatre ans, eft moins
dangereux & doit être par conféquent préféré; parce que dans un
amendement complet l'abondance du fumier, comme nous venons
de le dire, altere confidérablement la qualité du vin, en ce que
pouffant le fruit à une trop grande maturité, le vin que ces raifins
rendent eft mol, fade & facile à graiffer, & peu propre, comme
on dit ordinairement, à rappeller fon buveur.

Il feroit à fouhaiter que l'on ne fît point d'ufage d'aucun fumier
quelconque dans aucun vignoble. Nos vins s'accréditeroient bien
plus, fe conferveroient mieux, & deviendroient une denrée qui
par fa plus grande rareté gagneroit de prix & de débit.

Mais enfin puifque l'avidité des Vignerons & des propriétaires porte les uns & les autres à ce point d'aveuglement, qu'ils croient
gagner beaucoup par la quantité, tâchons de les déterminer à fuivre
la méthode que l'on pratique dans certains vignobles.

L'ufage établi parmi les Vignerons de la riviere de Marne pour
l'emploi du fumier eft le plus fage qui fe pratique dans prefque tous
les Vignobles du Royaume. Ils font une foffe au bout de leurs

vignes dans laquelle ils conduifent pendant le courant d'une année leur fumier, qu'ils ont l'attention de couvrir de terre, de façon
qu'ils font chaque fois un lit de fumier d'environ un pied d'épaiffeur, & un lit de terre d'environ trois ou quatre pouces, & toujours ainfi par couches alternatives pendant tout le cours de l'année. Au bout de ce tems le fumier fe trouvant parfaitement confommé, ils en répandent au pied de chaque cep qu'ils provignent, deux
ou trois fois autant qu'ils en peuvent contenir dans leurs mains
réunies, c'eft-à-dire plein deux ou trois écuelles.

Cette méthode, comme on le voit, n'eft pas à beaucoup près auffi
vicieufe que la précédente; & fi cependant elle l'eft en ce qu'au
lieu d'un pied de fumier il ne faudroit mettre que quatre pouces,
& qu'il faudroit que la couche de terre fût au contraire d'un pied
d'épaiffeur; encore même voudrions-nous que l'on fît un choix
exact du fumier. Il feroit à fouhaiter que l'on n'eût recours
qu'aux engrais artificiels, comme les cendres de bois neuf, la fuie,
bien éteinte, un peu de chaux, nous admettons cependant parmi
les naturels la fiente de pigeon & de volaille bien defféchée. Par ce
moyen on verroit également la vigne profpérer fuffifamment en
bois & en fruit, durer long-tems, & produire des vins qui ne feroient pas fi fujets à graiffer.

Nous connoiffons quelques particuliers qui avouent s'être bien
trouvé de cette méthode. Pourquoi ne la mettroit-on point en
ufage, fi l'on peut par cette voie fe procurer conftamment des années communes & des vins qui ont de la qualité? Ce n'eft point la
grande quantité de vin qui fait la richeffe du Vigneron : les expériences fréquentes auroient dû le faire revenir de cette erreur à laquelle il tient fi obftinément à fes dépens : nous l'avons déja dit, il
n'en eft pas du vin comme des autres denrées qui fe confervent, dont
la récolte & la garde n'expofent point à de grands frais, & qui
ont toujours un prix propre à foulager le Cultivateur lorfqu'il eft
preffé de s'en défaire. Il eft au contraire bien des endroits où le
vin dépérit faute de trouver à le vendre ou de pouvoir en faire de
l'eau-de-vie, comme font par exemple les pays où le bois manque : plus l'abondance du vin eft grande, & plus il faut de vaiffeaux vinaires dont le prix augmente à proportion de la confommation qu'on en fait, moins le vin fe vend, plus on eft de tems
à le pouvoir vendre, plus auffi il confomme pour fa nourriture.

Si nous entrons dans ces détails, ce n'eft que pour faire ouvrir les
yeux au Gouvernement fur l'inconféquence de toutes ces grandes

plantations de vignobles qui emploient beaucoup de bras utiles à beaucoup d'autres branches de l'Agriculture plus fructueufes, qui font languir au fein de l'abondance le malheureux propriétaire, & qui font en pure perte pour lui & par conféquent pour l'Etat.

Les vrais obfervateurs ont remarqué deux défauts généraux dans les terres ; le premier, c'eft qu'elles ont trop d'humidité, qui produit du froid & donne trop de pefanteur à la terre ; le fecond, c'eft d'avoir trop de féchereffe qui accompagne toujours les terres qui font exceffivement légeres & qui par conféquent ont une très-grande difpofition à être brûlantes.

Il faut donc oppofer deux remedes différens à ces deux inconvéniens tout oppofés. Quant aux fumiers que l'on emploie, les uns font gras & rafraîchiffans, les autres font chauds & légers ; les premiers font les fumiers de vache, de bœuf & de pourceau ; les feconds font ceux de pigeon, de mouton, de cheval, de mulet & de poule.

Comme il eft de la faine phyfique de combattre un mal par fon oppofé, on fent qu'il faut des fumiers chauds & légers dans les terres humides, froides & pefantes, afin de les rendre plus légeres & plus meubles ; telles font les terres des vignobles Bourdelois appellés les palus & autres femblables.

Par la même raifon il faut des fumiers gras & rafraîchiffants dans les terres maigres, féches & légeres, afin de les rendre plus graffes & plus fubftantielles, & par ce moyen empêcher que le hale du printems & les chaleurs de l'été ne les altérent.

Il y a différentes efpéces de fumiers dont un Vigneron actif & intelligent fçait faire choix fuivant la nature du fol qu'il veut amender. Celui que généralement on eftime le meilleur eft la fiente de volaille & de pigeon.

Il eft des Vignerons qui veulent qu'on excepte cependant la fiente de canard, d'oie & de tous les oifeaux aquatiques, à caufe, difent-ils, de fon humidité. Rien de plus pitoyable que cette raifon ; toutes ces fientes font excellentes pourvu que l'on les mêle avec celles de pigeon & de volaille, pour plutôt les deffécher.

Tous les Auteurs fe réuniffent en faveur de la fiente de pigeon ; elle eft fans contredit d'autant plus active, pénétrante & efficace, qu'il faut même que les Laboureurs la répandent auffi clair que le bled fur le fol qu'ils en amendent ; c'eft en effet le fumier le plus chaud de tous. Il eft d'une grande utilité pour les campagnes vaftes & peu fertiles, où tous les autres fumiers, non-feulement font

fort rares, mais où par l'éloignement il faudroit, pour les y conduire, faire une grande dépenfe ; il produit beaucoup de fucs nourriciers & eft l'ennemi déclaré des mauvaifes herbes , il les détruit
abfolument.

Mais comme les pigeons font ordinairement errants & vagabonds & qu'ils ne dépofent guéres de la fiente dans le colombier
que pendant la nuit. Il faut que le Cultivateur ait les ouvertures de
fon colombier faites en couliffe. On y met des chaffis garnis de
verre pour y conferver le jour ; & de tems en tems on tient les pigeons enfermés pendant des jours entiers : cela fe pratique de tems
en tems pendant la moiffon , parce que les pigeons, quoiqu'ils aient
à nourrir des petits, ne fe trouvent point affamés, vu la grande
quantité de nourriture qu'ils trouvent à la campagne, de forte qu'en
les enfermant de deux jours l'un , on les nourrit à peu de frais, obfervant de mettre avec le peu de grain qu'on leur donne une certaine quantité de fable & de gravier , ce qui les fait beaucoup
fienter fans caufer une grande dépenfe au propriétaire. Dans l'hiver on le pratique auffi, fur-tout pendant les brouillards ; comme
le tems de la ponte eft paffé ils n'ont qu'eux feuls à nourrir ; de
forte qu'en les enfermant le Cultivateur s'en tire à peu de frais &
fe procure beaucoup plus de cet amend ment précieux.

La ftercoration des hommes eft, après la fiente de pigeon , l'amendement le plus actif ; mais il feroit un ravage affreux fi on l'employoit feul , il brûleroit non-feulement les herbes & les plantes,
mais même la terre ; il faut le méler avec les fumiers ordinaires &
le laiffer quelque tems en tas, pour lui donner le dégré d'extinction
convenable.

Il feroit à fouhaiter qu'on ne la mélat , par exemple pour les terres
légeres & peu fubftantielles, qu'avec trois quarts d'argile glaifeufe,
on fait migeotter ce mélange dans une foffe à fumier que l'on pratique près du vignoble. On a l'attention pour l'éteindre plus vîte,
fi l'on en a la commodité, de tirer de quelque ruiffeau voifin ou
de quelque marre voifine un filet d'eau que l'on y fait paffer deffus ; il
ne faut pas croire qu'elle foit perdue & que les parties effentielles
qu'elle emporte foient de nulle valeur & de nulle utilité ; on pratique à quelque pas au-deffous de la foffe une efpéce de trou où cette
eau va fe dépofer & où l'on a le foin de porter de tems en tems
des gazons, des feuillages & autres chofes femblables ; on mêle
enfuite, avant que de les employer, ces deux fumiers qui font un
amendement excellent pour la vigne, pourvu que l'on ait le foin

de mettre d’abord fur fa racine de la terre extrêmement meuble de l’épaiffeur de deux ou même trois ou quatre pouces.

Il ne faut mettre à chaque pied de vigne qu’environ une écuellée, c’eft-à-dire, une poignée de ce fumier. Car il vaut beaucoup mieux renouveller chaque année pendant cinq ou fix ans cette opération que de rifquer d’altérer la qualité du vin en fumant une année pour fix ou fept ans. Nous avons fait obferver l’inconféquence de cette méthode. Nous remarquerons même à nos lecteurs que cette poignée doit être éparfe tout autour du pied & non entaffée, comme le pratiquent certains Cultivateurs. Par cette attention le fol fe trouve plus univerfellement engraiffé & amendé; de forte qu’au bout de fix ans, on peut en refter fix autres fans avoir befoin de donner d’autre fecours à la vigne, que les labours & les façons ordinaires. Il eft vrai que fi l’on veut mieux en conferver l’effet, on peut lui donner le quartage, c’eft-à-dire le quatriéme labour.

L’urine des hommes convient auffi beaucoup aux vignes, mais il ne faut les en arrofer qu’en hiver ou au printems. Suivant Columelle elle donne au vin une odeur & un goût beaucoup plus exquis, fur-tout fi l’on y mêle de la lie d’huile. Nous n’affirmons rien fur ce point; bien loin de-là nous fufpectons beaucoup l’ufage de l’huile. Au refte il faut, avant de décider, voir le réfultat de l’expérience; fi quelqu’un la fait, il doit, comme citoyen, en annoncer publiquement le fuccès.

Le fumier d’âne eft un des meilleurs, en ce que par fa nature il eft des plus fertiles. Cet animal mangeant doucement & lentement, digere par conféquent mieux & rend fon fumier plus promptement agiffant & par conféquent plus propre à accélérer l’accroiffement de la plante.

Celui de chévre tient le quatriéme rang, enfuite vient celui de brebis. Il eft très-gras, chaud & fertile, auffi n’en emploie-t-on en Champagne que cinq ou fix cents hotées par arpent de vigne contre mille de toutes les autres efpéces.

Celui de vache eft fort gras, il convient beaucoup dans les terres légeres. Il n’y a point de fumier meilleur & plus abondant en fels que celui que l’on tire des étables & des cours des Bouchers. Le fang & les entrailles des animaux rendent cet engrais plus doux & les fels plus efficaces.

Celui des chevaux ne convient que dans les terres naturellement graffes & pefantes, encore faut-il qu’il foit fi pourri qu’il foit réduit en pouffiere & qu’il foit mêlé, parties égales, avec du fumier de vache, autrement il brûleroit le cep.

Celui de cheval eſt de tous le moins favorable à la vigne à cauſe de ſa grande chaleur : on n'en doit faire uſage que ſur des terres naturellement froides ou refroidies par des terres que l'on tire des marres d'eau & qu'on auroit auparavant répandues dans les vignes.

Le marc de raiſin bien conſommé en foſſe, où on le laiſſe au moins un an, & ſemé enſuite dans la vigne, a la propriété de la bien faire reverdir. On peut l'y employer malgré le fumier qu'on pourroit y avoir précédemment répandu.

Lorſqu'on commence un tas de fumier, il faut ſaupoudrer chaque couche avec de la chaux vive, & à meſure qu'on éleve le tas, on continue la même attention ; elle ſert à tuer les inſectes, à rendre le fumier plus actif & à le diviſer, elle ſert d'ailleurs à brûler les graines qui ſont dans le fumier & qui ſortant de la terre étouffent les plantes. Nous avertiſſons cependant qu'il eſt bon de faire le mélange de la chaux dans les foſſes à fumier telles dont on peut voir la figure dans notre premier volume : mais que ſi la foſſe eſt en plein air, la chaux brûle tellement le fumier qu'elle en fait évaporer les parties les plus fertiliſantes ; de ſorte que lorſqu'on n'a que des foſſes à fumier qui ſont découvertes, on peut bien employer la chaux, mais ce n'eſt que dix ou douze jours avant que l'on ne répande le fumier ſur le terrein que l'on veut engraiſſer : nous conſeillons même, après qu'on en a répandu dans la forme que nous venons d'indiquer, un peu ſur chaque couche, d'avoir un arroſoir, & d'humecter le fumier à chaque couche que l'on aura faire ; par ce moyen on éteint en partie l'activité de la chaux, & l'on n'en excite pas moins une fermentation aſſez forte pour tuer les inſectes & détruire la graine des mauvaiſes herbes.

Suivant le ſentiment de Columelle, le fumier qui s'eſt repoſé pendant un an eſt plus profitable que tout autre fumier plus vieux ; il y a un nouvel Auteur qui a adopté ce ſentiment ; nous nous donnons bien de garde d'induire nos Lecteurs à cette erreur : il y a des fumiers qui veulent ſubir une fermentation d'un an, de deux, de trois & même de quatre à cinq ans. La ſtercoration humaine par exemple : Columelle & l'Auteur qui adopte cette opinion, l'emploieroient-ils au bout d'un an ? la terre ſeroit rendue ſtérile pour plus de dix ans. Celui de cochon demande au moins deux ans de repos à foſſe ouverte ; il lui en faut bien plus dans une foſſe telle que celle dont nous avons donné la figure. D'ailleurs il eſt des terres qui, relativement à leur nature propre & au

climat

climat fous lequel elles fe trouvent placées, demandent un fumier plus ou moins éteint. Car les Auteurs que nous venons de citer
donneroient-ils à une terre légere & féche & placée fous un climat
chaud un fumier au même dégré de chaleur ou de fermentation,
qu'à une terre humide & pefante, placée fous un climat froid? Nous
ne le penfons pas : il faut donc ne pas toujours fuivre l'opinion des
Ecrivains. C'eft aux lecteurs à apprendre par l'expérience à faire
une heureufe application des principes que l'on trouve dans les ouvrages d'Agriculture pour compofer un bon fumier; nous l'avons
déja dit dans le livre des engrais; il faut avoir une foffe conftruite
fuivant que nous l'avons indiqué, & y faire couler toutes les eaux &
ordures de la maifon, comme les eaux graffes & huileufes de la cuifine, les cendres, les os, tout le fumier & toutes les urines des écuries & des étables : qu'on ne perde cependant jamais de vue l'ufage auquel on deftine la nature du terrein fur lequel on veut le répandre, & la qualité du climat : car c'eft là, pour ainfi dire, le code
entier de l'Agriculture. D'ailleurs il faut avoir encore attention à la
nature & à la qualité de la production dont on veut animer &
favorifer la végétation. Car on ne s'imaginera peut-être point que le
fumier compofé de toutes les fubftances que nous venons de donner, puiffe être employé à la fertilifation de la vigne. Si on nous
donnoit une telle idée, ce feroit nous faire tomber en contradiction avec les principes que nous avons établis : quel feroit en effet
le vin que des vignes engraiffées avec un tel mélange produiroient?
un vin gras, huileux, d'un goût infipide & même quelquefois très-
défagréable, vin fans feu, & peu propre à être confervé.

Quant au tems auquel il convient de fumer les vignes, le mois
de Novembre eft fans contredit le plus favorable à cette opération,
pourvu qu'il ne foit pas pluvieux; fi les pluies régnent, le fumier
couvrant alors la terre forme une glace pernicieufe au cep auquel
elle s'attache. Il faut donc alors différer cette opération jufques en
Février, d'autres attendent même le mois de Mars. Mais dans ce
tems cet amendement peut devenir très-dangereux en ce que l'on
s'expofe à voir la vigne geler dans le tems que le bouton commence
à éclore.

La vigne demande une nouvelle terre plus encore que du fumier au bout d'un certain nombre d'années. Les bons Vignerons lui
donnent de la nouvelle terre tous les dix ans à raifon de cinq mille
hotées par arpent, en mettant deux pieds de diftance entre chaque
hotée. Par cette méthode de terrer la vigne elle conferve mieux fa

nature. L'air y pénétre aiſément ainſi que le ſoleil : au lieu qu'une terre plus forte changeroit la nature du ſol & par conféquent celle de la vigne, qu'elle ôteroit au vin ſa fineſſe & formeroit ſur le pied du cep une épaiſſeur capable de la priver des influences de l'air qui porte la chaleur & les ſucs les plus parfaits.

Il faut, avant de donner cette façon à la vigne, faire précéder un labour auſſi profond que l'on pourra le faire ; autrement les influences de l'air ne pourroient pénétrer juſques aux racines : cette opération eſt des plus eſſentielles : mais quoiqu'elle le ſoit aſſurément beaucoup, il faut bien ſe donner de garde de la faire lorſque la terre eſt couverte de neige ou de verglas. Il faut au contraire attendre qu'elle ſoit bien fondue, & que la fraîcheur ou la froidure qu'elle y cauſe ſoit bien diſſipée ; autrement on donneroit infailliblement la jauniſſe à la vigne.

La marne, la chaux, le *falun* ou écailles d'huîtres dont on trouve ſouvent des lits ou veines dans la terre ſont ſans contredit les meilleurs amendemens, pourvu qu'on les emploie avec modération, ſoit dans les terres à grain ſoit aux pieds des vignes. La phyſique met dans la claſſe des cauſes de la fertilité les matieres ſalines & graſſes. Dans le Nord on répand le ſel dans les terres labourables ; il y tient lieu de fumier ; il eſt également utile aux pieds des vignes. La ſuie eſt une matiere ſaline & graſſe, elle eſt très-propre à la fertiliſation de la vigne, ſi on l'emploie avec modération & ſi on la mêle avec de la terre : on en fait un cas ſingulier en Angleterre : on y donne à ce mêlange le nom de marne artificielle & on l'y préfére à la marne même.

Voilà un détail bien exact de tous les amendemens & de tous les fumiers que l'on peut donner à la vigne. Reſte donc à fixer le Lecteur ſur le choix : autrement il riſque toujours de s'égarer & de perdre du tems, de l'argent & de la peine.

En général (nous entendons déja crier contre nous à l'ignorance) nous proſcrivons toute ſorte de fumier gras, & toute ſorte de terreure qui ſe fait de dix en dix ans ; nous en avons dit la raiſon.

Nous demandons que l'amendement ſe faſſe chaque année mais avec beaucoup de modération ; que les fumiers dont on fait le mêlange avec de la terre neuve, s'il eſt poſſible, ſoit ſalins & nullement gras, qu'on emploie toujours de préférence la fiente de pigeon, la chaux, l'huître & la ſuie ; car quoique celle ci ſoit huileuſe, il eſt certain que l'huile qu'elle contient eſt ſi déliée, qu'elle ne differe preſque point d'un eau un peu graſſe ou glaireuſe.

La nouvelle efpéce de vigne qui commence à s'accréditer & qui mérite à tous égards la préférence, eft la vigne baffe plantée par intervalles à une, ou à deux, ou tout au plus à trois fillées chaque rang. Le rang à une fillée eft préférable ; enfuite vient celui à deux. Nous ne faifons pas grand cas de celui à trois, parce que la fillée du milieu fouffre toujours beaucoup du voifinage des deux autres ; elle ne peut pas fi bien profiter des influences du foleil & de l'air, & d'ailleurs fa racine fe trouve gênée par celles des ceps qui font fur chaque côté. Il eft vrai qu'on peut un peu remédier à cet inconvénient en efpaçant beaucoup les ceps, c'eft-à dire en les mettant à cinq pieds de diftance l'un de l'autre, & en les plantant de façon que chaque cep de la fillée du milieu fe trouve placé vers le milieu de la diftance qui fe trouve entre chaque cep des côtés ; cette plantation eft une efpéce de quinconce.

On laiffe un intervalle de cinq ou de fept pieds entre chaque rang. Il eft bien évident que quoique l'on féme des grains dans cet efpace, la vigne profite en-deffous, de tous les fucs qui fe trouvent répandus dans la couche de terre que les racines des grains, qui ordinairement ne plongent pas profondément, ne peuvent point atteindre.

D'ailleurs les bons labours que l'on donne à ces efpaces pour les préparer à recevoir les femences qu'on veut leur confier, font toujours autant au profit de la vigne, que des grains mêmes. Ajoutez à cela les labours ou façons ordinaires que l'on donne aux ceps, & l'on conviendra que cette efpéce de vigne que l'on appelle joualle, ne peut produire que d'excellent vin, pour peu que le terrein foit propre & le plant bien choifi ; elle mérite donc la préférence à toutes les autres fortes de plantations. La vigne rampante dont le bois eft abandonné à lui-même, réuffit très-bien, plantée de cette façon elle produit des vins extrêmement délicats ; il eft vrai que dans les pays où elle eft en faveur, on a adopté un ufage qui ôte beaucoup du prix aux vins qu'elle produit, c'eft d'y planter beaucoup de raifin blanc : ce qui fait que les vins n'y font pas fuffifamment colorés & n'ont pas ce corps qui les rend de garde & propres à être tranfportés.

Peut-être que cette obfervation ouvrira les yeux des Cultivateurs qui pratiquent la plantation des *joualles* ; qu'ils fuivent l'avis que nous leur donnons ; ils verront combien leurs vins gagneront en qualité & acquerreront par conféquent de la valeur.

Nous difons que les vins de cette efpéce de vigne font extrême-

ment délicats, & que par conséquent on doit préférer cette espéce de plantation ; rien n'est plus vrai : il est également certain
qu'elle mérite cette préférence, parce que l'on n'a pas besoin de
recourir aux fumiers, dont l'usage devroit être proscrit.

Elle n'a pas besoin d'amendement, parce que les espaces lui
fournissent beaucoup de nourriture , & que la terre y est fréquemment remuée. Nous ne prétendons point cependant dire que
la fiente de pigeon, la suie ou la chaux, ou la marne mêlée, avec
trois parties de terre neuve, ou franche ne doivent venir de tems
en tems au secours, pour renouveller les principes de fertilité. Mais
toujours est-il vrai de dire, que cette opération n'est pas si fréquemment nécessaire que dans les autres sortes de plantations.

CHAPITRE XVII.

De la taille de la Vigne , du ravalement des Vignes hautes &
de la façon de provigner.

DE tous les végétaux la vigne est celui qui a le plus besoin
d'être taillée ; rien n'est plus utile & plus nécessaire. Noë
la cultiva, & nous apprenons par les Livres saints qu'il commença
par cette opération. Une vigne qu'on ne taille point ne donne
point du fruit, parce que la séve montant jusqu'à l'extrémité de ses
brins, & se répandant en un nombre extraordinaire de boutons ,
forme une infinité de petits brins où elle se dissipe & s'évapore entierement : nous ne parlons pas ici des vignes qui s'élevent sur
des arbres, mais de celles qu'on plante dans les vignobles. Il est
donc nécessaire de tailler la vigne, de lui ôter ses longues branches pour réserver la séve à six ou sept boutons au plus , suivant sa
force, dont au moins trois tournent a fruit.

Rien n'est si aisé à tailler que la vigne : son bois se coupe aisément ; on trouve cependant rarement des Vignerons qui sçachent
véritablement la bien tailler , & rendre raison de ce qu'ils font.
Nous allons donc, d'après les personnes qui ont le mieux pratiqué
la culture des vignes, donner la meilleure façon de les tailler.

Quatre raisons nous déterminent à tailler la vigne ; la premiere pour lui faire pousser du fort bois : car sans cela elle ne porteroit point du fruit ; la seconde, pour empécher qu'elle ne porte

trop de fruit, ce qui arriveroit certainement si on ne retranchoit pas une partie de ses fléches; la troisiéme, afin que le raisin mûrisse; car l'expérience prouve que le raisin d'une vigne non taillée mûrit bien plus tard & beaucoup plus imparfaitement; la quatriéme, pour lui faire produire de nouveaux rejettons au-dessous de la téte, & par-là la renouveller & la rajeunir, sans quoi la séve monteroit toujours & exhausseroit la vigne, ce qui d'une part diminue la bonne qualité du vin & de l'autre perd & détruit la vigne, comme on le voit arriver dans les pays où les *hautains* sont en usage.

Avant d'en venir à cette opération il faut y préparer la vigne; pour remplir avec succès les fins qu'on se propose; le moyen qu'on peut employer avec le plus d'avantage, c'est de déchausser le cep afin de découvrir les petites racines qui naissent ordinairement à l'extrémité des souches vers la superficie de la terre & de les couper; parce que, non-seulement elles absorbent une partie des sels & des sucs de la terre, mais encore qu'elles empêchent les maîtresses racines plus profondes d'en produire de nouvelles, & de fournir de la séve suffisamment pour nourrir un cep, & que le Vigneron dans le labour qu'il donne, court risque de couper avec la houe les petites racines de la souche, dont il pourroit conserver les plus fortes au défaut de celles que les maîtresses racines auroient pu produire.

Lorsque la chute des feuilles arrive, il est tems de déchausser la vigne; il faut bien se donner de garde d'attendre que les froids commencent à devenir vifs & sensib'es.

Après que le Vigneron a coupé les petites racines avec la serpette autour de la souche, ainsi que les petits rejettons qui l'environnent, à un travers de doigt près du tronc, on léve avec l'ongle les petits yeux qui sortent de la souche & de ses rejettons, comme aussi les premiers yeux qui naissent sur le bois le plus près de la souche, & qui produisent rarement du fruit, c'est là ce qu'on appelle ébourgeonner; cette façon se donne aussi-tôt que le déchaussement dans le tems que les yeux sont encore couverts de bourre. Il seroit à souhaiter que cette pratique fût introduite dans tous les vignobles du Royaume; les vignes produiroient davantage & donneroient du fruit beaucoup plus beau.

En taillant la vigne il faut laisser aux ceps qui ont beaucoup de bois, deux drageons ou viettes, & deux coursons. On ne doit au contraire laisser qu'un drageon & un courson au plus aux ceps qui ont poussé avec plus de vigueur; si on leur en donnoit davantage, ils feroient en danger de périr, ou du moins ils poufferoient de fi foibles brins qu'il faudroit l'année fuivante les couper fur la fouche. Si au contraire on ne donnoit pas affez de charge à la vigne vigou-reufe elle poufferoit beaucoup de bois & point de fruit.

Il faut tailler l'extrémité de chaque brin des ceps en pied de biche ou bec de plume, ce qui eft encore mieux connu en Agriculture, fous le nom de bec de flûte, de façon cependant que le talus de la plaie ne foit pas trop roide & que l'œil qui en eft voifin n'en foit ni endommagé ni éventé; mais il faut que le talus foit feulement affez fenfible pour que l'eau n'y féjourne pas : il faut bien fe donner de garde de la tailler en travers, c'eft-à-dire ho-rizontalement; fur-tout qu'on obferve bien attentivement de laiffer près d'un pouce de bois entre l'œil & la plaie, autrement dit l'endroit où la vigne eft taillée, pour garantir le bois du mal que feroit à la plaie la gelée qui peut furvenir.

Columelle & plufieurs autres Ecrivains font d'avis, quand on taille la vigne, que la coupe foit faite du côté du midi, & non du côté du Septentrion. On ne peut point douter que cette obferva-tion ne foit très-judicieufe; parce que par ce moyen on évite la crifpation fubite que le moindre vent de Nord pourroit caufer dans les orifices des vaiffeaux qui aboutiffent à la plaie & qui fervent à la circulation de la féve.

Mais comme ces Auteurs exigent avec raifon que la coupe fe faffe au côté oppofé au dernier œil, afin d'empêcher que les lar-mes du cep qui fortent de la plaie, lorfque la féve commence à mon-ter, ne coulent fur cet œil qui en feroit noyé, il faudroit dans le cas que cet œil regarde le Midi, laiffer un œil de plus, ou couper à un œil plus bas.

Un Vigneron doit fçavoir qu'au bois de la vigne les boutons fe trouvent toujours placés alternativement d'un côté oppofé à l'au-tre : il faut donc que ce foit l'examen qu'il fait de la force & de la vigueur du cep qui le détermine fur le parti qu'il doit prendre.

Quant au tems qu'il convient de tailler la vigne, la fin d'Octo-bre, ou pour le plus tard celui de la Saint-Martin eft l'unique qu'on puiffe prendre.

Il faut, vers le commencement de Décembre, rehauffer la vigne. Cette opération confifte à rejetter la terre deffus les petites fof-fes qu'on aura faites en la déchauffant. Si l'on craint de trop grands froids ou de fortes gelées, on pourra les combler en mottes, ou répandre deffus du fumier en paille, ou de vieilles urines gardées pour cet ufage.

Cette pratique est presque indispensable tous les ans en automne pour les vignes qu'on rabaisse ou provigne chaque année & pour les vignes nouvellement plantées. Pour celles au contraire qu'on ne provigne ordinairement que tous les dix ou douze ans, il suffit de faire cette opération de trois en trois ans.

Qu'on se garde bien sur toutes choses de tailler la vigne aux premieres heures de la matinée; il faut au contraire attendre que le soleil ait entiérement dissipé la rosée du matin ou la gelée blanche, & que le sarment ait rendu toute l'humidité qu'il aura contractée; on doit également observer de ne pas tailler dans un tems de verglas ou de givre. Il faut enfin se garder d'entrer dans les vignes en tems de pluie pour y donner aucune des façons ordinaires, sur-tout si c'est une terre franche.

Le ravalement des hautes vignes doit se faire au mois de Novembre. On ne doit le faire que tous les quinze ans ou tous les douze ans au plus. Il faut amender la vigne l'année suivante indépendamment des amendemens qu'on lui donne tous les sept ou huit ans. Ce ravalement se fait en couchant en terre bien profondément tout le vieux bois jusqu'à celui de la derniere année, auquel on laissera dans le tems de la taille cinq ou six boutons comme aux vieilles vignes.

Il y a une façon de peupler la vigne qui est la meilleure & qu'on nomme provigner. On couche en terre un cep de vigne de bonne qualité, avec les principales branches qu'on range de part & d'autre sans les séparer de leur tronc : le Vigneron adroit & vigilant doit marquer dans le tems des vendanges le cep qu'il destine pour le provin, afin de le reconnoître lorsque le tems de tailler la vigne est venu, pour le conserver. Il est absolument nécessaire d'amender chaque provin que l'on fait d'un bon fumier bien consommé, ces espéces de provins portent l'année suivante de gros fruits.

Le mois de Mars est le véritable tems de faire cette opération, les provins qui se feroient ou plutôt ou plus tard risqueroient beaucoup de ne point réussir.

CHAPITRE XVIII.

De la façon de greffer.

CEtte opération est délicate, soit quant au tems auquel on la fait, soit quant à la maniere dont on la fait. C'est au printems, dix ou douze jours avant que la séve monte, que l'on greffe les vignes, & cela pour donner le tems à l'extrémité supérieure du *sion*, de sécher & de fermer le passage à la séve : pour cet effet il faut choisir un drageon fertile, rond & bien nourri, qui ait la moëlle pleine, qui ait plusieurs nœuds les uns près des autres & le bois bien mûr. Il profite beaucoup si le sarment est bien court & s'il a plusieurs nœuds & plusieurs yeux.

Lorsqu'on est prêt à greffer, il faut tirer les sarments de la terre, les mettre tremper pendant deux jours dans de l'eau, & n'en mettre tremper que ce qu'on peut employer en un jour, parce qu'il ne faut point les laisser tremper pendant plus de deux jours.

Pour bien greffer il faut fendre avec la serpette le jeune bois du cep choisi après l'avoir bien déchaussé, il faut en couper les racines qui sont à fleur de terre & les rejettons, ce qui s'appelle émonder la vigne. Il faut le fendre par le milieu de la hauteur de deux doigts, c'est-à-dire jusques près du nœud qui se trouve dessous.

S'il se trouvoit quelques brins dont les nœuds fussent éloignés de quatre doigts, il faut, avant de faire la fente, le lier ferme avec du jonc ou de l'osier, afin de l'empêcher de s'ouvrir plus bas qu'il n'est besoin ; à mesure qu'on a taillé les greffes, il faut les mettre dans un pot de terre à demi-plein d'eau.

Taillez ces greffes le matin & n'en taillez que ce que vous pouvez en employer pour la matinée, & à midi ce qu'il vous en faut pour l'après-midi ; plus elles sont fraîches taillées, mieux elles réussissent. On taille aussi le *sion* ou brin qu'on veut enter du même côté & de la même hauteur de deux doigts ; de sorte que la moëlle paroisse d'un côté & l'écorce de l'autre ; cependant il faut du côté de l'écorce, le tailler en forme de coin de la hauteur seulement d'un demi doigt ; après quoi on insinue le *sion* dans la fente jusques au haut de l'entaille : on couvre ensuite la fente d'un peu de terre

grasse

graſſe paîtrie avec de la bouſe de vache ou de l'argile & on la lie fermement. On conſerve ainſi la ſéve tant du *ſion* que de la plante, afin
qu'ils ſe réuniſſent plus facilement. On taille enſuite le *ſion* : on ne
lui laiſſe que trois boutons hors de terre ou même que deux.

Lorſque la greffe eſt repriſe & qu'elle a pouſſé ſon nouveau bois
à la hauteur d'un pied, on l'ébourgeonne ſouvent en coupant entre
deux terres les jets bârards qui proviennent des racines, ſans bleſſer la greffe. A la fin de Juillet on donne un léger labour, & à la
fin de Septembre un autre.

Si la vigne n'a pas été fumée un an ou deux avant d'être greffée,
il faut la fumer l'année d'après la greffe au mois de Février.

Il faut encore obſerver de laiſſer à chaque greffe l'échalas auquel elle eſt attachée, pour la garantir des accidens que peuvent
lui occaſionner les chaſſeurs & les chiens & tous autres animaux.

Il y a une façon de greffer la vigne que l'on nomme greffer en
tronc. Elle eſt la meilleure & la plus certaine pour le ſuccès, pourvu qu'elle ſoit bien faire : elle ne ſouffre point d'intervalle pour la
fécondité de ſon fruit. Cette greffe ſe fait ainſi.

Sur les branches d'une vigne encore jeune & vigoureuſe, dont on
veut détruire la mauvaiſe eſpéce, on perce un trou rond qui la traverſe de part en part avec un vilbrequin de la groſſeur juſte du brin
que l'on veut enter ; on amene vers ce trou une branche du cep
voiſin dont on a fait choix; on la fait paſſer à travers ce trou tant
qu'elle peut entrer. A l'endroit où elle doit demeurer on léve un peu
l'écorce par-deſſous. On arrête cette branche à celle ſur laquelle
on ente, avec un oſier refendu. On l'enduit enſuite avec de la terre
graſſe paîtrie avec de la fiente de vache, de façon que l'air ne puiſſe
point entrer.

L'ente ainſi faire tire ſa nourriture non-ſeulement de ſon cep
mais encore de celui ſur lequel elle eſt poſée : elle ſe trouve unie
parfaitement au bout de deux ans; on la détache alors de la mere avec
la ſerpette & on ôte au cep enté tout le bois qui excéde la greffe.

Nous ne diſons rien ici des feuilles de la vigne, nous avons aſſez
fait connoître leur utilité & leur néceſſité pour entretenir les plantes, dans l'article du labour. On doit faire les échalats de vigne de
chêne autant que cela ſe peut, & brûler les deux bouts dans le feu.
C'eſt ainſi qu'on parvient à les faire durer trente-cinq ou quarante ans. Il faut lier le vieux bois à l'échalas auſſi-tôt après le premier labour, & le bois verd que ce premier a produit immédiatement après l'extinction de la fleur.

On rogne la vigne après que son fruit est noué, c'est-à dire, qu'on ôte aux branches qu'elle vient de produire le bois superflu. On se procure par cette opération du beau bois pour l'année suivante, & c'est ce bois qui précisément produit le fruit.

Quand on taille un marc de raisin le fer tranche également le pepin, la grappe & la peau. Ce pepin ainsi coupé & la grappe communiquent un goût âcre & insupportable au vin. On évite cet inconvénient en se servant de pressoirs à coffre. On n'est point obligé de trancher le marc : cette espéce de pressoir est assez connue.

On pourroit encore cultiver la vigne de façon à lui faire porter du raisin sans pepin. *Denys d'Utique* dans son *Héoponicon de agricultura*, livre attribué par d'autres à *Constantin Pogonat*, Empereur des Grecs, nous enseigne cette façon.

On choisit une telle quantité de brins de sarment que le terrein que l'on veut planter peut en contenir. On fend légerement ces brins de sarment avec un outil de la forme d'un cure-oreille, & l'on en tire toute la moëlle, on réunit ensuite les brins fendus en les recouvrant tout autour de papier huilé.

D'autres choisissent des brins de sarment qui ont déja porté du fruit, & sans les séparer du pied & sans les fendre ils se contentent de les tailler au-dessus de cinq ou six boutons, non pas en talus, comme on taille la vigne, mais en travers, c'est-à-dire horizontalement. Ils tirent la moëlle par l'ouverture de cette taille & versent en place du suc de benjoin dissout dans de l'eau bouillante & réduit à la consistance d'un vin cuit. Ce qui étant fait, ils lient bien perpendiculairement ces brins de sarment à des échalats, de façon que le suc ne puisse pas se répandre, & continuent de faire cette effusion tous les huit jours jusqu'à ce que le germe commence à paroître : plusieurs personnes curieuses ont essayé cette méthode & ont réussi. Il seroit à souhaiter que l'on mît en faveur cette méthode, qui, à la vérité, dans le commencement de son établissement demanderoit quelques soins de plus que la vigne ordinaire, mais qui dans la suite en dédommageroit bien par l'excellente qualité que les vins auroient.

CHAPITRE XIX.

*Contenant quelques Remarques tirées d'un nouveau Traité où
l'on prétend donner une méthode nouvelle de cultiver la vigne.*

ON vient de voir dans tous les Chapitres précédens toutes
les instructions que l'Auteur de cette brochure prétend
donner comme nouvelles. Ces espacemens dont il se croit l'Auteur, ne sont point nouveaux ; la plantation dont nous avons donné
le détail sous la dénomination de *joualles*, est la même que celle
que l'Auteur nous propose comme une nouvelle méthode préférable
à tous égards à toutes les autres.

D'ailleurs faisant ses essais aux environs de Poissy, comment a-t-il pu en tirer une régle dont il prétend que l'on fasse un usage général ? il est singulier qu'aucun Ecrivain ne s'attache à éviter cet
écueil ? si l'Auteur du nouveau Traité nous recommandoit d'espacer
ainsi les vignes, sur un terrein en plaine marécageuse tel qu'est un
terrein que l'on appelle à Bordeaux les palus, on avoueroit que
sa méthode seroit des plus avantageuses, parce que ces terres qui
vers la superficie paroissent d'abord extrêmement riches ne le sont
pas autant qu'on le pense ; on est obligé même par rapport aux glaises inférieures de ne pas faire la fosse plus profonde d'un pied, attendu que le plant y pourriroit. Or dans ce cas les quatre pieds d'espace sont nécessaires.

Si dans certains terreins exposés au Midi, & qui n'ont qu'une terre
extrêmement légere comme il s'en trouve beaucoup dans les pays
Méridionaux du Royaume, on espaçoit, comme l'Auteur le demande & le pratique aux environs de Poissy, si on espaçoit, disons-nous, les ceps de quatre pieds, que deviendroient les feuilles &
le fruit dans certains étés extrêmement secs ? l'un & l'autre ne
seroient-ils point réduits en poussiere avant le mois d'Août ?

Dans les terreins riches, la vigne ne serpente point tant que
l'Auteur a lieu de le croire, lorsqu'il juge d'après ses trois arpens,
qu'il cultive aux environs de Poissy ; elle pivote au contraire beaucoup, & par conséquent ses racines sont moins sujettes à se croiser & à s'affamer en se répandant horizontalement.

D'ailleurs, si, comme il le dit, & comme il arrive en effet, les

plantes sont soumises, ainsi que tous les autres êtres, à la transpiration, il est bien certain que plus une vigne dans les pays Méridionaux seroit espacée & par conséquent plus exposée aux rayons ardens du soleil, plus elle transpireroit, mais aussi que plus elle s'ex-
ténueroit; en effet on verroit dépérir, comme nous venons de le
dire, tous les ceps par la grande fermentation qui se feroit dans la
séve & qui seroit occasionnée par l'excessive chaleur; de sorte que
la vigne transpireroit le suc nutritif de la plante & du fruit, après
s'être déchargée du superflu destiné à s'échaper par une transpiration
douce & modérée.

Si le terrein est assez riche pour que la vigne s'éleve à quatre ou
cinq pieds, alors il est certain que l'Auteur donne des régles dont on
doit faire usage : elles sont justes & une suite d'une physique saine.
Dans des terreins semblables la vigne plantée par rangs de quatre
pieds de distance, & les ceps étant également distants de quatre pieds
l'un de l'autre, ne peuvent que prospérer & favoriser réciproquement le fruit les uns des autres par leurs feuillages qui donnent une
espéce d'ombrage, dont l'effet est de briser les rayons du soleil &
d'empêcher qu'ils ne frappent en ligne directe le raisin. Nous parlons ici des pays Méridionaux : car pour les Septentrionaux on ne
risque point en exposant le fruit aux rayons.

Quant aux pays Méridionaux, nous exigeons même qu'entre les
quatre pieds de distance on mette un cep; ce qui forme une espéce
de quinconce. Par cette méthode le fruit est plus en sûreté.

L'Auteur nous donne un tableau très bien raisonné des frais des
deux cultures, c'est-à-dire de l'ancienne, & de celle qu'il croit être
la sienne. Il est certain que son calcul est curieux, amusant, &
qu'il peut devenir utile par l'application qu'un Cultivateur un
peu intelligent peut en faire; le voici, c'est l'Auteur qui parle.

CHAPITRE XX.

Comparaison des frais des deux Cultures.

POur faire voir d'un seul coup d'œil tout le montant du bénéfice
économique de la nouvelle culture, j'aurois désiré pouvoir
réduire à un prix moyen tous les frais de la vigne dans les différentes Provinces du Royaume; mais si cette opération n'est pas absolu-

ment impossible, du moins est-elle trop difficile pour n'être pas fautive. C'est ce qui m'a fait préférer de rapporter l'exemple d'un seul vignoble, dont la culture & les frais me sont parfaitement connus. C'est une regle dont chacun pourra faire l'application à son bien particulier, en observant la différence du prix, soit sur les façons, soit sur les fournitures. Par ce moyen, on pourra facilement connoître dans chaque vignoble le montant de l'économie de la nouvelle culture sur l'ancienne.

Les frais de culture variant nécessairement suivant la valeur des denrées & la main-d'œuvre, il est certain que cette économie ne sera pas par-tout la même, ni aussi considérable que dans les environs de Paris, où pour chaque arpent elle se monte, pour la plantation & perfection de la vigne, à 862 liv. 10 f. & pour les frais d'entretien & de culture, à 74 liv. 13 sols. Ensorte que si on comptoit tous les arpents de vigne du Royaume sur ce pied, ce seroit une économie sur la plantation & perfection de la vigne, de deux milliards 587 millions 500 mille livres; & sur les frais annuels de culture de 223 millions 950 mille liv. Mais cette économie sera toujours dans des proportions relatives; de maniere que si elle est aux environs de Paris, de près des trois quarts des frais de plantation & d'entretien de la culture actuelle, elle se trouvera pareillement des trois quarts, ou à-peu-près, dans les autres vignobles.

La nouvelle culture sera donc par-tout d'un grand avantage. Pour le prouver, il ne faut que faire la comparaison des frais des deux cultures. C'est à quoi je vais procéder, après avoir fait auparavant quelques observations préliminaires, que je crois nécessaires pour la parfaite intelligence de mon opération.

1°. L'arpent de comparaison, situé à Triel près Poissy, est de 100 perches, & la perche de vingt-deux pieds.

2°. On suppose que la vigne met dix ans à se former & à prendre son dernier accroissement. Ce dernier accroissement est supposé, lorsque la vigne étant entièrement provignée, elle contient tous les ceps qu'elle peut porter. Alors dans le préjugé commun, elle est censée dans son plein rapport.

3°. Dès la seconde année, on fume la vigne d'un bout à l'autre; & pour cela on compte au moins deux cents voies de fumier. La troisiéme année, on monte la vigne en échalas; la quarriéme, & quelquefois même dès la troisiéme, on commence à provigner; & à cet effet, on fait huit à neuf cents fosses, suivant la force de la vigne ; la cinquiéme, on continue à la provigner, & ainſi tous les ans, juſqu'à l'accompliſſement des dix années, temps auquel, & ſouvent auparavant, la vigne a reçu, ou à-peu-près, cinq mille foſſes, deux cents cinquante voies de fumier, indépendamment de deux cents de premier fumage : on compte 24 mille échalas, ſuppoſés durer vingt-quatre ans (a).

4°, Quoique dans la nouvelle culture, l'arpent ne contienne que trois mille ceps, on compte ſix mille échalas par arpent, à cauſe des longs bois & de l'étendue qu'il faut donner aux fortes branches de ces ceps.

5°, Dans les vignes toute formées, on compte que, pour les entretenir en bon état & bien échalaſſées, il faut par an trois cents foſſes, vingt-deux voies de fumier, à raiſon d'une voie pour quatorze foſſes, & un mille d'échalas.

6°, On compte les frais de plantation égaux dans l'une & l'autre culture, parce qu'on ſuppoſe qu'en général, au lieu de faire des foſſes de deux pieds, comme je l'ai conſeillé, la plus grande partie des Cultivateurs ſe contentera de les faire d'un pied de tout ſens ; cela eſt plus économique, & c'eſt ainſi que la vigne de la troiſiéme expérience a été plantée. Au ſurplus, ſi on faiſoit les foſſes plus profondes, la vigne en viendroit plus vîte, & rapporteroit au moins une année plutôt ; ainſi par ce moyen l'excédent des frais ſe trouveroit rembourſé & au-delà.

7°, A l'article des façons, je les ai réduites, dans la nouvelle culture, à la moitié des frais de l'ancienne ; parce qu'encore que j'aye inſinué de faire quatre & même cinq labours, je ſuppoſe toujours que l'on ſe bornera à en faire trois. La vigne, malgré cela, rapportera autant que dans la maniere ordinaire, & il en coûtera moins ; cependant je conſeillerai toujours, par les raiſons que j'ai expliquées ci-devant à l'article des engrais, de donner le premier des trois labours dans l'Automne : à la maniere d'Argenteuil, on met la terre par buttes, & au Printemps on la rabat. Il eſt vrai que c'eſt une façon de plus ; mais cette façon ne coûte pas un demi-labour, & on en eſt payé par la récolte qui en eſt plus abondante.

8°, Dans les frais de plantation & d'entretien, j'ai compris le fumier ; parce que je ſuppoſe que du moins juſqu'à un certain temps, bien que la terre ſoit préférable & moins coûteuſe, on

____

(a) Ces échalas ſont de bois de chêne ou de châtaignier, & portent quatre pieds & demi de haut.

continuera cependant de se servir de fumier, quoiqu'en bien moindre quantité qu'auparavant.

Voilà à-peu-près toutes les observations qui m'ont paru nécessaires pour faciliter l'intelligence de la comparaison que je vais
donner des frais des deux cultures.

CULTURE ACTUELLE.

PLANTATION.

Frais de plantation . . . . 50 livres.
Premier fumage, deux cents voies, ou sommes de cheval à une liv. la voie. 200
Six cents bottes d'échalas, à 100 liv. le cent. 600
Cinq mille fosses, à 2 liv. 10 s. le cent. 125
Fumier desdites fosses, à vingt sols la voie de fumier. 250

Total . . . . 1225 liv.

NOUVELLE CULTURE.

PLANTATION.

Frais de plantation . . . . 50 liv.
Premier fumage 100
Cent cinquante bottes d'échalas. 150
Fumier. 62   10 s.

Total . . . . 362 l. 10 s.

Partant, dans la méthode actuelle, les frais de plantation jusqu'à la parfaite progression de la vigne, excéde ceux de la nouvelle
de huit cents soixante-deux livres dix sols, dont l'intérêt est de qua-
rante-trois livres deux sols six deniers par an.

CULTURE ACTUELLE.

ENTRETIEN.

Trois cent fosses par an, à 3 l. par cent . . . . 9 liv.
Fumier, 22 voies à raison d'une voie pour quatorze fosses. 24
Echalas, un millier. 25
Façon 60

Total . . . . 160 liv.

NOUVELLE CULTURE.

ENTRETIEN.

Fumier. . . . . 5 l.   10 s.
Echalas. 6   5
Façon 30

Total . . . . 41 l. 15 s.

Partant, les frais de culture de la méthode actuelle, excédent ceux de la nouvelle de soixante-quatorze livres cinq sols par an. A cette somme, il faut ajouter celle de 43 liv. 2 s. 6 den. pour l'intérêt desdites 862 liv. 10 sols : ces deux sommes font ensemble celle de 117 liv. 5 s. 6 den. par arpent. Or en supposant qu'il y ait en France trois millions d'arpents (a) de vignes, sur chacun desquels il y ait annuellement une économie de 117 liv. 5 s. 6 den. Ces trois millions d'arpents multipliés par 117 liv. 5 s. 6 den. font trois cents cinquante-un millions huit cents vingt-cinq mille livres, dont le Cultivateur bénéficie par année dans la nouvelle méthode sur l'ancienne. Mais comme cette supposition faite pour tout le Royaume, seroit exhorbitante, réduisons l'économie annuelle à un tiers (b) de la somme de 351 millions 825 mille livres, & certes la réduction est forte, ce sera encore une économie par année de 117 millions 275 mille livres.

On pourroit ajouter que la vigne rapporte plutôt dans la nouvelle méthode que dans l'autre, qu'elle dure plus long-temps ; enfin que la vigne étant censée ne durer que cinquante ans, les frais de plantation dans l'ancienne culture excédant, suivant la réduction que nous venons de faire, ceux de la nouvelle de 287 liv. 10 sols par arpent, cette somme multipliée par trois millions d'arpents de vignes qu'il y a en France, forme celle de 862 millions 500 mille livres, qui, dans la révolution de cinquante années, se trouve réellement en pure perte pour la culture de la vigne, ou plutôt pour le Cultivateur. Mais quelqu'importants que soient ces objets, on les laisse de côté pour remplir les vuides, & pour les modérations que l'on se croiroit en droit de prétendre ; toujours sera-t-on fondé à appuyer sur les considérations suivantes :

(a) M. de Vauban, Projet de dixme royale, suppute en France 30 mille lieues quarrées ; & dans la lieue quarrée, 4688 arpens 82 perches, chaque arpent de 100 perches, & la perche de 20 pieds. Il compte 300 arpens de vigne par lieue quarrée, ce qui, multiplié par 30000, donne neuf millions d'arpens de vigne en France, non compris la Lorraine : mais ce nombre paroît incroyable, & ne répond point à la consommation ni au commerce d'exportation, en ne supposant même que trois muids par arpent, au lieu de quatre que j'estime l'un portant l'autre.

(b) On auroit pu, avec raison, ne porter la réduction qu'à moitié, & non au tiers. En effet, depuis le premier Mars jusqu'au premier Octobre, les journées d'hommes qui ne sont point nourris, ne se payent communément, dans les environs de Paris, que 20 s.; & depuis le premier Octobre jusqu'au premier Mars, que quinze sols. Or il n'y a point de vignoble en France, où, dans ces deux tems différens, les journées se payent moins de la moitié, & il y en a beaucoup où elles vont aux deux tiers. Il en est de même des engrais & des échalas ; mais, pour prévenir toute difficulté, on a mis l'économie au plus bas.

1°, En

1°, En supposant que le Cultivateur qui économise sur sa culture 117 millions 275 mille liv. par an, n'en emploie que la moitié (a) aux autres productions, & que ces autres productions ne lui rapportent, tous frais faits, qu'un quart de profit ; c'est encore environ 16 millions qu'il faut ajouter à ces 117 millions 275 mille livres; ce qui fait de bénéfice pour lui la somme de 133 millions 275 mille livres par année.

2°, Les Cultivateurs plus aisés & dont le vin, par sa qualité, pourra se conserver plus long-temps qu'à présent, seront plus qu'ils ne sont, en état d'attendre, & pourront bénéficier, les uns de 3, de 4, de 5 livres par muid, & les autres de 10, de 20 liv. & plus.

3°, Les principes que j'ai établis, les expériences que j'ai rapportées, les exemples fréquents des ceps isolés qui produisent avec abondance, &, pour ainsi dire, sans aucune culture, les longs bois qu'on peut laisser dans la nouvelle méthode en bien plus grande quantité que dans l'autre, la distribution des ceps, qui, en même temps qu'elle est plus favorable à la végétation, les met presqu'entiérement à l'abri des accidents, tels que la gelée, la coulure & autres, toutes ces circonstances doivent faire espérer non-seulement des récoltes plus sûres & plus égales, ce qui mérite la plus grande attention, mais encore plus abondantes ; ensorte qu'on peut tout au moins les estimer à un cinquiéme de plus.

Quand on ne porteroit le profit du Cultivateur sur cet objet & celui de l'article précédent qu'à 50 millions, & cela n'est point exagéré ; ces 50 millions ajoutés auxdits 133 millions 275 mille livres, donneront plus de 180 millions, qui font le montant du bénéfice annuel de la nouvelle méthode sur l'ancienne. Quel avantage pour le Cultivateur !

Des avantages de la nouvelle Culture, relativement à l'Agriculture & au Commerce.

La méthode que je propose opère non-seulement le soulagement du Cultivateur, mais encore elle fournit à l'Agriculture une augmention considérable d'hommes & d'engrais.

En effet, en supposant en France trois millions d'arpents

(a) L'économie consistant principalement, ainsi qu'on peut le voir, en engrais & en journées d'hommes, il est de toute nécessité que la plus grande partie de cette économie soit employée au profit de l'Agriculture.

de vignes, il faut dans la méthode ordinaire, à raison de trois arpents pour un homme (*a*), un million de Vignerons pour les cultiver.

Dans mes principes au contraire, il est certain qu'en mettant les choses au plus haut, il n'en faudra pas les deux tiers (*b*); par conséquent c'est plus de trois cents mille Cultivateurs qui pourront s'employer aux autres productions & aux défrichements. Dans tous les temps ce seroit assûrément un très-grand avantage, mais dans la disette où l'on est de Cultivateurs, une pareille recrue est, pour l'Agriculture, d'un prix inestimable.

A l'égard des engrais, on peut supposer que deux arpents de vigne, tant les vignes faites que celles nouvelles plantées, employent au moins autant de fumier qu'un arpent de terre en blé (*c*). Si donc on supprime entiérement le fumier, voilà 15 cents mille arpents qui pourront être fumés dans la nouvelle méthode, qui ne peuvent pas l'être dans l'ancienne; mais comme dans certaines terres il en faudra quelquefois, quoiqu'en petite quantité, on en peut retenir un quart au total; il en restera encore de quoi fumer onze cents vingt-cinq mille arpents, qui produiront blé, chanvre & lin, où ils ne produisent peut-être rien, ou fort peu de chose.

Ainsi hommes & engrais, voilà les secours que la nouvelle méthode de cultiver la vigne promet à l'Agriculture. Ils sont comme l'on voit, de la plus grande importance, soit par l'augmentation des engrais, qui se doubleront encore par l'usage que l'on en fera (*d*), soit par l'augmentation des Cultivateurs, ces derniers principalement, si l'on en suppose une bonne partie appliquée à la charrue & aux défrichements, produiront à l'Agriculture par année plus de 100 millions de bénéfice, & au Roi plus de 30, en présupposant toutefois la libre exportation des grains hors du Royaume, reclamée par une foule de bons Citoyens aussi distingués par leurs lumieres que recommandables par leur zéle (*e*).

(*a*) Cette supputation est reçue généralement.

(*b*) On en peut juger par la diminution du prix des façons.

(*c*) Il y a beaucoup de vignes négligées, qui ne font point fumées, ou que très-peu; mais aussi il y en a beaucoup d'autres qui le font plus que je n'ai supposé; & les vignes nouvelles plantées le font encore plus que ces dernieres.

(*d*) Le fumier des vignes, transporté aux terres, donnera de la paille & autres matieres propres à faire des engrais.

(*e*) Voyez l'Essai sur la police des grains; le Traité de la Conservation des grains par M. Duhamel; les Elémens du Commerce; Essai sur l'amélioration des terres; l'Ami des Hommes.

Quant aux progrès du Commerce, ils font une fuite naturelle & néceffaire de ceux de l'Agriculture. Du refte, pour peu
que l'on fuive mes calculs, il eft aifé de voir que le Cultivateur
employant une partie de fon gain à fes befoins & à fes commodités (a), c'eft un objet d'augmentation pour le commerce de plus
de quatre-vingt millions par an de la part du Cultivateur feul.
Tout fe réunit donc ici en faveur de la méthode que je propofe ; les
progrès de l'Agriculture, les avantages du Commerce, mais fur-
tout le foulagement du pauvre Cultivateur, & l'économie qu'elle lui procure ; voilà ce qui doit la rendre précieufe. Cette méthode, en remettant au Cultivateur, au Vigneron une partie de
fon temps, & prefque tous fes fumiers, il pourra les employer
à la culture des autres productions ; il pourra en enrichir fes
terres qui, dans les Vignobles, ne font toujours que trop négligées : tantôt il portera dans fon champ le fumier qu'il mettoit
autrefois dans fa vigne ; tantôt il préparera pour le lin ou le Chanvre la terre à laquelle, faute d'engrais, il ofoit à peine confier le
moindre des grains : ici, moins précipité qu'auparavant dans fon
travail, il ira fouiller la terre qu'il ne faifoit qu'égratigner ; là,
il ira enfin arracher, au mépris & à la ftérilité, le champ que la
multitude de fes travaux l'avoit contraint d'abandonner : par-tout,
les campagnes, les vignobles offriront le riche fpectacle des
terres les plus fécondes & les mieux cultivées. Le Vigneron,
dont les greniers feront en proportion, & auffi-bien garnis que
fes celliers, n'ayant plus à redouter le fléau meurtrier de la faim,
ne fera plus, comme il ne l'eft que trop fouvent, forcé de vendre fon vin à perte (b), ou plutôt de le donner pour acheter du
pain, que par cette raifon il paie plus cher que le refte des autres
hommes. Tels font les effets bienfaifants de la méthode que je propofe : par-tout où elle fera reçue, elle chaffera, elle bannira l'indigence & la trifteffe, pour y répandre la joie, la vie & l'abondance : ces biens en font une fuite naturelle ; le Vigneron lui-
même, quel que foit fon préjugé, eft obligé de les reconnoître.
Du moins eft-il certain que de tous ceux auxquels j'ai communiqué mon ouvrage, il n'y en a exactement aucun qui n'en avoue,
avec une forte d'empreffement, les principes & les avantages qui

(a) Cela eft fuppofé, puifqu'on ne compte que la moitié de fon grain au profit de l'Agriculture.

(b) Le befoin, en preffant le Vigneron de vendre fon vin à perte, eft une des caufes
principales de fa ruine.

H h ij

en réfultent. Quelques-uns, ainfi que plufieurs Amateurs de l'Agriculture, font difpofés à en faire l'épreuve au plutôt fur une portion de leurs vignes. Mes Vignerons même, qui, dans l'opération que je leur ai fait faire aux miennes, ont le plus éclaté contre moi, maintenant que leurs celliers font pleins de vin, ont à
peine l'aliment le plus néceffaire, ils commencent à fe rapprocher
de mon opinion, & à regretter le temps & la grande quantité
d'engrais qu'ils ont prodigués à leurs vignes, au préjudice de leur
terre, qui les eût nourris, où elle leur eft inutile.

En général, le Cultivateur eft aujourd'hui fi rebuté de la culture
ingrate de la vigne, qu'on peut dire qu'il eft difpofé à la changer,
& à recevoir toutes celles dans lefquelles on lui fera voir moins
de pertes & quelques avantages. La méthode que je lui propofe,
en écartant entiérement toute idée de perte, lui préfente un bénéfice certain & un retour avantageux. Il y a donc lieu de croire
qu'il pourra l'adopter. Mais, pour opérer une révolution auffi grande,
& la rendre générale, c'eft peu des efforts d'un fimple Citoyen,
s'il n'eft foutenu par le Gouvernement.

CHAPITRE XXI.

Mémoire envoyé de Provence fur la culture de la vigne.

PREMIERE QUESTION.

Quelle eft la culture de la Vigne en Provence ?

LA vigne réuffit parfaitement dans toute la baffe Provence, & même dans cette partie de la haute, qui eft moins
voifine des Alpes. Les côteaux & les terreins pierreux y font
comme ailleurs préférables aux plaines, & aux fonds de groffe
terre, qui donnent un vin plus groffier. Les vins des côteaux
de Riez ont de la réputation ; ceux de la Malgue, terroir de
Toulon, les vins mufcats de Caffis, les Malvoifies d'Aubagne, &
les vins rouges de la Gaude près de S. Laurent font toujours recherchés dans les pays.

Autrefois on plantoit la vigne à plein dans un champ. L'expérience a apris, que les racines trop multipliées fe nuifoient mu-

tuellement, & que la vigne étoit d'un moindre rapport ; les nouvelles plantations fe firent par allées, qui avoient quatre ceps
de front, & laiffoient une planche pour le bled de 4, 5 ou 6 toi-
fes. On s'eft encore apperçu que les deux rangs de ceps du milieu
produifoient beaucoup moins que les vignes du dehors , & depuis
ce tems les nouvelles allées n'ont été que de deux ceps de front,
& ces deux ceps rapportent prefque autant que les quatre rappor-
toient auparavant.

Il y a deux manieres de planter la vigne ; c'eft en Octobre ou
en Février. La premiere confifte à faire avec la béche un foffé profond de deux pieds ou deux pieds & demi, & à mefure qu'on creufe, on place le cep au fond du foffé fur un demi-pied de bonne
terre mouvante, en le coudant tant foit peu ; fi l'on veut hâter fa
production, on jette dans le foffé fur le cep couvert de terre du
gros fumier à demi fait, des feuilles d'arbre, du bois hâché, ou du
chaume tout fimplement.

L'autre maniere de planter eft de défoncer tout le terrein, de
faire enfuite un trou dans cette terre préparée ; en y enfonçant
une éguille, ou inftrument de fer d'un pouce d'épaiffeur, & de
trois pieds de long, au haut duquel eft un manche tranf-
verfal. On fait ces trous de la profondeur de deux
pieds, ou deux pieds & de-mi le long d'un cordeau
tendu pour guider l'aligne-ment ; à mefure qu'on a
retiré l'éguille, on fait entrer le cep dans le trou, on replonge enfuite l'inftrument par les côtés, pour preffer la terre
contre le cep.

L'intervalle d'un cep à l'autre doit être de trente-fix pouces en
tout fens & le terrein creufé pour deux ceps placés de front
doit avoir au moins une toife de largeur. La vigne ainfi plantée
pouffe dès le mois de Mai, & pour favorifer cette pouffe on
doit bécher légerement le terrein au moins deux fois dans
l'été. Il eft indifférent cette premiere année de tailler la vigne ou
de ne la pas tailler ; mais après la deuxiéme feuille, la taille eft
indifpenfable. On doit tailler la branche le plus bas qu'il eft poffible, afin que le cep ayant moins de bois & de feuillage à nourrir,
emploie la féve à groffir, & fe fortifier lui-même. On doit enfuite la bécher ; il y en a qui fe fervent de la pelle de fer du Jardinier qu'ils enfoncent avec le pied, ils foulagent leurs bras &
en avançant davantage la befogne, ils prétendent la faire mieux,
& ce n'eft pas fans fondement, quand la nature du terrein le permet.

La troisiéme feuille amene quelques grapes de raisins, &
comme les branches sont foibles, il faut pour les soutenir avoir recours aux échalas. Ceux de pin, de saule ou autre bois blanc, sont
bientôt vermoulus ou pourris par l'humidité de la terre; le bois
qui résiste le plus est celui de l'arboisier, qui croît de lui-même,
sur les côtes de la Méditerranée.

Quand la vigne est en rapport, la premiere façon est de la tailler
d'abord après la chute des feuilles, plutôt que d'attendre en Février, ou Mars, quand la vigne déja en séve s'épuiseroit en pleurs.
Il est pourtant des cantons exposés aux gelées blanches du matin,
où il convient de retarder la pousse de la vigne, en ne la taillant
qu'au printems.

La taille se fait ordinairement sur le bois neuf. On retranche
tout le vieux; on laisse sur chaque pied, une, deux, trois, &
même quatre tiges, selon qu'il est plus ou moins vieux & fort : sur
chaque tige on doit laisser au moins deux bourgeons bien marqués & un demi-bourgeon qu'on appelle *bourrillon*, & qui se trouve
presque à la naissance de la tige.

La taille horizontale est défectueuse, en ce qu'elle retient les
gouttes de la gelée du matin, ce qui n'arrive point à la taille faite
en bec de flûte. Après la taille on béche la vigne & plus le premier
labour est profond, plus aussi la vigne se fortifie. En enlevant les
racines supérieures, on fait ensorte que celles qui sont plus bas
prennent toute la nourriture, qu'elles grossissent davantage, &
fournissent plus de séve dans le tems des grandes chaleurs.

Au premier labour, d'abord après la taille, succéde l'élague-
ment de la vigne, qui consiste à lui ôter toutes les branches inutiles, & qui ne viennent point des bourgeons qu'on a laissés en la
taillant. On peut cependant leur faire grace quand elles portent
du raisin, ce qui est bien rare. Cette opération doit être confiée
à des mains intelligentes, qui sachent conserver à propos une branche inutile en apparence, mais qui peut servir à remplacer les
branches venues sur les bourgeons, lorsqu'elles sont trop foibles.

Quand la fleur de la vigne est tombée & que le grain commence à se former, si l'on taille à un pied ou un pied & demi au-des-
fus des grappes, tout le bois qui croît quelquefois outre mesure;
il arrive que toute la nourriture se porte au fruit & que la vigne
pousse de petites branches latérales avec quelques grappes tardi-
ves, on peut arracher ces rejettons, ou les laisser croître pour

avoir du verjus. On a moins de farmens à la vérité ; mais on a nourri des animaux avec les pampres qu'on a coupés, le raifin a été mieux nourri & plus expofé aux rayons du foleil. Le Vigneron eft difpenfé alors de lier les branches & d'éfeuiller quand le tems en eft venu ; du moins ces deux opérations effentielles pour la parfaite maturité du raifin fe réduifent à très-peu de chofe quand on a retranché d'avance tout le branchage fuperflu.

Dans le mois de Mai on donne à la vigne la derniere façon & c'eft ce qu'on appelle *biner* ; il s'agit feulement de couper les herbes, d'écrafer les mottes qu'on a laiffées à deffein au premier labour, afin que la pluie les imbibât davantage, & d'applanir la furface, afin que les rayons du foleil aient moins d'accès dans l'intérieur de la terre, & que la fraîcheur s'y conferve plus long-tems. Ceux qui en donnant le premier labour, n'ont pas eu l'attention de faire couper les racines fuperficielles de la vigne, retardent fes progrès en diminuent le produit, & abrégent fa durée. On devroit introduire à la fin de Juillet un troifiéme labour pour détruire les herbes jufques aux vendanges.

SECONDE QUESTION.

Quelle eft la façon de faire le vin ? Combien eft-on de tems à le foutirer ?

ON coupe le raifin dans fa parfaite maturité, & c'eft ordinairement vers la fin de Septembre. On ôte tout le verd, ou le pourri, que l'on donne aux cochons. Il y a au-deffus de la cuve une grande caiffe ou fouloir de bois, dont une partie du fond eft en forme de gril, par où s'écoule la liqueur & la pellicule du raifin, à mefure qu'il eft foulé & écrafé, fous les pieds d'un homme fort & vigoureux, la grappe feule refte au fond de ce grillage, dont les barreaux n'ont pas des intervalles affez larges, pour la laiffer paffer ; on la laiffe égoutter, puis on la garde pour en faire du fumier, ou de la piquette.

Les cuves ordinairement font de bois & ouvertes par le haut ; celles qui font de pierre & voûtées par-deffus, font préférables, on ferme exactement l'ouverture de deux pieds en quarré du haut de la voûte, quand la cuve eft pleine, quand le vin a jetté fon feu dans la fougue de la premiere fermentation, & qu'il pourroit s'en évaporer les efprits néceffaires pour lui donner la qualité ;

on laiſſe fermenter le vin depuis huit jours , juſqu'à un mois &
plus. Il n'y a point ſur cet article de regle fixe, la fermentation pouvant être hâtée ou retardée par la différente température
des ſaiſons & des climats, par l'eſpéce des raiſins , & par la di-
verſe qualité qu'on veut donner au vin. Mais en général tout vin
qui n'a pas fermenté dans ſon tems dans la cuve , ou dans le
tonneau , eſt ſujet à fermenter hors de ſaiſon & à ſe gâter.

Les vins de Provence ſont ordinairement aſſez mûrs & aſſez
ſpiritueux pour être façonnés & épurés dans l'eſpace de deux mois,
ou environ. On les met alors dans des tonneaux, qu'on a ſoin
de remplir ou *ouiller*, tant qu'ils diminuent en dépoſant par le
bondon ; on les bouche enſuite exactement , pour n'y plus toucher que pour les mettre en perce dans leur tems. Quand la ſaiſon
n'eſt pas contraire, elle l'eſt rarement , & que les vins ſont
faits avec ſoin, ils ſe gardent pluſieurs années, & ſouffrent le tranſport. L'uſage de tranſvaſer le vin n'y eſt pas commun , il n'eſt ſuivi
que de ceux qui veulent avoir un vin de durée & délicat. Delà
vient qu'il y a des vins tournés dans les années où le vin n'eſt
pas de bonne qualité, & quand on manque d'attention pour les
caves & pour les tonneaux.

TROISIEME QUESTION.

Quel eſt le prix du vin , année commune ; & quel en eſt le débit ?

LE prix du vin varie ſelon la ſituation des cantons, & à proportion du débit plus ou moins grand. Dans les villes peuplées,
le pot contenant trois livres de liqueur poids de table vaut deux ſols.

Quand la récolte eſt très abondante, il vaut à peine un ſol ;
quand elle eſt mauvaiſe & qu'on le ſoumet à des droits d'entrée,
il ſe vend juſqu'à quatre & cinq ſols le pot.

Les vins des *Mées* & autres vignobles éloignés de la mer,
fourniſſent les pays de montagne , où il n'en croît point. Ceux
de la *Barbantane* & des environs ſont de gros vins colorés, qu'on
emploie dans d'autres Provinces, & à Paris, pour donner de la
couleur aux vins qui en manquent ; ainſi les vins de Provence
ne manquent guères de débit , que quand la guerre interrompt
le commerce & la navigation.

A Marſeille & le long de la côre, le vin ſe vend toujours
mieux à cauſe de la facilité qu'on a de l'embarquer ; il ſouffre mieux
le

le transport, depuis qu'on a eu l'attention d'employer plus de
raisin noir que de blanc, & qu'on a laissé cuver le vin plus long-
tems qu'on ne faisoit anciennement. On auroit des vins plus
colorés, plus moëlleux, & plus propres au transport, si l'on ne
plantoit plus des ceps de raisin blanc, que pour manger & non
pour faire du vin.

QUATRIEME QUESTION.

Fait-on de l'Eau-de-vie ? Combien faut-il de tonneaux, muids
ou barriques de vin pour faire une piéce d'Eau-de-vie.

LES vins de Provence sont très-propres à faire de l'eau-de-vie;
mais on ne les distille que lorsqu'on n'en trouve pas le
débit ou qu'ils sont tournés. Trois piéces de vin contenant *cinq mil-*
leroles de 48 pots chacune, le pot pésant trois livres, produisent
quatre-vingt livres ou environ d'eau-de-vie, suivant la force & la
qualité du vin. C'est-à-dire, qu'il y a environ un tiers d'eau-de-vie
dans les vins de Provence.

CHAPITRE XXII.

Mémoire envoyé par un Magistrat du Parlement de Bordeaux
sur la culture des Vignes.

DANS toutes les instructions qui ont été données sur les vignes,
il semble que l'on n'a pas fait assez d'attention à certaines
cultures qui dépendent de la nature du sol, sur-tout dans la partie Méridionale du Royaume, climat qui par sa nature paroît
dans la plus grande partie, principalement destiné à la production des vignes.

On distingue d'abord les fonds en sols arides, chargés de cailloux
& à veines mêlées avec quelques parties d'une terre forte & vigoureuse, dont le sol au-dessous est en certaines parties semblable à
la superficie; d'autres ayant les mêmes cailloux y contiennent,
à un pied ou deux au-dessous de la superficie, une espéce d'argile
mêlée avec des pierres d'une consistance très-dure & propre à
faire de la chaux parfaite, & enfin ayant encore au-dessous comme des têts ou billots de la même pierre également très-dure.

2°. En sols, qui en apparence ayant une semblable quantité de cailloux ne sont mêlés qu'avec une espéce d'argile contenant en partie beaucoup de sable ; au-dessous de la superficie on trouve une même argile, avec des pierres à la vérité moins dures & contenant même plusieurs parties sablonneuses, & au-dessous enfin une espéce de rocher ou pierre molle fort sablonneuse.

3°. En terres fortes sur les bords de certaines rivieres principales, & ces fonds s'appellent Palus.

On y plante la vigne de trois façons différentes ; & dans la culture on lui donne trois ou quatre façons de béche.

Pour la plantation dans la premiere espéce de sol on la plante ou dans des tranchées qu'on fait exprès, ou des trous faits avec une forte pince de fer.

On trace des tranchées bien dirigées en droite ligne par le moyen d'un cordeau bien tendu, on forme ces tranchées de deux pieds au moins de profond & autant de large ; au fond de ce fossé, & du côté opposé au cordeau, on y pratique avec une cuillere de fer un trou d'environ trois à quatre pouces de profondeur, dans lequel on met le bout du cep de vigne, & l'on l'y scelle avec du bon engrais & de la terre de la superficie ; on coude ensuite ce même cep sur le fond de la fosse jusques sur l'autre côté du cordeau, & l'on l'y scelle encore de nouveau avec de l'engrais & de la terre de la superficie, & enfin on recoude ce même cep pour le ramener en montant en droite ligne du cordeau, ensorte qu'il s'éleve au-dessus de la surface du sol de cinq à six bourgeons ou nœuds, on finit de recombler toute la tranchée, observant autant qu'il se peut de mettre la terre de la superficie dessous.

On plante ainsi la vigne en droite ligne, en suivant le cordeau, & observant de ne pas mettre les ceps plus près de trois pieds l'un de l'autre.

Cette rangée ainsi finie on passe à un autre, observant également la même distance de trois pieds entre les rangées ou sillons.

Cette façon de planter la vigne, quoique la plus coûteuse, est cependant la plus avantageuse, puisque soit par l'ameublissement donné dans le fonds du sol où la vigne met ses racines, soit par la qualité de la culture qu'on y donne ensuite, elle acquiert dans cinq à six ans un accroissement qu'elle ne peut pas souvent acquérir dans dix années lorsqu'elle est plantée autrement.

La seconde façon de planter la vigne consiste à faire des trous avec la pince de fer de trois en trois pieds, & de trois pieds de profondeur ou environ, en suivant le cordeau bien tendu.

La rangée des trous étant faite, on y met dans chacun un cep ou bouton de vigne ; on obferve qu'il touche bien au fond du trou, & qu'il puiffe reffortir au-deffus de la fuperficie du fol de cinq à fix bourgeons ou nœuds. On remplit enfuite le trou avec une efpéce de laitance faite avec des cendres, du fumier & de la terre, on y pofe le tout bien broyé enfemble ; le trou étant plein de cette matiere, on le fcelle auffi profond qu'il fe peut avec de la terre de la fuperficie, par le fecours d'un bâton pointu, en tenant le bout extérieur du cep avec la main, pour qu'il ne foit pas dérangé de la ligne du cordeau ; & on continue ainfi les rangées, en obfervant toujours les diftances de trois pieds.

La troifiéme façon de planter la vigne eft celle qui fe pratique pour les fonds appellés palus.

Comme au-deffous de ces terreins, à un pied ou un pied & demi de ces palus, on n'y trouve ordinairement qu'un fol de glaife noire & très-inanimée qui pourriroit le cep ; on a l'attention de n'y pas planter la vigne bien profond, & c'eft affez d'un pied dans ces lieux ; à la vérité les rangées & les pieds de vigne y doivent être plantés à quatre pieds de diftance.

La conduite de la vigne s'y fait de trois façons différentes, également que fa culture ; quand c'eft une vigne qu'on veut cultiver par le labourage avec des bœufs, on taille la vigne par une coupe très-baffe, de façon que la fouche ne s'éleve pas de deux ou trois pouces au-deffus de la furface du fol ; de cette fouche on conduit deux principales branches, dont une fur chaque côté, au bout de laquelle on ne laiffe qu'une jeune branche à fruit d'environ un pied ou un pied & demi au plus de longueur, ayant attention dans la coupe de laiffer autant qu'il fe peut dans le vieux bois au-deffous de la coupe, & le plus près de la fouche qu'il fe peut, un rejetton auquel on ne laiffe qu'un bouton ou deux au plus, pour pouvoir renouveller l'année d'après la coupe, en la reprenant fur le bois nouveau & tenir par-là fa vigne très-baffe ; fi elle eft vigoureufe on ménage entre les deux principales branches un petit montant à fruit que l'on tient très-court, de façon qu'il puiffe s'attacher au petit échalas ou au bâton qui traverfe & retient tous les petits échalas ; on y attache également le bout de la branche à fruit en lui faifant faire un petit demi-cercle.

Pour la vigne que l'on cultive à la béche, la coupe s'en fait plus élevée, on lui laiffe des branches relativement à fa force, on n'obſerve pas de la conduire en paliſſade , & on replie les branches à fruit en demi cercle , le bout retourne en-bas ſur les échalas que l'on plante pour le ſoutien de chaque branche.

Dans les ſols appellés palus la vigne s'y conduit en treillage ou jouaille , élevée de quatre à cinq pieds de hauteur, les branches à fruit ne s'y replient pas ; on les attache ſeulement en les étendant en éventail aux échalas qu'on met en même rangée pour le ſoutien des branches. Pour attacher les vignes on ſe ſert d'oſier fendu en deux ou trois brins, ſuivant ſa groſſeur.

Les coupes de la vigne ainſi diſtinguées, on les cultive de trois façons différentes ; les vignes baſſes retenues très-bas doivent être ſoutenues par des petits échalas de la longueur au plus de deux pieds dont on enfonce un bout aiguiſé très-profond en terre, de façon qu'il ne s'éleve au-deſſus du ſol que d'un pied & demi au plus, & pour les lier enſemble & mieux établir ce ſoutien pour la vigne, on traverſe tous les petits échalas avec des latons d'un bois léger & ſolide comme les branches de ſaule ou autres bois ſemblables qui ſont de trois ans de pouſſe, & on attache chaque petit échalas à cette traverſe à laquelle on attache encore les petites branches à fruit, de façon que la vigne ne puiſſe pas s'écarter, & que ſon bois ni ſon fruit ne ſoient pas gâtés lorſque l'araire y paſſera pour y donner les façons de culture.

La culture ſe donne à ces vignes par quatre différens labours toutes les années ; le premier labour conſiſte à conduire l'araire tirée par des bœufs qui ſoient bien accoutumés au labourage auprès du pied de la vigne, pour en rejetter la terre dans le milieu des rangées & en former un ſillon, quand ce labourage eſt fait, des ouvriers y repaſſent avec de petites béches pour relever ſur le ſillon le peu de terre qui ſeroit reſté au pied de la vigne ou entre les échalas. Dans cette façon les ouvriers ont le ſoin d'enlever le chiendent qui eſt toujours très-nuiſible ; cette façon de béche eſt ſi peu pénible que c'eſt ordinairement l'ouvrage des femmes ou des enfans qui n'ont pas encore acquis une certaine force.

Cette premiere façon ſe doit faire, autant qu'il ſe peut, avant la premiere pouſſe de la vigne.

Un mois & demi après ou environ , on donne la ſeconde façon ou labour qui conſiſte à rechauffer la vigne & rejetter la terre qui formoit le ſillon entre les rangées en ſillon ſur le pied de la vigne, de façon que le ſillon doit être ſur la vigne & ſur les échalas.

Le troiſiéme labour ſe fait de la même façon que le premier;

mais il faut avoir l'attention de le faire avant que la vigne ne soit
en fleur.

Le quatriéme & dernier labour se fait quand le verjus est bien
formé & de la même façon que le second, il faut seulement observer
qu'il faut qu'il soit fini quand la vigne commence à vérer, ou que
le fruit veut changer.

S'il arrive que dans l'intervalle de ce dernier labour jusques à la
parfaite maturité de raisin, il se forme entre les rangées de grandes herbes gourmandes qui épuiseroient le sol, & par leur ombre refroidiroient la terre ; alors des hommes passant entre les rangées, arrachent ces herbes avant qu'elles ne forment leurs graines,
& les rejettent ainsi arrachées dans les sillons où elles sont bientôt desséchées par l'ardeur du soleil.

Cette premiere façon de cultiver la vigne est la meilleure
pour la durée & pour la qualité de la liqueur ; pour sa durée, attendu que le pied ne s'épuise guére, n'ayant que peu de bois
à nourrir ; pour la qualité de la liqueur, en ce que le fruit est
mieux nourri, & qu'il parvient plus facilement à une parfaite maturité, & que la terre est mieux empreinte des influences de l'air
& du soleil.

L'autre façon de cultiver les vignes est semblable, soit dans
les fonds palus ou autres ; on donne trois ou quatre façons de béche, dans les tems ordinaires ; la forme des béches dépend de
la qualité du sol ; dans les fonds appellés palus, il faut des béches
grandes, plattes & tranchantes avec un long manche, parce qu'il
ne faut pas que la béche éleve plus de deux pouces ou environ
de terre, qui se retourne ainsi par le soin du Cultivateur à chaque
façon ; afin que la racine des herbes ainsi renversée puisse dépérir
par l'ardeur du soleil qui la voit alors.

On suppose que dans la plantation de la vigne on a eu toujours attention à la bonne espece de vigne.

Il faut encore avoir attention autant qu'il se peut que chaque
piece de vigne soit de la même espece, à cause que la maturité
en sera plus égale, & que si quelque piece n'étoit pas dans sa parfaite maturité, on pourroit l'attendre sans que rien dépérît.

A mesure qu'on fait des plantations dans des pays moins chauds,
il faut avoir attention à choisir de la vigne la plus hâtive pour la
maturité de son fruit.

Les marques de la maturité se démontrent par plusieurs observations ; sçavoir, lorsque le raisin noir est entiérement opaque

aux rayons du foleil, & que le nouveau bois eft mûr, ce qui eft facilement reconnu par les gens occupés à la culture des vignes.

On reconnoît encore la maturité au goût du fruit, lorfqu'on le trouve très-doux, & que le jus du grain écrafé tient au doigt comme du fyrop.

Une autre marque de la maturité eft lorfque la partie de la grappe qui tient au cep eft en partie brifée, dure & comme feche, & que le bout de la rape qui tient le grain eft comme teinte en rouge.

Pour faire le vin, chaque pays a comme une façon particuliere, quoique cependant cela dépende en partie du climat.

Les vins qui doivent fupporter le trajet de la mer doivent être forts & très-montés en couleur ou comme noirs.

On les fait ainfi en les faifant fermenter dans de grands foudres avec leur rape & la peau des grains, après qu'ils ont été bien foulés.

Avant de les fouler, il eft bon d'en ôter les grappes avec des rateaux de fer, parce que la rape trempant dans la liqueur ne peut que lui donner un certain acide & âcreté, qui feroit la premiere difpofition, ou comme un levain qui ne peut tendre qu'à faire tourner la liqueur avec le tems.

Les vins participent de la qualité du fol qui nourrit la vigne; les vins qui font récoltés dans les palus, font plus colorés, plus épais & même plus pefants que les autres, ils chargent d'une plus grande quantité de parties groffieres qu'on appelle lie quand elle eft précipitée au fonds.

Cette efpece de vin réuffit très-bien à la mer, & réfifte très-parfaitement aux voyages de long cours.

Après que ces différentes efpeces de vins ont fermenté un certain tems dans les foudres, comme cinq, fix & quelquefois même jufques à dix jours, on les en tire pour en remplir les tonneaux.

On obferve que fi la liqueur que l'on goûte de tems en tems lorfqu'elle fermente dans les foudres, fe trouvoit d'une grande maturité tendant fur la douceur, alors on ne la laifferoit pas fi longtems en fermentation avec la rape, & on la tranfvaferoit alors au quatriéme ou cinquiéme jour dans les tonneaux, de crainte qu'elle ne contractât une douceur péfante, qui dureroit plûfieurs années fi elle fermentoit long-tems avec la rape.

Si au contraire la liqueur tend fur l'acide, faute d'une parfaite maturité, alors on la laiſſe avec ſa rape, parce qu'elle y perd de ſon acide.

On fait ces mêmes vins en liqueur legere comme le bourgogne, en ne les laiſſant qu'une couple de jours fermenter avec la rape.

Quant aux vins blancs, on met la liqueur tout de ſuite dans les tonneaux, & elle fait ſa fermentation.

On conſerve les vins, ſur-tout les rouges, en les tirant pluſieurs fois de deſſus leur lie, & en les clarifiant avec du blanc d'œuf ou de la colle de poiſſon deux fois au moins par année ; & quand ils ſont repoſés, on les ſoutire de deſſus la colle ou le blanc d'œuf.

CHAPITRE XXIII.

Mémoire envoyé de Beſançon ſur la culture de la Vigne.

QUESTIONS.

1°. PLante-t-on les vignes en eſpalier, en quinconce, en hautain, ou la laiſſe-t-on rempante en Franche-Comté ?

2°. La renouvelle-t-on de bouture, ou par provin ? Quelle eſt la façon qui réuſſit le mieux ?

3°. A quelle diſtance la met-on ?

4°. Combien de labours a-t-on coutume de lui donner, & dans quelle ſaiſon les lui donne-t-on ?

5°. A-t-on pour habitude, quand on la taille, de lui laiſſer beaucoup de bois, & combien d'yeux ou de bourgeons lui laiſſe-t-on ?

6°. L'éfeuille-t-on, & en quel tems ?

7°. L'échalaſſe-t-on, & à quelle hauteur la fait-on monter ?

8°. Quelle eſpéce d'échalas emploie-t-on, eſt-ce bois fendu, ou bois de branchages d'une certaine groſſeur ?

9°. Prend-on la précaution de vendanger dans un tems couvert, mais doux ?

10°. Se ſert-on de preſſoir, ou ſont-ce des hommes qui foulent la vendange, & qui enſuite la jettent dans la cuve ?

11°. Faut-il que les vins cuvent long-tems pour prendre couleur, leur faut-il beaucoup de tems pour fermenter ?

12°. Les vins du pays font-ils de garde, ont-ils du corps?

13°. Egrappe-t-on le raifin, ou bien l'emploie-t-on fans cette préparation?

14°. Enfin, les vins étant coulés & mis à demeure dans les futailles, font-ils foutirés. En quel tems? Travaillent-ils long-tems? Et ufent-ils beaucoup de vin, pour leur nourriture?

La perfonne qui répondra aux queftions, placera le fuccès de quelques expériences qu'il a faites tant fur la culture des vignes, que fur la maniere de faire les vins blanc & rouge.

1°. Elle ne rempe point, on la plante en arbriffeaux, & par rangs de file tout le bon plant ; le *gamet* qui produit abondamment, mais dont le vin ne fert que pour abreuver le petit peuple, fe plante fans ordre.

2°. On ne pratique la bouture que pour de nouvelles plantes, il feroit difficile d'avoir des pieds chevelus ou racineux en affez grand nombre, fans quoi on les préféreroit , parce qu'ils. portent des fruits plutôt ; généralement on provigne en recouchant les vieux ceps.

3°. A un pied & demi de toutes faces.

4°. Trois labours, en Mai, Juin, Juillet, fi la température le permet ; lorfqu'elle eft contraire on eft forcé de retarder cette main-d'œuvre qui eft indifpenfable.

5°. Tous ceux qui font en état de porter, au bon plant, quant au *gamet* on n'y laiffe que 3 à 4 bourgeons.

6°. Deux fois par année , la premiere au mois de Mai pour ne lui laiffer qu'une quantité raifonnable de fruit, à la fin de Juin on ôte le fuperflu du bois, conféquemment les feuilles.

7°. Dans les côteaux on ne la laiffe monter qu'à environ un pied & demi, dans les bas à 3 ou 4 pieds à Befançon dans les bas la plûpart des ceps font paliffés, dans les côteaux on lie les échalas contre de longues perches qui traverfent les rangées pour les garantir des coups de vent. Cette méthode eft difpendieufe , & peu propre à remplir l'objet d'utilité qu'on cherche. Les échalas, & les perches font de jeunes bois , ils fe defféchent dans très-peu de tems, le moindre coup de vent les rompt.

On a dans cette province du bois de fapin en quantité à portée des gros vignobles, les queues de ces arbres font à très-bas prix, en les refendant on feroit des échalas d'environ quatre pouces de tour en état de foutenir les ceps, de les garantir contre les coups de vents, ils dureroient 9 à 10 ans, on fe fouftrairoit

à une

à une dépenfe qui devient impraticable, parce qu'il faut renouveller toutes les années près de la moitié des échalas, dont on
fe fert préfentement, & qui donnent lieu à des dégradations confidérables dans les forêts.

Depuis deux ans feulement on a effayé la méthode de planter
3 échalas de bois refendu en triangle contre les ceps qu'on a
coutume de paliffer ; en hyver on les tire de terre pour les y remettre au printems ; les ceps font garantis non-feulement des
coups de vents, mais encore de la grêle, on l'a remarqué le 14 du
mois de Juillet de cette année 1763 ; celles cultivées de cette
maniere ont beaucoup moins fouffert que les autres.

8°. Toujours de jeunes bois de toute effence de 6, 9 lignes
à 1 pouce & demi de tour.

9°. On préfére toujours le beau tems, mais cela ne dépend pas
des Cultivateurs qui font forcés de vendanger au jour fixé par
les Seigneurs ou Officiers municipaux des lieux.

10°. Cette méthode n'eft point en ufage en Franche-Comté, on
égrappe tous les raifins, & on porte la vendange dans la cuve,
à l'exception de celle deftinée pour faire du vin blanc qui s'é-
grappe également & fe porte de fuite fur le preffoir pour en extraire le jus.

Dans quelques vignobles du plat-pays on porte le raifin rouge
fur le preffoir au moment qu'on le coupe, le vin qu'on en extrait
eft leger ; mais il n'eft point de garde.

11°. Les vins de cette province font généralement forts de
couleur, ordinairement on les fait cuver 12, 15 à 20 jours, quelquefois un mois & plus, felon le plus ou le moins de maturité
du raifin, ils fermentent quelquefois le même jour, quelquefois
au pied de la vigne, quand il fait un temps chaud, on eft dans l'habitude de fouler les cuves jufqu'à deux fois par jour ; on penfe
que cette méthode occafionne trop d'évaporation, & qu'elle
affoiblit le vin.

En 1761 on a pris du raifin dont l'efpéce eft connue dans ce
pays fous le nom de Noirun, on en a pris fans mélange d'aucun
autre plant, on les a froiffés, & on les a portés dans la cuve, même avec la grappe, on a obfervé avec attention le moment de la
fermentation, qu'on a laiffé continuer pendant quelques heures
feulement, & on l'a porté fur le preffoir, on l'a preffuré & enton-
né. Le vin a demeuré très-long-tems à s'éclaircir : vers le mois
de Septembre feulement de l'année fuivante, il s'eft trouvé en

état d'être mis en bouteille ; on en a fait boire à des Gourmets
qui l'ont bû pour du vin de Bourgogne : on se propose de renouveller cette expérience à la récolte prochaine 1763.

12°. Ils se gardent ordinairement 3 à 4 ans, même jusqu'à 5
ou 6 ; mais cela est rare, on n'entend parler que du bon plant,
celui-ci a du corps, le gamet en a très-peu, & ne se conserve que
2 à 3 années au plus.

13°. On égrappe les raisins avec une attention scrupuleuse, soit
pour le vin rouge, soit pour le vin blanc, ceux-ci sont fameux
& ne se gardent pas long-tems, on est dans l'habitude de les boire
dans l'année. Depuis deux ans on en a fait pressurer le raisin avec
la grappe, le vin n'a plus le défaut d'avoir trop de feu, il est
agréable & sociable, il se gardera long-tems, il équivaut le vin
du Marquisat qui vient d'Allemagne.

14°. On les soutire ordinairement une seule fois au mois de
Mars de l'année qui suit la récolte, ils en valent mieux : la premiere année ils travaillent environ 15 jours ; les années suivantes
très-peu, au mois d'Avril que la vigne pousse, & lors de la fleur
du raisin : on peut évaluer le vin qu'on emploie pour remplir les
tonneaux à un quarantiéme par année.

CHAPITRE XXIV.

*Mémoire envoyé par M. le Comte de K. sur la culture de la Vigne,
pratiquée dans la Haute-Bourgogne.*

PResque toutes les vignes de la haute-Bourgogne sont situées
sur des côteaux, c'est-à-dire, qu'elles occupent depuis le bas de
la montagne ; mais on ne les plante point sur la montagne,
parce qu'elles seroient trop exposées à la gelée. Le meilleur vin
vient des vignes dont le côteau est exposé au midi, & qui jouit du soleil levant.

Lorsque l'on plante des vignes, il faut avoir l'attention de leur
donner cette exposition, & de les mettre autant qu'on le peut à couvert du vent du Nord, sans quoi elles gélent facilement.

Il faut dans les vignes ainsi situées, c'est-à-dire, plantées sur
une pente, avoir le soin de faire au-dessus de la plantation un rem-
part de terre qu'en Bourgogne on nomme chevet, pour les garantir

des effets des orages, dont les eaux qui tombent des terreins plus
élevés emporteroient la terre du haut de la vigne dans la partie
inférieure, & par conséquent déchausseroient les ceps de la
partie supérieure, accident qui expose à beaucoup de dépense par
le transport d'autre terre, qui est absolument nécessaire pour recouvrir les ceps ; puisqu'il faut malgré cette précaution qui est
indispensable, porter de tems en tems, donner de la terre au haut
des vignes qui en manquent toujours, attendu que les pluies ordinaires entraînent dans le bas la partie la plus substancielle, & que
par le labour même que le Vigneron donne, & qui est obligé
de donner son coup de bêche de haut en bas, la terre s'éboule insensiblement.

Il y a des vignobles dans la haute Bourgogne qui produisent
les plus grands vins qui ne sont point en côteaux ; ces vignobles
sont en plaine, il ne faut point terrer ou du moins on terre fort
peu ces sortes de vignes, parce que les terres ne sont point em-
portées par les pluies & encore moins par les labours.

Ce n'est pas seulement de la bonne exposition, soit du Levant,
soit du Midi, que dépend le bon vin ; sa qualité dépend encore de
la qualité de la veine de terre dans laquelle la vigne est plantée, & de la façon dont on fait le vin.

Il y a de certains pays en Bourgogne, où un chemin, une muraille, ou autre clôture, ou même un sentier, met une différence
considérable entre le vin d'une vigne & le vin de l'autre. Par
exemple, le vin de la *Romanai*, le vin le plus excellent se vend
jusqu'à quinze cens livres les quatre cens quatre-vingt bouteilles,
ce qui fait la queue de Bourgogne, & jamais moins de douze
cents livres ; celui de *Richebour* qui touche la *Romanai*, puisqu'il
n'en est séparé que par un sentier ne se vend que quatre cents livres.

Quant aux labours que l'on donne aux vignes de la Haute-
Bourgogne, ils se réduisent à trois ou quatre, suivant que les herbes
gagnent ou dépérissent : on commence les labours au mois de
Mars, & on les finit dans le mois d'Août, c'est vers la fin de ce mois-
ci que l'on donne le dernier labour.

L'instrument dont on se sert pour la labourer est fait en forme
de pioche & est à peu près de cette figure-ci, il n'est distant
du manche que d'environ six pouces, & coule le long du manche. On ne frappe point avec cet instrument : le Vigneron
en fait entrer la pointe dans la terre & la tire à lui; par ce moyen
il ne risque point de blesser les ceps, inconvénient auquel on

feroit beaucoup expofé fi l'on fe fervoit de la pioche ordinaire ; il fait avec cet inftrument beaucoup plus d'ouvrage qu'il n'en feroit avec l'autre ; il nétoye bien le pied des ceps fans courir aucun rifque de la bleffer.

On commence dans la Haute-Bourgogne à tailler la vigne dans les beaux jours de Février. On n'y laiffe qu'une certaine quantité de bois à fruit ; parce que fi on en laiffoit trop, on altéreroit la vigne, on l'épuiferoit & qu'elle ne rapporteroit bientôt plus rien.

Lorfqu'elle eft taillée on la paiffelle avec des baguettes de la groffeur du doigt, & de la hauteur de cinq à fix pieds ou environ. On l'attache à cet échalas, que l'on nomme en Haute-Bourgogne paiffeau avec de petits ofiers ou avec de la paille ; les ofiers font préférables : on fait faire un cercle au bois qui doit donner du fruit, ou bien un demi-cercle, afin qu'il foit plus aëré & qu'il foit plus en état de profiter des rayons du foleil ; on l'attache au cep de la vigne, ou à l'échalas ou paiffeau. Quand la vigne a jetté fon bois & qu'il eft grand, ce qui arrive ordinairement à la fin de Juillet ou environ, on coupe ce bois qui eft tendre que l'on nomme pempre. Cette opération empêche que la vigne ne fe fatigue en portant du bois qui n'a point de fruit, elle donne de l'air & du foleil aux raifins.

On obfervera fur-tout de ne point mettre de fumier dans les vignes, fur-tout lorfqu'on fe propofe de faire des vins fins & délicats.

Voici à peu près la méthode la plus fûre & la meilleure que l'on puiffe fuivre lorfqu'on veut renouveller une vigne à mefure qu'elle fe détruit.

On fait pendant l'hiver des foffes plus ou moins grandes, on plie le jeune bois d'un ou de plufieurs ceps ; on le couche dans ces foffes : on le couvre de terre : on laiffe paffer un bout qui fort hors de la terre d'environ fix pouces & même moins ; pourvu qu'il forte un peu cela fuffit : on lui coupe un peu le bout qui fort de la terre. Comme on taille la vigne dans ces foffes on y fait tenir dix ou douze ceps, & même plus fuivant que la foffe eft plus ou moins grande ; à mefure que ce bois que l'on nomme provin, grandit, le Vigneron remplit la foffe de la terre qui l'environne. En garniffant de terre ces provins on a du beau fruit au bout de trois ans ; mais le vin n'eft pas bon comme celui de la vieille vigne.

On peut renouveller la vigne en l'écuffonnant, ce qui eft la même chofe qu'enter. On ne pratique guéres cette méthode, & ce n'eſt pas ſans raiſon, car elle eſt de toutes la moins bonne.

Le pinot eſt de tous les raiſins celui qui produit le meilleur vin, il ſeroit donc à ſouhaiter qu'on perdît l'uſage de propager tant d'autres eſpéces de raiſins moins vineux & d'une qualité bien inférieure, & qui par leur mélange ne ſervent qu'à altérer la bonne qualité de celui-ci. On devroit les lui ſacrifier & ne s'attacher qu'à ſa culture.

Régle générale qui ne ſert qu'à montrer l'inconſéquence de celles qu'on veut établir. Pour faire le vin, point de régle particuliere, parce que les climats, les années, les terreins, les qualités des raiſins, le plus ou moins de fumier que l'on donne aux vignes, le plus ou le moins d'élévation à laquelle on les fait monter, varient beaucoup, avancent conſéquemment ou retardent la maturité du raiſin : les années ſont plus ou moins chaudes : les pays ſont plus ou moins au midi. Ainſi c'eſt aux Cultivateurs à ſuivre les directions que la nature leur donne, & à ſe conduire ſuivant les années & les climats.

On remarque en Bourgogne que lorſque la vigne porte encore ſes feuilles pendant les vendanges, il faut alors faire fort peu cuver le vin, de peur qu'il ne ſoit trop rouge ; lorſqu'il reſte trop long-tems dans la cuve il acquiert beaucoup de dureté.

Avant qu'on ne jette la vendange dans la cuve, on coupe les raiſins, on les met dans des tonneaux deſtinés à cet uſage, que l'on place au pied de la vigne, on les y écraſe avec le pied autant que l'on peut. Quand on a de quoi charger une voiture, de ces raiſins ainſi foulés, on les porte dans la cuve, on l'en remplit ; lorſque la cuve eſt pleine, on laiſſe fermenter cette vendange ; ceux qui fixent le tems du cuvage ſont téméraires ; car cela dépend abſolument du plus ou du moins de chaleur qu'il fait dans la ſaiſon, & du plus ou moins de tems que la vigne a conſervé ſes feuilles.

On fait entrer des hommes dans la cuve qui foulent cette vendange ; quand ils ſont ſortis de la cuve, & que l'on a laiſſé le vin fermenter pendant quelque tems ; on a des verres bien nets, dans leſquels on verſe du vin pour voir s'il a aſſez de rouge, & ſuivant le dégré de couleur qu'on veut lui donner. Avant que de verſer le vin dans les verres ou dans les gobelets, on met deſſus un papier qui n'a point été colé, & l'on verſe du vin ſur ce papier : par la filtration qui ſe fait à travers le papier dans le verre ; on examine d'heure en heure le dégré de couleur du vin ; on

fait cette opération de peur de forcer les vins : un trop long cuvage les charge beaucoup de couleur , les rend durs & souvent
les fait tourner à l'aigre.

Lorsque le vin est à la nuance que l'on veut, on le coule, c'est-
à-dire, qu'on le tire de la cuve ; ce vin s'appelle *mere-goute*, parce
qu'il est le premier & le meilleur ; on le met dans une autre cuve où
il fermente ; on le remue bien , & à différents tems , avec un bâton,
pour qu'il soit tout pareil en qualité & en couleur quand il sort de
cette cuve.

Quand le tems nécessaire , pour qu'il soit bien mêlé & qu'il
ait assez fermenté pour être dans sa perfection de couleur & de
mélange est passé, on le coule , on le met dans des tonneaux où
il fermente encore long-tems , sur-tout lorsque l'année est chaude ; il faut avoir alors l'attention de *l'ouiller*, c'est-à-dire, de remplir le tonneau avec le même vin ; lorsqu'il a cessé de bouillir
on met sur la bonde des tonneaux une feuille de vigne , sur laquelle on met une pierre plate ou une brique, pour contenir la feuille ; lorsque le vin est absolument tranquille , & qu'il n'a point de
bouillonnement ni de fermentation sensible , on le met à la cave.

Quant à la vendange qui reste dans la cuve de vin dont je viens
de parler , on la met dans le pressoir que l'on serre à plusieurs reprises , à mesure que le marc s'affaisse ; on met le vin dans des
tonneaux à mesure qu'il en sort. Il faut avoir le soin de remplir
ces tonneaux à mesure que le vin fermente , & que par conséquent
il se fait une dissipation ; on y met, comme pour le précédent
vin, la feuille de vigne avec la brique par-dessus.

Il est bien naturel que ces vins ne soient pas si bons, ni si délicats
que les premiers ; d'abord ils sont plus chargés de rouge & beaucoup
plus durs que la *mere-goutte*.

Le marc qui sort du pressoir est utile à plus d'usages qu'on ne
pense , aussi peut-on facilement prouver que l'on n'en tire point
tout le parti que l'on pourroit en tirer.

On le jette dans une cuve , on met par-dessus une certaine quantité d'eau : on laisse fermenter le tout pendant un certain tems ;
on le remet dans le pressoir, & on l'exprime autant que l'on peut ;
il en sort une boisson très-utile, & l'on peut même dire, salubre
pour le peuple.

Ici l'Auteur du Mémoire prend avec cette générosité naturelle
aux gens de condition qui ont une belle ame , la défense des
malheureux habitans de certains cantons, à qui on enleve la foi-

ble reſſource de cette boiſſon par la tyrannie & la concuſſion de ces furets de cave, commis par la Ferme générale.

J'ai vû, dit le généreux Auteur du Mémoire, des pays où les habitans ont été ruinés pour avoir fait de cette boiſſon : les Commis, ajoute-t-il, ces fléaux des campagnes vont ordinairement tous les ans vers la S. Martin, faire les inventaires des vins. Les payſans déclarent le nombre de piéces de vin qu'ils ont récoltées, & le nombre de muids de boiſſon. Ces Commis reçoivent cette déclaration & puis deſcendent dans la cave, goûtent ladite boiſſon & diſent que c'eſt du vin, qu'en conſéquence la déclaration étant fauſſe ils ſont en droit de verbaliſer ; ils procédent, de façon que le malheureux payſan ſe trouve ruiné.

Il eſt certain qu'il faudroit avoir renoncé à l'humanité ſi l'on ne prenoit point fait & cauſe pour ces malheureuſes victimes de la cupidité de ces hommes vomis par l'enfer pour faire le tourment & être le ſupplice des foibles : il n'eſt perſonne qui ne voie dans un tel procédé le deſſein de faire trouver un homme en contravention pour ſe faire de là un droit de lui faire un procès ruineux : car nous ferons ici un argument bien ſimple. Pourquoi demandez-vous la déclaration ? Eſt-ce pour vous en rapporter à la bonne foi du payſan, ou bien pour épargner à vos agens la peine de viſiter les caves ? Si la déclaration ſuffit tenez-vous en là, ſi vous ſoupçonnez la mauvaiſe foi, comme vous pourriez le faire dans beaucoup de cas avec raiſon, ne demandez point de déclaration, mais faites la viſite, & puniſſez ſévérement tout Commis qui ſera aſſez coquin de rapporter des fauſſetés dans les Procès-verbaux qu'il fait. Mais non ; bien loin de là, plus il exerce de pirateries, tranchons le mot, plus il eſt coquin & fripon, & plus il verſe dans vos coffres de l'argent plus il a droit à votre reconnoiſſance & à votre protection. *C'eſt notre homme*, dites-vous, oui, mais c'eſt un monſtre qui affame & épuiſe les campagnes, & qui par conſéquent devroit être proſcrit. Revenons au Mémoire.

Une autre grande propriété du marc ; elle conſiſte en ce que dans les pays ou le bois eſt commun & par conſéquent à bon marché, on en tire de l'eau-de-vie, après quoi on en fait des mottes à l'inſtar de celles des Tanneurs, on en fait un feu chaud & agréable ; les cendres que ce feu produit ſont excellentes pour les prés, pour les jardins & pour toutes ſortes de terres. Si on ne le brûle point on en nourrit la volaille ; il a la propriété d'échauffer les poules & de les rendre fécondes.

Lorſque le vin eſt dans la cuve, il faut le viſiter ſouvent pour voir s'il ne coule point; s'il coule, il faut auſſi-tôt y apporter du re-méde. Le mois de Mars, après qu'il a été fait, il faut le ſouti-rer, le tranſvaſer & bien relier les tonneaux. Lorſqu'on veut l'expoſer en vente, il faut le ſoutirer encore. Au bout de deux ou trois mois que le vin eſt dans ſon état parfait pour être bû, il faut le coller avec de la colle que l'on fait fondre & que l'on inſinue par la bonde. Par cette opération on le clarifie, & on le nettoye pour ainſi dire; il faut enſuite le mettre en bouteille : en ſuivant cette méthode on le conſerve bien des années dans ſa bonté, & beaucoup mieux que dans les tonneaux.

En Bourgogne on colle le vin avec des blancs d'œufs. On prend huit à dix blancs d'œufs avec leurs coquilles que l'on écraſe & que l'on mêle enſemble. On les fouette comme une omelette, on les coule dans les tonneaux par la bonde, on a un bâton que l'on introduit dans un tonneau de demi-muid, on fouette bien ces œufs dans le vin, mais il ne faut point que ce bâton atteigne le fond du tonneau, de peur de toucher à la lie, qui, par le mouve-ment qu'on lui donneroit, remonteroit & ſe mêleroit avec le vin, & par conſéquent en altéreroit la qualité; il ſuffit que le bâ-ton entre d'un demi-pied dans le tonneau. Au bout de huit jours le vin s'eſt clarifié & eſt propre à être mis en bouteille.

On fait également du vin blanc avec du raiſin noir, com-me avec du raiſin blanc. La légéreté décide du plus ou du moins de blancheur du vin fait avec du raiſin noir. Si ſur-tout la vigne n'a point conſervé ſes feuilles juſqu'au tems que l'on vendange, le vin que l'on fait avec des raiſins noirs ſera auſſi blanc que celui que l'on fait avec des raiſins blancs. Mais ſoit qu'on prenne des raiſins blancs, ſoit des raiſins noirs pour faire du vin blanc, il faut cueillir les uns & les autres avec beaucoup de propreté. Il faut les porter au preſſoir ſans les écraſer & ſur-tout ſe ſervir de clayes pour cela, ſur leſquelles on met de la paille de peur qu'ils ne s'écraſent. Il faut faire le marc auſſi petit qu'il eſt poſſible pour éviter les coupes, il n'eſt rien en effet qui porte tant de préjudice au vin, & qui lui donne tant d'âcreté que les diverſes coupes que l'on donne au marc. Il eſt certain, qu'en le coupant on coupe auſſi beaucoup de pepins, ce qui occaſionne ce défaut. Il faut au contraire preſſer les raiſins & ne pas en tirer tout le vin qu'ils pourroient rendre. Alors le vin ſera très-blanc; on jette ce marc, qui contient encore beaucoup de liqueur, dans une cuve, & il ſert à faire du vin o uge.

Maladies

Maladies du vin.

Le vin a des maladies & fur-tout dans le tems de la fermentation de la vigne, parce que les vins fermentent auffi dans ce tems dans les tonneaux. Ils deviennent ce que l'on appelle dans certains pays, *louches* ou nébuleux. Ils ne font point clair-fins, il y en a même qui deviennent très-troubles ; il ne faut point y toucher jufqu'à ce que la fermentation de la vigne foit finie. Paffé ce tems on les colle au bout de huit jours, & on les tranfvafe. Il y a du vin qui vient comme du petit lait, qui a même un très-mauvais goût. Quand il eft dans cet état, le plus fûr eft de l'abandonner à lui-même ; il arrive fouvent qu'il fe rétablit, excepté cependant que vous ne vouliez le coller & le tranfvafer ; mais il faut auparavant qu'il fe foit rétabli de lui-même : car fi l'on y touche auparavant, il eft certain que c'eft du vin perdu.

Il y a des vins qui fe gâtent & qui jamais ne fe raccommodent d'eux-mêmes ; en ce cas il faut les regarder comme des vins perdus. Le vin de Bourgogne eft fujet à la graiffe. Pour le rétablir il faut prendre quatre livres de fable, foit de riviere ou autre le plus fin que l'on peut trouver, le bien laver jufqu'à ce que la derniere eau que l'on lui donne foit bien claire, enfuite le faire bien fécher au foleil & le mettre après cela dans le tonneau. On roule bien le tonneau dans une cour à plufieurs réprifes, on le remet après cette opération dans la cave : on le laiffe en repos & le vin fe raccommode très-bien.

On cultive à Auxerre, à Coulange, Tonnerre, Chablis, Avalons, beaucoup de vignes qui rendent de bons vins tant rouges que blancs que l'on cultive de la même maniere que dans la Haute-Bourgogne, & où l'on fait les vins fuivant la même méthode. Il n'y a d'autre différence que celle que l'on voit dans le paiffelage & dans la façon des treilles. La méthode de la treille (nous l'avons déja fait obferver) eft la plus mauvaife ; il faut efpérer que les accidens auxquels elle eft expofée, dégoûteront enfin les Cultivateurs qui la fuivent. Elles font fi fujettes à être gelées que le moindre vent froid qui fouffle dans ces fortes de vignobles, enfile toute la treille, rien ne le brifant & emporte dans un inftant toute la récolte ; au lieu que quand la vigne eft plantée pêle-mêle, ou encore mieux, en quinconce, elle fe pare bien des vents & qu'il échape beaucoup de fruit au vent de Nord, quelque violent & quelque

tenace qu'il soit. Il faudroit que les vignes fussent arrangées &
paisselées comme celles que l'on voit dans le Comté de Bar-sur-
Seine. Elles sont plantées en tout sens, c'est-à-dire, pêle-mêle, les
paisseaux ou échalas sont de bois de chêne fendu en quartiers quarrés, c'est ce qu'on appelle dans le vignoble Bourdelois *carrassonne*;
ces échalas ont un pouce de largeur, trois pieds quatre pouces de
hauteur. Ces échalas ainsi écarris forment des angles qui parent &
brisent le vent, & qui par conséquent garantissent considérablement les raisins de la gelée. Les vignobles de ce canton sont immenses & produisent des vins excellents.

Les vignes y reçoivent la même culture que celle que l'on donne aux vignes de la Haute-Bourgogne, excepté qu'ils ne font
point faire l'anneau ou le demi-cercle au bois qui doit porter du
fruit.

Ce Comté a une immensité de terres incultes dont la partie que
l'on cultive est plantée en vigne.

De tels endroits devroient être cultivés, ils seroient propres à
fournir en peu de tems une population considérable; & voici
précisément ce qui la traverse. La quantité de vigne que l'on a
planté depuis trente-cinq ans, fait que ce pays au lieu d'avoir
augmenté, a au contraire diminué quant à la population. On
devroit donc ordonner que l'on arrachât les terres plantées en
vignes, & qui seroient propres au grain; de cette réforme on
passeroit à celle qu'il seroit aussi nécessaire de faire dans le Gâti-
nois, dans la Brie, & aux environs de Paris.

Les vignes de Troyes ne seroient pas plus épargnées que les
précédentes, les terres y sont parfaites pour le bled, au lieu
qu'elles produisent des vins, non-seulement détestables, mais encore très-contraires à la santé, puisqu'ils sont corrosifs & rongent le velouté de l'estomac. Ils corrodent le fer, on peut de là
se représenter le ravage qu'ils font sur la membrane de ce viscère.

Les raisins que ces vignes produisent sont d'une grosseur extraordinaire, on diroit qu'il y a dans ce pays des fontaines de vin,
mais qui ne font autre chose que des fontaines de poison. Il faudroit donc proscrire absolument ces vignes, & en permettre la
plantation dans les terres du Comté de Bar sur Seine; parce que
ces terres ne sont, à proprement parler, propres qu'à la vigne. On
verroit alors ces pays se peupler, les terres seroient occupées, le vin
s'y échangeroit pour du bled. On remarque que ceux qui n'ont que
des vignes dans les environs meurent de faim, ne pouvant point

débiter leurs vins ; & ceux qui en ont dans les pays que je viens de
nommer ont du poison.

Nous ferons observer que l'on peut ajouter aux connoissances
utiles que ce Mémoire contient, que l'on pourroit faire une amélioration dans la méthode que l'Auteur nous donne pour faire
le vin ; nous ne la donnons point comme nouvelle : elle est connue
dans quelques vignobles du haut-pays. Loin d'exposer des hommes
à fouler la vendange dans la cuve : on met au haut de la cuve transversalement une caisse de bois contenant environ deux hottées
de vendange. Les brancars de cette caisse portent dessus les
bords de la cuve : la caisse doit avoir quatre pieds de longueur ,
plus ou moins cependant suivant l'étendue du diamètre de l'ouverture de la cuve , on lui donne trois pieds de largeur & un pied
& demi ou deux pieds de hauteur. La planche d'en bas est percée
de plusieurs petits trous que l'on fait avec une petite vrille ; un
homme entre dans cette caisse & foule avec ses pieds la vendange
que l'on lui a fourni ; quand elle est bien foulée , on léve la planche
du devant de la caisse qui est placée en coulisse , & l'homme qui foule la fait tomber avec ses pieds dans la cuve : on remet la planche à
coulisse , & l'on remplit de nouvelle vendange.

On voit qu'en suivant cette méthode qui assurément n'est
point dispendieuse , on ne risque point la vie des hommes , que
l'on se met à couvert des accidens qui arrivent quelquefois &
que la vendange étant beaucoup plus exactement foulée , on obtient plus de ce vin que l'on appelle *mere-goutte.*

CHAPITRE XXV.

*Mémoire sur la culture de la vigne & sur la maniere de bien faire
le vin , selon la méthode que suit à Clermont , en Argonne
Monsieur le Comte de Gourcy , Chevalier de l'Ordre de Saint.
Etienne.*

MOnsieur le Comte de Gourcy après avoir remonté à l'origine
de la culture de la vigne, expose avec beaucoup de clarté
toutes les qualités du vin , & fait sentir combien cette liqueur quoique bienfaisante & agréable par elle-même devient dangereuse &
funeste à ceux qui en boivent avec intempérance , & entre dans le

détail qui fuit. C'eſt cet excellent Citoyen qui parle lui-même.

Les côteaux ſont les domaines favoris de la vigne, lorſque dans les climats tempérés ils ſont expoſés au midi & dans les pays chauds un peu au nord; ces ſituations ſecondant les vues de la nature, la pente donne au ſol des ſels plus atténués & plus délicats, qui ſont mis en action par l'ardeur du ſoleil, dont les cailloux, ordinairement aſſez communs dans ces poſitions, doublent le reflet, étant même probable qu'il ſe détache par le frottement de la culture des particules ignées qui contribuent à perfectionner la ſéve.

Toutes les vignes ſituées dans les fonds abondants en ſucs nourriciers, ne produiſent ordinairement que du vin froid & de médiocre qualité, les pampres étant trop chargés & les ſucs nourriciers trop féconds pour laiſſer filtrer des principes analogues à un vin d'une qualité bien plus exquiſe. Auſſi les engrais multipliés dans les vignes ſont-ils nuiſibles à la perfection de la liqueur, à moins qu'étant calcareux, comme, par exemple, la marne, on ne doive en attendre de bons effets, étant répandus ſur un terrein argilleux.

Là où il n'y a pas ſuffiſamment de terre pour donner la culture, il eſt néceſſaire d'en faire porter qui ſoit tranchante s'il eſt poſſible & d'une nature contraire à celle du terrein; comme de la terre franche incorporée avec de la terre ſablonneuſe & réciproquement. Les effets qui réſultent de ces mélanges ſont toujours avantageux : il eſt important d'y faire attention.

Le choix du terrein étant fait avec connoiſſance, on ouvre dans l'automne & encore plus avantageuſement dans le printems, de petites tranchées diſtantes de deux pieds & demi, dans leſquelles on plante à la même diſtance trois petites crocettes de vigne d'une bonne qualité, telles que les Morillons ou Pineau; le terroir d'où elles proviennent ne paroît pas devoir être d'une grande conſidération.

Monſieur le Comte de Gourcy nous permettra de lui repréſenter que cette derniere réflexion porte à faux; nous avons aſſurément rendu bien ſenſibles les raiſons que nous avons données pour déterminer les Cultivateurs à porter toutes leurs attentions à ce point important de la plantation, qui conſiſte à tirer les plants de terreins qui abondent moins en principes. Reprenons notre Auteur qui continue ainſi :

Les tranchées étant recouvertes on cultive à la Houe légere

pendant la premiere année ce terrein, on cueille les deux années suivantes les cultures ordinaires de la vigne, en dépouillant du superflu des jets les jeunes ceps, que la quatriéme année on provigne en les difposant en quinconces efpacés dans une ligne perpendiculaire de trente-fix pouces, & à la diftance de trente des lignes collatérales; obfervant après chaque feptiéme rang, de laiffer une orne ou fentier d'environ deux pieds, au bout duquel les ceps rempliffent l'intermédiaire des rangs le long de la ligne de file.

Cette méthode paroît d'autant plus avantageufe que tout le terrein garni également préfente un afpeƈ agréable : les pampres recevant du foleil des bienfaits qui fe répandent uniformément, & les racines trouvant dans la terre une fubftance qu'elles pompent circulairement à une diftance égale. Aucunes manieres de cultiver les vignes ne femblent à tout confidérer préférables. Il n'eft point de vigne plantée irréguliérement, à laquelle on ne puiffe aifément donner cette forme avantageufe. Les emplacements vuides étant garnis l'année fuivante, au moyen du bois que l'on nourrit fur les ceps voifins, on commence cette manœuvre par le haut, & on aligne le mieux qu'il eft poffible.

Les vignes plantées ainfi fe taillent dès le commencement du mois de Mars, en laiffant aux brins vigoureux trois pieds environ depuis la terre, & coupant ceux de petite apparence, au troifiéme ou quatriéme bouton que l'on compte depuis la naiffance du nouveau bois.

Cette opération terminée ; on béche la vigne avec des Tridents qui retournent neuf à dix pouces de terre ; on plante enfuite à un demi-pied de chaque cep un échalas long d'environ cinquante pouces de cœur de chêne ou de faule. La vigne que l'on y attache avec quelques brins de paille de feigle ou avec des ofiers, eft pliée enfuite en maniere d'anneau ou de cercle que l'on affujettit encore à l'appui qui lui eft deftiné.

Ces ouvrages entre lefquels le mauvais tems peut feul mettre de l'intervalle, étant finis, on attend le moment où les raifins commencent à paroître, pour ne conferver que les jets chargés de fruit, dont on retranche les fommités, en pinçant fur la feuille qui couvre chaque raifin, & gardant encore, le plus bas qu'il eft poffible, fans néanmoins que ce foit le vieux bois, deux autres rejettons, dont l'un auquel on ne touchera point renfermera l'efpérance de l'année prochaine, & l'autre étant arrêté formera une forte de brochette fur laquelle on élevera le bois pour la troifiéme récolte.

Cette befogne achevée, le fol fe cultive à la Houe légere; on releve enfuite & l'on fixe par une attache le jeune brin que l'on nourrit incontinent; après on donne une troifiéme culture avec l'outil dont on s'eft précedemment fervi. Vers la fin de Juin on coupe à quatre pieds le bois que l'on a confervé pour l'année fuivante, que l'on épluche bien & affujettit par de nouveaux liens, en retranchant la houpe du fommet.

Au commencement d'Août on donne encore la derniere culture avec la Houe légere, cette opération termine la befogne du Vigneron jufqu'à la vendange qu'il ne faut faire que lorfque les raifins paroiffent extrêmement mûrs; cette attention eft fi importante qu'elle feule décide de la qualité du vin.

Quelques jours avant les vendanges, il faut avoir préparé les tonneaux, les cuves & tous les inftrumens néceffaires pour les faire d'une maniere avantageufe: il ne s'agit ici ni d'une bruyante bacchanale, ni d'une licentieufe orgie. L'image de la Divinité bienfaitrice n'eft point folemnellement portéefur des Thyrfes; mais le prix du bienfait eft vivement fenti, il excite à la joie une troupe de vendangeufes, qui ruftiquement vêtues & foufflant quelquefois dans leurs doigts par la rigueur du froid, coupent les raifins qu'il faut divifer en trois claffes; la premiere, de ceux qui ont acquis un plus grand dégré de maturité que l'on démêle d'abord, la feconde de ceux qui ne font pas fi parfaits, & la troifiéme du rebut.

Ces opérations font mieux faites les unes après les autres, que lorfque les vendangeufes font divifées, tout concourant de cette maniere à un même objet, qui eft, lors fur-tout de la premiere cueillette, d'apporter une attention extrême au choix des raifins, dont il eft à propos de détacher les grains pourris & ceux qui font defféchés; les *fapinées*, ou vaiffeaux, ou paniers, ou hottes, après ces précautions prifes, étant remplis, on les verfe dans un tonneau, où avec une fourche faite en forme de trident circulaire (*un rateau à dents courtes de fer eft encore meilleur*) on tire environ les deux tiers des grappes que l'on met dans une petite cuve, *appellée en certains endroits cuveau*, pour ne point perdre les gouttes de vin qui en dégouttent, & les grains qui peuvent y refter attachés. On remplit de cette maniere les cuves que l'on foule immédiatement après, & la liqueur fe difpofe enfuite par la fermentation à fe colorer, ce qui arrive dans l'efpace de peu de jours; ce tems ne peut fe déterminer que par la température de l'air & par le dégré de maturité du fruit.

Cet heureux changement ne pouvant avoir lieu trop tôt, puisqu'il en résulte une moindre dissipation des esprits & du feu de la liqueur, on seconde ce travail utile de la vendange, en faisant descendre sur la cuve, par le moyen d'une poulie fixée, une couverture de planches bien jointes, qui s'emboëte exactement.

L'attention doit se porter ensuite à saisir le moment où ce mouvement fermentatif a soulevé la superficie dont il a formé une croûte que l'on doit regarder comme l'indice de la nécessité de faire le vin; on s'en occupera après avoir tiré celui qui peut sortir de la cuve que l'on mêle dans les tonneaux avec ce qui provient des deux premieres tailles, réservant le produit des deux autres pour le joindre au jus que l'on a dû exprimer des grappes immédiatement après la vendange, mélange qui donne encore une bonne liqueur, ainsi que celle qui peut provenir des croûtes des cuves que l'on doit, dans les années chaudes sur-tout, pressurer à part.

Le vin distribué ainsi dans les tonneaux aura bien plus de qualité, si incontinent après qu'ils sont remplis, on y applique des bondons percés de la largeur d'une demi-ligne, que l'on y laisse pendant quinze jours, au bout duquel tems on en substitue d'autres non troués, après toutefois qu'on aura eu l'attention de bien remplir les tonneaux.

A la fin de l'hiver, par un tems bien serain, on soutire le vin, qu'en automne on met en bouteille, s'il est rosé, & seulement au bout de deux années, lorsqu'il est chargé en couleur.

La vendange des deux autres qualités se fait avec un peu moins de précautions. Je conseille cependant, sur-tout dans les années froides, de tirer les grappes d'environ la moitié de la seconde classe, pour ne pas courir le risque en le faisant cuver, de lui donner une amertume désagréable que la grappe est sujette à lui faire contracter.

Le vin blanc se fait de raisins noirs coupés pendant l'ardeur du soleil & portés doucement de la vigne au pressoir, d'où l'on tire le produit de la premiere serre & de la premiere taille, l'expression des autres formant un vin gris d'une qualité estimable. Cette méthode est la seule que l'on puisse mettre en pratique, en évitant l'usage où sont quelques personnes de tirer de leurs cuves du vin blanc, puisque ce procédé nuit infiniment au reste de la cuvée qu'ils affoiblissent extrêmement.

Si l'on désire que ce vin blanc fait suivant notre méthode, soit mousseux, il faut le coller huit jours avant la pleine lune de Mars ; que l'on doit le mettre en bouteilles, & seulement en automne celui que l'on préfére de boire sans cet agrément qui se paye ordinairement par un peu de verdeur.

Autre observation des plus essentielles, elle consiste à exprimer naturellement le jus des raisins, sans jamais y rien employer d'étranger à quelque titre que ce puisse être.

Par ces précautions que je fais prendre, je suis parvenu à me procurer des vins, dont celui de la seconde classe est beaucoup supérieur en qualité à celui de nos Vignerons ; par-là on doit juger de la supériorité que doit avoir celui de la premiere classe. L'expérience étant la meilleure maîtresse, & la comparaison des vins des mêmes côteaux, devant être garants de ma méthode, j'ai envoyé à l'Auteur du Gentilhomme Cultivateur, estimable par son zéle pour le bien public, & Citoyen précieux à la Société, par la générosité bien rare parmi les Auteurs, qu'il a eue, de donner gratis quatre exemplaires par générosité pour les pauvres Cultivateurs, je lui ai envoyé, dis-je, des essais de vin d'une même année de deux villages voisins où j'ai des vignes, les uns ayant été pris dans mes caves, & ceux de comparaison dans celles des Décimateurs, ce qui m'a paru le plus convenable pour avoir un estime au juste ; je l'ai prié par cet envoi de consulter à Paris des personnes intelligentes dans ce genre & de fixer un prix à chaque espéce en établissant la proportion de l'un à l'autre ; mon objet en publiant ce Mémoire étant de pouvoir être de quelqu'utilité au public, ce qui me paroît devoir faire l'empressement des honnêtes gens.

Comme ces essais ont été altérés par la façon dont ils étoient embalés, nous ne pouvons point en annoncer le résultat au public. D'abord on les avoit mis dans une boëte pleine de foin, qui sans doute doit avoir beaucoup échauffé le vin & lui avoir donné un fort mauvais goût. Cela est d'autant plus probable qu'en ouvrant la boëte nous avons été frappés d'une odeur de moisissure échauffée qui étoit insupportable.

Malgré cet inconvénient, nous avons fait goûter les vins, pour voir s'ils avoient du corps. En effet les personnes en ont trouvé aux vins étiquetés, du numero 1 & du numero 2.

La preuve que ces vins avoient beaucoup travaillé, c'est qu'ils étoient louches & troubles, & qu'il n'étoit point possible de déterminer leur couleur naturelle. Au reste ce mauvais succès ne

doit

doit point rallentir l'idée avantageuse qu'on doit avoir de Monsieur de Gourcy. Ses procédés sont d'un Cultivateur intelligent & actif.

Nous sommes aussi sensibles qu'on puisse l'être à l'éloge qu'il veut bien faire de notre zéle & de notre désintéressement. Nous mettrons toutes nos attentions à mériter de plus en plus les suffrages d'une personne de condition, qui comme lui sçait faire usage de la charrue & de l'épée pour le bien de l'Etat.

Nous ajouterons, pour faire voir combien il entend la culture de la vigne & la façon de faire parfaitement le vin, que l'attention qu'il a de ne point faire ôter entiérement les grappes est d'un Cultivateur qui sçait distinguer avec beaucoup d'intelligence, les terreins & les climats dans lesquels il faut pratiquer, ou proscrire en partie la méthode si généralement recommandée par tous nos Auteurs d'enlever totalement la grappe. Il est certain que dans les pays, comme Clermont en Argonne, si l'on ôtoit toute la grappe, le vin n'auroit point de corps & seroit sans vigueur ; pour peu qu'on voulût le garder il tourneroit à l'aigre ou à la graisse. Tous les vins de petits creux seroient exposés au même inconvénient. Nos Auteurs ont beau dire, l'expérience combat leur systéme ; nous serions en effet curieux de sçavoir ce que deviendroient au bout d'un an de garde les vins des environs de Paris, si l'on dépouilloit la vendange de toute la grappe quand on la jette dans la cuve : nous sommes persuadés que l'on ne mettroit point de différence entre ces vins & la piquette : les vins des creux même que l'on regarde comme importans pour cette production ne seroient point à couvert de l'un ou de l'autre de ces deux inconvéniens ; tels sont, par exemple, les vins de l'Orléanois, du Blésois, & peut-être encore ceux de l'Auxerrois. Les Vignerons soutiennent que la grappe leur donne de la fermeté & du corps & les garantit tant de l'aigreur que de la graisse : la Lettre en forme de Mémoire, que nous avons reçue d'un fameux Vigneron d'Orléans, semble venir tout à propos pour appuyer de son expérience ce que nous avançons.

LETTRE *d'un Vigneron d'Orléans à l'Auteur du Gentilhomme Cultivateur.*

MONSIEUR,

Je prends la liberté de vous écrire pour vous prier de ne point suivre l'avis de deux Auteurs qui ont écrit sur la culture de la Vigne & sur la meilleure façon de faire le vin. Comme je lis tous les jours votre ouvrage, & que je sçais que n'ayant plus que quatre volumes à donner, vous devez nécessairement parler dans l'un ou dans l'autre de la culture de la Vigne, & sans doute donner des instructions sur la façon de faire le vin, j'ai cru que vous auriez la bonté de recevoir les effets des procédés que j'ai suivis d'après ces deux Auteurs pour faire mon vin le meilleur qu'il me seroit possible.

Je puis sans vanité dire, Monsieur, qu'aucun Vigneron de l'Orléanois ne peut & n'ose me le disputer pour la culture de la vigne. Mes vignes sont toujours les plus belles du pays. Je ne suis point les autres Vignerons pour le tems de la taille. Comme les observations que j'ai faites sur les saisons m'ont un peu appris à juger des unes par les autres, je taille mes vignes tantôt plutôt tantôt plus tard que mes voisins. Ils sont fort surpris de ma conduite, mais enfin le tems de la récolte justifie mon procédé, car je l'ai toujours beaucoup plus belle qu'eux.

Mais il ne me suffisoit pas de récolter plus de vin qu'eux, je voulois encore le faire meilleur : pour cela, Mr, j'ai lû ces deux Ecrivains modernes, & d'après leur opinion j'ai voulu dépouiller ma vendange de toute sa grappe. J'ai été bien attrapé pendant deux ans de suite : mes vins se sont tournés en partie à la graisse, & les autres qui se sont conservés, n'avoient presque point de corps.

Une expérience de deux ans, Monsieur, doit, je crois, faire preuve. J'ai cru devoir vous communiquer cette observation pour vous garantir de donner pour régle convenab'e à toutes sortes de vignobles d'enlever la grappe : quoique je ne sçache manier que ma béche, je crois, Monsieur, que l'égrapement ne peut être favorable aux vins que dans les pays où l'on ne fume point les vignes : dans l'Orléanois au contraire on les fume beaucoup, même dans les terreins gras, ce qui fait que si le vin n'est point tranché un peu par l'âcreté & par l'âpreté de la grappe ; il est certain qu'il n'auroit point de corps & qu'il tourneroit à la graisse : aussi je vous proteste que tous les Ecrivains du monde ne m'attraperont plus. J'ai repris mon ancienne méthode, je me contente d'ôter la grappe du raisin qui est extrêmement mûr, autant qu'il m'est possible, sans cependant y employer beaucoup de tems ; parce qu'il est certain que cette grappe est presque desséchée & que bouillant dans la cuve avec la liqueur elle lui communique un goût résineux ou amer, qui rend le vin d'un mauvais goût. Je crois, Monsieur, que vous ne vous offenserez point de l'avis que je vous donne : parce que si vous recommandiez comme les autres Auteurs, de tirer entiérement la grappe également dans tous les vignobles de France, votre livre porteroit pour le moins autant de préjudice qu'il pourroit faire de bien sur la façon de faire les vins. Je suis avec un grand respect, Monsieur,

Votre très-humble & très-
obéissant serviteur, C...

A Orléans, ce

CHAPITRE XXVI.

Sur les façons de faire toutes les sortes de vins, comme vins gris, vins blancs & vins rouges.

AVant de donner tous les procédés qui varient beaucoup suivant les différens pays de vignobles, il est bon de faire observer, qu'il y a un usage établi dans plusieurs pays du Royaume qui contribue beaucoup à détériorer nos vins.

Dans ces pays les Officiers de Justice, soit Royale, soit Seigneuriale, ont le droit d'indiquer le ban des vendanges, chacun dans son ressort, comme un droit de police. Le ban qu'ils fixent sur le rapport des Messiers, gardes-vignes & des Anciens du lieu, oblige tous ceux qui en relevent, sous peine d'amende, & de confiscation par provision de leur dépouille, à s'y conformer. Il faut que le Curé soit averti trois jours avant, & il n'est pas permis de vendanger la nuit : cette défense a lieu dans beaucoup d'endroits sous peine de punition corporelle ; de sorte que tel particulier dont la vendange

a acquis fa parfaite maturité, ne peut, fans s'expofer à voir fa récolte faifie, la cueillir avant la publication du ban, quand même
elle fe pourriroit : autre inconvénient ; le ban peut être quelquefois publié avant que la vendange foit mûre, & il faut alors
que le particulier la récolte ainfi mal conditionnée, s'il ne veut
point voir fon vignoble expofé au pillage, parce que les gardes-
vignes, fitôt après la publication du ban ceffent toute fonction.

En Champagne, dans le canton de la montagne de Rheims,
on n'eft point du moins expofé à voir les gardes-vignes ceffer leurs
fonctions. Un feul particulier qui par des raifons particulieres
ne voudroit vendanger que long-tems après les autres, eft en
droit de les forcer à garder fes vignes. Ils font refponfables du
moindre dégât qui fe fait dans le vignoble : on eft même trop fé-
vere dans ce pays : car fi un garde-vigne voyant un voyageur prendre
un raifin en paffant, ne l'arrêtoit point & ne procédoit point contre lui, le propriétaire eft en droit de l'en rendre refponfable & de
lui demander un dédommagement.

La bannalité des preffoirs eft encore auffi préjudiciable ; il faut
que les particuliers fe fuccédent pour faire preffurer leur vendange ; & comme le raifin a été cueilli prefque tout en même tems en
conféquence de la publication du ban à laquelle tous les habitans
du lieu font, comme nous venons de le faire obferver, foumis fous
peine de punition & de confifcation, la vendange qui demanderoit d'être preffurée, refte encore dans fa fermentation, ce qui porte
un préjudice confidérable au vin.

Ces droits qui font autant de monftres qui dévorent infenfible-
ment le pauvre Cultivateur, devroient être détruits ; il en eft de
l'Agriculture comme du Commerce. Liberté entiere. Il faut qu'un
chacun foit libre de faire des effais pour obtenir quelque amélioration : fans cela la gêne qui régne dans cette branche de l'A-
griculture la tiendra toujours en langueur & l'Etat en fouffrira.

Nous faifons cette obfervation, non dans l'efpérance de voir détruire des abus fi funeftes, ce feroit fe faire illufion que d'y prétendre ; une réforme femblable frapperoit de trop près les intérêts
des Seigneurs, qui ne fe croient puiffants dans leurs terres qu'en
raifon des torts que leurs droits font au pauvre Cultivateur qui
leur eft fubordonné ; fi nous avons donc hazardé cette réflexion ; ce
n'eft que pour confeiller aux malheureux payfans de ne fe livrer
qu'aux branches de l'Agriculture qui font le moins chargées d'entra-
ves, & qui les expofent le moins aux caprices de leurs tyrans.

Vins gris.

Lorsqu'on veut faire des vins gris, on doit cueillir les raisins en trois fois différentes : on préfere les grains les moins serrés, les plus fins & les plus mûrs, on ne touche point aux plus gros, dont la maturité est plus difficile, on les réserve pour les vins de boisson ; les verds & pourris sont réservés pour les vins qu'on destine aux ouvriers & aux domestiques.

La véritable façon de couper le raisin sur le cep, c'est de se servir de ciseaux au lieu de serpette ; cette observation qui paroît d'abord minutieuse, est dans le fond très-importante ; parce que le vendangeur coupe plus aisément & plus près du grain, & que par conséquent il n'y a point tant de grappe dans la vendange. D'ailleurs, la queue du raisin est la partie la plus amere de la grappe, c'est donc contribuer beaucoup à la bonne qualité du vin, que de lui donner le moins que l'on peut ce goût amer, ce qui s'opere beaucoup mieux en coupant le raisin avec les ciseaux qu'en le coupant avec la serpette.

Il est d'usage de n'employer pour les vins gris que du raisin noir, & il y a même beaucoup de choix à faire ; le *morillon taconné*, le *morillon noir*, en Bourgogne *pineau*, & à Orléans *Auvernat*, & le *morillon*, dit *pineau-aigret*, sont ceux qui méritent la préférence. On emploie aussi le *fromenteau* dont la peau est d'un gris rougeâtre tirant plus sur le blanc que sur le rouge. Il est très-propre aux vins gris, pourvu qu'on le mêle avec beaucoup de raisin noir. C'est du mélange de ces raisins que les excellens vins de Sillery & de Versenay tirent leur mérite.

On doit suivre la même méthode pour les vins rouges & paillés, parce qu'on ne sçauroit avoir trop d'attention à la façon de récolter la vendange.

Comme il est important pour faire de beaux vins gris de cueillir le raisin le matin dans le tems de la rosée, il faut porter les raisins que les vendangeuses ont cueillis jusqu'au vaisseau appellé barillet, & qui a plusieurs autres noms, suivant les différens pays. Il ne faut point se servir de hotte de bois, appellée en Champagne d'andrelin, & encore moins de toute autre espéce comme cela se pratique pour le vin rouge, de crainte qu'en les transportant trop souvent on ne les foule & que la rosée qui s'y trouve attachée ne se perde, d'autant plus qu'elle contribue beaucoup à la couleur du vin.

Pour le tranſport de la vendange deſtinée à faire du vin gris, il n'y a point d'animal préférable au mulet & à l'âne. On s'en ſert beaucoup pour cet objet dans le Dauphiné & autres pays de montagnes où ces animaux ſont aſſez communs : ils portent leur fardeau ſans donner de ſecouſſe. Ainſi, comme la vendange dont on veut faire du vin gris ne veut point être ſecouée avant que d'arriver au preſſoir, on fera fort bien de ſe ſervir de l'un ou l'autre de ces deux animaux ; à leur défaut on peut employer les bœufs ; ils traînent aſſez uniment & ſans ſaccade ; pourvu que la charrette ne doive point rouler ſur du pavé ; dans le haut-pays comme le pays Auxcitain, Condommois, Agenois, Laitourois, on s'en ſert avec ſuccès pour cette opération.

L'âne que l'on mépriſe tant & ſi injuſtement, quoique beaucoup plus foible que le cheval, & beaucoup moins diſpendieux, porte ſur ſon dos les deux tiers du poids qu'un cheval porte ordinairement.

On ne ſçauroit croire combien on épargneroit, ſur-tout dans la ſaiſon des vendanges ſi l'on ſe ſervoit de cet animal. On paye, par exemple, dans les vignobles de la riviere de Marne la journée du cheval deux tiers plus cher que celle de l'âne, ce qui, comme on le voit, rend les dépenſes des vendanges d'un tiers plus cheres.

Dans l'Orléanois ce ſont des hommes qui portent la vendange dans des hottes. Ils gagnent trente ſols par jour : ils ſont nourris, & à chaque deux voyages ils ont un verre de vin. On n'a qu'à comper, on verra que cet homme qui a porté tout au plus trente hottées & quelquefois bien moins ſuivant la diſtance, revient au moins à trois livres cinq, ou trois livres dix ſols.

Il faut beaucoup de célérité lorſqu'on veut faire les vins gris d'une belle couleur : car dès qu'on a coupé les raiſins, plutôt ils ſont au preſſoir, plus le vin eſt beau & délicat. Plus auſſi le raiſin reſte dans le marc plus il rougit, & moins par conſéquent on remplit ſon objet à proportion du tems qu'on l'y laiſſe. Delà, conclut un Auteur anonyme d'un petit traité ſur la maniere de cultiver la vigne, quand les vignes ne ſont point éloignées, il eſt bien plus facile d'empêcher que le vin ait de la couleur, parce qu'on y porte doucement & proprement la vendange en peu de tems ; mais quand elles ſont éloignées de deux ou trois lieues, étant alors obligé de mettre la vendange dans des tonneaux que l'on fait renfoncer auprès de la vigne & que lon fait partir inceſſamment ſur des charrettes pour pouvoir la preſſurer au plutôt, on ne peut guéres évi-

ter que le vin ne soit coloré excepté dans les années froides &
humides.

Monsieur *Bidet*, Auteur d’un traité sur la culture de la vigne,
attaque cette derniere observation de l’Auteur anonyme que
nous venons de citer.

Aidé, dit-il, de ma propre expérience dans le même cas & d’un
nombre d’années , je réponds & assure que l’éloignement des vignes n’y fait rien. Le raisin arrangé, continue-t-il, à la main dans
le tonneau & serré avec une pillette de la moitié de la largeur du
tonneau, de deux pouces d’épaisseur, sans être aucunement écra-
sé, & le tonneau renfoncé, ainsi conduit à mesure qu’on le cueille,
au pressoir, & déchargé à l’instant qu’il arrive, ne se froisse &
ne s’échauffe point ; au contraire, se trouvant à l’abri du soleil & de
la pénétration de l’air, il garde très-bien la fraîcheur que la rosée du matin lui a donnée & produit un très-beau vin ; cette façon,
continue le même Auteur, de conduire les raisins est préférable
à celle de le voiturer sur le dos des chevaux ou autres bêtes de
charge, ne pouvant éviter de cette derniere façon des secousses
considérables. Faute d’être contenus, les raisins se froissent les uns
contre les autres & se crévent, le vin s’en trouve coloré, ce que
l’on attribue le plus souvent & fort mal-à-propos à l’effet de l’air.

On en tire encore un avantage considérable : un cheval ne porte
sur son dos que la quatriéme partie de la contenance d’un tonneau,
au lieu que sur une voiture attelée de deux chevaux on en conduit
aisément quatre tonneaux, c’est-à-dire qu’un homme & deux chevaux, font chacun également un seul voyage.

Dans le point de vue œconomique il est certain que la méthode de M. Bidet mérite la préférence ; mais il faut, pour l’exécuter, que les vignes soient situées de façon qu’on n’ait pas besoin de passer sur le terrein de ses voisins, qui assurément ne per-
mettroient jamais le passage d’une charrette.

Mais en supposant que cette façon de voiturer fût permise, comment M. Bidet & M. Duhamel son réviseur peuvent-ils mettre en
avant une expérience qui est si directement opposée à ce qu’ils ont
ci-devant établi en conseillant l’usage des mulets & des ânes, & si
contraire aux éléments les plus simples de la physique ? Peut-on
craindre, comme ces Messieurs, les secousses de l’âne & du mulet,
& se rassurer si facilement sur les cahottemens d’une charrette, voiture qui, sans contredit, est des plus cahotantes ? ainsi malgré l’expérience & l’autorité de ces deux Auteurs, nous donnons avec beau-

coup de confiance la préférence au mulet & à l'âne, quant aux vins gris dont il est ici question; mais quant aux rouges, comme le cahottement accélére la fermentation & que la fermentation colore les vins, nous nous rendrons volontiers à l'utilité de leurs instructions.

L'expérience nous détermine à inviter les Vignerons à proscrire les paniers d'osier dont les vendangeuses se servent, & que l'on met aussi en usage dans certains pays pour le transport de la vendange de la vigne à la cuve ou au pressoir. Deux raisons triomphantes nous déterminent; la premiere, c'est que les paniers d'osier pour le transport des raisins sur le dos des chevaux ou des ânes est très-dangereux, en ce que la marche de ces animaux, sur-tout des chevaux causant des secousses, les petits brins d'osier coupés en bec de plume en-dedans piquent ou tranchent la pélicule des raisins, en font couler le jus, ou meurtrissent l'enveloppe & occasionnent la tache du vin : cette observation regarde en général les vins de Champagne, ou tous autres vins blancs ou gris que l'on veut faire dans un pays quelconque; la seconde, qui non - seulement regarde les vins gris, mais encore les vins blancs & rouges de tout pays, consiste en ce que l'osier communique au jus du raisin une amertume insupportable, que la fermentation augmente au lieu de diminuer. Ainsi pour le transport de la vendange les petits barrils appellés dans le haut-pays *comportes* ou *tinis* sont préférables dans toutes sortes de pays; non-seulement pour transporter la vendange de la vigne au cuvier, mais encore pour cueillir le raisin :

Il est étonnant qu'on n'ait point encore pu faire adopter l'usage des petits seaux de bois dans les pays de Sainte-Marie sur la Garonne, & de Saint-Sever, cap de Gascogne, où l'on ne recueille que les raisins, ou grains qui tombent d'eux-mêmes dans le panier d'osier dont les vendangeuses se servent, en frappant un coup léger sur le raisin. Dans ces pays les vendanges durent depuis la mi-Novembre jusqu'à Noël; on doit sentir combien on perd de vin en se servant de paniers d'osier, & combien l'osier qui tout d'un coup est abreuvé de la liqueur, doit lui communiquer de son amertume.

Lorsqu'on se sert des *comportes tinis* ou *barrils* de bois pour transporter la vendange, il faut avoir l'attention de les couvrir d'un linge mouillé, sur-tout lorsque le soleil est ardent, & que le chemin de la vigne au cuvier est fort éloigné. Le soleil qui frappe sur ce linge mouillé donne au raisin le même effet qu'à une bouteille

de

de vin qu'on couvre d'un linge mouillé, & qu'on expose au soleil pour la rafraîchir; mais comme lorsqu'on a beaucoup de chemin à faire, le linge est bientôt desséché & que le raisin peut par
conséquent s'échauffer, pour éviter cet inconvénient on a deux
petits barrils, contenant tout au plus deux pintes d'eau chacun, on
les met sur la croupe du cheval, mulet, ou âne, dont on se sert, &
on a l'attention de mouiller une ou deux fois en chemin ledit linge; cela suffit pour faire un long trajet. Un Auteur moderne, pour
éviter cet inconvénient, voudroit qu'on suspendît les deux barrils
aux deux côtés du bât du cheval, ensorte qu'ils ne portent point
sur les deux côtés du cheval ou de l'animal dont on se sert. On
évite par ce moyen, dit cet Auteur, les secousses causées par le
mouvement de ses épaules; mais de toutes les méthodes indiquées les barrils d'eau doivent être préférés; parce qu'en mettant en usage celle de l'Auteur cité, il faudroit pouvoir se promettre un équilibre constant que le moindre faux pas peut déranger
& que le moindre cahottement trouble : quand ce même équilibre se conserveroit, pour peu que l'on fît trotter la bête, ce qui arrive ordinairement au moindre coup de fouet qu'on lui donne, les
saccades sont inévitables.

Pour les Vins rouges.

Quant aux raisins que l'on destine à faire des vins rouges ou des
vins paillés, nous conseillons de se servir des mêmes tonneaux
dont nous venons de parler, pour les transporter du vignoble au cuvier : on les place ordinairement au pied de la vigne; les vendangeuses vont y vuider leurs petits seaux tels que nous les avons dé-
crits. On y égrape la vendange à mesure qu'elles la versent avec un
instrument à trois fourches, semblable à un trident. Nous voudrions que l'on préférât les mains, l'opération seroit plus exacte; l'on
se sert ensuite d'une espéce de rateau pour séparer la grappe.

On foule ensuite les raisins jusqu'à les réduire presqu'en vin. Il
y a des Cultivateurs qui se servent pour cela d'une pillette de bois;
mais il est plus avantageux de les presser avec les mains. On se trouve beaucoup mieux de cette méthode dans le haut-pays; on observe que ces tonneaux ainsi pleins de vendange foulée produisent un
demi-tonneau de vin; il faut ici cependant s'entendre; c'est-à-dire
qu'ils rendent en vin la moitié de leur contenance & quelque chose
de plus. Ces tonneaux sont ainsi conduits du vignoble au cuvier

fur des voitures, on tranfporte de même la vendange que l'on deftine à faire des vins paillés, avec cette différence toutefois, qu'on
ne les égrappe point & qu'on ne les foule point tant dans les tonneaux ou dans les *comportes*.

On ne fçauroit croire combien cette manœuvre eft favorable aux
vins pour leur faire acquérir la couleur rouge. Les tonneaux étant
amenés & mis dans un cellier bien fermé pour conferver aux raifins
leur chaleur & même pour l'augmenter, dans les endroits où on
ne fe fert point de cuves comme par exemple à Rheims ; on les met
fur cul avec une double barre deffous pour empêcher que la grande
fermentation du vin & la grande force qu'elle lui donne ne les défoncent point. En Champagne on les défonce une feconde fois pour
les fouler de nouveau, enfuite on les refonce. On met fur leur fond
une pompe de bois, à clef auffi de bois, qu'on ouvre & ferme
avec une clef de fer quand la fermentation du vin le demande ; le vin en fort par une canelle de bois ou de fer blanc ;
(ceux qui emploient des robinets de cuivre ont tort,) & coule dans
un vaiffeau placé à côté de ces tonneaux qui n'a d'autre ouverture que celle qui eft néceffaire pour placer un entonnoir à la
baze duquel il y a une foupape à reffort qui empêche l'air d'y pénétrer, & n'y laiffe entrer que le vin.

La chaleur qui fe trouve concentrée dans ce tonneau, détache la partie rouge attachée à la pellicule du raifin & la communique à la liqueur que le raifin a produit lorfqu'on a foulé les tonneaux. L'Auteur moderne que nous confultons fouvent fur la
façon de faire le vin, prétend que nonobftant les pillettes & les
bâtons triangulaires dont il veut que l'on fe ferve pour fouler le
raifin ; on peut encore fe fervir d'un hériffon, qui eft un bâton également triangulaire garni de chevilles de bois, & pointu,
avec lequel on agite & échauffe les raifins & le vin. Cette opération renouvellée deux ou trois jours fuffit pour lui donner une
couleur foncée.

Il nous permettra de ne point accéder à cette méthode qu'il
paroît prétendre être applicable à la fabrication des vins de Champagne. Les vins de ce pays font des vins délicats, c'eft en ce point
que confifte la grande réputation qu'ils ont acquife Or avec le
bâton triangulaire ou avec le hériffon, il n'eft pas poffible d'éviter
de broyer, ou du moins d'entamer le pepin, & la grappe qui
reftent dans la vendange, malgré toute l'attention qu'on peut avoir
apportée à l'en décharger. L'expérience prouve & il en paroît plus

convaincu que perfonne dans les inftructions que contient fon ouvrage, que dès que le pepin eft entamé il communique à la liqueur un goût d'amertume très défagréable ; il eft fi perfuadé de
cette vérité qu'il recommande avec foin de préférer les preffoirs à
caiffe aux preffoirs ordinaires pour éviter les coupes indifpenfables
qu'on eft obligé de donner au marc, lefquelles coupes font, felon lui, & avec raifon, très-préjudiciables aux vins, parce qu'en
tranchant le marc, il eft impoffible de ne point trancher beaucoup
de pepins, qui communiquent à la liqueur le goût d'amertume
dont nous avons parlé.

Dans le territoire de Metz la façon de vendanger eft en tout
femblable à celle que l'on pratique aux environs de Paris. Dès
que la vendange arrive de la vigne, on la jette dans les cuves
préparées exprès, on la laiffe fermenter depuis dix jufqu'à douze
& même à quinze jours, fuivant enfin que la vendange a plus ou
moins acquis de maturité & que la faifon eft plus ou moins chaude.

Le même Auteur prétend que ce cuvage eft beaucoup trop long ;
car, dit-il, le vin doit être extrêmement dur, ou extrêmement
foible. Mais il ignore fans doute que fi ces vins, ainfi que ceux des
environs de Paris ne cuvoient point long-tems, ils n'auroient
point de corps, & qu'au bout feulement de l'année, ils feroient
tellement foibles qu'ils feroient infipides & fans goût. Dans le
pays de Metz on coupe les raifins tant blancs que noirs, tant mûrs
que verds en même-tems, on n'entre dans les vignes qu'une fois
pour les dépouiller ; à Paris même méthode. Il ne faut donc point
s'étonner fi une femblable vendange demande à refter long-tems
dans la cuve, où fouvent elle s'aigrit même avant de fermenter,
tant elle eft froide : mais on remédie à cet inconvénient en mettant une chauffrette fous la cuve le troifiéme ou quatriéme jour
après qu'on y a verfé la vendange, fi l'on s'apperçoit qu'il ne s'y
fait point de bouillonnement, & pendant qu'on lui donne ce fecours on a l'attention d'avoir un couvercle fufpendu par une poulie pour couvrir la cuve. Alors il eft certain que la fermentation
deviendra fenfible & que par conféquent on n'aura pas befoin de
laiffer fi long-tems le vin dans la cuve.

Mais de toutes les précautions la plus importante feroit de faire
les vendanges à plufieurs reprifes pour faire un triage. Nous ne fçavons point à quel prix eft la main-d'œuvre dans le pays Meffin, s'il
n'eft que la moitié de celui des environs de Paris, nous ne fçaurions trop exhorter les Cultivateurs de ce canton à porter plus

d'attention à leurs vendanges. Quant aux Vignerons des environs de Paris, nous leur conseillons de s'en tenir à leur routine, parce que quelques précautions qu'ils puissent prendre, leurs soins ne peuvent être récompensés que d'une production méprisable : nous disons plus, d'une production qui devroit être proscrite, tant elle est corrosive & par conséquent directement contraire à la santé.

De la façon de pressurer les Vins.

Nous avons parlé du pressoir à caisse, il est sans contredit préférable à toutes les autres espéces de pressoirs dont on fait usage, dans les différens vignobles de la France ; à la montagne de Reims toute la vendange que l'on destine à faire du vin gris, étant amenée au pressoir on la pressure tout de suite.

Ou le pressoir est de pierre ou il est de bois : on y forme le marc en quarré & l'on donne la premiere serre aussi diligemment qu'on le peut ; ensuite les hommes qui servent le pressoir ont l'attention de relever avec des pêles de bois les raisins qui s'éboulent latéralement par la pression perpendiculaire & qui s'écartent de la masse du marc : cette opération faite, on retrousse le marc, c'est-à-dire qu'on lui donne une seconde serre, après laquelle on taille quarrément les quatre côtés du marc avec une bêche bien tranchante, & on rejette sur le marc les débris qui résultent de ces coupes ; on procéde à une troisiéme serre que dans le pays on appelle la premiere taille : ces trois serres se donnent avec le plus de célérité qu'il est possible & sans aucun intervalle. On continue de donner les autres serres ou tailles jusqu'à ce qu'il ne coule plus de liqueur du marc ; ou jusqu'à ce que le moteur, pour bien grand que soit le nombre des hommes que l'on met pour presser, ne puisse rien en extraire ; ce qui ne peut point manquer d'arriver dans les pressoirs ordinaires, parce que le marc n'est assujetti qu'à deux pressions horizontalement paralleles, & que les quatre côtés du quarré n'en souffrent point ; ce qui ne peut point arriver dans le pressoir à caisse, parce que si la platine du pressoir est exactement juste aux quatre côtés de la caisse, les quatre faces latérales, sont aussi fortement pressées par les parois intérieurs de la caisse que le reste du marc ; de sorte que toute la liqueur contenue dans toute la masse est forcée de couler.

Le vin de la premiere serre & celui de la seconde servent ordinairement à composer la cuvée. Les vins de taille , c'est-à-dire ceux qui ont subi la troisiéme retrousse que nous avons appellée premiere; la troisiéme serre ou la premiere taille, acquiérent de plus en plus de la rougeur. Cet effet est absolument physique, parce que la compression se fait sentir de plus en plus sur la pélicule qui sert d'envelope à la liqueur que le grain de raisin contient.

La premiere taille qui n'a encore pris que très peu de couleur, se met à part pour en faire ensuite l'usage que l'on veut. Cette espéce de vin est extrêmement fumeux; il renferme pour ainsi dire tout l'esprit de la masse. Cette espéce de vin n'est potable que vers la troisiéme année. Les vins des autres tailles se mettent aussi à part de la premiere; mais on les mélange ensuite ou on les sépare suivant qu'on leur trouve la qualité & la couleur qu'on veut leur donner.

A l'égard des vins rouges on les pressure bien différemment des vins blancs & des autres différens vignobles du Royaume, où l'on a pour usage constant de ne porter au pressoir que le marc des raisins foulés, après en avoir exprimé le plus de liqueur qu'il a été possible, & que l'on tire de la cuve par une canelle pour le mettre dans des tonneaux; d'où il suit que les vins que l'on tire de semblables marcs ne peuvent être que secs & durs; on les mêle avec les autres vins qu'on a tirés de la cuve : cette méthode usitée parmi les Vignerons rend les vins bien inférieurs à ceux des Bourgeois qui ne se laissent point aller à une cupidité si mal entendue.

Il y a beaucoup de pays où l'on se sert toujours des mêmes tonneaux, & il n'est point étonnant. Ces pays pour la plûpart ont des vins de mince qualité, & qui ne peuvent point être exportés soit par le défaut de communication, soit par leur mauvaise nature. Il est certain qu'en semblables endroits si on vouloit faire la dépense chaque année de loger les vins nouveaux dans des tonneaux neufs, on ne trouveroit point à se payer des frais de la culture & des vendanges.

Il faut donc, dans ces infortunés pays, que les Cultivateurs ayent grande attention à ne point se servir de tonneaux qui ayent contracté quelque mauvais goût, & sur-tout de ceux où l'on a mis l'année précédente de la boisson, ou ce que l'on appelle de la piquette.

Il faut quelque tems avant les vendanges bien rincer les tonneaux, & avoir eu le soin de les faire bien boucher dès qu'on les a vuidés : on voit combien il est important que le maître ait l'œil à cette opération.

Dans le territoire de Metz on a l'attention avant de faire le vin de faire fouler les cuves vingt-quatre heures, & même quelquefois quarante-huit heures. On tire ensuite le vin de la cuve qu'on distribue également dans des tonneaux préparés, & l'on porte le marc au pressoir : on le taille trois ou quatre fois ; on n'y distingue point les vins des différentes tailles ; on les mêle au contraire aussi également qu'il est possible, afin que toute la récolte soit de la même qualité ; il est certain qu'en suivant cette méthode on ne peut faire que du vin mauvais, dur & âcre : mais si l'on distinguoit les tailles, & si on les mettoit séparément, se procureroit-on un vin bien marchand & d'une qualité qui peut faire prendre faveur aux vins de ce pays? nous ne le croyons point.

Les Franc-Comtois, quand ils s'apperçoivent que la vendange commence à bouillir, la font fouler avec les pieds jusqu'à ce qu'ils voyent qu'elle se refroidit, après quoi ils la battent dessus, jusqu'à ce que le vin soit fait : on ne la tire ordinairement de la cuve qu'après un mois, après quoi on porte le marc dans le pressoir pour en exprimer le reste de la liqueur qui n'a pu couler par la canelle.

Les vins clairets de Besançon sont assez délicats, on les tire de la cuve dès que la vendange commence à bouillir. Quand on tire le vin des cuves on l'entonne dans des tonneaux de différentes grandeurs. Il se garde long-tems, pourvu que l'on ferme bien la bonde & que l'on n'y touche que quand on veut le soûtirer.

Dans le pays de Laon on prend beaucoup de précaution qu'on néglige ailleurs ; à mesure qu'on apporte la vendange on l'égrappe avec des fourches à trois pointes, ou espéces de tridents, on la jette dans une fouloire, faite comme la caisse dont nous avons conseillé l'usage pour fouler le vin & le faire égoutter à travers de petits trous dans la cuve à mesure que l'on foule les raisins. Lorsque la fouloire est remplie de marc on le jette avec une pêle de bois dans la cuve.

Il y a cependant des particuliers dans ce pays qui n'égrappent point, ils foulent la vendange dans la même cuve pendant trois ou quatre jours : mais comme ils font un mélange de vins qui ont cuvé trois ou quatre jours, avec des vins qui n'ont point encore cuvé, il en résulte nécessairement une liqueur mal conditionnée, parce que dans le vin qui a déja cuvé, les raisins qui ont surnagé doivent s'aigrir vers la superficie du marc & communiquer ce goût au vin qui n'a point encore cuvé.

Pour éviter cet inconvénient on devroit avoir de petites cuves que l'on pût se former dans un jour ; par ce moyen il n'y a plus de mélange, & les vins faits de cette façon en particulier par petites cuvées, ne se communiquent point les défauts qu'ils peuvent contracter par les mélanges.

Il y a des Cultivateurs qui font moins imparfaitement leur vin, ils laissent cuver le raisin environ vingt-quatre heures, lorsque la saison est chaude : lorsqu'elle est froide & pluvieuse ils le laissent cuver pendant trente-six heures.

Les Angevins font d'une maniere particuliere leurs vins ; ils portent la vendange de la vigne au pressoir à dos de cheval ; on vuide les vaisseaux en arrivant dans le pressoir ; des hommes qui ont les jambes nues, & ayant à leurs pieds des sabots plats la foulent, le vin qui s'en exprime s'écoule par une hauche qui est creusée au bout des carreaux du pressoir & tombe dans un ballon ou bacquet qu'on a soin de vuider à mesure qu'il reçoit de la liqueur, & on entonne le vin dans des tonneaux.

Comme dans ce pays on n'a que des raisins blancs on ne met point la vendange dans la cuve pour la faire fermenter. Mais l'usage dans lequel ils sont ainsi que les Laonois de fouler les raisins avec des sabots soit sur le pressoir soit sur la fouloire est fort dangereux.

Les raisins ayant leurs grappes, & le vin s'écoulant à mesure qu'on les foule & les grains écrasés ne faisant point une masse solide, il faut nécessairement que ces hommes écrasent les grappes qui, ainsi écrasées communiquent au vin l'acide qu'elles contiennent, ce qui doit diminuer considérab'ement la qualité du vin : mais il est aisé de perfectionner cette méthode qui d'ailleurs est assez bonne. Il n'est question que de ne pas laisser mettre des sabots & de prescrire à ceux qui foulent de fouler à pieds nuds.

Lorsque les Cultivateurs ne font point d'une denrée leur principal revenu, ou que relativement à la consommation & à la modicité du prix, ils risqueroient & leurs peines & leurs dépenses, ils ne prennent guères de précautions pour la rendre marchande. Les Provençaux font dans ce cas ; aussi ne prennent-ils guères de précautions pour faire leurs vins, attendu la grande abondance qu'ils en ont, & le peu de valeur qu'il a ; ils mettent leur vendange dans les cuves après l'avoir foulée. Les uns enlevent les grappes après les avoir foulées, les autres estiment que cela n'est pas nécessaire. Les uns coulent leur vin au bout de trois ou quatre jours, les autres le laiſſent dépoſer pendant quinze ou vingt jours; enfin chacun le façonne à ſa mode & ſuivant ſes lumieres.

Le vin qu'on fait dans ce pays avec deux parties de raiſins noirs ſur une de raiſins blancs, a une ſéve qui ſe développe & qui ſe rend toujours de plus en plus ſenſible à meſure qu'il vieillit. Mais on doit bien ſentir que la qualité du terrein & celle de l'expoſition l'augmentent ou la diminuent. Ceux qui pratiquent cette méthode, prétendent par la proportion de ce mélange de raiſins noirs & de raiſins blancs, donner à leur vin une couleur convenable, & radoucir par la ſéve du blanc l'âpreté de la ſéve du raiſin noir. Dans les années pluvieuſes ils laiſſent cuver leurs vins pendant ſept à huit jours, ils les décuvent au contraire le cinquiéme jour, lorſque le tems eſt chaud & ſans brouillard, parce que, ajoutentils, dans ces années les vins ſe chargeroient trop en couleur. La multiplicité des raiſins occaſionne néceſſairement la confuſion des goûts, ainſi il faut faire choix d'une bonne eſpéce pour qu'elle domine & qu'elle fixe & détermine la qualité du vin.

Le Preſſoir.

Dans le livre où nous avons traité auſſi à fond qu'il nous a été poſſible, de l'expoſition des piéces quand on veut établir favorablement une Ferme, nous avons recommandé de placer le cuvier ou preſſoir à l'expoſition du Midi. Mais cette régle généralement bonne ſouffre des exceptions : car il ne convient point de lui donner cette expoſition dans les pays chauds, celle du Levant eſt beaucoup plus favorable : quand le preſſoir dans les pays chauds eſt au Midi, ſi la ſaiſon eſt belle, il eſt certain qu'on riſque de perdre beaucoup de vin, parce que la fermentation de la vendange eſt ſi accélérée & ſi violente que les cuves ou tonneaux où l'on met la vendange regorgent, & quelquefois même ſe défoncent par la grande activité & force du jus. On remédie donc à cet inconvénient en préférant l'expoſition du Levant.

Dans les pays Septentrionaux au contraire, l'expoſition du Midi accélére la fermentation qui ordinairement eſt très-lente & ſouvent même très-difficile, ſur-tout lorſque la ſaiſon eſt froide ou pluvieuſe. Il arrive même quelquefois qu'il faut avoir recours à l'art pour la mettre en train.

On emploie dans ce cas, de la vendange que l'on fait bouillir
dans

dans un chaudron , & l'on la jette bouillante dans la cuve. On en met plus ou moins de chaudronnées fuivant que la cuve eft plus ou moins grande. Cette méthode eft affez bonne pour mettre la cuvée en mouvement. Mais les chaufrettes fous les cuves que l'on a l'attention de tenir bien fermées , nous paroiffent préférables.

Il y a encore une méthode dont on devroit faire ufage & que nous avons vu réuffir ; on enveloppe la cuve de paillaffons que l'on affujettit tout autour avec une corde.

Une autre méthode que nous avons vu pratiquer & qui devroit être mife en ufage dans tous les pays de vignoble où les vins font fans qualité ou n'en ont que de très-mauvaifes , comme par exemple, les vins des environs de Paris ; c'eft d'avoir du mufcat de Provence confit au foleil , s'il eft poffible ; l'autre confit au four eft bon, mais ne produit point autant d'effet. On en prend fix livres que l'on met dans un chaudron contenant trente pintes , on verfe deffus de la vendange nouvelle. On fait bouillir le tout environ une demie heure, on jette ce mélange tout bouillant dans la cuve que l'on couvre auffi-tôt bien exactement.

Obfervez qu'il faut égrapper le mufcat avant de le faire bouillir, parce que cette grappe deffechée donneroit un très-mauvais goût.

On fent parfaitement que ce mufcat fe renfle en bouillant & qu'il peut donner un excellent goût au vin, corriger même l'acide contenu dans ces fortes de vins & augmenter confidérablement la fermentation de la cuvée : ce qui eft le principal objet qu'on doit avoir en vue.

Nous ne parlerons point ici de toutes les fortes de preffoirs. Chacun eftime celui qu'il a , & avec raifon ; mais comme celui à caiffe nous paroît le plus propre à éviter les tailles du marc, & qu'on peut parfaitement adapter une caiffe aux preffoirs ordinaires qu'on a déja, nous nous déterminons volontiers en fa faveur , d'autant plus qu'en en confeillant l'ufage , nous n'expofons point les Cultivateurs à une grande dépenfe.

Nous ajouterons feulement que l'endroit du cuvier ou preffoir doit être tenu extrêmement propre, qu'il devroit même être plafonné ; ce qui cependant ne fe trouve nulle part, que l'on devroit beaucoup plus multiplier les petites cuves en place des grandes , parce que par ce moyen on peut mieux connoître la qualité des vins que produit chaque piéce de vigne, & que d'ailleurs, article bien important, on fait une cuvée de la vendange cueillie dans le même jour.

Quant aux maladies des vins, on n'a qu'à lire le Mémoire de M. le Comte de K. on y trouve des instructions suffisantes pour rétablir les vins qui subissent quelqu'altération.

Nous dirons seulement que quand le vin tourne, c'est-à-dire, que la lie remonte & se mêle avec toute la liqueur & la rend trouble & bourbeuse; il faut avoir recours au sable de riviere qu'on a la tention de bien laver & relaver jusqu'à ce que l'eau en sorte claire & dépouillée de sédiment, on le fait bien sécher au soleil, on en jette jusqu'à huit poignées par la bonde dans le tonneau que l'on roule pendant un quart-d'heure. Après quoi on replace le tonneau d'une façon bien stable & solide dans la cave, on ôte le bondon; on fait fondre du sucre, c'est-à-dire qu'on fait du caramel à la façon des Limonadiers dans une cuilliere de fer, & on en verse environ une demie livre dans le tonneau.

Deux fois vingt-quatre heures après on prend deux onces de sel de nitre que l'on réduit autant qu'il est possible en poudre impalpable, on ôte le bondon & on l'introduit dans le tonneau, on ajoute le vin qui manque & on le referme exactement à demeure. Cette recette est non seulement infaillible, lorsque les vins sont attaqués de cette maladie, mais encore lorsqu'ils ont celle qu'on appelle la graisse.

Nous avons observé que presque dans tous les pays où les Cultivateurs travaillent leurs terres en vigne & en froment ou autres bleds; la vigne est toujours la partie négligée, & que la façon d'y faire le vin l'est encore plus.

On s'embarrasse fort peu que le pressoir, ou cuvier soit voisin des étables, écuries, de la fosse à fumier, ou non. Peu importe à certains Cultivateurs que la volaille y entre. Cette négligence est d'autant plus blâmable que tel qui récolte du vin presque toujours défectueux en feroit d'excellent, s'il prenoit les précautions que nous avons déja répétées plusieurs fois dans cet ouvrage.

Résumé.

De tout ce que nous venons de dire & de tous les Mémoires dont nous faisons part au public, il résulte que les régles générales ne peuvent être appliquées avantageusement qu'autant que l'on sçait

bien confulter le climat, le terrein, la qualité du raifin quant
à la plantation, & les mêmes chofes en y joignant la température
de la faifon quant à la façon de faire le vin ; c’eft-à-dire de le plus
ou moins égraper, & plus ou moins laiffer cuver.

Premiere Observation.

Dans les pays Méridionaux du Royaume nous avons remarqué
que l’on laiffoit en général la vendange trop long-tems dans la cuve ; les vins de certains pays de la partie Méridionale du Royaume s’y aigriffent, parce que l’on les laiffe trop long-tems cuver.

Le figne certain dans ces pays de la fuffifante fermentation de
la vendange : c’eft quand les gros bouillons de la cuve deviennent
infenfibles & qu’on n’entend prefque plus qu’un petit frémiffement.

Dans les pays Septentrionaux au contraire il faut laiffer le vin
dans la cuve jufqu’à ce que ce frémiffement dont nous venons de
parler, foit fini, & que l’on juge par la tranquillité du vin qu’il n’y
a plus de fermentation.

Seconde Observation.

Un défaut effentiel à certains pays Méridionaux, c’eft de laiffer
leurs vins fur la lie, & même de les tirer du tonneau à mefure qu’on
en a befoin. Cette méthode eft très-vicieufe, en ce que le vin,
qui a toujours un mouvement intrinféque occafionné par l’air
chaud du pays, s’évapore & tend à l’aigreur dès qu’on a vuidé prefque la moitié du tonneau, de forte que l’autre qui refte participe de
l’aigreur qu’acquiert par la grande chaleur le tonneau dans fa partie
vuide.

Dans les pays Septentrionaux, on le foutire au contraire trop tôt
& trop fouvent. Peut-être même le met-on trop tôt en bouteilles.
Dans ces pays la température eft froide, pluvieufe ou humide, de
forte qu’on ne rifque point l’inconvénient dont nous venons de
parler & qui eft très-fréquent dans les pays chauds.

Troisiéme Observation.

Dans les pays chauds on fera très-fagement en fuivant la méthode de ceux qui mettent par-deffus le vin, lorfqu’ils le tranf-
vafent dans les futayes, un doigt d’huile & qui enfuite les bouchent

bien à demeure. La raison de cette méthode qui est aussi confirmée par l'expérience, porte sur les principes de la physique. L'huile est rameuse, & par cette qualité empêche les esprits du vin de s'évaporer ; ce qui doit nécessairement arriver malgré les soins que l'on peut avoir à mettre un bouchon, qui par sa nature est extrêmement poreux & laisse échapper les esprits.

Quatriéme Observation.

Dans tous les pays de vignobles on doit s'attacher, nous parlons ici aux Cultivateurs qui sont en état d'en faire la dépense, à avoir des cuves de pierre faites en voûte par préférence aux cuves de bois ; parce que ces dernieres sont très-sujettes à contracter un mauvais goût ; quant aux Cultivateurs qui se servent des cuves de bois, nous le répétons encore ici, nous leur conseillons très-expressément d'avoir des cuves d'une grandeur proportionnée à la quantité de la vendange qu'ils peuvent récolter dans un jour.

Cinquiéme Observation.

Dans les pays Septentrionaux nous voudrions qu'outre que le cuvier ou pressoir soit, comme nous l'avons recommandé, à l'exposition du Sud ; nous voudrions, disons-nous, qu'il fût appuyé contre le four de la Ferme ; parce que quand la saison est pluvieuse ou froide, & que la vendange ne peut point prendre de mouvement fermentatif, on pourroit par ce moyen, qui imiteroit assez la chaleur naturelle, l'échauffer & exciter cette fermentation indispensable pour la confection du vin.

Sixiéme Observation.

Ce qui fait que la plûpart de nos vins n'ont pas une qualité aussi parfaite qu'on pourroit la leur donner ; c'est que presque tous les Cultivateurs tendant en général à la quantité, fument considérablement leurs vignes & plantent toutes sortes de ceps, pourvu qu'ils soient abondants, n'importe la bonne ou mauvaise qualité du raisin.

Septiéme Obfervation.

Si les vins de la plûpart des vignobles du Royaume font, qu'on nous paffe le terme, exténués & pour ainfi dire fans corps, c'eft que les Cultivateurs plantent trop de raifin blanc, & que pour nuancer le vin ils font obligés de fe fervir de beaucoup de raifin appellé teinturier, qui eft mat, infipide, fans goût & même groffier & pefant.

Huitiéme & derniere Obfervation.

On devroit donc fe borner à deux ou trois efpéces de raifins noirs tels que ceux dont nous avons parlé ci-deffus, planter la vigne à une certaine diftance, fuivant la qualité & force du terrein, ne la laiffer monter qu'à la hauteur que nous avons indiquée, ou encore mieux, la tenir rampante, apporter beaucoup de foin à la propreté des vaiffeaux vinaires, & du lieu où l'on établit fon preffoir, préférer à tous égards le preffoir à coffre ou à caiffe, pour éviter la tranche du marc dont l'effet eft, comme nous l'avons fait obferver, très-nuifible au vin, faire cuver le vin plus ou moins, fuivant la qualité du terrein, c'eft-à-dire que fi le terrein eft fort, il faut lui donner plus de cuvage & moins s'il eft léger, il faut enfin obferver la nature de la faifon & régler la cuvaifon fur le plus ou moins grand dégré de chaleur.

On peut voir dans la Planche qui regarde les vignes les diverfes façons dont on les plante. La defcription en feroit affez inutile : l'œil peut aifément y fuppléer.

CHAPITRE XXVII.

*Contenant quelques observations importantes sur les vins qui se
vendent à Paris & qui, suivant le calcul qu'ont fait quelques
Médecins réputés, enlèvent à la Capitale au moins deux mille
hommes par an par des maladies que tout l'art de la Médecine
ne peut guérir.*

LEs grands droits d'entrée que les vins payent à Paris font un
ravage affreux dans la population. La cupidité des Marchands
de vins qui trouve l'art de se souftraire aux regards vigilants du
Magiftrat, fait périr une infinité de gens du peuple, qui n'ayant
point les facultés pour se procurer une certaine provifion de vin,
font obligés de le prendre en détail chez les Marchands.

Nous ne pouvons comprendre pourquoi la Loi ne punit point
de mort un fcélérat qui empoifonne peut-être trois ou quatre
cents perfonnes par an. Suffit-il de répandre dans le Ruiffeau quelques tonneaux de vin falfifié que l'on trouve dans fa cave, & de lui
faire murer fa boutique pour fix mois? Un Domeftique qui feroit
atteint & convaincu d'avoir donné un poifon lent à fon Maître,
feroit-il renvoyé en difpenfant pour toute punition fon Maître
de lui payer fes gages? la jufte févérité de la Loi que nous voyons
journellement exercer en pareil cas nous convainc du contraire;
pourquoi donc fi nous venons à bout, comme nous allons y procéder avec fuccès, de faire voir que les vins falfifiés font un véritable poifon, ne punit-on pas avec la même févérité les auteurs
de cette falfification? Ne violent-ils pas aînfi, & même plus que
ce Domeftique la confiance publique?

Nous ofons efpérer que fi les obfervations fuivantes parviennent au Magiftrat, elles pourront occafionner un bien d'autant plus
précieux, qu'il regarde cette portion infortunée de l'humanité,
dont la fubfiftance tient au jour même, & qui n'a pour toute fortune que les fruits bornés d'un travail qui lui donne à peine le
tems de refpirer.

Nous difons que les vins payent une trop forte entrée, & que ceux
qui afferment les revenus du Roi, font aveuglés par leur trop grande
cupidité. En effet qu'on réduife de la moitié les entrées, il en ré-

sulrera plus de profit pour le Fermier, & plus de sûreté pour la santé du consommateur. Plus de profit pour le Fermier, parce qu'en supposant, par exemple, que la bouteille de vin ne payât qu'un sols six deniers d'entrée, les petits vins étant à bon marché sur le lieu chaque ménage se pourvoiroit, & se donneroit bien de garde de le prendre chez le Marchand; il s'en feroit donc le double de consommation: toute la famille de l'artisan en boiroit; il y auroit plus de regle dans les ménages, plus d'ordre, plus d'harmonie entre les Citoyens de la même classe, on verroit revivre ces communions profanes dont l'ami des hommes parle, & qui sont si propres à resserrer les liens de la société. Chaque artisan bûvant tous les jours du vin à ses repas, ne sacrifieroit point les jours de repos consacrés au culte à la soif démesurée quil a de cette liqueur dont il a souffert la privation pendant toute la semaine: le Dimanche est pour lui le jour desiré, parce qu'au lieu de se rendre aux pieux exercices du Christianisme, il va s'ensevelir dans un cabaret où il consomme tous les fruits du travail d'une semaine, oubliant que son épouse & ses enfans languiront dans la misere toute la semaine suivante. Abus qui tomberoit bientôt de lui-même si les droits étant moins excessifs, il pouvoit s'approvisionner & en boire à chaque repas. ·

Nous disons aussi qu'il en résulteroit plus de sûreté pour la santé du consommateur: cela n'est assurément point difficile à comprendre; il feroit sa provision, son vin lui seroit connu, il ne seroit point composé.

Celui des Marchands de vin l'est beaucoup. Nous avons dit précédemment que ces gens composoient du vin sans raisin, rien n'est plus vrai: nous parlons d'après l'avoir vu: nous en avons même goûté, rien de plus flatteur que cette espéce de vin; mais aussi rien de plus funeste à la santé. On nous dispensera d'en donner la recette. Il ne convient point de donner certaines connoissances dont l'usage peut devenir contraire à l'humanité. Nous aimons mieux donner tous les moyens les plus assurés de connoître les vins falsifiés. Cette connoissance est d'autant plus utile, que le Magistrat peut l'employer avec toute la confiance possible pour faire la guerre à ces scélérats qui osent sacrifier la vie des hommes à leur avarice.

Nous nous servons d'un Auteur qui dans la conduite de son éleve prend toute les précautions imaginables pour lui faire saisir véritablement les connoissances dont il veut enrichir son esprit.

Je me souviens, (c'est l'Auteur qui parle) que voulant donner à un enfant du goût pour la Chymie, après lui avoir montré plusieurs précipitations métalliques, je lui expliquois comment se faisoit l'encre ; je lui disois que sa noirceur ne venoit que d'un fer très-divisé, détaché du vitriol, & précipité par une liqueur alcaline. Au milieu de ma docte explication, le petit traître m'arrêta tout court. Me voilà fort embarrassé.

Après avoir un peu rêvé, je pris mon parti. J'envoyai chercher du vin dans la cave du Maître de la maison, & d'autre vin à huit sols chez un Marchand de vin ; je pris de la dissolution d'alcali fixe, puis ayant devant moi dans deux verres de ces deux vins différents, je lui parlai ainsi.

On falsifie plusieurs denrées pour les faire paroître meilleures qu'elles ne sont. Ces falsifications trompent l'œil & le goût ; mais elles sont nuisibles, & rendent la chose falsifiée pire avec sa belle apparence qu'elle n'étoit auparavant.

On falsifie sur-tout les boissons & sur-tout les vins, parce que la tromperie est plus difficile à connoître, & donne plus de profit au trompeur.

La falsification des vins verds ou aigres se fait avec de la litarge. La litarge est une préparation de plomb. Le plomb uni aux acides rend un sel fort doux qui corrige au goût la verdeur du vin ; mais qui est un poison pour ceux qui le boivent ; il importe donc avant de boire du vin suspect d'examiner s'il est litargiré, ou s'il ne l'est pas. Or voici comment je raisonne pour le découvrir.

La liqueur du vin ne contient pas seulement de l'esprit inflammable, comme on le voit par l'eau-de-vie qu'on en tire. Elle contient encore de l'acide comme on peut le connoître par le vinaigre & le tartre qu'on en tire aussi.

L'acide a du rapport aux substances métalliques, & s'unit avec elles par dissolution pour former un sel composé, tel par exemple que la rouille qui n'est qu'un fer dissout par l'acide contenu dans l'air ou dans l'eau, & tel aussi que le verd-de-gris qui n'est qu'un cuivre dissout par le vinaigre.

Mais ce même acide a plus de rapport encore aux substances alcalines qu'aux substances métalliques, de sorte que par l'intervention des premieres dans les sels composés dont je viens de parler, l'acide est forcé de lâcher le métal auquel il est uni pour s'attacher à l'alcali.

Alors la substance métallique dégagée de l'acide qui la tenoit dissoute, se précipite & rend la liqueur opaque.

Si

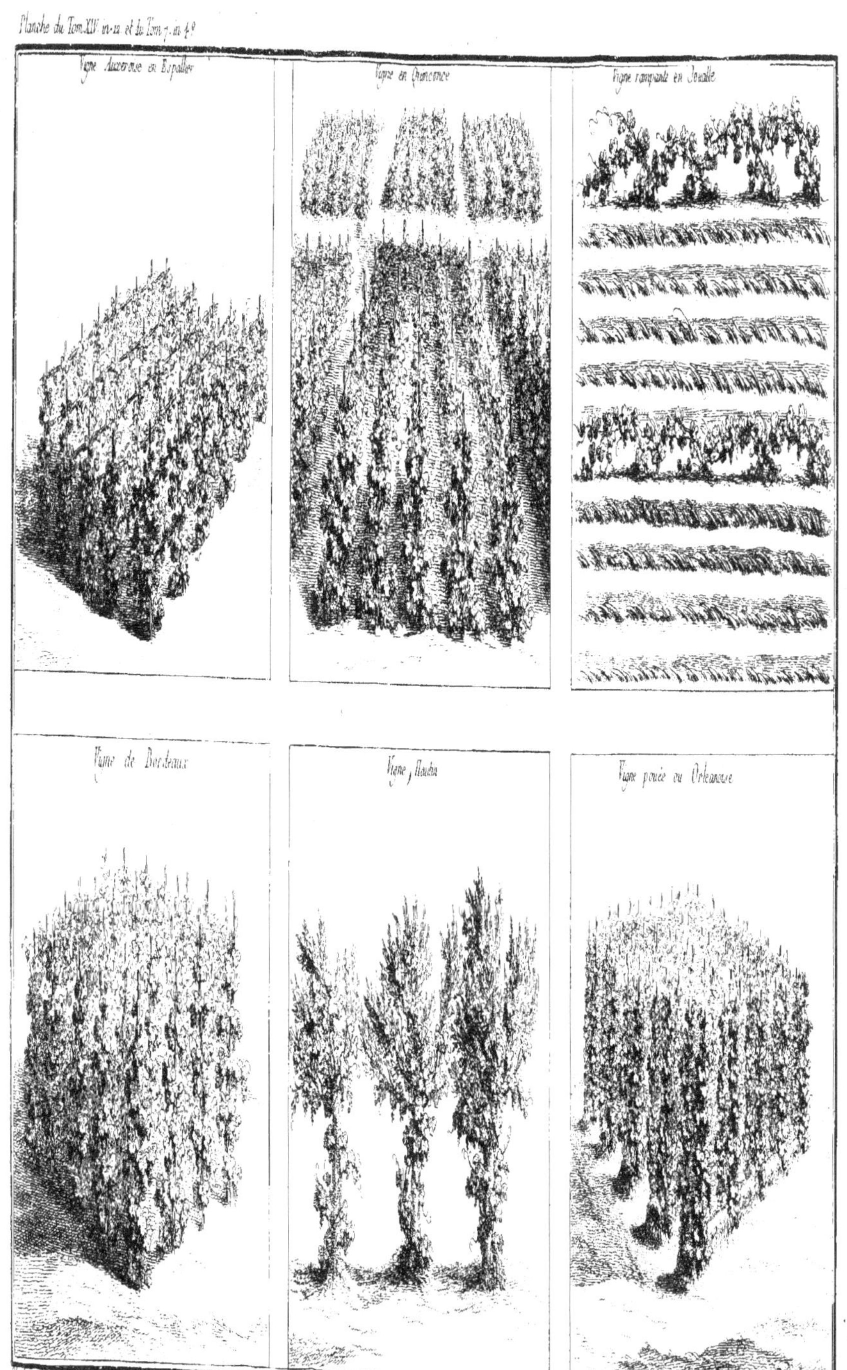

Planche du Tom. XIV in-12. et du Tom. 7. in 4.°
Vigne Auxerroise en Espalier
Vigne en Quinconce
Vigne rampante en Joualle
Vigne de Bordeaux
Vigne flambé
Vigne poussée ou Orleanoise
Planche du Tom. XIV in-12. et du Tom. 7. in 4.°

Si donc un de ces deux vins est litargiré, son acide tient la litarge en dissolution ; que j'y verse de la liqueur alcaline, elle forcera l'acide de quitter prise pour s'unir à elle : le plomb n'étant plus tenu en dissolution, reparoîtra, troublera la liqueur, & se précipitera enfin dans le fond du verre.

S'il n'y a point de plomb ni d'aucun métal dans le vin, l'alcali s'unira paisiblement avec l'acide, le tout restera dissout, & il ne se fera aucune précipitation.

Ensuite je versai de ma liqueur alcaline successivement dans les deux verres, celui du vin bourgeois resta clair & diaphane, l'autre en un moment fut trouble ; & au bout d'une heure, on vit clairement le plomb précipité dans le fond du verre. Voilà donc le vin pur & naturel dont on peut boire & le vin falsifié qui empoisonne ; ainsi celui qui sçait bien comment se fait l'encre, sçait connoître aussi les vins frelatés.

Mais quand même il seroit possible de trouver des vins à huit sols chez les Marchands de vin qui ne fussent point frelatés, toujours seroit-il vrai de dire qu'ils ne peuvent guére manquer d'être litargirés ; parce que les vins qu'on vend en détail sont rarement exempts de plomb, attendu que les comptoirs de ces Marchands sont garnis de ce métal, & que le vin qui se répand dans la mesure en passant & séjournant sur ce plomb, en dissout toujours quelque partie. Il est étrange qu'un abus si manifeste & si dangereux ne soit point encore parvenu à la connoissance de Monsieur le Lieutenant général de Police ; qui, Protecteur déclaré des malheureux Citoyens, qui sont par leur mauvaise fortune obligés de vivre du jour à la journée, appésantiroit toute son autorité sur des fripons qui méprisent ainsi la vie des bons Citoyens.

TABLE DES CHAPITRES
DU TOME SEPTIEME.

LIVRE TREIZIEME.

LIVRE QUATORZIEME.

Fin du septiéme Volume.

LE GENTILHOMME

CULTIVATEUR.

TOME HUITIEME.

LE GENTILHOMME

CULTIVATEUR,

OU

CORPS COMPLET

D'AGRICULTURE,

Traduit de l'Anglois de M. Hall, & tiré des Auteurs
qui ont le mieux écrit sur cet Art.

Par Monsieur DUPUY DEMPORTES, *de l'Académie de Florence,*
& de la Société Royale des Sciences & Belles-Lettres de Nancy.

Omnium rerum ex quibus aliquid acquiritur, nihil est Agriculturâ melius, nihil uberius,
nihil homine libero dignius. Cicer. liv. 2. de Offic.

TOME HUITIEME.

A PARIS,

Chez
{ P. G. SIMON, Imprimeur du Parlement, rue de la Harpe.
{ La Veuve DURAND, Libraire, rue du Foin.
{ SAUGRAIN, Libraire, Quay des Augustins.

A BORDEAUX,

Chez CHAPPUIS, l'aîné.

M. DCC. LXIV.

Avec Approbation & Privilége du Roi.

LE
GENTILHOMME
CULTIVATEUR.

LIVRE QUINZIÉME.

Des Abeilles.

CHAPITRE PREMIER.

N a tant écrit fur la nature, fur le régime & fur le produit de cet infecte, l'on a mis fous les yeux des Lecteurs tant de façons de le faire réuffir, que nous avons cru devoir en quelque maniere, extraire en particulier chaque Auteur, qui en a traité un peu pertinemment.

Ainfi nous allons préfenter aux Cultivateurs chaque Extrait & chaque Mémoire en particulier, afin qu'ils puiffent faire le choix en les comparant, des méthodes qui leur feront les plus favorables, relativement à leur fituation. Nous commençons par M. Hall. On y verra des documens très-importans.

De toutes les efpéces d'infectes, dit cet Auteur, il n'y en a

Tome VIII. A

point qui ait un rapport plus essentiel à l'œconomie rurale, que l'Abeille ; puisqu'on y trouve l'avantage de l'entretenir à peu de frais, qu'elle n'exige point de grands soins & que ses productions, la cire & le miel sont d'un débit aisé & conservent toujours une véritable valeur : si l'on vouloit se livrer à la partie curieuse, c'est-à-dire, à la police établie parmi ces mouches ; on abuseroit d'un tems précieux qu'il vaut mieux employer à donner des instructions utiles.

D'abord, nous ne sçaurions trop conseiller d'élever des ruches dans une Ferme ; les profits comparés avec les frais & les peines, sont si sensibles, qu'il faut être bien négligent pour ne pas faire usage de cette branche de l'œconomie qui est, sans contredit, la moins pénible, la moins dispendieuse, & en même-tems la plus profitable.

Les Anciens croyoient que les Abeilles se produisoient de la chair corrompue des animaux. Ils prétendoient même donner des méthodes de les produire ; mais aujourd'hui leur erreur est connue. Virgile dit qu'il faut tuer un jeune Taureau & exposer sa chair d'une maniere particuliere, afin que les Abeilles s'y engendrent ; mais cette méthode n'est pas plus vraie que celle que donne le sieur *Keneim Digby*, qui consiste à faire brûler des Ecrevisses pour en faire venir d'autres.

Il n'y a plus aujourd'hui de doute sur la génération de tous les Animaux quelconques.

Dans la génération des insectes, la nature observe pour régle constante, que ceux qui n'ont point d'aîles, se produisent des œufs de leurs peres, ou sont produits vivans dans leurs propres formes, au lieu que tous ceux qui ont des aîles, subissent des métamorphoses ; ceux-ci viennent de leurs peres aîlés, en forme de chenilles, de vers ou de magots ; ils vivent pendant quelque tems dans cet état ; après quoi ils tombent dans une inaction ou état de repos, après s'être fait une espéce de prison & s'être enveloppés dans leur peau qui se durcit ; ils sortent ensuite avec des aîles semblables à celles de leurs peres.

Cette génération a été regardée comme beaucoup plus merveilleuse qu'elle ne l'est ; en effet, le vulgaire croyoit qu'il se faisoit une métamorphose réelle d'un animal en un autre, les Savans même avoient été entraînés par une erreur aussi grossiere. Mais la vérité est, que le papillon est déjà dans la chenille, & qu'il lui faut ce tems pour parvenir parfaitement à sa véritable façon d'être.

Or, comme cette observation regarde les insectes aîlés, & que l'Abeille est du nombre, elle doit se produire de la même maniere & suivant les mêmes principes : les rayons étant faits, la femelle pond un œuf dans chaque cellule; de cet œuf vient une espece de petit magot, qui après avoir vêcu son tems, tombe dans un état d'immobilité dans sa cellule, & qui ensuite dans la saison convenable, perce son enveloppe & en sort en Abeille, & prend son vol. On remarque une singularité dans les Abeilles. Dans tous les animaux, il y a le sexe mâle & le sexe femelle : dans celui-ci, il y a, outre les mâles & femelles, des Abeilles qui n'ont ni l'un ni l'autre sexe; & elles forment le plus grand nombre de la république; on les appelle ouvrieres ou travailleuses, aussi font-elles en effet, le gros de l'ouvrage.

Les mâles sont en nombre plus petit, & dès qu'ils ont impregné les femelles la république les chasse de la ruche, & ils périssent. Les femelles sont aussi en petit nombre, mais elles sont très-abondantes en œufs. On les peut aisément distinguer par leur forme & par leur grosseur : on leur a donné le nom de *Roi* ou de *Reine* des essains.

Les deux substances précieuses que les Abeilles fournissent, sont tirées par les Abeilles, des fleurs des plantes. Quant à la cire, elle est un peu changée par l'animal, mais quant au miel, l'Abeille le cueille tout fait sur la fleur.

Certains petits filamens minces, qui se terminent en petites masses, s'élévent des fleurs des plantes. Ces masses ou boutons qui se trouvent ainsi dans le centre des fleurs, contiennent une poussiere fine qui sert à imprégner les graines des plantes ; mais comme la nature est industrieuse, & qu'elle sçait par une seule voye remplir plusieurs objets à la fois, elle fait que cette poussiere vient en plus grande abondance qu'il n'en faut pour la réproduction de la plante, & que l'Abeille se sert du surplus pour bâtir ses rayons où elle dépose son miel & ses œufs, & en fabrique la cire.

Au fond de certaines fleurs & au centre de quelques autres, on distingue des cellules de différentes especes & de différentes formes, qui contiennent un suc doucereux : c'est le miel; l'Abeille le pompe, & n'a d'autre soin que de l'emporter tel qu'il est dans sa cellule. A ij

Voilà bien fimplement l'origine certaine de la cire & du miel.
L'Abeille mange la poufliere qui fe trouve dans ces boutons,
& la dégorge enfuite pour le fervice de la ruche, après en avoir
réfervé la partie néceffaire à l'entretien & à la confervation de fon
exiftence. On fent que cette poufliere qui a féjourné dans le ven-
tricule de l'animal, a fubi quelque préparation, qui lui donne la
qualité. C'eft de cette matiere que font formés les rayons, &
c'eft dans leurs cellules que l'Abeille dépofe le fuc doucereux qu'elle
ramafle dans le fond des fleurs, & qui, fans fubir d'autre préparation, eft un véritable miel.

Ces inftructions font plus que fuffifantes, dit M. *Hall*, pour le
Fermier. Tout ce que nous dirions de plus tiendroit moins à l'utile
qu'à l'agréable & au curieux. Paffons au traitement que demande
cette infecte précieux. Voilà pour nous l'objet le plus important.

Des Ruches & de la façon de les placer.

Les Abeilles, dans le cours naturel de leur vie, s'affemblent
en effains, forment des cellules dans le creux d'un arbre ou telle
autre cavité quelconque, qui leur paroît la plus propre à cette
opération. Plus l'ouverture eft étroite & plus elles font en fûreté,
pour retirer le plus grand avantage de leurs productions.

Les Hommes ont imaginé des endroits pour recevoir leurs
rayons, & où ils cherchent à les attirer : ce font des Ruches qui
font de différentes matieres & de différentes formes. Celles qui
font le plus en ufage aujourd'hui en Angleterre & en plufieurs autres pays, font de paille entortillée, & M. *Hall* dit qu'il n'en eft
point de meilleures. On en a imaginé de toute efpece par curiofité,
pour voir les opérations de ces animaux. Mais celles que l'on fait
de paille, font auffi fûres que toutes les autres & les moins difpendieufes, & par conféquent les plus utiles pour le Cultivateur.

On a inventé plufieurs moyens de fauver les Abeilles quand le
miel eft ôté, mais tout cela eft inutile ; car en traitant bien les
Ruches communes ou de paille, en les plaçant les unes au-deffus
des autres, pour recevoir les Abeilles, on remplit les objets utiles,
fi on ne remplit point les autres.

On connoît affez comment les Ruches de paille font faites : mais
il eft certain qu'en général on leur donne trop de hauteur relativement à leur largeur ; de forte que nous confeillons de les faire
plus écrafées qu'on ne les fait ordinairement.

Il faut en faire quelques-unes qui foient plus petites pour la multiplication des Abeilles; on les deftine pour les petits effains. Il faut aussi en avoir de plus groffes, que l'on tient prêtes pour les effains qui font plus gros qu'à l'ordinaire

On doit faire les Ruches en dedans aussi unies qu'il eft possible; on en vient à bout en coupant exactement tous les bouts des pailles qui avancent; on fait alors les fentes, dont trois ou quatre doivent defcendre du haut de la Ruche vers le bord, & deux autres pour fupporter l'ouverture, ou la porte, & deux derriere : celles-ci doivent être bien folidement fermées dans le corps de la Ruche, pour l'empêcher de s'affaisser lorfqu'elle eft pleine.

Les Ruches étant ainfi préparées pour recevoir les Abeilles, on doit chercher un endroit convenable pour les placer; car l'Abeille eft naturellement délicate, un peu de foin qu'on fe donne en établissant cette branche de l'œconomie, affure beaucoup plus le fuccès de cet établissement.

On choifit ordinairement un emplacement voifin de l'habitation, & qui foit de tout côté à l'abri des vents. Il n'y a point d'abri meilleur que les hayes qu'il faut diriger de façon qu'elles n'empêchent point le foleil de donner fur les Ruches. Cet animal demande de la chaleur & beaucoup de tranquillité.

On ne doit point laisser approcher les beftiaux de cet endroit, tant par rapport à eux-mêmes, qu'aux Abeilles, attendu qu'elles ne veulent point être troublées, & qu'elles favent punir ceux qui les troublent. Il n'y a pas de meilleure fituation pour les Ruches que de les mettre derriere un bâtiment qui eft expofé au nord, afin que les ouvertures foient au midi, & que les rayons du Soleil y entrent : il faut aussi qu'il y ait des arbres pour recevoir les Abeilles dans le tems qu'elles effaiment.

Après qu'on a choifi un endroit femblable, on met quelques fiéges pour y placer les Ruches. On en met ordinairement quelques-unes enfemble fur un même banc, mais cette méthode n'eft pas bonne; parce qu'il y arrive quelquefois de la confufion, attendu que les Abeilles fe trompent de Ruche, & qu'en hyver, elles fe battent & fe bleffent dangéreufement.

Les fiéges ou pieds doivent être de bois. Il y en a qui les font de pierre, cet ufage eft vicieux : ils font trop chauds en été & trop froids en hyver.

Il faut les élever d'un pied & quelque chofe de plus, ils doivent être un peu inclinés & non perpendiculaires, afin que l'eau des pluies puisse s'écouler. On les fait par en haut plus larges d'un pouce que le fond de la Ruche, & tout vis-à-vis précisément de la porte. Il faut y ménager un espace large comme la main, afin que les Abeilles puissent s'y reposer lorsqu'elles arrivent de la picorée.

Les pieds ou siéges doivent être placés en un rang de l'orient à l'Est, tournés vers le Sud & inclinés un peu vers l'Ouest, afin que le corps de la Ruche rompe le vent d'Est du côté de la porte.

Pour plus grande sûreté, on renferme les Ruches dans une loge construite de planches; on fait un toit d'ardoise ou de tuile pour que les eaux n'y pénétrent point, & des portes pour la fermer ou ouvrir selon la température de l'air.

Quoique nous recommandions cette attention d'autant plus qu'elle est d'une très-grande utilité, nous disons cependant qu'elle n'est pas absolument nécessaire : car l'expérience prouve qu'on peut fort bien sans prendre ce soin, élever des Abeilles; mais nous la conseillons, parce qu'elle est bonne & très-peu dispendieuse. Enfin, de quelque façon qu'on s'y prenne, pour faire réussir cette branche, nous répétons qu'il n'y a rien qui traverse tant le succès des Abeilles que le froid, & principalement l'humidité.

De-là, l'on doit conclure que l'hyver est la saison qui leur est le plus contraire; mais elles échappent à ses rigueurs, lorsque les Ruches sont bien faites, bien abritées & qu'elles y restent. Il faut bâtir quelque chose autour des Ruches; quelle qu'elle soit, elle sert d'abri, & c'est d'une très-grande utilité pendant l'hyver, parce que cela les empêche de sortir chaque fois que le soleil donne un peu, comme elles le font ordinairement, lorsque la Ruche est en liberté & qu'il n'y a point une espéce de surtout : car si l'on ne prend point cette précaution, il en périt beaucoup dehors. Ce que nous avançons paroîtra d'abord un paradoxe; mais disons d'après l'expérience que les Abeilles que l'on ne laisse point du tout sortir pendant l'hyver, se sauvent pour bien rigoureux qu'il soit, & qu'au contraire, elles périssent en partie lorsqu'on leur donne la liberté même dans les hyvers les plus doux.

Lorsqu'on les a ainsi tenues abritées & dans l'obscurité pendant l'hyver, il faut ouvrir les portes de bonne heure au printems, pour accélérer leur génération & leurs autres opérations.

Il faut pendant que les Abeilles effaiment, frotter de thym &
d'hyfope, les Ruches dont on veut fe fervir. On les enduit en
dedans avec du miel.

On doit affujettir les ruches fur leurs pieds ou fiéges avec du ci-
ment compofé de fumier de vache, de fable & d'un peu de chaux
que l'on applique tout autour pour que le vent n'y paffe point.
Dans l'hyver, la porte de la Ruche eft fermée avec un bout de
planche dans lequel on fait deux ou trois entaillures affez grandes
pour laiffer paffer les Abeilles, de façon cependant qu'aucun animal ne puiffe y entrer.

Des Effains des Abeilles.

Lorfque le nombre des Abeilles augmente de telle forte que la
Ruche eft trop chargée, elles fe mettent à effaimer. Cette opération fe fait ordinairement à l'ouverture de l'été, & c'eft dans cette
faifon qu'on doit veiller fur elles avec un foin particulier. L'augmentation du fond & les profits dépendent principalement du
traitement qu'on leur fait dans cette conjončture.

Il eft bien certain que l'embarras qui fe trouve dans une Ruche
trop pleine, eft la caufe des Effains. Pour l'éviter, les Abeilles
cherchent tous les moyens de le mettre hors de la Ruche, foit au-
deffous du pied ou derriere. Si le Cultivateur n'eft point alors
vigilant & s'il ne s'en apperçoit point, elles n'effaiment point,
quoique leur nombre foit beaucoup plus grand que dans d'autres
Ruches où elles effaiment, parce qu'elles fe contiennent en dedans.

Cette façon d'effaimer dépend de plufieurs circonftances; rien
n'influe plus fur cet article de l'œconomie de ces animaux que le
tems; lorfque le printems eft doux & calme, elles effaiment de
bonne heure. Lorfque la faifon eft froide & arrierée elles effaiment imparfaitement, & le peu qu'elles font elles le font plus
tard.

Vers la mi-Mai, fi la faifon eft favorable le Cultivateur doit
obferver bien attentivement fi les Abeilles fe préparent à effaimer. Lorfque les Bourdons font chaffés dehors de bonne heure,
c'eft un figne que la Ruche eft pleine, & lorfqu'enfuite on voit les
Abeilles raffemblées par pelotons aux environs de la porte, &
même fouvent fortir dehors & que l'on apperçoit quelque humi-

dité aux environs du pied ou support de la Ruche, c'est signe non équivoque qu'elles vont essaimer. S'il arrive un moment de soleil un peu chaud après une petite pluye au milieu d'un jour calme, on peut être assuré qu'elles saisissent cet instant pour s'élever, & si un instant après on les voit par pelotons autour de la porte de la Ruche; il est certain qu'elles vont partir.

Si le tems est orageux lorsque les Abeilles sont prêtes à essaimer, il les en empêche, & si cela arrive de tems à autre pendant ce tems, elles renoncent à essaimer, & on peut compter que l'occasion de l'*essaimage* est perdu pour cette saison.

Quelquefois aussi, par un tems chaud & sec, elles sont si fréquemment dehors & en si grand nombre ensemble, que ne s'appercevant point que leur Ruche est pleine, elles ne s'occupent plus du soin d'essaimer.

Comme leur instinct leur apprend qu'il faut essaimer quand la Ruche est pleine, elles commencent à en sortir, c'est pourquoi le Cultivateur doit saisir toutes les occasions de les faire rentrer lorsqu'il en voit dehors dans un tems propre à l'essaimage. Il faut aussi dans ce tems donner de l'ombre à la Ruche, & la rafraîchir si la chaleur est un peu violente. Si dans ce même tems on détache avec des vergettes celles qui sont suspendues autour du pied, elles s'élèvent, & le bourdonnement qu'elles forment en s'élevant en troupe, met les autres en train & les fait essaimer.

Lorsqu'elles sont dehors en grand nombre, il n'y a pas de meilleure méthode que de lever la Ruche, de les y faire rentrer, d'en arrêter ensuite les bords avec du fumier de vache & du sable battus ensemble, & de laisser seulement la porte ouverte; par ce moyen elles voyent que la Ruche est trop pleine, & immédiatement après elles essaiment.

Si un essaimage ne décharge pas suffisamment la Ruche, il y en a un autre tout prêt sept ou huit jours après, c'est ce qu'on appelle *arriere Essain*, & on les entend toujours sortir au bruit qu'elles font. On diroit qu'elles s'appellent, elles s'élévent sur le champ en grand nombre.

Si, comme il arrive quelquefois le premier Essain est rompu, le second suit le lendemain, après celui-ci un troisiéme & quelquefois un quatriéme, & le tout ordinairement dans l'espace de quinze jours.

Il n'est point de branche de l'œconomie rurale qui ait plus
exercé

cé la superstition des gens de la campagne que les Abeilles. On
ne sçauroit trop combattre les usages absurdes auxquels elle a donné
lieu. En voici un. Aussitôt que l'Essain est levé, on frappe sur un
chaudron & l'on fait autant de bruit que l'on peut. On s'imagine que ce charivari les fait essaimer & les fait descendre ; rien
de plus abusif que cette méthode.

Il ne faut au contraire que les abandonner à leur instinct naturel
& les laisser tranquilles pendant qu'elles essaiment. Le moindre
bruit les trouble ; il ne faut jamais les interrompre. Si l'on craint
l'émigration, il n'y a qu'à leur jetter de la poussiere, aussitôt elles
descendent.

L'usage établi de battre sur des chaudrons & autres choses,
n'avoit été vraisemblablement imaginé que comme un signal que
l'on vouloit donner aux voisins que l'Essain d'un tel ou d'un tel s'é-
toit levé ; ceux qui ont établi cet usage, n'avoient point prévu
qu'on en feroit une si mauvaise application.

Quelquefois un Essain en chasse un autre dans la même année.
Le Cultivateur ne peut pas se tenir dans cet article-ci si bien en
garde que pour le premier Essain, qui est le plus sûr ; mais il
doit être attentif aux premiers signes qui le lui indiqueront, &
pratiquer la même méthode qu'il a mis en usage pour le premier
Essain, & le recevoir dans une Ruche, en suivant tous les documens particuliers que nous allons lui donner.

S'il arrive que l'Essain parte, il doit se comporter relativement
à la distance à laquelle les deux Essains s'asseoyent.

S'ils sont en vue l'un de l'autre, la meilleure façon est de disperser
le moins nombreux, les Abeilles s'envolent vers celui qui l'est
plus : si au contraire, ils sont hors de vue l'un de l'autre, il faut les
recevoir chacun dans une Ruche particuliere.

De la façon de recevoir les Abeilles dans la Ruche.

On vient de voir de quelle façon il faut préparer les Ruches
pour la réception des Abeilles. Les Ruches ainsi préparées, il
faut attendre que l'Essain soit tout entier arrêté dans l'endroit où
il a commencé de se poser. Là, on voit les Mouches se mettre en
tas, & quand elles se sont posées, qu'elles tiennent bien ensemble,
on peut alors les mettre dans la Ruche.

Il faut toujours examiner la grandeur de la peuplade, pour
proportionner celle de la Ruche. On y fait doucement entrer

les Abeilles. Il eſt bon d'avertir que ce petit animal ſe laiſſe bien troubler juſqu'à un certain point, ſans marquer ſon reſſentiment; mais qu'auſſi il ne faut pas trop l'impatienter, & qu'autrement il ſe ſert de l'arme que la nature lui a donné. Comme il peut arriver que parmi le nombre, il y en ait quelqu'une d'irritée; celui qui ſe charge de les enrucher doit ſe précautionner. Il faut avoir un filet, dont les mailles ſoient entiérement ſerrées & qui ſoit aſſez large pour pouvoir le paſſer ſur ſa tête & le faire retomber ſur ſes épaules; par ce moyen, le viſage & le col ſont garantis, & l'on voit tout ce que l'on fait. Il faut mettre de gros bas & des gants de laine : ceux de peau ſont préférables. Lorſqu'on eſt ainſi garni, on s'y prend doucement; car le moindre mouvement prompt ou violent, inquiéte les Mouches & irrite leur humeur.

Il faut étendre un drap ſur la terre à l'endroit où l'Eſſain s'eſt poſé; on y couche la Ruche. Une branche d'arbre eſt le lieu où les Abeilles s'arrêtent ordinairement. Lorſque cette branche eſt petite, on s'approche & on la coupe doucement, on l'emporte, on la couche ſur le drap, & une perſonne qui eſt là toute prête renverſe adroitement la Ruche par deſſus. Voilà ſans contredit la méthode la plus aiſée & la plus avantageuſe. Si, au contraire, la branche eſt groſſe, il faut la ſecouer dans la Ruche & la poſer enſuite ſur le drap. S'il arrive que les Abeilles ſe poſent près de terre, la meilleure façon eſt de paſſer le drap ſous elles, de les ſecouer & de les couvrir avec la Ruche.

S'il y en a une certaine quantité qui s'aſſemble à quelque diſtance de la Ruche, on doit les y amener doucement avec une broſſe, & ſi elles gagnent quelqu'autre endroit, il faut les abbatre doucement & frotter la place qu'on veut leur faire quitter avec de l'abſynthe. Enfin, il faut placer l'Eſſain auſſi près qu'on le peut de l'endroit où il s'étoit auparavant poſé, & le laiſſer tranquille.

Quelquefois les Eſſains viennent tard & ſont ſi peu nombreux, que le meilleur ne ſuffit point pour remplir la plus petite Ruche. Alors il faut en mettre deux ou trois enſemble dans la même Ruche ; autrement, les Ruches ſeroient appauvries, ſujettes à des accidens, & viendroient rarement à bien. Si deux ou trois Eſſains ſe ſuivent, quoique ce ne ſoit point le même jour, il faut les mettre l'un après l'autre dans la même Ruche. C'eſt ainſi qu'en faiſant un corps paſſable, ils deviennent induſtrieux & capable de ſe défendre eux-mêmes, ce que les petits Eſſains ne ſont point en état de faire lorſqu'on les laiſſe ſeuls.

Méthode de joindre les Essains.

Il faut auprès du support ou pied de la Ruche où l'on doit réunir les Essains, étendre un drap & choisir une soirée calme & tranquille, précisément à la chute du jour pour cette opération : on met ensuite deux supports devant la Ruche, & l'on frappe & secoue la Ruche, d'où l'on veut faire sortir les Abeilles ; après cela, on la leve en la frappant entre les mains pour faire tomber les Abeilles qui tiennent aux côtés intérieurs. On couche cette Ruche à côté des Abeilles, & l'on pose par-dessus elles, l'Essain auquel on veut les unir, en la mettant sur les supports. Les Abeilles y monteront naturellement & se joindront à celles qui y sont déjà ; s'il y en a quelqu'une qui reste, il n'y a qu'à secouer, elles monteront comme les premieres & ne formeront plus qu'une seule Ruche.

On peut, comme on le voit, en pratiquant cette méthode, ajouter un autre Essain.

Lorsque toutes les Abeilles sont entrées dans la Ruche dont on veut augmenter la peuplade, on ôte celles qu'on a vuidées, pour placer cette même nuit ou le lendemain de grand matin, celle qu'on a rempli.

On pratique encore une autre méthode très-aisée pour rassembler & unir deux Essains ou davantage. Il faut renverser sans-dessus dessous la Ruche où on aura mis un petit Essain, l'appliquer dans cette position, & l'attacher au bas de l'autre Ruche avec son Essain. Les Abeilles de la Ruche inférieure monteront dans l'autre, & lorsqu'elles y sont montées, on ôte la premiere. De cette façon, on peut joindre un second & un troisiéme Essain au premier, jusqu'à ce qu'enfin le Cultivateur juge que la peuplade est assez nombreuse pour la contenance d'une Ruche ordinaire.

Mais on observera de faire cette réunion avant que les Abeilles n'ayent commencé à faire leurs rayons dans la Ruche d'où l'on veut les faire sortir ; car dès qu'une fois elles ont commencé leur ouvrage, elles ne le quittent qu'à regret, ce qui influe beaucoup sur leurs opérations suivantes. Ainsi on voit que de quelque façon que l'on procéde à la réunion de deux ou trois Essains, il faut la faire plutôt que plus tard.

Lorsque l'on veut transporter une *Abeilliere* d'un endroit à l'autre, il faut choisir une saison & un jour convenable, & il faut y procéder d'ailleurs avec beaucoup de précaution. Le commencement d'Octobre est le tems le plus favorable. Ce n'est pas cependant qu'on ne puisse le faire en Février, & dans le reste du courant de l'hyver, pourvu qu'on choisisse un beau tems & une soirée bien calme, pendant que les Abeilles sont tranquilles.

Façon de conserver les Abeilles.

Les Abeilles pourvoyent parfaitement d'elles-mêmes à leur nourriture & à leur conservation pendant la plus grande partie de l'année : mais il faut leur donner des secours dans les tems durs & rigoureux : les soins qu'elles exigent & les frais dans lesquels elles constituent les Cultivateurs, sont bien inférieurs aux profits qu'ils en retirent.

Ce qui fait, quant à la nourriture, qu'elle n'est pas dispendieuse, c'est que les Abeilles dans le tems qu'elles ont besoin qu'on leur fournisse quelque nourriture, ne sont pas, il s'en faut de beaucoup, aussi nombreuses que dans les autres saisons de l'année. Tout le monde sait qu'elles ne demandent ce secours qu'en hyver, & qu'il en meurt beaucoup depuis qu'elles ont essaimé. Il en périt beaucoup en automne & plus encore lorsque le tems est rigoureux ; de sorte que lorsque la nourriture vient à leur manquer, la peuplade est considérablement diminuée.

Il arrive aussi quelquefois qu'il faut les nourrir pendant le printems, lorsque la provision de miel n'est point abondante, parce qu'elles ne peuvent point, si la saison est peu favorable, faire de bonnes récoltes, le nombre des Abeilles est dans cette saison fort grand, elles consomment par conséquent d'avantage.

Or, il n'est rien de plus important que de leur fournir de la nourriture par un tuyau dans la Ruche.

Les Cultivateurs ont imaginé plusieurs sortes de nourritures pour ces animaux ; mais après beaucoup d'expériences, M. *Hall* a trouvé qu'il n'y en a pas de meilleure que le miel mêlé avec de la réglisse, ou de la bierre nouvelle mêlée avec un peu de sel gris.

Par ce régime, non-seulement on leur fournit une nourriture suffisante, mais encore on les entretient dans un état vigoureux. Il est des Cultivateurs qui leur donnent du pain trempé dans de la bierre fine ; elles en mangent avec avidité ; ce mêlange est bon pour quelque tems ; mais si on le continuoit, on risqueroit beaucoup de perdre les Ruches ; il est trop substentiel. Ainsi nous

conseillons de donner toujours la préférence au miel, puifqu'il
eſt leur nourriture naturelle.

Monſieur *Hall* eſt le premier qui ait aſſayé le mêlange du ſel,
parce qu'il avoit obſervé que les Abeilles réuſſiſſoient mieux dans
les pays voiſins de la mer ou des rivieres ſalées, qu'ailleurs.
Auſſi depuis qu'il eut éprouvé le ſuccès de cette nourriture, con-
ſerva-t-il toujours l'uſage de mettre un vaſe d'eau avec un peu de
ſel auprès de ſes Ruches.

En effet, l'expérience prouve que le ſel garantit ces animaux
de beaucoup de maladies, qu'il leur donne cette vivacité qui eſt
le principe de l'activité qui leur eſt néceſſaire pour faire leur beſogne. Nous ne ſçaurions donc trop exhorter les Perſonnes qui
ſuivent avec quelqu'intérêt cette branche de l'œconomie, à s'en
tenir conſtamment à cette pratique.

C'eſt ordinairement dans le mois de Mars qu'on eſt obligé de
les ſecourir de quelque nourriture. C'eſt le tems auquel elles
commencent à travailler à ſe propager ; & ſi la ſaiſon n'a point été
favorable, & que par conſéquent, elles ayent manqué de vivres,
elles ne peuvent point travailler efficacement à ſe reproduire,
article le plus important de tous, puiſqu'il ne faut jamais perdre de
vue d'augmenter ſon fond.

Nous avons fait voir à nos Lecteurs comment il peut conſerver
ſes Abeilles & tirer le meilleur parti poſſible de ſes Eſſains.
Inſtruiſons-les préſentement des moyens qu'il doit mettre en
uſage, pour les garantir de tout ce qui peut leur être nuiſible.

Le repos & la tranquillité ſont les deux points importans pour
les Abeilles. Il faut donc éviter autant qu'il eſt poſſible de les troubler, & les placer hors du bruit. Nous avons déjà obſervé qu'il
faut que les beſtiaux ne puiſſent point en approcher, & qu'il
faut par conſéquent, que l'endroit où les Ruches ſont placées
ſoit bien clos ; il n'eſt pas moins eſſentiel de les écarter des routes
publiques & des chemins, pour que le bruit des charretes ne les
trouble point.

La fumée leur eſt très-nuiſible ; il convient donc de les en
garantir, & ſur-tout de celle qui s'éleve du brulis que l'on fait
dans les champs ; il faut bien prendre garde que le vent ne la porte
du côté des Ruches. Toutes les mauvaiſes odeurs les incommodent, & font qu'elles abandonnent leur habitation.

Les Abeilles ont des ennemis, aux inſultes deſquels il faut les
ſouſtraire ; les ſouris des champs les détruiſent, les oiſeaux les dé-

vorent, il convient donc de faire la guerre aux premieres, & d'empêcher les derniers d'en approcher.

Les Frélons & les Guépes, qui, certaines années, se multiplient considérablement, portent beaucoup de préjudice aux Abeilles; mais il est très-aisé de les en garantir.

Tems d'ôter le miel & la cire.

Nous ne ferons que glisser sur cet article-ci de M. *Hall*: nous le transporterons à la fin du résultat de tous les Mémoires & Extraits qui roulent sur l'éducation des Abeilles. La façon de cueillir le miel & la cire, de M. *Hall*, se rapporte assez à l'ancienne méthode. Nous l'aurions même supprimé en entier, comme devant nous exposer à des redites, s'il ne paroissoit donner absolument la préférence à l'ancien usage. Voici ses propres paroles.

» La cire sert aux Abeilles à faire leurs rayons, & c'est dans les
» petites cellules de ces mêmes rayons qu'elles déposent le miel.
» La cire n'étant pas faite pour être mangée, reste dans la Ru-
» che pendant l'hyver.

» Ces animaux amassent du miel pendant tout l'été. C'est en
» Août que les rayons sont le plus pleins. Ce mois écoulé, les
» Abeilles en consomment plus qu'elles n'en amassent; de sorte
» qu'il diminue considérablement. On voit par cette observation,
» que le mois d'Août est le tems indiqué pour la récolte du miel.

» Anciennement on tuoit les Abeilles. Mais on a inventé plu-
» sieurs façons de les conserver; comme il ne résulte de ces nou-
» velles pratiques aucun avantage important, puisqu'on leur ôte
» leur nourriture, & que l'on multiplie les soins & les embarras
» en les conservant; nous conseillons de détruire l'Essain. Il n'y
» a point autant de cruauté qu'on le pense dans cet usage. La
» vie de l'Abeille est extrêmement courte; quelque soin qu'on
» en prenne, elle ne passe gueres au-delà d'un ou deux hyvers,
» quand on lui ôte sa nourriture naturelle; c'est le miel. «

CHAPITRE II.

MÉMOIRE ENVOYÉ D'ESPAGNE,

Sur les Abeilles.

ON se proposeroit vainement de parler des Abeilles dans un goût capable de satisfaire la curiosité : l'Aragon ne fournit pas les secours dont on auroit besoin ; mais on en est heureusement dispensé dans un Memoire comme celui-ci. L'on envoye dans un Royaume, où on a porté fort loin les recherches & les observations sur cette matiere : on a uniquement en vue de donner une idée pratique de la maniere dont on conduit les Abeilles pour les rendre utiles, on a tâché pour cela de s'instruire avec ceux à qui on en confie le soin ; on supprime les moyens généralement connus de peupler les Ruches, en attirant les Abeilles dans un lieu de retraite qu'elles cherchent naturellement ; & les supposant formées voici ce qu'on observe en Aragon.

Dès le commencement du printems, on visite les Ruches pour connoître leur état ; il n'y a rien à faire dans ce moment si elles ne sont pas pleines, si elles le sont, il faut *despuntar elvaso*, épointer ou châtrer la Ruche, c'est-à-dire, ôter trois ou quatre doigts de la cire dans laquelle est le miel, moyennant cela, les Abeilles qu'on appelle ordinairement la *gente*, le Peuple, à cause de leur multitude, réchauffent plus promptement ces matieres, & se remettent plutôt au travail ; huit jours après, on visite encore chaque Ruche pour voir si elle a été remplie dans cet intervalle ; le premier signe qui se présente lorsqu'elles le font, est que, partie de la *gente* demeure à terre au fond de la Ruche dans une oisiveté forcée, parce qu'il n'y a plus rien à faire ; il faut alors *emjambrar elvaso*, c'est-à-dire, tirer un nouvel Essain de cette Ruche ; il faut attendre pour celles qui n'ont pas encore été remplies, à moins qu'on ne remarque de grands trous au commencement des rayons, qui sont une marque certaine que le tems a été contraire aux Abeilles, & qu'elles ne continueront pas leur travail. Il suffit de quatre ou cinq trous, & dans ce cas, il en faut tirer un nouvel Essain, pourvu que *el monte*, la coline voisine fourniffe des fleurs, sans quoi, il faut indispensablement attendre qu'il y en ait : voici comment on s'y prend pour *emjambrar*, on fait un trou dans la terre, fur lequel on pofe la Ruche renverfée, portant fur fes bords, on en place une autre prefque horifontale-ment fur le bord de celle qui eft debout, les enveloppant toutes deux feulement dans la partie où elles font jointes d'un morceau de drap pour rendre l'opération plus aifée ; l'une & l'autre font ouvertes de ce côté : on met enfuite dans le trou qui a été fait de la fiente de bœuf allumée, qui enfume les Abeilles, & les oblige de monter ; on frappe auffi fur les côtés la Ruche d'où elles doivent fortir pour hâter leur mouvement, elles montent infenfible-ment & fe retirent dans la Ruche horifontale où on en fait paffer les deux tiers avec qui la *Maeftra*, la Reine doit-être ; fi on ne l'a pas vue monter, ce qui arrive quelquefois, parce qu'elle étoit trop confondue avec les autres ; car elle en eft bien diftinguée par fa figure, & il eft toujours aifé de la reconnoître quand elle eft à découvert ; il faut mettre ces *vafos a la prueba*, faire l'épreuve des Ruches, pour fçavoir exactement dans quelle elle eft.

Cette épreuve confifte à les pofer debout du côté que la *gente* eft fortie & entrée fur un drap noir, fec & propre, on les ôte un quart d'heure après & on s'affure de la Ruche où eft la *Maeftra* par un peu de liqueur épaiffe qu'elle laiffe fur le drap, dans la partie que fa Ruche occupoit ; il faut de l'attention pour appercevoir cette liqueur, & quand on eft dans l'incertitude, on la touche légérement avec une paille, & fi c'eft la véritable, elle devient comme de l'eau commune ; fi on trouve après l'épreuve que la *Maeftra* eft montée avec les deux tiers de la *gente*, les chofes font dans l'ordre ; mais fi elle eft reftée dans le *vafo padre* dans la Ruche mere ; il faut renouveller l'opération, & la fumée, après y avoir fait tomber une partie des Abeilles qui étoient mon-tées pour réveiller les autres, & leur montrer la route ; la foule n'eft plus fi grande : on fe rend attentif, & on s'affure bien que la *Maeftra* foit montée ; fi après cela on croit qu'il a paffé dans la nouvelle Ruche au-delà des deux tiers des Abeilles, on fait retomber une partie dans la Ruche mere, obfervant avec foin de laiffer la *Maeftra* dans l'autre, où elle eft indifpenfablement néceffaire ; cette opération perfectionnée, on tranfporte d'abord la nouvelle Ruche dans un autre *abejar*, endroit, parce que fi on la laiffoit dans le même, les Abeilles ne manqueroient pas de re-tourner dans leur Ruche natale ; celle qu'on a formé & dépayfé eft en régle ; il n'y a plus rien à faire qu'à fouhaiter un tems favo-rable

rable & beaucoup de fleurs : à l'égard de l'autre, on la remet à sa place ordinaire dans l'état où elle étoit, & on l'y laisse quinze jours, pendant lesquels les Abeilles restées, font le miel, si la saison le permet ; mais leur soin le plus important, est de réchauffer les œufs déposés dans leurs logettes particulieres, & produits uniquement, dit-on, par la Reine, aidée de cette multitude de Bourdons, qu'on appelle *Aguadoces* en Aragon, & qu'elle dispense de tout autre soin ; les quinze jours passés, il faut vuider la vieille Ruche, & faire passer la *genie* dans une nouvelle ; on remarque alors plusieurs *Maestras*, ou plusieurs Abeilles faites pour l'être parmi celles qui viennent d'éclore, & celui qui prend soin des Ruches en tue autant qu'il peut pour n'en laisser qu'une, la plus majestueuse, s'il est possible, afin de prévenir la guerre inévitable qu'elles se feroient tant qu'il en resteroit plus d'une, guerre si vive, que si on n'use de cette précaution, il arrive souvent que celle qui est demeurée seule après avoir tué toutes les autres, meurt de ses blessures, alors le *vaso que da faso* la Ruche est fausse, & le peuple sans chef, se disperse & devient inutile ; si le cas arrive, que la *Maestra* vienne à mourir par accident, ce qui rend aussi la Ruche fausse, il ne faut espérer quand même le travail seroit commencé que les Abeilles le continuent quant à la cire ; mais elles feront du miel ; elles deviennent alors dangéreuses & impraticables, à moins de grandes précautions, on remédie à cet accident en mettant dans cette Ruche une *Maestra* qu'on tire de la premiere qu'il est possible de vuider, & si les Abeilles ne font pas de la cire après qu'on la leur a donnée, c'est un signe certain qu'elles ne l'ont pas admise, & que selon leurs mœurs, elles l'ont par conséquent tuée ; il faut alors prendre un Essain de la Campagne composé de vagabonds & de déserteurs, & l'incorporer à celui de la Ruche, moyennant quoi, on leur donne une *Maestra* commune ; mais pour que les domiciliées ne soient pas tentées de tuer leurs nouveaux hôtes, on observe de les beaucoup enfumer & de leur souffler du vin, afin qu'étant dans une espéce d'hyvresse, elles ne s'apperçoivent pas de l'opération, & que trouvant ensuite une Reine à leur tête, elles ne s'occupent plus que du travail qui cesse ordinairement à la fin de Mai.

Depuis le commencement de la belle saison, jusques alors, on tire ordinairement deux *enjambras*, deux Essains de vieilles Ruches, & un de celle de l'année, quelquefois plus ; mais cela est très-rare en Aragon, à l'exception de quelques endroits que la nature a heureusement disposés & pourvus de quantité de fleurs qui se succédent; on assure qu'on est parvenu quelquefois à former la même année sept Ruches complettes d'une seule.

Pendant l'hyver, à compter de Noel, on fournit la subsistance aux Abeilles quand elles en ont besoin, pour en juger, on perce les rayons avec une aiguille déliée à deux doigts de leur principe; on connoît par là surement, s'il y a du miel, on en met dans les Ruches qui en manquent environ ½ l. d'Aragon tous les quinze jours jusqu'à la belle saison; on se sert pour cela d'écuelles profondes qu'on couvre de papier, pour que les Abeilles ne s'y poissent pas, on renverse la Ruche pour les placer, & le bout qui porte ordinairement à terre étant en haut, on pose l'écuelle à l'envers à l'ouverture sur le travail, & on l'assujettit par un bouchon de paille bien juste, qui sert aussi à garantir les Abeilles du froid, & qu'on place de même dans les Ruches pourvues; de sorte que la Ruche étant remise ensuite dans son état naturel, l'écuelle où le miel est placé entre le travail, & le bouchon se trouve à la bienséance des Abeilles; les Ruches sont fermées pendant l'hyver, à la réserve d'un très-petit trou qu'on y ménage pour que les Abeilles puissent aller prendre l'air quand le tems le permet, ce qui contribue beaucoup à les conserver.

On fait aussi usage d'une autre espéce de Ruche qu'on appelle *vaso jaciente*, Ruche gissante; on la couche, à demeure dans un réduit, formé de maniere que toute la Ruche est dans ce réduit ou dans l'épaisseur du mur, & un des bouts communique seulement au dehors à l'alignement du mur; on y jette un Essain complet qu'on apporte avec précaution dans des paniers couverts d'une Ruche voisine, on lui donne un peu de miel pendant quelques jours, parce qu'on l'empêche de sortir, on le livre ensuite au travail; le *jaciente* est bien fermé par dedans, & on laisse seulement un trou au bout extérieur, pour que les Abeilles puissent sortir; on examine leur travail par dedans quinze ou vingt jours après qu'elles l'ont commencé; si la Ruche est pleine, il la faut vuider en partie, & pour cela, on enfume les Abeilles, afin qu'elles s'éloignent de cette partie, & que se rassemblant du côté du bout extérieur, elles laissent libre la moitié du *jaciente*; on tire alors la moitié de la cire & du miel, & c'est à quoi ordinairement, se réduit le profit de l'année, encore faut-il que le tems ait été favorable; si avant d'arriver à la moitié, on trouve le *pono* les œufs, qui ont leurs logettes particulieres; on s'arrête pour leur donner le tems d'éclore ce qui est indispensable, & on le fait avec plaisir; parce que le *pono* annonce qu'il y a fort abondamment du miel; lorsque le *jaciente* se remplit de nouveau, on tire la moitié du travail qu'on avoit laissé, mais ce n'est qu'après avoir changé sa situation, en plaçant dedans le bout qui étoit dehors; cette opération se fait ordinairement pendant l'hyver, que les rayons desséchés sont plus fermes & moins exposés à être ébranlés par le mouvement : on ne tire pas d'Essain du *jaciente*; les Abeilles qui meurent ou se déplaisent, sont remplacées par celles qui naissent; il ne rend pas autant que les Ruches ordinaires, mais il n'exige pas aussi tant de soins ni de frais; le *jaciente* est long de cinq à six pieds; les *Pesnes*, ou Ruches ordinaires de quatre à cinq. Le *jaciente* contient plus de trente milles Abeilles, & les *Pesnes* à proportion de leur grandeur; on a soin de traverser légérement les Ruches lorsqu'elles sont pleines, & qu'on ne peut encore les vuider, avec des roseaux déliés qu'on place au tiers & aux deux tiers, pour soutenir les rayons qui seroient en danger de se briser & de se confondre : une Ruche ordinaire rend année commune 2 ½ l. d'Aragon de cire, & vingt-cinq livres de miel. Enfin, on choisit, quand on le peut, un lieu garanti du mauvais tems par quelque petite coline, où il y ait abondamment du thym, du serpolet, & sur-tout du romarin, dont la fleur qui se renouvelle souvent, est d'ailleurs, préférable aux autres.

CHAPITRE III.

Lettre écrite à l'Auteur du Gentilhomme Cultivateur, avec un Mémoire en forme d'Extrait sur les Abeilles, tiré de M. Arbutnoht, Médecin, imprimé à Londres en 1722.

MONSIEUR,

Comme par les volumes de votre Ouvrage que j'ai sous mes yeux, qui est si instructif & que je lis avec un plaisir infini, il m'a paru que vous deviez parler inceſſamment des Abeilles, j'ai cru devoir vous prévenir que pluſieurs Auteurs modernes qui en ont traité, comme ne devant leurs découvertes qu'à eux-mêmes, en ont impoſé au Public, en ſe donnant pour Créateurs de bien des choſes qu'ils n'ont fait que traduire du Docteur *Arbutnoht*, comme vous pourrez le voir par l'Extrait que je vous en envoie. Il pourroit bien arriver, non pas que cet Auteur vous fût inconnu, mais que vous n'en fuſſiez point poſſeſſeur. Je ne fais en ceci que ſuivre le penchant que j'ai à vous mettre en état de rendre juſtice à qui elle eſt due, & d'être utile au Public, en lui communiquant beaucoup de documens, que tous ces Traducteurs ont omis ou altérés : j'eſpere, Monſieur, que vous vous préterez à mes vues, elles portent aſſez le caractére de probité, afin que je puiſſe me livrer à cette confiance. Si mes ſuffrages, appuyés de quelques connoiſſances que j'ai acquiſes ſur les matieres que vous traitez peuvent vous être agréables, vous devez être perſuadé que vous m'avez arraché les miens. Je dis arrachez, parce que je vous avoue que, fatigué de lire tant d'Ouvrages qui ont paru ſur l'Agriculture & qui ſont ſi peu propres à améliorer cet Art utile, j'avois entrepris de vous lire avec beaucoup de répugnance, au lieu qu aujourd'hui je ſoupire ſans ceſſe après les volumes qui doivent paroître. Je ſuis avec tous les ſentimens que mérite une perſonne qui travaille avec tant de déſintéreſſement pour le bien de l'humanité.

Monſieur,

Votre très-humble & très-
obéiſſant ſerviteur * * *.

Comme je joue un peu ici le rôle de dénonciateur, je ne me nomme point, quoique ma dénonciation porte ſur le vrai.

Mémoire ſur les Abeilles.

Dans chaque peuplade d'Abeilles, il y en a une que les autres Mouches reconnoiſſent pour leur ſupérieure ; les uns lui donnent le nom de Roi, d'autres celui de Reine.

Le même peuple de cette monarchie est composé de Bourdons, qu'on nomme aussi Abeilles, des coureuses & fainéantes, & de Mulets, à qui l'on donne également le nom d'Abeilles, qui compose le gros de la Nation.

Le Roi des Abeilles se fait distinguer de cinq ou six pas par sa taille avantageuse, par sa couleur de brun doré, par sa démarche majestueuse & par l'odeur de fleur d'orange, qui s'exhale de ses pores; il a quatre aîles, six jambes, & tout son corps est écailleux; les anneaux qui couvrent son ventre sont délicats, & se recouvrent les uns sur les autres; son anus est placé sur son dos, & séparé de l'extrêmité par la vessie à venin, par quelques fibres & par une articulation qui sert de fourreau à l'aiguillon; cette arme chez lui, est si flexible, qu'elle ne pénétre pas dans la peau du bras, quoiqu'on fasse pour l'y plonger, & ce souverain ne la tire jamais de son fourreau, quelque provocation qu'on lui fasse; lorsqu'on serre le fourreau qui la renferme, il en sort quelquefois une goute limpide, & semblable au venin des Abeilles ouvrieres.

Le cri ou le bourdonnement du Roi est différent de celui des bourdons, & de celui des Abeilles ouvrieres. Après qu'un Essain a fait les préparatifs pour sa transmigration, si sa sortie est différée, le Roi se met à crier; ses cris sont plus rares dans les premiers jours du retardement, & se multiplient à mesure que le départ de la troupe est remis; quelques jours avant que l'Essain ne prenne son essor, les cris redoublent, & ne sont discontinués que par un intervalle de quatre ou cinq minuttes. On peut entendre ces cris de jour à la distance de quatre ou cinq pas, & dans un plus grand éloignement, pendant la nuit. Il semble que ce souverain craigne d'être abandonné par les sujets, ou d'être égorgé par eux; il continue ses cris plusieurs minutes après le départ de l'Essain. Après ces annonces, le Roi sort au premier moment favorable, & s'il en négligeoit deux ou trois occasions, les sujets le feroient mourir.

À mesure que les jeunes Rois sortent du berceau, & qu'ils sont en état de jargonner: ils poussent aussi des cris plus clairs que ceux des vieux, & on peut distinguer quelquefois quatre ou cinq qui criaillent tous en même-tems. Ces jeunes Rois ont les articulations d'une couleur grise, mais les autres parties du corps sont moins brunes que celles des vieux.

Le Roi se tient le plus souvent vers le centre de la Ruche; c'est là qu'il place ses petits, afin qu'ils ayent plus de chaleur; au reste, il parcourt tous les lieux où sa présence est nécessaire pour la diſtribution des ouvrages, pour la ponte de ſes œufs & pour le gouvernement de ſa famille. Il eſt d'une conſtitution très-robuſte ; on n'a jamais pu remarquer qu'il fût ſujet à la diſſenterie, maladie très-commune parmi les Mouches ouvrieres. Sa vigilance répond à ſa vigueur. Il établit & maintient cette police merveilleuſe qui regne dans ſon état ; ſes ſujets ſont attentifs à ſes mouvemens. S'il donne des marques de colere ou d'inquiétude ; ceux qui en ſont témoins, y conforment leur conduite ; s'il montre l'exemple du travail, tout ſon peuple s'empreſſe de s'occuper. S'il conçoit de l'averſion pour ſa demeure, & qu'il ſe décide à la quitter, tous ſes ſujets l'accompagnent. C'eſt lui qui occaſionne ces belles & nombreuſes ſorties des nymphes, ſa plus grande occupation étant de donner la cire à un grand nombre de ſes ſujets.

Parmi les Rois des Abeilles, il y en a qui ſont très-ſupérieurs aux autres par leurs qualités. Certaines Ruches fourniſſent peu de miel, & ne donnent aucun Eſſain, d'autres ſont très-fécondes & très-abondantes en miel. Cette différence provient de celle des qualités de leurs Rois ; les uns ſont plus féconds que les autres, plus vigoureux & plus engageants par leur cris & par l'odeur qu'ils répandent. Il n'eſt donc pas ſurprenant qu'une Ruche bien peuplée, & copieuſement pourvue de miel, ſoit plus profitable qu'une autre peu fournie ; on doit ſe défaire d'une Ruche, qui, pendant deux ou trois ans, rend beaucoup moins de profit que les autres.

Les Anciens ont toujours donné le titre de Roi à l'Abeille qui préſide aux autres. Quelques Auteurs modernes prétendent que c'eſt une femelle ; ils ſoutiennent que les Bourdons ſont les maris de cette Reine, & qu'elle dépoſe les œufs de toutes les ſortes d'Abeilles proportionnement aux beſoins du gouvernement & de la population. Nous n'entrons pas dans cette diſcuſſion phyſique ; il nous eſt très-indifférent qu'on appelle le chef des Abeilles Roi, ou qu'on lui donne le nom de Reine ; je dirai ſeulement qu'on pourroit alléguer des raiſons très-convaincantes pour le prouver hermaphrodite.

Ce chef meſure ſes pontes ſur la quantité de ſes proviſions, ſur le nombre des ouvrieres & ſelon les ſaiſons. Si ſes reſſources ſont modiques, il ne ſe donne point de ſucceſſeur ; ſi elles ſont puiſſantes, il met au jour autant de Princes qu'il eſt en état de leur procurer d'établiſſemens. Il eſt rare qu'il s'écarte des proportions convenables ; la variété cependant des ſaiſons, fait qu'il ſe

trompe quelquefois; & dans ce cas-là, il pêche plutôt par excès
que par manquement.

L'Abeille paſſe par trois états avant d'arriver à ſa perfection.
Le premier eſt celui de vers & elle reſte dans cet état neuf ou dix
jours. De l'état de vers animé, elle paſſe à celui de criſalide, où
elle reſte environ douze jours. Alors, la criſalide ſe dépouille d'une
membrane blanche & délicate, & prend ſes organes pour paſſer
à l'état de nymphe. La nymphe n'eſt pas plutôt ſortie de ſa loge,
qu'elle va avec empreſſement vers le centre de la Ruche chercher
les alimens & la nourriture qui lui conviennent. Pendant deux ou
trois jours, elle ne mange que l'étamine des fleurs pour durcir ſa
peau, & la rendre écailleuſe; au défaut de cet aliment, elle ſe
nourrit de miel; enſuite, elle prend un beau jour pour faire un
tour de promenade pour ſe purger & pour reconnoître les lieux
circonvoiſins. Les embrions Royaux ſont toujours plus longs &
plus bruns que les autres.

Le Roi ſort rarement de chez lui, & quand il fait un tour de
promenade, il ne s'écarte pas, & n'apporte aucune cueillete; on
doit craindre alors de le tracaſſer, pour ne pas lui donner occaſion
de ſe jetter dans des Ruches étrangéres, où il ſeroit ſaiſi aux portes
& égorgé; car un Roi ne permet pas à un autre d'entrer dans ſa
maiſon; l'arrivée d'un étranger le jette dans des fureurs qui ne finiſ-
ſent que par la mort de celui qui les a occaſionnées; il ne ſouffre
chez lui que les jeunes Rois dans la ſaiſon des Eſſains. Deux de
mes Eſſains s'étant une fois réunis à leur ſortie, je ne tardai pas à
les porter à une Ruche; un quart d'heure après, j'apperçus pluſieurs
Abeilles qui ſortoient de leur logis, & y rentroient avec précipitation; quelques-unes couroient autour des baſes de la Ruche,
faiſant des recherches avec inquiétude; à ces marques, je reconnus
qu'il y avoit une bataille entre deux Rois; j'enlevai un de ces
chefs, & dans le moment le calme fut rétabli; après quelques minutes, j'apperçus le même déſordre, j'en tirai un autre Roi, & je
mis les deux ſur une table, dans un petit éloignement l'un de
l'autre; au premier coup d'œil qu'ils ſe jetterent, ils levèrent bruſ-
quement la tête, la colere parut dans leurs yeux; l'un ſe rua ſur
l'autre, ils ſe ſaiſirent avec un tel acharnement, que je crus ne
pouvoir les ſéparer ſans les déchirer; pendant ce combat, les deux
Eſſains ſe répandirent en l'air; j'arroſai de miel le plus gros Roi,
pour captiver ſes aîles, & pour lui attirer des careſſes; je le fis entrer enſuite par la porte de la Ruche où je l'avois pris, dans

le moment, les Abeilles rentrerent avec précipitation, s'y réunirent & vêcurent avec concorde.

La vie naturelle d'un Roi des Abeilles, peut aller au moins à dix ans ; leur vie doit se mesurer communément par la durée de la colonie ; les anciennes Ruches ne transmettent que rarement leurs chefs à de nouvelles colonies, pour s'en conserver des jeunes ; on doit présumer, que celles qui se soutiennent sept à huit ans sans essaimer, n'éprouvent pas des changemens de Roi. On connoît qu'une Ruche a perdu son Roi, par la diminution du nombre des Abeilles, par la dispersion dans la Ruche, par leur indolence pour le travail, par leur indifférence pour la garde de leur maison, par les querelles que les gardiens font aux Mulets chargés de pelottes, par les recherches que ceux-ci font en entrant & en sortant de la Ruche, par la conservation du couvain des Bourdons, tandis qu'il n'en reste aucunement de celui des ouvrieres ; ensorte que la perte du Roi entraîne nécessairement celle de la peuplade ; aussitôt qu'on s'en apperçoit ; on doit dépouiller la Ruche qui a perdu son Roi, & la réunir à une autre, ou bien lui donner un nouveau chef.

Des Bourdons & des Mulets.

Le Bourdon est sans aiguillon, sa grosseur approche de celle du Roi, il a la tête petite à proportion des autres membres ; son anus est sous le ventre ; lorsqu'il voltige, on peut le distinguer au bruit de ses aîles dans un éloignement de sept à huit pieds. On sent quelquefois une chaleur vive sous le ventre des Bourdons, & on en voit qui couvrent le couvain des Mulets. N'a-t-on pas lieu de croire que ce n'est pas sans raison qu'on leur a donné le nom de couveuse, & que l'Auteur de la Nature les a destinées pour en remplir les fonctions ? Ils ne font aucune récolte ; s'ils vont en campagne, ce n'est que dans les beaux jours & sur-tout l'après-midi ; ils ne s'écartent pas du logis, & y reviennent après avoir pris l'air pendant quelques minutes. Ils naissent ordinairement en des quartiers séparés sur le derriere de la Ruche ; ils commencent à paroître au mois de Mars, ils sont nombreux en Avril, encore plus en Mai. Les Mulets cherchent querelle aux Bourdons vers le premier Juillet, & ne s'appaisent que par leur entiere extinction. Au premier signal de cette guerre ; on doit saisir le moment que les Bourdons vont en campagne, & qu'ils en reviennent, pour

les

les écraser avec le doigt ou avec le bout d'un bâton, quand ils sortent ou quand ils rentrent dans les Ruches.

On doit avoir cette précaution, parce qu'autrement, ces faineans, poursuivis par les Mulets, s'amoncélent à la porte de la Ruche, & s'y tiennent quelquefois tellement réunis, qu'ils bouchent le passage aux Mulets; ensorte qu'ils ne peuvent ni rentrer ni sortir; c'est alors qu'on doit les écraser sans ménagement; sans ce secours, un grand nombre des ouvrieres se dissiperoit & périroit. Ces atroupemens se forment vers les trois ou quatre heures du soir, dans les Ruches qui ont produit des Essains. Malgré cette guerre cruelle qu'on leur fait; on en voit quelques-uns de tems à autre jusqu'à la fin de Septembre; & on a tout lieu de croire que plusieurs de leurs embrions sont épargnés, parce qu'au printems, on trouve plusieurs de leurs nymphes mêlées avec celles des Mulets; il est à croire que les œufs d'où elles sortoient, avoient été déposés en automne. Il y a toute apparence que les Bourdons sont prolifiques, puisqu'ils déposent des œufs peu différens de ceux qui sont dans l'ovaire du chef des Abeilles, quoiqu'ils soient fades & puants, les Mulets les recueillent avec autant d'empressement que le miel.

Il y a dans le Mulet, comme dans les autres Abeilles, quatre parties, sçavoir la tête, la poitrine, le ventre & les pates. Lorsque les fleurs printannieres mettent les Ruches en état de préparer leurs Essains; on voit depuis vingt à quarante de ces Mulets, qui ont leurs têtes ornées de fleurs jaunes & rouges; cette apparence annonce une abondance d'Essains, & ce qui paroît fleur à l'œil, est en effet une touffe de muscles liés & retors. Les Mulets ou ouvrieres qui en sont ornées, se tiennent souvent à la porte; & lorsqu'elles se défont de ces touffes de boutons, les premiers Essains ne tardent que quatre ou cinq jours à sortir.

Il n'y a pas d'animal si laborieux que ces ouvrieres; elles travaillent avec une activité qui n'a point d'exemple, & ne prennent du repos qu'autant que leur diligence est retardée par des obstacles insurmontables. Les jeunes vont chercher de l'eau, du miel, de la cire & les étamines des fleurs. Celles qui sont les plus vigoureuses & dans la fleur de leur âge, exercent l'emploi de gardiennes de la maison, & se relévent comme les Sentinelles à l'armée; on en voit parmi ces gardiennes, qui ont des pelottes aux jambes. Elles exercent cet emploi avec une attention, une fidélité & une ardeur extrêmes; elles affrontent tous les dangers, & font face à tous leurs ennemis, en les mordant & les perçant de leurs dards; se trouvent-elles engagées dans un combat inégal, elles font un cri qui leur procure un prompt secours.

La diligence de celles qui font occupées au travail intérieur, ne céde en rien à celles des gardiennes; les unes purifient la Ruche en nettoyant les aveoles, la cire & le plancher; les autres coupent les brins de paille qui embarraffent, ajustent les parois intérieurs, bouchent les fentes & les entrées superflues; un grand nombre est occupé à la formation des gâteaux; il y en a qui déchargent leurs camarades, en prenant leurs pelottes avec leurs mâchoires, pour les ampiler dans les greniers; quelques-unes ont soin du couvain, & une quarantaine forment le cortége du Roi; celles-ci l'accompagnent par tout, lui préfentent de leur nectar, le léchent & le gardent. Ces ouvrieres ne font pas toujours livrées aux mêmes occupations; elles en quittent quelques-unes pour vaquer à d'autres.

Elles font tellement dévouées à leur Roi, qu'elles ne fubfiftent, pour ainfi dire, que par fa préfence; fi elles viennent à le perdre, elles battent des aîles, fe lamentent, & courent de gâteau en gâteau pour le chercher. Lorfque l'Effain prend fon effor, les fujets fuivent leur Roi par-tout. Dans l'occafion, ils abandonnent leurs provifions, & même leurs petits qui font au berceau, pour l'environner & ne faire qu'un corps avec lui. Si le Roi vient à périr, la trifteffe, le découragement & le défefpoir les faififfent, & en moins de deux jours, la Ruche eft ruinée, quoiqu'il y ait abondance d'alimens.

Les Abeilles ont un aiguillon, mais elles ne fe fervent de cette arme, que contre ceux qui les inquiétent, ou qui font mine de les troubler. Le venin des Abeilles eft cauftique, & il n'y a pas de topique fouverain contre ce poifon, tandis qu'on le laiffe dans la plaie. Le reméde le plus efficace eft d'arracher fans délai, l'aiguillon, d'ouvrir la plaie, & de la baffiner avec de l'eau fraîche. Il faut tâcher de fe garantir de cette piquure, en ne s'arrêtant pas long-tems devant la Ruche, ni fur les chemins des Abeilles, en évitant de les agacer, de les ferrer avec la main, de pouffer le foufle contre elles, & de fecouer leur maifon.

Une Ruche commune, ayant un pied de longueur, dix pouces d'élévation, & neuf pouces de largeur, contient ordinairement pendant l'été 26460 Mouches à miel; il peut y en avoir un tiers en fus dans une Ruche bien peuplée, & un quart de moins dans la plûpart après l'hyver.

Les Mulets n'ont point d'organe prolifique. La durée de leur vie n'eſt que de neuf ou dix mois; ceux qui travaillent avec ardeur, ne vivent que quatre ou cinq mois; il n'y en a qu'un petit nombre qui arrive à l'âge de deux ans; un Eſſain tardif perd ſouvent le tiers de ſon monde dans l'eſpace d'un mois. Trop de cauſes concourent à leur mort; ils ont des ennemis nombreux & puiſſans, qui ne leur accordent aucune tréve; ils éprouvent de violentes incommodités, & la plûpart ſont la victime de leur colere.

Du logement des Abeilles.

Les Abeilles des bois deviennent domeſtiques par le moyen du logement qu'on leur procure. Elles ne nous engagent à cette dépenſe, que pour s'occuper de nos intérêts & pour nous dédommager abondamment de nos peines, qui ſe bornent à la conſtruction d'un rucher & de quelques Ruches. Sans blâmer l'uſage de ceux qui logent leurs Abeilles dans les trous des murs, ou dans les trous d'arbres, nous penſons que les avantages d'un rucher ſont préférables à ces ſortes de pratiques, & même aux Ruches de la façon de M. Palteau.

Pour conſtruire un rucher qui puiſſe contenir quarante Ruches, on poſe ſix colomnes de huit pieds d'élévation dans les extrêmités du rucher, & deux ſablieres dans le milieu, qui ayent treize pieds de longueur. Quatre bras de la longueur de treize pouces tiennent ces colomnes attachées, en les partageant en cinq parties égales, pour faire pareil nombre de tablettes; avec cette différence qu'on retranche trois pouces à celle de deſſus, à cauſe du vuide qui y eſt, ſous le faitage, pour donner une pareille augmentation à celle du bas; celle-ci ayant le plus ſolide fondement; on lui deſtine les Ruches les plus péſantes.

Deux panes, paralelles aux ſablieres, tiennent les colomnes arrêtées dans leurs parties ſupérieures & ſont attachées, ainſi que les colomnes, dans leur milieu & dans leurs extrêmités, par des bras de l'épaiſſeur de trois pouces.

Les colomnes doivent être plus groſſes que les panes, & moins groſſes que les ſablieres.

On place des planches dans le devant du rucher, chacune de la largeur d'environ un pied, avec une diſtance entre elles de cinq à ſix pouces. Ces ais ſervent à deux fins, chacun tient à couvert les Ruches d'une tablette, en les défendant contre la vio-

lence des vents, la chute des pluies & les ardeurs du foleil. Par
fon bord fupérieur, il foutient dans le devant les Ruches d'une
autre tablette, dont les bafes font appuyées fur une traverfe,
qui eft aiſiſe fur les bras paralelles aux bords fupérieurs des ais.

Il convient de ménager une galerie derriere les Ruches, pour
pouvoir les vifiter commodément, les mettre en place & les enlever. Il faut donner une pente au toit fur le devant ou fur le derriere du rucher, afin que les pluies n'incommodent pas les Abeilles.

Il faut placer le rucher de façon que ſa face regarde le ſud-eſt,
afin d'éviter le froid qu'apporte avec ſoi le vent d'eſt, & la violence du vent du ſud-oueſt, qui fatigueroit ſouvent les Abeilles
au point, qu'elles ne pourroient ſe rendre au logis. Mais le rucher
étant placé avec ſa face au ſud-eſt; on évitera ces inconvéniens,
& les Abeilles feront matineufes, le tems du matin étant le plus
propre pour leur moiffon, parce que les ſucs des végétaux, font
alors plus abondans, qu'en tout autre tems de la journée. La ſituation & l'expofition du rucher, font un point important à obſerver.

Des Ruches à étages ou hauffes.

Les Ruches à étages font de l'invention de M. Palteau, elles fourniffent les moyens les plus propres pour faire le retranchement du
miel & de la cire, fans s'expofer aux piquures des Abeilles. Cette
nouvelle efpéce de Ruches, avec les perfections que nous y avons
ajouté, eft très-convenable aux déplacemens des Ruches, à l'ufage
des capotes & à tous les changemens intéreffans qui regardent la
conduite des Abeilles. Par le moyen des étages & des capotes, on
peut fournir des Mouches aux Ruches dépeuplées, du miel aux
indigentes, & de la cire neuve aux vieilles; ces derniers avantages font ineftimables.

Le nombre de trois étages paroît le plus convenable pour une
Ruche; il convient quelquefois de l'augmenter ou de le diminuer.
Ces chambres doivent avoir des dimenfions ſi bien proportionnées,
que, mifes en place, elles ne repréfentent que la forme d'une
Ruche ſimple. Pour pouvoir les prendre avec facilité, on met des
linteaux dans la bafe de la fupérieure, dans le deffus de l'inférieure,
& dans le deffous & le deffus de la mitoyenne. Alors les Abeilles
parcourent les étages de leur maifon avec autant de facilité, que
s'il n'y avoit qu'une chambre.

Mes Ruches ayant la forme d'un quarré long, je place fur leur longueur trois ou quatre linteaux d'une ligne d'épaisseur ; ceux qui font dans le deffus des étages, ont un pouce de largeur, & les autres n'ont qu'un demi pouce ; je laiffe entre les linteaux qui fe recouvrent, un peu plus d'une ligne de diftance, afin qu'ils ne foient pas fortement collés entre eux. Lorfqu'on prend un de ces étages, les gâteaux qui y font placés en biais ou en travers des linteaux, fe féparent parfaitement de ceux des autres chambres. S'ils étoient placés fur les longueurs des linteaux, on pourroit couper avec du fil ceux qui n'y feroient pas attachés ou les enlever en entier. Pour faciliter de plus en plus cette opération, je mets un linteau ou deux au travers des étages fupérieurs & mitoyen. Afin de tenir ces fortes de chambres en place & unies, je colle du papier fur chaque féparation ; on pourroit les attacher pour cet effet avec des linteaux.

Quand on veut conftruire fes Ruches en bois, il faut choifir le plus léger & le plus poreux, afin que les vapeurs y fuintent plus facilement. Il faut préférer le liége au fapin, au pin & à l'orme, & ceux-ci au hêtre & au chêne. Pour tenir arrêtés les étages de paille, on perce leurs cordons avec trois ou quatre chevilles de bois. L'expérience fait voir que les Ruches de bois à étages, font auffi commodes, & que les Abeilles s'y trouvent en hyver pour le moins auffi bien que dans celles de paille.

Ceux qui voudront examiner le travail des Abeilles, pourront fe procurer une Ruche à étages, qui ait des côtés à couliffe, auxquels on puiffe fubftituer des gliffoires de verre, qu'on enléve après avoir contenté fa curiofité, afin que les Mouches ne les enduifent pas d'une réfine qu'on ne peut ôter que difficilement avec des cendres détrempées dans l'eau chaude.

Les Ruches d'ofiers convenablement garnies & maftiquées, peuvent fuppléer à celles de bois ou de paille. Pour tirer parti de celles de terre, il faudroit faire des ouvertures dans leurs planchers & dans leurs fommets pour donner iffue aux vapeurs, lefquelles ouvertures devroient être pratiquées, de façon qu'elles ne donnaffent point entrée aux ennemis des Abeilles.

Une longueur de vingt lignes fur une élévation de cinq, fait la jufte proportion de la porte d'une de ces fortes de maifons. Pour fermer avec facilité la porte d'une Ruche en bois, on y a joint une fauffe porte à couliffe, qui eft une piéce de linteau de fix pouces de longueur, de deux ou trois lignes d'épaiffeur & de vingt lignes de largeur.

Chaque Ruche doit avoir un plancher, pour qu’on ſoit à même d’en connoître le poids, de la viſiter, de la tranſporter & de la ſecourir. Ce plancher eſt fait d’un morceau de bois de la longueur de trois ou quatre pouces de plus que la Ruche; cet excédent forme une ſaillie antérieure, ſur laquelle les ouvrieres prennent leurs ébats avant d’aller en campagne, & à leur retour.

Les Ruches ne doivent être ni trop grandes ni trop petites. Elles doivent être aſſez ſpacieuſes pour contenir trente-deux livres de froment. Une Ruche en bois, doit avoir douze pouces & demi en longueur, neuf pouces & demi en largeur & dix pouces de hauteur. La forme oblongue eſt préférable à la quarrée. Le diamètre des ruches de paille rondes doit être de quatorze pouces ſur huit d’élévation. On peut faire des augmentations & des diminutions d’un tiers & d’un quart dans les grandeurs ordinaires des Ruches, relativement au tems de la ſortie des Eſſains, à la quantité de leur peuple & aux vues de s’en procurer un plus grand nombre d’Abeilles.

De l’uſage des Capotes.

Capote eſt un terme nouveau, qui ſignifie un capuchon qu’on place ordinairement ſur la tête d’une Ruche. L’uſage en eſt auſſi commode qu’avantageux. Lorſque les Abeilles ſont livrées à une oiſiveté contraire à leur inclination, on leur donne une Capote qui leur fournit une retraite propre à un nouvel atelier. Par ce moyen, elles employent un tems qu’elles perdroient à y amaſſer un miel très-ſupérieur à l’autre par ſa pureté, ſa clareté & ſa douceur.

Une ſeule Ruche, dans la même année, m’a donné dix-ſept livres de miel en deux Capotes. Dès qu’une Capote eſt remplie, lorſque les Abeilles font des récoltes un peu conſidérables, je lui en ſubſtitue une vuide. Quand le tems de leur moiſſon eſt paſſé, j’enléve tout de ſuite les Capotes vuides, & je conſerve celles qui ſont pleines juſqu’au quinze Septembre; on les prend alors avec d’autant plus de facilité, que les froids en ont fait dénicher les Abeilles, qui quittent les Capotes pour s’enfermer dans leur Ruche. Si l’on n’entend ni bourdonnement ni bruit dans la Capote, & que, frappée avec la jointure du doigt, elle rende un ſon clair; on peut croire qu’elle eſt vuide; ſi le ſon eſt obſcur, & que la Capote ſoit péſante, on peut juger qu’elle eſt remplie de miel.

On peut employer indifféremment du bois ou de la paille, pour faire ces Capotes. Si les œufs, d'où doivent fortir les Rois, font dépofés avant que les Abeilles ne travaillent dans ces appartemens extérieurs, ils feront confervés, & l'Effain fortira; fi les œufs ne font pas pondus à cette date, ils feront mis au rebut.

La capacité de la Capote doit être proportionnée au nombre des ouvrieres, & au tems auquel on en fait ufage. Si une Ruche bien pourvue s'eft défaite des Bourdons vers le quinze de Juin, on peut lui donner une Capote, dont la capacité foit de la moitié ou du tiers d'une Ruche ordinaire; on y fait des diminutions à proportion du petit nombre des Abeilles, ou felon que la faifon eft avancée.

Afin que les Abeilles n'attachent pas au fommet de la Ruche les gâteaux de la Capote, on y fait une féparation avec un lambris, laiffant un trou de communication du diamètre d'un œuf de poule. On laiffe une petite iffue au bas de ces Capotes, où l'on place une efpéce d'échelle tout près le trou de communication entre la Capote & la Ruche, pour la plus grande commodité des Abeilles.

Du travail des Abeilles.

Quoique les Abeilles foient promptes dans leurs récherches, peu de fleurs leur échappent, & quelques copieufes que foient leurs récoltes, elles ne préjudicient à perfonne; les fouftractions qu'elles font des fucs, n'occafionnent aucune diminution dans la végétation. Elles ont le coup d'œil vif & pénétrant, & furpaffent les autres volatils par la rapidité de leur vol. Leur récolte avant le dix Mars eft très-mince, mais dès lors, elle va en augmentant jufqu'au mois d'Août. La quantité de leur récolte dépend principalement des faifons; quand la faifon eft belle, chaque Ruche peut amaffer vingt à trente livres de provifions dans fa campagne, quelquefois la belle faifon eft de fi peu de durée & fi peu favorable, que les Ruches n'en ont pas pour réparer les pertes qu'elles ont faites pendant l'hyver. La proportion des fruits de la terre a peu de rapport avec la récolte des Abeilles. On voit les moiffons des Abeilles très-copieufes dans des années ftériles & très-modiques dans les années où les foins, les raifins & les bleds abondent.

Les Abeilles font des récoltes abondantes fur les chatons du tremble & du faule, fur les navettes & les trefles blancs. Il eft inutile de faire venir diverfes plantes près des Ruches, pour leur

commodité, parce que les fleurs passent vîte, & payent également le tribut aux Mouches étrangéres; d'ailleurs, les Abeilles en
sortant de chez elles, gagnent le large. Il est également inutile d'é-
carter de leur voisinage les fleurs d'une odeur forte, parce qu'elles
ne tâteront pas d'un aliment qui n'est pas de leur goût. Le voisinage des prairies & des terres enblavées de plusieurs sortes de
grains, est très-avantageux aux Abeilles; mais les forêts sont les
plus propres à leurs récoltes, elles y trouvent toutes sortes de
fleurs, & les ombres des arbres y conservent long-tems les sucs.
La proximité des prairies, des terres labourées, des forêts & d'un
ruisseau, renferme toute la fertilité désirable pour les fonds de ces
Moissonneurs.

De la Cire.

Nos généreuses ouvrieres fabriquent deux sortes de cire; l'une
est jaunâtre & semblable à la poix; on l'appelle résine, & les Anciens lui donnoient le nom de *propolis*; elle est aromatique, &
renferme des particules sulphureuses, visqueuses, huileuses &
aqueuses. Les Abeilles les recueillent sur les arbres fruitiers. L'autre cire est commune, & sert de matiere aux Abeilles pour la construction intérieure de leur édifice. On l'employe pour la fabrique
des cierges & des bougies.

Les sucs des plantes, sont l'unique matiere de la cire ordinaire;
la fermentation met ces sucs en mouvement dans les canaux des
plantes, où ayant été digérés, modifiés & sublimés, ils montent jusqu'au sommet qui aboutit à la racine des fleurs. L'Abeille, avec
sa langue & ses mâchoires, fait un orifice au-dessus de ces tubes,
par lequel elle suce les sucs déjà préparés, jusqu'à ce que sa bouteille soit remplie. Elle retourne alors à sa maison, où en respirant
& comprimant son estomach, elle attire à sa bouche les sucs qu'elle
a avalés, qui ont déjà éprouvé une cuisson stomachique & une
légére coagulation, & avec ses pates de devant, elle conduit cette
liqueur jusqu'à l'extrêmité de la langue, en même-tems que, par
une aspiration, elle retire les particules mielleuses & aqueuses
qui sont légéres; ensuite elle fait rentrer dans sa bouche la matiere
à cire pour la mâcher, la sucer & la préparer; après cette secretion,
elle la met en place.

Du Miel.

Les Mulets font leurs récoltes de Miel sur les feuilles d'arbres,
principalement

principalement fur celles du noyer & du chêne, fur les tiges des plantes, & au fond des calices des fleurs, où fouvent ils avalent le plus pur des rofées mielleufes. Auffi-tôt qu'ils ont rempli de Miel leur bouteille, ils retournent en droiture au logis, où ils compriment leurs eftomachs, allongeant & retirant leurs têtes, pour éjaculer leur goute mielleufe qu'ils dépofent fur la maffe commune, en répandant fur toute la furface de la liqueur une lame femblable à une membrane, qui, quoiqu'extrêmement mince & tranfparente, retient tellement le Miel, qu'aucune parcelle ne peut s'en échapper. Leur langue leur fert d'inftrument pour venir à bout de cette opération, laquelle finie, ils retournent à la moiffon. Si la provifion eft réfervée pour l'hyver, nos ouvrieres lui donnent un couvercle crouteux & piramidal, qui foit affez fort pour contenir la liqueur & fervir de plancher.

Des ennemis des Abeilles, & des incommodités qu'elles éprouvent.

La Fourmi brune, la plus petite de fon efpéce, eft l'adverfaire la plus formidable des Abeilles. La petiteffe de cette ennemie la met à couvert de l'aiguillon & l'infection de fon corps la défend contre les dents de l'Abeille, qui ne peut l'attaquer qu'en l'égratignant avec fes pieds ; elle néglige ce moyen, fçachant qu'elle ne peut employer fes griffes à ce fujet fans les bleffer ou les falir. Enforte que la Fourmi, fans craindre les Abeilles, entre par la porte ou par une fente de la Ruche, monte au grenier, prend fa réfection de Miel, en remplit la bouteille qui eft dans fon col, & retourne avec empreffement vers fes affociées, pour leur faire part de fon butin. Elle revient enfuite avec plufieurs d'entre elles, qu'elle mene droit au magafin ; & à force de prendre & d'emporter, toute la provifion des Abeilles fe trouve enlevée.

Pour écarter ces ennemis, on pofe les Ruches fur des cailloux, & on éleve des remparts de cendre leffivée autour des cailloux & des bafes des Ruches. Si par le nombre, cette vermine furpaffoit ce moyen, on pourroit pofer les colomnes du rucher dans des pierres concaves remplies d'eau ; la Fourmi ne peut pas nager. D'ailleurs, on peut les détruire dans leurs fourmillieres, en y répandant de l'eau de chaux.

Des Voleuses.

Dès que les Abeilles ont fait capture d'un Miel parfait, la délicatesse de ce mets leur en cause une avidité si violente, qu'elle les rend voleuses, & qu'elles sont furieuses contre leurs semblables. Avant l'arrivée des fleurs printannieres, elles vont chercher des alimens dans des Ruches étrangéres. Sur la fin d'Août & dans le courant de Septembre, étant privées de l'abondance des sucs, & se voyant aux approches de l'hyver, elles sont beaucoup plus portées à la rapine qu'en tout autre tems.

Ces voleuses s'attroupent quelquefois pour dévaliser les Mulets qui retournent de la campagne, en passant leurs trompes entre les mâchoires de ceux que la fatigue met hors de défense, pour leur arracher le miel qu'ils portent. Elles assiégent aussi les ruches étrangéres, & si elles triomphent par leur nombre de la résistance des gardiennes, elles entrent dans la ruche, où l'allarme & la désolation se répandant, les assiégées ne pensent plus qu'à chercher un autre azyle, le Roi lui-même sort, pour aller à une mort assurée. A ces déprédations, succédent les guerres civiles & générales. Après que les voleuses ont dévoré la substance d'une ruche, elles font des entreprises sur d'autres. Ce n'est plus un combat entre deux ruches, c'est une guerre générale, où toutes les Abeilles du voisinage sont engagées. Celles qui sont en l'air devant les ruchers, forment des nuées ; elles se déchirent & s'assassinent ; dans peu la terre est jonchée de corps morts. Lorsqu'on voit des ruches dépeuplées subitement, ou que des colonies bien fournies périssent par des coups imprévus, on doit attribuer ces pertes au fléau de la guerre.

Les voleuses de profession, sont d'une couleur de brun foncé ; elle sont petites, plus légéres & plus actives que les autres ; elles voltigent derriere les paniers, & tâchent d'entrer dans la ruche sous ses bafes. Lorsqu'elles s'attroupent pour détrousser les ouvrieres, qui, au retour de la campagne, prennent leurs ébats, il faut les dissiper avec la barbe d'une plume. Elles iront se présenter aux portes des ruches, & les mauvais traitemens qu'elles y recevront, mettront fin à leur vie, ou à leur gourmandise.

Si les gardiennes des ruches, assiégées par les voleuses, se défendent avec vigueur, en poussant des cris clairs & vifs, il faut déplacer la ruche pendant un demi-quart d'heure ; alors les voleuses, énervées par la fatigue d'un vol forcé, & rebutées par les mauvais traitemens qu'elles essuient de toutes parts, périssent ou se retirent. On remet alors le panier à sa place.

Lorsque la guerre devient générale, ce qui arrive particuliérement au mois de Septembre, il faut tenir alors des draps étendus devant le rucher. Les voleuses sont rebutées par cette barriere, ou épuisées par la fatigue de leur vol, & se décident à la retraite. Il faut ensuite élever ces rideaux pendant quelques minutes, & chaque habitant se rend à son logis. On réitere cette manœuvre jusqu'à ce que le calme général soit rétabli. On prévient quelquefois ce fléau de la guerre, en exposant un peu de miel devant les ruchers.

Du Papillon.

Deux sortes de Papillons nuisent aux Abeilles; les uns sont petits & d'un gris blanc; ils viennent en foule à l'entrée de la nuit, & ne cessent de voler au-devant des ruches, se jettant étourdiment de toute part sur les Abeilles; les unes s'épouvantent de leur importunité, tandis que d'autres les saisissent avec fureur. Ils causent cependant plus de trouble que de perte.

Il y a d'autres Papillons plus dangéreux, ils sont d'un gris de cendre, ils courent plus qu'ils ne volent. Ils commencent à paroître vers la mi-Avril, & rodent sans cesse autour des ruches à la nuit tombante. Les Abeilles les déchirent aussitôt qu'elles peuvent les saisir. S'ils parviennent jusqu'aux rayons, ce n'est pas pour en manger, mais pour y semer des œufs, d'où sortent ces chenilles, que l'on appelle teigne de la cire, & qui corrodent les boiseries & les livres.

Ces mangeuses de cire sont blanches & petites; au moyen d'une filiere qu'elles ont dans la bouche, elles se filent de la soye avec une promptitude incroyable. Les Abeilles pour s'en défaire, ne cherchent pas à les envelopper de cire, elles aiment mieux les enlever. Ces Chenilles naissent ordinairement sous les bases des ruches de paille, & sur-tout dans les étamines des fleurs & dans la poussiere du plancher. La teigne étant arrivée à sa grosseur ordinaire, elle atteint les gâteaux, & se répand dans la ruche; la soye dont elle se couvre, cause aux Abeilles du dégoût pour le travail, & leur devient quelquefois un sujet de désertion. On peut juger de ces ravages par l'indifférence des ouvrieres pour le travail, par la poussiere qui tient aux bases des gâteaux, ou qui est répandue sur le plancher & par les toiles.

Pour obvier à ce mal, il ne faut laisser aux ruches qu'une capacité convenable, en lutter les bases extérieures exactement, fournir plus de peuple à la ruche, nétoyer plusieurs fois son plancher au printems.

Du Pigeon.

Les Pigeons, avec leur poitrail & leurs aîles assomment ou incommodent les Abeilles qu'ils rencontrent; ils sont d'autant plus nuisibles, qu'ils ne cessent de voltiger, & qu'ils provoquent souvent les Abeilles à la vengeance. Quelque avantage que présente la position d'un rucher, & quelques dépenses qu'on ait faite pour la construction d'un Colombier, s'ils ne sont éloignés qu'à la distance de trente pas, la conservation de l'un exige le sacrifice de l'autre.

Du Mulot, Souris & Musaraigne.

Ces trois animaux, en détruisant les Abeilles pour leur arracher leur miel, font périr les Ruches. Le Mulot, qu'on dit avoir la dent envenimée, est de couleur grise; il est plus fort que la Souris, & moins dangereux par sa rareté. La Souris s'introduit dans les Ruches, lorsqu'en hyver les Abeilles sont engourdies par le froid, & s'attache aux gâteaux remplis de miel. Si les Abeilles ne l'expulsent pas d'abord du logis, elle s'y construit un gîte, met en morceaux celles qui l'attaquent, & se nourrit de leurs entrailles. Dans peu, la Ruche se trouve dépeuplée & dépourvue de provision; les fragmens d'écailles qu'on voit à la porte & au bas des gâteaux, sont les débris des meurtres commis par cet ennemi.

Pour obvier à ces ravages, on ne laisse au bas des Ruches, ni pierre, ni morceau de bois où cet ennemi puisse se retirer. On y attire les Chats par des appas, & on y met des souricieres. La Musaraigne est principalement à craindre, à cause de sa petitesse, qui lui donne plus de facilité pour entrer dans les Ruches. Mais elle est moins dangereuse que la Souris, parce qu'elle n'est pas si commune.

Des Frélons & Guêpes.

Les Frélons sont peureux, & pour peu qu'ils éprouvent de la résistance de la part des Mouches à miel, ils disparoissent sans retour; il n'en est pas de même des Guêpes, qui se présentent en troupe aux portes des Ruches au point du jour, & s'efforcent de tuer les gardiennes pour pouvoir y entrer ; elles ruinent quelquefois des Ruches en peu de jours. Elles maraudent au printems, pendant l'été, & sur-tout au mois de Septembre ; alors leur multitude & la rareté des alimens qu'elles trouvent dans les campagnes, les portent à harceler les Abeilles, jusqu'à ce que les gelées d'Octobre les ayent dissipées.

Le meilleur moyen de se défaire de ces ennemis ; c'est d'arroser un linge avec du miel, ils y viennent en foule, & d'un seul coup, on peut en tuer un grand nombre. Si ce moyen ne délivre pas les Ruches de leur importunité, on peut mettre les Abeilles dans une chambre à la nuit tombante, où on les conserve pendant quelques jours, & l'on écrase les Guêpes qui sont entrées dans la Ruche, avec des morceaux d'ais arrosés de miel, de même qu'on applatit les mouches noires dans les cuisines.

De l'Araignée.

Les Araignées tendent leurs filets sur les passages des Abeilles pour les surprendre. Quoiqu'il semble que ces chasseurs ne causent pas de grands dommages, leur multitude mérite qu'on donne ses attentions, pour détruire leurs tissus à mesure qu'ils les construisent.

De la Mésange.

La Mésange est plus petite que le moineau, elle a une nuance sur le col de couleur violette. Cet oiseau dévore un grand nombre d'Abeilles en un jour, si on néglige de tenir constamment les portes des Ruches fermées, tandis que la terre est couverte de neige. On doit prendre des précautions pour s'en défaire, ou bien assurer la cloture des Ruches contre toutes ses tentations.

Du Crapaud.

Le Crapaud est de tous les ennemis de l'Abeille, le plus vorace ; sans oser entrer dans les Ruches, ni pouvoir s'élever en l'air, il en dévore un grand nombre à la nuit tombante. Il se loge souvent dans les planchers des ruchers ou dans les lieux voisins, il se tient enfermé dans son trou, qui ressemble à ceux des taupes, depuis l'Automne, jusqu'à la fin d'Avril. Il faut visiter les contours des ruchers, pour tâcher de trouver leurs cases, & les détruire.

Du Pou.

On trouve fur quelques Abeilles, un Pou de la groffeur d'une tête d'épingle, dont le corps eft écailleux. Il n'y en a communément qu'un fur chaque Abeille. Cette vermine eft plus commune parmi les Colonies anciennes & foibles. On peut foulager l'Abeille de cette incommodité, en paffant fous fon ventre avec fubtilité, un brin de paille, ou de bois extrêmement mince & fendu.

Du Moineau & de l'hirondelle.

Les Moineaux tuent les Abeilles tombées à terre ; ce n'eft qu'alors que les Mouches à miel doivent les appréhender. Quant aux Hirondelles, il ne paroît pas qu'elles cherchent à dévorer les Abeilles.

Du Léfard.

Le Léfard méprife les Mouches pleines de miel, & fe contente du couvis porté à la voirie.

De la Rougeole.

Il fe forme quelquefois une croute roufsâtre fur les gâteaux des Abeilles ; quelques-uns prétendent que cette croute leur caufe une maladie mortelle, qu'ils nomment la Rougeole. Je n'ai pû découvrir d'autre infirmité ou maladie chez les Abeilles, que celle de la diffenterie. Elles éprouvent à la vérité, beaucoup d'incommodités, qui leur font ceffer leurs travaux, & les font périr. Dans la même année, trois de mes ruches ont ceffé leurs travaux ; l'une, à caufe de la teigne, l'autre, parce qu'elle avoit perdu fon Roi, & la troifiéme, pour ne pouvoir pas fe débarraffer des corps morts.

Du Vent.

Quoique le vol des Abeilles foit rapide, elles font livrées fouvent au gré des Vents impétueux, qui les précipitent dans l'eau, dans laquelle elles meurent, ou les portent vers des corps durs, contre lefquels elles fe tuent ou fe bleffent. Pour obvier à ces accidens, on ne doit fouffrir aucune efpece d'eau aux environs du rucher, ni arbre de haute futaie devant sa partie antérieure.

De la Pluie.

Si les eaux de pluie tombent d'un toit voisin sur les Ruches, les goutes font périr un grand nombre d'Abeilles ; en ce cas, il faut en éloigner le rucher.

De l'Humidité.

Les pluies constantes, communiquent une abondance d'eau aux sucs des végétaux ; cet aliment froid & grossier, rafraîchit l'estomac des Abeilles, & en relâche les fibres ; les forces s'affoiblissent, les dissenteries surviennent, & le terme de leur vie arrive. C'est alors qu'il faut leur faire des largesses de miel, pour les échauffer, les corroborer, & les garantir de la mort.

On évite aussi en grande partie, les maux causés par les Humidités intérieures des Ruches, en les plaçant en des lieux secs, à couvert des pluies, à l'abri des vents & des grands froids, en leur donnant la liberté de sortir dans les tems opportuns de l'hiver ; ne leur donnant point de miel liquide, tandis qu'elles sont enfermées, & laissant ouvertes les portes des Ruches qui sont fortes, tandis qu'elles sont dans une chambre.

De la Neige.

On ne doit jamais permettre aux Abeilles de sortir, tandis que la terre est couverte de Neige ; si alors le soleil, ou un vent chaud les appelloit au-dehors, celles qui se reposeroient sur ce tapis blanc, y seroient saisies par le froid, & retenues par les pieds. Pour prévenir ce mal, il est nécessaire de voiler alors leur maison, afin que le soleil n'y darde pas ses rayons, & on leur ouvre la porte à la nuit tombante, pour satisfaire à leur désir de la liberté, qui, chez elles, est véhement.

De la Sécheresse.

Les Abeilles sont très-sujettes à l'altération, principalement dans les grandes Sécheresses, quand les sucs des fleurs & des plantes sont moins abondants, & qu'elles sont obligées de fouiller dans plufieurs pour faire une légere cueillette. Un abreuvoir placé dans leur voifinage, eft une reffource qui les met en état de travailler avec beaucoup d'ardeur & de fuccès. On donne à cet abreuvoir une petite capacité avec des talus extérieurs & intérieurs dans fes rebords, & on le garnit de cailloux ou de buchettes. Cet abreuvoir eft inutile aux Abeilles, qui ne font diftantes des eaux, que de quatre ou cinq cens pas, & à celles qui font placées dans les forêts.

Les Abeilles annoncent la pluie prochaine, par leur empreffement à fe mettre en campagne de grand matin, par la groffeur de leurs charges, & par l'activité de leurs mouvemens; il y a alors une grande fermentation dans les plantes & dans les infectes. Au contraire, une négligence marquée pour le travail, fur-tout lorfqu'elles y font invitées par la chute d'une pluie & par la chaleur de l'air, promet un beau tems, dont la durée fera de quelques jours. Ces fignes font moins équivoques que ceux du Barometre.

Des Effains.

Pour fe procurer des Effains, on doit s'attacher particulierement à fournir les Ruches d'une cire neuve, d'une abondance de miel & d'une quantité d'Ouvrieres. Rien n'eft plus contraire à la multiplicaution des Abeilles, que la moififfure & la falté de la cire. La Reine dépofe rarement fes œufs en des loges fales & puantes, les Mulets n'ont pas d'ardeur pour les remplir, & fouvent le couvain y périt. L'infection de ces cadavres eft fi intolérable, qu'il n'eft pas poffible aux Ouvrieres de les tirer des cellules pour les porter au dehors, & alors, fi elles n'abandonnent pas la Ruche, elles y périffent.

La bonne cire, eft à l'égard des Abeilles, une demeure qui renferme toutes les commodités & tous les agrémens. On doit la conferver avec foin au printems, afin que la Reine y faffe des pontes prématurées, & que les Nymphes foient plutôt en état de travailler. L'abondance de miel ne peut que concourir à la même fin, & promet des Effains nombreux. Les ouvrages avancent à proportion du nombre des Ouvrieres; ainfi la multitude ne peut que contribuer à leur multiplication.

Pour forcer une Ruche à effaimer, on incommode deux ou trois fois les Abeilles avec la fumée; l'Effain fortira alors au premier jour favorable s'il a un Roi capable de marcher à la tête. Si l'Effain ne fort pas, il eft à préfumer qu'il n'a pas de jeune Roi pour le

conduire,

conduire, & alors, il faut se bien garder de trop fumer la Ruche ; car cela pourroit dénicher le Roi pere.

Un grand nombre d'Essains n'est pas toujours à profit. La fourniture des Abeilles pour un premier Essain, va communément à cinq ou sept livres pésant de cire & de miel de perte sur les provisions. Lorsqu'ils viennent en abondance, on peut conserver un ou deux petits Essains, afin de réserver leurs Rois pour les Colonies qui perdroient leurs chefs.

Pour empêcher qu'une Ruche ne s'épuise en essaimant, on lui ôte quelques gâteaux, ou bien on lui donne une capote. Au défaut de ces mesures, on peut prendre le jeune Roi lorsqu'il déloge, & remettre sa troupe dans la mere Ruche le même jour.

On doute quelquefois si l'Essain est sorti ou non, & l'on peut s'en assurer par les marques suivantes. Si l'après-midi il ne sort qu'un petit nombre des Bourdons de la Ruche, qu'on y entende un gros bourdonnement, qu'il y ait de la rosée le matin à la porte, que les Abeilles gratent de toute part, & que les provisions n'aient pas augmenté ni diminué plus qu'à l'ordinaire, ce sont des signes certains que l'Essain n'est pas encore sorti ; mais que celles qui doivent le composer, sont amoncelées autour du jeune Roi, & n'attendent que ses ordres pour partir. Un Essain prématuré & nombreux, promet un rejetton, sur-tout lorsqu'une partie des Abeilles est retournée à la Ruche natale.

L'épaisseur des contours des alvéoles royaux, la patée qu'ils renferment, l'abondance des récoltes printannieres, les rosées aux portes des Ruches, les sorties prématurées des Bourdons, & les fleurs qui sont à la tête des Mulets, sont autant de signes que l'Essain sortira en un mois ou trois semaines. Il y a d'autres signes qui annoncent le prochain départ de l'Essain. Si les troupes qui étoient hors de la Ruche sont rentrées, tandis que les autres Abeilles s'y maintiennent ; si les voyages des Mulets sont plus rares que de coutume, leur chef les rallie, & sa sortie ne sera différée que de quelques heures. Si vers le midi, les Abeilles font un groupe considérable, qui prend des accroissemens sensibles ; si les Abeilles ne s'écartent pas du soleil ; si elles paroissent en grand mouvement ; s'il y en a qui se secouent en long & en large ; si plusieurs de celles qui reviennent de campagne, avec des pelottes aux jambes, se réunissent à la troupe, l'Essain sortira à une ou deux heures, & continuera même jusqu'au lendemain.

Il est à propos de poster une personne pour veiller à leur départ. Les Essains des plats-pays, précedent de dix à quinze jours ceux des montagnes. Le Roi & ses Sujets font leurs forties de même que les troupes quand elles défilent; leur chef est souvent au centre, quelquefois il est avec les dernieres. S'il n'y a qu'une partie de l'Essain qui fort, il y a lieu de croire que le Prince n'a pas voulu déloger. Si toute fa troupe a paru en l'air, & qu'elle foit retournée à la Ruche natale, il y a apparence qu'il est forti & rentré. On peut attendre la fortie le lendemain, ou le premier jour favorable vers la même heure.

Si la nouvelle peuplade fe partage après fa fortie en deux bandes, & que ces deux corps continuent à fe tenir féparés; il y a un Roi dans l'un & dans l'autre corps; car, quoiqu'ordinairement il ne fort qu'un Roi avec chaque Essain, quelquefois il s'y en trouve deux & même trois. On doit faifir les Rois fuperflus, & réunir toutes les Abeilles dans le tas le plus confidérable.

Si les Abeilles retournent au rucher, en fe jettant indifféremment fur tous les paniers; c'est une marque que leur Roi est entré dans une Ruche étrangere, & qu'il y est affailli; pour peu qu'on tarde à le tirer des griffes de celles qui les tiennent, il fera mis à mort; il faut l'arrofer de miel, & le faire paffer dans la mere ruche; quoiqu'il foit bleffé, plufieurs de celles qui le cherchent y retourneront. Si on le jettoit en l'air, les Abeilles déconcertées ne pourroient le reconnoître. S'il paroiffoit néanmoins fain, il faut le joindre à un nombre confidérable des fiennes, & le mettre dans une Ruche qu'on aura placé dans l'endroit de la mere Ruche, en diffipant avec la barbe d'une plume tous les pelottons de celles qui paroîtroient errantes.

Si après que les Abeilles fe font groupées, plufieurs retournent à leur Ruche natale, & qu'elles en fortent fans fe jetter fur les autres paniers, fe contentant de tournoyer autour de leur Ruche natale; c'est une marque que leur Roi est à terre fans pouvoir fe relever, ni fe dégager des Courtifans qui l'environnent. Il faut en faire la recherche fans délai, & le mettre dans l'endroit où l'affemblée s'est faite; pourvû qu'il y ait une centaine d'Abeilles, celles qui font écartées ou qui font retournées à la Ruche mere, ne tarderont pas à fe réunir à lui.

La plupart des Essains qui fortent dans le mois de Juillet, ont des Rois anciens à leur tête. C'est que les Abeilles fe trouvent dans l'impuiffance d'amaffer des provifions fuffifantes pour l'hy-

ver, & les orphelines qui restent au logis, ne tardent pas à périr.
Ces accidens sont plus fréquens qu'on ne pense.

Il est à propos de planter des arbrisseaux épars à la distance de
trente ou vingt-cinq pas du rucher, afin que les Essains, en sortant, trouvent des lieux propres pour se réunir. Les arbres de haute
futaye placés dans leur voisinage, pourroient engager les Abeilles à prendre un vol élevé, pour se percher sur leurs branches, ce
qui leur donneroit l'occasion de déserter. Plusieurs personnes, pour
empêcher leur désertion, tirent des coups de fusil, ou font du bruit
en frappant quelques coups sur un chaudron. Ce charivari est
pernicieux, en ce qu'il empêche les Abeilles d'entendre le vol de
leurs compagnes & celui de leur Roi. Il vaut mieux ne pas tra-
casser les Mouches jusqu'à ce qu'on apperçoit qu'elles prennent
un vol élevé, & qu'elles se répandent au large. On leur jette alors
sans ménagement de la poussiere, dont on tient un panier rempli
pour cet effet ; celle qui tombe dans leurs yeux & sur leur duvet,
les incommode de façon, qu'elle réprime leur envie de déserter ;
ce moyen réussit toujours. Dès qu'on voit qu'elles commencent à
se réunir, on doit se contenter de leur jetter de l'eau avec un balai,
& cela avec ménagement.

Au moment que l'Essain s'est réuni ou avant qu'il ne le soit entierement, si l'on voit les Abeilles en grand mouvement, si plusieurs courent en secouant la tête & faisant des recherches empres-
sées, & si d'autres formant de petits pelotons, tombent à terre,
elles sont sans chef, & dans peu, elles se disperseront. La présence
du Roi leur apporte une tranquillité entiére ; les Abeilles le servent
en groupant, & plusieurs marquent leur contentement en battant des aîles. Quand la plus grande partie de la peuplade est assemblée, on doit la mettre à couvert des rayons solaires, sans cependant la cacher aux Abeilles dispersées.

Les Essains se groupent ordinairement d'eux-mêmes dans un
éloignement d'une vaingtaine de pas de leur Ruche natale, & y
retournent, si on laisse écouler quelques heures avant que de les
loger. Tandis qu'ils restent en groupe dans cette proximité, ils
sont au propriétaire de la Ruche qui les a produits. Ceux qui se portent dans un lieu éloigné, sont envisagés comme un gibier captivé
par un lacet, & tellement blessé, qu'il ne peut moralement échapper aux poursuites de celui qui lui a porté le coup ; (a) mais au

(a) Henry IV.

moment qu’on cesse de poursuivre les Essains, on est réputé les abandonner, & on en perd la propriété. (*a*) Il y a des Coutumes en certaines Provinces du Royaume, qui accordent aux Seigneurs Hauts-Justiciers, la propriété exclusive des Essains trouvés dans les Forêts de leurs Jurisdictions. Ce privilége se nomme le droit d’Abeillage.

Pour saisir un Essain après sa sortie, on pose une guirlande à une hauteur convenable, & après avoir bien lavé une Ruche avec de l’eau claire, on la met renversée sous la base de ladite guirlande, ensuite on y jette les Abeilles qui sont sur ses bords avec la barbe d’une plume, on la couvre de son plancher, on la retourne avec lenteur, & on la place sur une chaise ; pendant une minute ou deux, on tient les Abeilles enfermées pour leur donner le loisir de s’appercevoir de la présence de leur Roi, & de monter au faîte de leur nouvelle maison. On rehausse alors la Ruche d’un doigt sur son fond, afin que les Abeilles dispersées puissent y entrer, on arrose le plancher de miel, & on met du linge fumant dans l’endroit où elles ont pris leur premier vol. Après un quart d’heure, on rejoint les bases de la Ruche à son plancher, en n’y laissant qu’une entrée pour servir de porte, dans un côté qui soit à découvert.

Pour faire entrer un Essain qui est porté à terre, on place les rebords de la Ruche sur le milieu de la masse des Abeilles, & par le moyen de la fumée on contraint les Abeilles qui sont à l’extérieur à s’y rendre. Si la peuplade s’est perchée sur une branche, on peut la scier ou la secouer, tandis qu’une autre personne éleve une Ruche pour la recevoir, pour la descendre & la faire passer à une Ruche faite de bois ; on peut se servir d’un chaudron ou d’un panier à anse.

Si l’Essain s’est retiré dans des épines, on en prend une partie avec un bassin, que l’on met ensuite dans une Ruche placée sur le bord de la haie, & par le moyen de la fumée, on y conduit les autres Abeilles.

Pour les déloger d’une muraille, on y fait passer de la fumée avec un soufflet, par le trou qui leur a servi d’entrée, ou par un autre qui lui soit opposé, & l’on frappe le mur pour les en déguerpir. En quelque part que l’Essain soit porté, il faut s’attacher au Roi, si l’on vient à bout de le prendre, on sera bien-tôt maître de la troupe.

Au moment que les Abeilles se sont fixées à une Ruche, elles en défendent l’entrée, en ajustant les parois & font toutes les be-

(*a*) L. 15. Instit. *de rerum distract.*

fognes néceffaires au ménage; les unes portent les ordures dehors & vont chercher des provifions. Si ces marques d'attachement ne paroiffent pas, ou qu'elles foient légeres & qu'on ne les entende pas grater, on a lieu de craindre qu'elles ne délogent. Il eft convenable de porter au rucher, l'Effain un quart d'heure après qu'on l'a logé, quand on attend la fortie de quelqu'autre le même jour.

Le bruit que fait un Effain par fa fortie, excite fouvent les voifins à dénicher; fi celui qui a pris fon effor n'eft pas encore dans la Ruche, on doit donner le charivari à ceux qui font mine de partir, pour les troubler & faire différer leur fortie; on fe hâte alors de loger le premier qui eft forti & de le porter au rucher. Si un autre Effain déniche avant que cette befogne foit faite, on couvre d'un drap celui qui eft groupé, pour empêcher le mêlange des Abeilles, jufqu'à ce que l'autre foit mis dans une Ruche.

On trouve quelquefois à propos d'allier deux petits Effains enfemble; on doit faire cette alliance le jour de leur tranfmigration pour ne pas donner le tems aux Abeilles de reconnoître leur nouveau Roi, & pour qu'elles s'y attachent. A l'entrée de la nuit, on arrofe le plancher de la plus nombreufe Ruche avec du miel, qui eft le moyen le plus propre pour former les liens de ces fortes de mariages, & par une fecouffe, on y fait tomber les Abeilleſs de l'autre Ruche moins nombreufe. Si les premiers Propriétaires ne veulent pas permettre à ces étrangers de prendre place dans leur maifon; on les fait tomber fur le plancher comme les Mulets, pour les mêler; ces alliances, quoique forcées, jouiffent dans peu de la paix. Dans l'union ou dans le dénombrement des Effains, il faut avoir foin qu'il n'y ait qu'un feul Roi pour chaque peuplade ou Ruche.

Avis généraux concernant la conduite particuliére des Abeilles.

1º. Il faut avoir pour maxime de ne jamais faire mourir d'Abeilles. 2º. Dans les années ftériles en miel, & trop fécondes en Effains, il faut faire en Automne autant de mariages qu'il eft néceffaire, pour la confervation du refte des Ruches; il eft convenable de ne garder pour l'hyver, que celles qui ont quatre livres de miel en gâteaux, & ne jamais attendre qu'elles foient à l'extrêmité pour leur donner des alimens. 3º. Il faut regarder le couvis tiré dehors la Ruche comme une marque de leur indigence, la faleté de la cire, comme capable de donner du dégoût aux Mulets, & de faire périr le couvain. De plus, l'abondance du miel ranime l'ardeur des Abeilles pour le travail.

On peut juger du nombre des Abeilles par celui des Ouvrieres qui en sortent & qui y rentrent, par les rosées qui est à leur porte & par leur bourdonnement. La marque de leur multitude ne seroit pas douteuse, si leur plancher en étoit couvert.

Sur la fin d'Août ou dans le courant de Septembre, on doit examiner les provisions des Ruches, & réunir au besoin les Abeilles & le miel de deux ou trois, & même de quatre Ruches. La Ruche qui est deux ou trois fois plus forte en peuple qu'une autre, ne fera pas une consommation beaucoup plus considérable. Ceci n'est pas un paradoxe; il est fondé sur une expérience certaine. La diminution du couvain, la chaleur mutuelle que les Mouches se procurent, la quantité d'eau, & les petites palottes qu'elles apportent au ménage, occasionnent cette épargne. Une Ruche ainsi peuplée apporte du profit au double & au triple plus que celle qui est également pourvue en miel, & plus foible en monde.

Le couvain du printems est d'autant plus précieux, qu'il peut faire une augmentation d'Ouvrieres jeunes & vigoureuses. Le couvain d'Automne n'est digne que de mépris, lorsque les années sont stériles. On peut aisément le distinguer. Les loges où il est ont des couvercles bruns & piramidaux; les loges des alvéoles remplis de miel, sont un peu concaves & d'une couleur blanchâtre.

Voici comment il faut s'y prendre pour dépouiller les Ruches. On renverse la Ruche qu'on veut dépouiller, & on la place sous une Ruche vuide, de maniere que leurs bases se touchent, & qu'elles soient tellement bouchées avec un drap, qu'aucune Abeille ne puisse échapper; ensuite on enfume les Abeilles par un trou qui est au sommet de la Ruche qu'on veut dépouiller. On met ensuite l'autre Ruche sur son plancher, en la rehaussant d'un doigt, afin que les Mouches qu'on tire de l'ancienne puissent y entrer. Ces opérations se font nuitamment, ou dans une chambre où les fenêtres sont voilées. Le matin, on trouve les Abeilles réunies, & on les porte au rucher.

Pour transporter des Ruches en des lieux éloignés, il faut prendre le tems de la nuit ou d'un froid vif, & on donne de l'air aux Ruches, par le moyen d'un linge dont elles sont enveloppées; sans cette précaution, les Abeilles pourroient, en gratant, s'échauffer, s'épuiser & périr; & avec cette précaution, on peut les transporter sur la tête, ou bien dans des chariots; dans ce dernier cas, on tient les Ruches renversées & arrêtées sur des bottes de pailles, afin que les cahotages ne puissent en détacher les gâteaux. On a soin de couvrir les Ruches, afin que le soleil n'y darde pas ses rayons, & que la pluie ne puisse y tomber. Si le Ciel est serein & le voyage de plusieurs jours, on peut accorder aux Abeilles la liberté de sortir pour se purger ; après avoir pris l'air, elles retourneront à leur habitation.

M. Basin, dans son Ouvrage sur les Abeilles, tome second, pag. 335 & 347, & M. Palteau, dans son Ouvrage sur le même sujet, avancent qu'une Ruche ordinaire doit fournir annuellement vingt livres de miel & une livre de cire, & que pendant l'hyver, elle ne dépense qu'une livre de miel. Ils disent que dans cette saison, le froid tient les Abeilles dans un engourdissement qui ne leur permet pas une fermentation stomachique. Ces Messieurs, apparemment, n'ont pas fait attention que, pendant le froid le plus violent, il y a toujours quelques Abeilles qui réjouissent leurs concitoyennes par un bourdonnement agréable ; qu'une Ruche ordinaire ne renferme qu'une livre de cire, & que sa provision en Automne ne va tout au plus qu'à vingt livres ; & l'expérience nous apprend que, tant à la montagne qu'au pays plat, le froid de l'hyver augmente le feu stomachique des Abeilles, & occasionne par là, une consommation un peu plus forte ; ensorte qu'une Ruche ordinaire dépense une livre & demie de miel dans le mois de Novembre & de Février, & deux ou trois onces de plus dans Décembre & Janvier, lorsque les vents d'Est & de Nord-Est régnent. Quoique la dépense d'une colonie en hyver ne soit que de sept livres, les provisions peuvent éprouver une diminution de plus de dix livres, par les évaporations excessives, causées par l'effervescence d'un miel récent, aqueux & copieux.

Il faut l'espace de deux ou trois mois, pour que le miel fermente, se clarifie, se condense & acquiere ses perfections. Avant cette fermentation, il est liquide & âcre. Si on le met dans un vase, il forme dans peu une écume capable de l'altérer, & il pourroit corrompre les alimens, où il seroit mis pour assaisonnement ; si l'eau qu'il renferme n'étoit pas dissipée par une forte cuisson.

On ne doit châtrer les Ruches foibles ou médiocres, que sur la fin de Février ; parce que l'effervescence du miel rend une odeur agréable, & répand une chaleur qui anime les Abeilles pendant l'hyver. Ceux qui mettent les Ruches à la maison pendant l'hyver, doivent ôter un rayon ou deux aux Ruches qui sont bien fournies en peuple & en provision. Ceux qui noyent les Abeilles pour avoir la totalité de leurs ouvrages, & ceux qui se contentent de les châtrer, mais qui font des retranchemens trop considérables, font

très à blâmer. Les Abeilles ne prennent en hyver sur leurs provisions, que pour être plus en état de rendre service à leurs Propriétaires. En Automne, on laisse douze livres de miel à chaque colonie, & cinq au printems. On châtre aisément les Ruches à étages ; le miel se trouve dans l'étage supérieur, le couvain est placé
dans celui du milieu, & l'inférieur renferme la cire la plus sale.
Pour châtrer l'étage supérieur, on y fait entrer de la fumée avec
un soufflet par le trou qui est dans son sommet. On se contente de
frapper le mitoyen à l'exterieur, pour contraindre les Abeilles à
se retirer dans les autres ; au besoin on le décole, & on y fait
entrer de la fumée pour les forcer à évacuer la place ; pourvû que
la flamme n'atteigne point leurs aîles, on ne doit pas craindre de
les incommoder.

La rigueur du froid, jointe à une disette extrême, réduit certaines colonies à un engourdissement si universel, qu'il n'y paroît
aucun signe de vie. On met alors la Ruche sur son plancher arrosé
de miel, on la porte dans un lieu chaud, on la bouche avec une
couverture pour banir toute clarté, & à l'entrée de la nuit, on la
reporte à la place qu'elle occupoit. J'ai tiré vingt à trente livres de
miel de plusieurs peuplades, la même année que je les avois fait revivre à différentes reprises.

Pour défendre les Ruches contre les froids & les souris dans les
saisons froides, on ne laisse qu'une petite porte à celles qui sont foibles, & deux à celles qui sont fortes. Lorsque le froid est violent,
on ferme entierement les entrées des foibles, & on met dans les
portes des autres de la paille de chanvre qu'on arrête par du plâtre, & qui par ses interstices, laisse la liberté à l'air d'entrer dans la
Ruche & d'en sortir. Dans les beaux jours de l'hyver, les portes
doivent être entierement ouvertes, afin que les Abeilles puissent
tirer au-dehors les corps morts de leurs semblables. Le soir on les
ferme comme il convient. On doit écurer les planches des Ruches
une fois ou deux dans les beaux jours, tant de l'hyver que du printems, pour enlever les teignes, les corps morts, l'eau rousse & les
ordures. Lorsqu'il y a de la moisissure dans les gâteaux, dans les
parois de la Ruche, ou sur le plancher, on l'enleve avec un couteau
ou un linge.

La plupart des Cultivateurs des Abeilles, après avoir liquefié les
gâteaux de miel, les mettent dans un capuchon de toile d'un tissu
clair, & avec des bâtons, en expriment le miel. On perd une partie du miel par cette façon d'agir, & celui qui reste, n'a ni la pureté,

té, ni la douceur, ni la confiſtance néceſſaires à ſa perfection. Afin d'éviter ces inconvéniens, on ne doit pas comprimer les gâteaux, mais les mettre dans une paſſoire qui ne ſoit pas de cuivre, dans un lieu chaud, pour que le miel s'y égoute; l'écoulement étant fini, on comprime les gâteaux ; ce qui en ſort, n'eſt propre que pour la nourriture des Abeilles. Les endroits frais & ſecs ſont les plus propres à ſa conſervation.

A l'égard de la cire, on la fait fondre dans une marmite, où il y ait de l'eau en volume preſqu'égal. On conduit la craſſe qui ſurnage aux bords du pot avec le ſoufle de la bouche, & on l'enleve avec une cuillier qu'on trempe dans de l'eau fraîche chaque fois qu'on en fait uſage. On laiſſe refroidir le tout dans ce vaſe. Le reſte de la craſſe ſe trouve au bas du pain de cire.

CHAPITRE IV.

Lettre & Mémoire de Monſieur le Comte de Gourcy, Chevalier de Saint-Etienne, à l'Auteur du Gentilhomme Cultivateur.

De Clermont en Argonne, le 4 Mai 1763.

MONSIEUR,

Je vous envoie le plan du Rucher que je crois pouvoir être utile au Public : ſi vous le jugez tel, & s'il mérite une place dans votre Ouvrage, votre Graveur trouvera ſans doute le deſſein que j'en ai fait faire intelligible, & l'explication que j'en donne facile: je crois que cela pourroit paroître dans la forme que je lui ai donnée, n'ayant fait qu'un petit Mémoire afin qu'il ne tienne point trop de place dans votre Ouvrage. Pluſieurs voyages que j'ai faits ſont cauſe que je n'ai pu vous le faire parvenir plutôt.

Tome VIII.   G

J'espere, Monfieur, que vous aurez reçu dans fon tems, le Mémoire que je vous ai envoyé fur les vignes, fur le vin & même les Effais de celui que j'ai fait. Ces différens envois n'ont pour motif que de vous être agréable & utile au Public ; heureux fi je réuffiffois & plus flaté encore de vous convaincre des fentimens diftingués avec lefquels j'ai l'honneur d'être.

Monfieur ;

Votre très-humble & très-obéiffant
ferviteur le Comte de Gourcy.

Rucher d'une nouvelle conftruction, par M. le Comte de Gourcy, Chevalier de Saint-Etienne.

On ne fçauroit trop encourager les Perfonnes qui aiment à élever des Abeilles, à multiplier ces admirables infectes, qui butinent fur les fleurs, & trouvent dans leurs calices les matieres de la cire & du miel ; objets d'un Commerce très-étendu.

Ces Mouches induftrieufes, fans exiger comme les autres animaux domeftiques, des alimens difpendieux, fe répandent dans les Campagnes, & font leur domaine du regne végétal où elles vont puifer leurs richeffes, fi utiles aux Perfonnes qui leur donnent un afyle.

Les Ruches de paille ou d'autres matieres qui ne forment qu'un vaiffeau continu, étant peu favorables à leur accroiffement, puifque l'on ne peut, fans les détruire, en tirer les profits ordinaires, on doit à tous égards, donner la préférence aux Ruches de bois, qui, divifées en plufieurs hauffes, dont elles font compofées, paroiffent fufceptibles de tout ce que l'art peut procurer de plus recherché. Par ce moyen, la république ne fe renouvelle que tous les trois ou quatre ans, & l'on peut prefque en tout tems, profiter du fuperflu de leurs provifions, en s'emparant du meilleur miel, fans porter aucun préjudice au dépôt du couvain deftiné à la propagation de l'efpéce.

Les mieux entendues de ces Ruches, femblent devoir être compoſées de ſix hauſſes, chacune d'un pied en quarré dans œuvre, ſur trois pouces de hauteur, avec une traverſe; le tout terminé par une couverture formée d'un quarré de planche & affermie par quelques brins de fil d'archal aſſujettis à des cloux, ce que l'on comprendra aiſément par l'inſpection des *fig.*

Les ſurtous que l'on adapte à chaque Ruche étant trop diſpendieux, & ne pouvant facilement les mettre en ſureté, j'ai penſé qu'un Rucher conſtruit pour cette méthode leur ſeroit préférable, & je donne au Public, avec le plaiſir que ſes avantages me feront toujours gouter, celui que j'ai imaginé devoir lui être propre, & dont je viens d'éprouver avec tout le ſuccès déſirable, la grande utilité.

On peut donner à ce Rucher telle longueur que l'on jugera à propos, pourvu que l'on obſerve de poſer les aſſemblages, dont le profil B. paroît (planche premiere) *fig.* ſeconde, à cinq pieds huit pouces les uns des autres. On peut aiſément placer dans cet eſpace douze Ruches ſur trois rangs, elles ſont renfermées par un ſeul volet, un cadenat ſuffiſant pour quarante huit. Parce que, deux barres viennent le joindre dans le même anneau.

Pour rendre encore plus intelligible le méchaniſme ſimple de ce nouveau Rucher, nous allons donner l'explication de toutes les piéces qui le compoſent ſur les *fig.* mêmes de ces piéces.

On voit dans la *fig.* premiere, la repréſentation du devant d'un Rucher de deux portées, garni des planches A. A. exactement jointes, leſquelles commencent à être poſées ſur les gites ou ſupports D. D. D. & ſont continuées juſques au toit F.

Vis-à-vis des tables ſur leſquelles les Ruches ſont placées, on pratique dans l'oppoſition de leur milieu, des ouvertures B. B. qui ont cinq pouces ſur trois lignes ½. Il eſt d'autant plus néceſſaire de donner ces dimenſions, qu'elles ſont propres à empêcher les Souris d'entrer; ces animaux porteroient la déſolation dans cette petite république : on peut l'hyver les boucher facilement avec des morceaux de bois qu'on y adapte & qu'on y fixe par un clou qui tient dans l'appui. Ces iſſues qui ſont ſuffiſantes pour le paſſage des Abeilles doivent être continuées dans la table, & vont répondre ſur le milieu de chaque Rucher, dont aucune hauſſe n'a beſoin d'être percée. Il regne tout le long de ces ouvertures, un appui qui a trois pouces de large, incliné d'un demi pouce, parce qu'il ne retient point les eaux. Cet appui enclavé ſous les entrées des Mouches, eſt affermi par le moyen des petits ſupports E. E. dont on

G ij

voit le profil dans la *fig.* septieme. Les gites D. ont un pied d'é-
lévation sur six pouces de large, & quatre pieds & demi de long.
On doit faire saillir une quinzaine de pouces hors le niveau du
devant & par derriere. On y enclave des bras *fig.* seconde K. K.
de quatre pieds de long sur quatre pouces, lesquels ont leur autre
extrêmité chevillée dans un montant de l'assemblage.

On voit par la *fig.* seconde la représentation du derriere du Rucher A. Toiture ou toit composé de deux petits courans de quatre
pouces de large, sur lesquels on pose de petits latiers pour supporter les tuiles, l'eau devant couler de ce côté. B. Assemblage
composé de deux montans, dont celui de devant a six pieds, non
compris les tenons, & celui de derriere un demi pied de moins &
trois ou quatre pouces de grosseur. On y enclave deux traverses
de neuf pouces de long destinées à recevoir les tables. La premiere
se place sur les gites, & les autres à une distance de vingt-deux
pouces. Le bras K. se pose à environ deux pieds de hauteur, &
l'on laisse au même montant une feuilleure de l'épaisseur de la
voli.le dont doit être fait le volet C. appuyé sur les gites en s'élevant au toit.

On voit en D. les Ruches placées & le volet ôté. Les montans
paroissent en E. E. & la barre F. assujettie par une espece de charniere en M. suffit à deux portées, celle des suivantes répondant dans
le même anneau de fer. Un cadenat suffit pour mettre en sureté
les Abeilles de quatre portées. Les tables sur lesquelles les Ruches
sont posées doivent avoir quinze pouces sur dix-huit lignes. Les
deux fig. L. L. représentent deux poignées de fer ou de bois,
par le moyen desquelles on porte le volet, représenté par la *fi-*
gure cinquieme.

La *fig.* troisieme représente une hausse de sapin qui a un pied
en quarré dans œuvre sur trois pouces de haut, & une petite traverse B. On met de chaque côté un clou C. auquel tient un fil
d'archal qui en joint plusieurs ensemble d'une maniere solide, au
moyen de deux pointes D. D. qui saillent d'un demi pouce, &
qui répondent à deux petits trous pratiqués dans la hausse supérieure.

Fig. quatrieme. Hausses assemblées, où l'on observe les traverses de chacune, mises en opposition, pour rendre solide le travail
des Abeilles.

Fig. cinquieme. C'est un volet que l'on fait très-léger, pour
qu'il soit plus portatif. Les barres qui l'affermissent, se mettent
en dedans.

La *fig.* sixieme représente la planche qui couvre chaque Ruche.
Fig. septieme. Représente le profil d'un des petits supports.

On ne sçauroit trop louer le zéle d'un Homme de condition qui se livre dans ses amusemens à des choses utiles, & à faire des découvertes favorables à l'avancement de l'agriculture ; il y en a tant, nous pouvons le dire à la honte de nos Gentilhommes François, qui ne s'occupent que de la frivolité, ou, qui, retirés par force dans leur maison de campagne, exercent toute la tyrannie du despotisme, soit en persécutant leurs Paysans par des droits subreptices & accablans, soit en dévastant par des chasses illicites leurs moissons, qu'en vérité ceux qui donnent dans leurs domaines des exemples d'humanité, de probité, de travail, d'amour enfin pour l'Agriculture, sont bien dignes de nos éloges ; siécle bien déplorable, puisqu'on est réduit à l'affligeante extrémité de louer les Citoyens qui paroissent seulement soupçonner leurs devoirs. Aussi, Monsieur le Comte de Gourcy détestant des maximes dont la pratique est si opposée aux sentimens d'un Homme de condition qui mérite de l'être, nous a-t-il soudain, après que les deux premiers volumes ont paru, offert avec toute la politesse qu'on pouvoit attendre d'une Personne aussi parfaitement éduquée, toutes les connoissances qu'une pratique suivie dans l'éducation des Abeilles peut lui avoir fait acquérir.

Il est certain que le succès a bien récompensé ses soins. Son Rucher est en effet le plus parfait que l'on puisse imaginer ; nous n'y trouvons aucun inconvénient qui puisse en interdire la méthode ; tout au contraire, concourt à en faire sentir toute la solidité & toute l'utilité.

Quoiqu'il paroisse opposé à l'Auteur Anglois, qui prétend que les Ruches de paille sont les plus avantageuses, & qu'il n'y a point du désavantage à faire périr tous les ans les Abeilles ; nous ne pouvons que donner la préférence à sa méthode. M. *Hall* qui craint la moindre dépense pour les Cultivateurs, proprement dits, n'adopte que ce qui est le moins dispendieux : mais c'est en cela même qui fait cependant son éloge qu'il peut se tromper, sur-tout dans la question présente. Car les Ruches étant une fois établies, il ne peut nier que le résultat n'en ait bientôt payé les frais & les intérêts : aussi voyons-nous que tous les particuliers qui établissent une partie de leurs revenus ou leurs revenus tout entiers sur cette branche de l'œconomie, ont adopté les Ruches de bois comme les plus propres à remplir leur objet.

Nous devons à M. Palteau, la perfection de ses Ruches ; mais personne n'avoit encore pensé, si l'on en excepte M. le Comte de Gourcy, à la construction d'un Rucher qui mît si bien à couvert les Abeilles, & qui avec cette sureté, leur procurât tant de commodités.

En représentant une Ruche composée de trois hausses, renversée, c'est-à-dire, la grande ouverture en haut : on prendra une idée suffisante des Ruches plus grandes de M. Palteau, portées à cinq ou six hausses.

Fig. huitieme. Elle représente une Ruche composée de trois hausses ; elle est renversée de façon que sa grande ouverture, au lieu d'être dans sa situation naturelle, est au contraire en haut.

La Ruche du bas, indiquée par les lettres **C. B. A.** est supposée pleine d'Abeilles que l'on veut transvaser : sur cette Ruche il y a une planche percée telle qu'on la voit dans la *fig.* neuvieme, & sur cette planche une autre Ruche vuide composée de trois hausses, dans laquelle on veut faire passer les Abeilles.

Comme nous donnons cette méthode de transvaser les Abeilles d'après M. Palteau, nous allons donner mot pour mot ce qu'il dit de son utilité.

» Vous allez juger, dit cet Auteur, à *Eudoxe*, son Interlocu-
» teur, de la valeur de ma méthode par la simple exposition que
» je vais vous en faire. Pour renouveller une vieille Ruche, je
» forme une autre Ruche de trois hausses, dont la derniere soit
» garnie de son fond & de ses planchettes. On a une planche per-
» cée au milieu, de huit pouces en quarré, pour laisser librement
» passer les Abeilles d'une Ruche à l'autre. Cette planche déborde
» de trois pouces sur le devant, pour donner aux Abeilles la fa-
» cilité d'aborder leur Ruche.

» On enfume les Abeilles des Ruches qu'on veut renouveller,
» on les engourdit par là, & on les oblige de se réfugier dans le
» haut : (*sans doute que l'Auteur veut dire que cette fumée dé-*
plaisant aux Abeilles, elles cherchent à l'éviter en fuyant vers le
haut ; ce qu'assurément elles ne pourroient faire, si la fumée les
engourdissoit, puisqu'il est certain que l'engourdissement est l'opposé
du mouvement, & qu'assurément il en faut pour monter :) après
» ces préparatifs, on renverse promptement cette même ruche
» sans dessus dessous sur sa propre table, & une autre Personne qui
» vous aide, pose aussitôt de la main gauche, la planche percée
» sur la grande ouverture de cette Ruche renversée & de la main

» droite, elle place la Ruche vuide sur cette planche. On con-
» damne sur le champ avec un morceau de liége la bouche de
» la mere Ruche, qui servoit de passage ordinaire aux Abeilles,
» pour les obliger à passer déformais par la bouche de la Ruche
» supérieure. On place ensuite un surtout qui vient appuyer sur les
» bords de la planche ajoutée qui sépare les deux Ruches.

Nous n'avons pas crû devoir donner la Planche seconde de
l'Auteur, parce que la chose est assez sensible.

» Je laisse le tout dans cette situation, l'espace de trois semai-
» nes. Au bout de ce tems, je sépare les deux Ruches en ôtant
» la mere Ruche pour remettre la nouvelle à sa place ; mais avant
» que d'emporter l'ancienne Ruche, j'ai soin de lui ôter son
» fond & ses planchettes & en me retirant de deux pas, par le
» moyen d'un souflet ordinaire, je force celles qui pourroient
» encore y être à regagner la nouvelle Ruche, qu'elles sont déjà
» accoutumées à regarder comme leur demeure ordinaire.

» On commence cette opération le 15 ou le 20 de Mai, &
» l'on sépare les Ruches le 8 ou le 12 de Juin. Vous comprenez
» sans doute, que je n'ai pas perdu une seule Abeille: je n'en-
» trerai point dans tout le détail des avantages & des utilités que
» présente au premier coup d'œil, une manœuvre aussi facile qu'el-
» le est importante. «

L'Auteur veut qu'on choisisse le mois de Mai, parce que c'est
celui de la plus abondante récolte des Abeilles, & celui, par
conséquent, dans lequel elles peuvent garnir avec plus de célérité la nouvelle Ruche, qu'elles regardent comme la continuation de l'ancienne.

Elles sont même d'autant plus portées à fournir en peu de tems,
la Ruche supérieure de cire & de gâteaux, que c'est le tems de la
ponte de la Reine, & qu'elles sont d'ailleurs, accoutumées à porter
leurs provisions dans le haut de toute Ruche qu'elles habitent,
jusqu'à ce qu'il soit entièrement fourni.

Si l'Auteur laisse les deux Ruches réunies pendant trois semaines, c'est pour donner au couvain le tems d'éclore & de se perfectionner. Les Abeilles, en travaillant dans la Ruche supérieure
pour y former des gâteaux, n'abandonneront pas le couvain qui
est dans l'inférieure.

Si l'Auteur ne se sert point d'un linge fumant, & mais bien d'un
souflet ordinaire, ce n'est que parce qu'il n'est ici question que de
faire décamper les Abeilles paresseuse. La fumée les oblige bien à

déménager, mais elle leur donneroit un goût particulier, qui feroit que les autres les méconnoîtroient, les chafferoient par conféquent, & peut être me les égorgeroient.

Continuation de l'explication de la Planche.

Fig. dixieme. Elle repréfente une botte de fil de fer, dont on fe fert pour joindre les hauffes les unes aux autres.

Fig. onzieme. Elle repréfente une chauffrete, dans laquelle on met des cendres chaudes pour réchauffer les Abeilles engourdies au mois de Mars, au moins celles qui font foibles en peuple.

Ce fecours leur doit être donné avec beaucoup de précaution; car fi les cendres font trop chaudes, cette chaleur furprend tout à coup les Abeilles, & les fait errer çà & là avec précipitation, ce qui caufe un grand défordre dans la Ruche.

Fig. douzieme. Cette figure donne une idée exacte de la forme du fil de laiton, dont on doit fe fervir pour féparer les hauffes lorfqu'on veut dégraiffer une Ruche. *Fig.* treizieme, elle repréfente un lambeau de vieux linge entortillé & fumant; on écarte parfaitement & fans danger les Abeilles avec cette fumée, lorfqu'on veut regarder & faire quelque opération dans l'intérieur de la Ruche; il eft des Auteurs qui ont écrit fur le gouvernement des Abeilles & qui ont appellé *cinfe* ce chiffon de linge.

Fig. quatorzieme. Cette *figure* repréfente une hauffe vue de côté; on doit la regarder comme étant fans fond & fans planchettes. A. A. A. A. indiquent les quatre côtés de la hauffe, auffi-bien que les crampons qu'elle doit avoir. C'eft pourquoi, pour que le Lecteur les diftingue; chacune des quatre lettres A. eft placée précifément vis-à-vis un des quatre crampons.

Fig. quinzieme. Elle repréfente parfaitement une hauffe renverfée, vue par dedans avec ces deux crampons & avec la barre qui traverfe la hauffe par le bas, pour foutenir l'ouvrage A. B.

Fig. feizieme. Cette *figure* repréfente le cadran qui eft pofé fur la bouche de chaque furtout; il eft attaché avec un clou au milieu, de façon qu'il puiffe fe tourner avec facilité. Il a quatre pouces de diamètre, & on le divife en quatre parties égales ou quatre angles droits; la premiere indiquée par la lettre A. contient cinq petites arcades dans le bord; elles ont la hauteur de cinq lignes fur quatre de largeur. On tourne le cadran du côté des arcades, dans le tems que le pillage eft à craindre, ou dans le tems qu'on

ne

ne veut point donner de forties libre aux Abeilles. La feconde
partie indiquée par la lettre B. eft percée de plufieurs petits trous,
qui fervent à donner de l'air aux Abeilles. Sans que cependant
elles puiffent fortir, comme, par exemple, au commencement &
à la fin de l'hyver : la troifieme indiquée par la lettre C. eft la
grande ouverture qui fert à donner un libre paffage aux Abeilles
dans le tems de leur grand travail & dans la faifon des Effains ;
elle eft entierement évuidée, quoique la figure la repréfente
pleine. La quatrieme indiquée par D. eft pleine, au contraire,
quoiqu'elle paroiffe vuide ; on la tourne fur l'embouchure de la
Ruche lorfque l'on veut empêcher l'air d'y pénétrer dans quelques circonftances, qui, à la vérité, font extrêmement rares, mais
qui peuvent cependant arriver, comme dans les froids exceffifs.
Cette partie a un petit anneau au milieu, il eft bien vifible ; on
s'en fert pour tourner le cadran du côté que l'on veut.

La fig. dix-feptieme repréfente une Ruche d'ofier avec fon fur-
tout de paille, pofée fur fon fupport, l'ouverture de la Ruche
qui eft en bas, indiquée par la lettre A.

Figure dix-huitieme. Cette fig. repréfente une Ruche toute
fimple, faite de paille torfe ; elle eft auffi pofée fur fon fupport,
l'ouverture eft indiquée par la lettre B. C'eft l'efpece de Ruche
dont M. *Hill* fait beaucoup de cas ; mais il demande qu'on la
faffe un peu plus écrafée. Cette amélioration, en effet, feroit
très-avantageufe.

CHAPITRE V.

De la maniere de faire des Liqueurs de toutes fortes de grains.

NOus ne traitons ici de la Biere que relativement au
Cultivateur proprement dit. Cette Liqueur négligée en France
& qui feroit d'une très-grande reffource pour les Gens de la campagne, mérite que nous en faffionsmention. D'ailleurs, elle a une
propriété falubre qui devroit en accréditer l'ufage. Tous les Vins,
quoique non falfifiés, ne font pas tous également favorables à la
fanté, il en eft dont l'acide eft imperceptiblement corrofif, & qui,
à la longue porte un préjudice notable au genre nerveux.

La Biere, au contraire, a un amer qui eft ami de l'eftomac, & en fuppofant qu'elle eût, ce qui n'eft pas, un acide auffi mordant que celui du Vin ; toujours feroit-il vrai de dire, que, comme on la fait avec de l'eau, cet acide y eft tellement détrempé & délayé, que l'altération qu'il peut caufer, feroit beaucoup moins fenfible fur-tout dans les gens de la campagne, dont les exercices pénibles & violens excitent une tranfpiration beaucoup plus abondante que dans les autres Perfonnes inactives, ou du moins, dont les travaux font plus modérés. D'ailleurs, les Grains qui entrent dans fa compofition, font farineux, & par conféquent, propres à émouffer l'acidité que la fermentation lui donne.

Nous avons même obfervé que dans les pays les plus abondans en Vin & qui n'ont point de débouché, les Vins y étant fans valeur, le malheureux Cultivateur eft obligé de les vendre, nous pourrions dire de les donner, pour s'aider à payer les impôts ; de forte que dans le fein même de l'abondance de cette denrée, il ne boit que de l'eau pendant l'année. Et quelle eau boit-il dans certains cantons ? De l'eau de mare croupie, ou de l'eau de puits ; de-là, ces maladies épidémiques, ces diffenteries, ces fiévres d'automne qui dévaftent les campagnes.

Nous allons lui donner, par la fabrication de la Biere & du Cidre, des moyens de fe mettre à couvert de ce fléau, & de mener une vie moins miférable.

CHAPITRE VI.

De la maniere de faire de la Drêche.

LA Drêche eft une préparation de l'Orge par laquelle on rend ce grain propre à communiquer à l'eau fon goût agréable & fes qualités bienfaifantes. Nous avons ci-devant donné au Cultivateur toutes les inftructions dont il pouvoit avoir befoin pour conduire cette production depuis la femaille jufqu'à la moiffon. Nous la demandons ici bien battue & bien vannée. La meilleure Drêche fe fait avec de l'Orge qui a été femée dans un terrein qui lui convient, & qui a été bien féchée : nous difons qu'en général l'Orge la plus molle eft celle dont on fait la meilleure Drêche, & que l'Orge dure, au contraire, ne fe braffe qu'avec beaucoup de peine. Celle qui a été produite par un fol crayeux, eft la plus propre à remplir cet objet; parce qu'elle est naturellement molle & qu'elle est plus facile à brasser. Au lieu que les Orges que l'on récolte sur les sols argileux, sont naturellement dures & par-conséquent très-difficiles dans la préparation.

Nous n'avons garde de faire ici des observations pour les Brasseurs de profession qui achetent leur grain indifféremment de quelque sol qu'il vienne. Ce seroit entreprendre l'impossible, que de vouloir les ramener à ce point important. Leur cupidité ne se prêteroit point à nos représentations. Il est cependant certain qu'une Drêche faite avec de l'Orge cueillie sur un terrein argilleux, forme une boisson très-pésante & qui ne passe pas aisément. Nous nous adressons donc aux Cultivateurs, qui voudront faire de la Drêche pour leur consommation. Ils sont à portée de choisir le grain qu'ils veulent employer.

Ce n'est pas que tout Cultivateur puisse avoir dans ses terres un sol crayeux pour y semer de l'Orge, dont il fera de la Drêche; mais il est toujours bon de l'avertir en général que les sols les plus durs & les plus gluans, sont les moins propres à produire de l'Orge pour faire de la bonne Drêche; qu'au contraire, les sols légers & mols, sont très-bons pour se procurer de l'excellente Drêche. C'est donc à lui à préférer les derniers sols, ou à chercher les occasions d'échanger son Orge dure pour une autre qui soit molle, pour se procurer une boisson agréable & salubre.

Pour faire de la bonne Drêche, il faut que le grain soit sain, qu'il soit dans sa parfaite maturité & qu'il soit bien séché avant que de l'engranger, sans toutes ces précautions, il acquiert un goût d'échaufaison qui se communique à la Biere. Toutes ses choses étant, au contraire, observées, & l'Orge ayant été bien battue & bien vannée, on en fait de la Drêche. Toute cette opération se réduit à faire ramollir l'Orge & à la bien sécher. On la ramollit par le secours de l'eau dans laquelle on la laisse tremper plus ou moins de tems, suivant qu'elle est plus ou moins dure.

On jette le grain dans un vaisseau de plomb ou de bois, qui doit être bien propre, & l'on verse dessus de l'eau de la hauteur de six pouces au-dessus du grain. On l'y laisse se gonfler l'espace de deux ou trois jours, plus ou moins, comme nous l'avons observé, suivant sa nature. L'Orge fine se gonfle plutôt que l'Orge grossiere & dure. Lorsque l'on veut sçavoir si l'Orge est assez trempée, on en prend un grain que l'on presse entre ses doigts; si l'on trouve de la résistance, on la laisse tremper d'avantage. Lorsqu'elle est suffisam-

ment amollie, le grain céde à la preſſion du doigt, & la peau ſe ſépare un peu du corps du grain : ce ſigne indique que la trempe eſt
parfaite. C'eſt dans ce point que conſiſte la perfection de la trempe ;
Il faut beaucoup d'attention pour le ſaiſir ; il eſt eſſentiel, puiſque
c'eſt de-là que dépend le ſuccès ; car ſi l'Orge n'eſt pas bien trempée, l'eau bouillante n'aura ſur elle qu'une action foible, & par
conſéquent, elle ne pourra point ſe charger des parties farineuſes
qui compoſent eſſentiellement la liqueur.

Mais auſſi ſi on laiſſe l'Orge tremper trop long-tems, elle perd
de ſon goût & de ſa force ; la Biere qu'on en fait, n'a point de
vigueur & n'eſt point de garde, pour bien grande que ſoit la
quantité de Houblon que l'on y ajoute.

Le grain étant bien trempé, on le verſe ſur un plancher bien
net & bien propre ; on l'y laiſſe l'eſpace de trente heures, en un ou
deux tas, ſelon que le tems eſt froid ou chaud. Enſuite on le retourne une fois de ſix en ſix heures. On a l'attention d'amener en
dehors le grain qui étoit en dedans, & de porter celui qui étoit
en bas vers la ſuperficie du tas. On répéte cette opération juſqu'à ce que le grain commence à pouſſer. On le retourne alors de
trois en trois heures, & à meſure que la pouſſe augmente, on l'é-
tend de plus en plus pour le refroidir. Pour ſe conduire le plus
ſagement qu'il eſt poſſible dans cette opération, il faut faire les
tas de deux pieds & demi d'épaiſſeur, & d'environ de dix pieds
de largeur, afin que le grain ne pouſſe point trop vîte ni trop
lentement.

Le grain ayant ſuffiſamment pouſſé, il faut le retourner d'heure en heure, ou du moins de deux en deux ; & cela, pendant
vingt-quatre heures, juſqu'à ce que la racine ſoit amortie. Alors on
aggrandit le tas, mais on continue de retourner ſouvent pour
empêcher les racines de reprendre vigueur & de repouſſer. On
emploie ordinairement à cette manœuvre un homme ſoigneux &
intelligent, qui faſſe l'ouvrage ſans avoir des ſouliers, de peur
d'endommager le grain & qui ait l'attention de le retourner ſouvent d'un côté à l'autre, & de haut en bas ; autrement il moi-
ſiroit & pouſſeroit des feuilles. La raiſon dicte que quand cela
arrive, le plus pur de la farine eſt épuiſé, & qu'il ne reſte qu'une
eſpéce de ſon qui n'a point de qualité.

Le grain ayant été ſuffiſamment retourné, pour prévenir ces
deux accidens, on le met tout en un tas, ou on le laiſſe l'eſpace
de deux heures, ce qui le ramollit conſidérablement. Si cependant

le tems est chaud, une heure ou deux de moins suffisent. Si le tems est froid, on le laisse une ou deux heures de plus. Comme on n'a pour objet que de ramollir l'Orge sans qu'elle s'échauffe, on l'examine. Si elle s'échauffe trop vîte, le grain devient gros & de peu de valeur. Quand au soin de le retourner, il faut avoir égard à la température de l'air ; s'il est extrêmement chaud, on retourne une heure ou deux heures plutôt, & une ou deux heures plus tard, si l'air est froid.

CHAPITRE VII.

De la maniere de sécher la Drêche.

POUR sécher le grain, on bâtit un four de brique ou de pierre ; on le fait plat & ouvert par en haut, on couvre l'ouverture avec une plaque de fer ou avec des tuiles percées de petits trous, ou avec une plaque faite de fil d'archal, ou bien on la couvre avec la haire dont nous avons parlé à l'article qui regarde la méthode de sécher le Houblon.

Nous ferons cependant observer à nos Lecteurs que le grain se séche plus promptement & avec moins de feu sur la plaque ou sur les tuiles percées de trous ; il est certain qu'il y acquiert un beau brun : sa peau en se rompant, fait à peu près le même bruit que les pois mis au feu ; si l'on a l'attention de le retourner souvent, il ne contracte point d'amertume. Quatre heures suffisent pour le sécher ainsi & pour le brunir. En procédant de cette façon, on fait de la Drêche d'un beau brun.

Nous devons ici prévenir nos Lecteurs que les Marchands de cette Drêche brune, l'arrosent avec de l'eau, ce qui la fait beaucoup gonfler & lui donne un plus bel œil ; mais aussi cela lui ôte une partie de son bon goût, & fait qu'elle ne se conserve point.

La plaque faite avec des fils d'archal, séche le grain plus lentement ; mais on ne l'y tourne pas si facilement ni si exactement : aussi conseillons-nous de ne point mettre cette méthode en usage.

De toutes les méthodes, celle de la haire est la meilleure pour sécher les Drêches pâles & ambrées. On étend le grain sur la haire, à l'épaisseur de quatre pouces, & l'on peut ainsi en sécher trente-deux boisseaux, mesure de Paris, dans l'espace de quinze pieds quarrés. On y retourne le grain plus ou moins fréquemment, suivant le dégré du feu. Si le feu eſt doux & qu'on veuille ſe donner une Drêche pâle, on laiſſe pendant l'eſpace de douze heures le grain ſur la haire, & on le retourne une fois ſeulement de quatre en quatre heures. Si l'on veut ſe donner un Drêche ambrée, il faut pouſſer plus vivement le feu & retourner le grain une fois de deux en deux heures. Ainſi on perfectionne en obſervant ces documens de la Drêche ambrée dans l'eſpace de ſix ou ſept heures de tems. Si au contraire, on a réſolu de faire de la Drêche brune, il faut donner au feu un peu de vivacité, & il faut retourner le grain de demi heure en demi heure, & l'on la fait en quatre heures de tems.

Lorſque la Drêche eſt ſuffiſamment ſéchée, ſoit par un feu prompt ou lent; on l'ôte du four pour l'étendre à peu d'épaiſſeur ſur un plancher dans un endroit où il y ait de l'air, afin de la refroidir. Elle eſt alors en état d'être braſſée.

CHAPITRE VIII.

De l'eſpéce de feu dont on ſe ſert pour ſécher la Drêche.

ON ſe ſert en Angleterre de cinq eſpéces de matieres combuſtibles pour ſécher la Drêche, ſuivant qu'elles ſont plus ou moins abondantes dans les différentes Provinces du Royaume, du charbon de terre qui ne rend preſque point de fumée tel que celui de la Principauté de Galles, de charbon de terre réduit en braiſe, de la paille, de bois & de la fougere deſſéchée.

Pour ſécher la Drêche, il faut en général éviter de ſe ſervir d'une matiere combuſtible, qui puiſſe lui communiquer le moindre goût. C'eſt pourquoi il eſt très-important de ne point faire uſage de toute matiere qui rend beaucoup de fumée, ainſi la fougere qui en donne beaucoup & de mauvais goût, doit être entiérement proſcrite pour ſécher la Drêche. La paille donne auſſi beaucoup de fumée, mais qui eſt ſi douce qu'à peine peut-elle porter quelque préjudice à la Drêche. La fumée de bois n'eſt pas ſi douce, que celle de la paille, ni ſi mauvaiſe que celle de la fougere; de ſorte qu'à le bien prendre, le charbon réduit en braiſe, eſt la matiere combuſtible que les Anglois ayent pour ſécher de la Drê-

che. En France on a la commodité du charbon de bois, avec
lequel on peut régler le dégré de feu comme l'on veut & fans fumée, & par conféquent, la Drêche devroit y être plus pure &
plus parfaite qu'en Angleterre.

On peut fécher le houblon de la même maniere que l'on fêche
la Drêche. Le Cultivateur devroit faire toutes ces opérations chez
lui, pour fe fouftraire aux friponneries fi fouvent pratiquées des
Marchands de Drêche & de houblon.

CHAPITRE IX.

*De ce qui contribue à la bonne qualité de la Drêche & de ce
qu'on peut y mêler.*

IL faut avoir de l'Orge parfaite pour faire de l'excellente Drêche, & pour donner à ce grain cette perfection, il faut le laiffer
quelques jours dans le tas après qu'on l'a engrangé. Les pommes
portées de l'arbre au preffoir ne font jamais de bon cidre; il en eft
de même de l'Orge; ceux qui battent & vannent leur Orge nouvellement arrivée du champ, n'ont jamais qu'une Drêche dure,
dont on ne peut faire qu'une Biere imparfaite.

Pour faire de la bonne Biere, il n'eft point néceffaire de faire
aucun mêlange avec la bonne Drêche; il y a cependant des Perfonnes qui y mêlent une certaine quantité d'avoine : rien de plus
mal entendu que cette méthode, elle eft extrêmement nuifible à la
bonne Drêche.

Pour rendre la Biere moëleufe & plus veloutée, on peut feulement mêler à la Drêche un peu de féves ou de pois ; c'eft-à-dire
un boiffeau & demi de l'un ou de l'autre, fur quatre-vingt boiffeaux
de Drêche, mefure de Paris. On obfervera fur-tout que l'on doit
préférer les pois aux féves.

Toutes ces précautions cependant ne rendroient jamais la Biere
parfaite, fi on n'y joignoit celle de prendre bien garde qu'il n'y ait
point de femence de quelque mauvaife herbe parmi l'Orge dont on
veut faire fa Drêche. Les femences, par exemple, de la fauffe Orge, donnent à la Biere une qualité qui enivre, celles de Pavot lui
donnent un goût fi défagréable, que tout l'art des Braffeurs ne peut
y remédier.

On fait avec de l'avoine feule, de la Drêche de la même maniere qu'avec l'Orge. La boiſſon que l'on rire de cette Drêche n'eſt pas forte, il eſt vrai, mais elle eſt moëleuſe, veloutée & agréable à boire. On fait auſſi de la Drêche par les mêmes préparations avec du froment feul. La boiſſon qu'on en fait eſt très-forte, c'eſt-à-dire fpiritueuſe & bonne.

On connoît la Drêche parfaite lorſqu'elle eſt bien pleine de farine, le grain doit avoir la peau mince, la farine doit être moëleuſe & d'une odeur agréable : on l'aſſaye en mordant le grain en travers, ou bien on en met quelques grains dans de l'eau ; s'ils furnagent, c'eſt un figne que la Drêche eſt bien faite ; car les grains d'Orge pris dans leur état naturel, tombent au fond de l'eau ; on peut auſſi traîner quelques grains au travers d'une planche, fi la Drêche eſt bien faite, ils laiſſent des traces blanches.

Après avoir inſtruit le Cultivateur fur la maniere de faire & de connoître la bonne Drêche, donnons-lui tous les documens qui peuvent lui apprendre à s'en fervir.

CHAPITRE X.

Des différentes efpéces de Drêches & des eaux.

ON diviſe les Drêches en trois différentes efpéces, fuivant les différens dégrés de chaleur qu'on leur donne en les féchant, en pâle, en ambrée & en brune. Il faut un feu doux pour fécher la pâle, un feu plus fort pour fécher l'ambrée, & plus fort encore pour fécher la brune. La pâle eſt la meilleure & la plus chere. On peut la braſſer avec l'eau de fource. L'ambrée eſt une très-bonne Drêche que l'on peut braſſer avec moitié eau de puits & moitié eau de riviere : la brune veut être braſſée avec de l'eau de riviere feule.

Quant à l'ambrée que nous avons dit pouvoir être braſſée avec partie eau de puits & partie eau de riviere ; nous entendons parler d'eau d'un puits creuſé dans le rocher, ou du moins dont le fond qui produit la fource eſt pierreux : car on s'équivoqueroit eſſentiellement, fi l'on employoit l'eau de tout puits quelconque, comme, par exemple, des puits femblables à ceux de Paris.

Les eaux peuvent être diviſées en quatre efpéces, eau de fource,

de

de riviere, de pluie & de vivier. Nous venons de faire obferver que les eaux de fources font propres à braffer les Drêches pâles; mais il faut qu'elles foient pures & point du tout imprégnées de fel, d'alun, de fer, ni d'aucune autre fubftance métallique ou fulphureufe.

L'eau de riviere eft en général la plus convenable à la Brafferie, pourvu qu'elle foit un peu éloignée de fa fource, & fur-tout des grandes Villes, parce qu'on y jette toutes fortes d'immondices. Il faut encore pour l'avoir dans fa plus grande perfeftion, ne point la puifer après de grandes pluies, parce qu'elle eft bourbeufe & épaiffe. L'eau de riviere s'adoucit par fon mouvement & par les impreffions du foleil & de l'air; elle tire beaucoup plus la vertu de la Drêche, que l'eau de fource; de forte qu'il faut un feptieme de plus de Drêche pour faire une Biere auffi forte qu'on la fait ordinairement avec de l'eau de riviere, quoiqu'on ménage un feptieme de Drêche.

L'eau de pluie eft la plus douce de toutes les eaux; la Biere qu'on en fait eft plus forte, quoique l'on n'y mette que la même quantité de Drêche: mais il faut la boire tout de fuite, parce qu'elle n'eft point de garde; c'eft pourquoi elle eft plus propre à braffer des *Ales* que l'on boit peu de tems après, que les Bierres que l'on veut garder.

L'eau de vivier, lorfqu'elle eft pure & claire, convient fort bien à la Brafferie; mais fi les Beftiaux y vont, ou s'il y a beaucoup de poiffons, ils la troublent & la rendent par conféquent, impropre à cette boiffon; on remarque même qu'elle ne prend point parfaitement la vertu de la Drêche.

CHAPITRE XI.

De la maniere de braffer en général.

LE Braffeur ayant préparé fa Drêche fuivant les inftruftions précédentes, & s'étant muni de la quantité néceffaire d'eau, on met la Drêche au moulin, & l'on doit obferver qu'elle ne foit que tant foit peu écrafée, cela fuffit pour que l'eau en tire autant de fubftance qu'il en faut pour en faire de la Biere, fi on la rend trop fine, l'eau fe mêle avec la farine, la liqueur s'épaiffit, n'eft plus claire, & ne fe charge plus de la vertu de la Drêche.

Il faut huit jours avant que de les braſſer, écraſer un peu au moulin les Drêches pâles; les ambrées demandent de n'être braſſées, que
dix jours après avoir été écraſées, & les brunes quatorze jours.

Après avoir donné la maniere de moudre & de conſerver la Drêche pendant un certain nombre de jours, relativement comme nous
venons de le dire, à la quantité de chaque eſpéce; nous ne pouvons nous diſpenſer de donner une idée générale de la meilleure méthode qu'on peut mettre en uſage pour braſſer; nous ne donnerons
point celle des Braſſeurs de Paris. Elle eſt trop inférieure à celle que
les Anglois ſuivent, & qui, de l'aveu de toutes les Nations, eſt
la plus eſtimable qu'on ait pratiqué juſqu'à préſent.

On braſſe communément à Londres quatre ſortes de Biere, la
forte, la commune, l'Ale, & celle que l'on appelle la petite Biere.

On fait la Biere forte avec la Drêche brune; mais il faut pour
la braſſer avoir les uſtenſiles néceſſaires; il faut ſe pourvoir d un vaiſſeau de cuivre plus ou moins grand ſelon la quantité de Biere que l'on
veut faire; on le poſe ſur la grille d'un fourneau. On y fait bouillir
l'eau. Un grand vaiſſeau de bois eſt également néceſſaire pour y
mêler l'eau & la Drêche. On fixe à peu de diſtance du fond,
comme à quatre doigts ou environ, un robinet ſous lequel on
place un gros baquet pour recevoir la liqueur. On doit auſſi avoir
l'attention de ſe procurer pluſieurs petits baquets, qui ſoient peu
profonds pour y faire fermenter la Biere avant que de la mettre
dans les tonneaux, comme auſſi de quelques groſſes cuilliers de
bois qui contiennent trois ou quatre pintes.

Pourvû qu'on ait toutes ces choſes néceſſaires, on fait la Biere
forte avec la Drêche brune.

Pour la faire, on fait comme nous venons de le dire, chauffer
de l'eau dans le vaiſſeau de cuivre, & comme elle ſeroit trop
long-tems à s'échauffer, on y met pour accélérer cette opération,
de la Drêche juſqu'à fleur d'eau; lorſque l'eau eſt chaude au point
de ne pouvoir preſque pas y tenir la main, on appaiſe la violence
du feu en y mettant du nouveau charbon. On puiſe avec les
cuilliers de bois & des ſceaux, le Cidre qui eſt dans le vaiſſeau
de cuivre pour le verſer dans le grand vaiſſeau de bois. Après
qu'on a ôté toute l'eau chaude du vaiſſeau, on le remplit d'eau
nouvelle & on la fait bouillir: ſur l'eau chaude que l'on vient de
verſer dans le grand vaiſſeau de bois, on verſe de l'eau froide
juſqu'à ce que l'on ait diminué la chaleur au dégré de celle du
ſang d'une perſonne que l'on viendroit de ſaigner. Alors on y

verfe doucement, & peu à peu la quantité de Drêche qu’on veut
braffer; on remue pendant une demi-heure avec des efpeces de
rames, l’eau & la Drêche.

Pendant que l’on donne fes attentions à cette opération, l’eau
qui eft dans le vafe de cuivre prend fon bouillon, on la verfe
toute bouillante avec des fceaux dans le vaiffeau de bois, ou cuvier
où eft la premiere eau avec la Drêche; on remue encore une fois
le tout pendant une demi-heure; on verfe enfuite par-deffus une
quantité fuffifante de Drêche, pour couvrir feulement la fuperficie de l’eau, & on laiffe repofer ce mélange pendant une heure
de tems, au bout duquel on ouvre un peu le robinet pour faire
couler la liqueur doucement dans le baquet qui eft deffous. On
prend enfuite cette liqueur, on la fait bouillir une heure & demie
avec une fuffifante quantité de Houblon, & la Biere forte eft faite.

Les autres Bieres fe font de la même maniere; la différence
qui eft entre la Biere & l’*Ale*, c’eft que l’on fait moins de Biere
que d’*Ale* avec la même quantité de Drêche, que l’on fait
bouillir plus long-tems la Biere, & que l’on y mêle plus d’Houblon, à proportion du tems que l’on veut la garder.

La petite Biere fe fait fuivant la même méthode; toute la
différence qu’il y a, c’eft qu’elle fe fait avec la même Drêche qui
a fervi à faire la Biere forte. Car on échauffe l’eau dans le vaiffeau de cuivre à un tel dégré, qu’on peut à peine y fouffrir la
main; on la verfe enfuite avec des fceaux dans un grand vaiffeau
de bois, & l’on y ajoute de l’eau froide jufqu’à ce qu’elle foit
au dégré de chaleur du fang humain; alors on verfe par-deffus la
Drêche, comme on a fait dans la Biere forte. On remue bien ce
mélange avec les rames dont nous avons parlé; on verfe enfuite
de l’eau bouillante par-deffus. On remue bien encore une fois, &
on laiffe repofer le tout pendant une heure, après quoi, on coule
la liqueur dans le baquet qui eft fous le robinet, & l’on la fait
bouillir.

Pour faire deux quarteaux de Biere forte, qui contiennent cent
quarante-quatre pintes, mefure de Paris, il faut feize boiffeaux de
Drêche brune, mefure du même endroit: pour faire trois quarteaux de Biere brune commune, il faut feize boiffeaux de Drêche
brune, mefure de Paris, & feize boiffeaux fuffifent pour faire dix
quarteaux de petite Biere. Seize boiffeaux de Drêche pâle ou
ambrée fuffifent pour faire trois quarteaux de bonne Biere pâle
ou ambrée.

I ij

Cette idée générale que nous venons de donner de la Brasse-
rie Angloise, suffit pour faire comprendre aux Cultivateurs la
théorie de cet Art, & pour l'encourager à mettre la main à l'œuvre lui-même, pour pouvoir abreuver sa Famille à peu de frais,
d'une boisson, qui, sur-tout, en Eté, est très-agréable, & en
tout tems très-salubre.

CHAPITRE XII.

De la maniere de brasser pour une Famille particuliere.

POUR donner des instructions certaines sur ce point ; il faut
premierement convenir de la quantité de Biere que l'on veut
brasser, & de la capacité des vaisseaux dont on doit se servir.

Supposons qu'un Cultivateur ait un chaudron qui contienne
cent quarante-quatre pintes, mesure de Paris ; disons qu'il veut
brasser vingt boisseaux de Drêche, mesure de Paris ; en supposant
qu'il a tout préparé pour brasser, il ne s'agit plus que de mettre
la main à l'œuvre.

Il faut d'abord qu'il remplisse d'eau son chaudron de cuivre,
& quand l'eau est chaude, qu'il y verse un demi boisseau de Drêche,
ce qui couvrira la superficie de l'eau & accélérera le bouillon.
Lorsque l'eau commence à bouillir, on la verse avec des cuilliers
de bois dans le grand vaisseau de bois, où on la laisse reposer
jusqu'à ce que la fumée se soit assez dissipée, pour pouvoir fidélement se mirer dans l'eau : alors on verse très-doucement la Drêche
dans cette eau, ayant l'attention de bien remuer pour l'empêcher
de se rassembler en boules ou en grumeaux ; on y verse ainsi
toute la Drêche, à l'exception de deux boisseaux que l'on réserve.

Après qu'on a versé & suffisamment remué la Drêche, on verse
sur la superficie les deux boisseaux qu'on avoit réservés ; on couvre
alors le vaisseau avec des sacs, afin d'y retenir la fumée, & on
laisse reposer le tout pendant l'espace de deux heures & demie.

Si par hazard le Cultivateur étoit obligé de brasser avec de l'eau
de vivier, il faut qu'il verse un demi boisseau de son sur l'eau qu'il
fait chauffer dans le chaudron, au lieu de la même quantité de
Drêche, & lorsque l'eau bout, il enleve ce son avec une écumoire ; par ce moyen, on emporte sa plus grande quantité des or-

dures qui se trouvent dans l'eau ; on y trouve même un autre grand avantage, c'est celui d'ôter à l'eau le goût fade qu'elle a ordinairement.

Mais si l'eau est claire & pure, si les bestiaux n'en approchent point ; s'il n'y a point, ou que peu de poisson, sur-tout point de carpe ni de tanche ; on peut y verser la Drêche comme ci-dessus ; il ne faut point l'ôter avec l'écumoire, mais bien la verser avec l'eau dans le vaisseau de bois.

Pendant que l'on laisse reposer cette liqueur dans le grand cuvier ou vaisseau de bois, il faut avoir le soin de remplir d'eau le chaudron ; on la fait bouillir pour qu'elle se trouve prête à être versée dans le grand vaisseau de bois sur la premiere Drêche & la premiere eau que l'on y a laissé reposer pendant deux heures & demie. Cette seconde y étant versée, on laisse couler très-doucement & de la grosseur d'un paille ordinaire par le robinet dans le baquet qui est au-dessous assez de liqueur pour remplir ou à peu près le chaudron. Quand on l'a rempli, on y met une demi-livre de bon Houblon enveloppé dans un sac que l'on y fait bouillir pendant l'espace de demi-heure tout au plus. On ôte ensuite ce Houblon, & l'on en remet la même quantité de nouveau de demi-heure en demi-heure. La liqueur demande de bouillir avec tous ces Houblons fréquemment renouvellés pendant l'espace, au moins d'une heure & demie.

Pendant que la premiere liqueur bout avec le Houblon, on verse de tems en tems sur la Drêche quelque cuillerées d'eau bouillante, afin qu'il y ait assez de liqueur pour remplir encore une seconde fois le chaudron de cuivre. Après que la premiere chaudronnée a bouilli avec le Houblon une heure & demie, on la verse dans plusieurs baquets pour la laisser refroidir, & on remplit le chaudron de la seconde liqueur qu'on fait bouillir une heure avec de nouveaux Houblons comme ci-devant.

Tandis que cette liqueur bout, on verse sur la Drêche tout à la fois ou à deux reprises assez d'eau froide pour remplir deux fois le chaudron. Ceci sert à faire de la petite Biere ; on fait bouillir chaque chaudronnée de cette liqueur pendant une heure. Lorsque l'on verse l'eau froide sur la Drêche, il faut avoir le soin de bien remuer ce mêlange comme ci-devant.

Après qu'on a versé la seconde chaudronnée de Biere forte dans les baquets pour la faire refroidir, on fait bouillir la petite Biere pendant une heure avec le même Houblon que l'on a fait bouillir avec la Biere forte. C'eſt ainſi que le Cultivateur ſe donnera deux quarteaux, ou cent quarante-quatre pintes de Biere forte & autant de petite Biere, avec vingt boiſſeaux de Drêche, meſure de Paris.

Obſervez que l'on fait paſſer la liqueur au travers d'un tamis en la verſant dans les baquets.

Mais ſi l'on veut ſe procurer de la Biere forte & qui ſoit de garde, la premiere chaudronnée remplit cet objet; les trois autres rendent de la petite Biere qui eſt très-bonne : quoique cette méthode-ci ſoit différente de celle que l'on pratique à Londres. M. *Hall* aſſure que les expériences qu'il a ſouvent répétées, lui ont fait connoître qu'en la ſuivant, on fait de la Biere très-forte & qui eſt d'un très-bon goût.

CHAPITRE XIII.

Des avantages que le Cultivateur trouvera à braſſer chez lui.

NOus ne doutons point qu'il n'y ait beaucoup de gens qui nous feront un crime d'indiquer ainſi aux Cultivateurs des moyens de ſe paſſer des Braſſeurs, comme de leur avoir enſeigné l'art de pouvoir ſe paſſer des Marchands d'étoffes & de draps : que deviendront, diſent-ils, toutes les Communautés qui ſont obligées de payer de grands droits à l'Etat : nous ne ſommes point dans le cas de nous inquiéter ici de leur ſort. Notre unique objet eſt de faire vivre la portion de l'Etat qui lui eſt le plus néceſſaire. Avant que ces Marchands, dont on prend le parti, ſoient réduits à la déplorable ſituation de nos Cultivateurs, ils ont beaucoup de chemin à faire. D'ailleurs, le nombre de poſſeſſeurs de terre eſt de beaucoup inférieur aux gens d'induſtrie. Nous avons des Seigneurs & quelques hauts Financiers, qui ont des Provinces entieres : nous en connoiſſons un qui a, à qui l'on connoît quatre-vingts Terres. Qu'on ſe repréſente le ravage que fait une ſi ample poſſeſſion dans l'Agriculture. Ainſi il reſte toujours aſſez de marge aux Marchands de draps & aux Braſſeurs pour ſe tirer d'affaires. Il faut outre cela, obſerver que Paris ne fait point tout le Royaume, qu'il y a beaucoup de Provinces où l'on ne boit point de Biere. Que ſi quelques Villes capitales en font une certaine conſommation, elles la tirent de Flandre & même de la Hollande, qu'il

feroit beaucoup plus avantageux qu'il y eût un certain nombre de
Cultivateurs qui braffaffent dans le centre de ces Provinces, pour
les fournir de cette liqueur. Le Payfan, car c'eft lui qui nous intéreffe
principalement, ne boiroit point de l'eau pure; ufage très-dangé-
reux, fur-tout dans la faifon des fruits. Il planteroit fa provifion
de Houblon, il femeroit de l'Orge & fe feroit une honnête provifion qui le garantiroit de tant de maladies épidémiques qui ra-
vagent les campagnes.

Il eft certain que lorfqu'on braffe chez foi, la Biere revient à moitié moins, que lorfqu'on la prend des Braffeurs de profeffion : on
a encore un avantage qui eft affurément digne de la confidération
du Cultivateur; c'eft que l'on eft affuré de la bonté & de la falubrité des ingrédiens que l'on employe. Au lieu que l'on ne fçait
ce que l'on boit lorfque l'on achette de la Biere des Braffeurs. Nous
ne voulons point donner connoiffance de toutes les falfifications
que l'on peut faire dans cette boiffon; nous craindrions d'inftruire
ceux qui la font encore de bonne foi, quoiqu'il foit certain qu'ils
font en bien petit nombre.

On vient de voir par le détail dans lequel nous fommes entrés
dans le Chapitre précédent, qu'il n'y a pas beaucoup de difficulté à
braffer fa Biere foi-même, & qu'il ne faut qu'un chaudron avec
un petit nombre de vaiffeaux de bois pour braffer un muid de
Biere. Les plus grandes attentions doivent fe porter vers la propreté. Il faut fur-tout éviter la moififfure. On ne fçauroit croire combien la Biere demande d'être faite proprement. Pour bien remplir
cet objet, il faut quelques jours avant que de braffer, faire bouillir
quelques chaudronnées d'eau, & en échauder tous les vaiffeaux
de bois. Il faut, ainfi que pour le vin, tenir les vaiffeaux à couvert
de toute volaille; la fiente leur donne un goût que l'on ne peut
point détruire même avec l'eau bouillante, il fe commun que à la
Biere, & la rend extrêmement mauvaife malgré toutes les précautions que l'on pourroit prendre dans le choix du Houblon, de
l'Orge & de l'eau. Rien auffi de plus contraire à cette liqueur,
que le voifinage des écuries, ou des aifances.

Il ne faut point fe borner à échauder une fois les vaiffeaux, il faut
le répéter jufqu'à trois, & fi par hazard, malgré cette attention,
ils confervoient encore une odeur équivoque, on doit recourir à
l'eau de chaux; après les en avoir bien rincés, on y paffe une eau
bouillante, & fûrement l'odeur ceffera, à moins qu'elle ne vienne
de la qualité du bois; alors il faut abfolument rejetter comme inu-

tiles ces vaiſſeaux, & ne point s'expoſer à perdre ſa liqueur.

Après qu'on les a bien lavés, on les expoſe au ſoleil & à l'air pour les ſécher & leur ôter le reſte du mauvais goût qu'ils avoient. La propreté, pour tout dire, en un mot, eſt auſſi indiſpenſable dans la Braſſerie, que dans la laiterie; c'eſt en dire aſſez au Cultivateur, pour qu'il y donne tous ſes ſoins.

CHAPITRE XIV.

Du Cidre.

IL n'eſt point de Ferme où l'on ne dût avoir un verger & où l'on ne dût faire du Cidre : c'eſt une boiſſon bienfaiſante & extrêmement nourriſſante; elle rafraîchit. Nous allons donner une méthode peu connue juſqu'à préſent, pour faire du Cidre préférable à pluſieurs ſortes de vins. Nous ne parlerons que d'après les expériences que M. *Hall* a faites.

Mais avant que de donner le détail de cette nouvelle méthode, il convient de parler de celle qui eſt ordinairement pratiquée, afin que par la connoiſſance de celle-ci, le Cultivateur parvienne plus facilement à la connoiſſance de l'autre. Quoique nous ayons donné déjà dans le livre de la plantation des Arbres, quelqu'idée de la plantation des Pommiers, nous croyons devoir ici inſiſter un peu plus ſur cet article, puiſqu'il eſt extrêmement intéreſſant pour faire du bon Cidre. Le Pommier conſidéré comme arbre fruitier, devroit être renvoyé au ſupplément dans lequel nous devons traiter à fond la partie agréable de l'Agriculture : mais nous le conſidérons ici comme appartenant ainſi que la Vigne, à l'Agriculture proprement dite.

CHAPITRE XV.

Du choix du terrein pour un Verger.

UN Verger, outre l'ornement, eſt d'une très-grande utilité pour un Cultivateur ; il faut non-ſeulement du fruit, mais encore du Cidre pour ſon uſage. Il eſt donc important de choiſir pour ſon Verger, un terrein convenable & le plus voiſin de la maiſon qu'il ſera poſſible, autant pour la commodité de cueillir le fruit, que pour le mettre à couvert de la rapine. Cependant nous jugeons un Verger ſi néceſſaire dans une Ferme, que quand même on n'auroit point de terrein convenable près de la maiſon, il faudroit toujours en faire un, quoiqu'il ſe trouvât éloigné.

Un ſol loameux, riche & ferme, eſt le terrein le plus favorable aux Pommiers. Mais comme les arbres en général pouſſent leurs racines à une grande profondeur, il faut ſonder pour ſçavoir ſi le fond du ſol ne ſeroit point une argille gluante & froide, ou un gravier ſtérile : ſi c'eſt de l'argille gluante, les racines s'y refroidiſſent, & les branches de l'arbre s'y couvrent d'une mouſſe jaunâtre. Si le fond eſt un gravier ſtérile, l'écorce des arbres s'y fend, les branches de la touffe ſe fanent, & l'arbre entier tombe en langueur faute de nourriture. Dans tout autre fond quelconque, les Pommiers végétent aſſez bien, & réuſſiſſent.

Il ne faut point choiſir un terrein plat, ni le côté eſcarpé d'une hauteur pour un Verger. Il arrive ordinairement que dans un terrein plat, les racines gêlent par trop d'humidité : ſi l'on plante le Verger ſur le côté eſcarpé d'une hauteur ; les racines manquent d'humidité & de nourriture, outre que les pluyes emportent la terre la plus déliée & la plus nourriſſante ; il convient de préférer pour planter un Verger, un terrein en pente douce, où le ſoleil & l'air frapent librement à travers les arbres, & où il y a une humidité ſuffiſante pour animer leur végétation, & où il n'y en a point trop, qui ſûrement la traverſeroit.

Les vents du nord, de nord-eſt & de nord-oueſt, portent ſouvent de très-grands préjudices aux Vergers ; c'eſt pourquoi le Cultivateur doit bien prendre garde de ne point planter ſes arbres à ces expoſitions ; il faut pour obvier à cet inconvénient, planter à découvert du côté du sud, pour que les arbres profitent de toutes les influances farvorables du soleil, nous croyons devoir avertir le Cultivateur, qu'en plantant des arbres pour défendre son Verger de l'effet pernicieux des vents, il faut toujours laisser un passage libre à l'air, sans quoi, il perdra tous les avantages qu'il en espere : il faut donc planter les arbres qu'il destine à abriter son Verger, à une certaine distance les uns des autres, & les éloigner de façon que les branches qu'on leur laisse soient propres à rompre la violence des vents, mais éviter de les laisser assez nombreuses pour boucher le passage à l'air.

CHAPITRE XVI.

De la disposition d'un Verger.

IL faut ne point perdre de vue que le passage de l'air est de la derniere conséquence pour un Verger ; en passant librement entre les arbres, il emporte les vapeurs humides de la terre, qui font souvent évanouir toutes les espérances du Cultivateur. S'il y a des terreins élevés vers le nord, le nord-est & le nord-ouest, ils défendront aisément le Verger de ces vents ; on n'a donc point besoin alors de recourir à la plantation des arbres propres à l'abriter, qui est cependant indispensable dans tout autre cas ; si l'on veut assurer sa recolte.

Ce que nous recommandons ici dans la plantation des abris, il faut aussi l'observer à l'égard des arbres fruitiers. L'usage de les planter les uns près des autres, n'est qu'un véritable abus. Si dans tous les Vergers du Royaume il y avoit la moitié moins d'arbres, il y auroit beaucoup plus de fruit, il seroit plus beau & d'une plus belle qualité. On ne veut point se persuader que la transpiration des arbres est très-abondante, que s'unissant aux vapeurs de la terre, qui ne peuvent point s'élever & se dissiper, retenues qu'elles font, par la grande quantité d'arbres, s'épaississent, nuisent à la croissance des arbres, & donnent aux fruits un mauvais goût, qu'on appelle goût d'ombre ; l'expérience prouve assez que plus les fruits font frappés du soleil & de l'air, plus ils ont de qualité. Or, l'épaisseur des feuillages ne peut que mettre un obstacle à ce secours qu'ils recevroient. Mais tout le monde aujourd'hui tend à

la quantité, & perd de vue la qualité ; ce qui eſt une véritable
erreur en fait d'Agriculture ; d'autant plus qu'une groſſe Pomme,
par exemple, bien parfaite, vaut plus que deux qui ſe ſont affa-
mées réciproquement, & qui par les feuilles qui les privent des
rayons du ſoleil & des influences de l'air, n'ont pu parvenir à
leur parfait accroiſſement.

Il faut diſpoſer dans un Verger, les arbres en rangs réguliers ; il
faut qu'il y ait d'un rang à l'autre, quinze toiſes courantes, & entre
chaque arbre du même rang, ſix toiſes de diſtance. C'eſt ainſi qu'on
ſe ménage du terrein propre à produire du bled, ce qui devient
très-favorable aux arbres, par l'effet des labours qu'on eſt obligé
de donner pour enſemencer. L'expérience prouve qu'un Verger
planté ſuivant cette méthode ordinaire, donne autant de fruit, &
que l'on en retire autant de grain que des autres terreins enſemen-
cés. Dans les premieres années, chaque pied d'arbre rend autant
que s'il étoit ſur un autre terrein ; quand les arbres deviennent
grands & élevés, on ne perd que l'eſpace qui eſt autour de chaque arbre, qu'il ne faut point enſemencer, parce que les plantes
ne feroient qu'y languir à cauſe de l'ombre que les branches produiſent.

CHAPITRE XVII.

De la maniere de former la plantation.

LE terrein étant choiſi pour le Verger ; il faut le labourer de
bonne heure au printems, & bien avoir le ſoin de renverſer
le gazon s'il y en a, pour qu'il pourriſſe dans le cours de l'été,
on lui donne trois autres labours à tems égaux, afin que le ſol ſe
rompe & ſe diviſe parfaitement ; on donne ordinairement le dernier
labour vers la fin de Septembre ; on le fait auſſi profond qu'il eſt
poſſible, pour préparer le ſol à recevoir les arbres.

On peut planter les arbres en deux ſaiſons différentes ; & ſans
avoir de prévention en faveur de l'une ou de l'autre, il faut ſe régler ſur le tems plus ou moins favorable & ſur la nature du terrein. Si le ſol eſt ſec & l'automne favorable, on peut faire la
plantation dans le courant d'Octobre ; mais ſi le tems eſt pluvieux & le ſol humide, il faut différer la plantation juſqu'à la
premiere ſemaine de Mars. K ij

Quant au choix des arbres, il faut planter de préférence ceux qui depuis trois ans, ont été entés fur des pommiers fauvages; parce qu'ils font de tous, ceux qui durent le plus : il eft certain qu'un Pommier tranfplanté lorfqu'il eft parvenu à une grandeur confidérable, ne laiffe pas de produire beaucoup de fruit ; mais cette méthode eft vicieufe; car l'expérience prouve qu'un arbre tranfplanté, quand il eft jeune, en produit plus, & plus long-tems. On n'oubliera point cette circonftance importante fur laquelle nous avons beaucoup infifté dans le livre de la plantation, qu'il faut que le terrein dans lequel on plante les jeunes arbres à demeure, foit plus riche que le fol d'où on les tire.

Il faut mettre une perche dans chaque endroit où l'on doit planter un arbre, & y faire une grande foffe deftinée à le recevoir. La terre que l'on en tire, doit être bien rompue & divifée pour la mettre dans la foffe lorfque l'arbre eft planté. Lorfque la foffe eft auffi grande qu'il convient, que la terre eft bien rompue, divifée & ameublie, qu'on la répand bien également fur les racines de l'arbre, & qu'on fait enfuite un arrofement pendant deux ou trois jours, fi le fol eft extrêmement fec, l'arbre prend foudain racine & croît à vue d'œil.

Avant que de mettre l'arbre dans la foffe, il faut avoir l'attention d'élaguer fes racines, parce qu'il arrive fouvent qu'elles fe croifent, & par conféquent, qu'elles s'entre-nuifent mutuellement par cette pofition. Alors on élague l'une de ces racines au-deffus de l'endroit où elles fe croifent. Les plus groffes étant ainfi élaguées, on coupe le bout des fibres ou chevelus ; opération cependant qui ne doit être faite qu'au moment que l'on veut planter l'arbre, attendu que l'air fait une impreffion fubite, vive & nuifible fur ces parties tendres. On doit fur-tout avoir l'attention de couper les racines moifies & pourries, autrement elles communiqueroient leur mauvaife qualité aux racines les plus faines.

Toutes ces préparations faites avec foin, il faut répandre un peu de terre meuble au fond de la foffe, on y pofe l'arbre bien droit, mais non à une trop grande profondeur; on jette enfuite peu à peu le terreau autour de la racine, jufqu'à ce qu'on eft parvenu au niveau de la furface.

L'arbre ainfi placé, on élague la tête ayant foin de laiffer des branches des feuilles autant qu'il en faut, pour former une touffe réguliere; on enfonce enfuite près de l'arbre une forte perche que l'on attache avec un lien de foin ou avec quelqu'autre matiere molle &

unie, de peur de bleſſer la tige. On appelle cette perche *Tuteur*, elle ſert à garantir l'arbre de la violence des vents, qui, ſans ce ſecours, pourroient le renverſer.

La plantation faite, on laboure le terrein qui eſt entre les arbres, & ſi la ſaiſon eſt ſéche, on arroſe de temsen tems ce nouveau plant pendant les deux premieres années. Nous avons propoſé dans le livre de la plantation, de mettre des pierres autour des racines des arbres de haute futaye, pour conſerver le ſol humide; mais il vaut mieux ſe ſervir de gazons épais pour couvrir le terrein autour des racines à la circonférence de deux pieds, ce qui n'empêche point l'arroſement, mais du moins, contribue beaucoup à tenir les racines fraîches; ce gazon, en pourriſſant, devient dans la ſuite un excellent engrais.

Nous ajouterons même que lorſque la ſaiſon eſt ſéche & que le ſol eſt par ſa nature fort ſec, nous ſçavons d'après l'expérience, qu'il vaut mieux mettre des gazons au fond de la foſſe à la place de la terre bien ameublie que nous avons ci-devant recommandée; ce gazon forme une eſpece de lit tendre, ſur lequel les chevelus & les maîtreſſes racines ſe répandent à leur aiſe, ſans être expoſées à ſe bleſſer : l'humidité que le gazon contient, tient lieu pendant quelque tems d'arroſement, & devient dans la ſuite, par ſa putréfaction, un des fumiers les plus analogues à la nature des arbres.

CHAPITRE XVIII.

De la méthode ordinaire de faire du Cidre.

ON ne prend pour faire du Cidre que des pommes ſaines, & l'on a l'attention d'en ôter toutes les ſaletés. Enſuite on les écraſe pour en exprimer le jus, que l'on paſſe à travers un tamis de haire fin avant de le verſer dans le vaiſſeau où l'on veut le garder, ayant l'attention toutefois de ne pas le remplir entierement, & de le couvrir légérement pendant trois jours. Au bout de ce tems, on le bouche bien avec de la glaiſe, & l'on attend le tems qu'il ſe clarifie; on en tire un peu une fois en deux jours, pour voir le dégré de ſa clarification.

Le Cidre que l'on fait avec du fruit d'été, emploie ordinairement l'eſpace d'un mois à ſe clarifier. Le Cidre Gennet ſe clarifie vers le commencement d'Octobre, & celui qui eſt fait avec les pommes rouges, ne ſe clarifie qu'au mois de Janvier. Ces régles générales ont cependant leurs exceptions qui dépendent de la température de l'air & du dégré de maturité des fruits. Mais en cas que les Cidres ne ſe clarifient point aſſez dans un mois ou ſix ſemaines après le tems ſpécifié, il faut les ſoutirer, les verſer dans d'autres vaiſſeaux, & ſe ſervir de quelque drogue pour les clarifier.

Il n'y a point de matiere plus propre à cette clarification que le *Talc* que l'on tire du nord, où on le fait en faiſant bouillir & réduire en gelée la peau & les parties nerveuſes d'un poiſſon qui reſſemble à l'Eſturgeon, que l'on appelle à Bordeaux, (du moins nous le croyons) *Martrame*. On verſe cette gêlée ſur une table pour ſécher à peu près de la même façon que l'on fait la glue.

Ce *Talc* étant diviſé en petites parties minces, ſe diſſout dans l'eau ; mais cette eau affoiblit le Cidre ; c'eſt pourquoi il vaut mieux le faire diſſoudre dans du bon vin blanc ; il eſt des perſonnes qui mettent le vin & le *Talc* mêlés enſemble ſur un feu doux ; on remue continuellement ce mêlange, le *Talc* ſe diſſout en peu de tems. Nous ferons obſerver que par cette méthode, une très-grande partie de l'eſprit du vin s'évapore, & que très-ſouvent ce mêlange acquiert un goût de brûlé ; il vaut mieux mettre le *Talc* bien rompu & diviſé dans une grande bouteille, dont on remplit les deux tiers avec du vin blanc, que l'on met à la cave ; il faut remuer ce mêlange de tems en tems ; le *Talc* s'y diſſout peu à peu, & le tout ſe réduit en gêlée, qui clarifie mieux le Cidre que le *Talc* diſſout à la chaleur du feu. Le Cidre étant ainſi clarifié, il eſt prêt à mettre en bouteille.

Voilà entierement la maniere dont on fait ordinairement le Cidre. Nous l'avons miſe ſous les yeux du Lecteur, afin qu'il puiſſe mieux juger par la comparaiſon, des régles contenues dans le chapitre ſuivant.

CHAPITRE XIX.

Des regles essentielles qu'il faut observer pour faire d'excellent Cidre.

1º. **I**L faut pour donner une excellente qualité au Cidre, que les pommes ayent acquis ce point de maturité qui les fait tomber d'elles-mêmes. L'usage, reçu dans beaucoup d'endroits de la Normandie & même de l'Angleterre, où l'on est si spéculatif, de *gauler* les Pommiers pour faire tomber le fruit, porte beaucoup de préjudice aux arbres, en ce qu'on abbat les bourgeons, altére le Cidre, en ce que le suc du fruit n'ayant pas eu le tems de meurir, il rend cette liqueur dure, âpre & aigre.

2º. Il faut ramasser les pommes tombées une ou deux fois la semaine, & les mettre en tas en un endroit assuré hors de la maison : on doit sur-tout bien éviter de les enfermer, parce qu'on s'expose à leur faire acquérir un goût de moisi faute d'un air libre & ouvert; il devient amorti, pesant & presqu'insusceptible de fermentation, ce qui fait que le Cidre est long-tems à se clarifier.

3º. Ayez l'attention de faire le tas sur un terrein qui soit en pente à l'exposition du midi, afin que s'il vient à pleuvoir, les eaux puissent s'écouler, tandis que d'un autre côté les pommes reçoivent les influences de l'air & des rayons du soleil.

4º. Il est extrêmement important de couvrir avec du chaume, l'endroit où l'on met le tas; il faut soutenir ce chaume avec quatre longues perches, dont le côté exposé au midi doit être le plus élevé : c'est ainsi que le fruit profite du soleil & de l'air, & n'est point exposé à la pourriture qui seroit infaillible, si les eaux des pluies y séjournoient : on pave cet endroit & on le borde de grandes pierres, pour que le fruit soit propre, net, & qu'il se tienne en tas.

5º. Il faut laisser ainsi les pommes en tas, plus ou moins de tems, selon leur nature. Celles qui sont dures & dont le jus est âcre, demandent d'être en tas au moins pendant un mois, au lieu que les blanches aigrelettes qui meurissent de bonne heure, ne demandent d'être en tas qu'environ quinze jours. Au reste, la maturité du fruit & les dispositions de l'air doivent décider du tems que l'on doit les y laisser.

6°. Lorsque les pommes sont écrasées, il faut les laisser dans cet état vingt-quatre heures avant d'en exprimer le jus, ce qui donne au Cidre une couleur plus foncée.

Quand on fait beaucoup de Cidre à la fois, il est bon d'avoir un vaisseau assez grand pour contenir le tout ensemble, afin que le tout soit clarifié en même-tems, & devienne propre à être soutiré.

8°. Le Cidre étant clarifié, ce qui arrive quelquefois en un jour ou deux de tems, lorsqu'il fait un vent sec de nord ou du levant, on le soutire dans des vaisseaux qui contiennent deux quarteaux, par un robinet placé à un demi-pied au-dessous du fond du vaisseau ; on laisse ainsi de la place pour les lies.

Remarquez cependant que quoique l'on ait soutiré le Cidre bien clair, il ne laisse pas de fermenter & de s'épaissir dans les tems pluvieux & orageux, & quand les vents de sud & d'Ouest soufflent. Cette fermentation arrive pendant l'espace d'un mois ou six semaines après que le Cidre a été soutiré pour la première fois. De-là, il est évident qu'on ne sçauroit trop y veiller, & soutirer souvent le Cidre, afin de prévenir ces fermentations & le faire rester tranquille.

9°. Le tems auquel il convient de faire le premier soutirage est indiqué par une croute rouge qui s'étant formée sur la liqueur, commence à se rompre ; quand on commence à appercevoir des bouillons blancs, il faut absolument faire le soutirage, quoique le Cidre ne soit pas encore assez clarifié, parce que si l'on n'a point cette attention, il fermente trop, & que par cette fermentation outrée, il devient pâle, perd son feu & s'amortit.

10°. Pour disposer le Cidre à se clarifier promptement, & pour ne pas en perdre dans les fréquents soutirages, il faut se pourvoir de cinq ou six sacs de flanelle faits en forme de pain de sucre, contenans chacun dix ou douze pintes de liqueur. On borde le haut où la partie supérieure de ces espéces de chausses avec une étoffe forte, & l'on passe deux bâtons à travers le haut de chacune.

11°. On les laisse pendre pardessus un grand vaisseau après les avoir remplis de la lie qui reste au fonds de chaque piéce qu'on a soutiré. Par le secours de cette méthode, on peut conserver beaucoup de Cidre, qu'autrement il faut jetter avec les lies.

12°. Il faut avoir toujours des piéces vuides pour y verser le Cidre passé par le tamis fin, & la piéce étant remplie, il faut la bien boucher, pour que la liqueur ne s'amortisse pas.

13°. On peut rendre le Cidre dur ou moëlleux, en en mettant plusieurs sortes ensemble après le dernier soutirage.

14°. En mêlant ainsi les différens Cidres, on peut donner à ce-lui que l'on destine pour soi-même le goût agréable de la pomme blanche aigrelette. Une certaine quantité de jus de cette pomme, communique son goût à une grande quantité de Cidre.

15°. Il est des Personnes qui bouchent les barils de Cidre de bonne heure, il en est d'autres qui les laissent ouverts jusqu'à Noël, & même plus longtems, si les gêlées ne sont pas fortes; ces deux méthodes peuvent être bonnes ou mauvaises, cela dépend de la nature des fruits; les uns meurissent plutôt que les autres; on en a du Cidre de meilleure heure qu'avec les fruits plus tardifs. On fait en effet très-prudemment de boucher ce premier Cidre plutôt que le dernier; pourvû que du moins on ait laissé un peu évaporer l'air qu'il contient.

16°. Tandis que les piéces de Cidres ne sont pas encore bou-chées, il faut couvrir l'ouverture avec une planche mince, afin d'empêcher la poussiere d'y entrer, & afin que les rats ne rompent point la substance onctueuse ou espéce de membrane qui se forme sur la superficie.

17°. Lorsqu'on fait le dernier soutirage, il faut avoir l'attention de bien remplir la piéce dans laquelle on soutire la liqueur, pour se procurer l'aisance d'ôter par l'ouverture, la lie la plus légére, qui ordinairement surnage, & qui ne manqueroit pas de donner un très-mauvais goût au Cidre si l'on négligeoit ce soin.

18°. Il y a beaucoup de Cultivateurs qui donnent dans l'erreur de croire que l'on ôte beaucoup de sa force au Cidre en lui don-nant de fréquens soutirages. L'expérience prouve que cette erreur est très-nuisible, & que le moyen le plus assuré de conserver le Ci-dre dans sa force & de l'empêcher de s'aigrir, c'est de le soutirer chaque fois que l'on voit quelque peu de lie surnager. Il est bien vrai qu'en tenant toujours la piéce pleine, on peut ôter avec une cuillier la plus grande partie de la lie; mais il s'en échappe toujours assez pour donner de l'aigreur à toute la piéce. Ainsi nous le ré-pétons, le moyen le moins équivoque, c'est de soutirer le Cidre.

19°. On ne prend point assez de précautions dans la distribution des piéces de la Ferme, ce qui fait que beaucoup de denrées ont une mauvaise qualité, sans que le Cultivateur soupçonne ce qui peut y donner lieu. L'endroit, par exemple du pressoir, & celui où l'on met les piéces de vin, sont pour la plûpart trop près des écuries ou des étables, ou de la fosse au fumier, ou du moins trop ouverts aux différens animaux de la Ferme. Or, rien (nous le ré-

pétons encore) ne demande tant de propreté que les endroits où
eſt le preſſoir, & ceux dans leſquels on tient le vin, le Cidre, la
Biere & l'Huile. Il faudroit que l'on ſe tranſportât en Angleterre
pour voir toutes les précautions que l'on prend pour loger toutes
ces boiſſons. Rien, en effet, n'altere plus les ſubſtances ſpiritueuſes
que les mauvaiſes odeurs. Auſſi ceux qui veulent ſe procurer des
boiſſons qui ayent une bonne qualité, prennent-ils pour la propreté & pour la netteté des lieux où on les met & où on les conſerve, les mêmes attentions que l'on doit prendre pour le laitage :
quiconque les omet, ſe donne toujours des liqueurs ou qui ont un
goût déſagréable, ou qui s'aigriſſent, ou qui ne peuvent point ſe
conſerver.

20º. Quant au tems auquel il faut mettre le Cidre fort en bouteille. Cette opération ſe fait ordinairement à la fin d'Août ou au
commencement de Septembre, afin que le reſte de chaleur qui ſe
fait encore ſentir, le faſſe aſſez fermenter pour le mettre en état
de réſiſter aux rigueurs de l'hyver.

21º. Cependant il faut régler cette opération ſur la différence des
climats. L'Auteur de ces régles, dit M. *Hall*, pour faire du bon
Cidre, ne le mettoit en bouteilles qu'au bout de deux ans après
qu'il étoit fait, & comme il étoit dans la Province de *Cornouailles*,
qui eſt la méridionale de l'Angleterre, il faiſoit cette opération à la
fin de Septembre ou au commencement de Novembre. De-là l'on
doit conclure que plus les endroits où l'on fait du Cidre ſont
méridionaux, plus on doit retarder de mettre cette liqueur en
bouteille.

22º. Lorſqu'on le met en bouteille, il faut bien prendre garde
de trop remplir les bouteilles, il faut au contraire avoir bien l'attention de laiſſer les cols vuides, afin que les eſprits, par la petite
fermentation qui s'y fait encore, puiſſent ſe répandre & ſe jouer
avec liberté dans les bouteilles ſans les faire éclater. Cette attention
eſt d'autant plus néceſſaire, que cette boiſſon devient extrêmement
couteuſe par le nombre de bouteilles qui ſe caſſent & par la quantité
de liqueur qui ſe perd, ſi on remplit trop les bouteilles : ainſi on
fera toujours ſagement ſi on laiſſe tout le col vuide.

Il faut après avoir bien choiſi les bouchons, les faire tremper
dans de la bonne huile pendant deux ou trois heures, & les aſſu-
jettir à la bouteille avec de la ficelle, & on couche enſuite les bouteilles ſur le côté. Lorſqu'enſuite on veut en boire, on commence
après avoir enlevé le bouchon & avoir bien eſſuyé l'orifice pour

en ôter la crasse de l'huile, à décanter la liqueur tout doucement
dans une autre bouteille, tenant la première bouteille dans la
même situation, c'est-à-dire, panchée sur le côté, comme elle
étoit dans la cave, afin que le sédiment reste au fond, & que la liqueur forte, claire & agréable à la vue.

Monsieur *Hall* assure d'après l'expérience, qu'en observant avec
attention tous ces documens, on peut conserver le Cidre pendant
l'espace de plusieurs années, qu'on le transporte même aux Indes
Orientales, & qu'il acquiert une plus parfaite qualité dans les voyages de long cours.

Deux fameux Médecins Anglois, *Floyer* & *Baynard* assurent
que le bon Cidre est un excellent spécifique contre l'asthme, contre les maladies quelconques du poulmon, & principalement
contre le scorbut. Il est vrai que tout concourt à confirmer l'opinion
de ces deux célébres Médecins; mais il faut que le Cidre soit
simple & naturel, & qu'il ne soit point altéré par quelque mêlange, & sur-tout par celui que l'on fait dans certains endroits.
Par exemple, il y a des Provinces à Cidre où l'on y mêle du thériaque, du soufre, du sucre bouilli, du talc, de la cochenille
& beaucoup d'autres drogues, qui, d'une liqueur naturellement
salubre, en font une liqueur mal-saine; nous disons même d'autant plus dangereuse, que par cette mixtion, elle acquiert une
propriété corrosive, qui, insensiblement & sans que l'on s'en apperçoive, attaque les parties solides.

CHAPITRE XX.

*Profit que le Cultivateur peut tirer des Animaux, & moyen qu'il
peut employer pour les augmenter.*

NOus avons déjà, dans une partie de cet Ouvrage, traité des
Animaux dont un Cultivateur doit peupler sa Ferme; nous
croyons lui avoir donné toutes les instructions nécessaires pour les
bien nourrir & pour s'en servir le plus utilement qu'il est possible.
Nous allons à présent mettre sous ses yeux tous les profits qu'il
peut en tirer, & même les moyens qu'il peut employer pour les
augmenter.

Pour exécuter notre dessein avec clarté, nous divisons les produits de ces animaux en produits naturels & produits artificiels. Les naturels font ceux dont on se sert tels que ces animaux les donnent : les artificiels sont ceux qui tiennent à notre industrie & à la façon dont nous nous conduisons pour les rendre propres à la vente.

Le Lait & la Laine sont dans la classe des produits naturels ; parce qu'on peut les vendre dans leur état naturel. Le Beurre & le Fromage sont de la classe des artificiels, parce qu'il faut les travailler & leur faire subir certains procédés avant qu'ils soient marchands.

Ces différens objets vont nous occuper ; le Lecteur est intéressé à nous suivre. Nous ne négligerons rien pour l'instruire, c'est à lui à ne rien négliger pour apprendre cette branche-ci, toute simple qu'elle est, elle est une des plus fécondes de l'œconomie rurale. Elle dépend de détails petits à la vérité, mais lucratifs, lorsqu'on sçait bien les conduire. Nous osons avancer que ces articles sont encore susceptibles de beaucoup d'éclaircissemens, & que nos instructions seront nouvelles pour la plus grande partie des Cultivateurs. Nous pousserons même notre exactitude jusqu'à parler de certains points curieux qui nous paroissent propres à répandre quelque jour sur ceux qui sont utiles. Commençons par faire connoître la nature du Lait.

Le Lait est un fluide séparé du suc nutritif des corps que l'on appelle chyle. (Nous prions de se rappeller que nous parlons aux Cultivateurs, proprement dits :) la nature le dépose dans le sein & dans les tettines des femelles pendant qu'elles sont pleines, pour servir ensuite d'aliment à leurs petits.

Lorsque les petits sont nés, le Lait vient en abondance, & continue ainsi à couler pendant tout le tems que les petits tettent la mere. Mais cessent-ils d'en faire usage de bonne volonté ou par force, le Lait se tarit de lui-même.

Nous venons de faire observer que le sein & les tettines des femelles étoient des réservoirs que la nature avoit choisis pour recevoir le Lait pendant que les femelles sont pleines. Il y a des mâles, tant parmi les Hommes que parmi les animaux qui ont eu du lait ; l'Histoire même nous dit que les femelles en ont eu sans grossesse. La Charité Romaine, si fameuse dans l'Histoire & dans la Peinture, en est un exemple ; un Vieillard retenu dans un cachot, fut nourri en tettant sa fille qui étoit vierge.

Aristote assure qu'on a trouvé du Lait dans le sein de quelques

Hommes; *Caflan* dit qu'un Homme de fon tems, avoit fuffifamment de Lait pour nourrir un enfant. *Pline* & d'autres Auteurs, racontent la même chofe de quelques perfonnes de leur tems. Les tranfactions philofophiques nous donnent un détail bien circonftancié d'un mouton qui nourrit avec fon lait un agneau pendant plufieurs mois.

Pour peu que l'on réfléchiffe fur la ftructure des Animaux & fur les moyens que la nature a choifis pour la propagation des efpéces; les faits que nous venons de citer d'après tant d'Auteurs, ne paroîtront point étonnans. Le Lait eft un fuc formé pour la nourriture des corps. Or, la nourriture des Hommes eft la même que celle des Femmes. La nourriture du Cheval & du Mouton ne différent point de celle de la Jument & de la Brebis. Le tiffu des mammelons des Hommes eft le même que celui des mammelles des Femmes, chez lefquelles le Lait tarit, comme on a occafion de l'obferver, quand les enfans ne tettent plus, & continue au contraire de couler pendant tout le tems qu'ils tettent. Il n'eft donc pas étonnant que la même force porte le Lait à l'endroit qui lui eft deftiné par la nature même en un tems qu'il n'y feroit point venu fans cette force.

Bien loin d'être furpris des traits hiftoriques que nous venons de rapporter, on peut affurer qu'il eft bien probable que toute Vierge parvenue à l'état nubile, ou tout Homme en bon état de fanté, donneroient du Lait fi on les tettoit pendant un certain tems, & que la même chofe arriveroit dans les Animaux. Le Lait eft une provifion que la nature toujours foigneufe de fes productions, fait pour les petits des Animaux & les Enfans des Hommes.

CHAPITRE XXI.

De la nature du Lait.

LE Lait tient beaucoup de la nature de la liqueur qu'on appelle chyle, c'eft-à-dire, du fuc nutritif, féparé des matieres groffiéres des alimens, & deftiné d'abord à notre accroiffement & à réparer les pertes que nous faifons continuellement par l'infenfible tranfpiration ou autres accidens, dans le détail defquels il eft fort inutile d'entrer. Toute notre nourriture tend à la formation du chyle ; le grand deſſein de la nature eſt, dans la digeſtion, d'en former une quantité ſuffiſante ; car c'eſt de ce point eſſentiel que dépend la conſervation de l'individu.

Le chyle eſt un ſuc blanc, clair, formé de la partie la plus fine & la plus nourriſſante de nos alimens. Le Lait n'eſt, à proprement parler, qu'un chyle plus épais. On n'y trouve point d'autre diffé- rence quand on les compare enſemble, d'où l'on peut conclure qu'une quantité de chyle a été portée dans les glandes du ſein, ou que quelques parties aqueuſes en ont ſéparé le reſte, que par conſé- quent, devenant plus épais, il eſt attiré par la bouche de l'enfant dans la forme de ce que nous appellons Lait.

En examinant le Lait avec un microſcope, on découvre qu'il eſt compoſé de quelques parties nourriſſantes mêlées avec une grande quantité de fluide aqueux. Les parties nourriſſantes ſont blanches, & nagent en forme de goutes dans la liqueur claire & aqueuſe.

De même, quand on fait du Beurre & du Fromage, on ſépare ces parties par la force du mouvement, & elles paroiſſent alors exactement diſtinctes. La partie nourriſſante & riche, forme le Fromage & le Beurre, & la partie aqueuſe découle ; c'eſt ce que nous appellons petit Lait ou Lait de Beurre.

Ce que nous venons de dire, prouve bien la vérité de ce que M. *Wenoëck* diſoit avoir vu avec les microſcopes. C'eſt ainſi que la philoſophie nous découvre les principes ſur leſquels portent toutes nos opérations les plus ordinaires, & ces mêmes opérations éclairciſſent & démontrent la ſolidité des découvertes de la Philo- ſophie.

Les anciens Phyſiciens croyoient que le Lait dans le ſein des Ani- maux, ſe formoit du ſang ; mais cette hypothèſe entraînoit beau- coup de difficultés. La nature ne fait point des détours ; ſes opéra- tions ſe font avec toute la ſimplicité poſſible. On pouvoit alors avoir une idée très-imparfaite de la formation du Lait ; mais aujour- d'hui, on la conçoit aiſément. Le Lait ſe porte d'abord au ſein en forme de chyle ; c'eſt-à-dire à peu près dans ſa propre forme. A l'égard du changement qu'il ſubit par ſa ſéparation d'avec la partie aqueuſe ; il n'eſt pas plus difficile à comprendre que celui de la ſé- paration de l'urine dans les rheins.

CHAPITRE XXII.

De plusieurs especes de Lait.

NOus venons de voir que le Lait n'est qu'une espece de chyle très-riche, qu'il est composé de parties aqueuses très-fluides & de parties plus consistantes, & par conséquent, moins fluides. La Physique, avec le secours des microscopes, n'a pu distinguer dans le Lait que ces deux parties. Mais par les opérations que l'on fait tous les jours dans la laiterie, on en découvre trois ; sçavoir le Beurre, le caillé & le petit Lait.

Le Beurre étant huileux, se sépare aisément & surnage ; ce qui se rapporte, comme on le voit, à l'ordre naturel ; car nous sçavons que le Beurre tient de la nature de l'huile, & nous n'ignorons pas que l'huile surnage ; c'est pourquoi nous distinguons trois différentes qualités dans ces trois différentes parties qui composent le Lait ; ainsi ces trois qualités différentes, une fois bien connues, nous comprendrons aisément toutes les opérations qui rendent le Lait propre aux différens usages que nous enseignons.

Ces trois parties sont, comme nous venons de le dire, la partie huileuse ou butireuse, la partie caillée ou caseuse & la partie aqueuse ou petit Lait. La nature seule pouvoit mêler & unir parfaitement ces trois fluides, & en former un seul riche & nourrissant dans le corps de l'Animal, en donnant toute l'analogie nécessaire aux ressorts tendres de l'estomac du petit individu. Nous les voyons ces trois parties mêlées pendant quelque tems, après que le Lait est sorti du corps ; mais dès qu'elles se sont naturellement séparées ou qu'elles l'ont été par l'art, nous ne pouvons les réunir ensemble. Le Beurre, le Fromage, le petit Lait, étoient tous trois contenus dans le Lait : mais quels moyens que toute notre Chimie voulût mettre en usage, elle ne pourroit jamais remettre en Lait le Beurre, le Fromage & le petit Lait.

CHAPITRE XXIII.

Des différences du Lait de chaque animal.

NOus avons jusqu'ici parlé du Lait en général ; il convient à présent de voir quelles sont les différences que l'on trouve dans celui que nous tirons de chaque Animal. Le Lait varie beaucoup dans différens Animaux & cette variation dépend de la construction du corps des Animaux, de leur nourriture & de la contexture particuliére des parties où le Lait se forme.

Le grand & principale objet de la nature dans la formation du Lait, c'est de nourrir les petits ; elle connoît, ou pour parler plus réguliérement, Dieu, dont la Providence connoît la contexture de ces tendres individus qu'il a formés, a pourvu à leur subsistance, par une nourriture analogue, à la foiblesse des fibres de leur estomac.

C'est ainsi que le Lait dans toutes les Créatures, est le chyle ou suc nutritif du nouvel individu, formé & réduit à cet état, par la séparation des parties aqueuses ; mais ces parties ne sont point en égale quantité dans certains Animaux. Il est des Animaux où il y en a moins & d'autres où il y en a plus, selon enfin la contexture des vaisseaux où le chyle se forme ; il faut dans certains Animaux que le chyle se porte plus aqueux aux glandes, qui en font la séparation, que dans d'autres. Si cela n'étoit point ainsi établi par la nature, pourquoi le Lait de la Vache seroit-il si nourrissant, & celui de l'Anesse si aqueux, quoique l'on fasse paître l'une & l'autre dans le même pâturage ?

Il ne faut pas croire que le Lait d'Anesse soit plus riche & plus nourrissant que celui de Vache, parce que les Médecins prescrivent l'usage du premier, pour rétablir les tempéramens délabrés. Ce n'est précisément que parce qu'il est plus aqueux, & que l'estomac de ces Personnes étant foible, il ne digéreroit point le Lait de Vache qui seroit trop nourrissant pour elles.

Il est donc bien évident que la différente construction du corps & des vaisseaux destinés à séparer & préparer le Lait, est la cause d'une plus grande ou moindre quantité nutritive qui se trouve dans le Lait de différens Animaux : voilà exactement toute la différence
réelle

réelle qui se trouve entre le Lait d'un Animal & celui d'un autre.

Il y a quatre sortes de Lait qui méritent la considération particulière du Cultivateur ; celui de Vache, celui d'Anesse, celui de Chevre & celui de Brebis. On pourroit ajouter celui de Jument, dont on se sert dans certains endroits ; mais celui de Vache est le plus intéressant pour le Cultivateur, puisqu'il est le soutient de sa laiterie.

A l'égard de la préférence que l'on donne à celui d'Anesse pour rétablir les tempéramens délabrés ; elle ne vient que d'une plus grande ressemblance que l'on lui trouve au Lait de Femme.

Comme il arrive ordinairement que les Personnes affligées de maladies qui demandent le secours du Lait, ont des sucs âcres dans leur estomac qui y font cailler le Lait, il faut en adoucir l'âcreté ; il n'y a rien de meilleur pour opérer cet effet, que de leur donner de la craye réduite en poudre fine dans du Lait.

CHAPITRE XXIV.

Du Lait de Vache & de ses différences.

DE tous les Laits, celui de Vache est sans contredit le plus riche & celui, qui de tous, est le plus utile : on sçait combien le Beurre & le Fromage rapportent d'utilité aux Cultivateurs qui suivent avec un peu d'attention cette branche de l'œconomie.

Il y a une opinion généralement reçue parmi le Peuple, que la qualité du Lait varie suivant la couleur de l'Animal. Pour peu que l'on soit Physicien, on doit sentir tout le ridicule d'une opinion semblable. La Vache rousse, dit-on, donne les meilleurs Veaux & la Vache noire le meilleur Lait.

Ce qui fait varier la qualité du Lait, c'est la différence des pâturages & de la nourriture que l'on donne aux Vaches. Mais nous avons détaillé assez amplement cet article dans le Livre de la Ferme & dans celui des prairies artificielles, pour n'avoir pas besoin de donner ici de nouvelles instructions.

Nous avons aussi donné dans les mêmes Livres, tous les signes les plus caractéristiques pour nous guider dans le choix des bestiaux, suivant l'espece de chacun. Tâchons de faire connoître ici les marques principales auxquelles on peut connoître une Vache abondante en Lait.

Après qu'on a choisi une Vache bien taillée, il faut examiner si elle est douce. C'est le point essentiel : un caractère mutin & revêche diminue beaucoup la valeur d'une Vache. Vainement se promet-on de vaincre ce caractère ; pourquoi attendrions - nous un tel changement de la part d'une Vache, puisque nous-même avec toute notre raison, ne pouvons point remporter cette victoire.

Outre la douceur, la Vache à Lait doit avoir une grosse & belle tettine avec quatre trayons longs & épais, avec des bouts petits : il ne faut pas qu'il y en ait plus ; elle doit avoir un col mince avec un fanon bien velu, ses cornes doivent être courtes & bouchonnées. Il faut faire ensorte d'avoir toutes les Vaches & tous les Taureaux de la Ferme, de la même espece : nous en avons fait connoître toute l'utilité, & nous avons fait voir les inconvéniens qui résultoient de cette inattention ; mais si l'on est dans l'impossibilité de le pratiquer, il faut du moins les avoir de la même grosseur & à peu près de la même taille, sans avoir égard à la couleur ; il ne faut point s'embarrasser qu'elles soient rousses ou noires. Notre unique objet doit être de les avoir bonnes & aussi ressemblantes qu'il est possible pour la taille & pour la grosseur, par ce moyen, elles vivent très-bien ensemble, & l'on parvient à se donner en fort peu de tems, une très-bonne race.

On peut juger si une jeune Vache rendra toujours une bonne quantité de Lait, en observant la quantité qu'elle en donne après qu'elle a vêlé. Si dans ce tems-là elle n'est point abondante, on peut être assuré qu'elle n'en rendra jamais beaucoup ; le meilleur parti est de s'en défaire. Ce n'est qu'à force de changer, de vendre & d'acheter de ces Animaux, qu'on parvient à peupler sa Ferme d'une bonne race. Mais il faut que l'industrie vienne à notre secours ; car, acheter, & vendre toujours à perte, seroit s'exposer à des frais immenses, avant qu'on parvînt à établir un certain nombre de Vaches bien choisies.

C'est-là le point le plus essentiel ; car lorsqu'on se livre à cette branche de l'œconomie, la différence du produit du Lait mérite la considération du Cultivateur : des Vaches, mauvaises laitieres, font autant de dépense que les bonnes.

La qualité du Lait ne dépend pas de la quantité de nourriture, quoique sa qualité dépende de la qualité du fourage. Une Vache mal nourrie ne peut pas, à la vérité, rendre une grande quantité de Lait ; mais si l'on observe deux Vaches, dont l'une est bonne laitiere & l'autre mauvaise ; on verra que cette derniere consume autant de fourage que la premiere.

CHAPITRE XXV.

De la quantité de Lait qu'une bonne Vache peut donner.

IL est impossible de fixer précisément la quantité de Lait qu'une Vache peut ou doit donner, à cause de la différence qui se trouve parmi ces Animaux, soit relativement à l'âge, soit relativement à la race, soit enfin relativement à la taille ; mais afin que le Cultivateur connoisse si sa laiterie est bien ou mal fournie, nous allons lui indiquer ce qu'il peut, vraisemblablement, espérer.

On doit, comme nous l'avons dit, observer la quantité de Lait que les jeunes Vaches donnent lorsqu'elles vélent : les unes en rendent plus, les autres moins. Il faut cependant bien exactement observer les unes & les autres pendant le cours d'une année, pour voir comment elles se comportent, malgré la regle générale, que nous avons donnée ci-devant ; parce qu'une Vache qui est abondante quand elle a vélé, peut dans la suite être moins abondante qu'une autre.

Il y a encore cette différence à considérer, c'est que le Lait tarit dans certaines Vaches un mois, deux mois & quelquefois trois mois avant de vêler la seconde fois ; au lieu qu'il y en a qui rendent leur quantité ordinaire jusqu'au dernier jour, & même la nuit avant que de vêler. On voit que ceci mérite attention. Une Vache qui produit pendant le cours d'un an une quantité de Lait, continuera toujours, & celle qui, pendant le même espace de tems, en rend peu, ne sera jamais bonne laitiere. Il arrive souvent que les Vaches abondantes en Lait, au tems du *vêlage*, deviennent tout-à-fait séches deux ou trois mois avant que de vêler une seconde fois ; d'un autre côté, celles qui rendent une quantité médiocre de Lait au tems du *vêlage*, continuent la même quantité jusqu'au moment de vêler une seconde fois.

Or, quand une Vache ne rend que peu de Lait dans le tems du *vêlage*, on peut la vendre & la remplacer par une autre qui donnera plus de profit ; mais une Vache qui rend modérément du Lait dans ce tems & qui continue de même pendant le cours de l'année, vaut ordinairement plus au Cultivateur, qu'une qui en donne beaucoup au commencement, & qui devient séche deux ou trois mois avant que de vêler une seconde fois. C'est à quoi l'on doit faire une très-grande attention; car on ne peut point décider de la supériorité d'une Vache sur une autre, sans avoir calculé le produit de chacune pendant le cours d'une année.

Ce que nous venons de dire doit faire voir au Cultivateur, qu'il ne doit pas décider trop promptement sur la valeur de ses Vaches; on voit bien également qu'il est impossible de fixer fidélement la quantité de Lait qu'on doit attendre de chaque Vache. Nous allons cependant parler en général de ce point important.

A l'égard de la quantité du Lait, cela dépend beaucoup du tems auquel les Vaches vêlent. Si cela arrive à la fin de Mars ou au commencement d'Avril, comme les herbes sont dans toute leur vigueur, on peut s'attendre à une très-grande abondance de Lait. Les Veaux qui naissent dans ce tems-là & qu'on veut élever, ne rendent point autant de profit, parce qu'ils absorbent le meilleur Lait de la Vache; mais quand on veut vendre le Veau aussitôt qu'il est en état d'être vendu; une Vache qui vêle de bonne heure au printems, est bien préférable quant au Lait, à celle qui vêle plus tard.

Une Vache qui a vêlé & qu'on met dans les pâturages en Avril, peut rendre depuis cinq pintes, mesure de Paris, jusqu'à douze, chaque fois qu'on la trait. Cependant huit pintes font une bonne quantité. Une Vache qui rend pendant le cours d'une année, cinq pintes, mesure de Paris, chaque fois qu'on la trait, doit être regardée comme une très-bonne Vache. Mais il faut se défaire de celles qui rendent moins de quatre pintes. En général, on doit être satisfait d'une Vache qui rend chaque fois qu'on la trait, six pintes pendant toute l'année. Cette quantité de Lait produit ordinairement une pinte de forte crême, dont on tire une livre de Beurre. C'est sur cette estimation que la Ménagere doit calculer les frais & le produit net de sa laiterie.

CHAPITRE XXVI.

De l'heure à laquelle il faut traire & comment il faut le faire

LEs deux grandes attentions sur lesquelles roulent les profits d'une laiterie sont les heures auxquelles il faut traire les Vaches, & l'arrangement du Lait. La premiere paroîtra d'abord très-peu importante, si on la compare avec la derniere; mais comme nous parlons d'après l'expérience; nous assurons que cette attention est aussi essentielle que toute autre.

Il faut traire une Vache deux fois dans les vingt-quatre heures. Il est des Ménageres qui croyent tirer plus d'avantage en faisant cette opération trois fois; mais l'expérience prouve qu'elles sont dans l'erreur, & qu'en laissant un intervalle de douze heures entre chaque traite, la Vache rend beaucoup plus de Lait & beaucoup mieux conditionné; car en trayant trois fois, on ne fait qu'importuner l'Animal & forcer la nature.

Ceux qui font traire trois fois leurs Vaches dans vingt-quatre heures, c'est-à-dire, deux fois pendant le jour, & une fois pendant la nuit, se fondent sur ce que la Vache mange plus pendant le jour que pendant la nuit, & que par conséquent, elle doit rendre plus de Lait pendant le jour; mais pour peu qu'on soit instruit de la conduite que la nature tient dans le méchanisme des corps des Animaux, on sçait parfaitement bien qu'on ne doit pas faire cette différence entre les heures du manger & celles du repos; car quoique l'Animal ne mange que pendant le jour, la digestion se fait toute la nuit; c'est pourquoi les tems de traire doivent être à des intervalles réguliers. D'ailleurs, l'expérience prouve que la tettine d'une Vache est aussi pleine le matin après le repos de la nuit, que le soir après qu'elle a pâturé pendant tout le jour.

D'autres allèguent qu'il y a des Vaches qu'il faut traire trois fois le jour, parce qu'elles sont sujettes à couler. Cette objection est certainement fondée, en supposant que cela arrive : mais il est à présumer que cela ne vient que de ce l'on a habitué les Vaches à être traites trois fois par jour; ainsi les Cultivateurs sont eux-mêmes les Auteurs de cet inconvénient. L'expérience prouve que cela n'arrive jamais aux Vaches que l'on a accoutumées à n'être traites que deux fois par jour.

Il est vrai que cela peut être causé par quelqu'infirmité dans la tettine, comme, par exemple, par une espece de paralysie, ou par la nature du Lait; comme, par exemple, quand il se dissout & qu'il se tourne en eau : c'est pourquoi il faut alors se défaire de ces Vaches.

La nature étant une fois accoutumée à une chose, elle s'y attend. Lors donc que l'on a habitué une Vache à la traire trois fois par jour, elle en demande la continuation ; mais la quantité de Lait n'est pas plus grande que si on ne la trait que deux fois. Quant au défaut de répandre son Lait lorsqu'on néglige de la traire trois fois, on doit le regarder comme une infirmité ; de sorte que cela ne peut point faire régle pour une Vache qui se porte bien.

Enfin, nous pouvons assurer d'après les observations les plus exactes, & d'après des expériences souvent répétées, qu'une Vache en bonne santé, ne demande point d'être traite au-delà de deux fois par vingt-quatre heures, & qu'elle rend plus de Lait, en observant cette pratique, que lorsqu'on la trait trois fois.

Quant aux heures auxquelles il convient de traire ; cela dépend des circonstances. Lorsqu'on est voisin des grandes Villes, il faut se conformer aux heures du jour auxquelles la demande du Lait est plus grande. Mais le Cultivateur qui garde son Lait pour son propre usage & profit, peut traire ses Vaches aux heures qu'il veut ; c'est à lui à choisir le tems le plus convenable & qui lui est le plus commode.

Cependant il ne faut point abuser de cette liberté. En été, quand les jours sont longs, les tettines des Vaches sont plus pleines de Lait entre les six & sept heures du matin, & vers les sept heures du soir. On doit donc préférer ce tems pour les traire. D'ailleurs c'est que lorsque la tettine est pleine, on soulage beaucoup ces Animaux en les déchargeant de cette quantité de Lait ; il faut, par conséquent, leur procurer ce soulagement. D'ailleurs, il y a encore une raison, & qui est très-importante dans cette opération : les Vaches rendent alors plus librement leur Lait. Le matin on trait le Lait qui s'est formé de la digestion opérée pendant la nuit, & le soir donne celui qui s'est formé par la nourriture abondante de la journée, dont une partie doit nécessairement se convertir en chyle pendant que l'Animal mange & se promene, & le reste pendant le repos de la nuit. Quand les jours racourcissent, on fait traire les Vaches plus tard le matin & de meilleure heure le soir.

Le Lait du matin est-il plus salubre & a-t-il plus de qualité que celui du soir ? Question que l'on n'a point agitée, & qui, cependant, mériteroit de l'être; car lorsqu'il faut ordonner le Lait à quelque malade, on doit choisir tout ce qu'il y a de mieux conditionné. Pour remplir cet objet, il faut donc savoir s'il est indifférent de prendre le lait le matin, sortant du trayon de la vache; ou de prendre le matin celui que l'on a trait le soir, & que l'on fait tiédir. En suivant pas-à-pas la marche de la Nature, on peut donner des inductions propres à décider cette question.

Il est certain que plus l'individu fait de mouvement, plus les liqueurs qui servent à conserver son existence sont agitées, plus par conséquent elles se déchargent par la voie de la transpiration de toutes les parties éthérogènes, qui troubleroient soit par leur quantité, soit par leur qualité l'équilibre qui doit régner par un état sain, entre les solides & les fluides. Or ce hyle, ainsi que les autres liqueurs qui circulent dans le corps de l'animal, est soumis à cette Loi naturelle. Ce principe incontestable une fois établi, il est évident que le lait que l'on trait le soir, a plus subi par les divers mouvemens que l'animal a faits pendant la journée, les agitations qui exercent l'insensible transpiration, qu'il s'est par conséquent plus déchargé de ses parties éthérogènes que le lait que l'on trait le matin, parce que l'animal a été en repos pendant toute la nuit.

Le lait que l'on trait le matin, outre qu'il est empreint des parties de la transpiration, n'a point d'ailleurs les parties qui le composent assez divisées; puisqu'elles sont encore absolument confondues, & qu'elles forment proprement cette liqueur que nous appellons lait. Le donner ainsi aux malades, c'est exactement heurter de front les premiers élémens de la Médecine. Le régime du lait est ordinairement prescrit aux tempéramens délabrés. L'estomac se ressent de cet affoiblissement, il faut donc décharger le lait de ces parties huileuses & crasseuses, qui ne servent qu'à émousser les ferments foibles qui restent dans cette partie dont la nature a fait son laboratoire. Plus le lait est chargé de ces parties butireuses, connues quelques heures après qu'il est trait, sous la dénomination de crême, plus il émousse les fermens de l'estomac, moins par conséquent il répond à la fin que l'on s'est proposée en le prescrivant.

Le lait que l'on trait le soir a au contraire beaucoup plus de salubrité, il est plus *affiné* (qu'on nous passe le terme) parce que les substances dont il est composé ont été plus agitées par les mouvemens de l'animal pendant la journée ; la transpiration a donc été plus vive, & par conséquent plus abondante, elle l'a donc plus déchargé de ces parties éthérogènes; il est donc plus propre à remplir l'objet que l'on s'est proposé.

Autre avantage inséparable de la nouvelle méthode que nous osons annoncer contre l'usage établi par tous les Médecins, c'est que le lait du soir ayant le tems de se reposer, les parties crasseuses ont le tems de surnager la partie salubre du lait, & que d'ailleurs en le faisant chauffer, & lui donnant un dégré de chaleur un peu plus que la tiédeur, on peut enlever cette espéce de toile qui se forme sur la superficie, & qui n'est autre chose que de la crasse.

D'ailleurs, (nous renvoyons à l'expérience) ; qu'on prenne du lait du soir qui sort du trayon ; qu'on le mette dans les vases destinés à la crême, qu'on en fasse du beurre.

Qu'on prenne du lait du soir sans le mêler avec d'autre, qu'on le fasse de même écrémer, & qu'on en fasse aussi du beurre, on sentira la différence de ces deux sortes de beurres, & nous osons nous promettre que la supériorité pour le goût se trouvera dans le beurre fait avec du lait que l'on aura trait le soir.

Plusieurs Cultivateurs pensent que les vaches qui donnent du lait jusques au moment qu'elles vêlent, ne produisent que des veaux foibles. Ce sentiment ne peut se détruire que par l'expérience. On a fait à ce sujet des observations & des expériences qu'on a souvent répétées, & nous pouvons assurer que les veaux que ces vaches produisent, se portent ordinairement mieux, & sont plus robustes que d'autres. Un veau dans le sein de sa mere, est plus exposé au trop de nourriture, qu'au trop peu ; & pour un que l'on voit naître maigre & affamé, il en naît vingt qui sont remplis d'humeurs grossiéres. Il est bien plus avantageux pour le Cultivateur qu'un veau naisse moins bien nourri, que boursouflé d'une abondance d'humeurs pernicieuses, qui font souvent périr l'animal. D'ailleurs, qu'importe qu'ils naissent maigres & exténués ? le lait abondant & nourrissant de la vache les engraisse, & leur donne bientôt tout l'embonpoint qu'on peut désirer.

Il est donc évident, tout bien examiné, qu'il est de l'intérêt du Cultivateur que ses vaches lui donnent du lait pendant le cours de l'année, & qu'il faut bien les observer pendant ce tems ; car une vache qui sans interruption, donne une quantité raisonnable de lait, vaut mieux à tous égards, que celle qui rend au commencement une grande abondance de lait, & qui dans la suite devient séche. Cette vérité est confirmée par l'expérience ;

périence ; c'eſt aux Cultivateurs qui s'adonnent à cette branche
de l'Œconomie, à la mettre à profit.

CHAPITRE XXVII.

De la Maniére de traire les Vaches.

PEUT-ETRE bien regardera-t'on d'abord comme une frivolité
de nous occuper dans un ouvrage comme celui-ci, de la
maniére de traire les vaches ; mais ce qui peut tirer à conféquence,
peut-il être frivole ? Ce qui fait que la plûpart des Ouvrages que
l'on a écrit ſur l'Agriculture ſont peu utiles, c'eſt la vanité mal
entendue qu'ont certains Auteurs, de paſſer légérement ſur des
choſes importantes, parce qu'elles ſont vulgaires.

Rien de plus trivial, en effet, que de traire les vaches ; mais
toute facile que puiſſe être cette opération, elle demande cependant de certaines attentions ; on la confie à des perſonnes qui ne
s'en acquitent que machinalement, & ſans aucun ſoin ; la plûpart
des Cultivateurs s'embarraſſant fort peu qu'elle ſoit bien ou mal
faite.

Il y a néanmoins une très-grande différence entre manier doucement & avec précaution, ou avec rudeſſe les mammelles ; il
faut néceſſairement avoir quelque connoiſſance pour traire la
vache, ſans l'incommoder. Au lieu que lorſque cette opération
eſt faite avec ſoin, & par une perſonne intelligente, elle ſoulage
beaucoup l'animal, il y prend même du plaiſir. Qu'arrive-t'il de ce
manque d'attention ? Que l'on tourmente l'animal par les douleurs
que l'on lui cauſe, & qu'il ſe rend indocile lorſqu'on veut traire.

Nous avons obſervé qu'il ſe trouve des vaches naturellement
revêches ; il eſt cependant rare d'en voir qui le ſoient au point
de ne pas ſe laiſſer traire, ſur-tout lorſque l'on prend la précaution
de le faire très-légérement & ſans leur cauſer de la douleur. Preſque tous les inconvéniens qui arrivent pendant cette opération,
que l'on attribue à l'impatience de l'animal, ſont cauſés par la
groſſiéreté & la rudeſſe des perſonnes que l'on employe à traire.
Rien de plus délicat & de plus tendre que les mammelles ; elles
ſont quelquefois douloureuſes, & ſi à cet inconvénient la trayeuſe

vient à les manier fans précaution, il n'eft point étonnant que l'animal s'impatiente & fe révolte.

Après avoir fait obferver au Cultivateur le mal qui vient de la mal-adreffe des perfonnes à qui l'on confie le foin de traire, & la néceffité de faire cette opération avec précaution & douceur, nous efpérons qu'il ne fera pas du fentiment de ceux qui croyent cette opération trop triviale, & trop baffe pour mériter une place dans un Ouvrage auffi férieux que celui-ci. C'eft au contraire une opération très - importante, qui exige l'attention & l'œil du maître, pour le bien-être de fes vaches, & pour fon intérêt perfonnel.

Inftructions fur cet Article.

La perfonne qui fe met à traire une vache, doit flater & manier doucement fes mammelles, en les humectant de tems en tems avec du lait, pour l'amadouer, & la rendre docile & patiente. La quantité de lait dans la tettine eft une charge & un grand poids pour l'animal, qui ne défire rien tant, que d'en être foulagé; mais fi cela fe fait de façon à lui donner plus de douleur dans le moment, que de fatigue par le poids du lait, la Vache s'impatiente, & cherche tous les moyens de l'éviter : rien de plus naturel.

D'un autre côté, fi on la trait avec amitié & avec douceur, elle prendra du plaifir à fe décharger du poids; elle fe prêtera d'elle-même à la trayeufe. Il n'y a point de mere qui ne foit affectée d'une fenfation agréable lorfqu'elle donne à tetter à fon enfant, indépendamment de la tendreffe & de l'affection naturelle; or traire le lait, ou le tetter, c'eft même chofe. Tout l'art de la trayeufe confifte donc à imiter en trayant, lepetit animal qui tette, & non à comprimer, comme il arrive fouvent par impatience, la mammelle; & par conféquent la meurtrir.

La bonne ou mauvaife difpofition dépend prefque toujours du traitement doux ou rude des perfonnes employées à la traire. Une vache bien nourrie, fe fentant la tettine chargée de lait, fe préfentera d'elle-même au féau, lorfqu'elle eft accoutumée à être traite fans qu'on lui faffe douleur, elle fe tient tranquille, & y prend même tant de plaifir, qu'on peut s'en appercevoir.

La laitiére ne doit pas fe fixer elle-même, ni fixer fon féau, jufqu'à ce que la vache ait pris une pofition tranquille. Les vaches font quelquefois inquiétes lorfqu'on commence à les traire; mais dès que le lait commence à couler avec liberté, elles deviennent tranquilles; mais il faut toujours être fur fes gardes, car le moindre coup de pied de la part d'un animal fi péfant renverferoit le féau, & l'on perdroit tout le lait : ce qu'un œil un peu vigilant peut éviter.

Une bonne laitiére ne laiffe jamais une goutte de lait dans la tetine : une perfonne négligente eft très-fujette à en laiffer; ce qui fait autant de lait perdu. Un peu de lait qu'on laiffe dans la tettine de chaque vache deux fois par jour, caufe une perte confidérable au Cultivateur durant le courant d'une année, fur-tout s'il a un certain nombre de vaches. Cet article feul pourroit faire la différence de quatre ou cinq vaches en une année; or le Cultivateur fait trop bien combien elles lui coûtent pour la nourriture, pour ne pas fe rendre vigilant fur un point femblable.

D'ailleurs ce lait que l'on laiffe, & qui devoit être trait, n'acquiert pas affurément une bonne qualité; or s'il s'altére, comme on ne peut en douter, il communique ce défaut à celui qui fe forme.

De plus, il n'y a rien qui tende plus à faire continuer une vache à rendre du lait, que de la traire jufqu'à la derniére goutte. D'un autre côté, le moyen fûr de faire fécher une vache, c'eft de la traire négligemment; or c'eft affurément une véritable négligence que de laiffer du lait dans la tettine, comme nous venons de le dire.

Il n'eft rien de plus conforme au cours de la nature, que ce que nous venons de dire. Quand la tetine eft épuifée de lait, la Nature en fournit conftamment une nouvelle provifion, foit que le veau tette, foit que l'on traye la vache; mais auffitôt qu'on ceffe de traire, la vache devient féche en peu de tems. La même chofe arrive quand le petit meurt, ou qu'on le févre fans traire. La même chofe, par conféquent, doit arriver dans un dégré proportionné, quand la trayeufe ne trait point la vache entiérement, & qu'elle laiffe quelque peu de lait dans la tetine. Pour peu qu'on fuive de près cette obfervation, l'expérience fera voir, qu'alors la Nature agit avec langueur, & que le lait fe tarit peu-à-peu, à proportion de la négligence avec laquelle on trait. En partant de ce principe, on voit très-clairement combien il importe à la Ménagere de prendre garde que fes filles de la baffe-cour ne laiffent point de Lait dans la tetine des vaches.

N ij

Il faut auſſi que ces filles parlent ſans ceſſe aux vaches, qu'elles les flatent, en leur donnant à manger de tems-en-tems à la main, pour les rendre familiéres & dociles ; par ces traitemens ſi doux ces animaux viennent enfin à les connoître, & ſe préſentent d'elles-mêmes aux ſéaux pour ſe faire traire. Pendant qu'on eſt à les traire, il faut ſoigneuſement éviter de leur faire faire des écarts, ou de les effrayer ; quand l'opération eſt finie, il faut les laiſſer aller tranquillement, au lieu qu'il y a beaucoup de ces filles qui les renvoyent avec rudeſſe, comme ſi on ne devoit plus les revoir. La Nature a doué toutes les créatures d'un certain dégré de mémoire ; la vache n'oublie point ce traitement rude, ce qui la rend enſuite moins traitable. Ainſi il n'y a qu'à pratiquer ce que nous recommandons avant de les traire & après qu'on les a traites, on verra qu'elles ſeront douces, dociles, & qu'en revenant du pâturage, elles iront elles-mêmes aux ſéaux pour ſe faire traire.

CHAPITRE XXVIII.

De la Maniére de conduire le lait dans la laiterie.

LA propreté eſt de tous les points le plus important dans la laiterie ; il faut que non-ſeulement les vaiſſeaux & tous les inſtrumens ſoient propres, mais encore les planches, les murs, les plafonds doivent être de la derniére propreté ; ſans ces attentions qu'il faut donner ſcrupuleuſement aux différentes préparations que l'on fait ſubir au lait, avant qu'il ne ſoit en beurre & en fromage, on eſſuye de grandes & continuelles pertes. Il faut faire régner dans cette piéce une agréable odeur ; ce qui ne peut ſe pratiquer ſans une propreté recherchée, la raiſon le veut, & l'expérience le prouve.

De-là l'utilité des obſervations que nous avons faites ci-devant, en recommandant de placer toujours la laiterie loin des écuries, des aiſances, des étables, & encore moins de la foſſe au fumier.

Il n'eſt point de femme de Cultivateur qui ignore que le goût aigre eſt ce qu'il y a de plus à craindre dans une laiterie ; or il eſt impoſſible de l'éviter, ſi l'on n'a une attention ſinguliére à tenir tous les vaſes & le reſte de la laiterie très-propres : le lait ſe garde fort peu de tems ; tous les ſoins & tout l'art du monde ne peuvent le conferver long-tems fans qu'il s'aigriffe. Dès qu'une fois il commence à s'aigrir, ce défaut s'augmente de plus en plus. Quels foins cela n'exige-t'il donc point de la Ménagère, fi elle veut aller au-devant de cet inconvénient? Or, c'eft par la feule propreté qu'elle peut remplir cet objet.

La mal-propreté d'une laiterie vient ordinairement de la corrup-tion du lait ou de la crême. On voit par-là combien il importe d'ôter l'un ou l'autre de la laiterie, dès que l'on s'apperçoit de la moindre altération; autrement tout s'en reffent dans la laiterie, jufqu'à infecter tout l'air qui y eft contenu. Il faut donc prendre garde avec une attention extrême, qu'il n'y ait rien d'aigre ou de fûr refté dans la laitiére; il faut même ne pas laiffer fubfifter la moindre crévaffe ou éclat. Pour cet effet, on netttoye tous les jours tous les féaux, & on les examine foigneufement pour voir s'il n'y en auroit point quelqu'une. Il faut avoir le même foin pour tous les vaiffaux & tous les inftrumens dont on eft obligé de fe fervir; c'eft pourquoi on préfére avec raifon les vafes verniffés à tous les autres, parce que rien ne s'y attache, qu'il n'y a point de cré-vaffe, & que l'on peut obferver avec plus de facilité, s'ils font bein propres.

Une laiterie, il faut en convenir, eft une chofe extrêmement délicate & embarraffante, auffi doit-on éviter après tous les em-barras qu'elle donne, celui de la pouffiére.

L'unique méthode que l'on puiffe mettre en pratique pour tenir les vaiffeaux propres & de bon goût, c'eft de les échauder avec de l'eau bouillante, & de les expofer enfuite à l'air: l'eau bouillante emporte toutes les faletés, & détache les parties graffes butireufes, qui pourroient s'être collées aux parois des vaiffeaux, ce que l'eau froide ne peut point faire; d'ailleurs, cette eau bouillante en fu-mant dans le vafe, en emporte avec fa fumée toutes les odeurs défagréables & nuifibles, & le purifie entiérement.

Il faut tous les jours fe donner les mêmes foins, foit que les va-fes & les inftrumens paroiffent propres ou non, parce qu'il peut y avoir quelque faleté qu'on n'apperçoit point, & nous avertiffons que la moindre miette peut porter de grands préjudices.

CHAPITRE XXIX.

Des vaisseaux d'une Laiterie.

Lorsqu'on établit une laiterie, & dans quelle Ferme ne doit-on pas en établir pour tirer du lait tous les avantages possibles : il faut avoir des vaisseaux ; nous allons parler de ceux que l'on y employe, soit par rapport à leur forme, soit par raport à la matiére dont on les fait.

Nous n'ignorons pas les nouvelles inventions que l'on a proposées pour faciliter les opérations de la laiterie ; mais nous sommes obligés d'avertir de bonne foi les Cultivateurs, de ne point se fier à tous les discours avantageux que leurs Auteurs débitent. Gens d'esprit & sans expérience, ils ont bien apperçu l'utilité de quelque chose d'approchant de ce qu'ils ont proposé ; mais ils n'ont pas vu les inconvéniens inséparables de leurs inventions : un Cultivateur doit toujours laisser établir les nouveautés par les expériences, avant que d'en faire les épreuves à ses dépens, sur-tout lorsque ces essais sont dispendieux.

C'est ainsi qu'un bon Cultivateur, bien différent de ces sortes de gens qui donnent tête baissée & à corps perdu, dans toutes les nouveautés, pése tout ce qu'on lui présente pour l'amélioration de ses Domaines, sans rien rejetter au hazard, ni rien approuver sans preuve.

Il est beaucoup d'inventions qui paroissent d'une facile exécution dans le cabinet, & qui sont absolument impraticables dans les champs. Tel est un Ouvrage moderne qui a paru à grands frais sous le titre de *La France agricole & commerçante*. L'Auteur s'est livré à tout le feu de son imagination, on ne peut pas en effet, lui disputer qu'il n'en ait beaucoup ; mais tous les avantages qu'il nous présente avec tous les agrémens d'un beau style & la richesse de ses gravures, ne paroîtront-ils pas imaginaires à un Cultivateur qui est un peu versé dans l'Agriculture ?

On ne peut donc juger des nouvelles idées qu'on nous présente, que par le secours de l'expérience. Si l'expérience en démontre l'utilité, on en fait usage. En attendant que ce bonheur nous arrive relativement à la laiterie, nous nous bornons à l'ancienne méthode, & à en donner tous les procédés, malgré les promesses séduisantes que nous font les inventeurs de la nouvelle.

Les personnes opulentes qui s'amusent, ce qui assûrément est très-louable, aux procédés de la laiterie, couvrent les murs de thuiles peintes & vernissées à la Hollandoise : tous les vases & vaisseaux sont de porcelaine de la Chine.

Quant aux vaisseaux, le Cultivateur qui n'a point de quoi faire cette dépense, ne doit point s'allarmer ; ceux de terre ordinaire qui sont vernissés, sont aussi propres que la porcelaine ; pourvû que le vernis n'ait point de défaut, qu'importe qu'il soit de la Chine ou de l'Europe, toute la différence que l'on peut y trouver, consiste en ce que notre vernis pour de tels vases est fait de plomb, & qu'en Orient il est fait d'une espéce particuliére de terre mêlée avec de l'eau ; mais le principal pour l'objet dont il est ici question, c'est que l'effet est exactement le même.

Il est très à propos de revêtir les murs de tuiles à la hollandoise, tant pour la propreté, que pour la fraîcheur, deux articles des plus importans pour la conduite d'une laiterie : M. *Hall* dit avoir vu dans le Comté de *Wilts* en Angleterre une laiterie dont les murs étoient revêtus de plomb, & il ajoutoit que ce revêtement produisoit un très-bon effet. On s'imaginera d'abord que cette dépense est excessive ; mais pour peu qu'on veuille l'examiner sans prévention, on conviendra qu'elle ne l'est point, parce que ce plomb dure pendant plusieurs générations, sans exposer le Propriétaire aux frais de réparations ; d'ailleurs le plomb a toujours une valeur intrinséque dans le commerce, on en trouve toujours de l'argent comptant.

On se sert ordinairement dans une laiterie de trois especes de vaisseaux ; de vaisseax de terre, de vaisseaux vernissés, de vaisseaux de bois, doublés de plomb. Nous avons déja parlé de la premiere espéce ; la seconde n'a point de fraîcheur naturelle, & elle est plus difficile à nettoyer. Le plomb a toute la fraîcheur qu'on peut désirer, & il est aisé de le tenir propre.

Lorsque la laiterie est située dans le bas, & qu'elle est naturellement fraîche, les vases de bois y sont d'un usage plus assuré qu'ailleurs ; & dans les grandes laiteries où il y a beaucoup à faire, les vaisseaux doublés de plomb sont très-commodes, parce qu'on peut les avoir de la grandeur que l'on veut, sans attendre la commodité du Potier. Les vaisseaux doivent être larges, mais peu profonds, afin que le lait rende plus de crême, & qu'il ne s'aigrisse pas

ſi promptement. L'expérience prouve que la même quantité de
lait aigrit plutôt que dans un vaſe plus profond & moins large.
C'eſt ſur ces principes appuyés de l'expérience, & non ſur une
théorie imaginaire qu'on établit une laiterie.

Nous ferons obſerver, avant que de terminer ce chapitre, que
cette derniére inſtruction que nous venons de donner ſur la néceſ-
ſitéde faire les vaiſſeaux peu profonds devient d'autant plus inté-
reſſante, que dans la plûpart des laiteries on affecte d'avoir au contraire des vaſes très-profonds, & que par-là on perd beaucoup de
Crême.

CHAPITRE XXX.

De la maniére de mettre le Lait pour faire de la Crême.

LEs perſonnes que l'on employe à traire les vaches, ne peuvent empêcher qu'il ne tombe quelques ſaletés dans le lait pendant cette opération, telles que des poils de l'animal, ou autres
choſes ſemblables; or toutes ces ſaletés étant mêlées avec le lait,
s'éleveroient avec la crême, & traverſeroient toutes les préparations que l'on doit lui faire ſubir.

C'eſt pourquoi l'on prend un godet de bois ſans fond, & l'on
couvre l'ouverture avec une petite piéce de linge fin. On échaude
tous les jours ce godet ou grande taſſe, & on l'expoſe à l'air pour
en ôter toute odeur, ayant l'attention que le linge ſoit toujours
d'une propreté extrême. On fait paſſer le lait dans cette taſſe, à
travers ce linge, & il coule dans les différens vaiſſeaux préparés
pour le recevoir. C'eſt ainſi que l'on rend le lait extrêmement propre, parce que le petit linge ne laiſſe paſſer aucune ordure.

Moins les vaſes ſont profonds & plus ils ſont larges, plus il y
aura de la crême. Nous avons fait voir que le lait eſt compoſé de
différentes parties qui ſe ſéparent l'une de l'autre quelque tems après
qu'il eſt ſorti du corps de l'animal. C'eſt cette ſéparation qui doit
précéder toutes les autres préparations de la laiterie: la partie
riche & graſſe ſe ſépare de la partie aqueuſe; c'eſt-à-dire que
la Crême monte en haut, & ſurnage la partie aqueuſe, de même
que l'huile ſurnage l'eau.

CHAPITRE

CHAPITRE XXXI.

De la maniére de lever la Crême.

NOus sommes très-mortifiés d'avance, de ce que les personnes qu'on appelle personnes de goût, & qui ne s'occupent que du style, traiteront de bagatelles les sujets de tous les chapitres que nous faisons ici passer sous les yeux de nos Lecteurs ; mais que ceux qui font quelque cas de nos instructions ayent la bonté de nous suivre, ils verront que ce n'est qu'à ces mêmes bagatelles que l'on doit attribuer tant de pertes que l'on fait dans la laiterie. Rien de plus facile que de dire que toute Ménagere sçait qu'il faut lever la Crême quand une fois elle est montée ; mais on verra par la maniére que nous lui indiquerons pour la lever, que cela ne suffit pas. En effet, il est question ici de savoir comment il faut s'y prendre avec le plus d'avantage, ce qui est le point le plus nécessaire & le plus essentiel.

Nous avons dit, & cela est constant, qu'il faut beaucoup de propreté dans toutes les opérations de la laiterie, & principalement dans celle-ci ; car la moindre saleté porte beaucoup de préjudice. En Eté la Crême monte en dix heures de tems ; ainsi le lait étant trait à sept heures du matin, on peut lever la Crême vers les cinq heures du soir. Ce point-ci (qu'on ne le perde pas de vue) est très-important ; car si on leve la Crême trop tôt, on n'en obtiendra point la quantité ordinaire, & si on différe trop long-tems à la lever, le beurre n'en est pas si bon.

Il y a beaucoup de Femmes qui différent plus long-tems à lever la Crême en Eté ; mais suivant toutes les expériences, il est évident qu'il ne faut dans cette saison que dix heures, pour que la Crême monte autant qu'il le faut.

Lorsqu'on différe trop long-tems à lever la Crême elle s'épaissit considérablement, elle devient, pour ainsi dire, intraitable, & le Beurre qu'on en fait a toujours plus ou moins d'amertume. M. *Hill* assure que plusieurs expériences qu'il a faites appuyent cette observation. Le même Auteur dit qu'il a vu plusieurs employer toutes sortes de moyens, pour ôter le mauvais goût de la Crême qu'on avoit différé trop long-tems de lever ; mais qu'elles avoient eu beau faire, & même la faire bouillir, le beurre qu'elle produifoit étoit toujours amer. Il faut donc éviter cet inconvénient en levant plutôt la Crême, & en la verfant dans un pot de terre vernifſé, que l'on couvre & que l'on met dans un endroit clos & frais.

CHAPITRE XXXII.

De la maniére de conduire la Crême.

ON peut fans qu'elle fe gâte ou s'altére, garder la Crême plus long-tems en Hyver qu'en Eté. Le plus fin & le plus excellent beurre en Eté, fe fait d'une Crême nouvellement levée, ou qui n'a été gardée que dix heures de tems. Ce tems écoulé, elle fubit un changement qui cependant n'eſt pas bien fenfible, pendant deux jours & demi. Mais il eſt certain, & l'expérience de tous les jours le prouve, que plus la Crême eſt nouvelle, & plus le beurre a de qualité. En Hyver on peut garder la Crême dans un état aſſez parfait pendant cinq jours.

Lorſqu'on en fait pour vendre une grande quantité de beurre, il vaut mieux garder la Crême jufqu'à ce qu'elle s'aigriſſe, car l'expérience fait voir qu'un beurre fait d'une Crême aigre fe garde mieux; pour vû que le beurre ne devienne pas amer. Alors il faut l'employer auſſitôt, car l'amertume eſt dans le Beurre le premier figne de la corruption; elle prouve qu'il a été fait d'une Crême aigre. On doit donc faire d'une Crême nouvelle le Beurre fin pour l'uſage qu'on veut en faire tout de fuite, au lieu que celui que l'on deſtine au marché doit être fait d'une Crême aigre.

Les jours auxquels fe tiennent les marchés décident des jours auxquels il faut battre la Crême pour en faire du beurre; & comme fouvent dans les petits Bourgs il n'y a qu'un marché par femaine, la Ménagere doit arranger les chofes de façon à ne battre la Crême que le jour qui précéde celui du marché. En fuppofant que fes autres affaires du ménage la forcent à un tel arrangement, nous allons lui indiquer les moïens de garder, fans qu'elle s'altére, la Crême de toute la femaine.

Suppofons que le jeudi eſt le jour du marché, & que par conféquent elle veut conferver toute la Crême de la femaine pour la battre le mercredi, elle ne peut lever la Crême du lait du mercredi

que vers le soir de ce même jour. Ainsi cette Crême doit être mêlée avec celle de la semaine suivante. Le samedi matin elle met
les Crêmes des deux ou trois jours precédens sur le feu, & leur fait
prendre un seul bouillon ; cela fait, elle les verse dans un vaisseau
bien propre, & y ajoute les autres Crêmes, qu'elle leve ensuite
pendant le reste de la semaine, ayant l'attention de changer tous
les jours le vaisseau dans lequel elle les garde, sur-tout en prenant
garde que le vaisseau dans lequel elle les transvase soit d'une très-
grande propreté.

L'effet de cette méthode est singulier, la Crême bouillie se conserve non-seulement elle-même, mais conserve encore toutes les
autres Crêmes qu'on y mêle, en les versant chaque jour dans un
autre vaisseau propre & aëré. M. *Hall* a répété très-souvent cette
expérience avec succès.

CHAPITRE XXXIII.

Du Beurre.

IL y a toute apparence que les anciens ne connoissoient point
le Beurre : nous remarquons que les Poëtes & Philosophes
Grecs font bien mention dans leurs écrits du fromage, mais qu'ils
ne disent pas un mot du Beurre. Ils buvoient le lait, le mê-
langeoient avec d'autres choses, & en faisoient du fromage, mais
il est évident qu'ils n'avoient point l'usage du Beurre. Aristote,
qui a beaucoup écrit sur le lait, parle de plusieurs espéces de
fromages & du petit lait ; mais il garde un profond silence sur le
Beurre.

Les Romains faisoient bien du Beurre, mais ils en faisoient
usage plutôt comme Médecine, que comme aliment; on voit à-peu-
près leur sentiment sur le Beurre dans *Pline*, où nous trouvons
qu'ils savoient bien que les autres nations en faisoient usage. Les
peuples des Indes Orientales n'ont connu le Beurre que depuis
que les Hollandois leur en ont appris l'usage. C'est ainsi que les
choses les plus avantageuses, & en même tems les plus aisées, ont
été ignorées jusqu'à ce que quelqu'un qui travaille avec soin à tirer
parti de tous les avantages que la Nature nous offre, en découvre
le secret & le procédé.

Le Beurre se fait de la Crême par le moyen du mouvement, & de quelque maniére que ce mouvement soit donné, il produit le même effet, pourvû qu'on lui donne un dégré convenable. On appelle vulgairement cette opération *battre la Crême* pour en faire du Beurre. On a inventé plusieurs méthodes pour produire ce mouvement, pour épargner le travail de la main, dont les unes sont inférieures à l'ancienne méthode, mais dont les autres sont plus plausibles, en ce qu'il en résulte en effet une amélioration. Il y a certaines particularités dans le Beurre que l'on connoît beaucoup ; mais que l'on ne comprend point : il seroit à propos d'en découvrir les raisons. Nous ne nous engageons point ici à les chercher, outre que cela nous meneroit trop loin, nous pourrions établir un systême faux ; ainsi il vaut mieux que nous nous en tenions au fait ; nous abandonnons le reste à la sagacité des Théoriciens : ils fourmillent.

Il y a des moyens de garder long-tems le Beurre sans qu'il se gâte : si l'on met du bon Beurre en grosses mottes, pésant quarante livres, qu'on y ajoute un peu plus de sel qu'à l'ordinaire, & qu'on le mette ensuite dans un tonneau plein de farine. Ce Beurre se gardera pendant un an, sans subir la moindre altération.

Le Beurre que l'on fait vers la fin de l'Automne, est sujet à avoir un goût amer ; on n'en connoît point la cause. On a voulu faire entendre que l'herbe étant rare dans cette saison, les vaches mangeoient les feuilles qui tombent des arbres ; mais ce n'est point là la cause de l'amertume que l'on trouve dans ce Beurre, car dans les terreins marécageux où il n'y a point d'arbres, & où les fossés servent à cloturer les champs, le Beurre que l'on fait du lait des vaches qui y pâturent, y a également un goût amer dans cette saison.

Quoique nous ne puissions point expliquer la cause de ce phénomène, nous pouvons donner au Cultivateur quelques avis pour se mettre à couvert de cet inconvénient ; il n'y a qu'à lever la crême de dessus le lait une heure plutôt qu'à l'ordinaire, avant que la Crême durcisse ; attendu qu'un Beurre fait d'une crême durcie, est sujet (nous l'avons déja dit) à devenir amer ; mais encore plus à la fin de l'Automne.

Dans certains endroits on fait une espéce de Beurre particulier que l'on nomme Beurre échaudé ; il a un goût délicieux, & il se conserve pendant un mois, sans subir la moindre altération. Pour faire cette espéce de Beurre, on fait monter la crême par le secours d'un feu doux qu'en Chimie on appelle *bain marie* : en voici le procedé.

On paſſe le lait à l'ordinaire, & on laiſſe monter la crême. Dix heures après, quand la crême eſt levée comme à l'ordinaire, on met le vaiſſeau qui contient le lait & la crême dans un autre vaiſſeau où il y a de l'eau ſuffiſamment pour monter à la hauteur du vaiſſeau qui contient le lait & la crême. Cela fait, on met les deux vaſes ainſi arrangés l'un dans l'autre, ſur un fourneau, pour échauffer doucement l'eau, juſques à ce que la crême ſoit entiérement montée, & que le lait de deſſous ſoit d'un bleu clair. La chaleur douce & graduée fait monter toute la crême, & la rend propre à ſe garder plus long-tems.

On leve alors la crême avec un vaſe peu profond & tout percé de petits trous par leſquels le lait découle de la crême, qu'on peut ſans rien craindre garder quelques jours; de ſorte qu'on en peut raſſembler une quantité ſuffiſante pour faire du Beurre : il faut cependant avoir la précaution de la tranſvaſer toutes les vingt-quatre heures.

Le vaſe que nous conſeillons de percer de pluſieurs trous, eſt beaucoup plus propre à remplir l'objet qu'on ſe propoſe, que toutes ces grandes écailles d'huîtres ou de poiſſons de Mer, dont on ſe ſert par abus. On doit ſentir qu'en levant ainſi cette crême, on ne peut s'empêcher d'emporter avec elle du lait, ce qui ne contribue pas peu à donner un mauvais goût au Beurre : ainſi nous ne ſçaurions trop exhorter les femmes du ménage, à proſcrire cette méthode, qui eſt des plus abuſives.

CHAPITRE XXXIV.

De la maniére de battre la Crême pour en faire du Beurre.

LE vaiſſeau de bois dans lequel on fait cette opération, eſt long, étroit & profond, & ſe retraiciſſant vers ſa partie ſupérieure, à laquelle on adapte un couvercle perforé dans ſon milieu, au travers de ce trou paſſe le manche de l'inſtrument avec lequel on bat la crême. Ce battoir eſt un inſtrument de bois arrondi, dont la groſſeur eſt proportionnée à la largeur de la partie mitoyenne du vaiſſeau qui contient la Crême. Quand on a mis cet inſtrument dans le vaiſſeau, on y ajuſte le manche à travers le trou qui eſt pratiqué au milieu du couvercle que l'on ferme alors

bien exactement ; on fait à merveille le Beurre avec cet ancien batoir, on l'éleve & on le laisse alternativement, & par ce mouvement, on bat la Crême jusqu'à ce qu'elle se réunît en Beurre.

Le vaisseau de bois, le batoir & son manche, doivent être
nettoyés avec soin, échaudés avec de l'eau bouillante & même
légérement ratissés de tems en tems ; il faut les exposer à l'air pour
les purifier : il faut mettre ce vaisseau dans l'endroit le plus chaud
de la laiterie pendant l'hyver, & en été dans l'endroit le plus
frais. On ne sçauroit croire combien la température de l'air influe
sur la fabrication du Beurre : c'est pourquoi en été on bat la Crême
pour en faire du Beurre de bonne heure le matin, ou bien le soir
bien tard, parce que l'air est alors tempéré. En hyver, il faut, par
la même raison, faire cette opération vers le milieu du jour.

En versant la Crême dans le vaisseau, on la passe à travers un
linge grossier, afin d'enlever jusqu'à la moindre saleté, qui pourroit fort bien empêcher l'effet de l'opération. On commence alors à
battre la Crême à coups prompts & réitérés. Plus on y met de vivacité & plutôt le Beurre se rassemble.

On connoît par le son que les coups rendent, si l'ouvrage avance ou non. Au commencement il est grave & pesant, mais à mesure
qu'on redouble vivement les coups, le son devient plus aigu,
ce qui indique que la Crême se sépare de la partie claire du lait, &
que le Beurre se forme. L'orsqu'on continue l'ouvrage avec la
même vivacité, on remue l'instrument avec plus de facilité, & si
on ouvre peu après le vaisseau, on trouve des goutes jaunes attachées au couvercle. Après un petit nombre de coups, on ouvre
encore une fois le vaisseau, & l'on trouve du Beurre sur les parois
du vaisseau & sur le couvercle ; alors le Beurre est fait ; il n'est plus
question pour achever la besogne que de la rassembler.

Pour cet effet, on abbat le Beurre attaché au couvercle & aux parois du vaisseau, on le fait descendre au fond ; ensuite on couvre le
vaisseau & l'on continue l'opération, non en abbatant comme ci-
devant de haut en bas, mais par des coups légers que l'on donne
en tournoyant, pour faire rassembler tout le Beurre en un tas, sans
qu'il en reste de petits morceaux séparés. Cela fait, on ôte le Beurre
du vaisseau.

Lorsque le tems est entiérement chaud, le Beurre est long-tems à
se former & quand il est fait, il est blanchâtre, cassant & amer. On
obvie à tous ces inconvéniens en le battant de bonne heure le matin ou fort tard le soir en un endroit frais. Il vaut mieux le faire

de bonne heure le matin, parce que l'air eſt plus frais le matin avant le lever du ſoleil, que le ſoir après ſon coucher; l'air ſe rafraîchit pendant la nuit, au lieu qu'il s'échauffe par la grande chaleur du jour. Quant à l'endroit où l'on bat le Beurre, plus le tems eſt chaud, plus il doit être frais. Le mieux même, lorſque l'on eſt preſſé de faire du Beurre au mois d'Août en plein midi, c'eſt de le battre dans une glaciere.

On remarque qu'une bonne cave, deux heures avant le lever du ſoleil, eſt auſſi fraîche vers l'heure de midi qu'une glaciere.

Dans les grands froids de l'hyver, il eſt extrêmement difficile de faire du Beurre, comme on l'a ſouvent expérimenté, ce qui nous fait croire que le Beurre ne ſe feroit point parfaitement dans une glaciere, ſi la Crême n'étoit auparavant échauffée par la température chaude de l'air, & qu'il faut que le Beurre ſe forme en quelque façon avant que l'air froid du lieu n'ait influé ſur le Lait & la Crême, & qu'il n'ait en quelque façon ſaiſi l'un & l'autre.

CHAPITRE XXXV.

Contenant quelques régles particuliéres & relatives à la maniére de faire du Beurre.

COMME en été la chaleur de l'air retarde la formation du Beurre, il eſt bon de ménager les coups en battant le Lait & la Crême; il faut ne pas les donner ſi précipitamment, parce qu'un mouvement trop violent & trop prompt augmente la chaleur que l'air communique dans cette ſaiſon à la Crême. C'eſt par cette même raiſon qu'il faut laiſſer refroidir tous les inſtrumens de la laiterie, & particulierement le vaiſſeau dans lequel on bat le Beurre, après toutefois les avoir échaudés avec de l'eau bouillante, afin de ne pas augmenter la chaleur que l'air chaud porte dans la Crême : quoique le bois conſerve la chaleur long-tems, on peut cependant s'en ſervir une demi-heure après, pourvu qu'elle ne ſe faſſe pas ſentir à la main. Il eſt bon auſſi de mouiller l'extérieur du vaiſſeau avec de l'eau de puits un peu avant que d'y mettre la Crême.

Si après toutes ces précautions le Beurre ne ſe forme pas, &

ſi l'on s'apperçoit que c'eſt la chaleur ſeule qui fait cet effet, il faut faire apporter un baquet profond dans lequel on poſe le vaiſſeau qui contient la Crême, on verſe de l'eau de puits dans ce baquet juſqu'à la hauteur de la Crême, enſuite on bat le Lait & la Crême avec vivacité, & la fraîcheur de cette eau qui paſſe à travers les pores du vaiſſeau où eſt la Crême, fait dans l'inſtant la ſéparation du Beurre du reſte du Lait.

Lorſque le Beurre eſt long-tems à ſe former à cauſe du grand froid, il faut verſer la Crême dans le vaiſſeau où l'on fait le Beurre avant qu'il ſoit entiérement refroidi, après l'avoir échaudé avec de l'eau bouillante, par ce moyen, on échauffe un peu la Crême, & le mouvement prompt & vif de l'opération venant à l'appui de ce petit dégré de chaleur, le Beurre ſe forme beaucoup plus facilement.

Si malgré cette précaution le Beurre ne ſe ſépare point, & ne vient pas; il faut porter le vaiſſeau où eſt la Crême à la cuiſine, & le placer non pas près du feu, mais dans un endroit où l'air eſt modérément échauffé : & pourvu qu'on continue de battre avec vivacité, le Beurre ne manque point de ſe former.

On a ordinairement plus de peine à faire du Beurre dans les grands froids qu'en tout autre tems ; mais on en vient aiſément à bout par les ſecours ſimples que nous venons d'indiquer, ſans qu'il arrive rien qui puiſſe porter quelque préjudice, ſoit au goût, ſoit à la couleur du Beurre.

D'après la ſimplicité de ces documens, nous oſons nous flater que les Cultivateurs ne les traiteront point de frivolités. Ils portent avec eux un caractère d'utilité que tous nos grands Faiſeurs de phraſe ne peuvent détruire. Ainſi nous les avons donnés avec cette confiance que doit naturellement inſpirer le vrai deſir d'éclairer & d'être utile.

CHAPITRE XXXVI.

De la maniére de laver & accommoder le Beurre.

LE Beurre étant formé & raſſemblé en un tas, on l'ôte du vaiſſeau, pour lui faire acquérir plus de conſiſtance avec les mains. Il n'eſt pas encore dans ſa perfection ; il eſt ſéparé à

un

un certain dégré de fa partie aqueufe ; mais non entiérement,
car il y a dans la crême deux fubftances différentes : favoir la partie huileufe, qui eft le Beurre, & la partie aqueufe, qui eft le
lait de Beurre. La féparation de ces deux parties eft ce qu'on appelle faire du Beurre.

Cette féparation fe fait en agitant la crême à un dégré convenable de chaleur. Cela fait, le Beurre eft formé. Or cette opération fe fait imparfaitement dans le vaiffeau où fe fait la crême :
elle n'y eft, à proprement parler, qu'ébauchée ; la main l'acheve.
Ce qui fe fait, en féparant le lait du Beurre, & en nétoyant le
Beurre de toutes les faletés qui peuvent s'y entremêler par accident. Pour cela, voici le procédé que l'on obferve.

On ôte à deux mains le tas de Beurre du vaiffeau, & fi l'on veut
tout de fuite en faire ufage, il faut auffitôt le jetter dans l'eau
fraîche, & l'y travailler & preffer avec les deux mains, afin d'en
féparer le lait, & qu'il acquiere une confiftance ferme. C'eft à ce
travail & à ce remaniment que le Beurre doit fa pureté & fa
bonne couleur. Si on veut le garder quelque tems, il faut le mettre
dans un pot de terre verniffé, dès que l'on l'a ôté du vaiffeau où
il a été battu, & l'y remanier fans eau, pour en faire fortir tout
le lait. Un Beurre qui paroît blanchâtre au fortir du vaiffeau,
acquiert par ce remaniment une belle couleur de paille.

Tandis que l'on manie & travaille ainfi le Beurre pour en féparer le refte du lait, il faut avoir le foin d'ôter tous les poils, cheveux ou autres faletés qui pourroient s'y être gliffées. Les poils,
par exemple, de l'animal, donnent au Beurre un goût des plus
défagréable. On dit vulgairement de ce Beurre, qu'il fent la
bête. Pour bien donc en dégager le Beurre, on le coupe en plufieurs morceaux dans différens endroits, & on découvre toutes
ces impuretés, qui par rapport au mauvais goût qu'elles donnent,
en diminueroient confidérablement le prix.

Nota. Que nous avons oublié de dire dans l'article du trayage,
que la trayeufe doit fréquemment tremper fes doigts dans l'eau
tiéde, la plus propre qu'il eft poffible, & qu'elle doit avoir à côté
d'elle une terrine d'eau lorfqu'elle trait, & non fuivre l'ufage
généralement reçu, de tremper fes doigts dans le lait même. Cette
méthode eft d'autant plus vicieufe qu'en ne rafraîchiffant pas
fréquemment fes doigts & qu'en les trempant dans du lait, ce qui
eft attaché aux doigts s'échauffe, & échauffe confidérablement
la tettine de la vache ; & comme par les frottemens répétés,

Tome VIII.   P

la tranfpiration eft abondante dans fes doigts, elle communique
au Beurre le même mauvais goût dont nous venons de parler, qu'il
ne dépouille jamais, quelques foins qu'on fe donne.

Lorfque nous difons qu'il faut que l'eau foit tiéde, ce n'eft que
pour l'hiver, encore même faut-il qu'elle ne foit qu'à peine dégour-
die; car pour l'été, le commencement de l'automne & la fin du
printems, il faut s'en fervir telle qu'elle fort de la fontaine. Cette
obfervation eft, comme on le voit, des plus importantes: elle eft
fondée fur l'expérience. Nous prions nos Lecteurs de vouloir bien
comparer le goût du lait de la même vache traite fuivant cette
méthode avec celui du lait trait fuivant la méthode ordinaire, &
ils conviendront de fon utilité.

Le Beurre étant féparé du lait, & foigneufement nettoyé, on
l'étend dans un vaiffeau ou dans un plat peu profond, mais qui
foit large dans le fond, pour bien le faler. Nous ne parlons pas
ici de faler le Beurre pour le garder long-tems; nous difons feulement que le Beurre frais eft infipide lorfqu'on ne lui a point
donné un peu de fel. C'eft pourquoi il eft bon d'en répandre fur
le Beurre, étendu, comme nous venons de dire, la valeur d'une
pinte fur vingt livres: ce qui fuffit pour lui ôter le goût infipide
qu'on lui trouve. Et afin que tout le tas fe reffente également de
ce fel, on le remanie & travaille de nouveau avec les deux mains.

M. *Hall* dit avoir vu battre quatre-vingt pintes de crême dans
un vaiffeau affez grand pour en tenir quatre-vingt dix pintes; &
il ajoute que le Beurre s'y eft fait en une heure de tems, deux perfonnes fe relevant tour-à-tour.

Quoique le Beurre foit très-bien fait, cependant il arrive fouvent qu'en un tems chaud il refte mol, ce qui eft très-défavanta-
geux, fur-tout lorfqu'on le deftine au marché. Dans ce cas, on
l'accommode en livres & en demi-livres, felon la demande que
l'on fait à peu près qu'il y aura; on arrange toutes ces livres dans
un panier que l'on defcend dans un puits avec une corde à deux
pieds au-deffus de la fuperficie de l'eau, la nuit avant de le porter
au marché. L'air frais que l'eau rend, produit en Eté le même effet
fur le Beurre, que le froid de l'Hyver. Le Beurre en effet, par cette
méthode eft auffi ferme & auffi dur qu'au mois de Novembre.

CHAPITRE XXXVII.

De la maniére de faire du Beurre du Lait chaud qui ne fait que fortir de la tettine de la Vache.

Parmi les améliorations introduites depuis peu dans l'agriculture, celle-ci mérite avec raifon quelque diftinction ; puifqu'en effet, elle abrége de beaucoup les opérations de la laiterie. On a trouvé le moyen de faire du Beurre, fans avoir la peine d'attendre que la crême ait monté fur la fuperficie du lait ; ce qui ne paroîtra pas étonnant, après ce que nous venons de dire dans le chapitre précédent fur la maniére de faire le Beurre.

On vient de voir qu'en mettant le lait dans un endroit particulier & relatif à la faifon & à la température de l'air, la partie huileufe s'en fépare mêlée de quelque peu d'eau. Or cette partie huileufe du lait & du lait de Beurre, eft la partie aqueufe du lait. Cette crême eft enfuite battue, & par le moyen de ce mouvement, la partie aqueufe reftante eft féparée de la partie pure & huileufe.

Or il eft évident que la partie huileufe, que l'on demande pour en faire du beurre, eft contenue dans le lait ; & comme les coups redoublés que l'on donne pour la formation du Beurre fépare la partie huileufe dans la maniére ordinaire de procéder dans la fabrication du Beurre, un battement plus fort, plus fréquent & plus vif, peut fans doute féparer tout d'un coup la partie huileufe du Lait de fa partie aqueufe.

C'eft-là le principe fur lequel ont procédé ceux, qui les premiers, ont fait du Beurre avec du Lait chaud, fortant de la tettine de la Vache ; & le fuccès a répondu à la folidité de leur principe.

On a inventé plufieurs machines pour faciliter cette opération, en rempliffant de Lait de grands vaiffeaux que l'on met dans un très-grand mouvement, par le moyen d'un cheval. Le Cultivateur peut avoir aifément une de ces Machines, dont la ftructure eft facile & commode. Les Perfonnes employées à traire les Vaches, verfent le Lait dans un conduit qui va aboutir dans la laiterie, où il tombe dans un grand vaiffeau préparé pour le recevoir & que l'on met en mouvement aussitôt qu'on a fini de traire, on fait tout de suite du Beurre.

Comme cette machine n'est point celle à laquelle M. *Hall* donne la préférence, nous n'en donnons ni la description ni la figure, celle que cet Auteur préfére pour cette opération, est un baril traversé par une espéce de broche de bois. Ce baril est garni dans l'intérieur de plusieurs chevilles à une certaine distance l'une de l'autre, qui augmentent le mouvement du Lait qui y est contenu. La broche qui traverse le baril doit avoir une poignée à chacun de ses bouts. Le tout est fait de chêne bien saisonné ; on fait passer chaque bout de la branche à travers deux trous pratiqués dans deux gros trous d'arbres, de sorte que le baril qui contient le Lait, est suspendu en l'air ; & deux personnes, dont chacune est à un bout de la broche, tournent lentement ou avec précipitation ce baril à la volonté de la personne qui conduit l'ouvrage.

On peut, par le moyen de ces machines, travailler une grande quantité de Lait en même-tems & très-aisément ; le Beurre qu'on en tire est très-bon pour être employé tout de suite ; mais il ne se garde pas si bien que le Beurre fait suivant la méthode ordinaire. Le Lait de Beurre qui en sort, se caille aisément en y ajoutant la présure ; mais le Fromage qu'on en fait est très-médiocre.

CHAPITRE XXXVIII.

De la maniére de saler le Beurre pour le garder.

LE Beurre que l'on fait pendant le printems & au commencement de l'été, n'est pas si propre à être salé, & par conséquent, à se conserver, que celui que l'on fait depuis la mi-Août, jusqu'à la fin d'Octobre.

La raison en paroît bien évidente. Les herbes, dans le printems, abondent beaucoup en humidité, qui est nécessaire pour que la circulation de la sève soit plus aisée, & que la sève se porte vers les extrêmités. Ce méchanisme est indispensable pour l'accroissement des plantes : le chyle que les Vaches font dans ce tems, n'est donc pas si riche que lorsque les herbages sont plus formés, & qu'ils abondent beaucoup en sucs substantiels, comme cela arrive dans le mois d'Août. Cette observation porte sur l'expérience : car, par exemple, que l'été soit bien pluvieux, tous les Cultivateurs qui suivent avec quelque attention cette branche de l'œconomie, conviendront que le Lait abonde plus en petit Lait qu'en Beurre & qu'en Caillé, au lieu que le contraire arrive lorsque l'été est chaud & sec : or, cela ne peut venir que du peu de principes nutritifs qui se trouvent dans les herbages, lorsque les étés sont pluvieux. Cette raison prouve donc que le Beurre qui se fait au printems, saison très-souvent pluvieuse & toujours humide, par rapport aux grandes rosées, n'a pas assez de consistance pour se conserver ; il est plus délicat à la vérité, parce que les plantes ont dans le printems des sucs plus doux.

Il faut tirer du vaisseau dans lequel on fait le Beurre, que l'on veut saler, & le mettre dans un pot de terre vernissé où on le travaille & pêtrit avec les deux mains sans se servir d'eau, jusqu'à ce que le Lait de Beurre en soit entiérement séparé.

Il faut de toute nécessité séparer entiérement ces deux substances si l'on veut que le Beurre prenne bien le sel ; c'est pourquoi on ne doit rien négliger dans cette opération, pour être assuré qu'elle est bien faite. C'est-là le point le plus important.

Cela fait, on mêle le sel avec le Beurre, en l'y incorporant autant que l'on peut, à force de le travailler & de le pétrir avec les mains.

Lorsque le sel est bien mêlé, on met le Beurre dans des pots ou barils. Lorsqu'il y en a une grande quantité, on préfére ces derniers. Les pots doivent être bien vernissés, autrement le sel les rongeroit.

On met & l'on étend un lit de sel dans les pots avant d'y mettre le Beurre, & quand on l'y a mis, on le couvre d'un autre lit de sel.

Lorsqu'on met du Beurre salé dans des barils, on fait des trous dans le Beurre depuis le haut jusqu'au fond du baril, & l'on verse dans ces trous de la forte saumure ; cette attention contribue beaucoup à la conservation du Beurre. Il est des Personnes, qui, au lieu de faire une couche de sel au haut des barils, y versent une forte saumure ; cette méthode est encore meilleure que la précédente.

Dans les cantons, où l'on fait beaucoup de Beurre, dit M. *Hall*, on compte que dix Vaches rendent, année commune, un baril & demi de Beurre chaque semaine, en été, & un baril en hyver.

La variété de la nourriture, ajoute le même Auteur, cause une grande différence dans la bonté du Beurre ; aux raisons que nous en avons apportées, il en ajoute une autre, c'est que la nourriture

des Vaches étant partie en herbe, & partie en foin, au commencement du printems & au commencement du mois d'Août, ce mêlange de nourriture séche & humide, est très-desavantageuse au
Beurre.

Comme nous ne voulons point négliger les moindres moyens de
faire le plus petit profit du Cultivateur ; voici une idée avantageuse
que nous lui conseillons de saisir & de pratiquer.

Il y a du profit à saler le Beurre quand il est à bon marché, &
à le désaler, quand il est cher. On désale le Beurre de deux façons ; quand on veut s'en servir pour son propre usage, on le bat
avec du Lait nouveau ; mais quand on veut le porter au marché &
le vendre pour du Beurre frais, il faut le couper par ruelles bien
minces qu'on met dans le vaisseau, ou l'on bat de la Crême pour
faire du Beurre frais, précisément dans le tems que le Beurre frais
commence à se former. Le Beurre salé étant ensuite lavé avec le
Beurre frais dans un pot demi-plein d'eau, passe pour du très-bon
Beurre frais.

CHAPITRE XXXIX.

Du Beurre fait du petit Lait.

NOus avons dit ci-dessus, que quand on fait du Beurre tout de
suite avec du Lait chaud sortant du trayon, la partie caillée
reste dans le Lait de Beurre, dont on fait du Fromage, par le secours de la présure ; de même, quand on met de la présure dans
du Lait nouveau, il n'y a que la partie caillée qui en est séparée,
beaucoup de la partie huileuse reste dans le petit Lait. On sépare
cette partie du petit Lait, & l'on en fait du Beurre médiocre, que
l'on appelle Beurre de petit Lait : en voici tout le procédé.

Lorsque l'on fait du Caillé avec du Lait nouveau, on met le
petit Lait dans des vaisseaux larges & peu profonds, qu'on place
en un lieu de repos. Une espece de Crême s'éléve sur la superficie
de ce petit Lait, dont on fait du Beurre de la même maniére que le
Beurre ordinaire. Cette Crême ne rend que la moitié du Beurre
que rend la Crême ordinaire. Le Beurre qu'on en tire n'est point
propre à garder, & ne prend jamais une bonne consistance. Le
Cultivateur peut cependant s'en servir pour la consommation de la

Ferme. Il peut même le rendre meilleur, en ajoutant à la Crême
du petit Lait, une quatriéme partie de bonne Crême. Ce mêlange
lui produira un affez bon Beurre.

CHAPITRE XL.

De la méthode d'ôter au Lait le mauvais goût qu'il peut avoir.

ON ignore prefque toujours les caufes du mauvais goût qui
fe trouve dans le Lait. Il n'eft pas moins vrai cependant que
les effets en font certains, & qu'ils portent un très-grand préjudice
au Cultivateur, en ce que ce mauvais goût fe communique de la
Crême au Beurre, & que par conféquent, il en diminue la valeur &
le prix. A toutes les autres attentions que nous avons indiquées,
pour prévenir cet inconvénient, nous croyons devoir ajouter l'invention de M. *Hail*, Auteur auffi diftingué par fon génie que par
l'ufage conftant qu'il en a fait pour le bien public.

M. *Hall* dit avoir des expériences fouvent répétées de la méthode propofée par ce fçavant, & il affure qu'elles ont réuffi toutes
les fois qu'il a voulu ôter au Lait le mauvais goût, dont il le croyoit
empreint, par quelque caufe qu'il fut produit. L'inftrument qu'on
emploie pour cela, eft très-aifé à faire & peu couteux ; on en va
voir la defcription, & nous en donnons la figure avec d'autant plus
de plaifir, qu'il ne peut être que d'une très-grande utilité.

On fait une boëte ronde de fer blanc, de fix pouces de diamêtre
& de deux pouces de profondeur. Le couvercle de cette boëte eft
également de fer blanc, percé de trous d'un vingtiéme de pouce de
diamêtre, éloignés l'un de l'autre d'un quart de pouce. Le couvercle eft dentelé dans la partie qui entre dans la boëte, & on le fait un
peu plus profond que la boëte, ayant une rangée de trous fur le
bord fupérieur qui n'entre point dans la boëte.

On foude au milieu de ce couvercle un tuyau de fer blanc. Ce
tuyau doit s'élever un peu au-deffus du couvercle, & fon ouverture doit être affez large pour recevoir un autre tuyau de fer blanc,
de quelque chofe de plus qu'un demi-pouce de diamêtre & de deux
pieds ou plus de longueur, fuivant la profondeur du vaiffeau à lait. A
ce tuyau, on en foude un autre par le haut à angles droits. Ce

dernier tuyau n'a que six pouces de longueur. On ajuste au bout
de ce dernier tuyau de fer blanc, un tuyau court de cuir.

La boëte de fer blanc avec son couvercle & tuyau, doit être placée au milieu d'un grand vaisseau dans lequel on verse le Lait à mesure qu'on le trait. La boëte doit être affermie au fond de ce vaisseau ; on met le bout d'un soufflet ordinaire dans le tuyau de cuir,
une Personne continuant de souffler pendant un certain tems.
L'air libre entre dans le soufflet par ses trous de derriere, il est
forcé de descendre par l'action du soufflet à travers le tuyau jusqu'au
fond de la boëte, d'où il s'éléve à travers les trous dans le couvercle,
& se répand en autant de petites colonnes à travers le Lait.

Quand le mauvais goût du Lait n'est pas extrêmement sensible,
on peut le verser dans le vaisseau à mesure qu'il sort du trayon, on
le dissipera parfaitement en soufflant pendant quarante minutes.
Mais quand le goût est fort, il faut bienéchauffer le Lait ; sans cependant le brûler, & le verser ensu te dans le vaisseau ; l'on continue de souffler jusqu'à ce que le mauvais goût soit dissipé.

M. *Hull* fit l'épreuve de cette boëte avec du Lait d'une Vache
qui avoit été nourrie de feuilles de choux pendant quarante huit
heures. Ce Lait ne pouvoit assurément avoir qu'un très-mauvais
goût, qu'il dissipa cependant par une ventillation de dix minutes.
Cette opération se fit sur quatre pintes de Lait que l'on entretint
chaud pendant tout le tems de l'opération, parce que l'on avoit mis
le vaisseau qui contenoit le Lait & la boëte dans un autre vaisseau
où il y avoit de l'eau chaude ; la Crême que l'on tira de ce Lait,
n'étoit affectée d'aucun mauvais goût.

Lorsque l'on ventille de grandes quantités de Lait, il s'éléve
beaucoup d'écume qui est sujette à d'écouler par les bords du vaisseau ; c'est pourquoi il faut souffler avec modération, pour qu'une
Personne que l'on fait tenir près du vaisseau puisse rompre l'écume
& retenir le Lait dans le vaisseau. A la vérité, l'opération en est plus
longue, mais elle n'en est pas moins efficace.

Soit donc que le mauvais goût du Lait vienne de ce que les Vaches ont mangé des choux ou de l'ail sauvage ou bû les eaux putrides & croupies ; on peut le dissiper en soufflant l'air à travers le
Lait, pourvu qu'on le tienne chaud & qu'on continue de souffler
pendant un certain espace de tems.

Si l'on ajoute une petite quantité d'eau au Lait, l'opération se
fait plus promptement, parce que l'eau rend le Lait plus clair, &

ôte

le rend plus pénétrable à l'air ; & c'eſt par cette même raiſon, qu'on
ôte en bien moins de tems le mauvais goût au Lait, qu'à la Crême.

Voilà ſur quels principes porte l'invention du Ventilateur de
M. *Hall.* Le ſuccès en eſt infaillible au grand avantage de la laiterie ; comme les expériences en démontrent l'utilité, nous ne
ſçaurions trop en recommander l'uſage ; la figure que nous en
donnons, explique bien clairement de quelle façon il faut qu'elle
ſoit faite : il faut ſur-tout avoir une attention ſinguliére à tenir ce
Ventilateur bien propre, & prendre garde qu'il ne contracte point
de mauvais goût.

Nous avons pris la liberté d'y faire une amélioration, que **M.**
Hall approuveroit ſurement lui-même ; c'eſt un petit réſervoir que
nous ajoutons à la partie du tuyau de cuir, dans laquelle M. *Hall*
fait entrer le ſoufflet. Ce réſervoir qui eſt de fer blanc & bien adapté
par de petits clous aux bords du tuyau de cuir, doit avoir ſix pouces en quarré. On y met dedans un petit vaſe de fayance, dans
lequel on met l'odeur que l'on veut, comme, par exemple, de l'eau
de fleur d'Orange, de l'eau Roſe, &c. On pratique un petit trou
au côté antérieur par où le tuyau du ſoufflet doit paſſer. Lorſqu'on
l'a inſinué, on a un petit tuyau de fer blanc, dont le diamêtre eſt
un peu plus grand que celui de l'extrêmité du tuyau du ſoufflet,
afin que celui-ci puiſſe entrer juſte. On fait le côté du réſervoir qui
eſt vis-à-vis la perſonne qui ventille, en forme de porte que l'on
ouvre & ferme à volonté ; d'abord pour mettre le vaſe à odeur
quand on veut ; enſuite pour adapter le petit tuyau de fer blanc
que l'on fait courbe, pour que l'air qu'il porte dans le réſervoir
frape directement ſur la liqueur odorante, & ſe charge des particules odoriférantes qu'il communique au Lait, après avoir parcouru
le grand tuyau, & s'être mêlé au Lait que l'on ventile. Ce petit
tuyau doit avoir depuis la partie où il ſe courbe, juſqu'à l'orifice
qui va aboutir dans le petit vaſe, un pouce & demi de longueur.

Et comme l'air que l'on envoie par le ſoufflet dans ce réſervoir
pourroit s'échapper par les interſtices que doit faire la petite porte
que l'on ferme & que l'on ouvre à volonté, on a l'attention de bien
la calfeutrer tout au tour avec de la peau d'Agneau ; par ce moyen
on ôte tout iſſue à l'air, qui alors eſt obligé après avoir frappé la
liqueur, d'enfiler la route naturelle qui lui eſt ouverte par le tuyau
de cuir, & de-là enfiler le grand tuyau de fer blanc juſqu'à la Crême ou au Lait.

Cette amélioration eſt découverte depuis que la planche eſt faite: c'eſt un inconvénient auquel un Lecteur, pour bien peu intelligent qu'il ſoit, peut remédier. La deſcription de cette petite piéce qui fait l'amélioration, eſt aſſez intelligible pour que tout le monde puiſſe la ſaiſir; au reſte, nous tâcherons s'il eſt poſſible de la faire ajouter avant que l'impreſſion de ce volume ſoit finie.

On connoît aiſément qu'une ſemblable amélioration ne peut être que très-avantageuſe, puiſqu'on peut donner au Lait, au Beurre & même au Fromage, le goût que l'on veut.

CHAPITRE XLI.

De l'uſage du baril ou broche pour faire le Beurre.

NOus avons ci-deſſus donné la deſcription de ce baril; nous avons tâché d'en faire ſentir toute l'utilité; en effet, comme il tourne ſur une grande broche, ſon mouvement doit être néceſſairement plus régulier que celui que l'on fait en battant le Beurre ſuivant la méthode ordinaire; mais il faut obſerver que ce mouvement ſoit doux lent & ferme; car ſi l'on tourne trop rapidement, le Beurre ſe fait & ſe défait à pluſieurs repriſes : ſi au contraire, on tourne d'une maniere lente, douce & aiſée, le Beurre ſe fait promptement, & il eſt pur & fin; principalement ſi l'on a mis le Lait repoſer dans un lieu convenable, & tel que nous l'avons indiqué, relativement à chaque ſaiſon, pour laiſſer monter la Crême, & enſuite après l'avoir paſſée à travers un linge, la mettre dans le baril.

Le Beurre qu'on fait ſuivant cette méthode, eſt dur, de bon goût & de garde. Il faut ſur-tout obſerver que le mouvement doux de la broche doit être continué ſans interruption, juſqu'à ce que le Beurre ſe forme; pour peu que l'on ſuſpende ce mouvement, toutes les parties ſéparées ſe remêlent comme auparavant.

Le bruit différent que la Crême fait dans le baril, indique aſſez le tems auquel le Beurre ſe forme; on doit alors ralentir le mouvement, & l'on voit le Beurre ſe former en une demi-heure de tems. Alors on ôte le Beurre du baril, & on le travaille de la façon que nous venons d'indiquer. Il faut être attentif à tenir ce baril auſſi propre, que toutes les autres piéces de la laiterie.

CHAPITRE XLII.

Des Fromages.

TOUT Fromage se fait de la partie caillée du Lait, qui est séparée du petit Lait. Mais il y a des Fromages qui ne se font
que de la partie caillée, sans aucun mêlange de la partie huileuse que
l'on appelle Crême. On en fait d'autres dans lesquels on mêle toute
la Crême, avec la partie caillée; on ne fait seulement qu'en séparer
le petit Lait. On fait aussi des Fromages pour la composition desquels ces mêlanges sont en proportions différentes.

Il est cependant vrai qu'un pauvre pâturage produit du Lait si
pauvre, que la partie caillée n'a ni force, ni consistance, ni goût.
D'ailleurs, quand de mauvaises herbes croissent en abondance dans
les pâturages, telles que le Mélilot, l'Ail sauvage, elles communiquent un mauvais goût au Lait, & le Fromage s'en ressent;
mais on remédie à ces deux inconvéniens, en déracinant les herbes
nuisibles, & en amendant peu à peu les pâturages, par tous les
moyens que nous avons indiqués, lorsque nous avons traité cet
article.

Il y a des pâturages qui rendent un Lait dont on peut faire du
Beurre, & non des Fromages; d'autres qui rendent un Lait propre
aux Fromages, & nullement au Beurre. Dans ce cas, c'est au
Cultivateur à bien considérer & examiner tous les moyens les plus
propres à lui faire tirer le plus grand parti possible de sa laiterie.

Mais en général, il n'y a que la partie caillée du Lait qui donne
la forme & la consistance au Fromage; quant à la Crême, elle ne
fait que le rendre plus riche & plus moëlleux.

Les Gens qui servent la Ferme, sçavent assez ce que c'est qu'un
Fromage fait uniquement de petit Lait. Le Fromage de *Parme*,
ceux des autres laiteries d'Italie, le Rocfort du Languedoc, le Saffenage du Dauphiné, le Gruyere & le Vachelin de Suisse, le Fromage
de Brie, celui de Hollande & celui d'Auvergne, nous font assez
connoître l'excellence des Fromages, dans lesquels on mêle la
Crême avec la partie caillée. C'est la différente conduite que l'on
tient aux laiteries, qui fait la différence des Fromages.

Q ij

CHAPITRE XLIII.

De la Préfure.

LE Lait fe caille avec le fecours de quelque acide que ce foit ; mais rien n'eft plus propre à remplir cet objet que la Préfure. La plûpart des autres acides tiennent du regne minéral, ou du regne végétal. L'efprit de Vitriol & bien d'autres femblables, font de la première efpéce, & le jus de limons & le vinaigre font de la derniere. Or, la Préfure étant un acide qui appartient au regne animal, elle convient mieux par analogie à un fluide animal, tel que le Lait, que les autres acides d'une nature qui lui eft hétérogene.

Il y a un fuc acide dans l'eftomac de chaque animal, que la nature y a mis, pour concourir à la digeftion des alimens qu'il prend. Il eft plus ou moins fort dans certains animaux qu'en d'autres, & même dans le même animal fuivant les différens périodes de fa vie, & felon les dégrés de fanté qu'il poffédé.

De tous les acides qui fe trouvent dans l'eftomac des différens animaux, il n'y en a pas qui foit plus doux ni qui ait toujours à peu près le même dégré de force que celui d'un Veau de Lait. C'eft pourquoi les Perfonnes qui cultivent la laiterie, préferent avec raifon cet acide à tout autre, & c'eft ce qu'on appelle dans l'art de la Laiterie, *fac à Préfure.*

Le fac de la Préfure, eft à proprement parler, le fac de l'eftomac d'un Veau de Lait qui n'a jamais pris d'autre nourriture que du Lait, où le caillé fe trouve n'être point digéré. Que le Cultivateur confidere au Printems le befoin qu'il peut avoir de ces facs, & qu'il en faffe fa provifion. Il faut qu'il les prépare de la maniére fuivante.

Il faut premiérement ouvrir le fac, & verfer le caillé & la fubftance épaiffe qu'il contient dans un plat, où on ôte tous les poils & autres faletés qu'on peut y trouver ; enfuite on lave le caillé à plufieurs reprifes dans de l'eau, pour le bien nettoyer & blanchir. Cela fait, on l'étend fur un morceau de drap bien propre pour l'effuyer, après quoi, on le met dans un plat propre, & on répand pardeffus une poignée de fel, on a l'attention de faire bien entrer avec la main le fel dans chaque partie du caillé.

Le caillé étant ainsi préparé, on le couvre pour le garantir de la poussiere, & l'on se met à laver le sac plusieurs fois dans de l'eau froide ; après qu'on l'a bien nettoyé, on le frotte avec du sel, & l'on y remet le caillé tout enveloppé de sel, on en frotte aussi l'extérieur du sac. Toute la bonne qualité de la Présure dépend de cette préparation, qui, par conséquent, doit se faire avec beaucoup de soin.

Lorsqu'on a préparé de cette façon un nombre suffisant de sacs, on les met tous ensemble dans un pot qu'on a soin de bien boucher & couvrir. On les garde tant que l'on veut : on n'a point lieu de craindre qu'ils se corrompent ; ils se trouvent parfaits un an après cette préparation.

Voilà la véritable méthode qu'il faut suivre pour bien préparer la Présure. Il est bien étonnant qu'étant si souvent nettoyée & lavée, l'acide qu'elle contient ne s'affoiblisse pas, & qu'elle fasse cailler du Lait autant de fois que l'on veut, & d'une maniére bien préférable à celle de tous les autres acides.

Nous venons de faire observer que la Présure est parfaite lorsqu'elle a été gardée pendant un an, & que par conséquent, elle est la meilleure ; cependant il est bon d'avertir qu'on peut s'en servir aussitôt qu'elle est nettoyée & lavée ; mais il est certain que son effet n'est pas si bon, parce que l'orsqu'on l'emploie nouvelle, le caillé n'est pas si ferme, & le Fromage n'a jamais une consistance si solide. Il vaut mieux en acheter de l'ancienne lorsqu'on n'en a pas, que de se servir de celle qu'on a avant qu'elle ait eu le tems de se perfectionner.

Après avoir nettoyé le sac de la Présure, on le pendoit autrefois dans un coin de la cheminée pour le sécher à la fumée : mais cette méthode ne vaut pas celle que nous venons de mettre sous les yeux du Lecteur. D'abord elle n'est pas si propre, ensuite elle ne conserve point la Présure dans le dégré de force qui est nécessaire.

Lorsque l'on a gardé les sacs à Présure pendant un an dans le pot, on en ôte un ; on vuide le caillé qu'il contient dans un mortier de marbre bien nettoyé, où on le réduit en poudre ; on y ajoute ensuite le jaune de trois œufs frais & une chopine de Crême fine. On mêle le tout bien ensemble avec le pilon de bois, après quoi, on fait sécher au feu un clou de girofle, huit grains de safran & une noix muscade. Quand ces matiéres sont bien desséchées, on les réduit en poudre dans un petit mortier, & on met cette poudre dans les autres ingrédiens ; on mêle bien le tout ensemble, & on le remet dans le sac.

On fait alors une forte faumure avec du fel & de l'eau, les faifant bouillir enfemble ; on laiffe repofer cette faumure, & on paffe
la liqueur claire dans un pot de terre bien verniffé ; on tire hors
du fac environ un demi-poiffon de caillé, & on le mêle avec cette
faumure. Cela fait, on remet le tout dans le fac avec quatre ou
cinq feuilles de noyer & on le pend dans quelque endroit propre
pendant quinze jours : après quoi on peut s'en fervir.

On doit préparer tous les autres facs de la même maniére dans
le tems qu'on préfume qu'on en aura befoin, afin de ne pas fe
trouver obligé de fe fervir d'un fac moins bien préparé ou qui n'a
pas refté quinze jours dans la faumure.

Il eft des Perfonnes qui n'apportent point tous ces foins à préparer les facs à Préfure ; mais c'eft épargner ces foins fort mal à propos ; car non-feulement la Préfure eft plus forte, mais encore on eft
bien payé des foins qu'on a eus pour bien préparer ces facs.

Après avoir ainfi donné des inftructions générales pour faire du
Fromage ; nous allons parler de la maniére dont on fait les Fromages les plus renommés, en commençant par celui qui eft univerfellement bon, quand il eft bien fait.

CHAPITRE XLIV.

*De la maniére de faire du Fromage avec du Lait nouveau, mêlé
avec la Crême du Lait du foir.*

C'Est ici une efpéce de Fromage qui fe fait par-tout, & prefque par-tout il fe trouve excellent, il eft cependant bien vrai
qu'il a plus ou moins de qualité, fuivant la différence des pâturages ; mais cela ne caufe aucune variété dans la façon de le preparer.

Il faut lever le matin la Crême du Lait de la foirée précédente :
on paffe au travers d'un linge le Lait fortant tout chaud du trayon ;
on verfe enfuite la Crême dans ce Lait nouveau, ce qui rendra le
Lait auffi riche que le Lait qu'on a l'effronterie de vendre à Paris fous
le nom de Crême.

Ce Lait étant alors trop riche pour en faire du Fromage, on y
met donc une quantité d'eau chaude fuffifante pour lui communiquer une chaleur plus que douce ; ce qui échaude la Crême : on remue enfuite le Lait avec une grande taffe jufqu'à ce qu'il ne foit qu

tiéde; on y met alors la Préfure, & fi on l’a préparée fuivant les inftructions que nous venons de donner; une cuillerée fuffit pour douze pintes de Lait; ainfi s’il y a quatre-vingt-quatre pintes de Lait, on fçait qu’il faut y mettre fept cuillerées de Préfure.

Après qu’on a tiré du fac la quantité néceffaire de Préfure; il faut la faire paffer à travers un linge dans le Lait; parce que fi la plus petite particule de caillé de la Préfure tomboit dans le Lait fans être auparavant diffoute, on ne la diftingueroit point parmi le caillé qu’elle forme dans le Lait, & elle ne manqueroit pas de corrompre & de tacher la partie du Fromage à laquelle elle fe feroit attachée. Perfonne n’ignore qu’une petite partie d’un Fromage étant corrompue, la corruption le communique bientôt à tout le Fromage.

La Préfure étant mife dans le Lait avec tous les foins que nous exigeons; il faut couvrir le vaiffeau & le laiffer en repos pendant l’efpace de demi-heure. Ce tems écoulé, il faut couvrir le vaiffeau, & fi le Lait n’eft pas encore caillé, il faut fans perdre de tems, ajouter un peu plus de Préfure; (car il y a certains Laits qui en exigent plus que d’autres) & couvrir enfuite le vaiffeau qu’on ouvre de tems en tems pour en voir l’effet. Auffitôt que le caillé eft formé, on le remue en tout fens dans le petit Lait; premiérement avec une grande taffe, & enfuite avec les mains; on le preffe à la fin dans le fond du vaiffeau, on le leve alors avec une grande taffe peu profonde, & l’on prépare le moule du Fromage.

On léve enfuite le caillé avec les deux mains, & on en remplit le moule en le preffant bien, on le couvre avec la planche à Fromage fur laquelle on pofe un petit poids; on le laiffe dans cet état jufqu’à ce que le refte du petit Lait en foit exprimé; on mouille alors un linge qu’on étend fur la planche, & l’on renverfe le Fromage; on étend enfuite un linge dans le moule fur lequel on remet le Fromage, en preffant bien fes côtés, on le couvre alors avec le linge, & on le porte au preffoir en le comprimant avec un bon poids, on l’y laiffe pendant l’efpace d’une demi-heure; après quoi, on l’ôte pour le couvrir d’un linge fec; & on le remet dans le preffoir.

Il faut répéter cette opération de deux en deux heures, enveloppant chaque fois le Fromage d’un linge fec; on continue cette manœuvre jufqu’au foir du lendemain: mais la derniere fois qu’on tourne le Fromage, on le remet fans le linge dans le moule.

Quand enfuite on ôte le Fromage du preffoir, on le met dans un baquet où on le frote avec du fel: on l’y laiffe toute la nuit, & le

matin on le frote encore bien une fois avec du fel , & on le laiffe
dans la faumure pendant l'efpace de trois jours. Ce tems écoulé, on
le met à fécher fur une planche, & l'on a l'attention de le bien nettoyer une fois le jour avec un linge fec, & de le retourner en même-
tems jufqu'à ce qu'il foit parfaitement fec. Il eft à propos que le
Fromage fe deffeche un peu promptement au commencement, &
peu à peu dans la fuite. L'endroit plus ou moins chaud où on le
met, produit plutôt ou plus tard cet effet. Voilà le procédé qu'on
fuit en faifant cette efpéce de Fromafie, & qui peut fervir d'inf-
truction pour faire d'autres efpéces de Fromages.

CHAPITRE XLV.

Du Fromage que l'on fait uniquement avec du nouveau Lait.

ON paffe le Lait tout chaud fortant du trayon de la Vache ,
à travers un linge dans un bacquet bien propre & l'on y met
la Préfure, fuivant la proportion que nous avons indiquée ci-devant.
Si le Lait n'eft pas chaud quand on le porte le matin à la maifon,
on le met fur le feu pour lui donner tant foit peu de chaleur ; ce
qui doit fe faire avec beaucoup de précaution. Un petit dégré de chaleur facilite l'effet de la Préfure, & le caillé fe forme plus promptement; mais fi on échauffe trop le Lait, la Crême s'en fépare, ce
qui gâte toute l'opération.

Après donc qu'on a donné au Lait un dégré convenable de chaleur, on y met la Préfure en couvrant le vaiffeau jufqu'à ce que
le caillé foit formé; on continue enfuite de faire le Fromage fuivant la maniére détaillée dans le chapitre précédent.

On fait du Fromage avec du Lait mêlé avec celui du matin qui
fuit : dans ce cas, on remue la Crême montée du Lait du foir ;
enfuite on mêle le tout avec le Lait du matin fuivant : on couvre
le vaiffeau & l'on procéde comme ci-deffus.

On fait également du Fromage, en mêlant le Lait du foir après
qu'on en a levé la Crême avec du Lait du matin fuivant ; on
échauffe tant foit peu ce mêlange fur le feu.

Ces fortes de Fromages différent en bonté , à proportion de
la quantité de Crême qui s'y trouve. Ils font tous inférieurs à celui dont nous avons parlé dans le Chapitre précédent. Nous allons
parler

parler de la maniére de faire du Fromage du Lait dont on a levé
la Crême, en faveur des Cultivateurs proprement dits, & qui sont
ordinairement mal-aisés.

CHAPITRE XLVI.

Du Fromage qu'on fait du Lait dont on a levé la Crême.

LORSQU'ON a levé la Crême du Lait pour en faire du Beurre,
on verse ce Lait dans un baquet, & on le goute pour sçavoir
s'il ne commence pas à s'aigrir ; si on le trouve parfaitement doux
sans aucune aigreur, on en verse une partie dans un pot pour
l'échauffer suffisamment sur le feu , afin qu'il puisse communiquer
au reste du Lait un dégré de chaleur un peu plus considérable que
celui que nous avons exigé pour les Fromages dont nous avons
parlé ci-dessus.

Dans les précédens Fromages , on emploie un Lait plus riche &
la trop grande chaleur en sépareroit la Crême ; mais dans celui-ci,
il y a si peu de Crême, qu'on ne doit pas craindre cet inconvénient,
& comme le Lait est bien plus pauvre, il demande plus de Présure & plus de chaleur pour pouvoir se cailler.

Mais si le Lait commence à s'aigrir, il ne faut pas le mettre sur
le feu ; car il tourneroit. Il faut alors échauffer une petite quantité
d'eau & la verser dans le Lait pour lui communiquer le dégré de
chaleur convenable pour recevoir la Présure. Quand une fois elle
y est, on couvre le vaisseau & l'on procéde comme ci-devant.

Voilà toutes les espéces de Fromages, ou du moins à peu près,
que l'on fait par-tout, & que tous les Cultivateurs doivent sçavoir
faire : nous allons à présent parler de quelques Fromages particuliers
que l'on fait en Angleterre, & que les Cultivateurs François pourroient essayer ; quant à ceux de France, dont nous avons donné
le nom, & qui sont le plus réputés dans ce Royaume, nous n'en
parlerons que très-succintement, puisqu'ils sont généralement connus, & quant à leurs défauts & quant à leurs qualités.

CHAPITRE XLVII.

Du Fromage d'Angleterre, nommé Cheshire.

NOus avons déjà fait obferver qu'il y a des fols & des pâturages plus favorables les uns que les autres aux Fromages. Les Habitans du Comté de Chefter, en Angleterre, outre les fols & les pâturages qui y font très-favorables pour ce commerce, portent des foins particuliers à la fabrique de leurs Fromages, afin de foutenir la réputation qu'ils ont acquife. Il eft à propos, avant d'entrer dans d'autres particularités, d'informer le Cultivateur du traitement que ces Gens font à leurs beftiaux.

La faifon dans laquelle on fait le bon & fin Fromage dans ce Comté, c'eft depuis le commencement de Mai jufqu'à la fin de Septembre : vers le milieu du mois d'Avril, ils lâchent leurs Vaches dans les pâturages, & ils commencent alors à faire des Fromages, qui n'étant pas d'une confiftance ferme, fe gonflent, deviennent pleins de trous, perdent leur forme & ne font pas de bon goût ; c'eft parce que les pâturages font alors trop abondans en herbes, & ne produifent pas dans cette faifon du Lait propre à faire de bons Fromages.

Les Habitans de ce Comté font fi fenfibles à ce défaut du Lait, qu'ils gardent pour leur propre ufage tous les Fromages qu'ils font pendant le mois d'Avril. Ils fe donnent bien de garde d'en envoyer au marché, pour ne pas difcréditer leurs Fromages, qui ont une très-grande réputation, & pour ne pas rifquer de porter quelque atteinte au grand commerce qu'ils font de cette branche de l'œconomie.

Rien de plus différent qu'un Fromage fait dans ce Comté au mois d'Avril, & un qui eft fait dans la premiére quinzaine du mois de Mai ; ce qui montre que ce ne peut être que l'effet du pâturage, qui ne fournit point de Lait favorable au Fromage, jufqu'à ce que la forte pouffe de l'herbe foit un peu paffée.

Il eft des Cultivateurs qui ont attribué ce défaut des Fromages faits dans ce Comté dans le mois d'Avril à certaines mauvaifes herbes, & particuliérement à la Menthe fauvage ; c'eft une erreur, car la Menthe fauvage croit pendant tout l'été ; ainfi, fi elle produifoit

cet effet, la caufe fubfiftant, l'effet fubfifteroit auffi pendant tout
l'été. Il n'y a donc que la grande abondance des fucs des herbes
qui puiffe caufer cet accident dans les Fromages que l'on fait vers le
mois d'Avril.

La faifon du bon Fromage ne dure que cinq mois dans ce Comté; fi les Habitans continuent d'en faire après la S. Michel, ce n'eft
que pour leur propre ufage: jamais ils ne les portent au marché.

Au mois d'Avril, leurs pâturages abondent trop en fucs qui ne
conviennent point à un Fromage ; en Octobre , ils font trop maigres; ce qui prouve bien que la bonté du Fromage, dépend en
grande partie de la nourriture des Beftiaux.

CHAPITRE XLVIII.

De la maniére de faire le Fromage de Chefter.

LEs pâturages de Chefter font fi riches qu'on n'a pas befoin
d'enrichir le Lait avec de la Crême , pour en faire du Fromage. Tous les Fromages de ce Comté font faits avec du Lait
chaud, tel qu'il fort du pis de la Vache; on obferve cependant
de ne point fe fervir du Lait d'une Vache qui a nouvellement vêlé.
Tout le monde doit fçavoir , l'expérience le prouve, que ce
Lait n'eft propre à faire du Fromage, que trois ou quatre mois
après que la Vache a vêlé.

Dès que le Lait du matin arrive à la maifon, on le paffe à
travers un linge dans un grand baquet, & on y met la Préfure. Quatre cuillerées de Préfure fuffifent ordinairement pour la quantité du
Lait, dont on tire un Fromage péfant cent livres. Il y a des laiteries dans ce Comté , qui font deux Fromages de cette groffeur
tous les jours, pendant cinq mois de l'année.

Après qu'on a mis la Préfure dans le Lait, on couvre le baquet
pendant l'efpace de demi-heure; on a une attention particuliere à
ne point mettre trop de Préfure, parce que fi on en mettoit une trop
gran de quantité, elle rendroit le Fromage amer : on découvre enfuite le vaiffeau, & on preffe le caillé vers le fond du vaiffeau ; on
le prend avec une grande taffe, après qu'on a ôté le petit Lait; on
brife le caillé avec les mains, & on le travaille pendant long-
tems ;quand cela eft fait, on ajoute une livre de fel à un Fromage

de cent livres ; on le mêle avec le caillé, on met ensuite le caillé dans un linge bien fort sur une planche à dessécher. Lorsque le petit Lait cesse de dégouter, on met le Fromage dans le moule pendant quatre heures, avec un bon poids dessus : de-là, on le met au pressoir avec le moule.

Au bout de quatre heures, on l'ôte du pressoir & du moule ; on en sale les côtés extérieurs, on l'enveloppe d'un nouveau ligne mouillé, & on le remet dans le moule, pour le remettre encore une fois au pressoir pendant quatre heures. On prépare une forte saumure de sel & d'eau, dans laquelle on met le Fromage pendant l'espace de huit jours tout couvert de saumure, le retournant une fois par jour. Au bout de ce tems, on l'ôte de la saumure, & on le met sécher & durcir de la maniere qui suit.

On coupe une bonne quantité de joncs qu'on étend tout verds sur une large planche, sur lesquels on met le Fromage, qu'on y laisse en repos pendant le premier jour. Le jour suivant, on le retourne le matin en l'essuiant avec une haire, opération qu'il faut répéter tous les jours, pendant l'espace de trois semaines.

Ce tems écoulé, on ôte le Fromage de dessus les joncs, & on les pose sur le plancher, où on le retourne en le frottant une fois de trois en trois jours, jusqu'à ce qu'il devienne ferme & dur. C'est alors que le Fromage se durcit. Il faut sur-tout être très-exact à le retourner & le frotter, sans quoi il n'acquéreroit point ce dégré de dureté nécessaire, pour le préserver de la moisissure & autres accidens.

Après que le Fromage a acquis le dégré nécessaire de dureté, on le frotte bien avec du Beurre. On employe dans cette opération, ordinairement une demi-livre de Beurre pour un Fromage qui pése cent livres. Il est essentiel de se donner ce soin pour conserver la côte en bon état, & tenir le Fromage toujours frais.

Voilà la méthode que l'on pratique dans le Comté de *Chester*, si fameux par les Fromages. On a dans ce Pays des chambres bâties exprès pour sécher ces gros Fromages. On éleve les planchers à quelques pieds du sol, pour les garantir de l'humidité. Dans d'autres endroits, on a des dressoirs tout au tour de ces chambres, pour y sécher les Fromages, au lieu de les mettre sur le plancher, où ils sont mieux garantis de l'humidité, plus aisément retournés & essuiés, ce qui est un point essentiel.

CHAPITRE XLIX.

De la maniére d'imiter les Fromages de Sheshire.

MONSIEUR *Hall* nous rapporte qu'il fit quelques années avant de donner son ouvrage au Public, un voyage dans le Comté de Chester, pour voir par lui-même la méthode que les Habitans pratiquent pour faire leurs Fromages, il s'entretint même avec les Cultivateurs les plus remarquable. du Pays, dans le dessein à son retour, de faire chez lui des Fromages semblables.

Je ne réussis point, dit cet Auteur, dans mon premier essai, non plus que dans le second & troisiéme : cependant ne me rebutant point, j'essayai l'un après l'autre le Lait des Vaches que je nourrissois dans différens pâturages, & même le Lait des Vaches de mes voisins ; mais je trouvai que mes pâturages étoient ou trop forts ou trop maigres : je n'en avois pas un seul qui eût ce dégré parfait de richesse des pâturages de *Sheshire*.

Si quelque Cultivateur se trouve avoir un pâturage dont l'herbe est courte, feuilleuse & savoureuse, sans qu'il y ait un grand mêlange de mauvaises herbes, il peut faire un essai sur un Fromage la premiere ou seconde semaine de Juin, qui est la plus propre aux Fromages de *Sheshire* ; s'il réussit, ce Fromage est d'une si grande réputation, & d'un si grand débit, dit M. *Hall*, que sa fortune est faite ; » mais s'il n'a pas du succés, qu'il ne s'obstine point comme » moi, ajoute le même Auteur, à répéter trop souvent des expé- » riences inutiles. » Tant d'autres ont fait les mêmes expériences, & n'ont pas été plus heureux que M. *Hall*, que l'on ne peut point nier que la bonté de ces Fromages dépend entiérement de la nature des pâturages de *Chester*. Tous les Fromages qu'on a fait ailleurs, à l'imitation *Sheshire*, ne conservent point leur consistance, ce qui fait qu'ils coulent & qu'ils deviennent à rien. On doit conclure de-là, que les pâturages de ce Comté fournissent un Lait riche, qui donne un caillé très-ferme, & c'est, nous l'avons déjà dit, de ces deux articles que dépendent la consistance & la finesse des Fromages.

Il en est de même du Rocfort, du Parmesan, du Safferage & du Gruyere : envain, on cherche dans le voisinage même à les imiter ; on perd ses soins. On prétend que celui de Rocfort doit sa qualité supérieure à des caves dans lesquelles on le laisse ; mais c'est une illusion : c'est à la qualité des pâturages que ce Fromage doit sa bonté, ainsi que celui de Saffenage & de Parmesan ; il est vrai qu'il n'en est pas tout-à-fait de même du Gruyere. On l'imite assez bien en Franche-Comté ; mais les Connoisseurs sçavent bien le distinguer de celui de Suisse. Il s'en faut de beaucoup ; en effet que celui de Franche-Comté ait la finesse & l'œil de ce dernier ; cependant les Épiciers le vendent effrontément pour véritable Gruyere.

CHAPITRE L.

Du Fromage fait avec du Lait de Brebis.

DEs Personnes peu versées dans l'œconomie rurale, pourroit peut être croire que le Fromage fait du Lait de Brebis, ne mérite point l'attention des Cultivateurs ; c'est une erreur que nous devons détruire. Il est si vrai que ce Fromage est très estimable, que dans le Pays même dont nous avons parlé dans le Chapitre précédent, les Habitans préferent le Fromage fait dans la Principauté de *Galles*, qui est contigue aux plus fins de leurs propres Fromages. Ils achettent ces Fromages Gallois, trente pour cent, plus chers qu'ils ne vendent les leurs propres. Ces Fromages cependant sont faits avec du Lait de Brebis.

Le Lait de Brebis fournit à proportion plus de caillé, que tout autre Lait. Ce caillé est naturellement tendre & délicat, mais il y a des pâturages sur lesquels les Brebis donnent un Lait, dont le caillé est aussi ferme que celui des Vaches, du Lait desquelles on fait du Scheshire, ou du Gruyere ; tels sont, par exemple, les pâturages montagneux, où le sol est pierreux & l'herbe entiérement courte, mais épaisse & point mêlée de mauvaises herbes, à l'exception de cette herbe qui porte de petites fleurs bleues, qui ne nuisent ni à la fermeté, ni au goût du caillé.

Les Fromages que l'on fait avec ce Lait sont extrêmement riches & moëlleux ; ils n'acquiérent pas un grand dégré de dureté, mais ils meurissent, ou pour mieux parler, le font plus promptement ; de sorte qu'on peut les manger quatre mois après qu'ils ont été faits ; ils sont très-estimables par leurs richesses.

Cinq Brebis placées sur un bon pâturage, rendent huit pintes de

Lait par jour ; dans un pâturage médiocre, cette quantité diminue à six pintes ; de sorte que le Cultivateur peut compter que cinq Brebis, rendent à peu près autant de Lait qu'une Vache. Il faut traire ces animaux matin & soir ; on les trait facilement, après que l'on leur a fait contracter l'habitude. Pour faire des Fromages, on mêle le Lait du matin & du soir avec celui du matin suivant : c'est-là la méthode que l'on pratique dans le Comté de Galles, dont les Fromages sont si estimés.

Ces Laits étant ainsi mêlés, on en chauffe une partie pour tiédir le reste, & l'on y met la Préfure avec les précautions que nous avons indiquées ci-dessus ; il en faut mettre un cinquiéme de plus, que pour le Lait de Vache ; on couvre ensuite le vaisseau, jusqu'à ce que le caillé soit formé ; on observe ensuite le même procédé que pour les autres Fromages.

On fait aussi une autre espéce de Fromage avec du Lait de Vache & de Brebis, mêlés ensemble. Ce Fromage a toute la dureté du Fromage de Vache, & toute la délicatesse du Fromage de Brebis. On suit pour faire ce Fromage, la même méthode que nous avons indiquée dans un Chapitre précédent, pour faire du Fromage de Lait nouveau, mêlé avec la Crême du Lait du soir.

CHAPITRE LI.

Du Fromage à Orties.

ON estime beaucoup en Angleterre, & ce n'est point sans raison, le Fromage à orties. Il est bien étonnant qu'il soit pour ainsi-dire inconnu en France, où cependant on ne néglige rien de ce qui peut contribuer à la délicatesse & au luxe de la table. Ce n'est point cependant le procédé difficile qu'il demande, qui devroit ainsi les confiner dans les barrieres de l'Angleterre : il n'est autre chose qu'un Fromage mince, fait avec du Lait nouveau, dont la côte est unie & d'une finesse extrême ; il ne differe du Fromage nouveau dont nous avons ci-devant parlé, que dans sa forme & dans la maniere de le sécher.

Dans plusieurs endroits, pour sécher les Fromages, on étend un lit de joncs sur le dressoir sur lequel on les pose. Pour faire un Fromage aux orties, au lieu de joncs, on prend des orties, & on

y étend le Fromage, il faut qu'elles soient tout récemment coupées.
C'est de-là qu'il tire son nom; voici comme on le fait.

On prend le Lait du matin sortant du trayon, & sans autre addition, on le passe à travers un linge dans un petit baquet. On
y met la Présure nécessaire pour le cailler; on couvre le vaisseau
pendant une demi-heure, on presse alors le caillé en bas jusqu'au
fond du vaisseau, ôtant le petit Lait avec une tasse. On serre ensuite le caillé avec les deux mains, pour en exprimer le reste du
petit Lait. Cela étant fait, on le met dans un moule de la profondeur tout au plus d'un pouce, & l'on procéde ensuite, comme
dans le Fromage fait avec du Lait nouveau.

On pose le Fromage sortant du pressoir sur un lit d'Orties pour
le sécher, & on le couvre avec d'autres Orties.

Observez qu'il faut que les Orties soient jeunes & comprimées
de façon en les étendant, que la surface soit parfaitement unie,
afin que la côte du Fromage soit bien lisse. Il faut cueillir tous les
jours des Orties nouvelles, sur lesquelles on pose le Fromage toujours avec la même précaution, après l'avoir bien essuyé; on le
couvre aussi chaque fois qu'on renouvelle le lit avec de nouvelles
Orties. C'est ainsi qu'on doit le garder, jusqu'à ce qu'il soit mûr
& prêt à être mangé.

CHAPITRE LII.

De la maniére de faire du Fromage mol.

POUR faire ce Fromage, on mêle ensemble une égale quantité
de Crême & de Lait sortant du trayon de la Vache. On met
ce mélange dans un vaisseau propre, que l'on met dans un autre
vaisseau, où il y a de l'eau à la hauteur de la Crême & du Lait. On
met ce pot sur le feu jusqu'à ce que le tout ait acquis le dégré de
chaleur égale à celle du Lait, sortant du pis de la Vache.

On ôte alors le vaisseau où sont le Lait & la Crême de l'autre
vaisseau, & l'on y met la Présure. On couvre le vaisseau, on presse
le caillé, & on ôte le petit Lait pour le bien échauffer. Quand il est
bien chaud, on le jette sur le caillé qu'on léve avec les deux mains
sans le casser pour le mettre dans le moule, ensuite dans le pressoir,
posant dessus premiérement un petit poids, ensuite un plus gros:

mais

mais obfervez qu'il eft trop délicat, pour qu'on le mette dans un preffoir à vis.

Le petit Lait en étant exprimé, on le fale un peu, & on le pofe fur un lit uni d'Orties. On renouvelle ce lit tous les jours; le Fromage fe trouve fait & propre à être mangé dans l'efpace tout au plus de trois femaines : trois pintes de Crême & autant de Lait nouveau, font un bon Fromage de cette efpece.

CHAPITRE LIII.

Du Fromage du Comté de Somerfet.

ON léve la Crême du Lait que douze Vaches ont rendues, & on la mêle avec le Lait que l'on trait le matin du même nombre de Vaches. On paffe ce mélange à travers un linge dans un grandbaquet, & l'on y met la quantité fuffifante de Préfure. On couvre le vaiffeau pendant une demi-heure; on l'ouvre enfuite, & l'on brife & preffe le caillé pour en féparer le petit Lait. Cela étant fait, on ajoute au caillé trois livres de Beurre frais, que l'on y mêle le plus exactement qu'il eft poffible avec les deux mains. On répand enfuite deffus un peu de fel que l'on incorpore auffi exactement que l'on peut, avec le Beurre & le caillé.

On le met alors dans le preffoir bien enveloppé d'un linge mouillé, le tournant très-fréquemment, & fe fervant à chaque fois d'un nouveau linge mouillé jufques vers la fin, qu'il faut quatre fois le changer de linge fec, en le retournant chaque fois.

La derniere fois qu'on le met dans le preffoir, il faut le ferrer plus fortement, l'y laiffant pendant quarante heures.

Quand on l'ôte du preffoir, il faut le laver avec du petit Lait, & l'envelopper d'un linge jufqu'à ce qu'il foit fec. On le pofe enfin fur un dreffoir pour le fécher parfaitement, le retournant fouvent, & l'effuyant bien chaque fois qu'on le retourne. Il eft plus ou moins de tems à fécher fuivant fa groffeur; mais il devient à la fin un Fromage riche & délicat.

CHAPITRE LIV.

Contenant quelques autres Observations extraites des Auteurs François.

IL est bien étonnant que M. *Hall* ait négligé quelques signes caractéristiques tels que ceux que l'on va voir, qui guident infailliblement le Cultivateur dans la connoissance du bon & du mauvais Lait.

Lorsque le Lait est bien blanc, qu'il a une odeur agréable, ou pour mieux dire, qu'il n'en a pas du tout, qu'il est d'une douce saveur, qu'il n'a point de goût âpre ou salé, qu'il est d'une consistance convenable, c'est-à-dire, qu'il n'est ni trop épais ni trop clair, que la goute que l'on met sur l'ongle ou dans le creux de la main bien ouverte, loin de couler, conserve toujours sa forme sphérique; on doit être assuré qu'il est d'une excellente qualité. Le Lait nuancé d'une espéce de couleur jaune, ou de couleur verdâtre, ou tirant sur le noir, ne vaut rien & n'a point de corps non plus que celui qui est bleuâtre, il faut même se défaire des Vaches qui le rendent tel, à moins que le Cultivateur ne tende plus à la quantité qu'à la qualité, comme font certains Fermiers, qui, faisant le commerce de Veaux, sont obligés d'avoir des Vaches qui soient fort abondantes en Lait, n'importe de quelle qualité il soit.

De tous les signes que nous venons d'indiquer, il y en a deux qui sont d'autant plus essentiels, que si le Gouvernement vouloit tourner ses attentions vers cette portion tendre de l'Etat, destinée à renouveller l'autre, on découvriroit en établissant des Inspecteurs ou Commissaires aussi éclairés qu'incorruptibles, toutes les fripponneries qui se font, soit par les Laitieres de Paris, soit par celles de la Campagne. Nous en avons mis au commencement de cet Ouvrage, quelqu'une sous les yeux du Lecteur, nous avons fait connoître combien les effets doivent en être funestes. Croiroit-on, par exemple, que les Laitieres de Paris font de sept sortes de Lait, depuis la sorte du Lait tel qu'il sort du trayon jusqu'à la septiéme, qui, comme on voit, ne seroit que de la lymphe s'il n'étoit fallisié, soit par les farines, soit par quelque substance gypseuse, comme blanc d'Espagne ou autre chose de même nature.

Lorsque la goute de Lait que l'on met sur son ongle s'applatit & coule tout de suite, ce signe indique que le Lait est falsifié, c'est-à-dire, ou que l'on l'a dépouillé de sa partie butireuse, ou que l'on y a ajouté beaucoup d'eau, ou qu'enfin s'il est naturel, il vient d'un pâturage bas & humide, & dans tous ces cas, il faut les rejetter quant au sevrage des enfans.

On est surpris très-souvent de voir des enfans pleurer, sans qu'on puisse les faire taire, quelque complaisance qu'on ait pour eux. Ce sont des tranchées qui leur déchirent les intestins, causées par cette espéce de Lait, qui, venant d'une herbe âpre & sure, donne ce défaut au Lait. Si au contraire le Lait n'est pas naturel, & qu'il soit falsifié par le mêlange de quelqu'une des substances dont nous venons de parler ; les tranchées sont également infaillibles, parce que si l'on a ajouté de la farine pour augmenter la quantité du Lait avec de l'eau, il résulte de ce mêlange une espéce de cole qui s'applique au velouté de l'estomac du petit individu, & qui empêche totalement l'action de ce viscere destiné à faire la digestion ; alors la partie séreuse du Lait s'épanche & s'aigrit, coule dans l'intestin, & est rendue par l'enfant entiérement liquide : ce qui fait cette grande maigreur que nous voyons à certains enfans affoiblis par des dévoyemens perpétuels.

La couleur bleuâtre est aussi un signe certain de quelque mêlange quel qu'il soit, ou du mauvais pâturage.

Lorsque l'on veut encore s'assurer si le Lait est entier, c'est-à-dire, sans addition, il faut en prendre dans une cuillier d'argent, le faire chauffer, y mettre quelques grains de sel : si le sel se fond, c'est un signe certain que l'on a ajouté de l'eau.

Il ne seroit donc pas bien difficile d'établir une Commission éclairée sur ce point, pour mettre un frein à la cupidité de ces Laitieres, qui égorgent plus d'enfans qu'elles ne sont en état d'en donner à la Société. Nous sommes surpris, & ce n'est point sans raison, qu'aucun des Auteurs qui ont écrit sur l'œconomie rurale, n'ait donné cette méthode si simple de distinguer le Lait naturel, d'avec celui qui ne l'est pas.

Deuxiéme Observation.

L'Auteur de la Maison Rustique, recommande avec beaucoup de raison, à la fille chargée du soin de la laiterie, de bien laver les trayons des Vaches avant de les traire. Nous ajoutons qu'en

été il faut avoir un vase d'une grandeur convenable, rempli d'eau
un peu plus que tiéde, pour y tenir pendant sept à huit minutes
les trayons de la Vache; ensuite on les lave & frotte légérement
avec la main, par ce moyen, on est assuré d'avoir enlevé les parties de la transpiration qui peuvent s'y être colées, & qui ne peuvent manquer de donner un mauvais goût au Lait, en s'échauf-
fant par les frottemens répétés, que les trayons subissent pendant
qu'on trait la Vache.

Troisiéme Observation.

Comme l'air n'est plus à craindre dans les saisons tempérées de
l'automne & du printems, on peut garder le Lait plus de tems.
Comme la chaleur épaissit le Lait & le froid l'aigrit, on peut le
garder pendant trois jours, pourvu qu'on ait l'attention de le mettre dans un lieu tempéré & bien propre.

Lorsqu'on veut en tirer tous les profits qui regardent le ménage,
il est bien certain qu'il vaut beaucoup mieux ne pas le laisser reposer plus d'un jour, sur tout au printems, en été & en automne;
le piutôt n'est que le meilleur pour en tirer la Crême, le Beurre,
les jonchées, les Fromages, &c.

Quatriéme Observation.

Quoique nous ayons dit ci-devant que l'on pouvoit en hyver
mêler plusieurs sortes de Lait, attendu que les Vaches ne sont pas
si abondantes dans cette saison, à cause de la disette des pâturages.
Nous ferons observer, qu'il ne faut jamais se servir de celui des Vaches qui ont vêlé depuis un mois; non-seulement il gâteroit les
autres Laits qu'on auroit rassemblés, mais encore il nuiroit à la
santé, si l'on en prenoit tout crud.

Cinquiéme Observation.

Il est des Pays, comme par exemple dans les environs de Paris,
où le Cultivateur qui a des pâturages d'un bon goût, doit tendre
plus à la Crême qu'au Fromage; parce que le débit de la Crême &
du Beurre est bien plus assuré que celui du Fromage, qui, en général, n'a point de réputation, si l'on en excepte celui de Brie,
dont le défaut est ainsi que du Fromage appellé Vachelin en Suisse

& en Franche-Comté , de ne pouvoir être transporté bien loin.

En Basse-Normandie, les Cultivateurs, proprement dits, font bouillir du Lait avec des ognons & de l'ail, & le gardent dans des vaisseaux pour leur usage. On appelle cette boisson du *Sérat*, ou du Lait aigre : rien de plus salubre que cette boisson , rarement voit-on aussi dans ce Pays des fiévres putrides, malignes, ou autres maladies à peu près de cette espéce.

Sixiéme Observation.

Nous venons de dire, que quand les Vaches rendent du Lait qui est bleuâtre, il faut s'en défaire ; ce conseil mérite quelque réflexion ; il est bien certain que si le Cultivateur est assuré de la bonté de ses pâturages, il doit se défaire des Vaches qui produisent un tel Beurre, lorsqu'il voit d'autres Vaches nourries sur les mêmes pâturages lui en donner d'une bonne qualité ; c'est donc à lui à bien considerer toutes les circonstances , autrement il s'exposeroit à vendre & à acheter souvent , & presque toujours à son détriment.

Septiéme Observation.

Quoique nous ayons déja indiqué le choix du bon Beurre, nous croyons devoir ajouter encore quelques signes qui annoncent d'une maniere assurée sa bonne qualité.

On ne peut le connoître qu'à la couleur, au goût & par la saison ; on ne peut point douter qu'en France, celui du mois de Mai, ne soit le meilleur, & par conséquent le plus estimé. Après celui-là, vient celui que l'on fait en France, entre les deux *Notre-Dames*, à celui-ci succéde celui d'automne.

Il faut prendre garde quand on le choisit, qu'il ait une saveur & une odeur agréable ; l'expérience prouve que le Beurre jaune est ordinairement le meilleur. Cependant on se feroit illusion, si l'on s'en rapportoit à la seule couleur, il faut le goûter. Comme dans tous les Commerces la cupidité préside aux actions, on a trouvé pour surprendre l'Acheteur, le moyen de donner cette couleur jaune, en y mêlant des *barboties* ou du safran ; il est vrai qu'un Connoisseur n'en est point la dupe, parce qu'il sçait que quand le jaune est artificiel dans le Beurre, il est plus foncé que le jaune naturel.

Le Beurre qui est d'un jaune pâle a encore assez de qualité ; mais quant au Beurre blanc ; il ne vaut rien. On remarque même

qu'outre qu'il n'a ni onction, ni saveur, ni odeur, il pétille beaucoup, & ne prend jamais un beau blond à la poële. Quand les Vaches sont nourries de trefle bleue, le Beurre est mol, amer &
sans couleur.

Huitiéme Observation.

Quand on tend, comme en effet on le doit, à l'œconomie, il
faut toujours choisir de préférence le Beurre aussi fraîchement
battu qu'on le peut trouver; car plus il est nouveau, plus il est
agréable, salubre, plus il abonde, moins par conséquent on en
consomme.

Neuviéme Observation.

Si le Beurre que vous faites vient d'un Lait de Vache qui pâture
dans des pâturages marécageux, le plus de sel qu'on peut y mettre
n'est que le mieux, sur-tout si l'on a le dessein de le garder long-
tems. On le sale avec du sel blanc ou du sel gris; mais si l'on se
sert du premier, il en faut une plus grande quantité; si l'on ménage
le sel, on risque de voir le Beurre devenir gras, rance, & d'un
goût insupportable.

Dixiéme Observation.

Le Beurre fondu est propre à tant d'usages, qu'il n'y a point de
femme de Fermier qui ne doive en faire. Il est bon à tout, jusques
même à être employé pour les salades au lieu d'huile.

Lorsqu'on en veut faire, il faut prendre le Beurre du mois de
Mai ou de Septembre, il faut le choisir frais & de bon goût.

On en met la quantité qu'on veut fondre dans un chaudron sur
un feu modéré, clair, & que l'on doit entretenir également.

Dès qu'il commence à frémir, on le remue avec l'écumoire
pour l'empêcher de monter; on continue de le faire bouillir, jusqu'à ce qu'il soit cuit. Dès qu'il l'est, ce qui est indiqué lorsqu'il
cesse de frémir, on le retire de dessus le feu, on le laisse reposer
un moment, on examine s'il est clair comme de l'huile, jusqu'au
fond; alors on l'écume bien, sans cependant porter l'écumoire
jusqu'au fond, de peur de faire mêler le plus grossier, c'est-à-dire
la lie que l'on réserve pour l'usage des Gens de la Ferme.

On retire ensuite du chaudron tout le bon Beurre, cuillerée
par cuillerée, on le met dans des pots de grès bien lavés, on le

laiffe réfroidir, on le bouche enfuite, & on l'enferme comme le
Beurre falé. L'expérience prouve qu'on peut garder pendant deux
ans cette efpece de Beurre, fans y mettre de fel ; parce que, dit-on,
le feu l'a fi bien purifié, qu'il n'y refte point de partie capable de le
corrompre.

Ces obfervations étoient néceffaires, pour ne rien laiffer à dé-
firer aux femmes de ménage fur la fabrique du Beurre. Nous raf-
femblons de tous les Auteurs, tout ce qui nous paroît le plus utile. Nous fommes entrés dans les détails, peut être fuivant certaines
Perfonnes les plus minutieux, pour fatisfaire ceux qui fe livrent
à cette branche, & pour encourager ceux qui la négligent. Tout
ce qui peut tendre au profit des Cultivateurs, ne fera jamais re-
gardé comme minutie, par les Gens qui ont du bon fens, & qui,
en qualité de bons Citoyens, eftiment tout ce qui tend au bien public. Reprenons la partie de la laiterie que l'on appelle cafeufe,
ajoutons aux inftructions que nous avons déja donnés fur cet article, quelques obfervations effentielles fur les différentes fortes de
Fromages réputés en France.

CHAPITRE LV.

Sur les Fromages.

NOUS avons déja dit que ce que nous appellons Fromage
quelconque, n'eft autre chofe qu'un Lait caillé & féparé de
la férofité, & plus ou moins préparé, fuivant que la qualité du
Lait le peut fupporter ou le demande, & fuivant l'efpece de Fromage que l'on veut faire. Comme le Fromage qui eft fait du caillé,
n'acquiert cette cofiftance que par la chaleur lente que l'on lui
donne, on doit le regarder, foit relativement à la façon dont on le
fait, foit relativement à fes effets, comme la partie du Lait qui eft
la plus compacte, & par conféquent la plus groffiere, d'autant plus
même, que lorfque le Lait repofe ; on voit cette partie couler au
fond du vafe, & la partie huileufe au contraire furnager.

En général, le Fromage que l'on fait avec du Lait de Vache eft
celui qui eft le plus communément en ufage, d'autant plus que
ce Lait eft riche, qu'il eft agréable au goût, & qu'il eft auffi le
plus abondant.

On prétend en Médecine que le Fromage fait de Brebis est d'une bien plus facile digestion que celui de Lait de Vache ; mais on convient aussi qu'il n'est pas si nourrissant, parce qu'il est certain que le Lait de Brebis n'abonde point tant en principes & n'est pas si compacte que celui de Vache.

Les Vaches & les Brebis ne sont pas les seuls animaux dont le Lait soit propre à faire du Fromage ; celui de Chevre, tel que le Chevret que l'on fait dans le pays Bressan, en Italie, où il est plus en usage qu'en France, est fort estimé ; il mériteroit cependant l'attention des Cultivateurs François ; il est d'une très-facile digestion.

L'Auteur de la Maison Rustique dit que ces différentes qualités des Laits de Vache, de Brebis & de Chevre, ont donné lieu au Proverbe, qui recommande le Beurre de Vache, le Lait de Brebis & le Caillé de Chevre.

Il y a beaucoup d'Economes qui font du Fromage du Lait de Vache & du Lait de Brebis mêlés ensemble ; ils y mettent un peu de safran avant que de le pétrir, pour lui donner un peu plus de jaune : de même, on met un peu de Lait de Vache avec le Lait de Chevre, afin que le Fromage soit plus nourri, plus crêmeux & plus moëlleux.

Nous avons fait connoître toute la qualité des Fromages de Scheshire en Angleterre. Voyons ceux qui sont réputés en France & en quel tems il convient de les faire & de quel Lait sont faits ceux qui y méritent le plus de réputation ; le Lait de Vache fournit, sans contredit, les Fromages les plus nourrissans, aussi est-ce à ceux-là qu'on s'attache le plus ; le printems & le mois de Septembre sont les deux saisons que l'on doit préférer pour faire le bon Fromage. On doit sur-tout s'attacher au choix d'un Lait frais & qui soit d'une bonne qualité.

On peut faire le Fromage ou avec le Lait écrêmé ou sans en ôter la Crême. Il est bien évident que lorsqu'on y laisse la Crême, le Fromage doit être beaucoup meilleur : celui que l'on fait après avoir écrêmé, est un Fromage commun.

L'Auteur de la Maison Rustique observe avec raison, qu'il y a du Lait qui est si gras, qu'il faut en partie l'écrêmer, pour que le Fromage puisse acquérir une consistance qui le rende propre au transport. Tel est le Vachelin de Suisse, par exemple, il est si crêmeux qu'il coule & qu'il n'est point transportable : il reste donc au Cultivateur de faire l'essai du Lait que ses Vaches lui donnent avant de

se

se déterminer sur la nature du Fromage qu'il se propose d'en faire.

Quant à la façon de faire les Fromages, elle est à-peu-près la même par-tout. Le Fromage de Brie qui se consomme presque tout à Paris & qui est si gras, qu'il ne peut être transporté loin, se fait dans de grandes éclisses peu profondes & fort larges.

Le Languedoc, la Provence, la Bretagne, la Normandie, la Bresse, le Forez, la Flandre, fournissent des Fromages qui sont bons & estimés.

Grenoble fournit le Saffenage, auquel quelques-uns donnent la préférence sur le Rocfort : il est par petites formes rondes & épaisses de quatre à cinq pouces, il pèse depuis quatre jusqu'à huit livres : il faut quand on l'achete, prendre garde qu'il ne soit trop vieux. On doit le choisir persillé, c'est-à-dire, parsemé de veines bleuâtres ; un peu piquant.

Le Rocfort de Languedoc se fait de Lait de Brebis : il est de forme plate & ronde, & à-peu-prés semblable à un gâteau épais tout au plus de deux pouces, & pésant depuis quatre jusqu'à huit livres ; il faut le choisir persillé & d'un goût agréable & doux. Si, comme il arrive très-souvent, au lieu d'être persillé, il est d'un jaune foncé, il est trop fait, il n'a plus de qualité, quoiqu'en disent Messieurs les Epiciers qui sont intéressés à faire valoir ce défaut comme une qualité.

Le Fromage de Roche-de-Roanne en Forez est petit, gras, à côte rougeâtre ; on le fait de Lait de Vache ; il est de forme ronde & épaisse, & pése environ deux livres : il faut pour le manger bon, le choisir nouveau & mollet. Ce Fromage ne sort gueres du pays, on l'y consomme entiérement.

Le Vachelin de Franche-Comté, qui imite si bien le Gruyere de Suisse que nos Epiciers n'en vendent point d'autre ; celui-ci n'est pas comme le Vachelin Suisse, il est transportable ; mais il s'en faut de beaucoup qu'il ait la qualité du véritable Gruyere : il s'en fait cependant un grand Commerce. Comme le débit n'est point difficile, les Franc-Comtois devroient s'attacher à lui donner la qualité du véritable Gruyere.

Les Fromages d'Auvergne imitent les Fromages d'Hollande. Cette Province en fournit de gros & de petits que l'on fait avec du Lait de Vache. Il y en a de deux sortes ; le Fromage sec & le Fromage gras ; il s'en fait une consommation étonnante dans les Provinces voisines de l'Auvergne. Celui qui est gras est fait avec de la Crême mêlée avec le Caillé ; celui qui est sec n'en a presque point du tout, & se consomme presque tout dans la Province.

Les gros Fromages d'Auvergne pésent depuis trente jusqu'à quarante liv. On le nomme *Quantal*, du nom de la Montagne où il s'en fabrique le plus, on l'appelle aussi *Tête de Moine*. Le petit pése depuis dix jusqu'à vingt livres, il est de forme presque quarrée.

Le bord de la Flandre donne le Marolle & le Dauphin : la Normandie, le Pont - l'Evêque, le Ponteau-de-Mer, l'Angelots du pays de Bray, qui est fait en cœur ou en rond & applati. Le Semome est un Fromage persillé, blanc & gras.

La façon de faire le Fromage en Bresse peut-être pratiquée partout, principalement quand on en doit faire peu.

On prend dix ou douze pintes de bon Lait, on le coule ; on le met ensuite dans une chaudiere sur le feu, on l'y laisse acquérir de la chaleur au point de pouvoir y tenir le bras nud. On y met ensuite une once de bon Fromage détrempé dans de l'eau, il y faut mettre une verrée ou deux d'eau. Pour donner de la couleur au Fromage, on y délaye une certaine quantité de safran, autant qu'il en faut pour le colorer.

Lorsque le Lait que l'on a mis dans la chaudiere est suffisamment chaud, on prend un bâton bien net avec lequel on brise le Fromage, afin que la partie la plus onctueuse aille au fond de la chaudiere, & se mêle ensuite ; cette opération faite, il faut bien se laver les bras & pétrir la pâte de ce Fromage, la tourner & retourner, jusqu'à ce qu'elle soit par-tout également cuite & qu'elle ait acquis une consistance un peu ferme.

On tire alors le Fromage de la chaudiere, on le met sur un linge blanc & par-dessus un poids, afin qu'il s'égoute ; on le laisse reposer pendant cinq à six heures, ensuite on le met à la cave sur des tablettes bien propres.

Cinq jours après qu'on l'a mis dans la cave, il s'y forme sur la superficie une espece de farine. Alors on a l'attention de le saupoudrer avec du sel bien égrugé ; le lendemain, on le retourne & on le sale de même de l'autre côté : trois jours après, on ôte le linge dans lequel on l'avoit enveloppé, on le nettoye & on le laisse ainsi s'affermir jusqu'au lendemain, qu'on le sale encore, mais plus que les trois premiers jours : on l'enveloppe ensuite dans le même linge ; on continue tous les jours de le retourner & saler ; on ôte de trois en trois jours le linge & la croute farineuse. Cette opération se renouvelle ainsi pendant un mois ; après quoi le Fromage est fait. Cette méthode est à-peu-près semblable à celle que nous avons donnée d'après M. *Hall*.

Nota. Qu'il faut plus ou moins de fel, fuivant que le Fromage eft plus ou moins cuit; il n'en prend ordinairement que ce qu'il lui en faut. Quand il en a pris la quantité qui lui convient, on le tourne & retourne tous les jours pendant cinq ou fix jours, jufqu'à ce qu'il foit bien fec; enfuite on le ratiffe de tous les côtés avec le dos d'un couteau, & on le met dans une chambre, où on a l'attention de le changer de place de quinze en quinze jours, & de le ratiffer ainfi que les planches, toutes les fois qu'on le change : il demande ces foins pendant fept ou huit mois.

Nous n'entrerons pas dans un plus grand détail, fur la façon de faire toutes les autres efpeces de Fromages; nous en avons affez dit, d'après M. *Hall.*

Defcription de la feconde Planche.

Figure premiére. A. Boëte ronde de fer blanc.

Fig. deuxiéme. B. Couvercle troué de ladite boëte, il eft auffi de fer blanc. C. Tuyau de fer blanc, foudé au milieu du couvercle. D. Trous indiqués par les petits points. E. E. E. E. E. Dentelures du couvercle. F. Tuyau plus petit qui entre dans le précédent. Il doit avoir quelque chofe de plus qu'un demi-pouce de diamêtre, & deux pieds au plus de longueur, fuivant la grandeur du vaiffeau à Lait.

Fig. troifiéme. G. H. Toute la Machine vue dans fon entier. I. Tuyau de fix pouces de longueur, que l'on foude à angles droits le long du tuyau. K. L. Au bout du tuyau de fix pouces, on ajufte un autre tuyau de cuir, N. auquel on applique le foufflet.

Fig. quatriéme. O. O. Baril à travers lequel on fait paffer la broche de bois de chêne. P. P. Q. Q. Les deux troncs d'arbre dans lefquels on fait paffer les bouts de la broche.

Fig. cinquiéme. R. R. Deux traiteaux qui font unis enfemble par des barres de traverfes; ils fervent à foutenir le moulin à Beurre, S. S. dont les Laitieres de Paris fe fervent; il eft fait en forme de tonneau, il y en a dedans des chevilles de bois applaties, qui fouettent la Créme par le mouvement circulaire que l'on donne au Moulin, qui tourne fur les deux traiteaux par le moyen d'une broche qui le traverfe de l'un à l'autre bout, & à l'extrémité de laquelle on voit la Manivelle.

Fig. fixiéme. Autre machine à battre le Beurre; c'eft celle dont on fe fert le plus communément dans toutes les Fermes. A. Le bout du bâton qui entre dans le vaiſſeau qui contient le Lait, & au bout duquel eſt le battoir.

Fig. ſeptiéme. A. B. Tout le manche du bâton. C. Couvercle qui ſert à fermer le vaſe où l'on bat le Lait. D. D. Les deux parties du battoir qui ſont fixées ſolidement au manche, & avec leſquelles on bat le Beurre.

Fig. huitiéme. Terrine dans laquelle on met repoſer le Lait, pour donner le tems à la Crême de monter.

Fig. neuviéme. Pot au Lait.

Fig. dixiéme. Coupe du moulin à Beurre,

Fig. onziéme. Moule à Fromage à la Crême.

Fig. douziéme. Moule canellé pour les Fromages à la Crême.

Fig. treiziéme. Crêmier avec ſon couvercle, A. Qui y eſt atta‑ché par une petite chaîne.

Fig. quatorziéme. Le petit réſervoir que nous avons ajouté au Ventillateur de M. *Hall*, qui eſt très-propre à ôter toute ſorte de mauvais goût au Lait, par le ſecours de quelque odeur quelconque, dont on impregne l'air que l'on veut donner au Lait, en le faiſant paſſer dans ce réſervoir, avant qu'il n'arrive dans la boëte ronde de fer blanc.

LIVRE SEIZIÉME.

CHAPITRE PREMIER.

*Sur la culture faite avec des Chevaux, & fur celle que l'on fait
avec les Bœufs.*

NOus devions dans le dixiéme Livre de cet Ouvrage examiner quel étoit le plus avantageux de cultiver avec des Bœufs
ou avec des Chevaux : des circonſtances, qu'il eſt inutile de mettre ſous les yeux du Lecteur, nous ont obligé de renvoyer cet
article au dernier volume.

L'article Fermier fait par une perſonne qui calcule beaucoup,
& qui devroit nous faire adopter le ſiſtême par lequel on prétend
établir toutes les raiſons poſſibles de donner la préférence au Cheval,
va nous occuper. Une doctrine conſignée dans un Ouvrage auſſi
célebre que l'Encyclopédie devroit ſans doute nous impoſer ſilence;
ſi nous nous laiſſions intimider par le titre faſtueux d'un Ouvrage
qui renferme à la vérité beaucoup de connoiſſances auſſi utiles que certaines, ſur tout ce qui a quelque rapport aux ſciences
proprement dites; mais qui en contient auſſi de très-équivoques
ſur les Arts : pourquoi n'aurions-nous point le courage de faire
nos obſervations ſur les articles dans leſquels nous pouvons être
un peu inſtruits; puiſque nous l'avons admiré dans certains Ar-
tiſtes? l'article Maréchalerie n'a-t-il pas été fort bien diſcuté par
Monſieur de Lafoſſe, & n'a-t-il pas fait voir à Meſſieurs les En-
cyclopédiſtes que lorſqu'on a la vanité de prétendre à l'univer-
ſalité des connoiſſances, on eſt toujours expoſé à s'égarer ſur
quelque point?

Si je rapporte tout entier l'article Fermier, ce n'eſt que pour
que les Lecteurs ſe tiennent en garde contre les calculs ſpécieux
que l'on y préſente. Nous diſons ſpécieux, non dans la vue d'of-
fenſer l'Auteur qui l'a donné; mais ſeulement afin que le Lecteur, après l'avoir bien examiné & comparé avec nos remarques,

décide par lui-même, & nous condamne si nous le méritons. Nous le disons ici avec toute la sincérité possible, & nous le protestons à la face du Public, nous verrons avec une égale satisfaction le jugement qu'il voudra bien porter ; favorable ou non pour nous, nous n'en serons agréablement affectés qu'autant qu'il en résultera des connoissances certaines pour l'amélioration de nos Campagnes. Des personnes éclairées nous conseilloient d'abord de ne point rapporter l'article de l'Encyclopédie, parce que, disoient-elles, il n'étoit pas vraisemblable que l'Encyclopédie pût se trouver dans les mains des Cultivateurs.

Mais, avons-nous répondu, ou Messieurs les Encyclopédistes travaillent tous les articles, afin qu'un chacun y puise les connoissances relatives à l'état qu'il a embrassé, ou ils n'ont cherché qu'à faire des pages ; nous connoissons leurs bonnes intentions ; ils marchent tous le flambeau à la main pour éclairer l'Univers entier ; ainsi l'Encyclopédie étant pour tous les hommes, puisque c'est l'Astre universel des connoissances, nous devons examiner si les lumières qu'il répand sont si telles & certaines ; en effet il n'est pas possible que des Citoyens si éclairés & si embrasés de l'amour des hommes n'eussent cherché qu'à grossir des volumes ; une vanité si mal entendue & si ridicule n'est pas faite pour de vrais Philosophes.

Si le Public ne jugeoit que sur la forme ; c'est-à-dire que sur le stile, & ne s'attachoit point au fond ; nous prendrions d'avance condamnation. Il est certain que nos remarques ne seront pas aussi peignées que les calculs que contient l'article Fermier. Nous écrivons pour une classe de gens à qui il faut des instructions exposées avec simplicité : ce langage, nous ne le sçavons que trop, ne fait point fortune dans le siécle où nous sommes parmi les gens qu'on appelle de bon goût ; mais, nous l'avons déja répété plusieurs fois, ce n'est pas à eux que nous prenons la liberté de nous adresser. Il leur faut des expressions géométriques : les Belles-Lettres de nos jours ne reconnoissent plus que les *rapports*, les *dissonnances*, les *raisons réciproques*, les *raisons inverses*, & tant d'autres termes empoulés, qui forment un embonpoint dans les discours, qui n'est qu'une véritable bouffissure.

Tout ce que nous rapporterons de l'article de l'Encyclopédie sera marqué par des Guillemets, & nos Remarques seront du même caractere que le reste de l'Ouvrage. On voit bien que par-là, nous voulons de bonne foi subir un jugement & non l'esquiver ;

en enchevêtrant nos observations dans celles dudit article. Cette méthode eſt aſſez en uſage, & c'eſt une infidélité indigne d'un Ecrivain honnête.

ENCYCLOPEDIE.

» Si on ne confidere l'Agriculture en France que ſous un af-
» pect général, on ne peut s'en former que des idées vagues &
» imparfaites. On voit vulgairement que la culture ne man-
» que que dans les endroits où les terres reſtent en friche; on
» imagine que les travaux du pauvre Cultivateur ſont auſſi avan-
» tageux que ceux du riche Fermier. Les moiſſons qui couvrent
» les terres nous en impoſent; nos regards qui les parcourent
» rapidement nous aſſurent, à la vérité, que ces terres ſont
» cultivées; mais ce coup d'œil ne nous inſtruit point du produit
» des récoltes ni de l'état de la culture, & encore moins des
» profits qu'on peut retirer des beſtiaux & des autres parties
» néceſſaires de l'Agriculture. On ne peut connoître ces objets
» que par un examen fort étendu & fort approfondi. Les différen-
» tes manieres de traiter les terres que l'on cultive, & les cauſes
» qui y contribuent décident des produits de l'Agriculture; ce
» ſont les différentes ſortes de cultures qu'il faut bien connoître
» pour juger de l'état actuel de l'Agriculture du Royaume.

•

OBSERVATION.

Le jugement qui partiroit d'une telle doctrine ſeroit fort incertain : la véritable façon de diſtinguer ſi les diverſes cultures que l'on pra- tique dans le Royaume ſont plus ou moins avantageuſes à l'Agri- culture; c'eſt de s'attacher à la pratique de la connoiſſance des terres. Voilà exactement la baſe d'une connoiſſance parfaite : toute autre ne ſera que ſyſtématique & ſujette à erreur.

» Les terres ſont communément cultivées par des Fermiers avec
» des Chevaux, ou par des Métayers avec des Bœufs. Il s'en
» faut peu qu'on ne croye que l'uſage des Chevaux & l'uſage
» des Bœufs ne ſoient également avantageux. Conſultez les Cul-
» tivateurs mêmes, vous les trouverez décidés en faveur du
» genre de culture qui domine dans leur Province. Il faudroit
» qu'ils fuſſent également inſtruits des avantages & des déſavanta-
» ges de l'un & de l'autre pour les évaluer & comparer. Mais

V ij

» cet examen leur eſt inutile ; car les cauſes qui obligent de
» cultiver avec des Bœufs ne permettent pas de cultiver avec
» des Chevaux. «

Nous oſons nous flatter que dans le courant de cet Ouvrage
nous avons fait aſſez connoître, d'après M. *Hall*, les avantages &
les déſavantages qui réſultent de l'une & de l'autre culture ; & bien
différents de l'Auteur de cet article, nous n'avons point cru qu'il
fût inutile de donner aux Cultivateurs occaſion de faire cet examen. Il n'y a point de cauſe, (quoiqu'en diſe l'Auteur) qui
autoriſe le Cultivateur à reſter dans cette ignorance, lorſqu'on
lui offre tous les moyens poſſibles de bien calculer & comparer, en un mot de s'inſtruire ; & encore moins y en a-t-il qui le
force à cultiver avec des Bœufs ; s'il ſent évidemment qu'il lui ſeroit plus avantageux de cultiver avec des Chevaux.

» Il n'y a que des Fermiers riches qui puiſſent ſe ſervir de
» Chevaux pour labourer les terres. Il faut qu'un Fermier qui
» s'établit avec une charrue de quatre Chevaux faſſe des dé-
» penſes conſidérables avant que d'obtenir une premiere récolte.
» Il cultive pendant un an les terres qu'il doit enſemencer en
» bled ; & après qu'il a enſemencé, il ne recueille qu'au mois d'Août
» de l'année ſuivante ; ainſi il attend près de deux ans les fruits
» de ſes travaux & de ſes dépenſes. Il a fait les frais des Che-
» vaux & des autres Beſtiaux qui lui ſont néceſſaires. Il fournit
» les grains pour enſemencer les terres. Il nourrit les Chevaux,
» il paye les gages & la nourriture des Domeſtiques. Toutes
» ces dépenſes qu'il eſt obligé d'avancer pour les deux premie-
» res années de culture d'un Domaine d'une charrue de quatre
» Chevaux, ſont eſtimés à dix ou douze mille livres, & pour
» deux ou trois charrues à vingt ou trente mille livres. «

S'il n'y a que des Fermiers riches qui ſoient en état de faire
ces entrepriſes ; comme le nombre en eſt extrêmement petit dans
le Royaume ; il faut donc au lieu des Chevaux s'en tenir aux Bœufs,
puiſque cette innovation eſt impraticable par rapport à la miſere
répandue parmi le plus grand nombre des Cultivateurs ; il ne
reſte donc qu'à leur donner des documents certains pour tirer
tout le parti poſſible de la culture faite avec les Bœufs, objet
que nous croyons avoir rempli dans le Livre du labourage. La
culture des Bœufs n'eſt pas ſi mépriſable que l'Auteur veut le perſuader. Qu'il ſe tranſporte dans les Campagnes de l'Angleterre &
de l'Ecoſſe, il verra que ſes allarmes & ſes gémiſſements ſur la

mifere de ceux qui cultivent avec des Bœufs, font malfondés, &
que la modicité de leur fortune ne vient en partie que des impôts & des vexations, & encore plus de leur attachement obftiné
aux anciens ufages établis dans le pays.

» Dans les Provinces où il n'y a pas de Fermiers en état de fe
» procurer de tels établiffements, les Propriétaires des terres n'ont
» d'autres reffources pour retirer quelques produits de leurs biens,
» que de les faire cultiver avec des Bœufs par des Payfans qui
» leur rendent la moitié de la récolte : cette forte de culture
» exige très-peu de frais de la part du Métayer. Le Proprié-
» taire lui fournit les Bœufs & la femence ; les Bœufs vont après
» leur travail prendre leur nourriture dans les paturages. Tous
» les frais du Métayer fe réduifent aux inftrumens du labou-
» rage & aux dépenfes pour fa nourriture jufqu'au tems de la
» premiere récolte, fouvent même le Propriétaire eft obligé de lui
» faire les avances de ces frais. «

Prefque toute cette obfervation porte à faux ; elle part d'une perfonne qui n'a pas pris affez de précaution pour fe faire inftruire
certainement des ufages de la plûpart des Pays où l'on cultive avec
des Bœufs ; lorfque, comme en effet cela arrive ordinairement,
le Propriétaire fournit les Bœufs & la femence, le Métayer ne
touche point à la récolte que le Maître n'ait prélevé fur la pile les
femences pour la récolte fuivante ; enfuite il prend dix facs de bled
par charrue, le fac ou quartal pefe ordinairement cent livres, après
quoi le refte de la pile fe partage avec le Métayer. La fourniture de la femence étant donc une fois faite, elle l'eft pour toujours ; parce que foit que le Métayer refte, foit qu'il s'en aille après le
tems de fon engagement échu, le Maître préleve toujours la quantité de femence qu'il a fourni, & les dix facs de bled par chaque charrue ; ainfi l'Auteur fe trompe bien fenfiblement (comme on le voit) dans ce calcul. Il eft vrai que le Métayer partage tous les menus grains & le vin, s'il y a des vignes. Mais
auffi il eft obligé de fournir ce qu'on appelle dans certains Pays
les rentes ; c'eft-à-dire fix paires de chapons, fix paires de poules, fix paires de poulets, quatre oyes, quarante-huit ou cinquante
douzaines d'œufs par charrue : s'il fait venir des canards, des
dindons, il en revient un pareil nombre au Maître. Tous ces objets qui d'abord paroiffent minutieux doivent entrer en ligne de
compte.

» Dans quelques Pays les Propriétaires, affujettis à toutes ces

» dépenſes, ne partagent point les récoltes : les Métayers leur
» payent un revenu en argent pour le fermage des terres, & les in-
» térêts du prix des Beſtiaux. Mais ordinairement ce revenu eſt fort
» modique. Cependant beaucoup de Propriétaires qui ne réſident
» point dans leurs terres, & qui ne peuvent pas être préſents au
» partage des récoltes, préferent cet arrangement. «

L'intérêt des Beſtiaux dans ce Pays ſe regle ſur le prix de l'a-
chat & ſur la propagation, que l'on évalue un tiers de moins par
rapport au chapitre des accidents; ainſi quant à cette partie, le Propriétaire n'eſt point à plaindre, parce que ſi une Vache, par exemple, a coûté cent francs, le Métayer lui en paye cinq livres, &
pour le Veau qui peut venir un certain contingent, qui peut monter au tiers de la valeur que le Veau a ordinairement quand il
a atteint quatre ou cinq mois. Quant à la modicité du prix de
fermage des terres; il eſt certain qu'il doit y être ſoumis, comme
le Propriétaire des terres affermées & cultivées avec des Chevaux, à raiſon de la qualité des terres, & à raiſon des accidents
qui peuvent arriver.

» Les Propriétaires qui ſe chargent eux-mêmes de la culture
» des terres dans les Provinces où l'on ne cultive qu'avec des
» Bœufs, ſeroient obligés de ſuivre le même uſage, parce qu'ils
» ne trouveroient dans ces Provinces ni Métayers ni Charre-
» tiers en état de conduire des Chevaux. Il faudroit qu'ils en
» fiſſent venir des pays éloignés, ce qui eſt ſujet à beaucoup d'in-
» convénients ; car ſi un Charretier ſe retire ou tombe mala-
» de, le travail ceſſe. Ces événements ſont fort préjudicia-
» bles, ſur-tout dans les ſaiſons preſſantes. D'ailleurs le Maître
» eſt trop dépendant de ces Domeſtiques, qu'il ne peut pas
» remplacer facilement lorſqu'ils veulent le quitter, ou lorſqu'ils
» ſervent mal. «

Que réſulte-t-il donc de cette obſervation & de preſque toutes
les précédentes, ſinon que la culture faire avec les Bœufs eſt préférable, & que l'on fait bien de la préférer dans les trois quarts
du Royaume où l'on n'en connoît point d'autre.

» Dans tous les tems & dans tous les Pays on a cultivé les
» terres avec des Bœufs. Cet uſage a été plus ou moins ſuivi, ſui-
» vant que la néceſſité l'a exigé. Car les cauſes qui ont fixé les
» hommes à ce genre de culture, ſont de tout tems & de tout
» Pays ; mais elles augmentent ordinairement ſelon la puiſſance
» & le gouvernement des Nations. «

Augmentation de preuve, qui fait bien sentir combien il est important de donner la préférence à la culture faite avec les Bœufs.

» Le travail des Bœufs est beaucoup plus lent que celui des » Chevaux. D'ailleurs les Bœufs passent beaucoup de tems dans » les pâturages pour prendre leur nourriture ; c'est pourquoi on em- » ploye ordinairement 12 Bœufs, & quelquefois jusqu'a 18 dans » un Domaine qui peut être cultivé par quatre Chevaux. Il y en » a qui laissent les Bœufs moins de tems dans le pâturage, & qui » les nourrissent en partie avec du fourage sec. Par cet arran- » gement ils tirent plus de travail de leurs Bœufs ; mais cet » usage est peu suivi. «

Il n'y a que certaines terres légeres où le travail du Bœuf, (nous n'entendons parler ici que du labourage) est plus lent que celui du cheval. Mais il est certain que dans les terres fortes & tenaces, il est à-peu-près aussi prompt ; parce que dans ce cas- ci, c'est la force qui fait la plus grande partie de la besogne & non la vivacité ; le Cheval ne peut la disputer au Bœuf. Le travail du Cheval est plus vîte dans le labour des terres légeres ; mais quel est-il pour l'ordinaire ce labour ? c'est un égratignement de la ter- re ; puisqu'il est vrai de dire que la charrue sur la plûpart des ter- reins de cette nature ne plonge pas à un pied de profondeur, il s'en faut même de beaucoup, & que la masse qu'elle leve ne peut être qu'extrêmement légere. Les Bœufs ne restent pas aussi long- tems que l'Auteur le pense dans les pâturages, le tems même qu'ils y restent est un tems qui ne coûte rien au Cultivateur, puisque c'est une grande partie de la nuit. D'ailleurs, si comme il est cer- tain, on peut remédier à cet inconvénient, en nourrissant en par- tie ces animaux avec du fourage, il faut suivre cet usage & le faire adopter dans les pays où il est inconnu. Il faut par des es- sais heureux déterminer les Cultivateurs, & c'est le plus grand nombre qui ne sont point en état de les hasarder.

» On croit vulgairement que les Bœufs ont plus de force que » les Chevaux, qu'ils sont nécessaires pour la culture des terres » fortes, que les Chevaux, dit-on, ne pourroient labourer. Mais » ce préjugé ne s'accorde pas avec l'expérience. Dans les charrois, » six Bœufs voiturent deux ou trois milliers pesant, au lieu que » six Chevaux voiturent six à sept milliers.

Cette expérience est spécieuse. Le cas que l'Auteur cite, ne dé- pend point tant de la force que de l'adresse. Que dans une terre grasse on mette les trois milliers pesant, les Chevaux y resteront,

& les Bœufs par leur propre force continueront leur pas & tireront la voiture ; d'ailleurs comment l'Auteur étant Encyclopédiste, a-t-il ignoré la différence qu'il y a entre labourer & charroyer ? Si l'Auteur s'étoit transporté dans des terreins gras, il auroit vu par l'expérience que les Bœufs font pour ainsi dire les seuls animaux propres à les exploiter. Il suffit alors de mettre à la tête de la charrue un petit bidet comme l'on fait en Normandie, non pour tirer, mais seulement pour guider les Bœufs quand on est obligé d'en mettre quatre ou même six.

,, On peut labourer les terres fort légeres avec deux bœufs,
,, on les laboure aussi avec deux petits chevaux. Dans les terres
,, qui ont plus de corps on met quatre bœufs à chaque charrue ou
,, bien trois chevaux.

On peut labourer les terres fort légeres avec deux bœufs ; si je n'avois la plus haute idée de l'Auteur, je le soupçonnerois ici de mauvaise foi pour soutenir le systême qu'il veut établir, les terres fort légeres se laboureroient même avec des ânes. Mais pour les terres un peu fortes on ne met que deux bœufs & non quatre, comme il le dit. Nous ne pouvons donc lui imputer autre chose si ce n'est d'avoir travaillé d'après des Mémoires peu fidéles.

,, Les bœufs retiennent plus fortement aux montagnes que
,, les chevaux, mais ils tirent avec moins de force. Il semble que
,, les charrois se tirent mieux dans les mauvais chemins par les
,, bœufs que par les chevaux : mais leur charge étant moins pesante
,, elle s'engage beaucoup moins dans les terres molles, ce qui a
,, fait croire que les bœufs tirent beaucoup plus fortement que les
,, chevaux qui à la vérité n'appuient pas fermement quand le
,, terrein n'est pas solide.

Il semble que l'Auteur veuille ici déployer toute sa sagacité pour étayer son systême : il nous permettra de lui représenter que la raison qu'il allégue tient un peu trop de la scholastique, & que nous ne voulons point entrer dans le labyrinthe des distinctions, nous avons suffisamment répondu à ce qu'il dit ici dans l'observation pénultiéme.

,, Il faut six bœufs par charrue dans les terres un peu pesantes.
,, Quatre bons chevaux suffisent pour ces terres. On met huit
,, bœufs pour labourer les terres fortes : on les laboure aussi avec
,, quatre chevaux.

Il faut que les terres soient des plus fortes & des plus pesantes pour que l'on mette six bœufs. Puisque l'Auteur appelle l'expérience

rience si souvent à son secours ; il fait bien, elle est le meilleur guide : nous lui assurons, d'après l'expérience, que dans les terres où
il faut mettre six bœufs, les chevaux n'y feroient rien, ou seroient
très-exposés à se donner des écarts. Quand l'Auteur dit que dans certaines terres on met huit bœufs, il se trompe d'autant plus que la
chose seroit si embarrassante qu'il n'est point de Laboureur qui voulût l'entreprendre. En Basse-Normandie on met bien dans les terres les plus pesantes six bœufs & un bidet ; mais jamais au-delà :
on se donneroit bien de garde d'y mettre six chevaux ni huit ; parce
qu'infailliblement le labour ne se feroit point sans quelqu'accident.
Nous ne sçavons pas où l'Auteur a puisé les Mémoires d'après lesquels il travaille, mais il est certain que s'il a travaillé de bonne
foi, comme nous n'en doutons point, pour le bien de l'Agriculture, il a été bien infidélement servi. Ces erreurs cependant se
trouvent dans cet ouvrage célèbre que les Philosophes de nos jours
& les gens du bon ton regardent comme le coriphée de tous les ouvrages de littérature & la source intarissable des vraies connoissances.

„ Quand on met beaucoup de bœufs à une charrue, on y ajoute
„ un ou deux petits chevaux, mais ils ne servent guéres qu'à guider
„ les bœufs. Ces chevaux assujettis à la lenteur des bœufs tirent
„ très-peu, ainsi ce n'est qu'un surcroît de dépense.

Cette observation est juste : mais si les deux petits chevaux causent
la dépense de leur nourriture ils épargnent celle d'un ou deux
hommes que l'on est obligé d'employer pour guider six chevaux
que l'on est forcé quelquefois de mettre pour labourer les terres un
peu tenaces & pesantes ; car pour celles qui le sont beaucoup & entiérement, on tenteroit en vain de faire marcher la charrue,
avant que d'en venir à bout, on risqueroit de faire périr quelque
cheval.

„ Une charrue tirée par des bœufs laboure dans les grands
„ jours environ trois quartiers de terre. Une charrue tirée par des
„ chevaux, en laboure environ un arpent & demi. Ainsi lors-
„ qu'il faut quatre bœufs à une charrue, il en faudroit douze
„ pour trois charrues lesquelles laboureroient environ deux ar-
„ pens de terre par jour. Au lieu que trois charrues menées cha-
„ cune par trois chevaux, en laboureroient environ quatre ar-
„ pens & demi.

L'Auteur voudroit-il par un alambicage faire illusion ? Une
charrue, dit-il, tirée par des bœufs laboure dans les grands jours trois

quartiers de terre. Mais de quelle terre ? est-elle forte ou légere ?
une charrue, continue-t-il, tirée par des chevaux en laboure un
arpent & demi. Oui, sans doute, si c'est de la terre légere, mais si
c'est de la terre pesante, il nous permettra de lui représenter que
l'expérience seroit contre lui. Ainsi, ajoute-t-il, lorsqu'il faut quatre bœufs à une charrue, il en faudroit douze pour quatre charrues lesquelles laboureroient environ deux arpens de terre par
jour. Pourquoi s'attacher ainsi à éluder & à ne rien prononcer de
fixe lorsqu'il est question de la culture des bœufs. Car suivant son
propre calcul, les trois charrues tirées par douze bœufs laboureroient au moins deux arpens & un quartier. D'ailleurs nous de-
manderions toujours à l'Auteur qu'il énonçât la qualité des terres,
& c'est ce qu'il évite avec soin, parce qu'il lui seroit impossible de
généraliser sa méthode qu'il voudroit faire adopter, préjudiciable ou avantageuse au Cultivateur. Il paroît que cet objet ne l'occupe point essentiellement. On diroit que sa célébrité dépend de
faire adopter sa doctrine.

   „Si l'on met six bœufs à chaque charrue, douze bœufs qui tire-
„roient deux charrues laboureroient environ un arpent & de-
„mi; mais huit bons chevaux qui méneroient deux charrues la-
„boureroient environ trois arpens.

   Comme ce n'est ici que le même objet précédent présenté sous un
aspect différent ; nous n'y répondons point pour éviter les redites.

   „Si faut huit bœufs par charrue, vingt-quatre bœufs ou trois
„charrues laboureroient deux arpens, au lieu que quatre forts
„chevaux étant suffisans pour une charrue, vingt-quatre chevaux
„ou six charrues laboureroient neuf arpens. Ainsi en réduisant ces
„différens cas à un état moyen, on voit que les chevaux labou-
„rent trois fois autant de terre que les bœufs ; il faut donc au
„moins douze bœufs là où il ne faudroit que quatre chevaux.

   Voilà assurément une proposition présentée sous beaucoup d'as-
pects. Le premier suffisoit : mais quand on veut parler en Encyclopédiste, il faut n'être point entendu ; il faut donner à son lecteur le
plaisir & la satisfaction de penser, & de défaire le nœud gordien ;
mai un Encyclopédiste doit être conséquent, & nous prions notre
lecteur de prendre la proposition tournée & retournée & de voir
après l'avoir rapprochée de la conséquence ; si l'Auteur est aussi parfait Logicien que discoureur élégant & peigné. D'ailleurs nous
prévenons qu'il faut se tenir en garde contre ses instructions dès
que l'on ne détermine point la qualité du sol que l'on veut cultiver.

„ L'usage des bœufs ne paroît préférable à celui des chevaux
„ que dans des pays montagneux ou dans des terreins ingrats, où
„ il n'y a que de petites portions de terres labourables dispersées;
„ parce que les chevaux perdroient leur tems à se transporter à tou-
„ tes ces petites portions de terre, & qu'on ne profiteroit pas assez
„ de leur travail; au lieu que l'emploi d'une charrue tirée par des
„ bœufs est borné à une petite quantité de terre & par consé-
„ quent à un terrein beaucoup moins étendu que celui que les
„ chevaux parcoureroient pour labourer une plus grande quantité
„ de terres si dispersées.

Nous croyons devoir laisser au Lecteur l'entiere liberté de mettre le prix à une observation semblable. Il est certain que le silence est tout ce qu'il y a de plus expressif pour y répondre suffisamment.

„ Les bœufs peuvent convenir dans les terres à seigle ou fort lé-
„ geres, peu propres à produire de l'avoine. Cependant comme
„ il ne faut que deux petits chevaux pour ces terres, il leur faut
„ peu d'avoine, & il y a toujours quelques parties de terres qui
„ peuvent en produire suffisamment.

Nous avions toujours cru qu'on mettoit de préférence des bœufs
sur les terres fortes & non sur des terres légeres. Il est étonnant que
tous les pays à bled où il y a assurément des terres fortes, comme
l'Agenois, le Condomois, le Bazadois, une grande partie du Languedoc, une grande partie du Bourdelois, la Basse Normandie,
enfin peut-être un tiers & demi du Royaume, n'ayent point encore senti l'utilité de l'innovation que l'Auteur voudroit introduire.
Cependant il y a dans ces différens pays des Cultivateurs actifs
& intelligens qui lui feroient voir des récoltes aussi riches en froment que celles qu'il attribue particulierement à la culture faite
avec des chevaux.

„ Comme on ne laboure les terres avec les bœufs qu'au défaut
„ de Fermiers en état de cultiver avec des chevaux, les Pro-
„ priétaires qui fournissent des bœufs aux paysans pour labourer
„ les terres, n'osent pas ordinairement leur confier des trou-
„ peaux de moutons qui serviroient à faire des fumiers, & à
„ parquer les terres : on craint que ces troupeaux ne soient mal gou-
„ vernés, & qu'ils ne périssent.

Tous les Fermiers sont donc misérables, excepté ceux qui sont
aux environs de Paris ; que l'Auteur se transporte dans le Berry,
dans le Bourdelois, enfin dans plusieurs autres endroits du Royau-

me où l'on ne cultive qu'avec des bœufs, il verra des Fermiers en
état d'entreprendre la culture avec des chevaux , s'ils la croyoient
plus utile : mais connoissant toute la valeur du travail du bœuf,
& tout le prix de cet animal peu dispendieux , dont il n'est aucune partie dont on ne puisse tirer quelque profit, ils se donneroient
bien de garde d'adopter le calcul chimérique de l'Auteur. Si tous
les Fermiers de l'Isle de France donnent la préférence à la culture
faite avec les chevaux , ce n'est pas précisément par rapport à la
culture , mais bien par rapport aux charrois qu'ils sont obligés de faire pour transporter leurs denrées dans les lieux où il s'en fait beaucoup de consommation. Ils préférent les chevaux , parce que les
routes sont bien entretenues & que les chevaux , lorsqu'ils ne
trouvent point d'obstacle , sont plus vîtes & plus prompts que les
bœufs.

  „ Les bœufs qui passent la nuit & une partie du jour dans les pâ-
„ turages , ne donnent point de fumier , ils n'en produisent que
„ lorsqu'on les nourrit pendant l'hiver dans les étables. Il s'en-
„ suit delà que les terres qu'on laboure avec des bœufs produisent
„ beaucoup moins que celles qui sont cultivées avec des chevaux
„ par des riches Fermiers. En effet , dans le premier cas elles ne
„ produisent qu'environ quatre septiers de bled, mesure de Paris ;
„ & dans le second elles en produisent sept ou huit. Cette mê-
„ me différence se trouve dans le produit des fourrages qui servi-
„ roient à nourrir des bestiaux qui produiroient des fumiers.

  Il est vrai que les bœufs ne fournissent point tant de fumier à la
fosse au fumier , parce qu'ils passent une partie de la nuit au pâturage : mais ce pâturage ne profite-t-il point de leur siente , & peut-
il s'en engraisser sans faire le profit du Cultivateur : d'ailleurs l'Auteur ignore-t-il que deux bœufs rendent autant de fumier lorsqu'on les nourrit pendant l'hiver dans une étable que trois & presque même quatre chevaux ; qu'ainsi en suivant le calcul qu'il aime
tant , douze bœufs rendent de cette façon autant de fumier que
dix huit ou vingt chevaux. En vain l'Auteur assure qu'une terre
à bonté égale produit trois septiémes de moins quand elle est labourée avec des bœufs que quand elle l'est avec des chevaux. Dans
tout le Haut - Pays & la Basse-Normandie , dans la Saintonge
les récoltes de bled y sont ordinairement de sept à un de semence. Or on travaille les terres dans ces pays avec des bœufs. Il n'est
donc question que d'y animer la culture des prairies artificielles &
de leur faire sentir les profits qui en résultent : nous avons fait ob-

ferver dans l'article du labourage que le joug dont on fe fervoit pour faire labourer les bœufs leur ôtoit beaucoup de leur force & les fatiguoit beaucoup plus. Pourquoi donc ne pas introduire l'ufage du collier comme on l'a fait chez nos voifins. Si on l'acceptoit en France, nos grands amateurs des chevaux verroient combien la préférence qu'ils prétendent qu'on doit leur donner feroit peu fondée : nous avons auffi donné la raifon phyfique de l'augmentation de force que le collier donneroit aux bœufs.

„ Il y a même un autre inconvénient qui n'eft pas moins pré-
„ judiciable. Les métayers qui partagent la récolte avec le pro-
„ priétaire occupent autant qu'ils le peuvent les bœufs qui leur
„ font confiés à tirer des charrois pour leur profit, ce qui les inté-
„ reffe plus que le labourage de leurs terres. Ainfi ils en négli-
„ gent tellement la culture que fi le propriétaire n'y apporte point
„ d'attention la plus grande partie des terres refte en friche.

Ce n'eft que quelquefois pendant l'hiver que les métayers font quelque charroi. Ils entendroient bien mal leurs intérêts fi dans les faifons des travaux ils préféroient d'aller au charroi. Leurs bœufs ne gagnent tout au plus que quarante fols dans certains pays & même trente en d'autres, en charroyant. Eft-il bien vraifemblable qu'un métayer préfere un gain fi modique à la culture de fes terres, qui en les fuppofant bien médiocres lui rendent cinq pour un ? D'ailleurs notre obfervateur ignoreroit-il que ce métayer fe porteroit un préjudice notable de deux façons ; la premiere, c'eft que comme il eft dans l'obligation de repréfenter à l'échéance de fon engagement le capital des beftiaux que le propriétaire lui a confiés, s'ils n'étoient point recevables, celui-ci s'empareroit des produits de la métayerie jufqu'à la valeur du dédommagement qu'il eft en droit d'exiger, de forte qu'il rifqueroit de fortir de la métairie dénué de tout, & expofé à ne point trouver à fe placer, d'autant plus qu'il eft bien naturel qu'un' autre propriétaire chez lequel il veut entrer lui préfere un métayer qui ne foit point dénué de toute reffource & qui par-là l'expoferoit à des dépenfes immenfes pour lui fournir la nourriture jufqu'à la récolte prochaine ; dépenfes que l'on ne peut enfuite faire rentrer que très-difficilement & par parties. Trop heureux même celui qui vient à bout de s'en rembourfer dans le courant de fix ou neuf ans, tems que l'on donne ordinairement à ces fortes d'engagemens. La feconde n'eft pas moins fondée. Tout métayer qui eft reconnu dans le pays pour un homme à charrois, trouve difficilement à fe placer. Or il eft bien difficile de cacher cette conduite, elle eſt donc ſçue de preſque tous les propriétaires; il n'y a donc d'autre reſſource pour un homme ſemblable que de tâcher de ſe placer dans un autre pays, ce qui eſt encore d'une difficulté étonnante, attendu qu'un propriétaire ſeroit bien imprudent s'il confioit la culture de ſes biens à un inconnu ſans prendre préalablement quelqu'information dans le pays d'où il ſort. Et nous ajoutons que l'attention du propriétaire doit ſe porter vers cet objet important. Dans toutes les branches de l'Agriculture on ſçait que l'œil d'un maître actif & intelligent tierce au moins les produits. Ainſi quelque méthode que l'on ſuive, la préſence du maître eſt abſolument néceſſaire : autrement tout va mal.

„Lorſque les terres reſtent en friche & qu'elles s'embuiſſon„nent, c'eſt un grand inconvénient dans les pays où l'on cul„tive avec les bœufs, c'eſt-à-dire où l'on cultive mal, car „les terres y ſont à très-bas prix, enſorte qu'un arpent de terre „qu'on eſſerteroit & qu'on défricheroit, coûteroit deux fois „plus de frais que le prix qu'on acheteroit un arpent de terre „qui ſeroit en culture. Ainſi on aime mieux acquérir que de fai„re ces frais : ainſi les terres tombées en friche reſtent pour tou„jours en vaine pâture, ce qui dégrade eſſentiellement les pro„priétaires.

Il eſt donc décidé ſuivant cet Auteur, que toutes les terres travaillées avec des bœufs ſont mal cultivées. Mais a-t-il vu les plaines de Marmande, de la Réolle, les campagnes des autres pays de la Guyenne & du Languedoc & beaucoup d'autres provinces que nous pourrions citer, où l'on ne cultive qu'avec des bœufs, & qui ſont à proprement parler les greniers, non-ſeulement du Royaume mais encore de nos Colonies ? Les terres ſont auſſi cheres dans ces pays que dans tous les autres du Royaume. L'Auteur qui aime tant le calcul, parce que ſans doute il y eſt verſé, ignore t-il donc que les terres y ſont vendues en proportion exacte de la valeur commune des denrées qu'elles produiſent ? D'ailleurs à quel propos un particulier acheteroit-il des terres qu'il voudroit abandonner ſans culture à leur propre ſort ? Quand on achete, c'eſt pour cultiver & tâcher d'augmenter par le produit de l'acquiſition que l'on a faite, autant qu'il eſt poſſible, ſon bien-être. Nous ne ſçavons point comment l'Auteur a pu hazarder la réflexion précédente.

„On croit vulgairement qu'il y a beaucoup plus de profit par

„ rapport à la dépenſe à labourer avec les bœufs qu'avec des che-
„ vaux, c'eſt ce qu'il faut examiner en détail.

On le croit, & l'on a raiſon de le croire, l'Auteur a beau bour-
ſouffler dans le détail qu'il va donner, tous les articles qui regardent les bœufs, & rétrécir ceux qui regardent les chevaux, nous
oſons eſpérer qu'après ce que nous avons dit des avantages qui réſultent des premiers, le Lecteur ne ſe livrera point impudemment
aux calculs que nous allons rapporter fidélement d'après lui-
même.

„ Nous avons remarqué qu'il ne faut que quatre chevaux pour
„ cultiver un domaine où douze bœufs ſont néceſſaires.

Nous avons ſuffiſamment fait ſentir le faux de cette propoſition
& nous ajouterons qu'il eſt généralement reconnu que quatre
bœufs font la beſogne de trois chevaux, que par conſéquent huit
bœufs font celle de ſix chevaux, & que douze par une conſéquence
auſſi abſolue doivent rendre autant de travail que neuf chevaux :
c'eſt ſur ce principe inconteſtablement erroné que l'Auteur appuye ſon calcul. Delà on peut juger de ſon exactitude.

„ Les chevaux & les bœufs ſont de différens prix. Le prix des
„ chevaux de labour eſt depuis ſoixante livres juſqu'à quatre cents
„ francs : le prix des bœufs eſt depuis cent livres la paire juſqu'à
„ 500 liv. & au-deſſus : mais en ſuppoſant de bons attelages il
„ faut eſtimer chaque cheval 300 liv., & la paire de gros bœufs
„ 400 liv. pour comparer l'achat des uns & des autres.

Ne laiſſons point aller plus avant notre Auteur. Dans quels
Mémoires peut-il avoir puiſé une abſurdité ſemblable à celle
qu'il avance touchant les bœufs. Il eſt inoui qu'un bœuf ait été
donné pour cinquante francs : car à le vendre même trois ſols la
livre & à le ſuppoſer de la plus petite eſpéce, il péſe au moins depuis ſix juſqu'à huit cents livres; ce qui feroit 120 liv. en lui donnant huit cents peſant; mais n'y a-t-il pas la peau & les autres abba-
tis qui ſe vendent; car on n'ignore point que cet animal eſt d'autant plus précieux qu'il n'a rien dans tout ſon individu dont on ne
tire quelque profit. L'Auteur ſe trompe encore lorſqu'il met une
paire de bœufs à 400 liv.; il n'y a point de Laboureur ni de Propriétaire qui achete, pour labourer, des bœufs à un tel prix; il ſe contente de bœufs qui lui coûtent depuis 200 liv. juſqu'à 250 liv. ; rarement pouſſe-t-il juſqu'à 300 liv. des bœufs gras & deſtinés à la boucherie ſe vendent 400 ou 500 liv. nous parlons des bœufs de la taille moyenne : or il n'eſt pas vraiſemblable qu'un laboureur un peu

intelligent préfére de tels bœufs qui lui emportent un trop grand capital, & qui d'ailleurs ne doivent point être en haleine pour le travail. D'ailleurs le Cultivateur risqueroit beaucoup dans cet achat ; parce que ces bœufs passant d'une nourriture ou d'un pâturage extrêmement riche ne feroient que dépérir s'ils trouvoient une nourriture verte ou séche moins succulente & moins riche. On se borne donc à acheter des bœufs qui aient les signes que nous avons indiqués, qui soient seulement un peu en chair, c'est-à-dire, bien portans ; à cette attention on joint celle de s'informer de la qualité du pâturage d'où ils sortent pour leur en donner un plus riche, & l'on est assuré d'en tirer plusieurs années le travail que l'on desire & de les vendre ensuite le double plus qu'ils n'ont coûté. Or ces bœufs, prix courant, dans la plûpart des provinces ne se vendent que depuis dix-huit jusqu'à vingt-cinq pistoles.

» Un cheval employé au labour, que l'on garde tant qu'il » peut travailler, peut servir pendant douze ans. Mais on varie » beaucoup par rapport au tems qu'on retient les bœufs au la- » bour. Les uns les renouvellent au bout de quatre années. Les » autres au bout de six années ; d'autres après huit années. Ainsi » en réduisant ces différents usages à un tems mitoyen, on le » fixera à six années. Après que les bœufs ont travaillé au la- » bour, on les engraisse pour la boucherie. Mais ordinairement » ce n'est pas ceux qui les employent au labour qui les en- » graissent. Ils les vendent maigres à d'autres qui ont des pâ- » turages convenables pour cet engrais. Ainsi l'engrais est un ob- » jet à part qu'il faut distinguer du service des bœufs. Lorsqu'on » vend les bœufs maigres après six années de travail, ils ont » environ dix ans, & on perd à peu-près le quart du prix qu'ils » ont coûté.

» Après ce détail, il sera facile de connoître les frais d'achat » des bœufs & des chevaux, & d'appercevoir s'il y a à cet » égard plus d'avantage sur l'achat des uns que sur l'achat des au- » tres.

» Quatre bons chevaux de labour estimés chacun 300 liv. » valent, ... 1200 liv.

» Ces quatre chevaux peuvent servir pendant douze » ans : les intérêts de 1200 liv. qu'ils ont coûté, » montent en douze ans à, ... 720 liv.

» Total, ... 1920 liv.

» Supposons

» Suppofons qu'on n'en tire rien après douze ans, la perte
» feroit de, ... 1920 liv.
» Douze gros bœufs eftimés chacun 200 l. valent, . 2400 liv.
» Ces bœufs travaillent pendant fix ans, les intérêts
,, des deux mille quatre cents livres qu'ils ont coûté
» montent en fix ans à, ... 720 liv.

» Ils fe vendent maigres, après fix ans de travail, chacun 150 l.
» Ainfi on retire de ces douze Bœufs 1800 liv. ils ont coûté
» d'achat 2500 liv. il faut ajoûter 720 liv. d'intérêts, ce qui
» monte à 3120 liv. dont on retire 1800 liv. ainfi la perte eft de
» 1320 liv. cette perte doublée en douze ans eft de 2640 l.

» La dépenfe des bœufs furpaffe donc à cet égard celle des
» chevaux d'environ 700 liv. fuppofons même moitié moins de
» perte fur la vente des bœufs. Quand on les renouvelle, cette
» dépenfe furpafferoit encore celle des chevaux. «

» Si on fuppofe le prix d'achat des chevaux & celui des bœufs
» de moitié moins; c'eft-à-dire, chaque cheval à 150 liv. & cha-
» que bœuf à 100 liv. on trouvera toujours que la perte fur
» les bœufs furpaffera dans la même proportion celle que l'on fait
» fur les chevaux. «

Il eft vrai que le tems que l'on garde les bœufs au labour varie
beaucoup; parce que les Métayers & les Propriétaires, partageant
par égale portion le produit des beftiaux, doivent beaucoup s'attacher à multiplier ces animaux. Ordinairement un domaine de quatre
charrues a huit ou dix bœufs & autant de vaches : les veaux qu'elles font font gardés avec grand foin, s'ils font d'une belle venue ;
on ne vend jeunes que les femelles : ces veaux à trente mois
commencent à travailler ; au bout de fix mois de travail, ils font
en état de remplacer les bœufs qui travaillent. On laiffe repofer
ceux-ci pendant deux mois, les mettant dans un bon pâturage,
ou bien les tenant dans l'étable, & on leur donne cet embonpoint
que le Boucher cherche bien plus que la bouffiffure de graiffe que
l'on voit à certains bœufs quand ils fortent de certains pâturages,
& qu'ils perdent lorfqu'ils font arrivés au lieu de la confommation pour lequel on les deftine. Ces bœufs ont d'abord coûté 180
ou 200 liv. la paire : on les revend 350 ou 400 liv. voilà donc
d'abord un profit de cent pour cent. Que l'Auteur ne nous objecte point le pâturage ou la nourriture dans l'étable ; par le moyen
des prairies artificielles, il verra que deux bœufs ne fçauroient

confommer pour la valeur de quarante-cinq livres de fourrage en verd pendant l'efpace de deux mois ou de fix femaines. D'ailleurs, par la population journaliere qui fe fait avec un peu de foin que l'on apporte, le Métayer n'achette point; au contraire, il eft toujours dans le cas de vendre; avantage qui ne fe trouve point avec les chevaux. Nous ne répondons point au nombre de bœufs que l'Auteur met au double de celui des chevaux. Nous lui avons déja dit que l'expérience prouve que quatre bœufs font la befogne de trois chevaux; que huit par conféquent rendent autant de travail que fix chevaux, & que douze bœufs doivent en produire autant que neuf chevaux. Ainfi le Lecteur voit l'erreur qui fe trouve dans ce calcul bourfoufflé quant aux bœufs, & cavé au plus bas quant aux chevaux. Pourquoi l'Auteur avance-t-il que les Cultivateurs n'engraiffent point les bœufs maigres, & qu'ils font obligés de les vendre auffi-tôt qu'ils ont fini le tems de leur travail, & que cette vente fait toujours une perte pour eux? il eft bien certain qu'ils font une perte, s'ils vendent des bœufs maigres pour en acheter qui foient en état. Mais n'avons-nous pas fait voir, que prefque par-tout où l'on laboure avec des bœufs, on a des vaches qui remplacent les bœufs, qui ne peuvent ou que l'on ne veut plus faire travailler? Si les Cultivateurs font affez peu intelligents pour ne pas en fçavoir tirer le parti que nous leur avons indiqué dans l'article des bœufs & des vaches; la doctrine de notre Auteur n'en eft pas moins erronée : ce n'eft point la faute des bœufs, mais bien celle de ceux qui s'en fervent, s'ils ne rendent point autant de profit qu'ils font propres à en rendre.

„ Il y a des Cultivateurs qui n'employent les bœufs que quel„ ques années; c'eft-à-dire jufques à l'âge le plus avantageux pour „ la vente. "

C'eft ce que nous venons de faire obferver; en effet comme dans un domaine bien monté les vaches remplacent de deux ans & demi en deux ans & demi les bœufs actuellement en travail; les Cultivateurs trouvent dans ces animaux une très-grande reffource. Car fuppofons qu'une Ferme ait douze bœufs en état de travailler, que quatre de ces bœufs aient trois ans, les autres quatre ans, & les quatre derniers cinq ans; fuppofons en outre qu'il y ait quinze vaches, lefquelles vélent toutes les années, & rendent fept mâles & huit femelles alternativement; il eft certain qu'au bout de trois ans les Cultivateurs fe trouvent en état de vendre enfuite chaque année au moins quatre bœufs qui valent au moins

fept ou huit cens livres : fuppofons encore que le tems de repos que l'on donne à ces quatre bœufs coute au Cultivateur quatre-vingts dix livres de fourage ; il n'eft pas douteux que fi les bœufs
ont été vendus 800 liv. il ne refte de profit au Métayer & au Maitre
que 710 liv. On ne doit pas porter en compte la dépenfe précédente de ces animaux, puifqu'ils l'ont acquittée par leur travail.

„ Il y a des Fermiers qui fuivent le même ufage pour les che-
„ vaux de labour, & qui les vendent plus qu'ils ne les achetent.
„ Mais dans ce cas on fait travailler les bœufs & les chevaux avec
„ ménagement, & il y a moins d'avantage pour la culture.

Cette obfervation eft fondée quant aux chevaux, parce que
fi l'on les épuife par un travail continuel, il eft certain que la
vente n'en eft point avantageufe ; mais auffi fi on les ménage, la
culture s'en reffent. Les chevaux ne peuvent être vendus que pour
fervir foit au caroffe, foit à la charge, foit enfin à tel autre
ufage que l'on voudra, de cette nature : mais le bœuf quand le
Cultivateur le vend après en avoir tiré tout le travail poffible, fe
repofe pendant deux mois, & fe vend avec profit au boucher.

„ On dit *que les chevaux font plus fujets aux maladies que les
bœufs*. „ C'eft accorder beaucoup qu'il y a trois fois plus de rifque
„ à cet égard pour les chevaux que pour les bœufs Ainfi par
„ proportion il y a le même danger pour deux bœufs que pour
„ quatre chevaux.

On dit : rien n'eft plus certain ; mais le calcul de notre Auteur
étant évidemment fondé fur un principe démontré faux, il n'eft
point étonnant que fa conféquence le foit auffi. Il eft bien vrai
que s'il falloit douze bœufs pour faire le travail de fix chevaux, le
danger relativement à l'Agriculture, feroit égal foit pour les chevaux foit pour le bœuf : car nous ne voulons point ici épiloguer.
Notre Auteur prend dans ce cas les trois quarts pour la moitié :
cette différence ne mérite point notre attention, attendu que nous
n'avons pas befoin d'y infifter pour faire valoir l'avantage qu'ont les
bœufs fur les chevaux : mais, fuivons notre Auteur, & nous le fur-
prendrons bientôt en contradiction avec lui-même ; & fans aller
plus loin, voici ce qu'il dit :

„ Le défaftre général que caufent les maladies épidémiques
„ des bœufs eft bien plus dangereux que les maladies particu-
„ lieres des chevaux : on perd tous les bœufs, & le travail ceffe ;
„ & fi on ne peut réparer promptement cette perte, les terres
„ reftent incultes. Les bœufs, par rapport à la quantité qu'il en

„ faut, coûtent pour l'achat une fois plus que les chevaux, ainsi
„ la perte est plus difficile à réparer. Les chevaux ne font pas
„ fujets comme les bœufs à ces maladies générales Leurs mala-
„ dies particulieres n'expofent pas le Cultivateur à de fi grands dan-
„ gers.

Si l'Auteur avoit lu le Gentilhomme Maréchal & beaucoup
d'autres ouvrages fur les ma'adies des chevaux, il auroit vu que ces
animaux font fujets à autant de maladies que les hommes, & qu'ils
en ont même une de plus dont la cure a été ignorée jufqu'à ce que
le fieur de Lafoffe, cet homme inftruit & zélé, & qui peut-être
n'eft pas auffi encouragé qu'il devroit l'être par le Gouvernement,
a découvert la fource, l'origine & la caufe de cette maladie terrible
qui fair tant de ravages, & a fçu y adapter une méthode qui opere
infailliblement la guérifon, fi du moins on n'a pas laiffé invétérer
la maladie. Nous convenons qu'il y a des maladies épidémiques qui
enlévent beaucoup de bêtes à corne : mais l'Auteur ignore-t il que
fans compter la morve il y en a auffi parmi les chevaux qui font
un ravage affreux : Les Anglois n'en ont-ils pas dans ces dernieres années reffenti les effets ? D'ailleurs pourquoi l'Auteur paffe-
t-il fous filence le plus grand inconvénient de tous ? c'eft celui des
jambes, cuiffes ou reins caffés. Que devient dans ce cas un cheval non-feulement de 400 liv., mais encore de plus haut prix ? le
bœuf au contraire moins fujet à cet événement, parce qu'il va
lentement & qu'il place plus folidement fon pied, a encore prefque toute fa valeur lorfqu'il fe caffe quelque membre. Cet article-ci étoit affurément affez important pour mériter la confidération de l'Auteur qui s'épuife en calculs pour faire donner la préférence aux chevaux.

„ On fait des dépenfes pour le ferrage & le harnois des che-
„ vaux qu'on ne fait pas pour les bœufs. Mais il ne faut qu'un
„ charretier pour labourer avec quatre chevaux, & il en faut
„ plufieurs pour labourer avec douze bœufs. Ces frais de part
„ & d'autre peuvent être eftimés à peu près les mêmes.

Point du tout. Jamais quatre chevaux n'ont fait le travail de
douze bœufs. Ainfi ce calcul eft erroné. D'ailleurs il ne faut pas
toujours deux charretiers en titre pour conduire quatre bœufs attelés : c'eft un jeune garçon de neuf ou dix ans ou une femme qui fe
tient à la tête de la charrue fur la droite pour pouffer les deux
bœufs de devant ; encore même n'eft-ce que fur de certains terreins que cela eft néceffaire. Il dépend d'ailleurs du Laboureur

de dreſſer les bœufs à ce labourage, en les mettant au commencement tous quatre à la charrue ſur un terrein aiſé, par ce moyen ils
contractent ſi bien l'habitude de tirer uniformément tous quatre
enſemble, qu'il n'eſt plus beſoin de petit garçon, ni de femme, &
encore moins d'un charretier, comme l'Auteur tâche de l'inſi-
nuer pour faire adopter ſon ſyſtême. Ainſi le ferrage & le harnois
ſont un ſurcroît de dépenſe à laquelle les bœufs n'expoſent point :
mais nous voulons bien encore donner à notre Auteur de la marge pour ſe retourner : car nous voulons que dans notre méthode
on ferre les bœufs pour leur conſerver les pieds qui ne peuvent
manquer de s'altérer beaucoup ſur certains terreins caillouteux ou
pierreux. Nous voulons même, que pour augmenter le volume de
leur force, au lieu de les mettre au joug pour labourer on leur
donne le collier, attendu que le volume de leur poitrail oppoſant
un volume plus grand, plus étendu & par conséquent plus fort,
ils doivent néceſſairement labourer plus facilement ſur les terreins même les plus tenaces. Or ce ferrage & ce collier qui cependant ne peuvent jamais entraîner de ſi grandes dépenſes que le harnois entier du cheval, nous les mettons à niveau du ferrage & du
harnois du cheval ; & malgré cela l'avantage ſe trouvera encore du
côté des bœufs.

„ Il y a un autre objet à conſidérer, c'eſt la nourriture ; le
„ préjugé eſt en faveur des bœufs : pour le diſſiper il faut entrer
„ dans le détail de quelques points d'Agriculture qu'il eſt néceſſaire
„ d'apprécier.

C'eſt la raiſon & l'expérience & non un préjugé aveugle qui
prouvent que les chevaux coûtent beaucoup plus cher que les bœufs
pour la nourriture. L'Auteur entre dans un détail que nous n'in-
terrompons point. Les raiſons que nous lui donnerons contre ce détail, ſeront livrées au jugement de nos Lecteurs. S'ils jugent que nous
avons tort, nous nous ſoumettrons volontiers à ſon jugement. Notre
amour-propre ne tend qu'au bien public ; nos obſervations auront
toujours le mérite d'avoir fait mettre dans un plus grand jour une vérité qui devoit être rendue ſenſible au Cultivateur pour ſon bien-
être. Voilà quel doit être l'objet d'un citoyen. S'en écarte-t-il, il
manque à ſon devoir & viole la plus ſainte de ſes obligations. Nous
oſons nous flatter que nous ne ſerons jamais comptables d'une conduite ſi criminelle envers la Société. L'Auteur commence ſon détail.

Article premier.

„ Les terres qu'on cultive avec des chevaux font affollées par
„ tiers ; un tiers eft enfemencé en bled ; un tiers en avoine & au-
„ tres grains qu'on féme après l'hyver ; l'autre tiers eft en jachere :
„ celles qu'on cultive avec des bœufs font affolées par moitié ;
„ une moitié enfemencée en bled & l'autre eft en jachere. On
„ féme peu d'avoine & autres grains de Mars, parce qu'on n'en a
„ pas befoin pour la nourriture des bœufs. Le même arpent de terre
„ produit en fix ans trois récoltes de bled, & refte alternative-
„ ment trois années en repos : au lieu que par la culture des che-
„ vaux le même arpent de terre ne produit en fix ans que deux
„ récoltes en bled ; mais il fournit auffi deux récoltes en grains
„ de Mars, & il n'eft que deux années en repos pendant fix ans.

Article fecond.

„ La récolte en bled eft plus profitable, parce que les chevaux
„ confomment pour leur nourriture une partie des grains de
„ Mars : or, on a en fix années une récolte en bled de plus par
„ la culture des bœufs que par la culture des chevaux ; d'où il
„ paroît que la culture qui fe fait avec les bœufs eft à cet égard
„ plus avantageufe que celle qui fe fait avec les chevaux. Il faut
„ cependant remarquer que la fole de terre qui fournit la maifon
„ n'eft pas toute enfemencée en bled. La lenteur du travail des
„ bœufs détermine quelquefois à en mettre plus d'un quart en
„ menus grains qui exigent moins de labour : dès-là tout l'avantage
„ difparoît.

Article troifiéme.

„ Mais de plus on a reconnu qu'une même terre, qui n'eft
„ enfemencée en bled qu'une fois en trois ans, en produit à culture
„ égale plus que fi elle en portoit tous les deux ans ; & on eftime
„ à un cinquieme, ce quelle produit de plus. Ainfi en fuppofant
„ que trois récoltes en fix ans produifent vingt-quatre mefures,
„ deux récoltes en trois ans doivent en produire vingt. Les
„ deux récoltes ne produifent donc qu'un fixiéme de moins que ce
„ que les trois produifent.

Article quatriéme.

„ Ce fixiéme & plus fe retrouve facilement par la culture faite
„ avec des chevaux ; car de la fole cultivée avec des bœufs, il n'y
„ a ordinairement que les trois quarts enfemencés en bled &
„ un quart en menus grains. Ces trois récoltes en bled ne for-
„ ment donc réellement que deux récoltes & un quart ; ainfi au
„ lieu de trois récoltes que nous avons fuppofées produire vingt-
„ quatre mefures, il n'y en a que deux & un quart qui ne four-
„ niffent, felon la même proportion, que dix-huit mefures. Les
„ deux récoltes que produit la culture faite avec les chevaux
„ donne vingt mefures. Cette culture produit donc en bled un
„ dixieme de plus que celle qui fe fait avec les bœufs : nous
„ fuppofons toujours que les terres font également bonnes & éga-
„ lement bien cultivées de part & d'autre, quoiqu'on ne tire or-
„ dinairement par la culture faite avec les bœufs qu'environ la
„ moitié du produit que les bons fermiers retirent de la culture
„ faite avec les chevaux ; mais pour comparer plus facilement
„ la dépenfe de la nourriture des chevaux avec celle des bœufs,
„ nous fuppofons que des terres également bonnes foient égale-
„ ment bien cultivées dans l'un & l'autre cas. Or dans cette
„ fuppofition même le produit du bled, par la culture qui fe fait
„ avec les bœufs, égaleroit tout au plus celui que l'on retire par
„ la culture qui fe fait avec les chevaux.

Article cinquiéme.

„ Nous avons remarqué que les fermiers qui cultivent avec des
„ chevaux recueillent tous les ans le produit d'une fole entiere en
„ avoine, & que les métayers qui cultivent avec les bœufs n'en
„ recueillent qu'un quart. Les chevaux de labour confomment
„ les trois quarts de la récolte d'avoine & l'autre quart eft au
„ profit du fermier. On donne auffi quelque peu d'avoine aux
„ bœufs dans le tems où le travail preffe ; ainfi les bœufs confom-
„ ment à-peu-près la moitié de l'avoine que les métayers recueil-
„ lent. Ils en recueillent trois quarts moins que les fermiers
„ qui cultivent avec des chevaux ; il n'en refte donc au métayer
„ qu'un huitiéme, qui n'eft point confommé par les bœufs, au
„ lieu qu'il peut en refter au fermier un quart qui n'eft point

„ confommé par les chevaux. Ainfi malgré la grande confom-
„ mation d'avoine pour les chevaux, il y a à cet égard plus
„ de profit pour le fermier qui cultive avec des chevaux que
„ pour le métayer qui cultive avec des bœufs. D'ailleurs à culture
„ égale, quant même la fole du métayer feroit toute en bled,
„ comme l'exécutent une partie des métayers, la récolte de ceux-
„ ci n'eft pas plus avantageufe que celle du fermier, la confom-
„ mation de l'avoine pour la nourriture des chevaux étant four-
„ nie ; & dans le cas même où les chevaux confommeroient
„ toute la récolte d'avoine, la comparaifon en ce point ne fe-
„ roit pas encore au défavantage du fermier. Cependant cette
„ confommation eft l'objet qui en impofe fur la nourriture des
„ chevaux de labour. Il faut encore faire attention qu'il y a
„ une récolte de plus en fourrage ; car par la culture faite avec des
„ chevaux il n'y a que deux années de jachere en fix ans.

Article fixiéme.

„ Il y a des Cultivateurs qui, cultivant avec des bœufs, affo-
„ lent les terres par tiers, ainfi à culture égale les récoltes font
„ les mêmes que celles que procurent les chevaux. Le Labou-
„ reur a prefque toute la récolte d'avoine : il nourrit les bœufs
„ avec le fourrage d'avoine. Ces bœufs reftent moins dans les
„ paturages, on en tire plus de travail, ils forment plus de fu-
„ mier. Le fourrage du bled refte en entier pour les troupeaux. On
„ peut en avoir de plus nombreux. Ces troupeaux procurent un bon
„ revenu & fourniffent beaucoup d'engrais aux terres. Ces avan-
„ tages peuvent approcher de ceux de la culture qui fe fait avec
„ des chevaux. Mais cet ufage ne peut avoir lieu avec les mé-
„ tayers ; il faut que le propriétaire qui fait la dépenfe des
„ troupeaux fe charge lui-même du gouvernement de cette forte
„ de culture ; de-là vient qu'elle n'eft pas ufitée : elle n'eft pas
„ même préférée par les propriétaires qui font valoir leurs terres
„ dans les pays où l'on ne cultive qu'avec des bœufs, parce qu'on
„ fuit aveuglément l'ufage général. Il n'y a que les hommes
„ intelligents & inftruits qui peuvent fe préferver des erreurs
„ communes, préjudiciables à leurs intérêts ; mais encore faut-
„ il pour y réuffir qu'ils foient en état d'avancer les fonds nécef-
„ faires pour l'achat des troupeaux & des autres beftiaux & pour
„ fubvenir aux autres dépenfes, car l'établiffement d'une bonne
„ culture eft toujours fort cher.

Article

Article septiéme.

,, Outre la consommation de l'avoine , il faut encore pour la
,, nourriture des chevaux du foin & du fourrage. Le fourrage est
,, fourni par la culture du bled ; car la paille du froment est le
,, fourrage qui convient aux chevaux. Les pois, les vesses, les
,, féverolles, les lentilles en fournissent qui suppléent au foin :
,, ainsi par le moyen de ces fourrages les chevaux n'en consom-
,, ment point , ou n'en consomment que fort peu. Mais la con-
,, sommation des pailles & fourrages est avantageuse pour pro-
,, curer des fumiers ; ainsi on ne doit pas la regarder comme
,, préjudiciable au Cultivateur.

,, Les chevaux par leur travail se procurent donc par eux-mêmes
,, leur nourriture sans diminuer le profit que la culture doit
,, fournir au laboureur.

Article huitiéme.

,, Il n'en est pas de même de la culture ordinaire qui se fait avec
,, des bœufs, car les récoltes ne fournissent point la nourriture
,, de ces animaux, il leur faut des paturages pendant l'été & du
,, foin pendant l'hyver. S'il y a des laboureurs qui donnent du
,, foin aux chevaux, ce n'est qu'en petite quantité , parce qu'on
,, peut y suppléer par d'autres fourrages que les grains de Mars
,, fournissent. D'ailleurs la quantité de foin que douze bœufs
,, consomment pendant l'hyver & lorsque le paturage manque sur-
,, passe la petite quantité que quatre chevaux en consomment
,, pendant l'année : ainsi il y a encore à cet égard de l'épargne sur
,, la nourriture des chevaux ; mais il y a de plus pour les bœufs que
,, pour les chevaux , la dépense des paturages.

Article neuviéme.

,, Cette dépense paroît de peu de conséquence ; cependant elle
,, mérite attention, car des paturages propres à nourrir des bœufs
,, occupés à labourer les terres pourroient de même servir à
,, élever ou à nourir d'autres bestiaux, dont on pourroit annuel-
,, lement tirer un profit réel : cette perte est plus considérable en-
,, core, lorsque les paturages peuvent être mis en culture. On

,, ne fçait que trop combien, fous le prétexte de conferver des pa-
,, turages pour des bœufs de labour, il refte des terres en
,, friche qui pourroient être cultivées. Malheureufement il eft
,, même de l'intérêt des métayers de cultiver le moins de terres
,, qu'ils peuvent, afin d'avoir plus de tems pour faire des charrois
,, à leur profit. D'ailleurs il faut enclore de hayes faites de bran-
,, chages les terres enfemencées pour les garantir des bœufs qui
,, font en liberté dans les paturages. Les Cultivateurs em-
,, ployent beaucoup de tems à faire ces clôtures dans une fai-
,, fon où ils devroient être occupés à labourer les terres. Toutes
,, ces caufes contribuent à rendre la dépenfe du paturage des bœufs
,, de labour fort onéreufe ; dépenfe que l'on épargne entiérement
,, dans les pays où l'on cultive avec des chevaux ; ainfi ceux
,, qui croyent que la nourriture des bœufs coûte moins que celle
,, des chevaux fe trompent beaucoup.

Article dixiéme.

,, Un propriétaire d'une terre de huit domaines a environ cent
,, bœufs de labour qui lui coûtent pour leur nourriture au moins
,, 4000 livres chaque année, la dépenfe de chaque bœuf étant
,, eftimée à 40 liv. pour la confommation des pacages & du
,, foin ; dépenfe qu'il éviteroit entiérement par l'ufage des che-
,, vaux.
,, Mais fi l'on confidere dans le vrai la différence des produits
,, de la culture qui fe fait avec les bœufs, & de celle qui fe fait
,, avec les chevaux, on appercevra qu'il y a moitié à prendre
,, fur le produit des terres qu'on cultive avec les bœufs. Il faut
,, encore ajouter la perte du revenu des terres qui pourroient être
,, cultivées & qu'on laiffe en friche pour les pâturages des bœufs.
,, De plus, il faut obferver que dans les tems fecs où les pâtura-
,, ges font arides, les bœufs trouvent peu de nourriture & ne peu-
,, vent prefque point travailler. Ainfi le défaut de fourrage &
,, de fumier, le peu de travail, les charrois des métayers bornent
,, tellement la culture que les terres même fort étendues ne pro-
,, duifent que très-peu de revenu & ruinent fouvent les métayers
,, & les propriétaires.

Article onziéme.

„ On prétend que les sept huitiémes du Royaume sont culti-
„ vés avec des bœufs. Cette estimation peut du moins être ad-
„ mise en comprenant sous le même point de vue les terres mal
„ cultivées avec des chevaux par des pauvres Fermiers qui ne peu-
„ vent point subvenir aux dépenses nécessaires pour une bonne
„ culture. Ainsi une bonne partie de toutes ces terres sont en fri-
„ che & l'autre partie presqu'en friche. Ce qui découvre une dé-
„ gradation énorme de l'Agriculture en France par le défaut des
„ Fermiers.

„ Ce désastre peut être attribué à trois causes, 1°. à la désertion
„ des enfans des Laboureurs qui sont forcés de se réfugier dans
„ les grandes villes où ils portent les richesses que leurs peres em-
„ ploient à la culture des terres. 2°. Aux impositions arbitraires
„ qui ne laissent aucune sûreté dans l'emploi des fonds néces-
„ saires pour les dépenses de l'Agriculture. 3°. A la géne à la-
„ quelle on s'est trouvé assujetti dans le commerce des grains.

Réponse à l'Article premier.

Quant à cet article, nous n'avons rien à répondre : il est généralement reconnu pour vrai, il est appuyé de l'expérience.

Réponse au second Article.

Quant à celui-ci qui est une suite du premier, nous répondons
que c'est la faute du métayer & non celle de la culture avec les
bœufs, s'il ne sçait pas trouver le tems d'ensemencer ses terres,
d'autant plus qu'il a au moins six semaines & même deux mois
pour faire cette opération. Lorsque les gens commis à la culture
ne marchent pas comme il convient, c'est au propriétaire à les
pousser. Ainsi s'ils ne le font pas, l'Auteur doit attribuer cet inconvénient non à la lenteur des bœufs mais à la négligence de ceux qui
les conduisent.

Réponse au troisiéme Article.

Si les terres ensemencées ne produisent point plus en trois récoltes qu'en deux, il est certain qu'il y a un vice dans la culture;

parce que tout le monde sçait que l'année de jachere suffit pour sup-
p'éer les sucs que la récolte précédente a consommés, & cela est
si vrai, que suivant les instructions que nous avons données & qui
portent sur les expériences qu'ont faites plusieurs Cultivateurs vigilans & éclairés, on peut se dispenser de donner la jachere aux terres en leur confiant des productions qui par l'ombrage de leurs
feuilles forment une jachere bien plus riche & bien plus fertilisante.

Réponse au quatriéme Article.

Nous avons presque répondu à cet Article. Nous le répétons encore, si les métayers n'ensemencent qu'une partie de leurs terres,
c'est à leur négligence qu'il faut s'en prendre.

Réponse au cinquiéme Article.

Les métayers, s'ils sont actifs & vigilans, ont avec leurs bœufs
la même ressource que les Fermiers avec leurs chevaux ; ils
peuvent donc par conséquent se procurer une récolte entiere en
avoine. Il n'est question que de sçavoir prendre son tems : & cela
est si vrai que l'Auteur convient dans un des articles suivans qu'il y
a des Fermiers qui cultivent avec des bœufs, & font la même division de leurs terres que les Fermiers qui cultivent avec des chevaux.
Ainsi ceux qui cultivent avec des bœufs auroient, en suivant cette
division, l'avantage de jouir de toute la récolte d'avoine au lieu
que les chevaux en consomment, suivant son aveu les trois quarts :
C'est en vain qu'il avance qu'on donne de l'avoine aux bœufs,
nous osons assurer que cet usage est ignoré dans les six dixiémes
des pays où l'on cultive avec des bœufs, & que cela arrive fort
rarement dans le septiéme dixiéme ; il n'étoit donc point néces-
faire de porter en ligne de compte cette dépense qui fait une très-
petite exception à la régle générale. La récolte de plus que l'Auteur rapporte en faveur de la culture faite avec les chevaux ne
prouve point davantage contre la culture des bœufs ; parce qu'en
suivant les documens que nous avons donnés : on peut avec les
bœufs se mettre sur cet article de niveau à la culture faite avec des
chevaux.

Réponse au sixiéme Article.

L'Auteur dans cet article admet la possibilité de distribuer avec des bœufs ses terres de la même maniere qu'on les distribue en cultivant avec des chevaux ; il annonce même les avantages d'une récolte entiere d'avoine, de beaucoup plus de fumier, parce que les bœufs font plus de tems dans l'étable y étant nourris de la paille de cette récolte & n'étant point obligés d'aller chercher si longtems leur nourriture dans les pâturages : d'ailleurs un autre avantage bien important, le fourrage du bled reste en entier pour les troupeaux, on peut les avoir plus nombreux, & nos voisins nous font assez voir combien est riche cette branche de l'Agriculture, puisqu'elle monte en Angleterre à plus de cent soixante millions. Mais , ajoute notre Auteur, cet usage ne peut avoir lieu avec des métayers. Pourquoi donc cette impossibilité ? Le métayer n'est-il pas lui-même intéressé à avoir des troupeaux nombreux qui fertilisent les terres de son maître, & qui par égale portion avec lui lui rendent un produit annuel qui le met en état de se donner les aisances de la vie, relatives à son état ? c'est dégoûter non - seulement les métayers , mais encore les propriétaires, en opposant à leur émulation des obstacles qui leur paroissent invincibles quoiqu'ils ne soient que factices & imaginaires. Il en est de la culture qui se fait avec les bœufs comme de celle qui se fait avec des chevaux ; si l'on n'a pas des fonds pour faire les avances qu'exigent les améliorations, les terres languissent dans l'une & l'autre culture. Ainsi mal-à-propos l'Auteur rejette-t-il ce dépérissement sur la culture que l'on fait avec les bœufs : d'ailleurs il faut entreprendre suivant ses forces & ses facultés , on augmente cette année son troupeau de 20 moutons, l'année suivante on double , la troisiéme on triple & l'on se trouve la cinquiéme ou sixiéme année bien fourni de ces animaux ; on voit ses terres s'engraisser, se couvrir d'une abondante moisson, & tout le domaine prendre une nouvelle forme & une nouvelle vie. Qu'on lise & relise les conseils que nous avons donnés sur ces sortes d'entreprises, on verra que nous recommandons à l'homme riche comme au mal-aisé d'aller pié à pié.

Réponse au septiéme Article.

L'Auteur dans cet article convient, & c'est avec grande raison, qu'outre la consommation de la récolte d'avoine, il faut encore pour la nourriture des chevaux du foin & du fourrage. Or, dit-il, le fourrage est fourni par la culture du bled ; car sa paille convient aux chevaux. Mais bientôt après il appelle au secours les

pois, les véces, les féveroles, les lentilles ; par ces fourrages il prétend épargner le foin. Mais il paroît par-là qu'il ignore les maladies fréquentes, dangereuses & même incurables que ces animaux
contractent en se nourrissant de ces sortes de fourrages ; nous les
renvoyons à notre livre qui traite des maladies des chevaux. Il termine son article en concluant que leurs chevaux par leur travail
se procurent eux - mêmes leur nourriture sans diminuer le profit que la culture doit fournir au Laboureur. Mais il a dit ci-devant que les trois quarts de la récolte de l'avoine étoient consommés par les chevaux. D'ailleurs les chevaux n'ont en cela rien de
supérieur aux bœufs ; ceux-ci se la procurent aussi lorsque les Cultivateurs sçauront mettre à profit par de bonnes prairies artificielles
des terres vaines qui sont dans leur domaine & qu'ils croient mal-à-
propos impropres à toute sorte de production.

Réponse au huitiéme Article.

Quant à cet article, comme il roule toujours sur le calcul de
quatre chevaux pour douze bœufs, nous ne nous y arrêtons point, il
a été suffisamment discuté & démontré erroné. L'Auteur ajoute
que s'il y a des Laboureurs qui donnent en hiver du foin aux chevaux, ce n'est qu'en très petite quantité, parce que les fourrages
de Mars y suppléent. Nous faisons voir dans le livre qui regarde les
chevaux, combien cette épargne mal-entendue leur est funeste.

Réponse au neuviéme Article.

Nous apprécions les pâturages autant que l'Auteur peut le desi-
rer, nous sçavons qu'ils doivent être portés en ligne de compte,
parce que s'ils sont succulens ils pourroient servir à nourrir d'autres bestiaux, comme dit notre Auteur ; mais ces avoines que l'on
seme & que les chevaux consomment, ne seroient elles point
propres à quelqu'autre usage ? les terres qu'on y emploie ne pour-
roient-elles pas servir aussi à nourrir d'autres bestiaux. Ainsi tout
bien considéré, l'Auteur pouvoit fort bien passer sous silence une
observation aussi peu importante. C'est une erreur de vouloir faire
croire que les métayers, sous le vain prétexte de conserver des pâturages, laissent beaucoup d'excellentes terres en friche ; c'est
dire, à tous les propriétaires en général, qu'ils sont des esprits bornés qui s'en laissent imposer par des brutes de la campagne : est-il

bien vraisemblable qu'un métayer pour faire quelques charrois dont nous avons fait ci-devant voir la mince valeur, veuille aux dépens de sa conscience & encore plus de ses propres intérêts insinuer à son maître des absurdités insoutenables & révoltantes ? Comme la conséquence que l'Auteur tire dans cet article, tient du faux principe qu'il y veut établir, il ne vaut point la peine de s'y arrêter.

Réponse au dixiéme Article.

L'Auteur sent l'hyperbole qu'il a avancée dans cet article, en disant qu'un propriétaire d'une terre à huit domaines, doit avoir cent bœufs qui lui coûtent 4000 liv. de nourriture, & qu'il éviteroit ces 4000 liv. de dépense s'il faisoit usage de chevaux. Aussi est-ce un secret qu'il se réserve, dont il ne donne ni connoissance ni raison : toutes les allégations qu'il rassemble dans le reste de cet article ont été combattues. Il n'y en a qu'une qui est celle de l'aridité des pâturages dans les années séches : mais c'est au Cultivateur à se pourvoir en cas de besoin; cet inconvénient doit être mis dans le chapitre des accidens que toute la sagesse & l'intelligeuce du Cultivateur ne peuvent parer.

Réponse à l'Article onziéme.

Les sept huitiémes du Royaume sont cultivés avec des bœufs : il n'est rien de plus vrai, & nous ajouterons qu'il est bien étonnant que depuis que l'Agriculture est pratiquée en France, ces sept huitiémes aient resté si longtems dans l'erreur, si, comme le prétend l'Auteur, c'est une erreur véritable de cultiver avec des bœufs. Nous convenons avec lui que la plûpart des terres sont en friche & les autres bien foiblement cultivées. Rien de plus judicieux que ce qu'il avance sur ce sujet. Nous devons lui rendre la justice d'annoncer au public qu'il n'est rien de plus lumineux que les observations qu'il fait sur l'Agriculture considérée relativement à la politique : nous sommes si pénétrés des vérités que l'on y trouve, que nous nous sommes déterminés à les mettre sous les yeux de nos Lecteurs pour tenir lieu de l'addition que nous avions résolu de faire à ce que nous avons dit au commencement de cet ouvrage sur ce point important. Nous avouons ingénument que le Lecteur y gagnera beaucoup par la netteté avec laquelle l'Auteur y présente ses idées. S'il avoit eu sur l'Agriculture-pratique des mémoires fidéles, il eſt à préſumer que peu jaloux d'établir un ſiſtéme, il ne ſe feroit point enveloppé de calculs faux, mais féduiſans, pour donner un air de vérité à ce qu'il a avancé. Mais peut-être prononçons-nous injuſtement ; laiſſons à nos Lecteurs à juger cette diſcuſſion ; ils ſont intéreſſés à nous rendre juſtice... Pour nous, nous ſommes trop heureux ſi nousavons du moins ſervi à établir, en la controverſant, une doctrine qui ne peut être que très-utile à l'humanité....

Nous eſpérons à la fin de ſon article pouvoir ajouter quelques obſervations générales & relatives au travail des bœufs & au travail des chevaux : quelles qu'elles ſoient elles ne pourront que produire un bon effet relativement à l'Agriculture, & en ce cas nous aurons toujours rempli notre objet.

»On a cru que la politique regardoit l'indigence des habitans de la campagne, comme un aiguillon néceſſaire pour les exciter au travail : mais il n'y a point d'homme qui ne ſçache que les richeſſes ſont le grand reſſort de l'Agriculture, & qu'il en faut beaucoup pour bien cultiver. Ceux qui en ont ne veulent pas être ruinés : ceux qui n'en ont pas travailleroient inutilement, & les hommes ne ſont point excités au travail quand ils n'ont rien à eſpérer pour leur fortune ; leur activité eſt toujours proportionnée à leurs ſuccès. On ne peut donc pas attribuer à la politique des vues ſi contraires au bien de l'Etat, ſi préjudiciables au Souverain, & ſi déſavantageuſes aux propriétaires des biens du Royaume.

Le territoire du Royaume contient environ cent millions d'arpens. On ſuppoſe qu'il y en a la moïtié en montagnes, bois, prés, vignes, chemins, terres ingrates, emplacemens d'habitations, jardins, herbages ou prés artificiels, étangs & rivieres ; & que le reſte peut-être employé à la culture des grains.

On eſtime donc qu'il y a cinquante millions d'arpens de terres labourables dans le Royaume ; ſi on y comprend la Lorraine, on peut croire que cette eſtimation n'eſt pas forcée. Mais, de ces cinquante millions d'arpens, il eſt à préſumer qu'il y en a plus d'un quart qui ſont négligés ou en friche.

Il n'y en a donc qu'environ trente-ſix millions qui ſont cultivés, dont ſix ou ſept millions ſont traités par la grande culture, & environ trente millions cultivés avec des bœufs.

Les ſept millions cultivés avec des chevaux, ſont aſſolés par tiers : il y en a un tiers chaque année qui produit du bled, & qui,

année

année commune, peut donner par arpent environ six septiers, semence prélevée. La sole donnera quatorze millions de septiers.

Les trente millions traités par la petite culture, sont assolés par moitié. La moitié qui produit la récolte n'est pas toute ensemencée en bled, il y en a ordinairement le quart en menus grains; ainsi il n'y auroit chaque année qu'environ onze millions d'arpens ensemencés en bled. Chaque arpent, année commune peut produire par cette culture environ trois septiers de bled, dont il faut retrancher la semence; ainsi la sole donnera vingt-huit millions de septiers.

Le produit total des deux parties est de quarante-deux millions.

On estime, selon M. Dupré de Saint-Maur, qu'il y a environ seize millions d'habitans dans le Royaume. Si chaque habitant consommoit trois septiers de bled, la consommation totale seroit de quarante - huit millions de septiers : mais de seize millions d'habitans, il en meurt moitié avant l'âge de quinze ans. Ainsi de seize millions il n'y en a que huit millions qui passent l'âge de quinze ans, & leur consommation annuelle en bled ne passe pas vingt-quatre millions de septiers. Supposez-en la moitié encore pour les enfans au-dessous de l'âge de quinze ans, la consommation totale sera trente-six millions de septiers. M. Dupré de Saint-Maur estime nos récoltes en bled, année commune, à trente-sept millions de septiers; d'où il paroît qu'il n'y auroit pas d'excédent dans nos récoltes en bled. Mais il y a d'autres grains & d'autres fruits dont les paysans font usage pour leur nourriture : d'ailleurs, je crois qu'en estimant le produit de nos récoltes par les deux sortes de cultures dont nous venons de parler, elles peuvent produire, année commune, quarante-deux millions de septiers.

Si les cinquante millions de terres labourables (1) qu'il y a pour le moins dans le Royaume, étoient tous traités par la grande culture, chaque arpent de terre, tant bonne que médiocre, donneroit, année commune, au moins cinq septiers, semence prélevée; le produit du tiers, chaque année, seroit quatre-vingt-cinq millions de septiers de bled; mais il y auroit au moins un huitième de ces terres employé à la culture des légumes, du lin, du chanvre, &c. qui exigent de bonnes terres & une bonne culture; il n'y auroit donc par an qu'environ quatorze millions d'arpens, qui por-

____

(1) Selon la Carte de M. de Cassini, il y a en tout environ cent vingt-cinq millions d'arpens; la moitié pourroit être cultivée en bled.

teroient du bled, & dont le produit feroit foixante-dix millions de feptiers.

Ainfi l'augmentation de récolte feroit, chaque année, de vingt-fix millions de feptiers.

. Ces vingt-fix millions de feptiers feroient furabondans dans le Royaume, puifque les récoltes actuelles font plus que fuffifantes pour nourrir les habitans : car on préfume avec raifon qu'elles ex-cèdent, année commune, d'environ neuf millions de feptiers.

Ainfi quand on fuppoferoit à l'avenir un furcroit d'habitans fort confidérable, il y auroit encore plus de vingt-fix millions de fep-tiers à vendre à l'étranger.

Mais il n'eft pas vraifemblable qu'on pût en vendre à bon prix une fi grande quantité. Les Anglois n'en exportent pas plus d'un million chaque année ; la Barbarie n'en exporte pas un million de feptiers. Leurs Colonies, fur-tout la Penfilvanie qui eft extré-mement fertile, en exportent à peu près autant. Il en fort auffi de la Pologne environ huit cent mille tonneaux, ou fept millions de feptiers, ce qui fournit les Nations qui en achetent. Elles ne le payent pas même fort chèrement, à en juger par le prix que les Anglois le vendent : mais on peut toujours conclure de-là que nous ne pourrions pas leur vendre vingt-fix millions de feptiers de bled, du moins à un prix qui pût dédommager le Laboureur de fes frais.

Il faut donc envifager par d'autres endroits les produits de l'A-griculture, portée au dégré le plus avantageux.

Les profits fur les beftiaux en forment la partie la plus confi-dérable. La culture du bled exige beaucoup de dépenfe. La vente de ce grain eft fort inégale. Si le Laboureur eft forcé de le vendre à bas prix, ou de le garder, il ne peut fe foutenir que par les profits qu'il fait fur les beftiaux. Mais la culture des grains n'en eft pas moins le fondement & l'effence de fon état : ce n'eft que par elle qu'il peut nourrir beaucoup de beftiaux ; car il ne fuffit pas pour les beftiaux d'avoir des pâturages pendant l'été, il leur faut des fourrages pendant l'hiver, & il faut auffi des grains à la plû-part pour leur nourriture. Ce font les riches moiffons qui les pro-curent : c'eft donc fous ces deux points de vue qu'on doit envifa-ger la régie de l'Agriculture.

Dans un Royaume comme la France, dont le territoire eft fi étendu, & qui produiroit beaucoup plus de bled que l'on n'en pourroit vendre, on ne doit s'attacher qu'à la culture des bonnes terres pour la production du bled ; les terres fort médiocres qu’on cultive pour le bled, ne dédommagent pas suffisamment des frais de cette culture. Nous ne parlons pas ici des améliorations de ces terres ; il s’en faut beaucoup qu’on puisse en faire les frais en France, où l’on ne peut pas même, à beaucoup près, subvenir aux dépenses de la simple Agriculture. Mais ces mêmes terres peuvent être plus profitables, si on les fait valoir par la culture des menus grains, de racines, d’herbages, ou de prés artificiels, pour la nourriture des bestiaux ; plus on peut par le moyen de cette culture nourrir les bestiaux dans leurs étables, plus ils fournissent de fumier pour l’engrais des terres, plus les récoltes sont abondantes en grains & en fourrages, & plus on peut multiplier les bestiaux. Les bois, les vignes, qui sont des objets importants, peuvent aussi occuper beaucoup de terres sans préjudicier à la culture des grains. On a prétendu qu’il falloit restreindre la culture des vignes, pour étendre davantage la culture du bled : mais ce seroit encore priver le Royaume d’un produit considérable sans nécessité, & sans remédier aux empêchemens qui s’opposent à la culture des terres. Le Vigneron trouve apparemment plus d’avantage à cultiver des vignes ; ou bien il lui faut moins de richesses pour soutenir cette culture, que pour préparer des terres à produire du bled. Chacun consulte ses facultés ; si on restreint par des loix des usages établis par des raisons invincibles ; ces loix ne font que de nouveaux obstacles qu’on oppose à l’Agriculture : cette législation est d’autant plus déplacée à l’égard des vignes, que ce ne sont pas les terres qui manquent pour la culture du bled ; ce sont les moyens de les mettre en valeur.

En Angleterre on réserve beaucoup de terres pour procurer de la nourriture aux bestiaux. Il y a une quantité prodigieuse de bestiaux dans cette Isle ; & le profit en est si considérable que le seul produit des laines est évalué à plus de cent soixante millions.

Il n’y a aucune branche du commerce qui puisse être comparée à cette seule partie du produit des bestiaux ; la traite des Nègres, qui est l’objet capital du commerce extérieur de cette Nation, ne monte qu’environ à soixante millions : ainsi la partie du Cultivateur excéde infiniment celle du Négociant. La vente des grains forme le quart du Commerce intérieur de l’Angleterre ; & le produit des bestiaux est bien supérieur à celui des grains. Cette abondance est due aux richesses du Cultivateur. En Angleterre l’état du Fermier est un état fort riche & fort estimé ; un état singuliérement protégé par le Gouvernement. Le Cultivateur y fait valoir ses richesses à découvert, sans craindre que son gain attire sa ruine par des impositions arbitraires & indéterminées.

Plus les Laboureurs sont riches, plus ils augmentent par leurs facultés le produit des terres, & la puissance de la nation. Un Fermier pauvre ne peut cultiver qu'au désavantage de l'Etat, parce qu'il ne peut obtenir par son travail les productions que la terre n'accorde qu'à une culture opulente.

Cependant il faut convenir que dans un Royaume fort étendu, les bonnes terres doivent être préférées pour la culture du bled, parce que cette culture est fort dispendieuse ; plus les terres sont ingrates, plus elles exigent de dépenses, & moins elles peuvent par leur propre valeur dédommager le Laboureur.

En supposant donc qu'on bornât en France la culture du bled aux bonnes terres, cette culture pourroit se réduire à trente millions d'arpens, dont dix seroient chaque année ensemencés en bled, dix en avoine, & dix en jachere.

Dix millions d'arpens de bonnes terres bien cultivées, ensemencées en bled, produiroient, année commune, au moins six septiers par arpent, semence prélevée ; ainsi les dix millions d'arpens donneroient soixante millions de septiers.

Cette quantité surpasseroit de dix-huit millions de septiers le produit de nos récoltes actuelles en bled. Ce surcroît vendu à l'étranger dix-sept livres le septier seulement à cause de l'abondance, les dix-huit millions de septiers produiroient plus de trois cent millions, & il resteroit encore vingt ou trente millions d'arpens de nos terres, non compris les vignes, qui seroient employés à d'autres cultures.

Le surcroît de la récolte en avoine & menus grains qui suivent le bled, seroit dans la même proportion, il serviroit avec le produit de la culture des terres médiocres, à l'augmention du profit sur les bestiaux.

On pourroit même présumer que le bled qu'on porteroit à l'étranger se vendroit environ vingt livres le septier, prix commun, le commerce du bled étant libre ; car depuis Charles IX. jusqu'à la fin du régne de Louis XIV. les prix communs, formés par dixaines d'années, ont varié depuis vingt jusqu'à trente livres de notre monnoie d'aujourd'hui ; c'est-à-dire environ depuis le tiers jusqu'à la moitié de la valeur du marc d'argent monnoyé ; la livre de bled qui produit une livre de gros pain, valoit eviron un sol, c'eſt-à-dire deux ſous de notre monnoie actuelle.

En Angleterre le bled ſe vend environ vingt-deux livres, prix commun; mais à cauſe de la liberté du commerce il n'y a point eu de variation exceſſive dans le prix des différentes années; la nation n'eſſuye ni diſette ni non valeur; cette régularité dans les prix des grains eſt un grand avantage pour le ſoutien de l'Agriculture, parce que le Laboureur n'étant point obligé de garder ſes grains, il peut toujours par le produit annuel des récoltes faire les dépenſes néceſſaires pour la culture.

Il eſt étonnant qu'en France dans ces derniers tems les bleds ſoient tombés ſi fort au-deſſous de leur prix ordinaire, & qu'on y éprouve ſi ſouvent des diſettes; car depuis plus de trente ans le prix commun du bled n'a monté qu'à dix-ſept livres; dans ce cas le bas prix du bled eſt de onze à treize livres. Alors les diſettes arrivent facilement à la ſuite d'un prix ſi bas dans un Royaume où il y a tant de Cultivateurs pauvres : car ils ne peuvent pas attendre les tems favorables pour vendre leur grain; ils ſont même obligés, faute de débit, de faire conſommer une partie de leur bled par les beſtiaux pour en tirer quelque profit. Ces mauvais ſuccès les découragent; la culture & la quantité du bled diminuent en même tems & la diſette ſurvient.

C'eſt un uſage fort commun parmi les Laboureurs quand le bled eſt à bas prix, de ne pas faire battre les gerbes entiérement, afin qu'il reſte beaucoup de grain dans le fourrage qu'ils donnent aux moutons; par cette pratique ils les entretiennent gras pendant l'hiver & au printems ils tirent plus de profit de la vente de ces moutons que de la vente du bled. Ainſi il eſt facile de comprendre, par cet uſage, pourquoi les diſettes ſurviennent lorſqu'il arrive de mauvaiſes années.

On eſtime, année commune, que les récoltes produiſent du bled environ pour deux mois plus que la conſommation d'une année : mais l'eſtimation d'une année commune eſt établie ſur les bonnes & les mauvaiſes récoltes, & on ſuppoſe la conſervation des grains que produiſent de trop les bonnes récoltes. Cette ſuppoſition étant fauſſe, il s'enſuit que le bled doit revenir fort cher quand il arrive une mauvaiſe récolte; parce que le bas prix du bled dans les années précédentes a déterminé le Cultivateur à l'employer pour l'engrais des beſtiaux, & lui a fait négliger la culture : auſſi a-t-on remarqué que les années abondantes où le bled a été à bas prix, & qui ſont ſuivies d'une mauvaiſe année, ne préſervent pas de la difette. Mais la cherté du bled ne préferve pas alors le pauvre Laboureur, parce qu'il en a peu à vendre dans les mauvaifes années. Le prix commun qu'on forme des prifes de plufieurs années n'eft pas une régle pour lui ; il ne participe point à cette compenfation qui n'exifte que dans le calcul à fon égard.

Pour mieux comprendre le dépériffement indifpenfable de l'Agriculture par l'inégalité exceffive du prix du bled, il ne faut point perdre de vue les dépenfes qu'exigent la culture du bled.

Une charrue de quatre forts chevaux cultive quarante arpens de menus grains qui fe fement au mois de Mars.

Un fort cheval bien occupé au travail confommera, étant nourri convenablement, quinze feptiers d'avoine par an ; le feptier à dix livres, les quinze feptiers valent cent cinquante livres ; ainfi la dépenfe en avoine pour quatre chevaux eft . . . 600 l.

On ne compte point les fourrages, la récolte les fournit, & ils doivent être confommés à la ferme pour fournir les fumiers.

Les frais de Charron, de Bourlier, de cordage, de toile, du Maréchal pour les focs, le ferrage, les effieux de charrette, les bandes des roues, &c. . . . . . . 250 l.

Un Charretier, pour nourriture & gages, ci . . 300 l.

Un Valet manouvrier, ci . . . . 200 l.

On ne compte pas les autres domeftiques occupés aux beftiaux & à la baffe-cour, parce que leur occupation ne concerne pas précifément le labourage, & que leur dépenfe doit fe trouver fur les objets de leur travail.

On donne aux chevaux du foin de prés, ou du foin de prairies artificielles ; mais les récoltes que produit la culture des grains fourniffent du fourrage aux autres beftiaux ; ce qui dédommage de la dépenfe de ces foins.

Le loyer des terres, pour la récolte des bleds, eft de deux années ; l'arpent de terre étant affermé huit livres, le fermage de deux années pour quarante arpens eft . . 640 l.

La taille, gabelle, & autres impofitions montant à la moitié du loyer, eft . . . . 320 l.

Les frais de moiffon, 4 l. & d'engrangement, 1 liv. 10 f. font 5 l. 10 f. par arpent de bled ; c'eft, pour quarante arpens . . . . 220 l.
                                                    ———
                                                    2530 l.

De l'autre part . . . . . . 2530 l.

Pour le battage, quinze fols par feptier de bled; l'arpent produifant fix feptiers, c'eft, pour quarante arpens   180 l.

Pour les intérêts du fond des dépenfes d'achats de chevaux, charrue, charrette, & autres avances foncieres qui périffent, lefquelles diftractions faites des beftiaux, peuvent être eftimés 3000 l. les intérêts font au moins   300 l.

Faux frais & petits accidens . . . .   200 l.

Total pour la culture de quarante arpens . . .   3210 l.

C'eft par arpent de bled environ 80 livres de dépenfe, & chaque arpent de bled peut être eftimé porter fix feptiers & demi, mefure de Paris: c'eft une récolte paffable, eu égard à la diverfité des terres bonnes & mauvaifes d'une ferme, aux accidens, aux années plus ou moins avantageufes. De fix feptiers & demi que rapporte un arpent de terre, il faut en déduire la femence; ainfi il ne refte que cinq feptiers & dix boiffeaux pour le Fermier. La fole de quarante arpens produit des bleds de différente valeur; car elle produit du feigle, du méteil & du froment pur. Si le prix du froment pur étoit à feize livres le feptier, il faudroit réduire le prix commun de ces différens bleds à quatorze livres: le produit d'un arpent feroit donc 81 liv. 13 fols; ainfi quand la tête du bled eft à 16 liv. le feptier, le Cultivateur retire à peine fes frais, & il eft expofé aux triftes événemens de la grêle, des années ftériles, de la mortalité des chevaux, &c.

Pour eftimer les frais & le produit des menus grains qu'on féme au mois de Mars, nous les réduirons tous fur le pied de l'avoine; ainfi en fuppofant une fole de quarante arpens d'avoine, & en obfervant qu'une grande partie des dépenfes faites pour le bled, fert pour la culture de cette fole; il n'y a à compter de plus que

De loyer d'une année de quarante arpens, qui eft, . 320 liv.

La part de la taille, gabelle & autres impofitions qui retombent fur cette fole . . . . 160 liv.

Les frais de récolte 80

Le battage 80

Faux frais 50

Total 690

Les frais partagés à 40 arpens, pour chaque arpent 18 l. 5 f. Un arpent produit environ deux septiers, femence prélevée ; le feptier, mefure d'avoine, à 10 liv., c'eft 20 liv. l'arpent.

Les frais du bled pour quarante arpens font . . . . 3220 liv.
Les frais des menus grains font 690

Total 3910

Le produit du bled eft 3266
Le produit des menus grains eft 800

Total 4066

Ainfi le produit total du bled & de l'avoine n'excéde alors que de 150 liv. les frais dans lefquels on n'a point compris fa nourriture ni fon entretien pour fa famille & pour lui. Il ne pourroit fatisfaire à ces befoins effentiels que par le produit de quelques beftiaux, & il refteroit toujours pauvre, & en danger d'être ruiné par les pertes : il faut donc que les grains foient à plus haut prix, pour qu'il puiffe fe foutenir & établir fes enfans.

Le métayer qui cultive avec des bœufs, ne recueille communément que fur le pied du grain cinq ; c'eft trois feptiers & un tiers par arpent : il faut en retrancher un cinquiéme pour la femence. Il partage cette récolte par moitié avec le propriétaire, qui lui fournit les bœufs, les friches, les prairies pour la nourriture des bœufs, le décharge du loyer des terres, lui fournit d'ailleurs quelques autres beftiaux dont il partage le profit. Ce métayer avec fa famille cultive lui-même & évite les frais des domeftiques, une partie des frais de la moiffon & les frais de battage ; il fait peu de dépenfe pour le bourrelier & le maréchal, &c. Si ce métayer cultive trente arpens de bled chaque année, il recueille communément pour fa part environ trente ou trente-cinq feptiers, dont il confomme la plus grande partie pour fa nourriture & celle de fa famille : le refte eft employé à payer fa taille, les frais d'ouvriers qu'il ne peut pas éviter, & la dépenfe qu'il eft obligé de faire pour fes befoins & ceux de fa famille ; il refte toujours très-pauvre, & même quand les terres font médiocres, il ne peut fe foutenir que par les charrois qu'il fait à fon profit ; la taille qu'on lui impofe eft peu de chofe en comparaifon de celle du Fermier, parce qu'il recueille peu & qu'il n'a point d'effets à lui qui affurent l'impofition : ces récoltes
étant

é ant très-foibles il a peu de fourrages pour la nourriture des bestiaux pendant l'hiver; enforte que fes profits font fort bornés fur cette partie qui dépend effentiellement d'une bonne culture.

La condition du propriétaire n'eft pas plus avantageufe; il retire environ quinze boiffeaux par arpent, au lieu d'un loyer de deux années que lui payeroit un Fermier: il perd les intérêts du fonds des avances qu'il fournit au méayer pour les bœufs. Ces bœufs confomment les foins de fes prairies, & une grande partie des terres de fes domaines refte en friche pour leur pârurage; ainfi fon bien eft mal cultivé & prefqu'en non-valeur. Mais quelle diminution de produit, & quelle perte pour l'Etat!

Le Fermier eft toujours plus avantageux à l'Etat, dans les tems même où il ne gagne pas fur fes récoltes, à caufe du bas prix des grains; le produit de fes dépenfes procure du moins dans le Royaume un accroiffement annuel aux richeffes réelles. A la vérité cet accroiffement de richeffes ne peut pas continuer; lorfque les particuliers qui en font les frais n'en retirent point de profit, & fouffrent même des pertes qui diminuent leurs facultés; fi on tend à favorifer, par le bon marché du bled, les habitans des villes, les ouvriers des manufactures, & les artifans, on défole les campagnes, qui font la fource des vraies richeffes de l'Etat: d'ailleurs ce deffein réuffit mal. Le pain n'eft pas la feule nourriture des hommes; & c'eft encore l'Agriculture, lorfqu'elle eft protégée, qui procure les autres alimens avec abondance.

Les citoyens, en achetant la livre de pain quelques liards plus cher, dépenferoient beaucoup moins pour fatisfaire à leurs befoins. La police n'a de pouvoir que pour la diminution du prix du bled, en empêchant l'exportation; mais le prix des autres denrées n'eft pas de même à fa difpofition, & elle nuit beaucoup à l'aifance des habitans des villes, en leur procurant quelque légere épargne fur le bled, & en détruifant l'Agriculture. Le beurre, le fromage, les œufs, les légumes, &c. font à des prix exhorbitans, ce qui enchérit à proportion les vêtemens & les autres ouvrages des artifans dont le bas-peuple a befoin. La cherté de ces denrées augmente le falaire des ouvriers. La dépenfe inévitab!e & journaliere de ces mêmes ouvriers deviendroit moins onéreufe, fi les campagnes étoient peuplées d'habitans occupés à élever des volailles, à nourrir des vaches, à cultiver des fèves, des haricots, des pois, &c.

Le riche Fermier occupe & foutient le payfan; le payfan procure au pauvre citoyen la plûpart des denrées néceffaires aux befoins

de la vie. Par-tout où le Fermier manque & où les bœufs labourent
la terre, les payfans languiffent dans la mifere ; le métayer qui eft
pauvre ne peut les occuper : ils abandonnent la campagne, ou
bien ils y font réduits à fe nourrir d'avoine, d'orge, de bled noir,
de pommes de terre & d'autres productions de vil prix qu'ils cultivent eux-mêmes, & dont la récolte fe fait peu attendre. La culture du bled exige trop de tems & de travail ; ils ne peuvent attendre deux années pour obtenir une récolte. Cette culture eft réfervée
au Fermier qui en peut faire les frais, ou au métayer qui eft aidé
par le propriétaire, & qui d'ailleurs eft une foible reffource pour
l'Agriculture ; mais c'eft la feule pour les propriétaires dépourvus
de Fermiers. Les Fermiers eux-mêmes ne peuvent profiter que
par la fupériorité de leur culture, & par la bonne qualité des terres
qu'ils cultivent ; car ils ne peuvent gagner qu'autant que leurs
récoltes furpaffent leurs dépenfes. Si, la femence & les frais prélevés, un Fermier a un feptier de plus par arpent, c'eft ce qui fait
fon avantage ; car quarante arpens enfemencés en bled, lui forment
alors un bénéfice de quarante feptiers qui valent environ 600 liv.,
& s'il cultive fi bien qu'il puiffe avoir pour lui deux feptiers par
arpent, fon profit eft double. Il faut pour cela que chaque arpent
de terre produife fept à huit feptiers ; mais il ne peut obtenir ce
produit que d'une bonne terre. Quand les terres qu'il cultive font,
les unes bonnes & les autres mauvaifes, le profit ne peut être que
fort médiocre.

Le payfan qui entreprendroit de cultiver du bled avec fes bras, ne
pourroit pas fe dédommager de fon travail ; car il en cultiveroit
fi peu, que quand même il auroit quelques feptiers de profit au-delà
de fa nourriture & de fes frais, cet avantage ne pourroit fuffire à
fes befoins : ce n'eft que fur de grandes récoltes qu'on peut retirer
quelque profit. C'eft pourquoi un Fermier qui emploie plufieurs
charrues, & qui cultive de bonnes terres, profite beaucoup plus
que celui qui eft borné à une feule charrue, & qui cultiveroit des terres également bonnes : & même dans ce dernier cas les frais font,
à bien des égards, plus confidérables à proportion. Mais fi celui
qui eft borné à une feule charrue manque de richeffes pour étendre
fon emploi, il fait bien de fe reftreindre, parce qu'il ne pourroit
pas fubvenir aux frais qu'exigeroit une plus grande entreprife.

L'Agriculture n'a pas, comme le Commerce, une reffource dans
le crédit. Un marchand peut emprunter pour acheter de la mar-
chandife, ou il peut l'acheter à crédit, parce qu'en peu de tems

le profit & le fond de l'achat lui rentrent ; il peut faire le rembour-
fement des fommes qu'il emprunte : mais le Laboureur ne peut retirer que le profit des avances qu'il a faites pour l'Agriculture ; le
fonds refte pour foutenir la même entreprife de culture ; ainfi il ne
peut l'emprunter pour le rendre à des termes préfixs ; & fes effets
étant en mobilier, ceux qui pourroient lui prêter n'y trouveroient
pas affez de fûreté pour placer leur argent à demeure. Il faut donc
que les Fermiers foient riches par eux-mêmes ; & le gouvernement
doit avoir beaucoup d'égards à ces circonftances, pour relever un
état fi effentiel dans le Royaume.

Mais on ne doit pas efpérer d'y réuffir, tant qu'on imaginera que
l'Agriculture n'exige que des hommes & du travail ; & qu'on n'aura
pas d'égard à la fûreté & au revenu des fonds que le Laboureur doit
avancer. Ceux qui font en état de faire ces dépenfes, examinent &
n'expofent pas leurs biens à une perte certaine. On entretient le
bled à un prix très-bas, dans un fiécle où toutes les autres denrées
& la main-d'œuvre font devenus fort cheres. Les dépenfes du Laboureur fe trouvent donc augmentées de plus d'un tiers, dans le tems
que fes profits font diminués d'un tiers ; ainfi il fouffre une double
perte qui diminue fes facultés, & le met hors d'état de foutenir les
frais d'une bonne culture : auffi l'état de Fermier ne fubfifte-t-il
prefque plus ; l'Agriculture eft abandonnée aux métayers, au
grand préjudice de l'Etat.

Ce ne font pas fimplement les bonnes ou mauvaifes récoltes qui
réglent le prix du bled ; c'eft principalement la liberté ou la contrainte dans le commerce de cette denrée, qui décide de fa valeur.
Si on veut en reftraindre ou en gêner le commerce dans les tems des
bonnes récoltes, on dérange les produits de l'Agriculture, on affoiblit l'Etat, on diminue le revenu des propriétaires des terres,
on fomente la pareffe & l'arrogance du domeftique & du manouvrier qui doivent aider à l'Agriculture ; on ruine les Laboureurs, on dépeuple les campagnes. Ce ne feroit pas connoître
les avantages de la France, que d'empêcher l'exportation du bled
par la crainte d'en manquer, dans un Royaume qui peut en produire beaucoup plus que l'on n'en pourroit vendre à l'étranger.

La conduite de l'Angleterre à cet égard, prouve au contraire
qu'il n'y a point de moyen plus fûr pour foutenir l'Agriculture, entretenir l'abondance & obvier aux famines que la vente d'une partie
des récoltes à l'étranger. Cette nation n'a point effuyé de cherté extraordinaire ni de non-valeur du bled, depuis qu'elle en a favorifé
& excité l'exportation.

B b ij

Cependant je crois qu'outre la retenue des bleds dans le Royaume, il y a quelqu'autre cause qui a contribué à en diminuer le prix; car il a diminué aussi en Angleterre assez considérablement depuis un tems, ce qu'on attribue à l'accroissement de l'Agriculture dans ce Royaume. Mais on peut présumer aussi que le bon état de l'Agriculture dans les Colonies, sur-tout dans la Pensylvanie, où elle a tant fait de progrès depuis environ cinquante ans, & qui fournit tant de bled & de farine aux Antilles & en Europe, en est la principale cause, & cette cause pourra s'accroître encore dans la suite : c'est pourquoi je borne le prix commun du bled en France à 18 liv. en supposant l'exportation & le rétablissement de la grande culture ; mais on seroit bien dédommagé par l'accroissement du produit des terres, & par un débit assuré & invariable, qui soutiendroient constamment l'Agriculture.

La liberté de la vente de nos grains à l'étranger, est donc un moyen essentiel & même indispensable pour ranimer l'Agriculture dans le Royaume ; cependant ce seul moyen ne suffit pas. On appercevroit à la vérité que la culture des terres procureroit de plus grands profits ; mais il faut encore que le Cultivateur ne soit pas inquiété par des impositions arbitraires & indéterminées : car si cet état n'est pas protégé, on n'exposera pas des richesses dans un emploi si dangereux. La sécurité dont on jouit dans les grandes villes, sera toujours préférable à l'apparence d'un profit qui peut occasionner la perte des fonds nécessaires pour former un établissement si peu solide.

Les enfans des Fermiers redoutent trop la milice ; cependant la défense de l'Etat est un des premiers devoirs de la Nation : personne à la rigueur n'en est exempt, qu'autant que le Gouvernement qui régle l'emploi des hommes, en dispense pour le bien de l'Etat. Dans ces vues, il ne réduit pas à la simple condition de soldat ceux qui par leurs richesses ou par leurs professions peuvent être plus utiles à la société. Par cette raison l'état du Fermier pourroit être distingué de celui du métayer, si ces deux états étoient bien connus.

Ceux qui sont assez riches pour embrasser l'état du Fermier, ont par leurs facultés la facilité de choisir d'autres professions ; ainsi le Gouvernement ne peut les déterminer que par une protection décidée, à se livrer à l'Agriculture *.

---

* La petite quantité d'enfans de Fermiers que la milice enléve, est un fort petit objet; mais ceux qu'elle détermine à abandonner la profession de leurs peres, méritent une plus grande attention par rapport à l'Agriculture qui fais la vraie force de l'Etat. Il y a actuel-

Jettons les yeux sur un objet qui n'est pas moins important que la culture des grains, je veux dire sur le profit des bestiaux dans l'état actuel de l'Agriculture en France.

Les trente millions d'arpens traités par la petite culture, peuvent former trois cent soixante-quinze mille domaines chacun de quatre-vingt arpens en culture. En supposant douze bœufs par domaines il y a quatre millions cinq cent mille bœufs employés à la culture de ces domaines : la petite culture occupe donc pour le labour des terres quatre ou cinq millions de bœufs. On met un bœuf au travail à trois ou quatre ans ; il y en a qui ne les y laissent que trois, quatre, cinq ou six ans ; mais la plûpart les y retiennent pendant sept, huit ou neuf ans. Dans ce cas on ne les vend à ceux qui les mettent à l'engrais pour la boucherie, que quand ils ont douze ou treize ans ; alors ils sont moins bons, & on les vend moins cher qu'ils ne valoient avant que de les mettre au labour. Ces bœufs occupent pendant long-tems des pâturages dont on ne tire aucun profit ; au lieu que si on ne faisoit usage de ces pâturages que pour élever simplement des bœufs jusqu'au tems où ils seroient en état d'être mis à l'engrais pour la boucherie, ces bœufs seroient renouvellés tous les cinq ou six ans.

Par la grande culture les chevaux laissent les pâturages libres ; ils se procurent eux-mêmes leur nourriture sans préjudicier au profit du Laboureur, qui tire encore un plus grand produit de leur travail que de celui des bœufs ; ainsi par cette culture on mettroit à profit les pâturages qui servent en pure perte à nourrir quatre ou cinq

lement, selon M. Dupré de Saint-Maur, environ les sept huitiémes du Royaume cultivés avec des bœufs : ainsi il n'y a qu'un huitiéme des terres cultivées par des Fermiers, dont le nombre ne va pas à 30000, ce qui ne peut pas fournir 1000 miliciens, fils de Fermiers. Cette petite quantité est zéro dans nos armées : mais 4000 qui sont effrayés & qui abandonnent les campagnes chaque fois qu'on tire la milice, sont un grand objet pour la culture des terres. Nous ne parlerons ici que des Laboureurs qui cultivent avec des chevaux, car, selon l'Auteur de cet Article, les autres n'en méritent pas le nom. Or il y a environ six ou sept millions d'arpens de terre cultivée par des chevaux, ce qui peut être l'emploi de 30000 charrues, à 120 arpens par chacune. Une grande partie des Fermiers ont deux charrues : beaucoup en ont trois. Ainsi le nombre des Fermiers qui cultivent par des chevaux, ne va guére qu'à 30000 : sur-tout si on ne les confond pas avec les propriétaires nobles & privilégiés qui exercent la même culture. La moitié de ces Fermiers n'ont pas des enfans en âge de tirer à la milice ; car ce ne peut être qu'après dix-huit ou vingt ans de leur mariage qu'ils peuvent avoir un enfant à cet âge, & il y a autant de femelles que de mâles. Ainsi il ne peut pas y avoir 10000 fils de Fermiers en état de tirer à la milice : une partie s'enfuit dans les villes : ceux qui restent exposés au sort, tirent avec les autres paysans : il n'y en a donc pas mille, peut-être pas cinq cents qui échoient à la milice. Quand le nombre des Fermiers augmenteroit autant qu'il est possible, l'Etat devroit encore les protéger pour le soutien de l'Agriculture, & en faveur des contributions considérables qu'il en retireroit.

millions de bœufs que la petite culture retient au labour, & qui occupent, pris tous enfemble, au moins pendant fix ans, les pâturages qui pourroient fervir à élever pour la boucherie, quatre ou cinq millions de bœufs.

Les bœufs avant que d'être mis à l'engrais pour la boucherie, fe vendent différens prix, felon leur groffeur : le prix moyen peut être réduit à cent liv. ainfi quatre millions cinq cent mille bœufs qu'il y auroit de furcroît en fix ans, produiroient quatre cent cinquante millions de plus tous les fix ans. Ajoutez un tiers de plus que produiroit l'engrais ; le total feroit de fix cent millions, qui, divifés par fix années, fourniroient un produit annuel de cent millions. Nous ne confidérons ce produit que relativement à la perte des pâturages ou des friches abandonnés aux bœufs qu'on retient au labour ; mais ces pâturages pourroient pour la plûpart être remis en culture, du moins en une culture qui fourniroit plus de nourriture aux beftiaux : alors le produit en feroit beaucoup plus grand.

Les troupeaux de moutons préfentent encore un avantage qui feroit plus confidérable, par l'accroiffement du produit des laines & de la vente annuelle de ces beftiaux. Dans les 375 mille domaines cultivés par des bœufs, il n'y a pas le tiers des troupeaux qui pourroient y être nourris, fi ces terres étoient mieux cultivées, & produifoient une plus grande quantité de fourrages. Chacun de ces domaines avec fes friches nourriroit un troupeau de 250 moutons ; ainfi une augmentation des deux tiers feroit environ de 250 mille troupeaux, ou de 60 millions de moutons, qui, partagés en brebis, agneaux & moutons proprement dits, il y auroit 30 millions de brebis qui produiroient 30 millions d'agneaux dont moitié feroient mâles ; on garderoit ces mâles qui forment des moutons que l'on vend pour la boucherie, quand ils ont deux ou trois ans. On vend les agneaux femelles, à la réferve d'une partie que l'on garde pour renouveller les brebis. Il y auroit quinze millions d'agneaux femelles. On en vendroit 10 millions, qui, à 3 liv. piéce, produiroient 30 millions.

Il y auroit 15 millions de moutons qui fe fuccéderoient tous les ans ; ainfi ce feroit tous les ans 15 millions de moutons à vendre pour la boucherie, qui étant fuppofés pour le prix commun à 8 liv. la piéce, produiroient 120 millions. On vendroit par an 5 millions de vieilles brebis, qui à 3 l. piéce, produiroient 15 millions de livres. Il y auroit chaque année 60 millions de toifons (non compris celles des agneaux), qui réduites les unes avec les autres à un prix commun de 40 fols la toifon, produiroient 120 millions; l'ac-croiffement du produit annuel des troupeaux monteroit donc à plus de 285 millions; ainfi le furcroît total en bled, en bœufs & en mou-tons feroient un objet de 685 millions.

Peut-être objectera-t-on que l'on n'obtiendroit pas ces produits fans de grandes dépenfes. Il eft vrai que fi on examinoit fimple-ment le produit du Laboureur, il faudroit en fouftraire les frais; mais en envifageant ces objets relativement à l'Etat, on apperçoit que l'argent employé pour ces frais, refte dans le Royaume, & tout le produit fe trouve de plus.

Les obfervations qu'on vient de faire fur l'accroiffement du produit des bœufs & des troupeaux, doivent s'étendre fur les chevaux, fur les vaches, fur les veaux, fur les porcs, fur les vo-lailles, fur les vers à foie, &c. car par le rétabliffement de la grande culture on auroit de riches moiffons, qui procureroient beaucoup de grains, de légumes & de fourrages. Mais en faifant valoir les terres médiocres par la culture des menus grains, des racines, des herbages, des prés artificiels, des mûriers, &c., on multiplieroit beaucoup plus encore la nourriture des beftiaux, des volailles & des vers à foie, dont il réfulteroit un furcroît de revenu qui feroit auffi confidérable que celui qu'on tireroit des beftiaux que nous avons évalués. Ainfi il y auroit par le rétabliffement total de la gran-de culture une augmentation continuelle de richeffes de plus d'un milliard.

Ces richeffes fe répandroient fur tous les habitans, elles leur procureroient de meilleurs alimens, elles fatisferoient à leurs befoins, elles les rendroient heureux, elles augmenteroient la po-pulation, elles accroîtroient les revenus des propriétaires & ceux de l'Etat.

Les frais de la culture n'en feroient guéres plus confidérables, il faudroit feulement de plus grands fonds pour en former l'éta-bliffement; mais ces fonds manquent dans les campagnes, parce qu'on les a attirés dans les grandes villes. Le Gouvernement qui fait mouvoir les refforts de la fociété, qui difpofe de l'ordre général, peut trouver les expédiens convenables & intéreffans pour les faire retourner d'eux-mêmes à l'Agriculture, où ils feroient beaucoup plus profitables aux particuliers, & beaucoup plus avantageux à l'Etat. Le lin, le chanvre, les laines, la foie, &c. feroient les ma-tieres premieres de nos manufactures; le bled, les vins, l'eau-de-vie, les cuirs, les viandes falées, le beurre, le fromage, les graiffes, le fuif, les toiles, les cordages, les draps, les étoffes formeroient le principal objet de notre commerce avec l'étranger. Ces marchandifes feroient indépendantes du luxe, les befoins des hommes leur affurent une valeur réelle; elles naîtroient de notre propre fonds, & feroient en pur profit pour l'Etat : ce feroit des richeffes toujours renaiffantes & toujours fupérieures à celles des autres nations.

Ces avantages, fi effentiels au bonheur & à la profpérité des fujets, en procureroient un autre qui ne contribue pas moins à la force & aux richeffes de l'Etat; ils favoriferoient la propagation & la confervation des hommes, fur-tout l'augmentation des habitans de la campagne. Les Fermiers riches occupent les payfans, que l'attrait de l'argent détermine au travail : ils deviennent laborieux : leur gain leur procure une aifance qui les fixe dans les provinces, & qui les met en état d'alimenter leurs enfans, de les retenir auprès d'eux, & de les établir dans leur province. Les habitans des campagnes fe multiplient donc à proportion que les richeffes y foutiennent l'Agriculture, & que l'Agriculture augmente les richeffes.

Dans les provinces où la culture fe fait avec des bœufs, l'Agriculteur eft pauvre, il ne peut occuper le payfan : celui-ci n'étant point excité au travail par l'appas du gain, devient pareffeux & languit dans la mifere, fa feule reffource eft de cultiver un peu de terre pour fe procurer de quoi vivre. Mais quelle eft la nourriture qu'il obtient par cette culture ? Trop pauvre pour préparer la terre à produire du bled & pour en attendre la récolte, il fe borne, nous l'avons déja dit, à une culture moins pénible, moins longue, qui peut en quelques mois procurer la moiffon : l'orge, l'avoine, le bled noir, les pommes de terre, le bled de Turquie ou d'autres productions de vil prix, font les fruits de fes travaux ; voilà la nourriture qu'il fe procure & avec laquelle il éléve fes enfans. Ces alimens, qui à peine foutiennent la vie en ruinant le corps, font périr une partie des hommes dès l'enfance ; ceux qui réfiftent à une telle nourriture, qui confervent de la fanté & des forces, & qui ont de l'intelligence, fe délivrent de cet état malheurenx en fe réfugiant dans les villes : les plus débiles & les plus ineptes reftent dans les campagnes, où ils font auffi inutiles à l'Etat qu'à charge à eux-mêmes.

Les habitans des villes croient ingénument que ce font les bras des payfans qui cultivent la terre, & que l'Agriculture ne dépérit

que

que parce que les hommes manquent dans les campagnes. Il faut, dit-on, en chasser les maîtres d'école, qui, par les instructions qu'ils donnent aux paysans, facilitent leur désertion : on imagine ainsi ces petits moyens, aussi ridicules que désavantageux ; on regarde les paysans comme les esclaves de l'Etat ; la vie rustique paroît la plus dure, la plus pénible & la plus méprisable, parce qu'on destine les habitans de la campagne aux travaux qui sont réservés aux animaux. Quand le paysan laboure lui-même la terre, c'est une preuve de sa misere & de son inutilité. Quatre chevaux cultivent plus de cent arpens de terre ; quatre hommes n'en cultivent pas huit. A la réserve du Vigneron, du Jardinier qui se livrent à cette espéce de travail, les paysans sont employés par les riches Fermiers à d'autres ouvrages plus avantageux & plus utiles à l'Agriculture. Dans les provinces riches où la culture est bien entretenue, les paysans ont beaucoup de ressources ; ils ensemencent quelques arpens de terre en bled & autres grains : ce sont les Fermiers pour lesquels ils travaillent qui en font les labours, & c'est la femme & les enfans qui en recueillent les produits : ces petites moissons qui leur donnent une partie de leur nourriture, leur produisent des fourrages & des fumiers. Ils cultivent du lin, du chanvre, des herbes potageres, des légumes de toute espéce ; ils ont des bestiaux & des volailles qui leur fournissent de bons alimens, & sur lesquels ils retirent des profits ; ils se procurent par le travail de la moisson du Laboureur, d'autres grains pour le reste de l'année ; ils sont toujours employés aux travaux de la campagne ; ils vivent sans contrainte & sans inquiétude ; ils méprisent la servitude des domestiques, valets, esclaves des autres hommes ; ils n'envient pas le sort du bas-peuple qui habite les villes, qui loge au sommet des maisons, qui est borné à un gain à peine suffisant au besoin présent, qui étant obligé de vivre sans aucune prévoyance & sans aucune provision pour les besoins à venir, est continuellement exposé à languir dans l'indigence.

Les paysans ne tombent dans la misere & n'abandonnent la province que quand ils sont trop inquiétés par les vexations auxquelles ils sont exposés, ou quand il n'y a pas de Fermiers qui leur procurent du travail, & que la campagne est cultivée par de pauvres metayers bornés à une petite culture qu'ils exécutent eux-mêmes fort imparfaitement. La portion que ces metayers retirent de leur petite récolte qui est partagée avec le propriétaire, ne peut suffire que pour leurs propres befoins ; ils ne peuvent réparer ni améliorer les biens.

Ces pauvres Cultivateurs, fi peu utiles à l'Etat, ne repréfentent point le vrai Laboureur, le riche Fermier qui cultive en grand, qui gouverne, qui commande, qui multiplie les dépenfes pour augmenter les profits ; qui ne négligeant aucun moyen, aucun avantage particulier, fait le bien général ; qui employe utilement les habitans de la campagne, qui peut choifir & attendre les tems favorables pour le débit de fes grains, pour l'achat & pour la vente de fes beftiaux.

Ce font les richeffes des Fermiers qui fertilifent les terres, qui multiplient les beftiaux, qui attirent, qui fixent les habitans des campagnes, & qui font la force & la profpérité de la nation.

Les manufactures & le commerce entretenus par les defordres du luxe, accumulent les hommes & les richeffes dans les grandes villes, s'oppofent à l'amélioration des biens, dévaftent les campagnes, infpirent du mépris pour l'agriculture, augmentent exceffivement les dépenfes des particuliers, nuifent au foûtien des familles, s'oppofent à la propagation des hommes, & affoibliffent l'Etat.

La décadence des empires a fouvent fuivi de près un commerce floriffant. Quand une nation dépenfe par le luxe ce qu'elle gagne par le commerce, il n'en réfulte qu'un mouvement d'argent fans augmentation réelle de richeffes. C'eft la vente du fuperflu qui enrichit les fujets & le fouverain. Les productions de nos terres doivent être la matiere premiere des manufactures & l'objet du commerce : tout autre commerce qui n'eft pas établi fur ces fondemens, eft peu affuré ; plus il eft brillant dans un Royaume, plus il excite l'émulation des nations voifines, & plus il fe partage. Un Royaume riche en terres fertiles, ne peut être imité dans l'agriculture par un autre qui n'a pas le même avantage. Mais pour en profiter, il faut éloigner les caufes qui font abandonner les campagnes, qui raffemblent & retiennent les richeffes dans les grandes villes. Tous les Seigneurs, tous les gens riches, tous ceux qui ont des rentes ou des penfions fuffifantes pour vivre commodément, fixent leur féjour à Paris ou dans quelqu'autre grande ville, où ils dépenfent prefque tous les revenus des fonds du Royaume. Ces dépenfes attirent une multitude de marchands, d'artifans, de domeftiques, & de manouvriers : cette mauvaife diftribution des hommes & des richesses est inévitable, mais elle s'étend beaucoup trop loin ; peut-être y aura-t-on d'abord beaucoup contribué, en protégeant plus les citoyens que les habitans des campagnes. Les hommes sont attirés par l'intérêt & par la tranquillité. Qu'on procure cet avantage à la campagne, elle ne sera pas moins peuplée à proportion que les villes. Tous les habitans des villes ne sont pas riches, ni dans l'aisance. La campagne a ses richesses & ses agrémens : on ne l'abandonne que pour éviter les vexations auxquelles on y est exposé ; mais le Gouvernement peut remédier à ces inconvéniens. Le commerce paroît florissant dans les villes, parce qu'elles sont remplies des riches marchands. Mais qu'en résulte-t-il, sinon que presque tout l'argent du Royaume est employé à un commerce qui n'augmente point les richesses de la nation? Locke le compare au jeu, où après le gain & la perte des joueurs, la somme d'argent reste la même qu'elle étoit auparavant. Le commerce intérieur est nécessaire pour procurer les besoins, pour entretenir le luxe, & pour faciliter la consommation ; mais il contribue peu à la force & à la prospérité de l'Etat. Si une partie des richesses immenses qu'il retient, & dont l'emploi produit si peu au Royaume, étoit distribuée à l'agriculture, elle procureroit des revenus bien plus réels & plus considérables. L'agriculture est le patrimoine du Souverain : toutes ses productions sont visibles ; on peut les assujettir convenablement aux impositions ; les richesses pécuniaires échappent à la répartition des subsides, le Gouvernement n'y peut prendre que par des moyens onéreux à l'Etat.

Cependant la répartition des impositions sur les Laboureurs, présente aussi de grandes difficultés. Les taxes arbitraires sont trop effrayantes & trop injustes pour ne pas s'opposer toujours puissamment au rétablissement de l'agriculture. La répartition proportionnelle n'est guere possible ; il ne paroît pas qu'on puisse la régler par l'évaluation & par la taxe des terres : car les deux sortes d'agriculture dont nous avons parlé, emportent beaucoup de différence dans les produits des terres d'une même valeur ; ainsi tant que ces deux sortes de culture subsisteront & varieront, les terres ne pourront pas servir de mesure proportionnelle pour l'imposition de la taille. Si l'on taxoit les terres selon l'état actuel, le tableau deviendroit défectueux à mesure que la grande culture s'accroîtroit : d'ailleurs il y a des Provinces où le profit sur les bestiaux est bien plus considérable que le produit des récoltes, & d'autres où le produit des récoltes surpasse le profit que l'on retire des bestiaux ; de plus cette diversité de circonstances est fort susceptible de changemens. Il n'est donc guére possible d'imaginer aucun plan général, pour établir une répartition proportionnelle des impositions.

Mais il s'agit moins pour la sûreté des fonds du Cultivateur d'une répartition exacte, que d'établir un frein à l'estimation arbitraire de la fortune du Laboureur. Il suffiroit d'assujettir les impositions à des regles invariables & judicieuses, qui assureroient le payement de l'imposition, & qui garantiroient celui qui la supporte, des mauvaises intentions ou des fausses conjectures de ceux qui l'imposent. Il ne faudroit se régler que sur les effets visibles ; les estimations de la fortune secrete des particuliers sont trompeuses, & c'est toujours le prétexte qui autorise les abus qu'on veut éviter.

Les effets visibles sont pour tous les Laboureurs des moyens communs pour procurer les mêmes profits ; s'il y a des hommes plus laborieux, plus intelligens, plus économes, qui en tirent un plus grand avantage, ils méritent de jouir en paix des fruits de leurs épargnes & de leurs talens. Il suffiroit donc d'obliger le Laboureur de donner tous les ans aux Collecteurs une déclaration fidelle de la quantité & de la nature des biens dont il est propriétaire ou fermier, & un dénombrement de ses récoltes, de ses bestiaux, &c. sous les peines d'être imposé arbitrairement s'il est convaincu de fraude. Tous les habitans d'un village connoissent exactement les richesses visibles de chacun d'eux ; les déclarations frauduleuses seroient facilement apperçues. On assujettiroit de même rigoureusement les Collecteurs à régler la répartition des impositions, relativement & proportionnellement à ces déclarations. Quant aux simples manouvriers & artisans, leur état serviroit de regles pour les uns & pour les autres, ayant égard à leurs enfans en bas âge, & à ceux qui sont en état de travailler. Quoiqu'il y eût de la disproportion entre ces habitans, la modicité de la taxe imposée à ces sortes d'ouvriers dans les villages, rendroit les inconvéniens peu considérables.

Les impositions à répartir sur les Commerçans établis dans les villages, sont les plus difficiles à régler ; mais leur déclaration sur l'étendue & les objets de leur commerce, pourroit être admise ou contestée par les Collecteurs ; & dans le dernier cas elle seroit approuvée ou réformée dans une assemblée des habitans de la Paroiſſe. La déciſion formée par la notoriété, réprimeroit la fraude du taillable, & les abus de l'impoſition arbitraire des Collec-teurs. Les Commerçans ſont en petit nombre dans les villages: ainſi ces précautions pourroient ſuffire à leur égard.

Nous n'enviſageons ici que les campagnes, & ſurtout relative-ment à la ſûreté du Laboureur. Quant aux villes des Provinces qui payent la taille, ce ſeroit à elles-mêmes à former les arran-gemens qui leur conviendroient pour éviter l'impoſition arbitraire.

Si ces regles n'obvient pas à tous les inconvéniens, ceux qui reſteroient, & ceux même qu'elles pourroient occaſionner, ne ſeroient point comparables à celui d'être expoſé tous les ans à la diſcrétion des Collecteurs; chacun ſe dévoueroit ſans peine à une impoſition reglée par la loi. Cet avantage ſi eſſentiel & ſi deſiré, diſſiperoit les inquiétudes exceſſives que cauſent dans les campa-gnes la répartition arbitraire de la taille.

On objectera peut-être que les déclarations exactes que l'on exi-geroit, & qui régleroient la taxe de chaque Laboureur, pourroient le déterminer à reſtreindre ſa culture & ſes beſtiaux pour moins payer de taille; ce qui ſeroit encore un obſtacle à l'accroiſſement de l'agriculture. Mais ſoyez aſſuré que le Laboureur ne s'y trompe-roit pas; car ſes récoltes, ſes beſtiaux, & ſes autres effets, ne pour-roient plus ſervir de prétexte pour le ſurcharger d'impoſitions; il ſe décideroit alors pour le profit.

On pourroit dire auſſi que cette répartition proportionnelle ſeroit fort compoſée, & par conſéquent difficile à exécuter par des Col-lecteurs qui ne ſont pas verſés dans le calcul: ce ſeroit l'ouvrage de l'écrivain, que les Collecteurs chargent de la confection du rôle. La Communauté formeroit d'abord un tarif fondamental, con-formément à l'eſtimation du produit des objets dans le pays: elle pourroit être aidée dans cette premiere opération par le Curé, ou par le Seigneur, ou par ſon Régiſſeur, ou par d'autres perſonnes capables & bienfaiſantes. Ce tarif étant décidé & admis par les ha-bitans, il deviendroit bientôt familier à tous les particuliers; parce que chacun auroit intérêt de connoître la cote qu'il doit payer: ainſi en peu de tems cette impoſition proportionnelle leur deviendroit très-facile.

Si les habitans des campagnes étoient délivrés de l'impoſition arbitraire de la taille, ils vivroient dans la même ſécurité que les habitans des grandes villes: beaucoup de propriétaires iroient faire valoir eux-mêmes leurs biens; on n'abandonneroit plus les campagnes ; les richeffes & la population s'y rétabliroient : ainfi en éloignant d'ailleurs toutes les autres caufes préjudiciables aux pro-grès de l'agriculture , les forces du Royaume fe répareroient peu-à-peu par l'augmentation des hommes , & par l'accroiffement des revenus de l'État «.

Si les précédentes obfervations de l'Auteur que nous avons com-battues & auxquelles nous allons oppofer celles que M. de Goyon de la Plombanie a fi fouvent communiquées à un Journalifte , qui en a fait fentir toute l'utilité à fon lecteur , étoient femblables aux dernieres qu'il fait fur la détérioration de l'agriculture , nous aurions été d'accord avec lui.

L'Auteur (M. de Goyon) que nous citons, dit que tous les Cul-tivateurs fans exception, qui ont une certaine quantité de terre à mettre chaque année en labour , devroient, s'ils connoiffoient par-faitement leurs intérêts , donner entierement la préférence au tra-vail des bœufs. Celui des chevaux étant de beaucoup inférieur pour la charrue. En effet (& l'Auteur Encyclopedifte en convient lui-même) tous les Auteurs qui ont écrit fur des matieres qui ont quelque rapport direct ou indirect à cette branche de l'agricul-ture , difent que les Anciens penfoient beaucoup plus fagement que nous fur cet article, & que les bœufs ont été de tout tems deftinés au labour ; ils avancent même qu'on les employoit à d'au-tres ufages : les chevaux étoient donc deftinés à la monture ou au travail le plus facile ; comme , par exemple , à traîner des chars, aux voyages , & à la guerre.

Il eft vrai (& nous en fommes convenus) que le bœuf a un pas beaucoup plus lent que celui du cheval. Mais auffi , quoiqu'en dife l'Auteur que nous réfutons , a-t-il beaucoup plus de force & fe re-bute-t-il moins au travail ; cela eft fi vrai, qu'on employe encore aujourd'hui dans prefque toutes les Provinces du Royaume les bœufs au tranfport des fardeaux les plus péfants.

Il y auroit d'abord , dit M. de la Plombanie , des avantages fans nombre pour les Cultivateurs de fe fervir des bœufs plutôt que des chevaux pour le labourage.

Voici comment cet Auteur, qui ne parle que d'après l'expé-rience, s'y prend pour faire adopter la préférence qu'il donne avec tant de raifon, aux bœufs. D'abord, dit-il, un bœuf ne coûte à fon maître que le tiers de la dépenfe d'un cheval ; & nous ajou-tons qu'il nous feroit aifé de prouver que dans le Languedoc , dans la Guienne, dans le Périgord, & dans le Limoufin , il ne coûte pas même pendant huit mois de l'année la sixiéme partie de ce qu'un cheval coûte. Ainsi le calcul de cet Auteur estimable est bien différent de celui de l'Auteur Encyclopediste qui affecte de caver au plus bas pour la dépense des chevaux, & au plus fort pour la dépense des bœufs. C'est donc, continue M. de la Plombanie, une épargne claire & constante, puisqu'il est évident que l'on peut nourrir facilement six paires de bœufs pour quatre chevaux: or dans les cantons où la terre est forte, ces quatre chevaux suffiroient à peine au travail d'une seule charrue, tandis que les six paires de bœufs feront aisément l'ouvrage de trois charrues. Un tel avantage dès qu'il est établi & démontré par l'expérience, est assurément assez considérable pour déterminer un Laboureur dont le fermage est un peu étendu à se servir uniquement de bœufs pour ses labours. D'ailleurs (qu'on prenne garde à cette observation, elle est importante) il faut de toute nécessité dételer les chevaux de la charrue à l'heure de midi pour les faire rentrer à l'écurie: or lorsque les terres à labourer sont un peu éloignées de la métairie, on employe un tems considérable à ces trajets, & les chevaux n'en sont pas plus à leur aise; puisque si la charrue est à une demi-lieue, il faut compter qu'ils auront fait chaque jour dans leurs voyages du matin, du midi, & du soir trois bonnes lieues, qui prennent par conséquent sur leur journée un tems d'autant plus précieux qu'il auroit été consacré au travail ou tout au moins à leur repos.

Les bœufs au contraire ne reviennent à la métairie qu'à la fin du jour, & portent par-là un bénéfice de plus à leur maître. Il faut ajouter à cela qu'une fois sortis de l'écurie, ils se contentent pour toute la journée du peu d'herbes qu'ils trouvent à brouter pendant le tems du délassement qu'on leur laisse prendre autour du lieu de leur travail, ce qui fait un vrai profit pour le Laboureur.

Nous ajouterons même qu'on ne tire point du joug ces animaux: le Laboureur se met à l'abri, leur donne du fourrage sec ou verd, qui consiste les trois quarts du tems en paille de millet ou de maïs. Ces animaux attachés encore à la charrue, prennent cette nourriture pendant que le Laboureur lui-même se délasse: ainsi c'est tout au plus une heure de cessation de travail qu'il en coûte au Laboureur, au lieu qu'il faut près de trois heures pour le cheval. D'ailleurs, si le bœuf ne se fatigue point autant que le cheval, & s'il résiste beaucoup mieux aux travaux champêtres, c'est qu'il a l'avantage de ruminer, ce qui ne contribue pas peu à le tenir frais pendant son travail, ressource interdite au cheval, & qui fait voir que la nature a deſtiné les bœufs aux travaux champêtres & qu'elle n'a jamais prétendu que l'on préférât les chevaux.

De plus, ajoute M. de la Plombanie, le fumier de ces animaux eſt beaucoup plus abondant que celui des chevaux ; il eſt vrai qu'il eſt beaucoup moins chaud, mais en le mélangeant avec la fiente de pigeon ou de poule, ou encore avec le fumier de la bergerie, il eſt aiſé de lui donner le dégré de chaleur qu'on peut deſirer : ainſi on peut ſans dépenſe & avec très peu d'embarras réparer cette foible perte, qui d'ailleurs n'en eſt une que pour les terreins qui ſont d'un tempérament chaud & : ſec car (ajoute l'Auteur, & nous l'avons auſſi fait obſerver dans le Livre des Sols) pour les terreins ſecs & ſablonneux, ou trop forts, il eſt conſtant que le fumier des bœufs mérite à tous égards la préférence ſur celui des chevaux.

C'eſt ici le lieu de parler d'un ouvrage qui a paru depuis deux ou trois ans en Angleterre & qui n'a pas été encore traduit. L'Auteur qui eſt anonyme y preſcrit une nouvelle culture, dont il prétend avoir fait l'eſſai en 1751, & dont il promet des avantages tout auſſi conſidérables que ceux qui réſultent de la méthode de M. Thull. C'eſt pour inviter ſes Compatriotes & ſurtout les Gentilshommes un peu aiſés, qui vivent dans leurs campagnes à répéter les mêmes expériences ſur quelques acres de leurs terres, qu'il offre , au public toute la ſuite des procédés de ſa culture. Il annonce avec confiance qu'elle ſera toujours infailliblement ſuivie d'une pleine réuſſite, & que pour peu que l'on commence à l'adopter on ne balancera plus à la continuer, & à l'étendre par-tout au grand avantage de la nation. Cette méthode qui ne ſe préſente que ſous le titre d'*Eſſai d'Agriculture*, a été employée au défrichement de pluſieurs centaines d'acres abſolument en friche, ou qui, convertis en prés, étoient depuis quelque tems deſtinés à ſervir de pâturage à divers beſtiaux. La nature de ces terres a donc obligé de leur donner toutes les façons qui pouvoient être néceſſaires pour les préparer à la production des froments. Ces préparations conſiſtent principalement en deux forts labours, qui ſe font en Septembre & en Novembre ; mais qui doublent au moyen de deux charrues diſpoſées à la queue l'une de l'autre, & à la ſuite deſquelles on fait paſſer ſur le même terrein des herſes de différente péſanteur. En Février on donne en un ſens contraire deux autres labours moins profonds, ſeulement pour enterrer & faire pourrir toutes les mauvaiſes herbes qui auront ſans doute pouſſé ſur la ſurface.

Après

Après que l'on a encore fait passer la herse sur ces terres ainsi défoncées, on peut déja leur confier des navets ou autres légumes que l'on peut récolter dans le mois de Juillet suivant. Il seroit cependant beaucoup plus avantageux de laisser cette terre en repos jusqu'au tems des deux derniers labours, qui se doivent faire dès la fin du même mois de Juillet ou en Août tout au plus tard. Immédiatement après cette façon dans laquelle les sillons ont été disposés à dix-huit pouces les uns des autres dans toute la longueur du champ ; on séme à l'ordinaire le grain dans la ligne de chaque sillon & on recouvre avec la herse. L'Auteur fait remarquer que cet éloignement des sillons tient les tiges dans une proportion préférable à toutes celles qu'on avoit imaginé avant lui en ce qu'elles y jouissent à souhait du bénéfice de l'air, & qu'elles sont assez près les unes des autres pour se soutenir mutuellement contre les efforts des vents, & en même tems qu'elles sont dans une distance assez commode pour permettre au Cultivateur d'y venir faire la guerre aux herbes étrangeres & parasites, qui sans cette précaution dévoreroient toute la nourriture. Au reste, ces huit labours ne sont nécessaires que pour la premiere année du défrichement. Les années suivantes il n'est plus besoin d'en donner que deux qui soient forts, & deux plus légers aussi-tôt après la moisson, lorsqu'on a le dessein de faire porter à la terre des grains d'hiver. Mais s'il ne s'agit que de semer de menus grains, les deux forts labours se donnent en Juillet & Août, & les deux autres en Février.

Telle est toute la magie de cette nouvelle culture qui consiste, comme on le voit, à bien ameublir la terre en la labourant de tout sens & en faisant repasser la charrue dans l'entre-deux des sillons, à défoncer ainsi le terrein à douze ou treize pouces de profondeur, à en écraser les mottes avec la herse sans jamais le comprimer avec le rouleau, à enfouir toutes les herbes qui y croissent contre le gré du Cultivateur, à les y bien faire pourrir, & lorsque le grain est hors de terre & même un peu fort, à continuer d'arracher ces herbes étrangeres, qui sans cette précaution pourroient en étouffer une bonne partie.

Par ce système l'Auteur prétend que la terre, au moyen de cet ameublissement souvent répété, reçoit assez d'amendement & de force vivifiante par les influences propices tant du soleil que de la rosée, des pluies, des neiges, de l'air qui la pénétrent, sans obstacles dans toute la profondeur des labours qu'elle a reçus pour produire les plus riches moissons sans autre engrais particulier ; ensorte que dans cette nouvelle maniere de cultiver les terres, le Laboureur trouve le double avantage d'éviter la dépenfe du fumier & de n'avoir point à redouter les inconvéniens qu'il occafionne, ou plutôt qui l'accompagnent néceffairement, ce que l'Auteur explique en accufant les fumiers d'être eux feuls la vraie matrice de toutes les plantes parafites & voraces qui nuifent aux grains confiés à nos terres en culture. L'Auteur Anglois eftime cette nouvelle culture fi fort au-deffus de l'ancienne qu'il ne balance point à en porter les produits au double. Selon lui, fi un acre d'une terre cultivée fuivant la méthode ordinaire rapporte quarante livres de bled, il en produira au moins quatre-vingt par la nouvelle méthode dont on vient de voir le détail, & dans laquelle, comme on le voit, on s'eft abfolument paffé de fumiers : au lieu que la même étendue de terre ne donneroit au plus que foixante livres de bled, fi en y répandant une certaine quantité ordinaire de fumier on avoit toujours la précaution de faire les huit labours en la forme & dans les tems prefcrits par la nouvelle méthode.

Mais de bonne foi, de quel front peut-on propofer comme un fyftême fuivi & invariable, confirmé par divers effais, une méthode qui difpenfe totalement des engrais ? croit-on pouvoir perfuader que les influences de l'air, du foleil & des pluies aient feules la vertu & l'efficacité de féconder affez les terres pour qu'elles n'aient plus befoin d'aucun autre fecours ? Sans entrer ici dans tout le phyfique de la végétation, ce qui nous méneroit trop loin ; contentonsnous de demander s'il eft poffible qu'une terre continuellement occupée à la production & à la nourriture des germes que l'on lui confie, puiffe trouver affez de reffources dans les neiges & les pluies pour réparer fes pertes journalieres : car le foleil en pénétrant dans cette matrice commune, ne lui apporte point des fecours étrangers, il ne fait fans doute que lui donner le dégré de chaleur néceffaire à développer les fels qu'elle contient, & à leur donner plus d'action, & ainfi à les déterminer à fervir à la production & à l'entretien des plantes.

L'air, cet autre agent de la nature, aide de fon côté à la germination par les rafraîchiffemens qu'il donne à la terre & qui lui font un fecours d'autant plus utile & néceffaire qu'il fert à tempérer l'âpreté du feu central, qui, s'il étoit feul, dévoreroit bientôt les germes de toutes fes productions. Ne voit-on pas quelquefois des hivers où les neiges & les pluies font peu abondantes & qui font même fuivis d'un été affez fec & brûlant : Quelle fera pour lors la reſſource des germes produits par la nouvelle culture dont nous venons de donner le précis. Les terres d'ailleurs bien labourées, qui ſelon la bonne pratique de tout Agriculteur intelligent, ont reçu en ſuffiſante quantité le bénéfice des ſels que leur donnent les marnes & les fumiers, ou tous autres engrais artificiels, n'ont-elles pas alors aſſez de peine à fournir une nourriture profitable aux grains ? donner divers labours à ſa terre, en écraſer toutes les mottes, la bien ameublir, en ôter toutes les herbes qui l'épuiſent eſt ſans contredit un précepte eſſentiel. Mais à quoi bon vouloir innover en ſe récriant contre les fumiers, & en en condamnant l'uſage ?

Rien n'eſt plus à craindre dans la Société que ces perſonnes qui font des obſervations & qui s'abandonnent à la fougue d'un zéle imprudent qui n'eſt ſouvent guidé que par le deſir ou l'eſpoir de célébrité. Ils s'érigent en maîtres de doctrine, & propoſent comme des avantages faciles & de la plus grande utilité des ſyſtêmes auſſi impraticables que dangereux, & aſpirent à la gloire de faire exécuter les chimeres d'une imagination déréglée. Tel eſt au naturel le portrait de l'Auteur anonyme Anglois de cette nouvelle culture. Dégoûté de tout l'étalage de la réforme que M. *Thull* veut introduire dans nos campagnes & concevant que la baſe du ſyſtême de cet Agriculteur n'eſt autre que de rendre la terre douce, friable & meuble, le plus qu'il eſt poſſible, & de conſerver toujours un moyen facile de pouvoir, par de nouveaux labours entretenir l'ouverture de ſes pores, de maniere à ce qu'elle ſoit continuellement ſecondée par les influences des éléments, il a ſans doute voulu en ſimplifier la méthode, en n'admettant aucun de ſes nouveaux inſtrumens, en rapprochant conſidérablement la diſtance des ſillons, en augmentant le nombre des labours & en ſupprimant l'uſage des fumiers.

Mais ſans prononcer ici ſur la bonté de toutes ces nouvelles façons de labourer que l'on ne ſe rebute point d'éprouver depuis que le goût de l'Agriculture a pris faveur ; n'eſt-ce pas rendre un vrai ſervice à tous ces gens à expériences, que de les inviter à attendre qu'une longue ſuite d'années leur en conſtate l'efficacité avant de les rendre publiques ? En effet, quel plus pernicieux & en même tems quel ridicule précepte que celui de rejetter les fumiers. Nous convenons bien que quelques eſſais peuvent avoir répondu aux vues de l'obſervateur Anglois. Nous voulons même ne pas attribuer ces ſuccès au hazard : nous en trouverons une raiſon ſolide dans les terres qu'il a employées pour faire ſes expériences. Quoiqu'en friche elles n'étoient point d'une nature abſolument ingrate ;

elles avoient eu le tems par ce repos d'acquérir une amélioration con-
ſtante. On ſçait que les gazons quand ils ſont paſſablement fournis
ſur les terres en friche par les labours, on enfouit cette herbe & les
autres végétaux qui ſont ſur la ſuperficie à ſept ou huit pouces de
profondeur, que par ce moyen on leur donne la facilité de ſe pourrir, & de procurer par-là à la terre un engrais preſqu'auſſi efficace
que les fumiers qu'on auroit pu y répandre.

De-là vient que ces terres aidées par l'ameubliſſement de pluſieurs labours qui ont développé les ſucs nutritifs en déſuniſſant
toutes les parties qui les empêtroient, ont pu, pour un tems de peu
de durée, fournir abondamment de quoi payer les ſoins & les travaux de celui qui les a défrichées; mais s'enſuit-il, comme l'obſervateur Anglois voudroit le perſuader par une autre expérience, que
le fumier eſt préjudiciable aux terres, même dans ſa nouvelle
culture, dont il diminue le produit de près d'un quart, à raiſon
des mauvaiſes herbes dont il occaſionne la naiſſance & l'accroiſſement ? M. *Thull* entêté de ſon ſyſtême avoit pouſſé, ainſi que
notre Auteur, ſa tendreſſe pour ſa nouvelle méthode juſqu'à ſoutenir que les fumiers étoient non-ſeulement inutiles mais encore
dangereux par rapport au mauvais goût qu'ils donnoient au froment.
M. *Duhamel* avoit lui-même donné tête baiſſée dans l'une de ces
deux erreurs; il prétendoit qu'en ſuivant le ſyſtême de M. *Thull*,
c'eſt-à-dire la méthode des intervalles & l'uſage du *Cultivateur*,
la terre n'avoit jamais beſoin du ſecours des engrais & qu'elle pro-
duiſoit beaucoup plus que par la culture ordinaire, ſecourue de
tous les amendemens poſſibles; mais cet Auteur n'a point rougi
de ſe rétracter; exemple que tout Ecrivain devroit ſuivre, mais qui
n'eſt guéres imité !

Néanmoins nous ne nierons pas tout-à-fait cette expérience à l'Auteur Anglois, s'il a la bonne foi d'avouer qu'il s'eſt ſervi d'un fumier trop nouveau & nullement pourri. En effet nous lui paſſerons
avec quelques Obſervateurs, que les fumiers ſont alors remplis d'une
infinité de graines qui ont échapé à la digeſtion des animaux. Dans
ce cas ces graines prendroient d'autant plus aiſément racine que
les terres ſur leſquelles on les répand avec les fumiers, ſeroient
mieux préparées. Mais ſi on avoit laiſſé pourrir les fumiers au point
d'avoir, dès leur naiſſance étouffé les germes étrangers qu'ils peuvent contenir, ils n'auroient point occaſionné le dommage qu'on leur
attribue auſſi injuſtement. Mais en effet, quel eſt le Cultivateur
qui ignore que de répandre le fumier au moment qu'on le retire

des écuries ou des étables, c'est un amendement des plus imparfait. On a dans les basses-cours des fosses creusées exprès & enduites d'une bonne argile (du moins est-ce le conseil que nous avons souvent donné) pour retenir les sucs qui découlent des nouveaux fumiers qu'on y jette tous les jours : on les y laisse se pourrir & se consommer avant de les porter aux champs ; ce n'est que lorsque toutes leurs parties ont été suffisamment atténuées & assimilées aux terres, à l'amendement desquelles ils sont destinés, qu'ils pensent à les y répandre. En cet état, loin d'être préjudiciables, ils sont d'une utilité essentielle & d'une nécessité absolue. Ils fertilisent la terre, lui donnent de nouvelles forces, suppléent à la dissipation des sucs qu'elle fait chaque jour, & ne la laissent point tomber dans cet épuisement qui seroit inévitable sans ce secours qui est de tous les engrais celui qu'on peut le plus facilement se procurer : tous les Cultivateurs éclairés ont donc avec raison conseillé l'usage perpétuel des fumiers : c'est dans la vue de les multiplier que nous avons si expressément & si souvent recommandé l'établissement des prairies artificielles ; parce que c'est par elles que nous acquérons la facilité de multiplier les bestiaux, particulierement les bêtes à corne, si nécessaires aux divers travaux champêtres. Entre tous les avantages que nous avons eu l'attention de faire remarquer dans ces animaux & qui doivent assurer aux bœufs une supériorité incontestable sur les chevaux ; il en est encore quelques-uns qui ne méritent pas moins l'attention du Cultivateur & qui doivent faire donner la préférence aux bœufs.

Le bœuf n'est point aussi délicat que le cheval. Ce dernier, le véritable ami de l'homme, participe à presque toutes les infirmités qui nous assiégent de toute part. Il demande des soins & des attentions singulieres, le chaud ou le froid, le changement & la qualité de la nourriture, l'air de son habitation, le genre de travail auquel il est destiné influent considérablement sur sa santé & par conséquent sur les profits qu'on est en droit d'en attendre ; mais que l'on ne force point trop le travail du bœuf ; qu'on lui donne quelque tems pour ses repas & pour son délassement ; il rendra plus longtems & plus constamment les services qu'on exige de lui. Son tempérament est plus fort & plus robuste que celui du cheval : il ne demande point d'être autant ménagé : son entretien n'est d'ailleurs d'aucune conséquence : tout consiste dans le joug : son pansement prend si peu de tems qu'un bouvier peut panser douze bœufs pendant qu'un charretier ne pansera qu'imparfaitement deux chevaux. Le cheval par sa ferrure & tous les traits dont il faut l'enharnacher est d'une dépense qui doit être portée en ligne de compte, sur-tout dans une Ferme de quelque étendue, qui exige par conséquent un certain nombre de ces animaux pour la mettre en valeur. Enfin le bœuf est utile à son maître dans le tems que l'âge le rendant plus lourd & plus pesant, commence à l'empêcher d'être d'un aussi bon usage. Mais que fait-on alors ? on se met en état de le vendre plus cher qu'il n'avoit coûté. Pour peu qu'on l'exempte du travail, qu'on le mette dans de bons pâturages, & qu'on lui double sa nourriture, il a bientôt pris un embonpoint qui lui devient fatal. Sa chair est l'aliment le plus sain & le plus nourrissant. Sa corne, sa peau, tout chez lui est d'un débit sûr & facile. Il est donc bien certain que sa mort porte un nouveau profit à son maître, qui perd au contraire toute sa mise quand le cheval meurt ou se casse une jambe. Lorsque le cheval a passé sa première jeunesse il diminue tous les jours de beauté & de valeur, & n'est à la fin d'aucune ressource & d'aucune défaite. Sa peau seule est une légere indemnité pour celui qui le conduit au lieu de sa destruction.

Ce sont cependant les prairies qui nous procurent l'avantage de ces utiles bestiaux qui ne semblent exister que pour nous rendre continuellement des services de la plus grande importance & qui n'exigent en retour presque aucun soin & aucune dépense.

Si l'on y faisoit attention & que l'on considérât le produit que rendent les laiteries ; on ne balanceroit bientôt plus à convertir en pâturages une grande partie des terres qui composent les Fermes ou les Métairies. Telle est effectivement la meilleure méthode de culture qu'on puisse proposer pour rendre de plus en plus fertiles toutes les campagnes de ce vaste Royaume dont une partie est encore inculte & le demeurera toujours au détriment réel de la population, jusqu'à ce que le François tournant enfin ses vues sur ses véritables intérêts, se détermine à donner toute son attention a la multiplication des pâturages & par conséquent à l'augmentation des engrais qui en résultent. Nous ne quittons que pour un moment l'Auteur qui nous fournit des documens si simples & si utiles ; nous allons le reprendre dès que nous aurons achevé notre réponse à l'Encyclopediste qui donne la préférence aux chevaux. Trois ou quatre observations qu'on nous a communiquées, jointes à ce que nous avons déja dit, nous font espérer que le public se tiendra en garde contre l'erreur dans laquelle cet Auteur a voulu l'entraîner.

Le plus grand produit d'un bon arpent de terre semé en avoine est

de 144 boisseaux ou six septiers. Un cheval qui travaille de force
en consomme par jour un boisseau, outre quatre bottes de foin ou tout
au moins trois, chacune du poids de dix livres, & deux bottes de
paille en comptant la litiere.

Un cheval de force consomme donc par année 366 boisseaux d'a-
voine pour lesquels il faut deux arpens & demi de terre en culture, & au moins un arpent & demi pour le tems de la jachere.
C'est donc quatre arpens employés pour un seul cheval.

En effet, deux arpens & demi étant en avoine étoient l'année
précédente en bled, puis ils se reposent; ce qui forme une tenue
de sept arpens & demi pour trois ans, & à peu près quatre ou trois
quarts par an.

Il lui faut aussi à raison de trois bottes de foin, environ onze cent
bottes par an. C'est donc près de trois arpens de prairies ordinaires,
ou deux arpens de sain-foin ou de luzerne occupés.

La paille de 730 bottes par an forme encore un objet considérable qui pourroit au moins être évalué à deux arpens à cause des ja-
cheres. De là il est aisé de conclure qu'il faut environ huit arpens de terre pour nourrir un bon cheval de Laboureur. Une charrue demande deux chevaux, quelquefois trois, & même quatre.
S'il y a donc quatre chevaux dans une Ferme, ce qui assurément est
bien modique, lorsque l'on fait toute la culture avec des chevaux,
il faut que le Fermier commence par distraire trente-deux arpens de
son terrein.

Un bœuf au contraire qui travaille & qui pâture n'exige tout
au plus à raison de l'hiver que deux bottes de foin sans paille ni avoine, ou une botte de foin & des *turnips* ou gros navets.

Le bœuf n'exige donc pas pour sa nourriture deux arpens de prairie. Il demande tout au plus le tiers de la consommation du cheval; c'est assez sur cet article : notre Encyclopédiste doit être
convaincu. Si nous nous sommes un peu appésantis sur ce point, on
doit nous le pardonner. Un systême semblable pouvoit porter des
préjudices notables aux Cultivateurs qui auroient pu se laisser sé-
duire. Reprenons notre Auteur, dont les instructions sont si intéressantes. Il parle d'une autre sorte de défrichement qu'il seroit
bien à propos, dit-il, de ne point négliger, & sur lequel nous n'a-
vons pas encore des instructions suffisantes; il veut parler des marais devenus depuis longtems inutiles par les eaux fangeuses qui y
croupissent, mais qui ayant eu autrefois un cours libre, arrosoient
un pays riche & peuplé, ce que l'on apperçoit à divers indices

que l'on rencontre fort souvent près du lit de ces eaux.

L'Auteur connoît un de ces marais au milieu duquel on trouve des monticules de mâchefer de vingt à trente pieds de hauteur, preuve certaine qu'il y a eu des forges dans cet endroit. La plûpart de tous ces marais seroient faciles à dessécher & les frais n'en seroient point des plus considérables, si auparavant que de travailler à en détourner ces eaux on s'assuroit par un bon nivelement fait dans tous les environs du côté où la pente est la plus sensible, & dont par conséquent il faut faire choix pour creuser les fossés qui doivent conduire les eaux dans les rivieres les plus à la portée, en choisissant celles dont le lit est de beaucoup plus bas que celui de ces marais. Ce n'est que faute d'avoir fait cette attention que ceux qui ont fait de pareilles entreprises ont échoué. Au reste, ces sortes d'opérations, loin d'être couteuses, & de ruiner leurs entrepreneurs, comme on se le persuade ordinairement, ne peuvent être que très-lucratives par les divers profits que les terres de ces marais rapportent au moyen de leur desséchement. En effet, on en tire des engrais excellents pour les terres trop sablonneuses ; on en fait des tourbes. Enfin si on met le feu aux recoupes de ces marais dont on a fait des tourbes, on en tire des cendres, qui répandues sur les terres à labour ou sur les prairies sont pour elles un amendement des plus fécond. Enfin ces marais une fois desséchés se convertissent aisément en prés ou même en terres à labour ; desorte que tout est profit dans ces sortes d'entreprises.

L'Auteur finit en rapportant une recette qu'il dit tenir d'un Fermier du côté de Meaux, qui l'a assuré en avoir éprouvé l'efficacité depuis plus de douze années. Il s'agit de s'assurer une récolte des plus abondantes. Pour cela ayant déterminé la quantité de bled que l'on destine pour les semailles, on prend autant de livres de nitre que l'on a de six boisseaux de grain, chaque boisseau devant peser, selon l'ordinaire, vingt livres, après l'avoir pilé & réduit en poussiere, on le met sur le feu dans un vaisseau de fer pour le faire détonner & se fixer.

On accélere cette opération & l'on oblige le nitre à plutôt s'enflammer si l'on a l'attention d'y jetter souvent de la poudre de charbon bien fine. Lorsque l'on croit la flamme un peu forte on l'étouffe avec le couvercle. On met le nitre ainsi préparé dans un autre grand vaisseau rempli de fumier de cheval le plus pourri que l'on puisse se procurer. On y jette une quantité suffisante d'eau de riviere, ou mieux encore d'eau de pluie. On laisse ces matieres

en digeftion pendant huit jours ayant foin pendant ce tems d'expofer le vaiffeau au grand foleil, afin d'y exciter la plus grande fermentation. Ce tems paffé, on preffe le fumier & l'on en exprime toute l'eau que l'on y avoit jettée. On met fon bled tremper pendant vingt-quatre heures dans cette eau, & comme il ne faut point
le femer trop ferré, on aura foin d'y joindre les trois quarts de terre, afin que la main du femeur foit pleine & que les grains puiffent tomber à une certaine diftance les uns des autres. L'Auteur dit
que le Fermier qui lui a communiqué cette recette ne manque jamais de faire tremper fon bled dans cette infufion avant de le
répandre fur la terre. Il en retire les profits les plus confidérables ;
il lui a même affuré plufieurs fois qu'il a vu un feul grain en avoir
produit plus de trois mille contenus dans cent épis produits fur une
même touffe. L'Auteur eft affez fage pour ne pas vouloir, dit-il,
garantir cette expérience. Mais comme il n'y a rien que de très-
fimple & de très-naturel on ne rifque rien à en faire foi-même
l'effai.

Nous ajouterons que cette trempe péut n'être pas abfolument
mauvaife ; on peut en juger par le rapport qu'elle a à beaucoup
d'autres trempes dont nous avons fait mention. Il pourroit cependant arriver qu'elle fît pouffer trop la plante en tige & qu'au lieu de
froment on ne trouvât qu'une cendre noire. Au refte, nous fommes de l'avis de l'Auteur, & nous convenons avec lui qu'on peut
faire de petits effais qui n'aboutiffent jamais à une grande dépenfe. Cependant nous ferons obferver qu'en fuppofant que l'abondance annoncée par le Fermier qui met cette recette en ufage,
fût vraie ; il ne feroit pas moins certain qu'une telle multiplication ne pourroit aboutir au bout de trois ou quatre ans qu'à effriter
totalement le terrein.

CHAPITRE II.

Addition au Chapitre des Carottes & des Panais.

DE nouvelles connoiſſances qui nous ſont venues ſur pluſieurs articles que nous avons déja traités nous obligent à faire des additions. Nous nous flattons que nos Lecteurs voudront bien prendre cette attention de notre part, comme une nouvelle preuve du deſir que nous avons de l'inſtruire auſſi parfaitement qu'il nous eſt poſſible, ſur toutes les branches de l'Agriculture proprement dite, & de l'économie rurale. La diſcuſſion extrêmement détaillée que le Chapitre précédent renferme, démontre aſſez l'utilité de cette addition; celle-ci ainſi que celles que nous nous propoſons de faire dans ce dernier volume, porte le même caractere; c'eſt au lecteur à avoir la complaiſance de rapporter chacun de ces Suppléments au livre de l'ouvrage qui traite de la matiere ſur lequel il roule.

Ainſi, par exemple, on aura la bonté de rapporter au Livre du labourage la comparaiſon que nous venons de faire des dépenſes des bœufs avec celles auxquelles les chevaux expoſent, & ainſi des autres articles que l'on va voir donner en forme de Supplément à chaque Livre.

Toute terre marécageuſe, argilleuſe, ainſi que les terres noires & fortes n'eſt point favorable à la végétation des carottes & des panais. Un terrein pierreux & mêlé d'argile, dont le fond ne ſera pas bien profond, ne produit que des racines menues, filamenteuſes, en un mot défectueuſes. Une terre dont le grain eſt léger, tenant un peu du ſable, d'un tempérament ni chaud ni froid & qui a ſept ou huit pieds de profondeur eſt celle qui favoriſe le plus cette production.

Les Cultivateurs qui ont l'avantage de poſſéder des terreins de cette nature qu'ils ont longtems cultivés en prés, peuvent la ſeconde année après les avoir défrichés, lorſque le gazon eſt pourri, leur confier des panais & des carottes : elles ſeront belles, d'un bon goût & propres à tel uſage qu'on veuille les employer.

En effet, il faut convenir que le ſyſtême que M. *Thull* avoit adopté contre les fumiers peut être vrai en certaines occaſions. Il eſt certain, l'expérience le prouve, qu'un terrein tout neuf dans lequel on n'a point eu beſoin de répandre du fumier, doit produire des denrées délicieuſes; la raiſon en eſt phyſique, la voici:

Les parties végétales que l'air & les eaux de pluie ont dépoſées dans cette terre dont les molécules de leur nature ſe trouvent diſpoſées à les recevoir, ſont de beaucoup préférables à celles qui ſe rencontrent dans les fumiers, quels qu'ils puiſſent être. Car à conſidérer d'un œil attentif la nature des fumiers, ils ne ſont qu'un marc ou un réſidu groſſier des végétaux dont les particules balſamiques les plus ſubtiles ſe ſont volatiliſées & même évaporées lors de leur agitation dans le tems de la putréfaction cauſée par la fermentation: ce raiſonnement que l'expérience juſtifie tous les jours, doit nous convaincre du peu de ſecours que l'on retire des fumiers lorſqu'on eſt curieux d'obtenir des productions d'une qualité ſupérieure; & c'eſt ce qui prouve l'ineptie de tous les Vignerons qui fument extraordinairement leurs vignes & qui n'en obtiennent que beaucoup de vin, mais qui eſt d'une mauvaiſe qualité. Nous avons, en traitant des vignes, fait ſuffiſamment ſentir l'inconſéquence d'une ſemblable méthode.

Les arroſemens que l'on fait avec de l'eau de puits, ordinairement froide, lympide, dépouillée entiérement des principes végétatifs qu'elle laiſſe en paſſant par les diverſes filiaires de la terre, doivent néceſſairement donner un mauvais goût aux plantes qui en ſont abreuvées; il ne ſeroit point difficile de prouver que ces plantes, ſur-tout celles que l'on fait venir aux environs des grandes villes à force de fumier & d'arroſement de ſemblables eaux, contribuent eſſentiellement à toutes ces fiévres malignes, putrides & vermineuſes qui dévaſtent la population des grandes villes malgré tout l'art de la Médecine & de la Chirurgie: cette recherche nous jetteroit trop loin, outre que c'eſt à Meſſieurs de la Faculté, qui par état doivent s'en occuper, à prendre ſur ce point toutes les connoiſſances propres à leur concilier la confiance du public; confiance qui ſe refroidit tous les jours à raiſon du traitement peu heureux qu'ils font aux malades attaqués de ces ſortes de maladies.

Il eſt vrai que ces eaux ainſi que les fumiers peuvent contribuer à accélérer l'accroiſſement des plantes, mais du tout à leur perfection; parce que, comme nous venons de le dire, elles ne ſont point empreintes des principes dont les eaux des pluies ſont chargées, ainſi que les eaux des mares, celles de rivieres & quelquefois celles de certaines ſources.

E e ij

Après donc que l'on a choisi pour les carottes une terre à peu près semblable à celle dont nous venons de par'er, il faut la défoncer à quinze pouces de profondeur & même à dix huit ou à vingt s'il est possible, ce qui se fait vers la fin de l'automne, afin que la terre profite des influences de l'air & des pluies. Si l'on s'apperçoit que cette terre ne soit pas aussi abondante par elle-même en principes, qu'un terrein qui n'auroit produit précédemment que de l'herbe, il faut, avant que de la défoncer, répandre sur la surface du fumier de cheval, ou d'âne qui soit bien consommé ; ou bien, au défaut de ceux-ci, on peut se servir de celui de vache. Les autres sont moins propres à donner la quantité & le bon goût. Ainsi il faut, autant qu'il est possible, éviter d'en faire usage.

Cette méthode de fumer les terres avant l'hiver & de mélanger le fumier avec la terre par le labour est à tous égards préférable à celle que l'on suit habituellement, sur-tout dans le cas où l'on donne un labour profond.

En suivant celle que nous proposons, la terre est plus ouverte & par conséquent plus en état de s'impreigner des principes que contiennent les eaux des pluies qui tombent sur sa surface pendant l'hiver. Il n'en seroit pas tout-à-fait de même si on n'avoit donné à la terre qu'un labour superficiel. Car alors les eaux des pluies coulant dessus, & même à travers cette terre, dont les pores seroient bien moins ouverts, entraîneroient avec elles les sels nutritifs du fumier, ainsi que la terre végétale & par conséquent causeroient un préjudice notable à ce champ, qui perdroit par-là une bonne partie de son amélioration.

Cette raison qui est des plus convaincante, nous détermine à recommander toujours aux Cultivateurs un labour préparatoire bien profond avant l'hiver. On ne risque jamais rien en disposant ainsi la terre à recevoir la fécondité des pluies, des neiges & des gelées. C'est sans contredit la meilleure de toutes les méthodes pour les plantes, de quelque nature que soient celles que l'on veut confier l'année suivante à une terre.

Aussi-tôt que les fortes gelées & les pluies ont cessé & que les terres ont eu le tems de se ressuyer, on leur donne un second labour aussi profond que le premier, & l'on brise exactement toutes les mottes. Pour la culture des carottes & des panais, ces deux racines demandent à peu près les mêmes préparations, il faut que la terre soit disposée en planches bien larges & presque plates, lorsque le terrein demande d'être tenu un peu fraîchement. Mais lorsqu'il eſt d'une nature un peu froide , on doit alors faire les quarrés un peu plus relevés , afin que la terre par cette petite pente puiſſe ſe décharger des eaux dans les tems des pluies abondantes.

Dans le courant du mois de Mars on choiſit un tems un peu ſec pour ſemer les carottes & les panais. Mais avant que de jetter la ſemence, on donne encore à la terre un labour léger ; après l'avoir bien égaliſée & diſpoſée en planches , on répand la ſemence deſſus. Il eſt des Cultivateurs qui veulent que l'on la ſéme drue : mais nous avons fait voir le défectueux de cette méthode.

Si on veut que ces racines réuſſiſſent parfaitement , il faut ſe donner de garde de les enfouir trop avant dans la terre : quand elles ont une fois percé la ſuperficie du ſol, & qu'elles commencent à avoir trois ou quatre feuilles, il faut en retrancher les ſuperflues en même tems qu'on arrache les herbes paraſites : c'eſt ce qu'on appelle éclaircir les carottes.

Il ne faut jamais les labourer pendant qu'elles ſont en terre. L'expérience prouve même que les labours légers que certains Jardiniers leur donnent , leur portent plus de préjudice qu'ils ne leur ſont favorables, en ce que cela leur fait pouſſer un grand nombre de petites racines ou fibrilles latérales qui portent un préjudice conſidérable à la racine principale.

Lorſqu'on a eu le ſoin de donner le labour auſſi profondément que nous l'avons recommandé , il n'eſt point néceſſaire d'avoir recours aux arroſemens, ſi ce n'eſt dans le tems d'une grande ſéchereſſe, ce qui ſe manifeſte par les gerſures profondes qui ſe font dans la terre. Dans ce cas il faut arroſer. Un ſeul arroſement, pourvu qu'il ſoit aſſez abondant pour pénétrer juſqu'au fond du labour, eſt ſuffiſant. C'eſt tout au plus s'il en faut un ſecond.

Il faut obſerver que pour qu'une carotte ſoit belle , il faut qu'elle ne pouſſe qu'une racine. D'ailleurs ſi les labours ſont bien profonds, cette production ne peut manquer d'être belle & de ſe ſoutenir en bon état contre les plus grandes ſéchereſſes , parce que la racine pivotante eſt toujours dans la fraîcheur.

Lorſqu'on veut ſe procurer de la bonne graine de carottes , il faut choiſir les plus belles, & les replanter au mois de Mars après les gelées dans quelque recoin ſéparé. Il faut, en ſuivant toujours les principes généraux que nous avons établis , ne pas choiſir le meilleur terrein : pour peu qu'il ait de principes il en a toujours ſuffiſamment, parce que ſi l'on les plantoit dans un terrein trop amendé elles pouſſeroient de trop grandes tiges & ne produiroient qu'une ſemence défectueuſe.

On obfervera que l'on peut appliquer à la culture des panais tout ce que nous venons de dire dans cette addition & tout ce que nous avons dit à fon article fur la culture des carottes. Voici le moyen le plus fûr pour les conferver.

On pratique dans le champ même des foffes profondes de fept à huit pieds : on jette un peu de paille dans le fond de la foffe, & on arrange les carottes par couches & à côté les unes des autres, on met entre chacune un peu de paille pour qu'elles ne fe touchent point, & l'on procéde ainfi jufqu'à l'épaiffeur de trois ou quatre pieds. On comble le refte de la foffe avec la terre qu'on en a ôté, & on la pile bien ; on pile ainfi la terre à laquelle on a donné quatre pieds d'épaiffeur, afin que les gelées ne puiffent point pénétrer à travers & parvenir jufques aux carottes.

C'eft ainfi que l'on les conferve pendant toute l'année fans qu'elles fe cordent. L'air ne pouvant point pénétrer, leur végétation eft fupprimée, au lieu qu'il arrive affez fréquemment que celles que l'on tient enfermées, par exemple celles que l'on conferve enterrées dans du fable font fujettes à végéter ; parce que le fable n'eft point affez lié & n'a point affez de confiftance pour empêcher l'air d'y pénétrer à travers les interftices qu'il laiffe. Ainfi elles s'y fanent, au lieu que dans une foffe profonde, pratiquée au milieu d'un champ & bien recouverte de terre, elles jouiffent d'une humidité qui entretient leur fraîcheur, & l'air ne peut point s'y communiquer auffi aifément qu'à travers le fable.

Les terres argilleufes font très propres à remplir cet objet. Or, c'eft une chofe effentielle dans l'économie rurale que de pouvoir fe procurer de ce légume dans tous les tems. Ce légume confervé dans toute fa bonté eft d'une très-grande reffource, foit pour les hommes, foit pour les beftiaux.

On fçait combien ces racines font propres & faines à la nourriture des hommes ; il feroit fort inutile de chercher ici à le démontrer. Nous nous attacherons à faire connoître l'utilité qui en réfulteroit pour les beftiaux fi on en femoit, comme nous l'avons confeillé, en plein champ. Les cochons en font extrêmement friands ; cela eft fi vrai, que l'on les voit fouiller continuellement la terre pour arracher les carottes fauvages qu'ils trouvent dans les champs, & qu'ils les dévorent avec avidité. En effet ces carottes, quoique plus petites que celles que l'on cultive, ont le goût bien plus fucré & plus fort que celles qu'on fait venir dans les jardins : il eft donc bien certain que fi on donnoit aux cochons des carottes parmi les choux & les autres herbages qu’on fait cuire pour mettre dans leurs auges avec du son, ces racines ainsi mélées assaisonne-roient le reste qui est fade & insipide, & ils mangeroient cette nourriture avec plus de goût. D’ailleurs il est certain que la graisse & la chair en seroient plus fermes & plus délicates. Les vaches & les bœufs en sont aussi friands que les cochons; les moutons les man-gent avec avidité. Cette nourriture les réchauffe beaucoup pen-dant l’hiver : on en fait même manger aux chevaux. On remar-que qu’elles leur donnent plus de vigueur que le foin. L’expérience prouve que les vaches qui en mangent sont plus abondantes en lait. La volaille les aime beaucoup : on peut en faire une pâtée qui en-graisse beaucoup la volaille, & même les cochons : en voici le procédé.

On fait bien cuire les carottes ou les panais qui sont plus tendres. On les écrase ensuite, on y mêle de la farine de mays ou bled de Turquie, ou de seigle, d’orge ou de bled noir ou même du son, on en fait une pâte délayée avec de l’eau toute chaude qui a servi à faire cuire les panais ou les carottes, & on en fait une pâtée. Il est donc bien évident que l’on pourroit tirer un parti très-avan-tageux de cette racine ; il n’est pas moins surprenant qu’on ne se livre point à sa culture, qui assurément ne demande pas plus de soins que celle des navets. D’ailleurs c’est qu’il est bon de faire observer que les terres propres aux navets ne valent rien pour les ca-rottes ; & qu’ainsi quand on ne peut point dans un domaine se procurer des navets par le défaut du terrein il est moralement cer-tain qu’on peut se procurer des carottes.

CHAPITRE III.

Addition à l'article du Foin.

NOus avons donné la construction d'une meule qui met le Cultivateur en état de braver en sûreté l'inconstance du tems en pouvant retirer son foin à moitié sec sans craindre qu'il s'échauffe. Voici une meule pour le regain, dont la construction nous est fournie par le Journal œconomique; on verra par le détail que nous allons en donner qu'elle ne peut être que très-utile.

Le regain qu'on recueille dans les prairies est tantôt la seconde, tantôt la troisiéme coupe de l'année. Il est certain que cette espéce de foin est beaucoup plus tendre & n'a point autant de consistance que le premier, ni à beaucoup près autant de bonté, parce qu'il n'a pas eu le tems d'acquérir le dégré de maturité parfaite. Soit qu'on le tire des bas-prés, de la luzerne ou du sain-foin; il est plus sujet à s'échauffer & à se gâter que le premier foin, si on n'a pas l'attention de le faire sécher extrêmement dans le pré : D'un autre côté si on le fait sécher au point qu'il doit être pour pouvoir être conservé, il perd alors une bonne partie de ses sels & de ses esprits qui s'évaporent, de sorte que quand on le donne aux bestiaux, il les nourrit médiocrement. Voici le moyen que l'expérience a appris pour éviter ces deux inconvéniens également préjudiciables. Le secret consiste à faire sécher ce foin de regain un peu plus qu'à demi sur le pré, ensuite de le faire transporter auprès de la grange & d'en former une meule de la maniere suivante.

On choisit d'abord un terrein un peu élevé, sur lequel on étale un lit de branches de fagots, afin que l'humidité de la terre ne puisse pas pénétrer au foin de la meule. Ensuite on met par-dessus une couche de paille de froment bien séche & bien choisie. Sur ce lit de paille on étend un lit de regain un peu mince, par exemple de quatre pouces, ou tout au plus de six d'épaisseur. On couvre cette couche de regain d'une couche de paille, puis on en met une autre de regain & ainsi alternativement jusques à la fin de la meule. Par ce moyen on a une meule entremêlée de regain & de paille. Il faut avoir l'attention de ne point trop comprimer ces matieres ensemble. Leur propre poids les affaisse suffisamment.

Enfin

Enfin on couvre toute la meule avec de la paille commune qui lui sert d'enveloppe pour la mettre à l'abri de la pluie & pour empêcher que l'air ne frappe dessus & ne cause une dissipation trop grande des esprits du foin. Cependant il est bon d'observer que cette enveloppe n'est nécessaire que trois semaines après que la meule est achevée & qu'elle s'est affaissée au point qu'elle doit être. Pour peu qu'on considere cette méthode on comprend facilement que la paille qui est très-séche par elle-même, qui a autant de tuyaux que de brins & outre cela une fraîcheur qui lui est naturelle, empêche le foin de fermenter. Elle attire dans ses tuyaux & dans ses pores toute l'humidité superflue avec une partie des sels & des esprits qui pourroient causer la fermentation & le faire corrompre, au lieu qu'en passant dans la paille qui s'en imbibe ces esprits s'y fixent loin de lui être nuisibles, & en la pénétrant l'améliorent & lui communiquent une qualité qu'elle avoit perdue, parce qu'on l'avoit laissée sécher sur pied, pour donner au grain le tems d'acquérir sa parfaite maturité. Cette paille ainsi mêlée avec le foin fait des effets merveilleux ; elle empêche qu'il ne s'échauffe, le conserve dans sa bonté & retient les esprits volatils, qui sans elle seroient trop sujets à se dissiper.

Or en donnant cette paille pour la nourriture des vaches & y laissant le foin qui se trouve mêlé avec elle, ce mélange forme une nourriture excellente & saine, mais si on vouloit encore la rendre plus salubre pour tous les bestiaux, il ne seroit question que de la faire hacher pêle-mêle avec le regain. On voit bien-tôt le bon effet que cette nourriture produit. Nous croyons que cet avis que nous donnons ici en forme d'addition mérite l'attention des vrais Cultivateurs. Nous le donnons ici comme un moyen qui n'est pas généralement connu ; eh, plût au ciel qu'aucun de nos documents ne fût ignoré & que la pratique les ayant bien établis on pût nous reprocher avec justice que nous n'apprenons rien de nouveau en fait d'Agriculture. On voit bien clairement qu'en pratiquant cette méthode qui est bien simple on a l'avantage de conserver certaines pâtures que l'on recueille sur la fin de l'Automne & que l'on seroit bien aise de pouvoir conserver pendant tout l'hiver.

CHAPITRE IV.

Addition au Chapitre des Abeilles , extraite d'un Mémoire contenu dans le Journal Oeconomique.

ON s'imagine fans fondement que pour entreprendre l'éducation des abeilles , il faut avoir des jardins toujours remplis de fleurs de toutes les efpéces, ou que du moins il faut être proche de landes où il ne croît que de la bruyere, du genêt & autres arbuftes prefque toujours en fleurs. Il eft vrai que toutes les fituations ne font pas également favorables pour la nourriture des abeilles. Il y a des faifons où les fleurs font moins communes dans les endroits cultivés que dans les pays de landes. Mais auffi y a-t-il des tems, où il s'en trouve davantage. Le printems qui d'ailleurs eft la faifon où les abeilles travaillent le plus à former leurs provifions leur offre toujours affez de fleurs , foit dans les vergers foit dans les campagnes , pour qu'elles ne puiffent jamais manquer d'occupation. Les environs de tous les villages & des grandes villes font les plus fournis de fleurs à raifon des différentes plantes qu'on y cultive pour l'approvifionnement des habitans. Les féves, les haricots, les poix, les choux , les navets & autres légumes y fourniffent fans ceffe des fleurs que les abeilles aiment. Ainfi il n'y a point lieu de craindre qu'elles manquent jamais des provifions qui leur font néceffaires, fur-tout à préfent que les Cultivateurs font revenus de leur préjugé & qu'ils commencent à connoître l'utilité des prairies artificielles. Les luzernieres, les terres enfemencées de fain foin ou de treffle font un fond inépuifable pour ces infectes induftrieux. Ces plantes fleuriffent à chaque coupe, & le fuc de leurs fleurs font fi fort du goût des abeilles qu'elles les recherchent de préférence.

C'eft donc une raifon puiffante qui doit déterminer les Laboureurs & les habitans des fauxbourgs des villes à avoir des ruches, & nous ne fçaurions trop confeiller aux habitans & aux payfans qui font voifins de ces prairies artificielles de fe procurer un certain nombre de ruches. D'ailleurs on remarque même que dans les campagnes où il y a peu de fleurs, les abeilles en trouvent ordinairement affez pour que leurs provifions fe trouvent faites dans le printems ; car on fçait affez aujourd'hui que c'eft dans cette faifon qu'elles travaillent le plus, & qu'elles ne s'occupent pendant l'été qu'à entretenir la quantité de provifions qu'il leur faut pendant l'hiver. C'est pourquoi on est dans l'usage de les tailler dès la mi-Juin, afin de leur donner le tems de faire une nouvelle récolte. Mais lorsqu'on est dans un lieu bien fourni en fleurs on ne risqueroit point de tailler ses ruches dès la fin de Mai, & de répéter l'opération au commencement de Juillet. Il faut seulement avoir l'attention de ne pas tout leur enlever à cette seconde taille, afin qu'elles continuent leur ouvrage. Quant à la premiere taille on ne risque rien à s'emparer de toutes leurs richesses. Elles trouvent assez de butin pendant le mois de Juin pour oublier les pertes qu'elles viennent d'essuyer. On pourroit même essayer une troisiéme taille dans les cantons fort abondans en fleurs, au commencement de Septembre; mais pour cela il faut que toutes les apparences annoncent une belle Automne.

CHAPITRE V.

Addition au Livre des arbres de l'Acacia.

L'Acacia est un arbre étranger, qui nous est venu de l'Amérique; il n'a été commun en France que depuis environ cent ans; c'est pour cela que ses propriétés nous sont presque tout-à-fait inconnues; il est cependant certain que c'est un arbre très-utile, & qui d'ailleurs a beaucoup d'agrément.

L'Acacia devient fort haut, il porte au printems de grands bouquets de fleurs blanches; d'une odeur fort douce, & qui s'exhale fort loin; à ces fleurs succédent des gousses composées de deux cosses qui renferment une graine tirant sur le noir, à mesure qu'elle mûrit; les fleurs desséchées au soleil, prises en infusion comme le thé, fortifient l'estomac & les nerfs, & sont bonnes pour les vapeurs; quand on a levé la premiere peau, le bois a le goût & l'odeur de la réglisse.

Ses racines poussent horizontalement & à fleur de terre, ce qui fait qu'il est fort sujet à se pancher, si on n'a la précaution de l'étayer de bonne heure; pour le préserver de la violence du vent d'Ouest qui lui est tout-à-fait contraire; il faut le planter à l'abri du couchant, autant qu'il se peut; ceux qui sont en pépiniere ne le craignent pas.

Il fait un assez bel ombrage, qui augmente toujours depuis le prin-

tems jufqu'au mois d'Août, de forte que les feuilles prennent chaque mois une nouvelle verdure, & deviennent doubles de ce qu'elles étoient au mois de Mai; l'arbre devient plus touffu à mefure que
la chaleur augmente, au lieu que les feuilles des autres arbres diminuent au grand chaud; c'eft pour cette raifon que les terres chaudes
& légeres font plus propres que les autres à cet arbre; ce n'eft pas
cependant un arbre de jardin qui puiffe être comparé pour l'agrément de l'ombre au tilleul, au marronier, &c. mais il a plufieurs
qualités beaucoup plus folides & plus effentielles que cette efpéce
d'arbres qu'on appelle bois blancs, qui ne font propres à aucun ufage,
non pas même à brûler, quand ils font arrachés.

L'expofition du Midi ne lui eft pas la plus favorable, parce qu'il a
befoin d'être rafraîchi, & qu'il faut que la trop grande chaleur foit
tempérée par la fraîcheur du vent de Nord; quand ces deux chofes
concourent, il n'y a aucun arbre qui croiffe plus vîte, qui pouffe
plus de bois & qui fleuriffe plutôt: quoiqu'il foit auffi dur que le
chêne, il croît plus en un an que le chêne en cinq.

Comme on voit communément des Acacias, prefque tout le monde en connoît la figure, mais on ignore les qualités merveilleufes
de cet arbre; on en a négligé la culture; ce n'eft que depuis quelque tems qu'on s'eft mis dans le goût d'en avoir, mais perfonne ne
fçait le cultiver pour en retirer un revenu annuel; on ne croit pas
même qu'il puiffe en donner; on fe contente de le laiffer croître de
lui même fans aucun foin; il y a même eu des particuliers qui les
ont fait couper pour les faire brûler.

C'eft pour prévenir cet inconvénient, & pour faire connoître
tous les avantages & la grande utilité qu'on peut retirer de cet
arbre, que l'on communique ici aux Cultivateurs les découvertes
& les remarques que l'on a faites depuis plus de quarante ans.

Les Anciens ne le connoiffoient pas, ils ne pouvoient donc pas en
parler; quelques Auteurs modernes en ont dit quelque chofe depuis qu'il a été porté en France; ils ne le connoiffoient que très-
fuperficiellement; ils ne nous ont prefque rien appris des ufages
qu'on en peut faire; ils ne fçavoient pas qu'on pût en retirer un
revenu annuel & très confidérable.

Il eft certain que cet arbre vient de graine, puifque les premiers
qu'on a vus en France, font nés de femence; mais nous ne confeillons pas de fe fervir de cette voie, elle eft trop longue & trop
hazardeufe; il vaut mieux qu'il en coûte quelque chofe pour acheter de jeunes fujets enracinés, (car l'Acacia ne vient pas de bouture)

pour en faire une pépiniere ; cette voie est beaucoup plus sûre & plus courte, il n'y a que ceux qui font le commerce de vendre des arbres, qui les faffent venir de graine ; les curieux ont plutôt fait de les acheter tout venus. Il en eft de cet arbre comme de la vigne qui vient très-bien de graine, mais perfonne n'en féme ; la voie des plants enracinés , & des provins la multiplie affez, auffi bien que les plants.

Si vous êtes curieux d'en planter, achetez des arbres de deux ans, pour les mettre à plein vent, & d'un an, pour les mettre en pépiniere, ceux de deux ans font les plus propres à prendre racine, & meilleurs que ceux de trois qui font trop gros ; ils ne prennent pas aifément ; ils ne font fouvent que languir, il ne faut pas épargner pour en avoir de deux ans bien droits & d'une groffeur raifonnable ; on a fouvent éprouvé que ceux de deux ans pouffent plus vigoureufement , & deviennent en deux ans plus gros que ceux de trois ans.

Il n'y a guére de propriétaire qui n'ait quelque partie de terrein propre à y faire venir des Acacias. Quoique cet arbre fe plaife dans les terres chaudes & légeres, il ne laiffe pas de venir dans les terres argilleufes, mais il faut que la fuperficie de la terre ne foit pas trop forte ; il ne vient guére dans les valons où la chaleur fe renferme, quoiqu'il craigne le grand vent ; il faut le planter dans un endroit aëré, expofé fur-tout au Nord.

Pour faire une pépiniere, il faut planter les Acacias à cinq pieds les uns des autres, en tout fens.

Si on les plante à plein vent, il faut les placer à quinze pieds de diftance les uns des autres en tout fens ; il en faut environ cent pour un journal ou arpent ; il faut avoir foin de couper les branches d'en-bas, pour les faire monter & leur faire former une belle tête & une belle tige ; il faut leur donner trois labours par an, mais légers, & fur la fuperficie de la terre, de peur de porter préjudice aux petits rejettons ; il ne faut pas fe contenter de travailler les pieds des arbres, mais il faut toucher légérement tout le terrein qui eft vuide. On fera bientôt dédommagé très-amplement du foin qu'on aura pris & de la dépenfe qu'on aura faite. On pourra lever la pépiniere au bout de deux ans ; on choifira les plus gros pour les planter à plein vent ; les petits ferviront à faire une pépiniere dans un autre endroit.

Ceux qu'on aura plantés à plein vent, commenceront à donner de l'ombre au bout de trois ans, & même du revenu, parce qu'il

On plante aussi des mûriers blancs dans l'intention d'en faire de l'œuvre ; il est vrai qu'elle est bonne, & qu'elle dure beaucoup, mais l'arbre est très-longtems à croître, avant d'être en état de donner de l'œuvre, & il ne vient pas également par-tout ; & quand il réussiroit, cette espéce d'œuvre ne sera jamais d'une grande ressource : la plûpart s'en sont rebutés, après avoir fait beaucoup de dépense.

Il y a quelques autres espéces d'œuvre, comme de frêne, & d'autres arbres aquatiques qui sont bonnes, mais fort rares ; il n'y a proprement que l'œuvre de saule & de pin qui soient dans le commerce.

Mais l'œuvre d'Acacia a toutes les bonnes qualités des autres, elle n'en a pas les défauts ; l'Acacia vient dans les terreins les plus chauds & les plus stériles, il croît fort vîte ; plus on le coupe, plus il repousse & plus il se multiplie ; propriété qui lui est unique & particuliere.

L'œuvre d'Acacia est beaucoup plus dure que l'œuvre de pin, & par conséquent plus dure que celle de saule ; elle ne se plie ni se casse qu'à la longue ; elle est droite & fort légere quand elle est séche ; elle dure si longtems qu'on la trouve cinq à six ans après qu'on l'a employée, aussi longue & aussi entiere que quand on l'avoit mise, cela vient de ce qu'elle a la qualité singuliere de ne pourrir dans la terre qu'après quatre ou cinq ans qu'elle a été employée, ce qui seul est un grand avantage. Il ne faut pas l'éguiser ni la changer, ce qui épargne beaucoup de journées ; on pourroit l'appeller la carrassone éternelle, & l'œuvre sans fin. L'Auteur dit en avoir qui est la même depuis dix ans ; elle est aussi dure que du fer ; une carrassone éguisée des deux bouts, seroit une arme très-dangereuse.

Il n'est pas besoin d'en dire davantage pour faire connoître la grande utilité qu'on peut retirer de l'Acacia, en le cultivant de façon qu'on lui fasse produire de l'œuvre ; cette seconde maniere de le cultiver rapportera beaucoup plus de revenu que la premiere. Quand cet arbre a été étêté, il repousse si vigoureusement de si grosses branches, que l'œuvre en seroit bonne pour les vignobles Bourdelois que l'on appelle *graves* à un an, mais il faut lui laisser prendre plus de consistance ; l'œuvre de deux ans sera de trois espéces comme celle de saule ; il y en aura plusieurs de deux pouces de grosseur, sur quinze à seize pieds de long ; il faut les séparer, elles serviront aux grandes vignes, & pour étayer des arbres, il y en aura beaucoup plus de moyennes, mais elles valent beaucoup mieux, & dureront infiniment davantage.

tems & la dépense, ce qui rebute d'ordinaire pour toujours.

Il ne faut pourtant pas s'imaginer que ce soit bien difficile; l'arbre vient presque de lui-même, quand il trouve la terre qui lui est propre, & l'exposition qui lui est convenable; il donne un revenu qui est très-avantageux, relativement aux pays de vignoble dont les échalas font le principal soutien & ornement, & dont ils ne peuvent se passer.

Les manieres de cultiver les Acacias se réduisent à trois.

La premiere est la plus simple & la plus commune; elle ne consiste qu'à travailler le pied de l'arbre de tems-en-tems, & de le laisser croître de lui-même pour jouir de l'ombre & de la bonne odeur des fleurs dans le printems : après quinze à vingt ans, il devient un arbre de futaye.

L'Acacia ne coûte presque rien à le laisser croître de lui-même, mais il ne donne aucun revenu annuel; on n'en retire du profit que lorsqu'il est assez gros pour servir de poutre; elle est aussi dure & aussi forte que celle de chéne; l'Auteur dit en avoir employé, il y a trente ans, qui sont aussi saines que si on ne faisoit que de les mettre en œuvre.

Quand l'arbre est gros, & qu'il n'est pas assez long pour en faire une poutre, on le fait refendre en soliveaux ou en planches.

Les soliveaux bien équarris font propres à toutes sortes de charpentes, à faire des planchers & des lambris; les Tourneurs en font de beaux ouvrages.

A l'égard des planches, plus les arbres sont vieux, plus elles sont solides & dures, & plus elles ont des veines qui en font toute la beauté; on en fait divers ouvrages de menuiserie; le bois devient rouge en vieillissant, & ressemble au bois des isles; il est vrai qu'il se fend aisément, il faut savoir l'employer.

Lorsqu'un Acacia a bien pris dans un fonds qui lui convient, il vient souvent si vite, qu'à l'âge de dix ans on peut en faire tirer des planches de neuf à dix pouces de largeur.

L'Auteur assure avec verité, qu'il planta, en l'année 1730, une douzaine d'Acacias, qui devinrent si gros, qu'il les fit couper en 1740: il en fit faire des meubles de toutes sortes; ces mêmes arbres repousserent avec tant de force, qu'il les fit couper une seconde fois en 1750, il en retira les mêmes avantages; ils sont encore assez gros pour en faire des meubles. Il n'y a pas de bois qui dure plus, on assure même qu'il ne le céde point au noyer ni au chêne à cet égard. Comme cet arbre n'étoit pas connu, on ne peut pas en avoir une auffi longue expérience que de ces deux derniers bois ; ce qu'il y a de certain, il y a une vingtaine d'années que l'Auteur en fit faire des armoires & des chaifes qui font plus belles que le premier jour. Il faut prendre garde que les ouvriers ne trompent ; ils gardent fouvent les belles planches qu'on leur donne, & font les chaifes de branches d'Acacia qui durent très-peu, parce qu'elles font fujettes au coffon, ce qui les fait caffer facilement.

La feconde maniere de cultiver les Acacias, eft de leur couper la tête à l'âge de trois ans ; on ne s'apperçoit plus au mois de Mai qu'ils aient été étêtés ; ils repouffent des branches au bout de deux mois qui donnent plus d'ombre, parce que l'arbre fe garnit davantage, la tête en devient plus belle & plus ronde, le corps de l'arbre profite plus ; il eft vrai que la tige fe trouve bornée pour toujours dans l'endroit où il a été coupé, au lieu que quand on le laiffe venir, on peut toujours l'élever comme on veut, en coupant les branches d'en-bas, & en laiffant la branche la plus droite qui part de la tige ; mais laiffons à part les agrémens de cet arbre, il n'eft queftion que d'en retirer du revenu ; il faut néceffairement lui couper la tête, fi on veut en avoir des échalas, ce qui eft l'unique objet que l'on propofe ici.

On a tant planté de vignes dans le Royaume, qu'il eft étonnant qu'on ne s'attache pas davantage à faire venir les acceffoires de la vigne ; l'œuvre en eft un des principaux, & qui augmente le plus les frais de fa culture. Sans l'échalas, la vigne ne peut guére fe foutenir, les raifins ne viennent jamais à une parfaite maturité ; il n'y a que certains ceps qui peuvent s'en paffer ; ils font en petit nombre.

La rareté & la clarté de l'œuvre ont excité plufieurs perfonnes à s'attacher à en avoir de quelle efpéce que ce foit. Les uns ont étendu les *aubarédes* ou *aubiers* autant qu'ils ont pu, & les ont mieux cultivés ; on a défriché des landes pour femer du pin, d'autres plantent des mûriers blancs ; on fait venir du frêne, des aulnes & autres arbuftes aquatiques pour avoir de l'œuvre ; mais prefque perfonne ne s'eft encore avifé de cultiver des Acacias ; peu de gens fçavent qu'il donne de l'œuvre, & qu'il en donne beaucoup, & qu'il n'y a que cette efpéce d'arbre qui puiffe en donner affez pour remplacer celle de faule & de pin, quand elles manquent, ce qui arrive fouvent par les divers accidens auxquels elles font fujettes, fur-tout celle d'aubier, ce qui rend l'œuvre fi rare & fi chere, que la plûpart des propriétaires font hors d'état d'échalaffer leurs vignes, par les raifons que l'on va donner.

L'œuvre

L'œuvre d'aubier est la plus commune & la plus propre à la vigne; elle est droite & légere, mais elle ne peut venir que dans les palus & dans les marais; il n'y a pas assez de ces sortes de fonds pour fournir toute l'œuvre qu'il faut dans une province de vignobles; d'ailleurs cet arbre est sujet à tant d'accidens, qu'il en périt tous les ans une très-grande quantité, ce qui en augmente le prix; d'autant plus qu'il en faut tous les ans davantage, relativement aux grandes complantations de vignes qu'on a fait, & qu'on multiplie tous les ans.

Les propriétaires sont d'ailleurs forcés de l'acheter de la seconde main; les marchands d'œuvre s'en rendent les maîtres, ils la font enchérir à leur gré; la cause principale qui rendra toujours cette espéce d'œuvre fort chere, c'est qu'elle dure très-peu; l'eau est son élément; dès qu'elle en est séparée, elle se séche & pourrit bientôt, sur-tout celle qu'on met dans les graves du Bourdelois, & dans les terreins secs qu'il faut renouveller tous les ans ou tous les deux ans.

La difficulté d'avoir de cette œuvre, & son insuffisance pour échalasser toutes les vignes, ont forcé plusieurs propriétaires d'acheter des fonds dans les landes pour y semer de la graine de pin; cette espéce d'œuvre a de très-bonnes qualités; elle est légere, unie & droite; la vigne s'y attache & monte fort haut, elle dure beaucoup plus que celle de saule, mais elle se casse aisément aux nœuds quand on l'apointe; d'ailleurs elle n'est ni ne peut être d'une utilité générale. Comme on la séme dans des lieux éloignés des rivieres, le transport en est cher & difficile; on ne peut la porter tout au plus qu'à cinq ou six lieues de l'endroit où elle vient.

Mais le plus grand défaut du pin est que, quand il a été coupé au pied, il ne repousse plus & ne laisse aucun rejetton pour le remplacer; il est vrai qu'il semble que la nature a pris soin de réparer cette imperfection, en lui donnant la facilité de naître dans les fonds les plus arides, d'y croître à une hauteur prodigieuse, & de lui faire produire une très-grande quantité de toutes sortes de matieres très-utiles aux besoins de la vie, & dont la plûpart ont des propriétés & des vertus très-salutaires à l'homme. Ce défaut de ne pas repousser quand on l'a coupé, sera toujours la cause que cette espéce d'œuvre ne pourra jamais procurer un avantage général, non pas même en y joignant la *carrassone* ou espéce d'échalas qu'on tire du corps de l'arbre, parce qu'on n'est pas toujours en état de faire défricher de nouveaux terreins pour en semer.

On plante auſſi des mûriers blancs dans l'intention d'en faire de l'œuvre; il eſt vrai qu'elle eſt bonne, & qu'elle dure beaucoup, mais l'arbre eſt très-longtems à croître, avant d'être en état de donner de l'œuvre, & il ne vient pas également par-tout; & quand il réuſſiroit, cette eſpéce d'œuvre ne ſera jamais d'une grande reſſource: la plûpart s'en ſont rebutés, après avoir fait beaucoup de dépenſe.

Il y a quelques autres eſpéces d'œuvre, comme de frêne, & d'autres arbres aquatiques qui ſont bonnes, mais fort rares; il n'y a proprement que l'œuvre de ſaule & de pin qui ſoient dans le commerce.

Mais l'œuvre d'Acacia a toutes les bonnes qualités des autres, elle n'en a pas les défauts; l'Acacia vient dans les terreins les plus chauds & les plus ſtériles, il croît fort vîte; plus on le coupe, plus il repouſſe & plus il ſe multiplie; propriété qui lui eſt unique & particuliere.

L'œuvre d'Acacia eſt beaucoup plus dure que l'œuvre de pin, & par conſéquent plus dure que celle de ſaule; elle ne ſe plie ni ſe caſſe qu'à la longue; elle eſt droite & fort légere quand elle eſt ſéche; elle dure ſi longtems qu'on la trouve cinq à ſix ans après qu'on l'a employée, auſſi longue & auſſi entiere que quand on l'avoit miſe, cela vient de ce qu'elle a la qualité ſinguliere de ne pourrir dans la terre qu'après quatre ou cinq ans qu'elle a été employée, ce qui ſeul eſt un grand avantage. Il ne faut pas l'éguiſer ni la changer, ce qui épargne beaucoup de journées; on pourroit l'appeller la carraſſone éternelle, & l'œuvre ſans fin. L'Auteur dit en avoir qui eſt la même depuis dix ans; elle eſt auſſi dure que du fer; une carraſſone éguiſée des deux bouts, ſeroit une arme très-dangereuſe.

Il n'eſt pas beſoin d'en dire davantage pour faire connoître la grande utilité qu'on peut retirer de l'Acacia, en le cultivant de façon qu'on lui faſſe produire de l'œuvre; cette ſeconde maniere de le cultiver rapportera beaucoup plus de revenu que la premiere. Quand cet arbre a été étêté, il repouſſe ſi vigoureuſement de ſi groſſes branches, que l'œuvre en ſeroit bonne pour les vignobles Bourdelois que l'on appelle *graves* à un an, mais il faut lui laiſſer prendre plus de conſiſtance; l'œuvre de deux ans ſera de trois eſpéces comme celle de ſaule; il y en aura pluſieurs de deux pouces de groſſeur, ſur quinze à ſeize pieds de long; il faut les ſéparer, elles ſerviront aux grandes vignes, & pour étayer des arbres, il y en aura beaucoup plus de moyennes, mais elles valent beaucoup mieux, & dureront infiniment davantage.

J'ai dit qu'on pouvoit tirer de la carraſſone du corps de l'arbre, beaucoup meilleure que celle de chêne & de châtaigner ; elle eſt certainement bien bonne, mais il feroit dommage d'employer le bois d'Acacia à cet uſage, parce qu'on en retire un plus grand profit à employer le corps de l'arbre en planches, enſuite en meubles. Mais ſi ce que nous diſons ici inſpire du goût pour cet arbre, nous oſons aſſurer que dans dix ans il y en aura aſſez pour toutes ſortes d'uſages ; chacun le fera ſervir à ſon gré, de la façon qu'il rapportera le plus de profit.

Plus l'arbre eſt vieux, plus il donne d'œuvre, & plus elle devient groſſe & longue en moins de tems ; c'eſt une eſpéce d'aubaréde fort agréable & d'un très-grand rapport, & qui exige moins de frais que les aubarédes ordinaires ; il n'eſt pas néceſſaire de l'entourer de foſſés, elle ne craint rien & n'eſt ſujette à aucun inconvénient ; aucune eſpéce de vermine ne s'y attache comme au ſaule ; aucun animal ne peut l'endommager ; la nature l'a pourvu d'aiguillons pointus en ſi grande abondance, qu'ils le défendent de leur voracité ; d'ailleurs le tronc eſt ſi élevé, qu'aucun animal n'y peut atteindre, aucun oiſeau de proie n'en approche pour y faire ſon nid ; on ne trouve jamais ni ſerpens ni crapauts ſous des Acacias ; on peut s'y repoſer à l'ombre ſans crainte, c'eſt pour cela qu'on les plante dans les villes, devant les maiſons, & qu'on peut en faire des cabinets ; comme le bois en eſt fort dur, les *turcs*, eſpéce de vers, qu'on appelle *queyrotes*, ne peuvent pas l'endommager, de ſorte qu'un Acacia eſt toujours ſain à quel âge qu'il ſoit ; les eaux des pluies ne lui portent aucun dommage, & ne le pourriſſent pas ; c'eſt le ſeul arbre qui ſoit préſervé de tous ces accidens : on ſçait que c'eſt un des grands défauts des vieux chênes.

Le mot Acacia dérive du grec *Akakia*, que Ciceron traduit ainſi *animus terrore liber*, ce qui ſignifie un homme intrépide, un cœur libre de crainte ; ce qui a été appliqué à l'Acacia, qui veut dire l'arbre ſans mal ; on lui a donné ce nom, parce qu'aucun inſecte ni aucun animal ne peut lui nuire, & qu'il eſt toujours ſain & ſans aucun défaut.

Ce n'eſt qu'en le cultivant, comme nous allons dire, qu'il faut faire une petite barriere pour empêcher les animaux d'y entrer, ils lui nuiroient plus avec les pieds qu'en le broutant.

Enfin il y a une troiſiéme maniere de cultiver les Acacias, préférable aux deux autres, qui eſt de couper l'arbre au pied, dès qu'il a trois ans, au lieu de l'étêter, parce qu'il donne un revenu annuel, beaucoup plus confidérable, & par plufieurs raifons que l'on va voir.

Il eft vrai qu'on renonce à retirer dans la fuite du corps de l'arbre tous les avantages dont nous avons parlé ; mais on eft bien dédommagé en peu de tems : 1°. L'œuvre de pied vaut mieux que l'œuvre des branches ; le tronc a beaucoup plus de force, quand on l'a coupé au pied ; il produit beaucoup plus de rejettons ; les racines s'étendent davantage, & donnent une infinité de fujets dont on fait de l'œuvre, ou qu'on replante ailleurs : le progrès en eft fi merveilleux, qu'il faut l'avoir éprouvé pour le comprendre.

Il y a quelques années que l'Auteur fit couper au pied un Acacia, qui étoit au milieu d'un champ, le tronc repouffa l'année d'après une grande quantité de racines qui s'étendirent fi loin, qu'il fortit plus de cinq cens rejettons qu'il leva l'année d'après, pour en faire une pépiniere.

Le grand profit qu'il en retira, le détermina à en faire couper au pied une trentaine qu'il avoit plantés en allée ; il en fortit plus de fix mille fujets ; il coupa dix milliers d'œuvres la feconde année, & vendit deux mille Acacias ; ce font des faits certains & connus de tous fes voifins ; ils n'occupoient pas cependant plus de demi journal de terrein.

Cette expérience jointe à quelques autres qu'il a fait depuis, lui a fait connoître qu'un arpent de terre complanté en Acacias, de la maniere que nous venons de dire, produiroit chaque année en le divifant en deux coupes, dix milliers d'œuvre, fans compter une infinité de jeunes arbres pour étendre la pépiniere, ou pour les vendre, ce qui donneroit au moins deux cents livres de revenu, fans faire prefque de frais. Un journal de bois, de vigne, de pré même, ne rapporteroit pas la moitié de ce revenu.

Il faut obferver que quand l'Auteur fit arracher tous ces jeunes fujets, il fit bien défricher le terrein ; il avoit deffein d'y planter de la vigne, ce qu'il fit le printems fuivant ; il n'avoit laiffé aucun Acacia fur la fuperficie de la terre ; il croyoit n'avoir laiffé aucune racine au fonds ; mais il fut extrêmement furpris de voir fortir dans le même endroit plus de fix mille Acacias, & ce qui l'étonna le plus, c'eft qu'il ne perdit pas un feul pied de vigne, elle a pouffé très-vigoureufement, quoiqu'elle foit environnée de jeunes Acacias qui font un peu plus hauts que les pieds de vigne, & qui les couvrent entiérement.

Il s'eft apperçu depuis que l'Acacia fympatife avec toutes fortes d'arbres, tandis qu'il eft jeune, & qu'on peut en faire venir en pépiniere dans une vigne, sans lui porter aucun dommage ; cela paroît d’abord surprenant, mais en faisant réflexion sur la nature de cet arbre, & sur celle de la vigne, la raison paroît naturelle.

L’Acacia jette ses racines à fleur de terre ; il se nourrit des sels de la superficie, & va les chercher loin du pied de la vigne, & ne lui dérobe pas ceux qui sont au fonds. Il est certain qu’il faut ébarber souvent la vigne ; c’est-à-dire lui couper les racines qui viennent sur le dessus de la terre, parce que plus elle les pousse profondes, plus elle est vigoureuse, elle est moins sujette à l’ardeur du soleil ; c’est pourquoi les jeunes Acacias ne lui nuisent pas, ils la couvrent au contraire de leurs petites branches.

Il faut cependant les arracher après deux ans ; si on les laissoit plus long-temps, il n’est pas douteux que l’ombre offusqueroit la vigne, les racines deviendroient trop grosses, & la feroient mourir à la longue.

L’Auteur en a planté dans une châtaignerie, il en sortit au pied des vieilles souches qui devinrent la premiere année plus hautes que les pousses de châtaignier de trois ans ; il ne porte aucun préjudice au châtaignier : ce dernier ne nuit pas à l’Acacia, il s’y multiplie également.

Ceux qui douteront de ces faits, qui sont en effet très-surprenans, peuvent s’en assurer par eux-mêmes, ils verront que l’Auteur n’en impose pas.

Comme cet arbre croît à vue d’œil, il jette une grande quantité de petites branches armées d’épines, il faut avoir soin de les couper trois ou quatre fois pendant l’été, & de ne lui laisser qu’une petite tête composée de trois branches, autrement elles empêcheroient l’arbre de s’élever, & deviendroient bientôt plus fortes que le corps de l’arbre, qui seroit plus large que long.

Il ne faut pas se contenter de travailler le pied de l’arbre, il faut donner, comme on l’a dit, trois labours superficiellement, c’est ce qui lui fait produire cette grande quantité d’autres Acacias, parce que les racines s’étendent à mesure qu’elles trouvent du gueret, & qu’elles poussent à chaque nœud un petit rejetton qu’il faut bien prendre garde d’endommager en le travaillant ; il faut bien le chausser de terre, afin qu’il s’y forme de nouvelles racines qui s’étendent à leur tour, & deviennent des arbres. Tout le secret de cette prodigieuse multiplication, consiste à couper souvent les branches superflues d’enbas, & à donner du gueret à tout le terrein, parce que les racines s’étendent davantage, & se multiplient à l’infini.

Quoiqu'on puiſſe cultiver dans le même endroit les Acacias des trois manieres que nous venons d'expoſer, il vaut mieux les ſéparer; dans l'un on laiſſera venir les arbres de futaye, pour en avoir des poutres, des planches, des ſoliveaux, & dans la ſuite du bois pour le feu.

Dans le ſecond endroit, on placera les Acacias auxquels on voudra couper la tête, pour avoir de l'œuvre.

Dans le troiſiéme, on mettra en pépiniere ceux que l'on voudra couper au pied ou lever en ſuiets. De quelle maniere qu'on les cultive, il faut laiſſer monter ceux qui ont la tige la plus droite & la plus longue, il faut avoir ſoin de couper tous les ans toutes les branches ſuperflues, & ne leur laiſſer que la branche qui part de la tige. A l'âge de cinq à ſix ans, on les fait couper au pied, on en fait des cercles ou cerceaux de cuve, qui ſont fort durs, & qui durent plus que ceux de chêne & de laurier; on fait auſſi de petits cercles des branches qui ſont trop groſſes pour ſervir d'œuvre; on en garnit les petits tonneaux qu'on appelle *douils*, & autres vaiſſeaux vinaires qui ne ſortent pas du chay, mais il faut les faire fendre dès qu'ils ſont coupés, ils deviendroient ſi durs en peu de jours, qu'on ne pourroit plus les refendre.

Au reſte en quelque lieu qu'on ait planté les Acacias, on ne doit pas ſe faire une peine de les étêter; ils repouſſent ſi vîte, qu'il n'eſt pas poſſible de reconnoître au printems qu'on leur ait coupé aucune branche; ils deviennent plus beaux; les feuilles en ſont plus vertes, & ils ſont plus touffus au mois d'Août.

On voit que de quelle maniere qu'on cultive cet arbre, il donne un grand revenu, mais la troiſiéme maniere rapporte davantage; ce qu'il y a de plus ſurprenant, eſt que, quand il vient à mourir, il a ſeul l'admirable propriété de ſe reproduire; il renaît autour de la ſouche morte une foule de petits Acacias qui le remplacent avec uſure; en cela plus merveilleux que le Phénix qui n'en reproduit qu'un de ſa cendre.

La raiſon eſt que ſes racines s'étendent fort loin; il ſort des nœuds, comme j'ai dit, qui donnent la vie à de nouveaux ſujets, qui pouſſent à leur tour de nouvelles racines, qui les font vivre ſans le ſecours de celles qui nourriſſoient le corps de l'arbre; de ſorte que celles-ci venant à mourir, les autres racines n'en reçoivent aucun préjudice.

Il n'en eſt pas de même des autres arbres quand ils meurent, il faut néceſſairement les remplacer; toutes leurs racines meurent

avec eux, mais l'Acacia ne peut jamais recevoir un dommage général, fa grande fécondité l'en garantit ; il en périroit mille,
qu'il en fortiroit dix mille l'année d'après.

Ce font certainement de grands avantages ; il mérite bien qu'on
s'attache à en faire venir, d'autant mieux que les bois de chêne
font tous depeuplés ; l'Acacia peut les remplacer à bien des égards,
furtout pour le bois de feu ou de chauffage, dont cet arbre donnera une très-grande quantité, quand il fera commun.

L'Acacia ne remplacera pas feulement le chêne, il donnera
d'auffi belles planches que l'ormeau & le noyer ; il tiendra lieu
de faule pour avoir de l'œuvre ; & il fervira comme le châtaignier
à faire des cercles : il dépendra de ceux qui le cultiveront, de le
dreffer, de façon qu'il produife ce qu'ils voudront.

J'ai auffi découvert une autre maniere de les planter, dont on
retirera beaucoup d'agrément, & bien du revenu dans toute la province ; c'eft d'en mettre autour des champs & des vignobles,
pour fervir de clôture : c'eft l'efpece de haye la plus difficile à
percer quand elle eft dans fa force. Comme les branches font garnies d'épines très-pointues, elles ferment fi bien les vuides, en
s'entrelaffant les unes dans les autres, qu'aucun animal ne peut y
paffer ; mais il faut avoir foin de faire étendre les branches d'en-
bas & de laiffer monter les plus droites ; on en retirera un double
avantage ; on coupera de l'œuvre tous les deux ans ; la haye en deviendra plus forte & plus épaiffe.

Ceux qui ont planté des mûriers blancs pour en faire des
hayes, conviennent que ces hayes ne valent point celle de l'Acacia,
parce que le mûrier n'a point d'épines.

On en coupe, il eft vrai, de l'œuvre qui eft affez bonne ; mais
il lui faut le double de tems pour atteindre la groffeur de l'Acacia.

Quel plaifir ne feroit-ce pas de trouver dans tous les chemins, &
de fe promener au printems entre deux hayes d'Acacia fleuris :
celles d'aubepin qui font fi jolies au mois de Mai, n'en approchent pas.

A la vue de tant d'avantages & de tant d'agrémens, il eft certain qu'on devroit fe livrer à cette culture, furtout dans les pays de
vignobles, où en effet les échalats deviennent rares par la grande
confommation qu'on en fait, confommation qu'on ne s'attache
point à réparer par de nouvelles plantations. Cette inconféquence
eft d'autant plus préjudiciable que nous touchons au moment de manquer de ce fecours dans les pays de vignoble.

CHAPITRE VI.

Addition au Livre des Vignes.

MEMOIRE

Sur la Culture des Vignes de Champagne.

LA bonne Champagne se divise en deux parties, la riviere & la montagne; on entend par la riviere les vignobles situés sur les bois & aux environs de la riviere de Marne, sçavoir Ay, Mareuil, Avenay, Hautvillers, Cumieres, Epernay, Pierry, &c. de tous ces vignobles Cumieres est le seul qui ne fasse que du vin rouge, l'objet le plus considérable est toujours en blanc.

Ce qu'on appelle montagne, comprend une étendue fort considérable de vignobles dans les environs de Rheims; les plus renommés sont Versy, Versenay, Mailly, Luder, Tailly, &c., ce sont tous vins rouges, excepté à Versenay où M. de Puysieux fait ce fameux vin de Sillery qui se vend toujours le plus cher de la Champagne, & mérite souvent cette supériorité de prix; quelques particuliers en font aussi, mais cela ne fait jamais un objet considérable.

Quoiqu'il n'y ait que deux à trois lieues de distance des vignes de la riviere à celles de la montagne, la culture n'en est pas cependant tout-à-fait semblable; il ne sera ici question que des vignes de la riviere.

Maniere de planter la Vigne.

Rien de plus intéressant que cette premiere opération, elle est la base de tous les succès que peut espérer le Vigneron; une vigne une fois plantée de bon plant est une source féconde qui ne tarit point pendant nombre d'années, lors sur-tout qu'elle est entretenue par une bonne culture & un amendement modéré; une vigne au contraire de mauvais plant, quoique jeune, est une vigne à arracher de nouveau, il n'y a point d'autre reméde; c'est bien du tems & de la dépense en pure perte.

Il s'ensuit de-là qu'on ne sçauroit être trop exact sur le choix du plant. Ce n'est que dans les vignes fortes & jeunes qu'on doit tirer

du

du plant pour l'avoir bon & moins sujet à dégénérer ; car si on le prend dans une vieille vigne, quoique bonne & portant encore bien, on aura du plant fort médiocre d'abord & bientôt mauvais. Le bon plant se connoît à la feuille & sur-tout à la feuille nouvelle dans le mois de Mai. Lorsque la feuille d'une vigne est bien entiere & ronde autant qu'il est possible, on peut être assuré qu'elle est de bon plant. Si au contraire les feuilles sont déchiquetées, le plant est sûrement mauvais. Il y a des nuances entre ces deux extrémités. Pour être assuré de n'avoir pour plants que ce qu'il y a de meilleur, on peut, en rognant sur la fin de Mai, marquer les ceps du plant le plus fin dans les vignes où l'on se dispose de faire des marcottes, en laissant à chaque cep un brin de quatre à cinq pouces plus haut que le reste de la vigne ; on connoît encore le bon plant pendant l'hiver lorsque le bois ou sarment est bien clair & noué dru, mais on est alors bien plus sujet à se tromper.

Nos Vignerons distinguent de deux sortes de bon plants, le premier a la feuille nouvelle couverte d'une légere mousse blanchâtre, l'autre au même moment a la feuille plus lisse, & d'un verd tirant sur le jaune, ce qui sans doute leur a donné lieu d'appeller l'un plant gris & l'autre plant doré, le gris charge davantage & est plus tardif pour la maturité.

Tout ce que nous venons de dire n'est que du plant qui porte des raisins noirs : on n'en cultive point ou presque point de blancs dans nos premiers vignobles ; en tout cas, il n'en est qu'une espéce de bon, qu'on appelle petit blanc, il est plus fort, pousse plus vigoureusement & est moins sujet à dégénérer que le noir.

Temps de planter.

Le temps de planter la vigne est depuis le commencement de Novembre jusqu'au mois de Mars. J'en ai vu planter au mois d'Avril qui ont bien réussi ; cependant je ne conseillerois pas de planter si tard, il en est de la vigne comme de tous les arbres, qui doivent être plantés avant que la séve soit en mouvement. On doit aussi bien se garder de planter par les fortes gelées qui ne manqueroient pas de faire sur les racines une impression fâcheuse.

Marcottes.

L'usage le plus ordinaire est de planter des marcottes, ou du plant enraciné par le moyen de paniers ou gazons qu'on a mis en Mars ou Avril précédens de la maniere suivante.

En taillant une vigne où l'on se propose de lever du plant pour l'année suivante le Vigneron choisit des ceps qui aient deux broches * bien détachées ; il en marque une en la taillant à la hauteur d'un pied & demi ou environ, après l'avoir dégagée par le bas de tout le bois inutile, ne réfervant qu'un feul brin, enfuite lorfque la vigne eft béchée, ou tout en la béchant on recouche ce brin pour lui faire prendre racine, & afin de pouvoir le lever fans donner d'air à la nouvelle racine, on l'introduit dans un petit panier ovale, auquel on a laiffé un trou par le bas : on emplit le panier de terre de la vigne & on l'enterre un peu plus avant du côté du cep, duquel on tire la marcotte, de façon que l'extrémité oppofée foit un peu découverte, afin de retourner le panier plus aifément, lorfqu'il fera queftion de la lever dans l'hiver.

Au lieu de paniers bien des gens prennent des gazons coupés en rond & bien fermes qu'on va chercher fur le haut de la montagne auprès des bois, on introduit le brin du farment à travers le gazon, en le fendant par un bout avec la ferpette ; cette façon eft beaucoup meilleure, puifque par ce moyen la jeune plante porte avec elle un premier engrais qui ne peut que contribuer à la faire mieux pouffer. Les gazons les meilleurs font ceux qu'on prend dans des terroirs gras & fablonneux, on les enfonce dans la terre un peu plus que les paniers, cela n'empêche pas qu'on ne les retrouve aifément, la fuperficie du gazon étant couverte d'herbes dont il pouffe toujours une partie pendant l'été, on tire les paniers & gazons en coupant immédiatement au-deffous la racine qui communique à la mere-fouche.

On plante auffi des ceps que l'on arrache tout fimplement de diftance en diftance des vignes qui font trop drues, cela s'appelle planter à ceps nuds ; cette façon de planter eft moins coûteufe & réuffit prefque auffi bien dans les années humides ; mais les marcottes, foit en paniers, foit en gazons font beaucoup plus fûres, cela dépend encore de la nature du terrein & de l'efpéce du plant qu'on veut planter ; le blanc, par exemple, vient très-bien à ceps nuds, ayant plus de féve, & pour cette raifon étant bien plus vigoureux que le noir.

Façon de planter.

On commence toujours à planter par le haut de la vigne, l'outil duquel on fe fert fe nomme hoyau, c'eft une lame de fer qui porte environ fept pouces du côté du manche, & cinq par le bas du côté trenchant ; ce fer eft recourbé par enhaut, on tient le manche

* On appelle broche le brin de farment fur lequel on taille, & qui forme le cep. Il y a des ceps à une & à deux broches.

ainſi courbé pour donner au Vigneron la facilité de creuſer la foſſe qu'on nomme hauteau ; elle doit être faite en talus de huit à neuf pouces de large ſur environ un pied & demi de profondeur par en-bas , en venant à rien par le haut , afin d'y pouvoir poſer le plant couché, de façon que la racine ſoit bien enterrée & que le brin ſoit en-haut à fleur de terre ; on met les plantes de deux une comme en marge, afin de pouvoir, lorſqu'elles ſont ſuffiſamment fortes, les provigner les unes entre les autres. Il faut laiſſer deux bons pieds de diſtance entre chaque foſſe ou hauteau.

Un Vigneron qui ſçait ſon métier ne manque jamais en plantant de piquer ſa plante dans le fond du hauteau ni de fouler la terre deſſus avec ſon pied, afin de la ſerrer, de façon que la plante ne puiſſe prendre d'air ; il eſt très-bon après cette opération, avant de remplir la foſſe, d'avoir une pelletée de ſable gras pour mettre ſur la plante ; cela la tient fraîche pendant l'été, & elle en pouſſe beaucoup mieux ; cette précaution eſt abſolument néceſſaire dans les terreins ſecs, & particulierement dans les crayonneux.

La façon de cultiver les plants eſt à peu près la même que pour les vignes faites ; il faut ſeulement obſerver qu'on ne doit jamais les labourer que lorſqu'une pluie a adouci la terre.

Façons à faire à la Vigne.
Tailler.

On taille ordinairement à la fin de Janvier, pendant tout Février & partie de Mars ; cependant des expériences réitérées prouvent qu'on pourroit ſans inconvénient tailler en Novembre & Décembre, puiſque les gelées & verglas qu'on craint dans ces deux premiers mois, ſont du moins auſſi fréquens dans les deux ſuivans. Pour bien faire on ne devroit tailler qu'en Mars , mais comme les façons qui viennent à faire ſucceſſivement ne permettent pas qu'on attende juſques-là, j'eſtime que lorſque le tems le permet, on peut tailler indifféremment pendant tout l'hiver, ſitôt que les ouvrages que l'on appelle ouvrages d'hiver ſont finis.

On obſervera qu'il eſt abſolument impoſſible de tailler par les fortes gelées , parce qu'alors la terre étant fort dure, on ne peut enfoncer la ſerpette pour couper tous les petits brins de ſarmens qui ſe trouvent tant ſur la ſouche qu'au collet du cep.

On ſe ſert pour tailler la vigne d'un petit tranchant en forme de croiſſant, monté ſur un manche de la longueur de la main, on l'appelle ſerpette. On charge à la taille chaque brin à proportion de ſa force ; les bons Vignerons ne taillent que fur deux brins auxquels ils laſſent deux ou trois yeux ou bourgeons, & jamais plus ; quelquefois on taille un troiſiéme brin fur le collet du cep. On ne donne à ce brin qu'un feul bourgeon, qu'on nomme boude ; fouvent lorſque la vigne géle au mois de Mars, cette boude qui a été prefque enterrée en béchant, ne géle pas & rachete les ceps.

Tout ceci n'eſt que pour les ceps qui ne doivent pas être provignés ; on taille ceux qu'on veut provigner prefque de toute leur hauteur, foit fur un brin, foit fur deux, fuivant la difpofition du cep que l'on veut rajeunir, & le terrein qu'on a de libre pour le placer ; on appelle ces brins laiſſés ainfi beaucoup plus haut que les autres, des provins à un & à deux bras ; ceux à deux bras s'appellent encore menues : quant aux plantes qui font à provigner pour la premiere fois on y laiſſe deux ou trois brins les plus forts, quelquefois quatre, mais jamais davantage ; encore faut-il que la plante foit bien forte.

Bécher.

A la fin de Mars on donne à la vigne un premier labour, qui fe continue fort avant dans le mois d'Avril ; on l'appelle bécher, parce qu'à cette fois on ouvre la terre plus qu'à toutes les autres ; on fe fert d'un outil à-peu-près pareil à celui dont nous avons parlé ci-deſſus à l'Article des Plantes, excepté que la lame eſt à deux branches avec un intervalle de deux ou trois pouces entre chaque ; il fe nomme *Croc.* Cette façon eſt très eſſentielle, tant pour donner de l'air à la terre que pour dreſſer la vigne, & faire mourir toutes les herbes de l'hiver, qui feroient un grand dommage à la vigne fi elles y reſtoient jufqu'au mois de Mai, la fraîcheur qu'elles y entretiennent la rendant bien plus fujette à geler.

Provigner.

Dès qu'on a fini de bécher, on commence les provins. Cette façon fe donne avec le même hoyau dont on fe fert pour planter ; elle a pour objet de rajeunir les vieux ceps, leur rendre une force qu'ils ont perdus, & les mettre en état de porter pendant fept ou huit ans fans y rien faire. On peut auſſi par ce moyen repeupler une vigne trop claire, lorſqu'on a taillé, comme nous l'avons dit à l'Article de la Taille, des ceps à deux bras pour remplir les places vuides.

Pour provigner un cep, on fait au-deſſus une foſſe dans la même forme que les hauteaux pour mettre les plantes, à la différence qu'on la tient plus large pour un provin à deux bras, de façon qu'il y ait fept à huit pouces de diſtance entre chaque, même plus, si la place le permet ; on a grand soin de bien dégager la souche en béchant par-dessous, & coupant avec la serpette les jeunes racines qui se trouvent à fleur de terre ; lorsque la fosse est faite & bien vuidée, on y couche le sep. Le Vigneron l'assûre en mettant le pied dessus jusqu'à ce que la fosse soit remplie, ou de terres de la vigne qu'il prend avec son hoyau, ou en partie d'un amandement préparé, comme nous le dirons ci-après. Si c'est du fumier pur qui ne soit pas bien consommé, il faut avant de le mettre faire couler un peu de terre dans la fosse pour couvrir le sep, sans cela le fumier trop chaud y feroit plus de mal que de bien.

Les premiers provins qu'on fait dans une plante s'appellent *assises*, quand on dit mettre une plante en assises, ce n'est autre chose qu'une multiplication de seps ; on s'y prend de la même façon que ci-dessus, en observant qu'il faut faire la fosse plus ou moins large suivant le nombre de bras qu'on a à y placer ; il est nécessaire de laisser toujours six à sept pouces d'intervalle entre chaque ; par le moyen de cette opération on a l'année suivante, deux, trois ou même quatre seps au lieu d'un ; on en provigne encore une partie au bout de trois ou quatre ans, & insensiblement au bout de sept ou huit, on a une vigne forte & bien peuplée. Les seconds provins qu'on fait dans une plante s'appellent *des retirés*.

Amandemens.

C'est ici le moment de parler des engrais ou amandemens que l'on met aux vignes ; on amande la vigne en la provignant comme nous venons de le voir, & cet amandement doit être différent suivant la nature du terrein ; dans les crayons & les pierrotis on met autant qu'on est à portée d'en avoir d'une espéce de sable gras ou seul, ou ce qui est encore mieux, mêlé avec du fumier ; on fait pendant l'été des magasins au pied de la vigne ou dans un endroit à portée ; ce sable & ce fumier mêlés par lits d'un & d'autre mis alternativement, se consomment jusqu'au mois de Mars, qu'on les distribue dans les vignes avec des chevaux ou des ânes lorsqu'on provigne ; on a des gens exprès pour les donner aux provigneurs dans des paniers à bras ; quand on n'est point à portée d'avoir du sable, on prend de la terre neuve, la meilleure & la plus grasse que l'on peut trouver, que l'on mêle avec le fumier ; dans les terres fortes & grasses on met du fumier pur, quand même il ne seroit pas consommé, cela ne sçauroit faire de mal.

Il est d'une nécessité indispensable d'amender les plants jusqu'à ce qu'ils aient pris de la force & soient devenus vignes, quant aux vignes faites, il feroit bien de n'y faire jamais de provins fans amandement ; elles porteroient bien davantage ; mais comme cela eft fort coûteux, il eft peu de gens qui en mettent à la fois dans toutes leurs vignes, on fume tantôt une partie, tantôt une autre fuivant le befoin.

Ficher.

Immédiatement après les provins on pique les bâtons dans les vignes, & cela s'appelle *ficher*, c'eft un ouvrage des femmes.

Refuir ou labourer au Bourgeon.

Peu de tems après on donne le fecond labour avec un outil qu'on nomme Roualle, qui eft une efpece de hoyau plus léger que le premier, on ne fait prefque que racler la vigne, & cela s'appelle *refuir ou labourer au bourgeon*. L'utilité de ce labour eft de détruire les herbes qui croiffent au printems, il fert auffi à avancer la vigne fi le tems eft favorable.

Rogner.

Lorfque les jets de la vigne font fuffifamment grands, on les rogne à la hauteur qu'ils doivent refter, ce qui eft pour l'ordinaire à deux pieds ou environ ; ces brins ainfi arrêtés, la féve ne fe perd pas inutilement, & la vigne eft bientôt en état d'être liée.

Cette façon eft très-effentielle pour les plantes ; on les rogne un peu plus tard, parce qu'étant plus foibles, elles pouffent plus lentement que les vignes fortes ; il faut en les rognant les dégager de tous les jets inutiles, qui ne font qu'abforber la féve ; on ne laiffe aux plantes de l'année & celles de deux ans qui ne paroiffent pas difpofées à pouvoir être provignées, qu'un ou deux petits brins qu'on arrête tout court ; par ce moyen toute la féve eft employée à les faire profiter & on gagne une année. Pour celles qu'on fe propofe de provigner l'année fuivante, on les élague également ; mais on y laiffe deux, trois, quatre, & jufqu'à cinq brins, qu'on arrête à la hauteur convenable pour être provignés. On abat en taillant ceux qui fe trouvent les plus foibles.

C'eft encore à ce moment qu'on purge les jeunes vignes de quatre, cinq & fix ans du mauvais plant qui peut s'y trouver malgré les précautions qu'on a apporté pour le choifir ; on remarque avec foin tous les ceps qui ne marquent pas bien & on les rogne beaucoup plus courts, pour les reconnoître & les arracher après la vendange. Par cette méthode obfervée exactement, on ne peut manquer d'avoir des vignes excellentes.

Lier.

On lie les vignes à-peu-près dans le tems où elles entrent en fleur ; cette façon eſt néceſſaire pour redreſſer le jeune bois, l'empêcher de battre au gré du vent & donner de l'air aux raiſins ; elle eſt fort longue par les précautions que le Vigneron eſt obligé de prendre pour ne point abattre le fruit & débaraſſer le cep de tous les brins inutiles qui pouſſent au pied.

Rogner & refuir ou labourer.

A peine a-t-on fini de lier la vigne qu'il faut la rogner une ſeconde fois ; cette beſogne ſe fait par les femmes tandis que les hommes labourent ; cette double roye eſt très-utile pour arrêter le verjus & l'empêcher de couler. On ôte auſſi par-là un ombrage inutile. En labourant les Vignerons doivent avoir grand ſoin de faire de petites foſſes pour conſerver les raiſins qui ſe trouvent au bas des ceps.

Alors on reſte environ un mois ſans rien faire à la vigne, c'eſt le ſeul tems de l'année que le Vigneron ait de libre, on en profite ordinairement pour faire des magaſins d'amandemens.

Rouir ou Rouer.

Sur la fin d'Août ou au commencement de Septembre, on donne un dernier labourage qu'on appelle Rouir, par lequel on détruit les herbes, qui ſans cela ſubſiſteroient pendant les vendanges & nuiroient à la maturité du fruit ; cette façon aide même à la maturité ; le Vigneron doit auſſi avoir grande attention de déterrer encore une fois les bas raiſins, qui étant groſſis en mûriſſant touchent à terre, & pourriroient ſans cela à la moindre pluie.

Vendanges , &c.

Hacher.

Sitôt qu'on eſt débaraſſé des vendages, on va ramaſſer les bâtons, qu'on réunit en pluſieurs tas de diſtance en diſtance dans des places qu'on laiſſe vuides pour cela ; on appelle les monceaux de bâtons *des moyeres* ; on met les bâtons de bout, la pointe en bas, & pour les ſoutenir on en pique en terre une douzaine, entre leſquels on en met quelques-uns de travers, cela s'appelle par corruption *le doſſier de la moyere.*

Ouvrages d'hiver.

Ici communément ce qu'on appelle ouvrages d'hiver, c'eſt arracher, planter, défendre par des hayes de bâtons les vignes qui ſont ſur le bord des chemins, ſans quoi les chevaux qui y paſſent journellement y feroient un grand dommage, les chemins des vignes étant fort étroits ; comme presque toutes les vignes font la côte , la terre va toujours en descendant , ainsi il faut de tems en tems la porter du bas en haut ; cet ouvrage s'appelle *reculer* & se fait avec des ânes , ou quand la vigne est petite les hommes prennent des hottes pour porter la terre , on ne manque jamais de faire cette opération à toutes les vignes qu'on veut planter.

Tout ceci & mille petites choses que les circonstances exigent & qu'on ne peut détailler ici, occupent le Vigneron suffisamment pendant le peu de beaux jours qu'on rencontre dans cette saison, jusqu'au moment où il commence à tailler.

Maniere d'entretenir le vin , de le clarifier & tirer en bouteilles , &c.

Il seroit très-inutile de rapporter ici tous les procédés que l'on suit en Champagne pour entretenir & clarifier le vin. Nous les avons mis assez clairement sous les yeux de nos Lecteurs.

CHAPITRE VII.

Addition au Livre des Animaux de la Ferme.

IL s'est répandu depuis quelque tems dans beaucoup de provinces du Royaume une maladie parmi les bestiaux qui y fait un ravage affreux : La province du Limousin & du Bourbonnois sont celles qui ont le plus souffert de ce fléau. Beaucoup de bêtes à corne ont péri de cette maladie, qu'on peut regarder comme la maladie appellée le charbon ; elle n'a eu jusqu'ici d'autre siége qu'à la langue : il faut pour l'appercevoir regarder avec beaucoup d'attention ; elle ne se manifeste que fort légerement. Dans le commencement, elle ne traverse point les fonctions de l'animal, il mange & boit comme à l'ordinaire, de-là vient que l'animal est très-souvent attaqué sans que l'on s'en apperçoive. On voit par-là combien il est important pour le laboureur, d'avoir des domestiques qui soient attentifs à examiner de tems en tems la bouche des bestiaux , & de ne pas s'en rapporter à eux, de les visiter lui-même. Nous connoissons des métayers qui ont l'attention d'examiner soir & matin la langue de leurs bœufs & même de la bassiner de tems en tems soit avec de l'eau-de-vie & de l'eau après avoir fait infuser pendant cinq à six heures deux ou trois gousses d'ail dans ce mêlange. Aussi , très-rarement ces

animaux

animaux donnent-ils des inquiétudes sur l'état de leur santé. On sent combien une si louable attention devient essentielle, surtout dans les cantons qui sont voisins de ceux où cette maladie régne.

Symptômes.

Une fente ou coupure, ou pour mieux dire, une crevasse paroît tantôt au-dessus tantôt au-dessous de la langue à deux pouces ou deux pouces & demi du gosier. Les lévres de cette crévasse sont garnis de poils assez longs & qui pénétrent bien avant dans la langue, quoique ce signe ne se manifeste point d'abord & qu'il soit même très-difficile de le distinguer au commencement de la maladie, il est le principe de beaucoup d'autres symptômes qui sont suffisans pour exciter les soupçons & l'attention du Cultivateur. Dès que l'animal est affecté de cette contagion : il a l'œil morne, triste & abbatu. Sa tête s'appesantit : on ne lui voit plus cet air de vivacité qui dans les animaux même les plus mélancoliques caractérise si fidélement une santé parfaite. La démarche de l'animal est lourde & pesante.

Il y a d'ailleurs un autre symptôme caractéristique auquel il paroît qu'on n'a point encore fait attention : c'est que pour bien petite que soit la crévasse, l'animal laisse en mâchant les fourrages s'écouler par les côtés des mâchoires une espéce de liqueur, les particules des alimens, pendant la mastication irritant sans doute la plaie : inconvénient qui n'arrive point lorsque la mastication & la déglutition sont libres.

Cure.

On a trouvé des moyens pour arrêter les progrès de cette maladie : mais le premier de tous c'est celui, comme nous l'avons dit, d'examiner de tems en tems & même soir & matin la langue des animaux ; M. Bourgelat, qui se distingue autant par son zéle pour le bien général que par son sçavoir, a donné un traitement propre à garantir les bestiaux de cette contagion & à guérir ceux qui en sont attaqués. Plusieurs personnes ont mis en usage avec succès les recettes qu'il leur a données : on voit combien cette addition-ci étoit principalement nécessaire pour le complément de notre travail.

M. Bourgelat dit avec raison, & tout le monde le sçait déja, que dans toutes les maladies épidémiques, le premier de nos soins est celui d'arrêter le progrès du mal & de couper toute communication des bestiaux sains avec ceux qui donnent à peine le plus léger soupçon.

Or, quant à la maladie, comme elle ne se manifeste que par une
fente, quelquefois même par une petite tumeur dessus, dessous ou
aux côtés de la langue, (nous venons d'indiquer d'autres signes qui
peuvent tenir le Cultivateur en garde) les propriétaires des bestiaux doivent avoir le soin de visiter quatre ou cinq fois par jour
la bouche de leurs vaches ou bœufs, afin d'attaquer la maladie
dès son commencement & de la repousser avec des armes triomphantes : autrement on la laisseroit agir & acquérir un dégré de
malignité qui pourroit la rendre très-rétive aux remédes & très-
souvent incurable.

Pour peu, dit encore M. Bourgelat, qu'il y ait à craindre de cette maladie dans un canton par la contagion qui en affecte un autre
qui est voisin, ou parce que quelques animaux malades auront passé par cet endroit, il est alors très-important de redoubler d'attention & de prendre tous les moyens possibles pour empêcher le mal de
s'introduire & de s'établir. Pour cela il est à propos d'employer les
remédes les plus proportionnés à la nature du mal qu'il s'agit de
combattre. Ces préservatifs, suivant notre nouvel Esculape, se
réduisent à six principaux, premierement à la saignée jugulaire,
secondement à laver & déterger fréquemment la langue des animaux sains, troisiémement à faire boire des prisanes animées de quelqu'acide nitreux, quatriémement à des lavemens émolliens, cinquiémement à des fumigations aromatiques, sixiémement à une
très-grande propreté des étables.

Ce généreux citoyen ne se borne point à indiquer des moyens :
il veut encore établir la confiance des Cultivateurs en leur donnant
raison de sa méthode.

Premierement, la saignée dont il est ici question ne peut produire
que des effets avantageux : elle dégorge les vaisseaux, en empêche la plénitude & favorise l'action des médicaments qu'on doit
employer en leur ouvrant une issue dans la masse du sang.

Secondement, les lotions à faire sur la langue des animaux
sains sont composées comme ci-dessous.

Prenez du vinaigre blanc ou rouge (le blanc est préférable)
du poivre, du sel, de l'assa-fœtida ; mêlez bien le tout, laissez macérer, remuez-le encore après la macération, bassinez & détergés
bien avec ce mélange la langue & toute la bouche de chaque animal : sur-tout il faut étuver le dessus, le dessous & les côtés de
la langue avec un linge imbibé de cette liqueur, en y ajoutant auparavant une once de sel ammoniac.

Troiſiémement, il faut donner pour boiſſon de l'eau blanche dans laquelle on mêlera un peu de vinaigre juſqu'à une agréable acidité avec une once de criſtal minéral.

Quatriémement, les lavemens dont on ſe ſervira doivent être compoſés d'herbes émollientes, on y ajoute deux onces d'huile d'olive & une once de criſtal minéral.

Cinquiémement, les fumigations des étables conſiſtent dans l'évaporation du vinaigre ſur un réchaud : ou bien on peut faire uſage de la recette ſuivante :

Prenez bayes de genievre quatre poignées, abſynthe deux poignées, autant de racines d'énula campana, ou aulnée ſauvage, & autant de feuilles de ſabine avec une once de myrrhe, pulvériſez le tout & faites-le brûler ſur un réchaud.

Sixiémement, la propreté eſt néceſſaire en tout tems. On ne veut pas s'imaginer, autant qu'on le devroit, combien elle contribue à la ſanté des beſtiaux ; mais dans le tems que l'on craint cette contagion-ci, on ne ſçauroit trop être ſoigneux de l'entretenir dans les étables. Pour être encore plus exact ſur cet article, il eſt néceſſaire de laver avec du vinaigre les auges, les rateliers & les vaſes dans leſquels on fait boire les beſtiaux.

Pour agir encore avec plus de ſûreté, il faut ajouter à la nourriture des beſtiaux le mêlange ſuivant.

Faites macérer dans une quantité ſuffiſante d'eau des baies de genievre, & donnez-en à vos beſtiaux à la doſe d'une poignée dans du ſon une ou deux fois par jour.

Il eſt auſſi important d'ajouter à ce traitement quelque boiſſon préſervative, principalement lorſque la contagion fait de grands progrès. Prenez deux poignées de rhue, faites-les infuſer au ſoleil ou ſur la cendre chaude dans demi-pinte de vin rouge ou blanc (le blanc eſt préférable) ajoutez enſuite quatre gouſſes d'ail & demi-poignée de baies de genievre. faites encore macérer le tout pendant deux heures, & donnez-en tous les matins à l'animal ſain à peu près une chopine avec la corne dont on ſe ſert ordinairement.

Tel eſt le régime que M. Bourgelat veut que l'on faſſe ſuivre aux beſtiaux pour les mettre à couvert de la contagion ; mais s'il arrive qu'on apperçoive la tumeur ou fente peſtilentielle à la langue.

Premierement, il faut bien prendre garde d'avoir recours à la ſaignée. En effet elle ſeroit très-préjudiciable en ce qu'elle rappelleroit dans la maſſe du ſang la matiere morbifique dont la nature ſemble vouloir le décharger par cette fente que ſon âcreté a faite.

Secondement, il faut donner des lavemens émolliens comme ci-dessus. Nous ferons observer que cette ressource devient fort inutile & même onéreuse à l'animal s'il a le ventre libre.

Troisiémement, il faut faire les mêmes fumigations : nous prendrons la liberté avant que de terminer cet article important, d'ajouter des améliorations à ces sortes de parfums que le feu décompose & dont il détruit le principal effet.

Quatriémement, il faut ouvrir la tumeur & l'emporter en entier, s'il est possible, avec le bistouri; lorsque la maladie ne se manifeste point par une crevasse, mais bien par un petit bouton, il faut avoir l'attention de bien scarifier le fond de l'ulcere; on l'étuve ensuite avec huit onces d'eau-de-vie chargée de sel ammoniac & de camphre, demi-once de chacun. Le camphre s'y dissout insensiblement en triturant peu-à-peu dans un mortier, & en augmentant la dose d'eau-de-vie à mesure que la dissolution se fait. Il faut laver la langue au moins cinq ou six fois par jour avec cette liqueur, à laquelle on peut aussi substituer la teinture de myrrhe & d'aloës.

Pendant que l'on administre ainsi ce traitement, donnez à l'animal le médicament intérieur qui suit.

Prenez de la racine de contrayerva & d'aulnée sauvage en poudre, de chacune trois dragmes, poudre de vipere, demi-once; mêlez le tout avec une suffisante quantité d'extrait de genievre; formez-en une pillule, à laquelle vous ajouterez une dragme de camphre, & donnez-la à l'animal.

On peut aussi lui donner cet autre reméde. Prenez de la racine de dompte-venin, d'aulnée, d'impératoire, d'angélique à la dose de demi-once chacune. Faites bouillir le tout dans deux livres de vignaigre rosat, jusqu'à la diminution d'un tiers : ajoutez, après avoir passé le tout, une demi-once de thériaque, & donnez-en deux doses par jour à l'animal malade, l'une le matin à jeun & l'autre le soir.

Il faut avoir grande attention de bien couvrir les bestiaux qui auront pris ces remédes alexitères ou dompte-venins. Au surplus, il seroit assez inutile d'administrer ces remédes intérieurs, si le mal céde aux extérieurs, ce dont on doit cependant se défier.

Enfin, on ne doit manquer d'étriller, de panser avec soin les animaux sains, de nettoyer avec attention les étables, de leur fournir de bons fourrages, & sur-tout de tenir les malades à la diéte la plus austere.

Il est certain qu'une méthode si suivie & si bien raisonnée ne peut manquer d'avoir beaucoup de succès, & qu'on ne sçauroit trop l'étendre : mais aussi est-elle bien à la portée du général des Cultivateurs, soit par rapport aux grandes dépenses qu'elle entraîne, soit par rapport à cette marche méthodique, qui n'est point à la portée de tout le monde, & principalement de cette classe de citoyens destinés, par état, à la misere, & par conséquent à l'ignorance ? Cette méthode, quoiqu'excellente, ne peut donc être pratiquée que par certains Cultivateurs que leurs facultés mettent en état d'en faire usage.

Monsieur l'Intendant de Limoges a jugé de cette recette en homme qui est parfaitement instruit de l'état actuel des Cultivateurs de sa Généralité. Il a vû, avec raison, qu'un traitement si dispendieux n'étant point praticable, il falloit chercher à en diminuer les frais & à pouvoir combattre la contagion sans ce grand appareil de précautions & de soins qui (M. Bourgelat nous passera le terme) deviennent minutieux, & par conséquent fort à charge aux gens de la campage. On va voir le remède qu'il a mis en usage dans quelques paroisses où la contagion commençoit à faire de grands ravages ; & qui lui a parfaitement réussi : ce remède, peut-être inconnu dans plusieurs provinces, étoit depuis long-tems connu dans celle de Languedoc & dans toute la Gascogne. Nous ne prétendons point par-là en ôter le mérite à M. de Turgot : nous prétendons seulement faire voir qu'il est des trésors cachés quelquefois dans les recoins des provinces, où les habitans le conservent par manque de communication avec les autres pays, ce qui prouve qu'une très-grande partie du royaume est aussi étrangere à l'autre qu'une nation étrangere, & combien il importe de donner une vie un peu active à ces pays, que le défaut des routes & des canaux tient dans une espèce de paralysie. Quand est-ce que le Gouvernement ouvrira les yeux sur ce point important qui est le principe & l'ame d'une administration parfaite ?

Méthode simple.

Il faut racler avec une cuillere ou pièce d'argent la partie de la langue ulcérée, jusqu'à ce qu'étant bien nettoyée le sang en sorte & que le poil, s'il y en a, soit tombé. On prend ensuite du vinaigre le plus fort que l'on peut trouver ; on y mêle du poivre, du sel, avec beaucoup d'ail & de poireaux bien pilés, on déterge avec ce mélange la partie malade, même toute la langue, qu'on lave enfuite avec une cuillerée de vinaigre : on réitere ce panfement deux fois par jour jufqu'à ce que l'animal foit guéri.

Cette méthode a eu un fuccès fi parfait que tous les beftiaux fur lefquels on l'a employée ont été guéris, au lieu qu'il en eft mort un très-grand nombre de ceux auxquels on n'a pas eu l'attention de donner de fecours.

Au refte, il eft très-important de féparer promptement les beftiaux fains de ceux qui font malades ; & l'on fe comportera très-fagement, fans attendre que la maladie fe déclare, de froter, avec le même mélange de vinaigre & d'ail, la langue des beftiaux que l'on foupçonnera d'avoir communiqué avec les malades.

D'ailleurs nous avons fait obferver qu'il y avoit des indications fuffifantes pour réveiller l'attention du Cultivateur : c'eft à lui à examiner fes beftiaux quand ils fortent des étables ou qu'ils y rentrent.

S'il eft mort quelqu'animal dans une étable, il faut fe donner le foin de la bien parfumer en y brûlant du foufre en poudre ou du vinaigre fur une pêle ou fur une brique rouge, cette derniere-ci eft même préférable : il y aura également beaucoup de prudence à laver avec du vinaigre le ratelier où l'animal malade aura mangé.

Comme nous avons fait remarquer plus haut que les beftiaux attaqués de cette maladie continuent de manger à leur ordinaire, il eft effentiel de ne rien négliger pour s'affurer du commencement du mal. Nous avons indiqué les fignes qui peuvent conduire en fûreté à cet objet, d'autant plus important que l'on peut tout de fuite, & à tems, faire ufage du topique dont on vient de voir le détail : ce reméde, tout fimple qu'il eft & beaucoup moins fuivi, moins méthodique, & moins difpendieux que celui de M. Bourgelat, qui a voulu traiter cette maladie en profeffeur, a eu des fuccès fi multipliés & fi certains, que M. l'Intendant de Limoges a crû de fon devoir de le faire publier, afin que toute fa Généralité en profitât.

Nous revenons aux fumigations que M. Bourgelat recommande. Nous avons fait fentir toute l'utilité de la ventilation des étables & des écuries dans cet ouvrage : nous ferons feulement obferver ici, en forme de fupplément à ce que nous avons déja dit fur cet article, que les réchauds n'ont prefque point de vertu, parce que, comme les expériences de Chymie le prouvent, le feu décompofe les corps & leur enleve ou change leurs propriétés effentielles. Il nous paroît donc qu'au lieu d'avoir recours, comme on le recommande ici , aux fumigations, on devroit faire ufage de la ventilation, d'autant plus que l'air contenu dans l'étable, quoique un peu corrigé par les parfums, conferve toujours les vices dont il eft imprégné , vices qui quelquefois acquierent encore plus d'action par l'activité que leur communiquent les efprits odoriférants que l'on répand dans l'étable en faifant brûler des aromates ; par le moyen , au contraire, de notre Ventillateur, & du récipient où eft renfermé l'efprit dont on veut imprégner l'air de l'étable , on commence d'abord , à l'aide de deux foufflets & de deux tuyaux , par refouler l'air qui eft dans l'étable en pompant l'air extérieur qui paffe à travers le récipient & fe charge des efprits falubres, & fe répand enfuite dans toute l'étable , de forte que l'animal afpire cet air frais & nouveau & reçoit un fecours immédiat qui fe communique à toute la maffe du fang par la voye de la fanguification , qui, comme on le fçait, s'opere dans le poulmon.

C'eft ici que nous pouvons , à jufte titre, appeller au fecours l'élexir falubre dont nous avons parlé dans le courant de cet ouvrage, & dont plufieurs Cultivateurs ont éprouvé les heureux effets : pour peu qu'on en mêle avec du vinaigre d'eftragon, on opere une ventillation des plus falubres. Vingt-cinq gouttes fur un demi-feptier de vinaigre fuffifent pour renouveller avec fuccès tout l'air d'une étable ou d'écurie & pour lui donner toute la falubrité defirable. On fent que des remédes , portés ainfi à la maffe du fang par la voye du poulmon , ne peuvent que produire un effet auffi favorable que naturel.

Nous ajouterons ici que pour s'affurer mieux de la guérifon de la crevaffe qui eft la maladie en queftion, on fera fort bien , après avoir ratiffé la plaie & le poil avec une cuillere ou tel autre inftrument quelconque d'argent, on fera fort bien , difons-nous , d'appliquer la pierre de vitriol & même la pierre infernale.

CHAPITRE VIII.

Addition au Livre de la Ferme.

PUisque nous traitons encore ici des articles qui ont un rapport essentiel avec les animaux de la Ferme, nous croyons devoir ajouter un avis qui nous paroît très-important, pour ceux qui font à même de faire bâtir.

Il est de la derniere nécessité de se ménager dans le domaine le terrein le plus élevé pour y bâtir une infirmerie où l'on met les animaux qui sont attaqués de quelque maladie contagieuse. Par ce moyen on est assuré que ceux qui sont sains ne risquent rien, pourvu qu'on leur donne les attentions que nous venons de recommander.

Situation & exposition de cette Infirmerie.

Cette piéce que le Cultivateur doit regarder comme une des plus importantes de la Ferme, doit être située sur le terrein le plus élevé du domaine & exposée au Nord. On pratique une petite piéce détachée pour loger la personne de la basse-cour qui est chargée du soin des bestiaux malades, afin qu'elle soit à portée de leur donner des secours.

Cette piéce doit être divisée en plusieurs loges, dont chacune a une ouverture au Nord. On les sépare exactement, afin que la transpiration des animaux, dont les uns sont plus malades que les autres, ne se communique point. Il arrive en effet très-souvent que tel bœuf qui secouru à tems auroit resisté aux funestes effets de la contagion, succombe par le mauvais air qu'il pompe d'un autre bœuf beaucoup moins disposé à l'efficacité des remédes; desorte que les dépenses des drogues, les soins & les peines que l'on se donne sont en pure perte pour le Cultivateur, puisqu'il perd les deux animaux, tandis que si chacun avoit eu sa loge séparée il les auroit peut-être conservés tous deux.

CHAPITRE IX.

Addition à l'article des Souris, Mulettes ou Campagnolles ou Mufaragnes.

NOus avons donné une recette infaillible pour faire la guerre à ces animaux ; on l'a donnée toute entiere dans le cahier du mois de Juillet du Journal Oeconomique ; nous l'y avons vue avec d'autant plus de plaifir que par ce moyen elle fe communiquera à plus de Cultivateurs & que nous y en avons trouvé une autre que nous fommes charmés de répandre, attendu que nous la croyons pouvoir être d'une très-grande utilité, l'Auteur du Journal ne faifant ufage des obfervations qu'on lui envoye que lorfqu'elles font confirmées par des eflais heureux & fouvent répétés. La nouvelle recette que l'Auteur propofe pourroit en effet être plus infaillible que la nôtre, fur-tout dans les années humides. La voici.

Il faut faire bouillir de l'abfynthe dans une fuffifante quantité d'eau où l'on aura fait détremper beaucoup de fuie. On répand de cette infufion dans tous les trous que l'on rencontre fur la fuperficie du fol. On a fur-tout l'attention de ne faire cette opération que dans les tems humides ou pluvieux. Le goût & l'odeur fe confervent jufqu'à ce que la liqueur ait pénétré jufqu'au réduit des fouris, & pour lors il n'eft pas poffible qu'elles réfiftent à l'effet de la fuye. Pour le rendre encore plus actif on fera bien de jetter dans chaque trou de petites pierres de chaux vive fur lefquelles on verfera l'infufion de fuye ; alors il eft certain que pour peu que le trou ne foit point profond, les fouris ne pourront réfifter à l'action de ce mélange, & feront obligées de périr, fur-tout fi l'on a précédemment employé fur le terrein notre pâte dont nous avons donné la compofition : car celles qui éviteroient la mort en quittant le trou à tems la trouveroient au moyen de la pâte à laquelle le befoin de manger les feroit recourir.

*Mémoire en forme de Lettre, envoyé par Madame la Comtesse de *** à l'Auteur du Gentilhomme Cultivateur.*

MONSIEUR,

Depuis que mon époux a essuyé des disgraces qu'il n'avoit point méritées & que la fortune, après s'être longtems obstinée à traverser les idées d'avancement qu'il avoit, l'a enfin déterminé à ne plus opposer aux basses intrigues un mérite réel & une véracité qui doit être toujours dans le cœur des gens d'une naissance distinguée, nous avons pris le parti de nous retirer dans notre terre pour y vivre paisiblement & goûter les plaisirs irréprochables de la vie champêtre. Notre terre est, Monsieur, fort étendue. Nous y avons en quelque façon plus de domaines que de vassaux. Mais cultivée par des Fermiers qui ne tendoient qu'à épuiser les terres en valeur, nous nous appercevions qu'elle dépérissoit tous les jours. Mon époux qui avoit passé toute sa vie dans le tumulte des villes, n'étoit guéres en état de remonter à la cause de la diminution de ses revenus : je l'ai mis dans le goût de l'Agriculture : je suis aimée & je fais tout pour l'être ; en voilà assez pour faire adopter à un mari naturellement complaisant tous les goûts qu'on veut lui inspirer. Nous voilà donc, Monsieur, occupés tous les jours à aller nous affliger sur la stérilité de nos campagnes en les parcourant. L'esprit d'Agriculture saisit tous les esprits ; on ne parle par-tout qu'améliorations, défrichemens ; ce goût devient public, il parvient enfin jusqu'à nous. On écrit de tous les côtés sur l'Agriculture. Tout le monde, jusques aux Poëtes, devient Laboureur ; tout le monde s'érige en maître de l'art, sans l'avoir jamais pratiqué , & donne ses doctes conseils dans un stile entortillé. Nous achetons ces ouvrages : nous lisons, mon époux & moi, & nous ne trouvons pour toute ressource qu'un alambicage académique que nous ne pouvons pénétrer. Enfin il paroît un *Gentilhomme Cultivateur* : ce titre nous rassure : nous espérons que sous ce titre on nous parlera un langage connu & que nous puiserons dans une source qui porte un si beau nom des connoissances utiles. Nos espérances, Monsieur, ont été surpassées. Nous avons lu votre ouvrage , nous le lisons tous les jours. Déja nous vous sommes redevables d'une quantité d'engrais dont nous ignorions l'ufage. Déja nous jouiffons dans un feul article de douze cents francs de rente qui étoient enfouis dans un petit recoin d'un de nos domaines. Nous avions fait fouiller par-tout pour découvrir de la chaux, mais en vain : pas la moindre lueur d'efpérance de poffeder cette reffource, ce principe de fertilité dont vous faites tant l'éloge & avec tant de raifon. Le découragement nous gagnoit déja lorfque le volume dans lequel vous donnez le moyen infaillible de connoître la chaux & la marne parut. Mon époux voulut tout de fuite en faire l'effai : bien lui valut : c'eft fans contredit une des meilleures idées qu'il ait eu en fa vie. Il prit donc de l'eau forte, & à l'aide de cette liqueur il découvrit qu'il avoit de la chaux dans un endroit qui avoit déja été fouillé. Il ordonna une fouille profonde de neuf à dix pieds. Quelle fut fa furprife lorfque fes ouvriers lui dirent qu'ils trouvoient un bâtiment qui paroiffoit tout neuf. Nous defcendîmes tous deux & nous vîmes un four à chaux que les curieux eftiment avoir été bâti par les Romains. Toutes les réparations que nous avons été obligés d'y faire ne montent point à cinquante écus ; dès la premiere année il nous a produit huit cent livres fans compter toute la chaux que nous en avons tirée pour nos bâtimens & pour les engrais. Cette année-ci monte à plus de douze cents livres ; ainfi, Monfieur, c'eft à votre moyen fimple & fimplement expofé que nous devons cet accroiffement de nos revenus.

La fuye, la chaux, les chiffons, les parures des pieds de chevaux font aujourd'hui auffi recherchés qu'ils étoient négligés avant que votre ouvrage parût. Nous fommes à préfent embarraffés pour en avoir. Nos campagnes commencent à fe fentir de l'œil du maître, & l'agréable & paifible fpectacle qu'elles offrent à nos regards valent bien les fpectacles tumultueux des villes. Peut-être, Monfieur, fi vous rendez ce Mémoire public (car je confens très-volontiers, pour le bien général, à cette publicité) on nous regardera, mon époux & moi, comme des gens de l'ancien tems. Je vous affure cependant que nous ne fommes point abfolument gotiques ; nous formons, mon époux & moi, l'âge d'une femme, qui par le fecours de toutes les couleurs de l'arc-en-ciel fait encore des heureux & des malheureux. Si je ne vous fais point connoître mon nom, Monfieur, c'eft pour ne pas me donner un ridicule parmi les petites maîtreffes. Il faut dans ce monde-ci garder des apparences refpectueufes pour ce que l'on méprife le plus. Vous fentez bien, Monfieur, qu'une jeune femme qui, après avoir vécu avec quel-

K k ij

que diſtinction dans le grand monde, ſe donneroit aujourd'hui pour
Cultivatrice, ſeroit un Rinoceros que l'on iroit voir, fût il à cent
lieues. Vous ſçavez que rien ne coûte à une certaine claſſe de
gens pour ſatisfaire leurs caprices; & je vous avoue franchement que
je ne ſuis nullement curieuſe d'en être l'objet.

Je ſuis un peu bavarde, n'eſt-il pas vrai, je n'ai pas encore bien
dépouillé ce défaut qui eſt comme l'attribut eſſentiel de notre ſexe.
Je me ſuis amuſée avec vous aux dépens de votre tems qui doit être
précieux. J'ai dequoi vous dédommager vous & ceux qui ſoupirent
après votre ouvrage. J'ai ſuivi un procédé d'après vos documens &
d'après ceux que j'ai trouvés dans un article d'un Journal : il pourra
être utile aux perſonnes qui auront des terreins ſemblables à
ceux que nous venons de mettre en valeur.

Le terrein dont il eſt ici queſtion eſt ſitué & de même nature
que celui dont on parle dans le Journal, à la lecture du procédé
qu'on a tenu & qui a eu tant de ſuccès, nous avons formé la même entrepriſe, & tout nous aſſure la même réuſſite.

C'eſt une bruyere entre deux rivieres, & à l'une de l'extrémité
de laquelle il y a une montagne, de ſorte qu'il n'en a pas coûté
beaucoup, & qu'on n'a point eſſayé de grandes difficultés pour
l'enclore. Nous avons enſuite ſéparé la bruyere d'avec la montagne, & nous avons deſſéché tous les endroits humides, ſçachant
d'après vous que les ſaignées, les ſéparations & les clôtures ſont les
premieres choſes auxquelles il faut procéder pour parvenir à une amélioration bonne & ſolide. Les ſaignées nous ont coûté fort peu par
rapport à la grande facilité que le penchant du terrein a donné à l'é-
coulement des eaux, les clôtures qui dans certaines occaſions ſont
extrêmement diſpendieuſes, & qui par cette raiſon dégoûtent les
Cultivateurs ne preſſoient point abſolument; ainſi nous n'en avons
encore fait qu'une partie, attendu que les rivieres en ſervent ainſi
que la montagne.

Notre terrein, quoique ſitué avantageuſement, n'eſt pas bien
bon même dans ſon eſpéce, il eſt ſablonneux & léger preſque par-
tout. Vous nous dites dans votre ouvrage que l'on connoît la qualité des ſols par la vigueur & la nature de leurs productions ; auſſi
avons-nous, en ſuivant cette inſtruction, jugé tout de ſuite qu'il
n'étoit que médiocre, puiſque la bruyere qu'il produit eſt extrêmement courte, ainſi que les genévriers & le peu de gazon que l'on
y voit.

Par la deſcription que je vous donne de la ſituation & de la na-

ture de ce fol, vous conviendrez, Monfieur, que nous ne nous fommes point écartés de vos principes en lui confiant des prairies
au lieu de grain ; fans cela il nous auroit fallu prendre un nouveau genre d'Agriculture tout-à-fait différent de celui qui eft en
ufage dans le pays, fans fçavoir fi nos ouvriers auroient voulu s'aflu-
jettir à une nouvelle méthode. On a beau dire qu'on peut les y forcer :
mais n'eft-ce pas choquer leur amour-propre ? d'ailleurs il faudroit donc être continuellement après eux pour leur faire exécuter
les ordres : mais cette terre eft pour cela trop éloignée du château. Toutes ces diverfes raifons nous ont obligé de donner la préférence aux foins.

Après que nous avons eu faigné & bien préparé, & conféquemment mis en bon train & bien couvert de graine de foin le terrein, nous avons peu de tems après eu lieu de former des efpérances,
qui en effet n'ont point été trahies. Nous nous flattons, & c'eft
toujours d'après vos principes, qu'il deviendra plus riche d'année en
année tant qu'il fera en pâture, parce que plus il nous fera permis d'y
jetter des beftiaux, plus ils dépoferont de fumier & d'urine, plus
par conféquent la terre deviendra riche, & plus elle fera en état d'entretenir du bétail. D'ailleurs plus cette herbe vieillira, plus elle con-
tiendra de fel & de fubftance, & plus elle fera propre à engraiffer.

Il eft vrai qu'après toutes les opérations préliminaires faites,
nous nous trouvâmes fort embarraffés. Car comment pouvions-
nous faire profpérer la graine de foin n'ayant point de fumier :
mais votre ouvrage vint d'abord efficacement à notre fecours. Le
Journal en queftion ne nous fervit pas peu. Vous nous apprîtes que
l'on pouvoit par l'art fuppléer au défaut du fumier, & l'heureux
fuccès rapporté par le Journal vint à l'appui des efpérances que vous
nous donnez.

Nous procédâmes donc d'abord au labourage avec la charrue propre à lever les gazons entiers & telle que vous l'avez dépeinte. Le
labourage fait, nous profitâmes d'un tems fec, calme & ferain.
Nous fîmes nos tas de gazons, non pas comme le veut l'Auteur des
Effais fur le défrichement, de douze pieds de hauteur, la chofe
eft trop abfurde ; mais feulement de quatre pieds, & nous les
multipliâmes autant qu'il nous fut poffible, afin que toute la fuperficie du fol profitât de cette chaleur artificielle. Le brûlis fait avec
toutes les bruyeres & les buiffons qu'on avoit arrachés nous le ré-
pandîmes fur toute la furface le plus uniformément qu'il nous fut
poffible, & nous fîmes tout de fuite entrer la charrue pour ren-

verser ces cendres & les faire parvenir au cœur du sol. A ce labour deux autres succéderent, & nous y ajoutâmes le herfage & le roulage. Plusieurs personnes qui faisoient les intelligentes rioient de nos procédés, parce que, disoient-elles, ils étoient d'autant plus inconséquents que le terrein étoit sablonneux & léger. Le Journal nous fournit une réponse qui les mit sans replique, & la voici :

Nous voyons que le fumier enrichit un terrein & fait profiter le bled ainsi que les fourrages quand la terre est bien nette. Si elle est sale il y fait croître en abondance de mauvaises herbes, & son chiendent naturel qui souvent étouffe & arrête l'accroissement du bled & de l'herbage venu de semence : mais dans le cas actuel nous ne pouvions point en avoir : si on pouvoit en avoir, comment produiroit-il cet effet ? ce n'est pas en s'insinuant dans le bled ou le fourrage en proportion de l'augmentation qu'il y procure : car on doit avoir observé que quand on fume une terre la quantité qu'elle produit de plus qu'elle n'auroit fait sans cela, même dans la premiere année, pourvu que la saison soit favorable, est deux ou trois fois plus considérable en volume que tout le fumier ne l'étoit ; comment cela se fait-il donc ? c'est un point qui mérite bien d'être examiné, & il est à croire que cette croissance est une des découvertes faites depuis peu. Je crois qu'il faut s'en tenir à l'opinion de M. *Thull.*

La terre est la principale nourriture des plantes. Le fumier a une qualité fermentante, & par le secours de la fermentation il divise la terre en particules déliées. L'eau est un véhicule qui étant mis en mouvement par la chaleur & par la force du soleil, charrie ces particules aux orifices ou embouchures des racines spongieuses des plantes. Elles reçoivent les parties qui sont assez petites pour y entrer. Celles qui sont analogues à leur nature & à leur constitution les nourrissent. Le reste se dissipe par la transpiration. La division & la pulvérisation donnent à leurs foibles racines la liberté de pomper & de s'étendre dans la terre pour prendre cette nourriture : elles en prennent ce qui est ainsi propre pour leurs embouchures, de quelle forte qu'elle soit, toutes les fois qu'elle se trouve en contact avec elles.

Il y en avoit assez, Monsieur, pour leur faire sentir évidemment qu'en divisant par le labourage la terre jusqu'à sa parfaite pulvérisation, on la fait participer de la nature d'une terre forte, que l'on rend ses parties plus serrées, que l'on la rend plus pesante, volume pour volume, qu'elle reçoit mieux l'humidité & qu'elle la garde plus longtems.

Ainſi pour une femme de grande ville, vous voyez, Monſieur, que j'ai ſçu faire uſage des armes que vous & le Journaliſte m'avez fournies. Ma prairie réuſſit à merveille : je la laiſſerai dans cet état, & j'oſe me flatter que j'y cueillerai dans la ſuite pendant pluſieurs années, d'auſſi bonnes récoltes que l'on peut deſirer.

Je ſuis bien aiſe, Monſieur, de vous expoſer la façon dont je prétends me conduire à l'égard de ce terrein jadis ſtérile. J'aurai de bons bœufs, le terrein lui-même m'aura mis en état de ne point en acheter, je les mettrai à l'ouvrage dès la S. Martin. Je les nourrirai bien & j'en tirerai par ce moyen tout le travail poſſible juſques vers la mi-Février ou au commencement de Mars, je ferai mon brûlis & je l'incorporerai au ſol par la premiere façon de labour. Je ferai herſer ce qui ſera labouré, à meſure que les ouvriers herſeront, je les ferai ſuivre avec la charrue dans le même ſens que l'on aura d'abord labouré, afin de mieux briſer la terre : je ferai faire ce labour auſſi profond qu'il ſera poſſible. Je ferai enſorte qu'il ſoit fini vers la mi-Avril : je le ferai herſer de nouveau avec une herſe plus grande qu'à l'ordinaire pour bien briſer les mottes ; c'eſt-à-dire que je ferai enſorte que la herſe réduiſe les mottes en poudre, commençant toujours les labours & le herſage dans le même ſens que l'on aura d'abord commencé. Auſſi-tôt que quelque portion de mon terrein ſera herſée en plein, j'y ſémerai tout de ſuite de la veſce & des pois chiches. Je les ferai enfouir avec la charrue, mais dans le ſens contraire aux deux précédens labours, ne faiſant que des rayes ſerrées & fort légeres. Je ne les herſerai plus ; ou ſi par hazard le herſage me paroiſſoit néceſſaire, j'ordonnerois qu'on ne fît qu'effleurer la terre. Je m'attends bien que je pourrois ne pas avoir fini de ſemer avant le mois de Juin : mais n'importe : vous m'apprenez que plus les pois ſont ſemés tard dans la ſaiſon, plus ils produiſent en paille, & c'eſt tout ce que je demande.

Vous ne me laiſſez plus douter que les pois ſont d'une nature propre à améliorer, & qu'ils portent au terrein des principes conſidérables, ſur tout lorſqu'ils pouſſent beaucoup en fourrage. Comment n'ajouteroit-on pas foi à ce que vous dites ? vous en donnez des raiſons ſi triomphantes ; je les rapporte en abrégé pour vous prouver, Monſieur, l'impreſſion qu'elles ont faites ſur moi.

En couvrant exactement le terrein ils en pouriſſent la ſurface, & retiennent les roſées qui imprégnent la terre ; ils attirent auſſi beaucoup de nourriture de l'air qui les environne, parce qu'ils ſont d'une nature ouverte & poreuſe. Il leur faut d'ailleurs beaucoup moins de nourriture qu'aux plantes qui font d'une conftitution plus chaude : quand ils feront fleuris ou qu'ils commenceront à être en coffes je les ferai enfouir avec la charrue , & je veillerai à ce qu'on les enterre auffi parfaitement que faire fe pourra ; afin de rendre cette opération plus facile & plus parfaite j'y ferai paffer le rouleau auparavant que de les retourner avec la charrue.

Je laifferai repofer mon terrein dans cet état jufqu'au printems ; je n'y toucherai pas jufqu'à ce tems avec la herfe ; parce que fuivant vos principes, plus il fera inégal & raboteux pendant l'hiver, mieux il s'en trouvera. Ce tems arrivé, j'y ferai paffer les herfes & je me flatte que je le réduirai en poudre ; par-là, comme dit le Journal, j'aurai gagné la bataille : mais cela ne fuffit pas, dit l'Auteur, il faut pourfuivre fa victoire.

Je ferai relabourer le terrein pendant un tems humide en Mai ou en Juin au plus tard, j'y ferai joncher de la graine de Turnips. Je ferai enforte que mon femeur ait la main bonne & adroite, parce que trois ou quatre livres me fuffiront pour un acre. Les turnips font auffi extrêmement propres à améliorer la terre : je fçais bien que fi je les faifois cultiver avec la charrue à houe j'adopterois la meilleure méthode. Mais comme mon terrein eft neuf & qu'il ne peut produire que fort peu de mauvaifes herbes, attendu la multiplicité de labours qu'il a reçus : je crois que cette méthode n'eft point néceffaire, d'autant que mon principal objet dans cette opération eft d'enrichir le terrein. J'aurai le choix (l'alternative eft certainement bien flatteufe) de nourrir mon bétail dans le champ même avec les turnips pendant l'hiver ou de les y laiffer pourrir. Dans l'un & l'autre cas, mon terrein, vous le dites, Monfieur, (& je me donnerois bien de garde d'en douter) fe trouvera confidérablement amélioré.

Je ferai encore labourer ce terrein au printems fuivant, j'y fémerai de l'orge, de l'avoine ou du feigle bien clair, je ferai recouvrir légérement cette femence avec la herfe, enfuite (car je ne renonce point encore à cette bafe fondamentale de la bonne Agriculture, c'eft-à-dire à la prairie) je fémerai par-deffus de la graine de foin que je prendrai d'un tas de foin & j'y mêlerai plufieurs efpéces de treffles & un peu de raygras. Je ferai paffer légerement la herfe par-deffus. Je fçais qu'il faut, fuivant vous, prendre bien garde de ne point trop l'enfoncer ; parce que fi on le faifoit, la terre qui eft fi bien préparée & fi atténuée, pourroit être entraînée d'autour du grain s'il furvenoit des pluies avant qu'il eût pouffé de

fortes

fortes racines ; & dans ce cas la graine seroit déracinée & brûlée par le soleil & son germe mourroit : beaucoup de gens sont par cette cause, qu'ils ne connoissent pas , privés de bonnes récoltes. Quand la semence est ainsi tuée, les mauvaises herbes profitent d'autant plus que la terre a été rendue plus fine ; parce quelle fournit toujours une couverture suffisante à leurs graines qui font beaucoup plus déliées. Plus il y a de semences ainsi détruites , plus il reste à la terre de nourriture à fournir aux mauvaises herbes & plus elles deviennent fortes & abondantes.

Je couperai mon bled fort haut & j'aurai grand soin qu'on garantisse le jeune gazon de la dent du bétail jusqu'à l'été suivant.

Tandis que le bled croît il sert d'abri au jeune gazon & retient l'humidité des rosées ainsi que les pluies pour le nourrir. Le chaume tenu un peu haut conserve le gazon chaudement pendant l'hiver, & quand il vient à putréfaction il devient une forte très estimable de fumier & d'engrais.

J'ose me flatter, Monsieur , qu'en observant avec soin tous ces documents & qu'en prenant garde que tout soit exécuté exactement, à propos & à tems, j'aurai une prairie riche & belle qui deviendra de plus en plus belle & abondante tant que j'aurai l'attention de l'entretenir dans cet état ; je ferai usage de vos instructions pour tous les terreins incultes que je trouverai également situés.

Par le tableau que je viens de mettre sous vos yeux, vous devez juger, Monsieur , du cas singulier que je fais du *Gentilhomme Cultivateur*. Je me propose bien de faire un usage aussi avantageux des autres volumes. J'ai établi des ruches qui m'ont déja fourni de quoi m'éclairer. J'ai fait une plantation de mûriers dont j'attends l'accroissement pour établir mes vers à soie. Mais j'attends avec une bien plus grande impatience l'article qui regarde la laiterie : il est de mon ressort. Je prétends en tirer tous les avantages possibles, pourvu que vous me serviez de guide. Il est singulier que tous mes petits succès me détachent entiérement de la ville. Mes momens se passent sans que j'aie le tems de m'en appercevoir & j'en ai tant compté dans ces compagnies amusantes, qu'en vérité si les effets ne me prouvoient point que ma conduite est conséquente , je croirois extravaguer.

J'oubliois, Monsieur, de vous dire que nous avons encore découvert un autre trésor ; c'est une marne qui se dissout facilement ; si suivant vos principes elle ne dure point, du moins vous convenez qu'elle est fertilisante. En effet j'en ai fait répandre sur une piéce de terre. La premiere rofée l'a diſſoute, & l'on eût dit de toute la piéce qu'elle étoit couverte de crême.

Voilà, Monſieur, le fruit de vos travaux : vous m'avez fait aimer la campagne ; je dois à la lecture de votre ouvrage le plaiſir que je prends à m'occuper de tous les objets qui ont quelque rapport à l'Agriculture. Pourquoi vous devez-vous au public ? je vous inviterois à venir vous amuſer à nous aider de vos conſeils ; vous feriez de notre terre un véritable Pérou. Vous me rendriez heureuſe. Sçavez-vous que c'eſt bien attrayant pour un homme ! ſoyez perſuadé que je n'en dirois pas tant au plus élégant de Paris, & que je ne l'ai jamais dit à mon époux, quoiqu'en effet je lui doive tout le bonheur que l'on peut attendre d'un mariage fait dans tous les rapports, c'eſt-à-dire de naiſſance, d'âge, de bien & de caractere. Je ſuis, &c.

CHAPITRE X.

Addition à l'Article du Riz.

Quelque conſidération que le Riz mérite d'avoir dans notre Agriculture, il paroît que les fauſſes allarmes qu'il a données à nos Cultivateurs font toujours la même impreſſion. Il eſt cependant certain qu'on ne peut pas s'imaginer que la vie des hommes ſoit moins chere aux puiſſances chez leſquelles on cultive cette plante au grand avantage du pays & au grand détriment des Royaumes où cédant à une crainte mal-fondée on en néglige la culture.

Nous ſçavons que l'on a fait des eſſais en Languedoc, & que les ſuccès qu'a eu cette entrepriſe ont dégoûté les entrepreneurs. Le grand défaut des François eſt de vouloir dans toute nouveauté traiter toujours les choſes en grand : cette maniere-là de finance a gagné tous les eſprits. Voyez tous ces fameux défrichemens qui ont été entrepris par des compagnies. On a d'abord établi des bureaux à grands frais, envoyé des Commis ſur les lieux qui ont étalé une opulence déplacée, comme ſi l'Agriculture avoit beſoin de tous ces dehors faſtueux plus propres à l'irriter qu'à lui donner de l'encouragement ; qu'eſt-il arrivé ? la terre reſte dans le même état, pas un ſeul ſillon n'a été ouvert, & les dépenſes ſuperflues que l'on a faites ont épuiſé des fonds qui auroient vivifié trois ou quatre lieues de pays.

Il faut dans toutes les entreprises rurales marcher pas à pas &
ne se livrer qu'à l'évidence des petits essais. Leurs succès assurent
celui des grandes entreprises : croiroit-on que pendant qu'on ne
parloit à Paris que des grands défrichements qui se faisoient à Bordeaux sur les domaines de M. de Civrac ; on n'avoit pas tout au plus
défriché quinze arpens de terrein, & où encore ceux qui dirigeoient
cette pitoyable opération en avoient-ils établi le commencement ? A une distance de près de deux lieues des eaux qui étoient
indispensables pour abreuver les chevaux ; de sorte que vers le midi
il falloit conduire ces animaux à l'abreuvoir, & que pour y arriver
ils consommoient & leurs forces & un tems qui, comme tout bon
Cultivateur le sçait, est le bien le plus précieux en Agriculture.

Lorsque l'on entreprit de planter du Riz en Languedoc, on
commença d'abord par préparer un espace immense de terrein,
sans avoir même égard à l'éloignement ou à la proximité trop
grande de la Riziere des lieux habités. Cette opération, quoique
mal entamée, ne laissa pas cependant de produire une certaine
quantité de Riz ; mais c'étoit l'acheter trop cher que de le payer
de la santé & de la vie des habitans qui étoient trop voisins de la
Riziere. Dès-lors le procès fut fait à cette plante précieuse, sa
culture fut exclue irrévocablement du Royaume. L'œil du Ministre ne peut point se porter jusques dans les recoins des provinces si éloignées. Il ne peut donc voir que par les yeux d'autrui, &
se décider que sur les rapports qu'on lui fait : mais les hommes
acquiérent-ils la science infuse en acquérant une place, & suffit-il
d'être commis par la Cour à la direction de certains articles, pour
oser se promettre qu'on est suffisamment instruit des articles ac-
cidentels qui se présentent & qui n'ont aucune analogie ni rapport
à la commission dont on est chargé ?

D'ailleurs, si la cupidité d'une compagnie qui se conduit toujours
par des vues d'intérêt personnel & jamais par un esprit patriotique,
fait échouer une entreprise quelconque, un préposé quelconque
peut-il avec sagesse décider sur l'objet & le proscrire, sans appeller
à son secours des personnes éclairées sur la matiere ?

On verra dans un Mémoire qui nous a été envoyé d'Espagne par
ordre d'un Ministre de cette Cour sur la culture du Riz, que les Médecins les plus fameux de cette Monarchie prétendent & prouvent
en effet que la culture du Riz dans certains terreins, loin de porter
quelque atteinte à la santé des habitans ne peut au contraire que lui
être très-favorable.

Mais quant même le Riz feroit dans toutes fortes de terreins une plante dangereufe pour les habitans, n'y auroit-il donc pas de moyen de rallentir ou de détruire les mauvais effets de l'évaporation? au lieu de faire des Rizieres immenfes, il faudroit n'en pratiquer que de fort petites de loin en loin. Croit-on que trois Rizieres, par exemple, d'un arpent & demi ou de deux chacune par chaque paroiffe puffent envoyer une affez grande quantité de vapeurs morbifiques pour corrompre l'atmofphere de façon à donner des maladies contagieufes?

Dans les marais qui ne font point inondés d'eau & qui n'ont qu'une humidité croupiffante, pour peu que le climat foit chaud, le Riz ne fert qu'à confommer les vapeurs qui ne peuvent point s'élever affez haut par l'attraction du foleil qui n'a de force que pour les attirer à un certain dégré de hauteur où elles fe condenfent & imprégent l'air que l'on refpire de leurs funeftes qualités. Dans des terreins femblables qui ne voit qu'une Riziere, ne peut être que très-avantageufe par le profit immenfe qui en réfulte & très-favorable à la fanté par la quantité de vapeurs que la plante confomme elle même pour fon accroiffement.

On a obfervé, dira-t-on, que dans les pays où l'on établit des Rizieres, les fiévres intermittentes font extrêmement communes, que lorfqu'on a voulu entreprendre cette culture en Languedoc, les fiévres devenoient générales, & qu'il eft certain que l'on ne peut fe procurer les avantages qu'elle produit qu'au préjudice de la fanté des habitans. Il eft certain que cette objection portant fur l'humanité, elle mérite toutes nos attentions.

D'abord il n'y a point d'homme, pour peu qu'il foit inftruit du local & qu'il habite dans les provinces du Languedoc, de la Guyenne, de l'Auvergne & du Limoufin, qui ne convienne avec nous que les fievres intermittentes, foit tierce, foit quarte, font extrêmement communes dans ce pays, fur-tout au commencement de l'Automne; on eft même très-fouvent attaqué de deux autres maladies qui tiennent à la même caufe que les fievres que l'on fait ici tant valoir contre la culture du Riz; nous prétendons parler du flux de fang & de la diffenterie. Nous ne rendrons point le climat comptable de ces malheurs, ce feroit affurément bien injuftement. Ces pays jouiffent du plus beau ciel du monde. Où donc chercher la caufe de ces quatre maladies, dont les deux premieres deviennent rarement funeftes, mais dont les deux dernieres font quelquefois fi tenaces & fi opiniâtres que tout l'art de la Médecine ne peut point fauver ceux qui en sont attaqués : C’est dans la grande quantité des fruits qu’il faut la chercher.

Le paysan qui n’a eu qu’avec peine, pendant l’hiver & le printems, de quoi soutenir sa miserable existance soupire après la saison des fruits pour se dédommager des besoins pressans qu’il a supportés pendant sept ou huit mois. Cette saison arrive-t-elle, on se gorge de fruits dont la plus grande partie n’ont point encore atteint leur parfaite maturité. Ces réplétions d’aliments si imparfaits & qui pour l’ordinaire ne sont détrempés qu’avec de l’eau (car le paysan ne boit que fort rarement du vin dans ce pays) forment des crudités dans l’estomac ; delà des digestions imparfaites, qui envoient au sang des principes corrosifs & fermentatifs, d’où résultent tantôt les fiévres tierce ou quarte, & tantôt le flux de sang ou la dyssenterie.

Que dans ces marais que nous disons être très-favorables à la végétation du Riz, on plante des choux, ce qu’assurément on pratique en plusieurs endroits avec beaucoup de confiance ; on verra les habitans des environs sujets, non pas peut-être au flux de sang ni à la dyssenterie, mais aux fiévres intermittentes dont il est ici question, & même aux fiévres malignes & putrides. L’expérience confirme ce que nous avançons avec certitude, malgré la confiance assurée avec laquelle un Auteur moderne qui a sçu s’accréditer par des essais dont la vérité s’obscurcit tous les jours à mesure que l’on veut cultiver d’après ses principes, si tant est qu’il en ait, nous assure que des choux de quarante ou quarante-cinq livres qu’il a fait venir dans un marais, n’étoient point mal-faisans.

Mais, dira-t-on, si les choux sont dangereux, pourquoi substituer à ce danger celui du Riz : le mieux seroit donc de proscrire l’une & l’autre culture, puisque les hommes sont le premier bien de l’Agriculture.

A cela nous répondons que l’expérience prouve que les environs d’un marais planté de choux sont infectés d’une odeur insoutenable ; comme on peut s’en assurer en se promenant dans les marais qui sont au-dessous de Belleville, & par la maladie à laquelle les habitans sont tous les ans sujets. C’est une espéce de gratelle qui dure une quinzaine de jours.

Cette observation une fois établie, il est aisé de prouver que le choux peut être dangereux sans que le Riz le soit, que par conséquent on doit proscrire la culture du premier sur de semblables terreins, & qu’on y doit au contraire encourager la culture du dernier : cette forte odeur qui se répand aux environs d’un marais planté de

choux prouve qu'il s'échape beaucoup de vapeurs, & que ces vapeurs même font les plus actives puifqu'elles font les plus déliées
de celles que le foleil attire du marais; ajoutez à cela qu'elles font
empreintes de la tranfpiration de la plante, qui par fa nature eft
malfaifante, comme l'expérience journaliere le prouve par l'ufage
que l'on fait du choux dans la cuifine. Il eft mal-fain fi l'on n'a pas
eu l'attention de lui faire dépofer fa verdeur, ce que les Cuifiniers
appellent *blanchir*.

D'ailleurs les fibres du choux font canelées, rien de plus certain, puifqu'il devient ligneux dans toute fa fubftance, au lieu
que le Riz eft farineux, & que cette partie fpongieufe de la plante
abforbe les vapeurs à mefure qu'elles s'élévent. Elles fervent même
à fa nourriture. La tranfpiration du Riz ne peut être par-là qu'extrêmement aqueufe, c'eft-à dire qu'il n'y a que les particules les
plus déliées de l'eau qui s'échapent par cette voie.

Voici donc la conduite que nous voudrions que l'on gardât
dans les pays où le climat eft affez chaud pour la culture du Riz.
Nous voudrions que par chaque paroiffe on cultivât feulement
trois arpens en Riz, divifés ou féparés fuivant la plus ou moins
grande proximité des villages ou hameaux. Il eft bien certain que
quand même il s'éleveroit une certaine quantité de vapeurs de
ces Rizieres & qu'elles ne dépafferoient point l'atmofphere; il eft
certain, difons nous, qu'elles ne pourroient jamais corrompre ou
altérer l'air au point de le rendre dangereux pour les habitans. Il
faut encore ajouter le fecours des vents qui font affez fréquens &
qui renouvellent affez fouvent les colonnes d'air pour que celui qui
eft empreint des vapeurs des Rizieres foit renouvellé autant qu'on
le peut defirer pour la fûreté des habitans.

On ne peut point révoquer en doute qu'il ne fe faffe une grande
confommation de Riz dans le Royaume de France, & nous
ofons avancer que l'on n'en confomme point autant qu'on le devroit, fi du moins on veut porter fes regards fur cette partie tendre
de la fociété deftinée à la renouveller; ces petits enfans, victimes de l'indigence de leurs parens & de la cupidité des févreufes recevroient par cette nourriture les principes d'un tempérament ferme, robufte & fain : que l'on confulte les meilleurs Auteurs on les
verra, quoique en controverfe fur prefque tous les points, fe réunir en faveur du Riz & décider unanimément qu'il n'y a point d'a-
liment plus falubre & plus analogue à l'eftomac; fi nous portons
nos regards fur ces parties du monde où l'on n'a pour nourriture

ordinaire que le Riz, nous verrons des hommes bien conſtitués, annoncer par leur maintien une ſanté à l'épreuve des intempéries de l'air & de la ſaiſon. Tel eſt en effet le propre des alimens farineux qu'ils portent dans le ſang des principes doux & rendent ſa circulation aiſée par l'impulſion légere qu'ils donnent aux ſolides.

Que l'on compte & que l'on réduiſe en maſſe les ſommes qui ſortent du Royaume au profit des étrangers, pour ſe procurer la quantité de Riz que les tables & la Médecine conſomment, on ſera étonné de la négligence des Cultivateurs François & encore plus de l'indifférence avec laquelle on les voit aller enrichir les Puiſſances qui nous fourniſſent cette graine admirable.

Lorſque nous avons demandé au Gouvernement trois arpens par paroiſſe dans les provinces méridionales pour la culture du Riz ; nous avions calculé auparavant, & nous avions trouvé que la ſomme du produit de cette denrée conſerveroit au moins dans la circulation de l'eſpéce du Royaume trois millions cinq cens mille livres. Nous ne rapportons point ici à la ſomme des avantages qui réſulteroient de cette culture, l'état ſain & robuſte que les enfans au ſévrage acquéreroient par l'uſage d'une nourriture ſi ſalubre.

Nous pourrions encore faire valoir en faveur du Riz le bien-être qu'il procureroit aux payſans du Royaume, en s'en nourriſſant de tems en tems, & la grande commodité que cette graine procureroit aux troupes dans leurs marches & dans certaines circonſtances où les vivriers n'ont point la facilité de faire arriver les fours au lieu de la deſtination des troupes.

D'ailleurs que l'on ſe repréſente qu'un homme ſeroit parfaitement bien nourri pendant deux jours avec une livre ou une livre & un quart de Riz, ſur-tout s'il ſe trouvoit dans un pays où il y auroit beaucoup de lait, ce qui arrive fréquemment aux troupes Françoiſes, puiſque le théatre de nos guerres eſt preſque toujours en Flandres ou dans quelque canton de l'Allemagne. Quels avantages ne réſulteroient donc point de la protection que le Gouvernement accorderoit à cette culture !

Il n'eſt point de production ſi abondante que le Riz : que l'on conſulte les Piedmontois, on apprendra que cette culture eſt une mine d'or pour eux. Auſſi le Gouvernement qui en connoît toute la valeur & tout le prix, prend-il toutes les précautions imaginables afin que la culture de cette plante précieuſe ne s'établiſſe point dans les autres pays. L'Eſpagne en cultive beaucoup : & tous ceux qui ſe livrent à cette culture conviennent qu'il n'y a point de production qui récompense si amplement les frais du Cultivateur que le Riz.

Nous ne sçaurions donc trop exhorter les Cultivateurs citoyens à se livrer à une culture d'autant plus digne de leurs soins, qu'en se procurant de grands avantages ils feront le bien de l'Etat. Ces deux motifs sont assez déterminants pour que nous osions nous promettre que quelque Cultivateur zélé secouera le joug du préjugé & que par son exemple il fera ouvrir les yeux à ses concitoyens sur l'utilité d'une plante qui procure une nourriture si salubre & qui la donne en si grande abondance.

D'ailleurs le Riz a encore la propriété de faire un pain délicat & salubre en le mêlant avec d'autres grains. Les Piedmontois jadis ne le cultivoient pas plus que nous. Ils en connurent le prix & en sentirent tous les avantages ; depuis ce tems ils en ont toujours suivi la culture avec d'autant plus d'assiduité qu'ils ont éprouvé à leur grand avantage que les récoltes du Riz étoient les plus abondantes de toutes.

CULTURE DU RIZ.

ARTICLE I.

Du terrein qui lui est propre.

LE Riz n'est point une plante vorace : elle ne consomme pas beaucoup de principes ; une terre quelconque, pourvu qu'elle en ait une certaine quantité, en a toujours assez pour favoriser la végétation de cette plante & lui faire acquérir sa parfaite maturité. Les terres légeres lui sont propres, pourvu que la couche inférieure ne laisse point échaper les principes de végétation que les eaux contiennent ; de sorte qu'on peut dire que le Riz tire sa principale nourriture de l'eau ; puisque l'expérience prouve qu'une terre médiocre devient très-fertile après qu'elle a été en Riziere pendant quelque tems.

ARTICLE

Article II.

De la situation du terrein.

IL faut que le terrein que l'on deſtine à une Riziere ſoit bien de niveau & bien expoſé au ſoleil, afin qu'il retienne bien l'eau & qu'on puiſſe par une pente douce la faire écouler chaque fois qu'on veut renouveller l'inondation. Les eaux de riviere ſont ſans contredit préférables aux eaux de ſource. Les eaux des marres & des étangs ſont celles qui occupent le ſecond rang : mais ſi l'on n'avoit que de l'eau de puits ou de fontaine, il faudroit avoir l'attention de faire paſſer ces eaux à travers une foſſe où l'on mettroit de la vaſe de riviere ; une certaine quantité de fumier de cheval & une égale quantité de crottins de mouton. Toutes les fois qu'on voudroit renouveller les eaux de la Riziere, il faudroit avec une barre ou une eſpéce de briſemotte bien remuer les matieres à travers leſquelles l'eau que l'on voudroit introduire dans la Riziere paſſeroit ; par ce moyen, on ſupplée au défaut des principes que les eaux de riviere portent avec elles : mais il eſt certain que le Riz n'a point autant de qualité, nous voulons dire qu'il ne prend point ſi bien l'eau quand on veut s'en ſervir : il gonfle difficilement & conſerve une eſpéce de crudité que l'on ne détruit qu'à force de le faire bouillir & de le remuer avec une cuillere de bois pendant qu'on le fait cuire.

Nous avons encore à faire obſerver qu'il faut que la Riziere ſoit bien expoſée aux rayons du ſoleil, les Rizieres qui n'auroient point cet avantage ne produiroient que des plantes grêles & peu abondantes en graine, & cette graine même n'auroit preſque point de qualité, en ce qu'elle ne ſeroit point ſpongieuſe & que par conſéquent elle ne prendroit que difficilement l'eau, & encore plus difficilement le lait ou le bouillon.

ARTICLE III.

Quelles préparations il faut donner au terrein destiné à une Riziere.

IL faut bien labourer la terre dont on veut faire une Riziere. Plus elle est ameublie & plus elle est favorable à la végétation du Riz, on la fume bien : si la terre est froide on sent qu'il faut lui donner les fumiers les plus chauds ; si au contraire elle est d'un tempérament chaud & sec, il faut l'amender avec des fumiers humides, comme avec le fumier de vache. On divise la Riziere par espaces quarrés à peu près comme les espaces des jardins ; on environne chaque espace d'une petite levée ou chauffée de terre relevée d'un pied & trois pouces de hauteur, & épaisse de deux pieds ; cette chauffée retient l'eau dans la Riziere : il faut qu'elle puisse soutenir un homme qui passe & repasse dessus pour l'arrosement. Il faut enfin que ces compartimens soient arrangés si commodément, que l'eau y découle avec facilité & y séjourne, sans s'extravaser par aucune crevasse. Il faut enfin qu'elle y soit retenue comme dans un petit étang. On voit bien par-là qu'il n'y a que les plaines qui puissent servir aux Rizieres. On fait couler l'eau d'un espace à l'autre par de petites ouvertures, ou ce que l'on appelle clefs pour les étangs, de sorte qu'on peut y faire couler l'eau & l'en ôter à volonté.

ARTICLE IV.

De la saison propre à semer le Riz.

APrès avoir bien labouré, ameubli, même pulvérisé la terre & l'avoir amendée avec du fumier analogue à son tempérament, on prend le commencement du mois d'Avril pour l'ensemencer ; on sème le Riz à peu près aussi épais que le froment & on le recouvre avec la charrue ou avec la herse.

On observera sur-tout de faire tremper la semence dans de l'eau pendant l'espace d'un jour ou deux & de la répandre toute humide sur le terrein ; quant même elle commenceroit à germer, elle n'en

pouffe que plus facilement & plus vîte : on couvre le terrein d’eau de
la hauteur de deux doigts, on la tient continuellement à cette hauteur. On voit dans peu de tems le Riz pouffer hors de la fuperficie
de l’eau, & quelquefois fi vigoureufement qu’il fe verferoit fi l’on
n’y apportoit reméde.

Lorfque l’on s’apperçoit de cet inconvénient on n’a qu’à lui ôter
l’eau pendant quelques jours jufqu’à ce que faute d’humidité il fe
remette en bon état : car, comme l’eau, nous l’avons déja dit, eft
l’aliment de cette femence, lorfqu’on l’en prive, on lui ôte toute
fa vigueur : ainfi lorfqu’après l’en avoir privé on voit qu’il eft fané
par le foleil, on lui redonne l’eau mais en plus grande quantité
qu’auparavant, c’eft - à - dire au moins de quatre ou cinq doigts
pour proportionner toujours l’eau au dégré de l’accroiffement de la
plante : on l’augmente alors qu’on s’apperçoit qu’elle fleurit & que
par conféquent elle va commencer de grener ; & on ne l’en ôte
plus, tant pour favorifer fon accroiffement que pour le préferver
de la nielle qui ne manqueroit point de l’attaquer fi on le privoit
de l’eau : on fait enfin écouler les eaux peu de jours avant que de le
récolter.

ARTICLE V.

Des foins qu’une Riziere exige pendant que le Riz eft fur pied.

SI le Riz produit beaucoup il demande en revanche beaucoup
d’attentions journalieres. Le Cultivateur qui entreprend cette
culture doit aller vifiter tous les jours tous les endroits de la Riziere, examiner les chauffées, les aqueducs, les clefs ou éclufes,
pour que l’eau n’y manque point & qu’elle ne s’échape point par
quelque lezarde & qu’au contraire elle y féjourne continuellement à la même hauteur. C’eft pourquoi on en remet tous les
jours de nouvelle pour remplacer celle que la terre & le Riz confomme.

ARTICLE VI.

Du tems auquel il convient de moiſſonner le Riz.

DE's que le Riz a acquis ſa parfaite maturité, ce qui arrive ordinairement dans le mois d'Août, on le coupe, après toutes-fois avoir quelques jours auparavant fait deſſécher la Riziere pour donner au Riz le tems de ſe dépouiller de ſon humidité naturelle. Quant à la façon ordinaire de le moiſſonner elle eſt la même que celle des autres grains ; ainſi on peut faire uſage dans la moiſſon du Riz des inſtructions que nous avons données pour récolter les bleds.

ARTICLE VII.

Quelles ſont les cauſes du bénéfice que les terres retirent d'être enſemencées de Riz.

NOus avons dit que la principale propriété du Riz eſt d'engraiſ-ſer les terres qui, lorſqu'elles ont été deux ou trois ans de ſuite en Rizieres, ſont propres à produire toutes ſortes de bleds, tant elles reçoivent de principes. Cette fertilité vient principalement de l'eau, dont le propre eſt d'amender les terres où elle ſéjour-ne ; les inſectes & les petits animaux qu'elle fait mourir par ſon ſéjour, les racines & les herbes nuiſibles qu'à la longue elle pour-rit, & enfin la terre végétale qu'elle dépoſe, ſont autant de cauſes de fertilité qui réſultent du ſéjour des eaux ſur un terrein. Or la Riziere étant toujours inondée ou du moins preſque toujours pen-dant près de cinq mois que le Riz eſt ſur pied, il n'eſt point étonnant qu'un terrein médiocre par ſa nature devienne très-abondant en principes : il en eſt enfin des Rizieres comme des étangs, ils ſont toujours très-fertiles.

ARTICLE VIII.

*Du mauvais air que la Riziere répand & des maladies qu'elle
caufe.*

L'Eau dormante & qui féjourne répand un mauvais air, cet air
en quelque façon corrompu eft la fource de beaucoup de maladies dans les pays où l'on cultive des Rizieres. Nous avons déja fait
voir qu'il y a beaucoup de terreins où les Rizieres loin de corrompre
l'air fervent au contraire à le purifier en retenant les vapeurs pour
la nourriture du Riz ; & quant même cela n'arriveroit pas, nous
avons fait obferver, qu'en ne mettant pas un grand efpace en Riziere, & fe bornant à des Rizieres d'un arpent ou d'un arpent & demi
bien diftantes les unes des autres, il étoit pour ainfi dire impoffible
que l'air s'imprégnât affez des vapeurs qui s'élévent pour être préjudiciable à la fanté. Nous ajouterons encore un reméde bien fimple dont nous avons déja indiqué l'ufage, mais que nous répétons
encore ici avec d'autant plus de confiance qu'il eft appuyé d'un Auteur refpectable (de Serres) il confifte à placer les Rizieres extrêmement loin des habitations.

Ainfi toutes les difficultés nous paroiffent affez pertinemment levées pour diffiper le préjugé qui prive la France d'une production
qu'elle ne peut fe procurer qu'au préjudice de l'efpéce qui paffe
chez l'étranger, production fi falubre & qui feroit d'une reffource
infinie dans les armées & dans nos campagnes où la plûpart de nos
Laboureurs exténués par des maladies & par la difette de bonne
nourriture recevroient une nouvelle façon d'exifter & deviendroient des hommes forts & robuftes de vrais fquelettes qu'ils
font.

CHAPITRE XI.

Mémoire envoyé d'Espagne sur le Riz à l'Auteur du Gentil-homme Cultivateur.

QUESTIONS SUR LE RIZ.

Quel Sol convient le plus à cette plante.

REPONSES.

TOutes les terres font propres, pourvu qu'elles puissent être arro-fées quand il est nécessaire ; en Espagne on se sert également de celles qui font marécageuses ; mais le Riz n'est jamais si parfait que dans les autres à moins qu'on ne puisse les dessécher lorsqu'il convient.

Quelle préparation il faut donner au terrein.

Il faut le labourer plusieurs fois pendant l'annnée & le préparer, comme on le fait pour les bleds, avec la différence qu'avant de se-mencer le Ris, il faut qu'il y ait, la derniere fois qu'on le laboure, environ quatre ou six doigts d'eau de hauteur, ainsi que quand on féme, & prendre garde que la terre soit de niveau, afin que celle-là puisse toujours courir par-tout & qu'elle ne croupisse jamais dans aucun endroit.

Quelle précaution y a-t-il à prendre au choix de la semence ?

Il n'y a qu'à avoir soin que le grain soit bon & bien net.

Quelle est la quantité que l'on jette sur un arpent, mesure de Paris.

On jette ordinairement la même quantité de Riz que du bled ; avec la précaution qu'avant de semer le Riz il faut le mouiller, parce que de cette façon il s'enfonce plus vîte, au lieu que s'il étoit sec il y auroit lieu de craindre qu'il ne s'en perdit beaucoup, tant parce que l'eau qui doit être toujours courante, l'emporteroit, que parce que les oiseaux qui en font extrêmement friands le mange-roient.

Quelle eſt la culture que l'on donne à la plante, tandis qu'elle eſt ſur pied.

Lorſque la plante eſt montée à la hauteur d'un pied ou environ, il faut la ſarcler comme le bled, & arracher les mauvaiſes herbes; & comme il arrive que les ordures & la toile verte qui ſe forme ſur l'eau, empêchent qu'elles ne puiſſent croître; on laiſſe ſécher la terre ſix, huit ou quinze jours (ſur tout le terrein) lorſqu'elle eſt de la hauteur de quatre à cinq doigts, afin que celles-là ſe ſéchent également; & quoique la plante du Riz ſe caſſe jaune dans cet intervalle, on ne doit rien craindre, puiſque lorſqu'on lui rendra l'eau, elle reprendra ſes forces & celles-là l'engraiſſent: cette opération ſe pratique deux ou trois fois, juſqu'à ce qu'on ſarcle; car depuis lors il ne ſera pas néceſſaire.

En quelle ſaiſon on ſéme, & quel eſt le terme plus favorable à la ſemence.

Elle ſe fait en Eſpagne, depuis la fin de Mai juſqu'au commencement de Juillet; que le tems ſoit ſec ou pluvieux, cela n'importe point.

Quels ſont les ſignes qui indiquent la maturité de la graine, en quel tems ils paroiſſent ordinairement.

Lorſque la paille eſt ſéche & jaune comme celle du bled.

Sçavoir ſi l'on arrache la plante à la façon du Lin, ou ſi l'on fauche à la façon du froment, & quelles précautions il y a à prendre pour ſéparer le grain de la paille, & comment ſe fait cette opération.

On la fauche comme le froment & auſſi près de l'épi qu'on peut, parce qu'il ne doit y avoir de la paille que pour pouvoir la lier en petites gerbes qu'on met ſur l'aire pour la dépiquer, (ce qu'on fait en Eſpagne avec des chevaux attelés) & on la repaſſe juſqu'à ce que le grain reſte ſéparé de la paille.

Quel est ordinairement le produit d'un arpent, tous frais de culture & récolte prélevés.

Cela dépend de la récolte & du prix du Riz, quoiqu'on peut compter sur 55 à 60 liv. plus que moins.

Comment renferme-t-on la récolte pour la conserver jusqu'au moment de la vente ou consommation.

Elle se conserve dans des greniers comme le bled, pourvu que l'on ait soin de la faire sécher avant de la faire renfermer, & de la remuer de tems en tems jusqu'à moitié de l'hiver & à proportion du plus ou moins qu'on connoîtra qu'il sera nécessaire.

Si l'on séme à la volée, ou si l'on laisse tomber perpendiculairement la semence de la main; si l'on ne fait point usage au Royaume de Valence pour cette plante de la culture par intervalle à la façon de Lucatello & du sémoir, & si cette nouvelle méthode ne seroit pas plus avantageuse que l'ancienne.

On séme à la volée comme le bled, & comme on ignore l'usage de Lucatello, on ne peut pas répondre sur le reste de l'article à moins que la méthode ne soit celle dont se servent plusieurs, qui se réduit à faire une pépiniere, qu'on replante de distance en distance, parce que pour lors la plante germe beaucoup, & de cette façon elle est beaucoup plus printaniere que l'autre & produit davantage.

Enfin ce que c'est que le moulin à Riz, s'il est le même que celui de Piedmont, & comment les habitans du Royaume de Valence exploitent ordinairement leur Riz.

Le moulin à Riz est le même que celui à farine, à l'exception que la meule d'enbas est couverte de liége par dedans, c'est-à-dire entre les deux, afin qu'elles n'écrasent point les grains, & pour cet effet on hausse un peu celle de dessus jusqu'à ce qu'il y ait assez de vuide pour que le Riz puisse se moudre sans s'écraser.

Sçavoir

*Sçavoir si cette culture porte préjudice aux habitans , & les pré-
cautions qu'ils prennent afin que l'air ne contracte point des
vices préjudiciables à la santé.*

La récolte du Riz est très-préjudiciable à la santé, parce que
dans tous les endroits où il y en a, les fiévres tierces y sont continuelles, sans qu'on puisse y remédier ; & c'est par rapport à cela
qu'il est défendu d'en semer à une lieue des environs des principales
villes ; quoiqu'il y ait des Médecins d'opinion contraire, qui disent qu'il est nécessaire dans des terreins marécageux, parce que
de cette façon on empêche que les eaux ne croupissent point ;
& comme la corruption de cette eau occasionne les maladies il y
en auroit moins.

On avertit que la terre où l'on séme le Riz ne produit point de
récolte que de deux en deux ans, parce qu'on doit avoir le tems de
la préparer, comme il est dit ci-dessus & que lorsque la plante est
à la moitié de sa maturité, on ne lui donne plus de l'eau, n'en ayant
pas besoin , & étant nécessaire que le sol se séche, afin qu'on
puisse la faucher plus aisément.

On a fait le calcul d'un arpent de cent perches qui est la même
chose qu'une angade d'Espagne.

Lorsqu'on dit que la plante du Riz doit se sarcler , on entend
qu'on doit seulement la nétoyer, c'est-à-dire arracher les mauvaises
herbes qui croissent avec le Riz.

CHAPITRE XII.

*Addition à l'article qui regarde principalement la préparation
du Lin.*

Nous avons donné toutes les instructions possibles sur la nature du lin. Mais nous ne sommes pas entrés dans un détail aussi
suivi sur sa préparation. Nous avons toujours dit que nous n'é-
tions qu'éditeurs ; par cet aveu nous avons renoncé au titre d'auteur ; si cet aveu n'est pas des plus flatteurs il devient du moins le
plus utile par le droit qu'il nous donne de moissonner des instructions qui tendent à la perfection de ce corps complet d'Agriculture.

Un Journal dans lequel nous avons trouvé un Mémoire sur la culture du lin, ne nous a rien appris relativement aux soins & aux façons que l'on doit à cette plante, tandis qu'elle est sur pied ; mais en revanche nous avouons que tous les documens qu'il présente sur la préparation de cette plante pour en tirer tout le profit possible, ne feront qu'ajouter considérablement à ceux que nous avons donnés, qui, il faut en convenir, sont bien inférieurs & bien moins lumineux que ceux que nous avons mis sous les yeux de nos Lecteurs.

Nous partons d'après l'opération du rouissage. Il n'est donc plus question que des préparations postérieures à celle-là pour se procurer la plus belle filasse. Il faut faire passer le lin par le haloir, ensuite à la broie, de-là il passe entre les mains des personnes qui se chargent de l'espader & de l'affiner ; ensuite on le serance. Pour que notre Lecteur profite encore plus facilement des observations qu'il a vues dans l'article du lin ; nous estimons qu'il est bon de parler encore de toutes ces opérations, afin que les Cultivateurs soient en possession des moyens les plus infaillibles de se procurer de la belle filasse.

Comme nous avons omis dans l'article qui regarde cette plante de faire connoître toutes ces préparations par leur nom, nous allons suppléer à une omission aussi importante. Haler le lin, c'est le dessécher parfaitement, afin que la chenevote devienne friable, & que par conséquent on puisse la séparer de la partie qui constitue la filasse. Pendant que le lin a demeuré au rouissage, toute la tige s'est amollie, & c'est l'objet qu'on se propose en le mettant dans l'eau ; pour pouvoir avec facilité séparer la filasse de la chenevotte, il faut avoir l'attention de faire sécher l'une & l'autre, de façon qu'en brisant la tige, les brins de la filasse qui sont colés le long de la chenevotte, puissent s'en séparer aisément. Cette facilité se fait sentir à proportion que le rouissage a plus ou moins dissout la gomme naturelle qui servoit à unir les fibres du lin au corps de sa tige. Il est d'usage dans certains endroits d'employer la chaleur du feu pour faire dessécher le lin. Cette méthode quoiqu'indiquée par cet excellent Mémoire, doit être proscrite, surtout quand on a la ressource du soleil : elle ne doit donc être pratiquée que quand la saison se trouve pluvieuse dans le tems qu'on sort le lin du routoir. Elle est en effet dangereuse à deux égards, le premier parce que le feu par ses suites, lorsqu'on n'a pas toute l'attention possible, peut causer de grands ravages ; aussi l'Auteur avertit-il les Cultivateurs de construire leurs haloirs de maniere que si le feu y prenoit il ne pût point se communiquer à quelque piéce de bâtiment. Le second, parce qu'il peut arriver aussi que le dégré de chaleur soit trop violent & qu'il desséche trop la filasse & la prive de cet humide qui la rend liante & continue. Il est des pays, comme par exemple la Guienne, où on ne connoît pas seulement les haloirs. On expose de la maniere que nous l'avons indiqué en son lieu, les poignées du lin en sortant du routoir, debout au soleil, & on les laisse ainsi le tems qu'il faut pour les dessécher. Il est certain que la chaleur du soleil est bien plus naturelle que celle du feu & qu'elle ne peut jamais altérer d'aucune façon la nature de la filasse, avantage d'autant plus précieux que c'est de ce point que dépendent les autres préparations que l'on donne à cette plante pour en tirer une filasse fine, douce, fléxible & bien liante.

On peut pratiquer deux méthodes pour haler le lin. Il est des Cultivateurs qui établissent contre un mur sur des montans & des traverses une claie dont les barreaux assez menus sont distants de deux pouces les uns des autres. Cette claie forme une espéce de table. Elle sert à soutenir le lin qu'on y étend & qu'on met épais de quatre, cinq ou même six pouces d'épaisseur. On allume dessous avec précaution un feu d'anciennes chenevottes ou autres matieres semblables. Il faut avoir grand soin de retourner le lin de tems en tems, afin qu'il séche également. On imagine bien que le lin qui est le plus près du mur est toujours celui qui se ressent le plutôt de la chaleur du feu, ainsi on ne retire que celui qui est au bord de la claie près de la muraille. On repousse à cette place du lin déja halé sur la même claye, de cette sorte tout le lin finit de se haler au même endroit. Afin qu'aucune place ne reste vuide, on remplit à chaque fois qu'on pousse le lin contre le mur le devant de la claie avec du nouveau lin.

Par ce détail on voit combien cette façon de haler est douteuse soit par rapport aux accidents du feu soit par rapport aux grandes attentions qu'il faut avoir pour pousser le lin contre le mur & pour remplacer de nouveau lin celui qu'on a poussé. D'ailleurs qui ne voit que quand même il n'y auroit point de danger, cette opération doit toujours être défectueuse en tout ou en partie. De bonne foi, à quelle personne de sa ferme un Cultivateur sage peut-il confier des soins si vétilleux, qui cependant sont indispensables ? L'Auteur du Mémoire a beau dire que le feu prend fort rarement au lin, & que quand même il y prendroit il n'occasionneroit pas une grande perte ; parce qu’on ne met à la fois fur la claie qu’une petite quantité de lin.

D’ailleurs il y a beaucoup de Cultivateurs qui prétendent , & ce n’eft pas fans raifon, que la fumée du feu de chenevotte ou de toute autre matiere altére la couleur du lin , & qu’à raifon de cette altération le lin , lorfqu’on veut le vendre, perd fon prix. Cependant, dit l’Auteur, ils font obligés de reconnoître que cette forte de fumigation ne fait aucun tort à la qualité de la toile, de forte qu’elle n’eft pas moins bonne, parce que cette teinture fe perd au blanchiffage ; principe auquel nous ne nous prêtons point. Nous foutenons au contraire que tout lin deflêché ainfi eft altéré non-feulement dans fa couleur, mais encore dans fa qualité, & que par conféquent la toile doit en être moins bonne. La raifon : la voici: la filaffe ne fe tient liée que par un humide glutineux ; fi le dégré de la chaleur du feu ne reffemble point abfolument au dégré de celle du foleil , il eft certain que quand le feu eft pouffé au-delà de ce dégré il deflêche cette humidité, qui conftitue effentiellement la filaffe, & que dans la fuite le favon mordant trop fur les brins des fils de la toile, ils fe divifent & fe convertiffent en duvet, ce qui annonce la deftruction prochaine de la toile.

La feconde façon que l’on pratique pour faire haler le lin, confifte à le mettre dans un four chaud. Les plus grands fours qu’on deftine à cet ufage ont quatorze ou quinze pieds de profondeur fur huit à dix pieds de largeur & cinq pieds d’élévation dans le centre. On en tient l’ouverture affez large pour qu’une perfonne puiffe y entrer. Après avoir fait chauffer ce four avec des chenevottes on a l’attention de le bien nettoyer avant que d’y mettre le lin. On fent bien que cette attention eft très-importante, attendu que s’il reftoit quelqu’étincelle, tout le lin pourroit prendre feu ; & la perte feroit alors bien plus confidérable qu’en fuivant la mauvaife méthode dont nous venons de parler, parce qu’un femblable four contient bien plus de lin qu’une claie telle que celle dont nous avons donné la defcription.

Après qu’on a bien nettoyé le four, une perfonne y entre & y arrange le lin, on ferme enfuite le four & on y laiffe le lin pendant toute la nuit. Comme cette chaleur eft tempérée, puifqu’elle n’eft communément qu’à cinquante-cinq dégrés du thermomètre de M. de Réaumur, il n’eft point furprenant qu’une fille y demeure le tems néceffaire pour arranger le lin fans en être incommodée ;

auffi doit-on porter toutes fes attentions à ne point faire trop chauffer le four fi l'on veut que l'opération réuffiffe.

Cette méthode-ci eft du moins beaucoup moins vicieufe à tous égards que l'autre. D'abord on ne rifque point les ravages du feu, enfuite la filaffe n'eft point fi expofée à perdre cette humidité glutineufe qui lui eft fi effentielle.

Le lin ayant refté pendant toute la nuit dans le four, on en retire le lendemain matin la moitié. On met cette moitié en tas & on l'enveloppe dans un drap pour la conferver dans fa chaleur, c'eft dans ce drap que les ouvriers qui paffent le lin par la broie le prennent poignée par poignée à mefure qu'ils en ont befoin. En effet c'eft une précaution effentielle de broyer le lin pendant qu'il eft fort chaud, fans cela la chenevotte fe brife mal, le brin fe fatigue, & il en réfulte beaucoup de déchet. Dans la Guienne on n'a pas cette attention. Les femmes broyent le lin, & cette opération fe fait ordinairement le foir au clair de la lune à la veillée. Ce qui fait que les gens du pays perdent confidérablement de filaffe malgré le double de peine qu'ils fe donnent en broyant le lin après qu'il s'eft refroidi.

Cette moitié étant employée on tire du four vers le midi l'autre moitié, & fur le champ on rechauffe le même four pour le remplir le foir de nouveau lin.

Le lin étant bien deffeché dans un de ces fours ou haloirs, on fe hâte, ainfi que nous venons de le dire, de le broyer pendant qu'il eft encore chaud. Cette opération confifte à brifer les tiges entre deux mâchoires de bois que l'on fait mouvoir perpendiculairement l'une fur l'autre, & la chenevotte fe caffe & tombe.

L'inftrument qui fert à cette opération, fe nomme broie. C'eft une efpéce de banc fait d'une piéce de bois de cinq à fix pouces d'équarriffage fur quatre à cinq pieds de longueur, montés fur quatre pieds d'environ deux pieds de hauteur : le banc eft creufé dans toute fa longueur de deux grandes mortaifes d'un bon pouce de largeur qui traverfent l'épaiffeur totale de cette piéce de bois. Ces deux mortaifes y laiffent ainfi trois languettes, qui font taillées en lames de couteau. On ajufte fur ce pieu une autre piéce de bois attachée par un bout à la premiere avec une cheville de fer, ce qui forme un mouvement de charniere. Le bout oppofé eft terminé par une poignée à l'aide de laquelle la perfonne qui broie le met en mouvement. Cette piéce fupérieure porte dans toute fa longueur deux ou trois languettes en forme de lame de couteau qui ren-

trent & s'ajuſtent dans les rainures ou mortaiſes de la piéce inférieure ; ce qui forme une eſpéce de mâchoire, & c'eſt de-là en effet
qu'elle en a eu le nom.

La perſonne employée prend une poignée de lin de la main
gauche, & de la main droite elle ſouléve la mâchoire ſupérieure de
la broie. La perſonne engage le lin entre les deux mâchoires auprès de la charniere, afin de profiter de toute la force du levier &
faire une grande preſſion, ſans cependant donner de violentes ſe-
couſſes, parce qu'on riſqueroit de rompre le lin. La broyeuſe en
hauſſant & baiſſant à pluſieurs repriſes la mâchoire ſupérieure,
briſe la chenevotte, puis tirant le lin entre ces deux mâchoires, elle
oblige les chenevottes de ſe ſéparer de la filaſſe, lorſque la poignée
qu'elle a miſe dans la broye en la tenant par l'un de ſes bouts, a été
ainſi préparée juſqu'à la moitié, elle prend dans ſa main le bout
oppoſé, elle entortille dans ſa main la partie déja broyée & donne la même préparation à celle qui ne l'eſt pas encore, de maniere que tous les brins de la poignée ayent quitté la chenevotte,
Cette poignée finie elle en reprend une autre juſqu'à ce qu'elle ait
ainſi préparé environ une livre de lin, pour lors elle le plie en deux,
& tord groſſiérement les deux portions l'une ſur l'autre : voilà ce que
l'on appelle lin brut.

Les grandes broyes ſont, comme on vient de le dire, de bois,
mais on en fait de plus petites qui ſont entiérement en fer, qui n'ont
qu'environ deux pieds & demi de longueur, elles ſervent à affiner
le lin déja préparé par les grandes ; elles en détachent les petites chenevottes qui reſtent adhérentes au lin malgré les premieres préparations. Ces petites broies ne ſont point par-tout en uſage, c'eſt
un raffinement de l'art qui, loin d'être abſolument néceſſaire,
prend beaucoup de tems, & qui fait que malgré cet affinage
l'eſpade emporte beaucoup de chenevottes. Nous croyons même
que l'opération de l'eſpade eſt auſſi inutile que celle que l'on fait
avec les petites broyes de fer, attendu que l'une & l'autre prennent beaucoup de tems & que le ſeran ſupplée à ces deux prépar
tions, dont l'utilité n'a pas été encore connue dans pluſieurs pays.

L'eſpadeur a pour outils un chevalet & un eſpadon ou eſpade :
le chevalet eſt une piéce de bois de quinze à dix-huit pouces de
largeur ſur huit à neuf pouces d'épaiſſeur & trois à quatre pieds de
longueur. A l'un de ſes bouts s'éleve une planche d'un pouce d'épaiſſeur, de dix à douze pouces de largeur & de trois pieds & demi
de hauteur ; à cette planche qui s'éléve verticalement & perpen-

diculairement sur la piéce de bois qui forme le pied du chevalet est au bout d'en-haut une large entaille demi-circulaire d'environ cinq pouces d'ouverture & de trois pouces & demi de profondeur; les bords ou levres de cette entaille doivent être abbatus & fort polis, afin qu'ils ne déchirent pas le brin.

L'espade est une espéce de palette faite d'une planche mince qui doit avoir pour le moins sept à huit pouces de largeur. Si elle étoit plus étroite en frappant le brin avec le tranchant de cette palette, il lui seroit facile de s'entortiller autour d'elle. Il est aussi à propos que le bois de cet outil soit fort poli, sans quoi on déchireroit le brin, ce qu'il faut éviter avec beaucoup de soin. La personne qui espade prend de sa main gauche une petite poignée de brins de lin brut à peu près par le milieu, elle appuie cette poignée sur l'échancrure circulaire de la planche du chevalet, de maniere que la moitié de la longueur pend le long de la planche; elle frappe cette portion de brin avec le tranchant de l'espade en ne donnant que des coups modérés pour ne point rompre les brins. Après avoir frappé plusieurs coups, elle secoue bien la poignée pour faire tomber les chenevottes, ensuite on la retourne sur l'entaille, & il faut continuer de frapper jusqu'à ce que le brin paroisse bien net & que ses filaments paroissent bien droits : enfin on retourne sa poignée bout pour bout, & on prépare cette seconde moitié comme on a fait l'autre : au reste il est essentiel de recommander à la personne qui espade, de travailler le milieu des poignées comme les extrémités, & néanmoins de prendre bien garde de frapper avec le tranchant de l'espade sur l'échancrure de la planche, parce que l'on couperoit le brin. Il faut aussi éviter de laisser échaper les brins de la main gauche, parce que les brins qui en sortiroient tombant parmi les chenevottes seroient en pure perte pour le Cultivateur.

On voit par le détail de cette opération que l'objet de l'espade est de dégager le lin d'une partie des chenevottes qui y restent encore attachées malgré l'opération de la broie & qu'on a en vue de l'affiner. Aussi cette préparation est-elle extrêmement délicate & demande-t elle beaucoup d'attention, car si la personne qui la donne ne ménage point avec douceur les filaments, de peur de les rompre, loin d'être avantageuse elle devient préjudiciable.

Comme malgré tous ces soins, le milieu des poignées se trouve encore rude au sortir des mains de ceux qui ont espadé; on passe cette partie sur une lame de fer large de trois ou quatre pouces, épaisse de deux lignes, longue de deux pieds & demi, & que l'on

poſe verticalement & attache ſolidement à un poteau. Le bord intérieur de cette lame doit être poli & former un tranchant émouſſé.
On peut nommer cet inſtrument un affinoir. L'affineur ou affineuſe
prend de la main droite une poignée de chanvre ou de lin par le
gros bout comme lorſqu'on la paſſe ſur le ſeran ou peigne; on
paſſe cette poignée derriere la lame & on en ſaiſit la pointe avec
la main gauche. On appuye le milieu ſur le trenchant émouſſé du
fer en tirant fortement de la main droite, pour que le frottement
contre le trenchant opére ſon effet. On réitére ce mouvement pluſieurs fois, & l'on fait enſorte que les différentes parties de la poignée portent ſur le fer, moyennant quoi le lin a reçu une préparation convenable.

Ces différens procédés doivent, comme on le voit, occuper beaucoup de gens & longtems. Il eſt des cantons où on les ignore, &
ou quand on leur en donneroit la connoiſſance ils ſe donneroient
bien de garde de les adopter; parce qu'il eſt certain qu'après que le
lin a été broyé, il reçoit par les différens ſerans ſur leſquels on le
fait paſſer, tout l'affinagne poſſible. Ainſi l'eſpade & l'affinoir deviennent non-ſeulement ſuperflus mais encore trop diſpendieux ſoit
par le tems qu'ils conſomment, ſoit par le nombre de gens qu'ils
occupent dans les pays où l'on s'adonne principalement à la culture
du lin & du chanvre.

Il eſt des pays où pour affiner le lin on le bat avec un gros maillet ſur un billot de bois pour ſéparer les fibres longitudinales. Quelques Cultivateurs avant cette opération mettent les brins en cade-
nettes, c'eſt-à-dire en pluſieurs petites parties entrelacées dans
toute leur longueur, pour empêcher les filaments de s'éparpiller
ſous les coups du maillet.

Ici l'Auteur du Mémoire paroît ſe tromper; car cette opération dans les endroits où on la pratique, précéde celle de la broye,
ſans quoi il eſt bien naturel de penſer que l'on expoſeroit beaucoup les brins à ſe rompre.

Il eſt encore d'autres perſonnes qui pour ſe procurer du lin très-
fin, le paſſent ſur le frottoir: cet inſtrument eſt compoſé d'une planche d'un pouce & demi d'épaiſſeur, ſolidement établie ſur la même
table où ſont les ſerans. Il y a au milieu de cette planche un trou
de trois ou quatre pouces de diamétre, dont la face ſupérieure eſt
travaillée de maniere qu'elle paroît couverte d'éminences taillées
en pointes de diamants; lorſqu'on fait uſage de cet inſtrument on
paſſe une poignée de filaſſe par ce trou, & l'on retient avec la main

gauche

gauche un bout de la poignée sous la planche ; pendant qu'avec la main droite on frotte le milieu de la poignée sur les crenelures du trou. Cette opération affine beaucoup de brins, mais elle rompt quantité de filaments & en mêle d'autres : ce qui cause beaucoup de déchet. Il arrive même que le fil que l'on fait d'un brin si frotté & affiné se trouve couvert de duvet, & que la toile qu'on en fait paroît être élimée ; ce qui ne la rend ni belle au coup d'œil ni d'un bon usage. Il faut donc conclure delà que cette opération est trop forte, & qu'on fera beaucoup mieux de ne pas la mettre en pratique.

Il est étonnant que l'on ne fasse point en France usage du moulin dont les Hollandois se servent pour affiner le lin. On dit que cette machine divise admirablement les filaments sans déchet & sans fatiguer le brin. Il est certain qu'elle devroit être préférée à toutes les préparations que nous venons de faire passer sous les yeux de nos Lecteurs. Il est à présumer que ce moulin doit être beaucoup plus expéditif ; raison assez forte pour que l'on le préfere.

Nous pensons qu'une machine faite comme comme un pressoir à huile seroit extrêmement avantageuse en observant que les poignées que l'on mettroit sous la meule fussent comprimées uniformément & transversalement de l'un à l'autre bout par la meule. Il y auroit un très-grand avantage à pratiquer cette méthode, d'abord parce que les fibres du lin deviendroient bien plus flexibles ; en second lieu, parce qu'étant moins aërées, elles ne se dépouilleroient point tant de l'humide radical qui leur est nécessaire pour former de la bonne filasse ; en troisiéme lieu, parce qu'une fille qu'on auroit mis au fait suffiroit pour fournir de lin le pressoir à mesure qu'il en fouleroit par le secours d'un cheval qui tourneroit la meule ; en quatriéme lieu enfin parce que l'on épargneroit le tems & les hommes qui dans l'Agriculture forment les principaux frais.

Lorsque les fibres du lin ont été suffisamment séparées les unes des autres à proportion de l'usage auquel on destine la filasse qui en doit provenir, les affineurs donnent à ces brins la derniere préparation, qui consiste à les passer sur les peignes à dents de fer ou de laiton que l'on nomme serans.

Cet instrument est une espéce de peigne formé de sept à huit rangées de dents de fer ou de cuivre, à peu près semblables aux dents d'un rateau, fermement assujetties par leur gros bout dans une planche de bois dur que l'on fortifie encore d'une feuille de taule ou de fer blanc. Les dents des gros serans doivent être limées &

apointées en lozanges, celles des petits doivent être rondes & placées en forme d'échiquier.

Il faut, quand on veut donner parfaitement cette derniere préparation, avoir des ferans de quatre grandeurs différentes. Les
dents des grands ferans doivent avoir par le bas une ligne en quarré fur trois pouces & demi de longueur. Les dents les plus fines font
de la longueur & de la groffeur des aiguilles à coudre la toile de
ménage.

Il faut d'abord commencer par faire paffer la filaffe fur les gros
ferans. Par un mouvement circulaire on fait tomber l'extrémité
de la filaffe fur les dents du feran. Si l'ouvrier éprouve trop de réfiftance il dégage fa filaffe d'entre les dents, & il en engage une
moindre quantité. Lorfqu'il en a bien démêlé la pointe, il en engage une plus grande longueur, & il démêle ainfi peu à peu toute la
portion de filaffe qui n'eft pas entortillée autour de fa main droite.
On imagine fans doute tous les ménagemens que cette opération
exige. Autrement un ouvrier maladroit occafionneroit beaucoup
de déchet, parce qu'au lieu de les démêler il romproit les filaments.

Lorfque la pointe de la filaffe n'éprouve plus de réfiftance en
paffant par le feran l'ouvrier prend cette partie & l'entortille autour
de fa main droite & ferance le refte avec les mêmes précautions.
On fait enfuite paffer fucceffivement cette même filaffe fur des
ferans plus fins jufqu'au dernier : & comme ce travail exige plus
d'adreffe que de force, il eft ordinairement exécuté par des femmes, qui finiffent leur travail par plier les poignées en deux, & par
tortiller proprement l'une fur l'autre les deux moitiés pour former
des paquets qui contiennent la quantité de brins néceffaires pour
garnir (ce que l'on appelle charger) une quenouille : c'eft cette
forte de filaffe qu'on appelle le premier brin, & qui eft la plus
belle.

On fait fubir de nouvelles épreuves à travers les ferans, à la
filaffe ou étoupes qui reftent du premier brin : par cette nouvelle
préparation on en retire un autre brin très-fin, mais plus court que
le premier que l'on nomme fecond brin & dans bien des pays
étoupe. On le mêle fouvent avec le premier. Les bourgeois ne mettent point en pratique cette pitoyable œconomie lorfqu'ils de-
ftinent le premier brin à leur ufage. Mais c'eft une fupercherie pratiquée parmi les marchands. La matiere qu'on a encore tiré du fecond brin, eft encore paffée par le feran, & l'on en retire le bot,
& non l'étoupe, comme le prétend l'Auteur du Mémoire. On

en fait des torchons ou de la toile d'ambalage , si on ne veut point la passer sur le seran, on la carde.

Telles sont les diverses préparations que l'on peut donner au lin pour lui faire acquérir le point propre à être mis en œuvre pour tous les usages que l'on lui connoît.

Nous ne finirons point cette addition sans faire observer que les chanvres ressemblent aux lins quant à leur culture & aux diverses préparations nécessaires pour en faire de la bonne filasse. Ce sont les mêmes opérations pour l'une & l'autre plante, qui ne diffèrent en quelque sorte entre elles pour notre avantage particulier, que sous ce seul point de vue, que quelque peine que l'on puisse prendre à l'égard des chanvres, il est bien difficile d'en faire une filasse aussi fine que celle que l'on tire du lin. Mais en revanche la filasse du chanvre a-t-elle cet avantage sur celle du lin, qu'elle sert à faire des ouvrages, sinon plus beaux au coup d'œil, du moins plus solides & plus durables. Ainsi tous les documens que l'on vient de voir pour le lin peuvent & doivent être appliqués aux chanvres; de sorte que les opérations sont précisément les mêmes pour ces deux plantes. Il y a cependant une différence à mettre entr'elles & qui consiste en ce que comme les fibres du chanvre ont beaucoup plus de corps & qu'elles sont par conséquent plus fortes ; il faut pour les affiner employer des outils qui aient plus de corps & plus de force & par conséquent aussi des ouvriers qui soient beaucoup plus robustes que ceux que l'on emploie aux préparations des lins ; puisqu'il est vrai qu'en plusieurs pays il n'y a que les femmes qui se mêlent de préparer ces derniers.

CHAPITRE XIII.

Addition à l'Article du Labourage sur le bled de Miracle.

NOus n'avons point parlé d'un bled qu'on appelle bled de miracle & qui vient de Smirne, il est sans contredit de tous les froments celui qui récompense le plus largement les peines du Cultivateur ; il est aussi connu sous le nom de bled de Smirne. Il produit si abondamment qu'on a cru ne pouvoir plus particulierement le désigner qu'en l'appellant bled d'abondance, de providence ou de miracle.

Cette plante merveilleuse produit un épi qui est le principal, & plusieurs épis latéralement placés, qui forment une touffe beaucoup plus grande qu'un œuf ordinaire. On imagine bien qu'un pied de froment semblable ne peut que rendre beaucoup de graine. Car il y a des Auteurs qui rapportent que l'on a vu sept livres de semence produire quatre cent trente livres de froment d'une excellente qualité, & dont on a fait d'excellent pain.

A l'aspect d'un produit si considérable tout devroit engager les Cultivateurs à s'adonner uniquement à la culture de ce froment si toutes les terres étoient propres à lui fournir la quantité de sucs qu'il consomme : mais comme il lui faut une terre qui abonde en principes à proportion de sa production immense ; il ne faut point le confier à toutes sortes de sols. Ce seroit en pure perte. Il n'y a que les terres qui sont par elles-mêmes substantielles qui puissent lui convenir, encore même faut-il qu'elles soient bien amendées & bien cultivées.

Tems de le semer.

Ce grain se séme en automne comme les autres bleds d'hiver. Il faut sur-tout observer de le semer beaucoup plus clair que les autres bleds. Il faut même encore ne pas tant en employer que pour les bleds de Mars. De sorte que tout au plus huit boisseaux, mesure de Paris, suffisent pour bien ensemencer un arpent de terrein ; sur quoi il est à remarquer que ces huit boisseaux de semence étant passés à la chaux, comme nous avons recommandé de le pratiquer pour garantir le bled des maladies qui l'attaquent, se renflent de plus d'un huitiéme, de maniere que leur volume équivaut à dix boiſſeaux, ou peu s'en faut.

Ce froment malgré la grande abondance qu'il produit, n'exige pas de culture plus ſuivie & plus exacte que celle des autres fro-ments, pourvu qu'on ait eu le ſoin de le confier à une terre aſſez abondante en principes. On a ſeulement remarqué (& il eſt eſſen-tiel de le faire obſerver ici) qu'il eſt très-avantageux de le mettre un peu profond dans la terre ; ce qui aſſurément eſt bien naturel, puiſqu'il târe beaucoup, & qu'il part pluſieurs tiges d'un ſeul pied ; ce qui, comme on le voit, demande que ſes racines puiſſent trouver à ſe nourrir davantage dans la terre, pour être en état de fournir la quantité de ſucs que les tiges conſomment & doivent en effet conſommer.

Il n'y a point de ſaiſon plus favorable pour ſemer ce grain, que l'automne. La prudence veut que l'on préfere cette ſaiſon, parce que le bled n'eſt expoſé à d'autre inconvénient qu'aux gelées. Cepen-dant on a obſervé, qu'en ſemant ce bled au commencement du mois de Février, on le faiſoit avec ſuccès ; il eſt vrai que cet eſſai avoit été fait dans un jardin & par conſéquent ſur un bon terrein, qui d'ailleurs étoit bien abrité.

Or il s'eſt trouvé que ce bled a plus rendu que le bled de Mars ordinaire que l'on ſéme au printems. Tout ce que l'on peut dire de cette expérience c'eſt que la terre de ce jardin étant bien pré-parée ainſi qu'il eſt d'uſage, la ſemence a fait en peu de tems d'aſ-ſez belles pouſſes, & s'eſt bientôt miſe en état de ratraper la force & la bonne conſtitution de celle que l'on a ſemée l'hiver.

Au ſurplus, ſi cette expérience a eu quelque ſuccès, nous ne pou-vons nous empêcher d'avouer qu'il y auroit beaucoup d'imprudence de la tenter ſans néceſſité, ſurtout en pleine campagne ; attendu que ces terres, quelques ſubſtantieuſes qu'elles puiſſent être ne peu-vent être comparées avec la terre d'un jardin, & que d'ailleurs elles ſont expoſées à toutes les injures de l'air, & qu'ainſi le Cultivateur auroit toute raiſon de craindre que le grain ne pérît après avoir percé la ſuperficie.

Il ne ſeroit pas moins imprudent & par conſéquent moins dange-reux de retarder à ſemer ce bled à la fin de Mars ; parce que comme alors les grands froids ſont paſſés il pourroit bien arriver qu'il pren-droit un certain accroiſſement, & même qu'il viendroit à épier ; mais les chaleurs du mois d'Août arrivant préciſément lorſqu'il ſe-roit en fleur l'échauderoient au point que le grain ne pourroit ſe former & que la tige se desséchant bientôt après ne rendroit aucune récolte.

Si l'année étoit chaude mais humide, il pourroit quelquefois se faire que le bled semé dans la saison du printems produisit quelques bons épis. Mais nous assurons que cela est très-rare. Il en est en effet de ce bled comme de celui d'hiver, qui réussit rarement quand il n'est pas semé dans sa vraie saison; comme par exemple quand on le séme au printems au lieu de le semer en automne.

Quant à la grosseur de ce bled elle est à peu près la même que celle du bled de Mars. Il n'en est pas de même du poids, il excéde au moins d'un douziéme le poids du froment ordinaire; autre avantage qui doit encore encourager les Cultivateurs à en entreprendre la culture. Il n'en est point qui soit si profitable pour le pauvre, parce qu'il est de tous celui qui rend le plus & qui par conséquent occupe plus utilement la terre.

CHAPITRE XIV.

Addition à l'Article du Safran, sur les maladies qui attaquent cette plante.

NOus avons assez détaillé tous les soins qu'exige la culture du safran & ceux que demande la façon de le récolter à profit. Mais nous n'avons que foiblement fait connoître à nos lecteurs les maladies auxquelles cette plante précieuse est exposée; nous manquerions donc en partie notre objet, si nous ne profitions des lumieres que nous donne un Journal, pour instruire sur un point si important les personnes qui fixent tous leurs revenus à cette production.

Le safran, dit l'Auteur que nous suivons, est sujet à trois maladies qui l'attaquent assez souvent; à le prendre à la rigueur, on pourroit dire qu'il n'y en a que deux, puisque la troisiéme est le comble des deux autres; car la mort de la plante s'ensuit. On connoît les deux premieres sous le nom de *fausset* & de *taçon* : elles font un ravage affreux dans les saffranieres. Il étoit donc bien important de ne pas les omettre dans un corps complet d'Agriculture comme celui-ci, où nous nous sommes attachés à rassembler pour l'utilité & la commodité du Cultivateur tout ce qui peut l'instruire efficacement ou le désabuser des anciens préjugés comme aussi des innova-

tions systématiques & imaginaires, que plusieurs Ecrivains mettant
avec perfidie à profit, le goût dominant que l'on a aujourd'hui pour
l'Agriculture, ont enfantées, sans peut-être avoir les premiers éléments de cet art.

La maladie que l'on appelle le fausset est une excrescence mon-
strueuse qui se forme auprès du jeune oignon; elle en arrête la végétation en absorbant la substance que le maître - oignon envoye
pour son accroissement. On lui a donné ce nom, parce qu'elle en a
en effet la forme.

Cette maladie est très - dangereuse en ce qu'elle traverse la multiplication des oignons. Il est vraisemblable que cette excrescence
n'a d'autre principe que la surabondance de la séve qui s'engor-
geant dans quelque partie de l'oignon y produit des anévrismes.
C'est ici le même méchanisme que nous avons fait observer dans
les excrescences ou loupes qui viennent aux arbres. Quand cet
anévrisme n'a pas fait beaucoup de progrès on peut, lorsqu'on arrache les oignons, remédier à ce mal, en emportant avec un couteau les parties de chaque oignon qui sont altérées ou surchargées
de quelque corps étranger; cette maladie cependant ne doit pas
allarmer infiniment les Cultivateurs; elle ne se communique
point à toute la safraniere, comme les maladies du bled. Or dès
qu'elle n'est pas contagieuse le préjudice qu'elle porte ne sçauroit
être considérable; reste donc au Cultivateur à avoir l'attention de
bien nettoyer ses oignons quand il les arrache.

Celle que l'on nomme le taçon est une carie qui attaque le corps
même de l'oignon, & qui est d'autant plus à craindre qu'elle fait un
ravage total dans l'intérieur de l'oignon sans altérer du tout la
partie extérieure. Cette tache commence par une petite tache
purpurine ou brune qui dégénere en ulcere sec, qui attaque de plus
en plus la substance de l'oignon, qui gagne le cœur, & enfin le
ronge au point qu'il périt.

Les Ecrivains Agriculteurs n'ont point encore annoncé la
cause de cette maladie. Tout ce qu'ils ont pu observer, c'est qu'elle est plus fréquente dans les terres roussâtres que dans les noires.
Le seul moyen qu'on puisse mettre en usage pour guérir les oignons qui en sont attaqués est d'emporter l'ulcere avec un couteau & de laisser l'oignon un peu se dessécher avant que de le mettre en terre; mais pour que cette opération réussisse, il faut préalablement que l'ulcere n'ait pas pénétré trop avant dans la substance
de l'oignon : il est des Cultivateurs qui croient tellement que

cette maladie eſt contagieuſe que pour couper toute communication avec les oignons ſains , ils font planter à part les oignons enta‑ més , & cette précaution eſt prudente : cependant l'expérience prouve que lorſque l'on a eu l'attention de bien nettoyer les oi‑ gnons, c'eſt-à-dire, de racler l'ulcere juſqu'au vif, on peut eſpérer d'en voir la plus grande partie bien conditionnée l'année d'après qu'on les a replantés.

La maladie à laquelle on a donné le nom de mort, devroit plutôt être appellée peſte. Elle eſt en effet pour le ſafran comme pour plu‑ ſieurs autres plantes ce qu'eſt la peſte pour les hommes & les ani‑ maux. Dès qu'un oignon en eſt attaqué il devient contagieux & communique ſon mal aux oignons voiſins , de ſorte qu'il fait périr tous les oignons dans un eſpace circulaire, & il ſe trouve au cen‑ tre. On voit par-là que le mal gagnant de proche en proche, un ſeul oignon vicié peut faire périr toute une ſafraniere.

Il eſt donc bien important pour le Cultivateur d'examiner ſes oi‑ gnons avant que de les planter; parce que ſi par inadvertance il en plante un qui ſoit attaqué de cette maladie, il eſt comme cer‑ tain que tout le champ s'en reſſentira. Cette maladie eſt ſi conta‑ gieuſe que ſi l'on prend une pelletée de terre dans un endroit qui en eſt infecté & que ſi on la jette dans un champ dont les plantes ſont ſaines elles en ſont tout de ſuite infectées.

Symptômes.

Elle attaque d'abord les enveloppes de l'oignon, elle les rend violettes & hériſſées de petits filaments : elle pénétre enſuite la ſubſtance même de l'oignon, & gagne inſenſiblement le cœur & le fait périr infailliblement. D'ailleurs ce déſordre eſt ſi conſidéra‑ ble que quoi qu'il ſe paſſe dans l'intérieur de l'oignon, & que par conſéquent il ne ſoit pas viſible, puiſque cette partie eſt en terre, néanmoins il s'annonce au-dehors par des ſignes évidens qui précé‑ dent la mort de la plante. On voit en effet ſes feuilles jaunir & ſe deſſécher, les fleurs ne paroiſſent point ; de ſorte que ſans être obligé de lever tous les oignons , on diſtingue tout de ſuite par la couleur des feuilles les oignons qui ſont malades.

Quoiqu'on ne connoiſſe point de reméde certain, on a cepen‑ dant trouvé le moyen de préſerver la ſafraniere. On fouille dans le mois de Mai tout autour des endroits infectés des trenchées pro‑ fondes d'un pied , & l'on jette la terre que l'on en tire ſur celle où les oignons périſſent : par ce moyen on coupe toute communi‑ cation entre les oignons ſains & ceux qui ſont malades ; ce qui eſt

d'autant

d'autant plus intéreffant que les progrès de la contagion font tels qu'en une année de tems un feul oignon infecté fait périr ceux qui l'entourent à un pied de diftance & ainfi de proche en proche toute la fafraniere. Il faut que la caufe de cette maladie foit bien pernicieufe & qu'elle foit bien adhérente au terrein, puifque l'on remarque que les oignons qu'on voudroit y planter au bout de douze & même de quinze ans, quelque fains qu'ils fuffent feroient attaqués en peu de tems de cette maladie s'il y avoit eu précédemment des oignons peftiférés.

Il n'y a point de terre ni de pays où l'on cultive cette plante, qui la mette à couvert de ce fléau. On remarque en effet que lorfque le fafran a pourri dans une terre, il y laiffe une infection & une odeur maligne qui fait pourrir pendant bien des années les oignons qu'on a l'imprudence d'y planter.

Il eft des Cultivateurs qui prétendent que les tranchées que l'on fait pour arrêter la communication, n'empêchent point que la pourriture ne gagne les oignons fains, d'où ils concluent, qu'arracher les oignons infectés eft le moyen le plus affuré de garantir le refte de la fafraniere.

M. Duhamel qui a fait beaucoup d'obfervations fuivies fur cette maladie, & qui ayant une terre dans le Gatinois eft à portée de s'inftruire, fe flatte d'avoir découvert, finon la caufe, du moins les effets de cette maladie. Mais ce dernier article n'étoit pas bien difficile à obtenir, puifque les Cultivateurs qui s'adonnent à la culture du fafran ne les reffentent que trop par les pertes qu'ils font. M. Duhamel prétend que c'eft une efpéce de truffe dont la fuperficie eft velue, groffe à peu près comme une noifette, qui a l'odeur d'un champignon avec un retour terreux. Il ne réfulte donc de toutes les attentions auxquelles cet Académicien s'eft livré, aucune connoiffance de la caufe de cette maladie, & par conféquent aucun indice propre à nous la faire attaquer efficacement. Tous les foins du Cultivateur doivent donc fe borner à bien vifiter fes oignons, à les bien nettoyer avant que de les planter, & à pratiquer des tranchées profondes, même de plus d'un pied autour des oignons corrompus, s'il y en a, malgré les foins que nous avons recommandés. Il eft des perfonnes qui confeillent de mettre de la chaux pour une plus grande fûreté dans la tranchée. Nous ne croyons point que cette recette fût favorable à une plante auffi tendre & auffi délicate que le fafran; mais comme ceux qui font

de cet avis, avouent qu'ils ne font que préfumer l'avantage qui en réfulteroit ; nous avouons de même que l'obfervation que nous faifons
fur le danger que l'on courroit en faifant ufage de la chaux n'eft
qu'une préfomption.

Au refte, on ne fçauroit que donner beaucoup d'éloges aux
foins & aux peines que M. Duhamel s'eft donné pour découvrir la
caufe d'une contagion qui fait tant de ravage ; il feroit à fouhaiter que les Cultivateurs qui font en état de faire des obfervations
fuiviffent fon exemple, peut-être parviendroit-on à la fin à découvrir le principe de la deftruction des fafranieres, & il n'eft pas douteux que cette connoiffance une fois acquife, on n'obtînt avec plus
de facilité celle du reméde.

CHAPITRE XV.

Addition à l'Olivier.

NOus n'avons point parlé dans l'article de l'Olivier d'une maladie qui attaque le fruit de cet arbre. C'eft un ver qui eft en-
dedans de l'olive & qui s'en nourrit aux dépens du Cultivateur.

On a voulu chercher comment le ver fe formoit dans l'olive ; puifqu'il eft bien certain que la fuperficie du fruit ne paroît altérée que
quelque tems après que le ver a fait fes ravages dans l'intérieur ;
on n'a rien trouvé de fatisfaifant. Mais du moins comme c'eft ici un
animal qui fait le mal, on a découvert le moyen de lui faire la
guerre & de l'empêcher de porter autant de préjudice qu'il en apporte à ceux qui ignorent ce fecours. Il faut, lorfque l'on craint
d'avoir des olives attaquées de cette maladie, avoir l'attention
de prendre des feuilles d'olivier & de les faire macérer dans de
l'eau où l'on met une fuffifante quantité d'abfynte, d'ail, de chaux
& de fuye. On en jette la valeur de deux pintes pendant cinq ou
fix jours au pied de l'arbre, & on prend une certaine quantité de
feuilles macérées que l'on enfouit autour de l'arbre à trois ou quatre
pouces de profondeur. Le vrai tems dans lequel il convient de
faire cette opération, eft quand on voit que la fleur va fe tourner en
fruit. C'eft à un Cultivateur Efpagnol avec lequel nous fommes
en relation, que nous devons cette admirable recette. Nous la com-
muniquons avec d'autant plus de plaifir qu'elle eft fûrement igno-

rée en France & que l'on ne rifque rien à en faire l'eſſai.

Quant à la quantité des drogues que nous indiquons, elle ſe borne à mettre un tiers de chaux ſur deux tiers de ſuie. Par exemple ſur cent pintes d'eau deux litrons de chaux & ſix de ſuie ſuffiſent avec trois ou quatre poignées d'abſynte. Quant aux feuilles d'olivier on peut en mettre tant que l'on voudra.

CHAPITRE XVI.

Sur les Peaux & ſur les Cuirs.

NOus finiſſons cet ouvrage par un article que les Ecrivains Agriculteurs ont négligé, parce qu'ils ſe ſont conformés à l'uſage établi parmi les Cultivateurs de vendre les peaux & les cuirs tout brutes.

Dans les grandes Fermes on ne ſe contente point de vendre, comme l'on fait ordinairement dans les petites, les bœufs & les vaches au marché, ou bien au boucher ; on en tue auſſi dans la Ferme pour la conſommation des gens qui la deſſervent, & alors on vend les peaux & les cuirs tout cruds. Mais comme cet uſage eſt toujours au détriment du Cultivateur, parce que l'acheteur ſçait que le vendeur eſt obligé de prendre ce qu'il veut bien lui en donner plutôt que de les laiſſer gâter en les gardant, il eſt bon de lui donner quelques inſtructions pour le mettre en état de préſerver ſes peaux & ſes cuirs de la vermine, & par ce moyen d'éviter une vente forcée.

La peau d'un animal ſe conſerve bien plus de tems en hiver qu'en été. Ceux qui font ce commerce conſervent longtems les peaux par le ſecours du ſel. Pourquoi le Cultivateur ne ſe ſerviroit-il pas de cette reſſource pour ſe ménager l'avantage de vendre librement ?

On mêle une quantité de ſel avec la dixiéme partie de ſon poids d'alun réduit en poudre. On étend la peau ſur le plancher, & un homme robuſte la frotte bien avec ce mêlange, particulierement dans les endroits épais & dans les crevaſſes ; on plie enſuite la peau & on la met ſur une planche dans la cave.

C'eſt ainſi qu'on peut la préſerver pendant quelques jours. Mais ſi on veut la garder encore plus longtems, il faut l'étendre encore une fois deux jours après la premiere ſalaiſon, & on la frotte bien avec du fel & du falpêtre. On peut garder par ce moyen les peaux pendant un tems raifonnable.

On fe fert, pour bien faire entrer le fel dans les pores ou interftices d'un cylindre à peu près femblable à celui des pâtiffiers mais plus pefant.

En Amérique on fufpend les peaux des bœufs fauvageséloignées les unes des autres dans des endroits aërés où on les fait fécher dans leur poil, ayant l'attention de les effuyer & tourner fréquemment jufqu'à ce qu'elles durciffent. C'eft ainfi qu'on les envoie en Europe, où on les prépare enfuite.

On fait du parchemin de la peau du mouton, du velin de la peau de veau de lait, & du chagrin de la peau du derriere de l'âne. Ainfi le Cultivateur peut être toujours affuré de trouver des acheteurs pour les peaux & cuirs de toute efpéce.

TABLE DES CHAPITRES
DU TOME HUITIEME.

LIVRE QUINZIEME.

LIVRE SEIZIEME.

CULTURE DU RIZ.

Fin du huitiéme & dernier Volume.

Fig. 9
Fig. 8
Fig. 5
Fig. 1er
F
A
B
Fig. 15
A
B
C
B
A
Fig. 12
Fig. 13
A
A
Fig. 16
A
D
B
C
Fig. 14
Fig. 10
Fig. 11
Fig. 2
A
Fig. 17
Fig. 18
A
B
K
H
Fig. 6
Fig. 3
B
D
D
Fig. 4
Fig. 7
Echelle
6
3
2
1

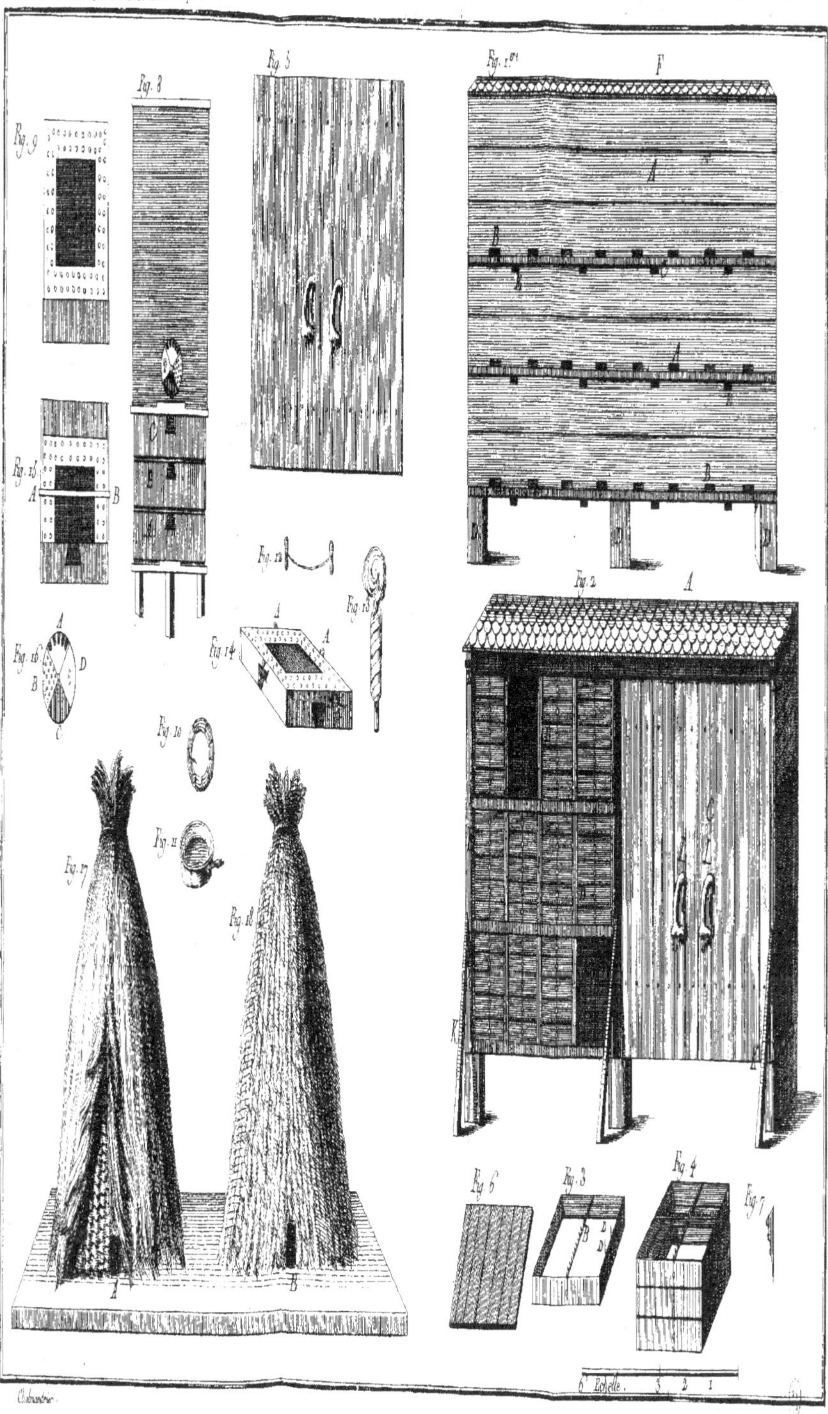

Chalandre.

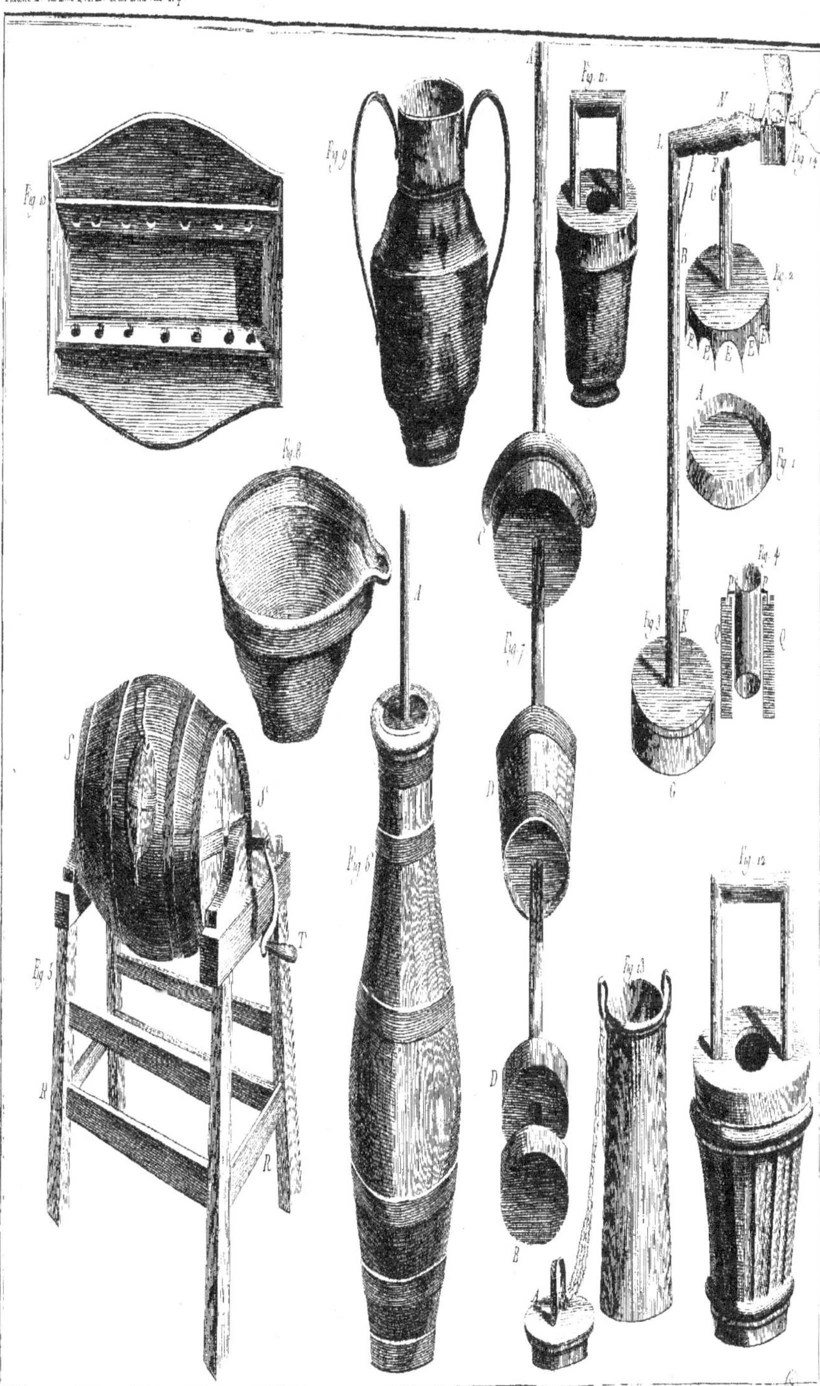

Planche 2.me du Tome 16. et 12. et du Tome VIII. en 4.°
Fig. 10
Fig. 9
Fig. 11
Fig. 14
Fig. 2
Fig. 1
Fig. 8
Fig. 7
Fig. 4
Fig. 3
Fig. 6
Fig. 5
Fig. 12
Fig. 13
Calmandrier Sculp.

APPROBATION.

J'Ai lu par ordre de Monseigneur le Chancelier, un Manuscrit qui a pour titre : *Le Gentilhomme Cultivateur*, ou *Corps complet d'Agriculture*, je n'y ai rien trouvé qui puisse en empêcher l'impression. A Paris, ce 10 Août 1761.

MOREAU.

PRIVILEGE DU ROY.

LOUIS, PAR LA GRACE DE DIEU ROY DE FRANCE ET DE NAVARRE : A nos amés & féaux Conseillers les Gens tenans nos Cours de Parlemens, Maîtres des Requêtes ordinaires de notre Hôtel, Grand Conseil, Prevôt de Paris, Baillifs, Sénéchaux, leurs Lieutenans Civils, & autres nos Justiciers qu'il appartiendra SALUT. Notre amé le Sieur DUPUY D'EMPORTES, de l'Académie de Florence, & de la Société Royale des Sciences & Belles-Lettres de Nancy, Nous a fait exposer qu'il désireroit faire imprimer & donner au Public un Ouvrage qui a pour titre : *Le Gentilhomme Cultivateur*, ou *Corps complet d'Agriculture* ; s'il nous plaisoit lui accorder nos Lettres de Privilége pour ce nécessaires. A CES CAUSES voulant favorablement traiter l'Exposant, Nous lui avons permis & permettons par ces Présentes de faire imprimer ledit Ouvrage, autant de fois que bon lui semblera, & de le faire vendre & débiter par tout notre Royaume pendant le tems de six années consécutives, à compter du jour de la date des Présentes ; faisons défenses à tous Imprimeurs, Libraires & autres personnes, de quelque qualité & condition qu'elles soient, d'en introduire d'impression étrangere dans aucun lieu de notre obéissance ; Faisons défenses à tous Imprimeurs, Libraires & autres d'imprimer ou faire imprimer, vendre, faire vendre, débiter ni contrefaire ledit Ouvrage, ni d'en faire aucun extrait, sous quelque prétexte que ce puisse être, sans la permission expresse & par écrit dudit Exposant ou de ceux qui auront droit de lui, à peine de confiscation des exemplaires contrefaits, de trois mille livres d'amende contre chacun des Contrevenans, dont un tiers à nous, un tiers à l'Hôtel-Dieu de Paris, & l'autre tiers audit Exposant ou à celui qui aura droit de lui, & de tous dépens, dommages & intérêts. A la charge que ces Présentes seront enregistrées tout au long sur le Registre de la Communauté des Libraires & Imprimeurs de Paris, dans trois mois de la date d'icelles, que l'impression dudit Ouvrage sera faite dans notre Royaume & non ailleurs en bon papier & beaux caracteres, conformément à la feuille imprimée & attachée pour modele sous le contre-scel des Présentes, que l'Impétrant se conformera en tout aux Réglemens de la Librairie, & notamment à celui du 10 Avril 1725, qu'avant de l'exposer en vente le Manuscrit qui aura servi de copie à l'impression dudit Ouvrage, sera remis dans le même état où l'approbation y aura été donnée ès mains de notre très-cher & féal Chevalier le Sieur DELAMOIGNON Chancelier de France, & qu'il en sera ensuite remis deux Exemplaires dans notre Bibliothéque publique, un dans celle de notre Château du Louvre, & un dans celle de notre très cher & féal Chevalier Chancelier de France : le Sieur DELAMOIGNON & un dans celle de notre très-cher & féal Chevalier Garde des Sceaux de France le Sr. BERRYER le tout à peine de nullité des Présentes. Du contenu desquelles vous mandons & enjoignons de faire jouir ledit Exposant & ses ayant cause pleinement & paisiblement, sans souffrir qu'il leur soit fait aucun trouble ou empêchement ; Voulons que la copie des Présentes qui sera imprimée tout au long au commencement ou à la fin dudit Ouvrage, soit dûement signifiée, & qu'aux copies collationnées par l'une de nos amés & féaux Conseillers & Sécretaires, foi soit ajoutée comme à l'original ; Commandons au premier notre Huis-

fier ou Sergent fur ce requis, de faire pour l'exécution d'icelles tóus aĉtes requis & néceffaires, fans demander autre permiffion, & nonobftant clameur de Haro, Charte Nor-
mande & Lettres à ce contraires: CAR tel eft notre plaifir. DONNÉ à Paris le neuviéme
du mois de Décembre l'an de grace mil fept cent foixante-un & de notre Regne le qua-
rante-feptiéme. Et plus bas eft écrit: Par le Roy en fon Confeil. LEBEGUE Avec paraphe.

*Regiftré fur le Regiftre XV. de la Chambre Royale & Syndicale des Libraires Imprimeurs
de Paris, N. 280. fol. 269. conformément au Réglement de 1729. qui fait défenfe, art. 41. à
toutes perfonnes de quelque qualité qu'elles foient autres que les Libraires & Imprimeurs, de vendre, débiter & faire afficher aucuns livres pour les vendre en leurs noms, foit qu'ils s'en difent
les Auteurs ou autrement, à la charge de fournir à la fufdite Chambre, huit exemplaires
prefcrits par l'article 108. du même Réglement. A Paris ce 8 Mars 1762.*

Signé, B A U C H E, Adjoint.

De l'Imprimerie de P. A. LE PRIEUR, Imprimeur du Roi, rue S. Jacques à l'Olivier.